海平面上升对长江河口的影响研究

程和琴　陈吉余　编著

科学出版社

内 容 简 介

本书主要从地球系统科学入手，将海平面变化作为地球系统的基本要素，从流域—河口—海洋连续水动力系统角度，分析长江河口吴淞潮位记录（1912～2000年）中的理论海平面变化、构造沉降、三峡大坝导致的河口河槽冲刷、城市地面沉降、河口深水航道整治与促淤围垦工程导致雍水的复合效应；预测2030年长江河口地区海平面将上升10～16 cm；论述长江河口冲淤、水位及水面坡降、航道拦门沙、海岸侵蚀、生态系统对流域边界条件和海平面上升的响应特征；评估海平面上升将要导致的上海市近岸海域潮位上升、潮流流速增大、设计高潮位和设计波高抬升、海塘与除涝和供水安全标准降低等的幅度；探讨上海市长江口水源地供水安全风险，提出海平面上升背景下上海市海岸防护和除涝及长江口水源地供水安全对策；设计和研制中长期海平面上升背景下的上海市供水安全预警系统、上海市应对相对海平面上升的近期、中期和远期应对行动指南。

本书可供地球系统科学、气候变化、灾害防御与减灾的研究人员和管理人员，以及从事地学各分支领域和海岸带地区资源与环境的规划、开发、管理的政府行政人员和科研人员参考，也可作为高等院校相关专业研究生和高年级本科生的参考书。

图书在版编目(CIP)数据

海平面上升对长江河口的影响研究/ 程和琴，陈吉余编著. —北京：科学出版社，2016.3
ISBN 978-7-03-047273-1

Ⅰ. ①海… Ⅱ. ①程… ②陈… Ⅲ. ①海平面变化-影响-长江-河口-研究 Ⅳ. ①TV882.2

中国版本图书馆CIP数据核字(2016)第027176号

责任编辑：许 健
责任印制：谭宏宇 / 封面设计：殷 靓

科 学 出 版 社 出版
北京东黄城根北街16号
邮政编码：100717
http://www.sciencep.com
南京展望文化发展有限公司排版
上海叶大印务发展有限公司印刷
科学出版社发行 各地新华书店经销

*

2016年2月第 一 版 开本：B5(169×239)
2016年2月第一次印刷 印张：26 1/2 插页 6
字数：524 000

定价：198.00元

PREFACE | 序

进入21世纪以来，全球气候变暖和海平面上升的应对策略与行动已成为各国科学界和政府的重要议程。大河三角洲地区遭受海平面上升威胁最为强烈，美国科罗拉多州立大学Syvitski教授曾于2009年10月写信给时任国务院副总理回良玉，指出我国长江、黄河和珠江三大河口是全球遭受海平面上升影响最严重的地区，其中，长江河口三角洲地区经济最发达，故海平面上升的灾害性影响更甚。回良玉副总理将此信批转水利部胡四一副部长，胡副部长批转水利部国科司，希望我负责此项研究工作。

由于"海平面上升对长江河口的影响研究"涉及时间跨度大，需要自然科学、技术科学和社会科学等多学科交叉综合研究，因此是个涉及面较大的研究课题，但又是众多国计民生重大基础亟待解决的问题。为此，我向华东师范大学河口海岸学国家重点实验室提出需要开展"长江河口三角洲地区海平面上升的影响和对策研究"(2008KYYW01)。与此同时，我又向上海市科委建议关注长江口海平面上升对上海市综合影响研究，上海市科委高度关注。2010年10月，上海市科委正式启动了"长江口海平面上升对上海城市安全影响及其应对关键技术研究(总课题)"市级重大科研攻关项目(10dz1210600)。为有效应对海平面上升对上海城市影响，保障上海市防汛安全和长江口水源地供水安全，根据上海市科委统一部署，该总课题分设两个子课题，其中第一子课题为"海平面上升对长江口环境影响的关键技术研究"，由华东师范大学牵头承担；第二子课题为"长江口海平面上升对城市防汛和供水安全影响的关键技术研究"，由上海市水务局牵头承担。此外，程和琴教授除承担上述华东师范大学负责的任务外，还联合上海市水务规划设计研究院参加国家海洋信息中心主持开展的国家海洋公益性重大研究项目"中国海平面变化预测及海岸带脆弱性评估技术与应用"，并承担子课题"海岸带脆弱性评估与城市供水安全风险管理分析"(201005019－9)，具体开展长江河口地区海平面上升背景下对上海市长江口水源地供水安全风险评估及预警系统的设计。

本书汇集了上述三个项目的综合研究成果，是华东师范大学的河口海岸学国家重点实验室、城市与区域科学学院、生态与环境科学学院，上海市水务局及其所属的上海市水务规划设计研究院、上海市水文总站、上海市供水管理处，上海市规划和国土资源管理局及其所属上海市地质调查研究院，以及国家海洋局东海预报台等10个科研和监测机构有效、通力协作的结晶。

应该说，本书从流域—河口—海洋连续水动力系统角度，分析长江河口吴淞潮位记录(1912～2000年)中的理论海平面变化、构造沉降、三峡大坝导致的河口河槽冲刷、城市地面沉降、河口深水航道整治与促淤围垦工程导致雍水的复合效应，预测2030年长江河口地区海平面将上升10～16 cm。海平面上升将导致近岸海域潮位上升、潮流流速增大，设计高潮位和设计波高抬升，海塘防潮和供水安全标准降低。为此，提出上海市应对相对海平面上升的近期、中期和远期应对行动指南。

上述成果为上海市人民政府颁发《上海市海塘规划(2011—2020年)》(沪府【2013】88号文件)提供了重要的技术支撑。值得欣慰的是该项规划已进入工程实施阶段。而且，上述成果也为上海市长江口水源地供水安全标准和2030年水资源规划提供了重要技术支持。

但是，随着全球气候变化发生了新的变化形势和新一轮的长江经济带建设，需要进一步研究长江河口海平面变化趋势，尤其是最新探测和研究显示长江河口可能面临着三峡大坝截流12年后发生全面冲刷的严峻局面和形势，更需尽快加强海平面变化影响众多因子的监测网建设，为保长江三角洲地区人民生命财产安全提供最基本保障。

总之，有关海平面变化对长江口的影响监测和研究任重道远，决不可懈怠！

在本书编写过程中得到了陈祖军、阮仁良、徐贵泉、曾刚、朱建荣、戴志军、陈小勇、顾圣华、沈于田、赵敏华、费岳军、陈国光、高程程、张先林、王寒梅等的指导和帮助，同时也得到了众多博士生、硕士生们的帮助。此外，还得到了华东师范大学河口海岸学国家重点实验室学术著作出版基金的资助，在此一并表示感谢！

中国工程院院士 陈吉余

FOREWORD 前言

本书是笔者自2009年以来在陈吉余院士的领导和指导下，开展海平面变化研究与实践的阶段性总结。书中内容凝聚了华东师范大学河口海岸学国家重点实验室课题“长江河口三角洲地区海平面上升的影响和对策研究”（2008KYYW01）、上海市科委重大科研攻关项目（10dz1210600）“长江口海平面上升对上海城市安全影响及其应对关键技术研究”和国家海洋公益性重大研究项目“中国海平面变化预测及海岸带脆弱性评估技术与应用”的子课题“海岸带脆弱性评估与城市供水安全风险管理分析”（201005019－9）等三个项目的所有参研教师、工程师和众多硕博士研究生们的智慧。他们来自华东师范大学的河口海岸学国家重点实验室、城市与区域科学学院、生态与环境科学学院，上海市水务局及其所属上海市水务规划设计研究院，上海市水文总站，上海市供水管理处，上海市规划和国土资源管理局及其所属上海市地质调查研究院，以及国家海洋局东海预报台等10余家机构。在此表示衷心地感谢！

特别需要提到的是笔者在从事海平面研究过程中，亲身感受到真正开创了我国河口海岸学事业的陈吉余老先生的学识和诲人不倦的风范。记得在我赴启东参加长江口北支航道开发论证会那天，年已87岁的陈老先生早上8点便从家里赶到办公室，一字一句地教我如何发言、表达学术见解。更加使我难以忘怀的是2011年酷暑期间，年已90岁高龄的陈老先生亲临南汇东滩测量现场将我和我的学生们接回上海休整、指导。这些经历将是我未来战胜更多困难的勇气和动力。

海平面上升是海岸波浪条件、风暴强度和海洋环流模式变化中占主导地位的驱动力，将持久和长期危害全球。而且，海平面上升正在加速，预计将持续几个世纪，沿海风暴和洪水将增强。因此，迫切需要海平面上升的适应性规划、建议与可靠的、经过验证的模型预测。我将坚持不懈，持续开展海平面变化研究为国计民生服务。

本书各章编著人员如下：第一章 长江口相对海平面变化预测分析，程和琴、王冬梅、陈吉余；第二章 河口冲淤和水位变化对流域边界条件和海平面上升的响应特征，戴志军、宋泽坤、程和琴；第三章 长江口海平面上升对盐水入侵和淡水资源影响，朱建荣；第四章 长江河口航道拦门沙对海平面上升的响应，和玉芳、程和琴、陈吉余；第五章 海岸侵蚀对海平面上升的响应，计娜、程和琴、戴志军；第六章 长江口海平面上升与河口水下人工生态工程构建，陈小勇；第七章 海平面上升对城市防汛和供水安全综合影响评估，陈祖军、朱建荣、毛兴华、高程程；第八章 海平面上升对城市防潮标准和供水安全标准影响研究，陈祖军、徐健、李世阳、肖文军；第九章 海平面上升背景下上海市长江口水源地供水安全风险评估及对策，塔娜、程和琴、朱建荣、阮仁良、陈吉余；第十章 海平面上升背景下上海市水源地供水安全预警系统研究与设计，周莹、程和琴、塔娜、江红、阮仁良、赵敏华；第十一章 应对海平面上升上海市城市安全和发展的战略选择，曾刚。

感谢河口海岸科学研究院和河口海岸学国家重点实验室前任党委书记王平、陈吉余院士秘书金文华、河口海岸学国家重点实验室江红以及其他多位老师的鼎力协助！

本书还得到了国家自然科学基金(41340044、41476075)与河口海岸学国家重点实验室学术著作出版基金的资助，在此表示衷心的感谢！

华东师范大学河口海岸学国家重点实验室 **程和琴**

CONTENTS 目录

绪　言

海平面是地球系统的基本要素，海平面变化是地球系统科学研究的基本内容。进入21世纪以来，全球气候变暖引起全球海平面持续上升，沿海地区尤其是河口三角洲地区遭受海平面上升威胁最为强烈(Milliman et al.，1989；Syvitski et al.，2009；Torbjorn et al.，2008；Meyssignac et al.，2012；Gornitz，2001；Kabat et al.，2009；任美锷等，1993；刘岳峰等，1999；肖笃宁等，2003；谢志仁等，2003)，海平面上升的应对策略与行动已成为各国科学界和政府的重要议程(Cazenave et al.，2013；Brown et al.，2013；Katsman et al.，2011；Nicholls et al.，2010)。但是，自20世纪90年代以来，海平面上升对河口三角洲地区影响的研究热点逐渐从全球理论海平面上升转向区域相对海平面上升，主要原因是相对海平面上升速率可能为前者的数十甚至上百倍(Milliman et al.，1989；任美锷等，1993)，对该地区城市发展的危害更为严重。而且，全球32条大河流域强烈人类活动导致入海泥沙通量快速减少，其与海平面上升、地面沉降叠加，可能导致河口拦门沙等地貌单元消失(Mikhailova et al.，2010；Reeve et al.，2009)，使大河河口三角洲地区城市环境、生态及众多国计民生工程处于危险境地，我国的长江、黄河和珠江河口三角洲地区亦在最危险之列(Syvitski et al.，2009)。

世界上80%的百万人口以上的城市分布在河口海岸地区(图0-1)，许多国际大城市就处于河口三角洲，这些城市中心城区的地面高程低于高潮位，风暴潮、洪水等灾害随着气候变暖、海平面上升不断叠加并放大，使河口城市海岸防护、排涝和供水安全风险增大。如1953年北海风暴潮给莱茵河口地区带来严重灾难，死亡近2 000人，淹没土地20万hm^2(Smith，2006)；2005年卡特里娜飓风导致位于美国密西西比河口的新奥尔良市损毁严重(Miguel et al.，2007)；2011年泰国湄南河口三角洲地区洪灾导致国家经济遭到重创，全球供应链遭到破坏和中断(World Bank，2011)；2012年10月30日“桑迪”飓风袭击美国带来狂风暴雨，美国部分区域积水达2 m，造成至少500亿美元的损失，美国首都华盛顿特区和纽约等5个州均宣布进入紧急状态(Gordon，2013)；2014年1～2月英国遭遇了250年来最严重的洪灾，成千上万房屋被淹没(National Climate Information Center，2014)；1997年“9711”号超强台风导致长江河口三角洲地区灾情严重(上海市人民政府交通办公室，1997)；2013年10月7日，台风“菲特”使得浙江余姚遭遇新中国成立以来最严重水灾，70%以上城区受淹，损失严重(王建平，2014)；2015年8月24日，超强台

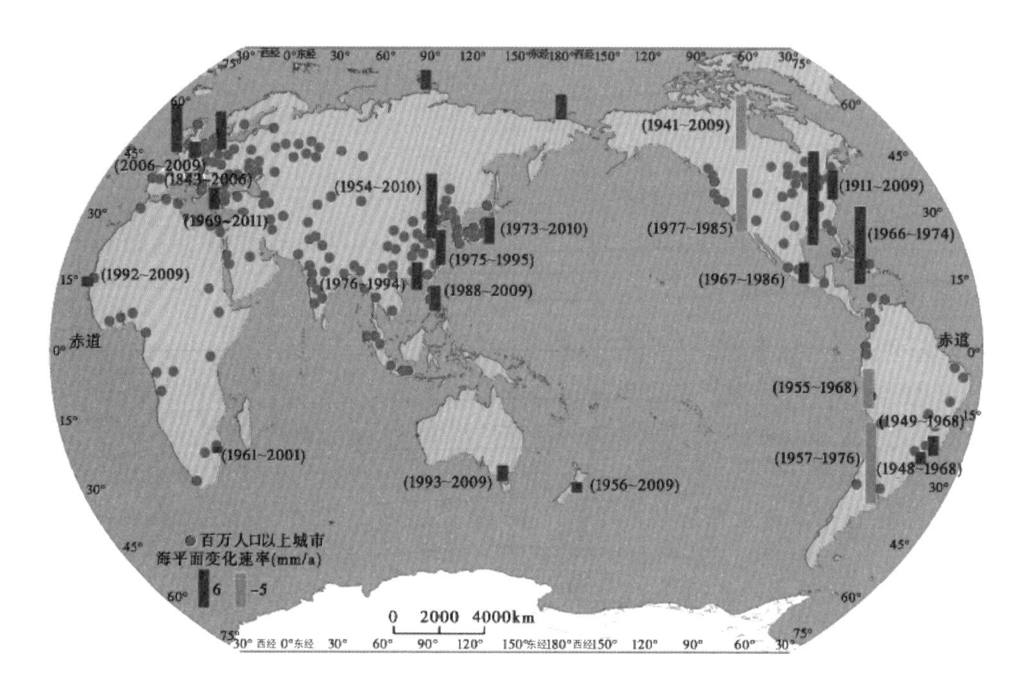

图 0-1　世界百万人口以上城市及主要河口城市海平面变化

注：图中蓝色正值表示上升，绿色负值表示下降；数据来源于 PSMSL(Permanent Service for Mean Sea Level)，即英国利物浦平均海平面常设办事处

风"天鹅"使得上海虹桥机场积水严重、地铁营运受损。

同样，海平面下降也会对河口三角洲地区社会经济带来灾害性影响，如长江三角洲地区大约 3.8 kaB. P. 时气候向冷干突变转型，海平面下降，导致新石器文化最高阶段的良渚文化突然消失(黎兵等，2011)。

上海市位处长江河口，是我国的经济、金融、航运和贸易中心，大部分地面高程在高潮位以下，中心城区地面高程普遍小于 3.5 m(吴淞基面，下同)，最低处为 2.2 m，受相对海平面上升威胁显著(陈西庆，1990)。因此，长期以来上海市一直重视相对海平面对城市环境、社会、经济安全的危害性影响评估。1931 年上海工务局已开始注意到地面标高的损失(即地面沉降)，并开展监测；1956 年上海市市政工程局针对上海市区地面沉降、潮水经常上岸，提出"围起来，打出去"的防汛排水原则；1994 年上海市政府开始组织研究和评估海平面上升的影响，其以吴淞潮位站为基准站；1996 年针对 IPCC AR1 报告提出理论海平面上升速率1～2 mm/a(上海市水利局，1996)，并叠加当时地面沉降和构造沉降的研究成果，预计到 2010 年、2030 年和 2050 年上海海平面分别上升 10～25 cm、20～40 cm 和 50～70 cm，即相对海平面上升速率为 7.5～12.5 mm/a(陈西庆，1990)，为当时的上海市重大工程建设、城市规划与建设提供了重要依据。

但是，上海吴淞潮位站 1990～2010 年实测平均海平面上升 5.2 cm，即

2.6 mm/a(华东师范大学等,2013),远小于 1996 年的预测值 24 cm(陈西庆,1990),也与 20 世纪 90 年代以来全球理论海平面升速加快至 1.80~5.95 mm/a(IPCC, 2013)不符。究其原因,可能是长江河口地区海平面变化的区域主控因子出现了新的情况,即虽然浦东大力开发,高层建筑和密集建筑群、城市轨道交通系统形成的点状、线状工程建设导致地面沉降,但地面沉降控制措施有效(王寒梅,2010)。而且,流域内三峡大坝、南水北调等一系列拦、蓄、引、调水利工程和水土保持及大规模河道采砂等人为干扰活动增强,导致长江口来水来沙逐年减少,特别是 2003 年三峡水库蓄水以来,大通站输沙率已降至 1.5×10^8 t/a (2003~2008 年平均值),仅相当于过去的 1/3,2010 年更是下降到水下三角洲、河口河槽和水下岸滩侵蚀不断加剧及水位下降(Dai et al., 2012; Dai et al., 2014; He Yufang et al., 2013;计娜等,2013)。同时,河口海岸大规模滩涂围垦、深水航道、边滩和心滩水库、跨江和跨海大桥建设导致水位抬高(程和琴等,2009; 杨正东等,2012)和深度基准面抬升(上海海事局海测大队,2013),南汇嘴至芦潮港岸段水下岸坡闭合水深近 10 年来刷深约 1 m (计娜等,2013)。

鉴于 IPCC 第五次评估报告(IPCC, 2013)和中国应对气候变化的政策与行动 2013 年度报告均未考虑上述流域与河口工程对河口相对海平面上升幅度的影响,而长江流域拦、蓄、引、调水持续增强以及来沙持续减少与河口大型工程建设持续增多,河口相对海平面变化的不确定性增大,而且自 1996 年至 2013 年上海市人口增加 58%,国民生产总值增长了 5.8 倍,还有临港新城、漕河泾化工区等重要新城区开发,海平面上升导致的城市海岸防护、防洪排涝、供水风险增大(华东师范大学等,2013;程和琴,2013;程和琴,2012;程和琴,2015a;程和琴,2015b)。

为此,需要重新评估开展新形势下的长江河口海平面上升幅度及其对防汛和供水安全的影响。

第一章　长江口相对海平面变化预测分析

从全球气候变化区域响应角度，依据1912～2000年吴淞验潮站年平均潮位资料，构建灰色线性回归组合模型，并将其与最小二乘法和小波变换相结合，分析以吴淞为代表的上海绝对海平面长期变化趋势和周期变化规律。由此预测2030年上海绝对海平面相对2011年的上升值为4 cm，结合已公布的构造沉降和城市地面沉降、流域水土保持和大型水利工程及人工挖沙导致的河口河槽冲刷、河口围海造地和深水航道及跨江跨海大桥导致水位抬升等叠加效应及其变化趋势，预测2030年上海市相对海平面上升10～16 cm，陆地海平面上升有7个风险分区。

1.1　引言

海平面是地球系统的基本要素，也是大地水准面和流域侵蚀基准面，更是一切国计民生工程的最基本工程设计和安全参数，也与江、河、湖、海及平原地区的环境容量直接相关。因此，海平面变化不仅是地球系统科学研究的基本内容（程和琴等，2015），更是流域与沿海地区生态文明建设和沿江沿海人民生命财产安全研究的基本内容。

对海平面变化的长期预测是个跨学科、难度较大的研究课题，目前国际上大多依据对海平面上升的主要因子——地球大气温室效应气体排放的估算、动力学计算和数值模拟等方法进行海平面变化的长期预测（秦曾灏等，1997；IPCC，2013）。据IPCC AR5 2013年公布的结果（IPCC，2013），全球海平面最低、最高上升量预测的变动幅度为2046～2065年17～32 cm（RCP2.6）、19～33 cm（RCP4.5）、18～32 cm（RCP6.0）、22～38 cm（RCP8.5），预测全球气候变暖导致海平面上升速率加快，严重威胁沿海地区特别是河口三角洲地区的安全。我国的京津冀、长三角、珠三角、环渤海等沿海主要经济发达地区的环境、生态、经济和社会将受到显著影响（Syvitski et al.，2009；施雅风，2000）。

但是，区域海平面变化主要影响因素中，全球变暖的贡献一般小于构造沉降、城市地下水抽取、人工挖沙和河口工程等其他因素的贡献，但其本身的物理意义与其他因素不同，如工程因素可以通过人工手段防治，而全球变暖的作用是长时间尺度的、缓慢的变化，并且是叠加在其他因素之上的另一种作用，有着特殊性。所以，近30年来全球变暖导致海平面上升受到世界各国政府、科学家的普遍关注和持续监测研究。

上海地处长江河口三角洲，是国际超大型城市和国际经济、金融、航运、贸易中心。20世纪90年代曾参考IPCC(1990)(IPCC，1990)报告中绝对海平面(ESL)上升速率为1～2 mm/a，根据1912～1993年吴淞验潮站年平均潮位资料，采用多变量逐步回归和最大熵谱分析方法，分析和预测了2010年和2030年上海绝对海平面相对1990年的上升值分别为5 cm和11 cm，即2.0～2.5 mm/a(程和琴等，2015；陈西庆，1990；上海市水利局，1996)。本书依据经过地面沉降订正后的吴淞、高桥、芦潮港、堡镇和金山嘴历史实测潮位资料，分析以吴淞潮位站为代表的上海ESL历史变化规律，并依此规律建立预测模型，对未来上海ESL的长期变化做尝试性预测。在此基础上，结合上海地区自20世纪90年代以来构造沉降和工程因素的综合影响，对2030年上海地区相对海平面变化(RSL)进行中长期预测(华东师范大学等，2013)。

1.2　数据和方法

1.2.1　数据

本书ESL分析采用经过地面沉降订正和水尺基点校正后的吴淞(1912～2000年)、高桥(1965～2011年)、芦潮港(1977～2011年)、堡镇(1965～2011年)实测潮位资料(图1-1)。因需要预测的是年平均海平面，即年平均半潮面，鉴于年平均潮

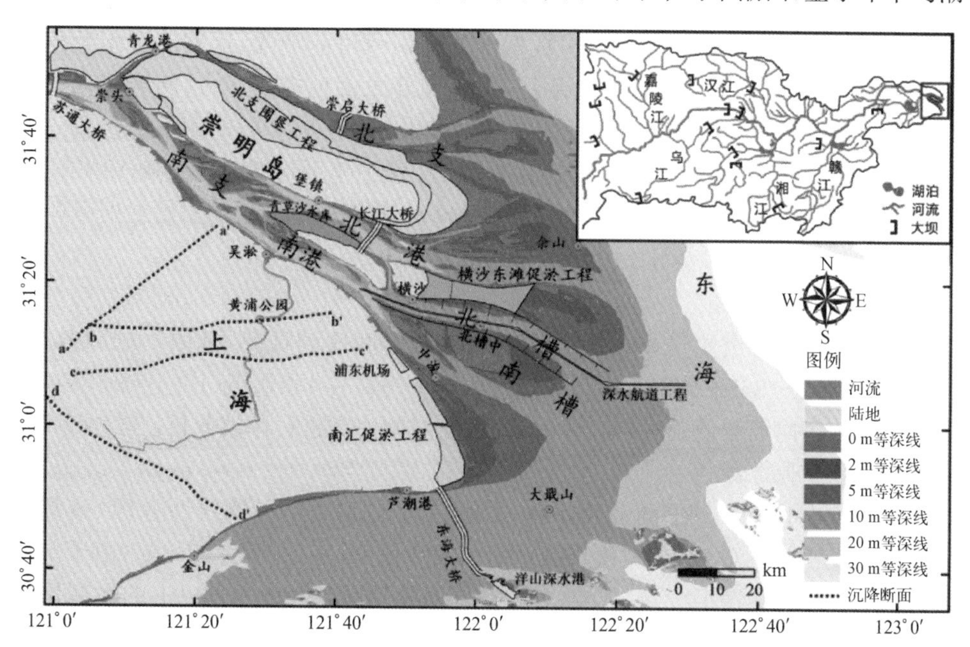

图1-1　长江河口、杭州湾北岸潮位站和长江流域主要水库大坝及河口主要工程

位与年平均半潮面的显著线性正相关关系(0.99)(华东师范大学等,2013;毛兴华等,2013),本书将年平均潮位作为年平均海平面。考虑到地处长江河口的上海地区自20世纪90年代中后期以来,承受着长江流域一系列拦、蓄、引、调水利工程,水土保持和人工采砂引起的入海水沙减少、河槽冲刷(程和琴等,2015;张晓鹤等,2015)、水位下降(He et al.,2013),以及河口一系列围海造地、深水航道、水库、大桥等工程(图1-1)导致的河槽缩窄、纳潮量减少、水位抬升即工程壅水等(程和琴等,2009;上海海事局海测大队,2013;杜景龙等,2007;刘新成等,1999)复合影响(华东师范大学等,2013;王冬梅等,2011),本书根据吴淞、高桥、芦潮港、堡镇4个潮位站年平均海平面和年平均半潮面差值(上海海事局海测大队,2013),对这4个潮位站的潮位记录分别进行了工程因素影响水位订正。

1.2.2 研究方法

为了与20世纪90年代研究结果相比,本书采用秦曾灏等的研究思路(秦曾灏等,1997),即将年均海平面的时变特征 $Y(t)$ 描述如下:

$$Y(t) = T(t) + R(t) + N(t) \tag{1-1}$$

分析式(1-1)中确定性的周期项 $R(t)$ 和趋势项 $T(t)$,不考虑可能由于误差的积累而无意义的随机噪声项 $N(t)$。采用小波分析方法确定 $R(t)$。采用灰色线性回归组合模型(侯成程等,2013)和最小二乘法(秦曾灏等,1997)两种方案计算确定 $T(t)$。

事实上,$T(t)$ 的精确确定要将数据中的周期尽可能消除,这需要求出数据的真实周期;而周期分析要求数据是平稳的,它又要求去掉趋势项,这两者互为前提的特性使得我们尽可能地将原始数据系列处理成含有某些周期的平稳过程。因此,对吴淞、高桥、芦潮港、堡镇、金山嘴等5个潮位站年平均潮位资料做19年滑动平均以基本消除各种周期震荡(秦曾灏等,1997),获得相对平稳的原始数据系列。

1.2.2.1 计算方案Ⅰ

(1) 周期项的确定

综合考虑上海市潮位站的地理位置及数据时间序列情况,选取吴淞(1912～2000年)、高桥(1965～2011年)、芦潮港(1977～2011年)和堡镇(1965～2011年)4个潮位站的年均潮位值资料,对年均半潮面值时间序列进行小波分析。

(2) 趋势项的确定

迄今为止的绝对海平面变化预测方法,主要是利用单一的线性方程(秦曾灏等,1997)或者灰色GM(1, 1)模型表示海平面变化率(王冬梅等,2011)。由于单一预测模型有信息涵盖不全面、预测精度不高的缺陷,而两种或两种以上的无偏预测模型可以组合出优于任一个单一无偏预测模型的组合模型,能够解决单一预测模型的这一缺陷。因此,本书采用上述两种无偏模型的拟合,即灰色GM(1, 1)模型

叠加线性回归组合——灰色线性回归组合，用于上海市绝对海平面上升趋势的预测。具体表达海平面的变化速率为

$$\frac{\mathrm{d}x^{(0)}(t)}{\mathrm{d}t}=\frac{\mathrm{d}^2x^{(1)}(t)}{\mathrm{d}t^2}=a^2\left(x^{(0)}(1)-\frac{u}{a}\right)\mathrm{e}^{-at} \tag{1-2}$$

其中 a 和 u 为灰参数，由下式获得

$$\begin{bmatrix}a\\u\end{bmatrix}=(B^{\mathrm{T}}B)^{-1}B^{\mathrm{T}}Y \tag{1-3}$$

其中，$B=\begin{bmatrix}-\frac{1}{2}(x^{(1)}(1)+x^{(1)}(2)) & 1\\ -\frac{1}{2}(x^{(1)}(2)+x^{(1)}(3)) & 1\\ \vdots & \vdots\\ -\frac{1}{2}(x^{(1)}(N-1)+x^{(1)}(N)) & 1\end{bmatrix}$；

$Y=[x^{(0)}(2),x^{(0)}(3),\cdots,x^{(0)}(N)]^{\mathrm{T}}$。

预测公式按下述方法进行精度检验：

$$\bar{x}^{(0)}=\frac{1}{M}\sum_{t=1}^{M}x^{(0)}(t) \tag{1-4}$$

$$s_1^2=\frac{1}{M}\sum_{t=1}^{M}[x^{(0)}(t)-\bar{x}^{(0)}]^2 \tag{1-5}$$

$$\bar{\varepsilon}^{(0)}=\frac{1}{M-1}\sum_{t=1}^{M}\varepsilon^{(0)}(t) \tag{1-6}$$

$$s_2^2=\frac{1}{M-1}\sum_{t=2}^{M}[\varepsilon^{(0)}(t)-\bar{\varepsilon}^{(0)}]^2 \tag{1-7}$$

然后，计算方差比 $c=s_2/s_1$ 以及小误差概率

$$p\{|\varepsilon^{(0)}(t)-\bar{\varepsilon}^{(0)}|<0.674\,5s_1\} \tag{1-8}$$

表 1-1　灰色预测精度检验等级标准

检验指标 / 精度等级	p	c
好	>0.95	<0.35
合格	>0.80	<0.50
勉强	>0.70	<0.65
不及格	⩾0.70	⩽0.65

用线性回归方程及指数方程的和拟合由 GM(1，1)模型的累加生成序列：

$$x(t) = C_1 \exp(-at) + C_2 t + C_3 \tag{1-9}$$

组合预测方法的关键是确定各种预测方法权系数。本书采用离差平方和最小，确定权系数 C_1，C_2，C_3，并进行 F 检验。将式(1-2)的计算结果用一次累减生成即可得到原始序列 $x^{(0)}$ 的模拟值和预测值。

1.2.2.2 计算方案 II

在确定趋势项时，如果首先用灰色线性回归组合模型来确定上升速率，其真值可能因为序列中所含固有周期而被歪曲，因此如果不去掉明显的周期影响来确定趋势，其计算结果可能不可靠。为此首先建立包含趋势项和周期项的初始模型，然后用最小二乘法确定系数，这样在确定趋势的同时去掉了主要周期的影响，本书采用相似的方法建立预测模型。

因此，原始序列中的分析周期与用方案 I 确立的周期一致，但周期项的贡献将和趋势项一起待定。同样趋势项形式的初估计也由方案 I 确定，其系数待定，由此确定的初始模型为

$$Y(t) = \sum_{i=1}^{n} C_i f_i(t) + \sum_{k=1}^{m} [a_k \cos(2\pi t/T_k) + b_k \sin(2\pi t/T_k)] \tag{1-10}$$

然后通过最小二乘法确定系数 C_i，a_k，b_k 等，并对其进行显著性 F 检验。

1.2.3 RSL 上升的计算

上海地区 RSL 是 ESL 和构造沉降、城市地面沉降、流域和河口工程因素等叠加效应，构造沉降速率采用 1996 年佘山高精度甚长基线干涉仪(VLBI)1988～1994 年国际联测数据分析结果 1 mm/a(IPCC，1990)；城市地面沉降预测数据采用上海市由陆向海 4 个断面 2000～2009 年沉降分析结果(程和琴等，2015；华东师范大学等，2013)；流域和河口工程因素采用吴淞、高桥、芦潮港、堡镇 4 个潮位站年平均海面和年平均半潮面差值和深度基准面变化值(程和琴等，2015；华东师范大学等，2013)进行推算。

1.2.4 风险分区的确定

2030 年 RSL 上升风险分区，采用由多项式函数式(1-11)表达的二次趋势面模型(王冬梅等，2011)分析，用最小二乘法进行多项式系数的最佳线性无偏估计，是残差平方和最小；并进行趋势面模型的适度 F(式 1-12)检验。

$$z = c_0 + c_1 x + c_2 y + c_3 x^2 + c_4 xy + c_5 y^2 \tag{1-11}$$

$$F = \frac{SS_R/p}{SS_D/n-p-1} \tag{1-12}$$

1.3 2030年ESL上升预测值

海平面变化含有很多不确定性因素，并且预测期越长，不确定性越大。因此，要对海平面作长期变化趋势分析，必须要有足够长的验潮记录。为此，本书仅将吴淞潮位站作为ESL上升预测的基准站位，根据计算方案I的灰色线性回归组合模型(华东师范大学，等2013；王冬梅等，2011)，分析1912～2000年年均海面资料，确定海平面时变函数为

$$T(t)=0.136\,713\mathrm{e}^{0.001t}+0.002\,249t-3.290\,48 \tag{1-13}$$

小波分析结果显示，吴淞(1912～2000)、高桥(1965～2011)、芦潮港(1977～2011)、堡镇(1965～2011)和金山嘴(1957～2011)年均海平面均有最明显的1 a周期，还有2.6 a、5.2 a、7.6 a、10.8 a和19 a的周期(图1-2)，这5个周期均通过了0.05的F显著性检验。

因此，由灰色线性组合模型和小波分析确定的吴淞潮位站年均海平面预测模型为

$$\begin{aligned}T(t)=&0.136\,713\mathrm{e}^{0.001t}+0.002\,249t-0.010\,78\sin(2\pi t)+0.003\,053\cos(2\pi t)-\\&0.033\,76\sin\left(\frac{2\pi t}{5.2}\right)+0.017\,338\cos\left(\frac{2\pi t}{5.2}\right)+0.017\,52\sin\left(\frac{2\pi t}{7.6}\right)-\\&0.049\,222\cos\left(\frac{2\pi t}{7.6}\right)-0.003\,579\sin\left(\frac{2\pi t}{19}\right)+0.041\,58\cos\left(\frac{2\pi t}{19}\right)-3.290\,48\end{aligned} \tag{1-14}$$

依式(1-14)计算吴淞、高桥和金山嘴2011～2030年年均海平面上升值(图1-3)，其中代表性站位吴淞海平面上升值为3.6 cm，显著性检验$p=0.76$和$c=0.52$，故该预测值基本可信(表1-1)，且各回归系数通过置信度为0.15的F检验，故其置信区间为[3.06，4.14] cm。

由计算方案II的最小二乘法和小波分析确定的年均海平面预测模型为

$$\begin{aligned}T(t)=&0.127\,863\mathrm{e}^{0.001t}+0.002\,134t-0.010\,78\sin(2\pi t)+0.003\,053\cos(2\pi t)-\\&0.035\,82\sin\left(\frac{2\pi t}{5.2}\right)+0.018\,253\cos\left(\frac{2\pi t}{5.2}\right)+0.016\,58\sin\left(\frac{2\pi t}{7.6}\right)-\\&0.057\,641\cos\left(\frac{2\pi t}{7.6}\right)-0.005\,613\sin\left(\frac{2\pi t}{19}\right)+0.041\,07\cos\left(\frac{2\pi t}{19}\right)-3.205\,73\end{aligned} \tag{1-15}$$

依式(1-15)计算吴淞2011～2030年年均海平面上升值为4.4 cm，各回归系数均通过0.11的F显著性检验，故其置信区间为[3.9，4.9] cm。

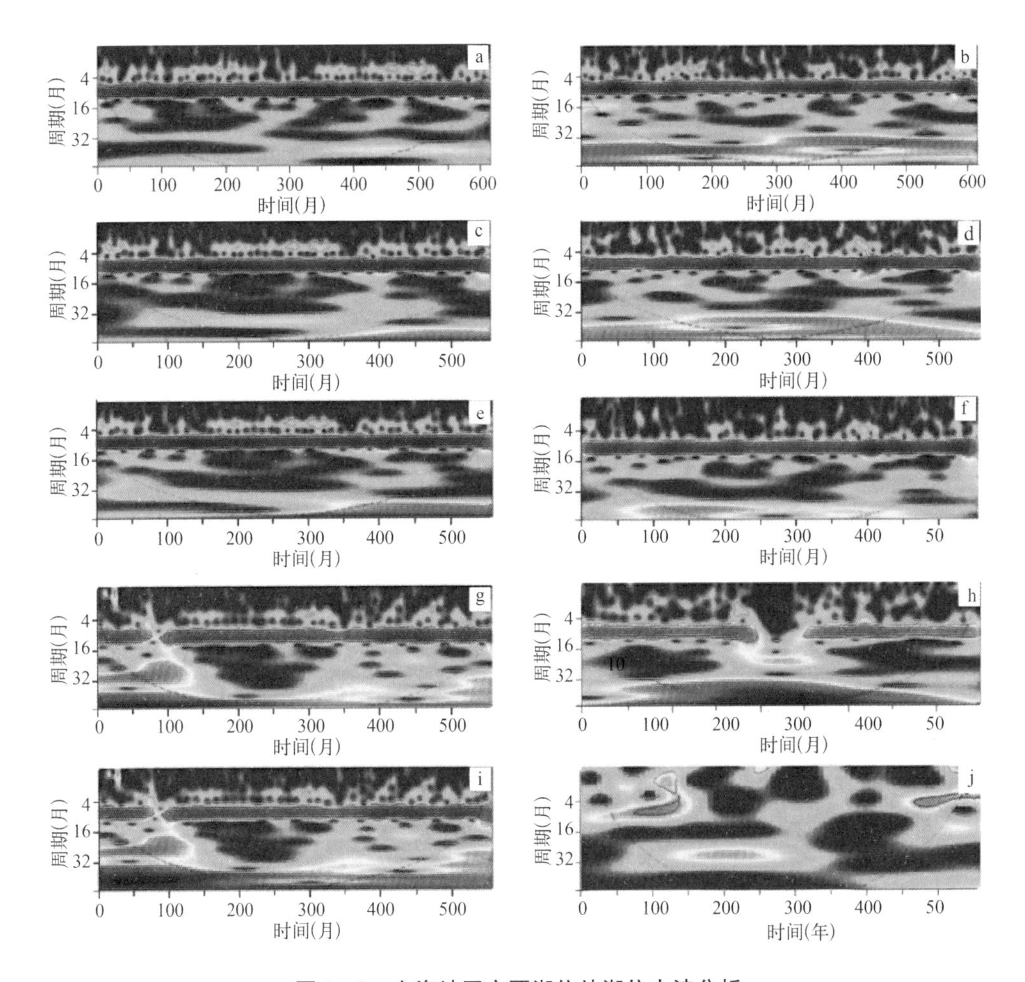

图 1-2　上海地区主要潮位站潮位小波分析

(a) 吴淞月平均高潮位;(b) 吴淞月平均低潮位;(c) 高桥月平均高潮位;(d) 月高桥平均低潮位;(e) 堡镇月平均高潮位;(f) 堡镇月平均低潮位;(g) 芦潮港月平均高潮位;(h) 芦潮港月平均低潮位;(i) 金山嘴月平均高潮位;(j) 吴淞年平均海面(1912～2000 年)

从预测结果看,两个方案结果相差较小,说明预测结果不会因原始序列中含有固定周期而受大的歪曲。取两个预测方案的平均值 4 cm 作为推荐方案。

而且,选择吴淞 1912～1980 年年均海平面作为分析样本,取 1981～2000 年年均海平面作为后报检验样本,用计算方案 II 的最小二乘法建立的预测模型,做 10 年外推,获得 2001～2010 年海平面上升值为 3.1 cm,该值略大于实测值 2.6 cm(程和琴等,2015;华东师范大学等,2013)。故其后外推 20 年(2011～2030 年),海平面的上升值 5.1 cm(程和琴等,2015;华东师范大学等,2013)偏大的可能性较大。因此,本书仍采用两个方案的平均值 4 cm,即未来(2011～2030 年)海平面上升速率为 2 mm/a(表 1-2)。

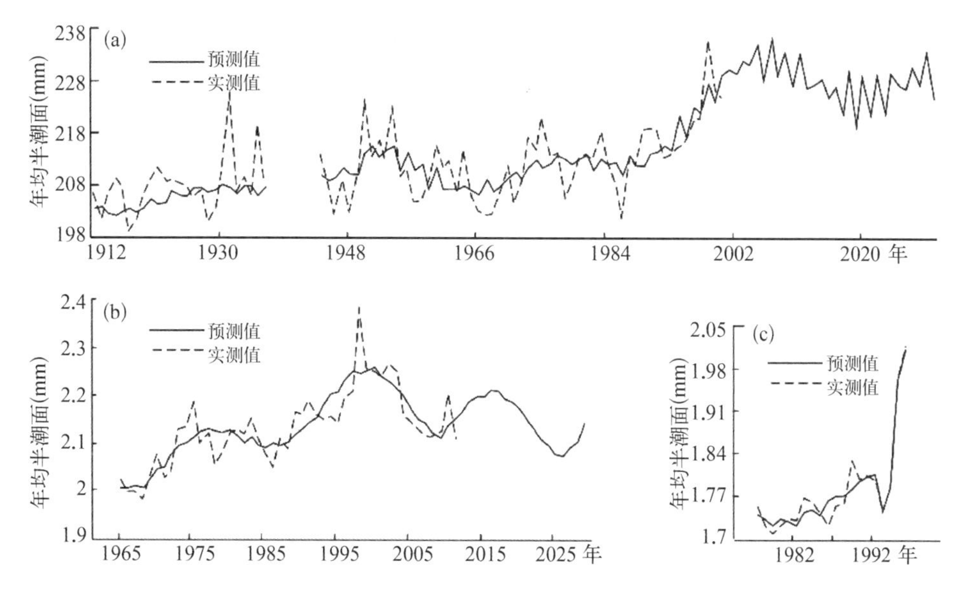

图 1-3　上海地区吴淞(a)、高桥(b)和金山嘴(c)潮位站年平均海平面实测值及预测值对比(海面高度为吴淞基面)

表 1-2　依方案Ⅰ、Ⅱ计算的 2011～2030 年各潮位站 ESL 的上升预测值

(单位：cm)

站　点	方案Ⅰ	方案Ⅱ	推荐方案
吴淞	3.6	4.4	4.0
高桥	3.4	4.6	4.0
堡镇	4.2	6.4	5.3
芦潮港	7.2	8.0	7.6
金山嘴	5.3	6.6	6.0

1.4　ESL 上升原因讨论

作为全球海洋的一部分，上海海岸海平面变化必然受到引起全球海洋海面变化的各种因子的影响。吴淞、高桥、芦潮港、堡镇和金山嘴 5 个潮位站年平均海面的各个显著周期反映了天文周期和地球—海洋大气系统中一些周期性变化物理因素的影响。与 20 世纪 90 年代的分析结果(程和琴等，2015)相似，19 a 周期变化可能与 18.6 a 交点分潮有关；10.08 a 周期可能反映了黄、白交点运动造成月球赤纬偏离二分点和二至点的 9.3 a 周期和太阳黑子11 a左右周期的综合作用。2.6 a、5.2 a 和 7.6 a 周期可能是对厄尔尼诺和南方涛动(ENSO)2～7 a 循环的响应。而潮位的年际变化对平均海平面变化的贡献最大，事实上长江口和杭州湾沿海平均海面有明显的季节变化(31.1～42.2 cm)(侯成程等，2013)。

全球绝对海平面的上升趋势主要与大气温室效应相关。自工业革命以来，加速发展的工业化生产使得大气中温室气体的浓度显著增加，全球平均气温进一步升高。本书对上海绝对海平面的预测值与 20 世纪 90 年代的预测结果接近，即 2 mm/a。与 IPCC AR5（IPCC，2013）相比，该值略高于长期全球平均海平面上升值 1.7 mm/a（1901～2010 年），低于短期全球平均海平面上升值 3.2 mm/a（1993～2010 年）和潮位站与卫星测高数据综合观测值 2.1 mm/a（John et al.，2011）。其也大于由验潮站数据的简单加权平均估算的理论海平面上升值 1.0～1.8 mm/a（Gornitz V，1991；John et al.，2011），以及由 Topex/Poseidon 卫星 1993～1999 年测高数据计算的全球平均理论海平面上升速率 2.0 mm/a±0.2 mm/a（董晓军等，2000）；但小于由全球变暖引起海水热膨胀理论计算的全球理论海平面上升速率 2.6 mm/a±0.4 mm/a（1950～1998 年）（董晓军等，2000），3.2 mm/a±0.2 mm/a（1993～1998 年）（Cabanes et al.，2001；Ishii et al.，2003）。

总之，与 20 世纪八九十年代国内的研究结果相比（秦曾灏等，1997；上海市水利局，1996；任美锷，1993），本书 2030 年 ESL 上升值预测值偏低（图 1-4）。其原因可能与短周期海平面振荡有关，即可能隐含了较为复杂的区域性气候变化因子和人类对地形改变导致海平面变化因子的复合效应。这种复合机理尚待持续深入研究方可掌握，为制定相应的适应性对策提供依据。

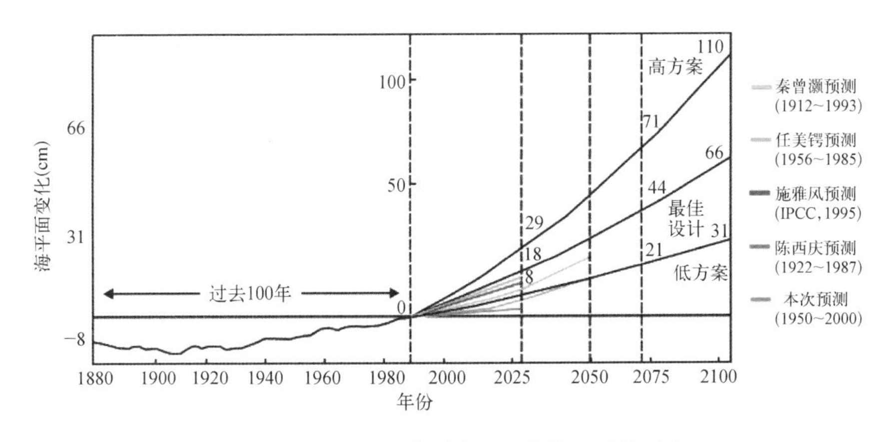

图 1-4　不同研究者对海平面变化预测值对比

1.5　上海市 2030 年 RSL 上升预测及其风险分区

在影响 2011～2030 年 RSL 变化的五要素中，基底构造沉降 2 cm；吴淞 ESL 上升 4 cm；地面沉降 6～10 cm；流域大坝建设导致河槽冲刷延伸、水位变化的不确定性复杂，即三峡水库运营后 3～5 年内，由于来沙量减少，导致长江口河槽冲刷，使得局部水位降低 60～70 cm（He et al.，2013），此后 15 年内河槽冲淤平衡时的水位变化可考虑水位恢复和仅降低5 cm、10 cm 等 3 种情形；河口局域工程导致水位抬升 8～10 cm。相应地，估算 2030 年吴淞站 RSL 上升值分别为 12～16 cm、7～11 cm、2～6 cm 和 10～16 cm。显然，方案 4 为最佳方案，即 2011～2030 年吴淞 RSL 上升 10～16 cm。

上海市 2030 年 RSL 上升风险分区主要根据陆域地面沉降趋势面模型分析结果，并经显著性检验，按地面沉降年沉降量及危害程度由大到小，结合上海市吴淞、高桥、堡镇、芦潮港和金山嘴 5 个潮位站 2030 年 RSL 上升程度进行划分，采用以工程因素所致地面沉降为主的相对海平面上升 5 个风险分区（图 1－5a）及其与绝对海平面上升相叠加的相对海平面上升 7 个风险分区（图 1－5b），以工程所致地面沉降为主的相对海平面上升 5 个风险分区如下。

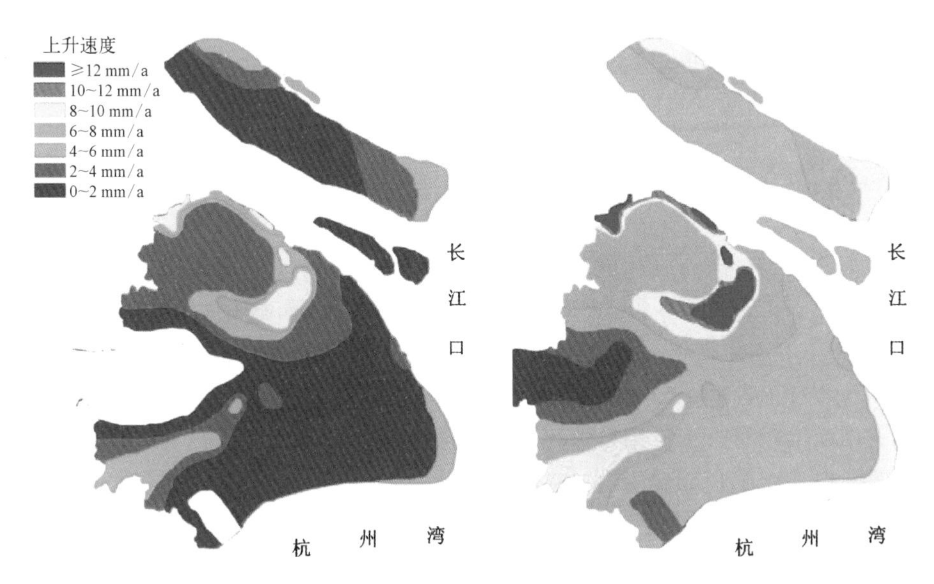

(a) 以工程所致地面沉降为主的相对海平面上升风险分区

(b) 工程因素和绝对海平面相叠加的相对海平面上升风险分区

图 1－5　相对海平面上升风险分区

1 区，RSL 上升≥8 mm/a，沿黄浦江江岸的外高桥区域与苏州河沿岸的徐汇区地面沉降危害非常严重，远超过 ESL 上升对城市安全的影响；2 区，RSL 上升 6～8 mm/a，包括杨浦区、徐汇区外缘、宝山区宝钢码头附近、外高桥区域及苏州河沿岸虹口区等，地面沉降危害比较严重；3 区，RSL 上升 4～6 mm/a，包括沿黄浦江宝山区域、嘉定东南角、浦东新区北部、崇明东端及西北角及南汇边滩圈围区、上海西南角；4 区，RSL 上升2～4 mm/a，包括崇明东部、奉贤区大部、松江区大部、闵行区、浦东机场及部分徐汇区，地面沉降危害程度一般；5 区，RSL 上升 0～2 mm/a，地面沉降基本无危害，包括嘉定区大部分、浦东新区、青浦区西南、嘉定区西北角与宝山区交界、崇明中部、长兴岛、横沙岛、金山区和奉贤区大部、青浦区、金山区西南角及嘉定区东南。

工程因素和绝对海平面相叠加的相对海平面上升 7 个风险分区如下。

1 区，RSL 上升≥12 mm/a，沿黄浦江江岸的外高桥区域，苏州河沿岸的徐汇区地面沉降危害非常严重，远超过 ESL 上升对城市安全的影响；2 区，RSL 上升 10～12 mm/a，包括杨浦区、徐汇区外缘、宝山区宝钢码头附近、外高桥区域及苏州河沿岸虹口区等，地面沉降危害比较严重；3 区，RSL 上升 8～10 mm/a，包括沿黄浦江宝山区域、嘉定东南角、浦东新区北部、崇明东端及西北角、南汇边滩圈围区以及上海西南角；4 区，RSL 上升 6～8 mm/a，包括崇明东部、奉贤区大部、松江区大部、闵行区、浦东机场及部分徐汇区，地面沉降危害程度一般；5 区，RSL 上升 4～6 mm/a，包括嘉定区大部分、浦东新区、青浦区西南、嘉定区西北角与宝山区交界、崇明中部及长兴岛、横沙岛，地面沉降危害程度较轻；6 区，RSL 上升 2～4 mm/a，包括金山区、青浦区和奉贤区大部；7 区，RSL 上升 0～2 mm/a，包括上海青浦区西部、金山区西南角及嘉定区东南，地面沉降基本无危害。

1.6 结论

通过建立灰色线性回归模型和最小二乘法与小波分析相结合的方法，以吴淞潮位站为代表性站位，分析多年实测资料中年均海平面变化趋势，预测 2011～2030 ESL 上升速率 2.0 mm/a，RSL 上升速率 5～8 mm/a。前者包含洪枯季的年际、2.6 a、5.2 a、7.6 a、10.8 a 和 19 a 的周期；后者包含上游建库筑坝、流域水土保持和大规模采砂等人为作用导致河口河槽冲刷、水位下降以及河口深水航道、围海造地等河口大型工程导致的河口水位抬升。

第二章　河口冲淤和水位变化对流域边界条件和海平面上升的响应特征

本章针对自2003年三峡大坝开始运行以来自宜昌—南京间沿程河床纵剖面深泓线高程变化、8个干流控制水文站的流量与水位变化及河床冲刷/淤积模式等长江河口流域边界条件的变化开展研究；利用徐六泾、横沙、佘山、牛皮礁、南槽东在三峡蓄水前1999～2002年以及三峡蓄水后的2006年监测的表层悬浮泥沙以及相应的大通悬浮泥沙、北支与北槽的平均河宽、水深及容积等变化序列进行统计与模拟分析；发现三峡大坝运行后长江河口宜昌—南京河床平均下切幅度约为1 m，徐六泾以下河段除枯水季节大潮涨平比降沿程增加外，其他潮情比降均减小。比降减小很可能是由河口大型工程导致的局部河口水位抬升所引起，如果加上外海海平面上升，未来河口比降有可能进一步减小，而河口上部的冲刷由大通到南京乃至河口，则河口区的逆比降加大，亦将出现溯源堆积。限于数据的有限性，具体需要进一步做深远调查研究。

2.1　流域边界条件

冲积型河流在响应气候变化和人类活动等作用的影响下，其河槽水文、泥沙及其河槽形态都具有较好的自然调控能力。然而，对于长江而言，由于2003年三峡大坝的运行，其入海泥沙已经由过去年平均4亿多吨减少到目前年平均不到1.5亿t，这有可能对大坝下游河床乃至河口产生严重影响，同时目前全球海平面上升以及长江河口局部本身工程对河口的束缚，将导致局部水位上升，这亦有可能对河口产生作用。考虑到河口水位的变化在前述和后续研究内容中均有体现，这里仅对大坝下游流域对上游水沙变化后的响应进行分析。这对河口而言，则是河口的上游边界。

2.1.1　河床深泓线变化

宜昌到汉口长达600 km以及南京河段约100 km的河床纵剖面深泓线高程变化表明(图2-1)，纵剖面自宜昌到城凌矶坡度逐渐下降，而自城凌矶到汉口坡度处于缓平状态。在三峡大坝运行(2003年)以后，宜昌到沙市河段深泓线高程明显降低，河床出现冲蚀下切，最大切蚀深度高达－12 m，平均切蚀深度为2.5 m。在沙

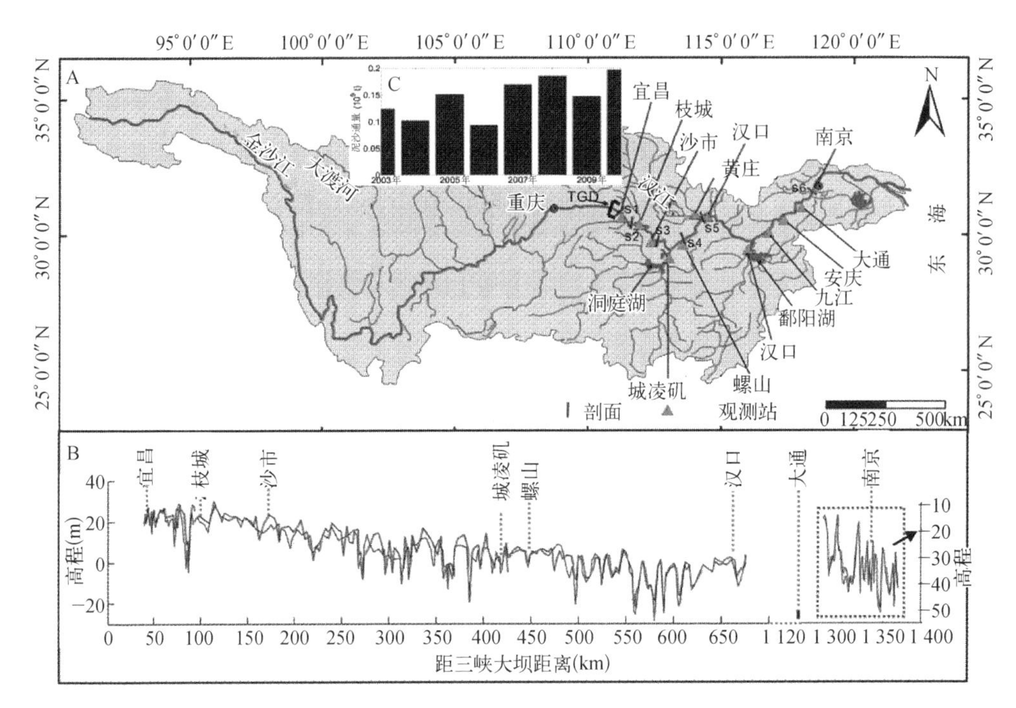

图 2-1 长江干流—河口深泓线变化图

注：C 为大通泥沙变化；B 为河床沿程深泓线变化，其中红色为 2003 年后间断测量的河床深泓线，蓝色线为 2003 年前间断测量的河床深泓线。资料来源于中国河流泥沙公报

市到螺山河段，河床纵剖面高程差出现正负交替，但以负为主，平均切蚀深度为 1.5 m，其中洞庭湖出口城凌矶下游则有明显淤高现象。

除局部河段深泓线出现淤高，螺山到汉口约 250 km 的河段深泓线再次出现类似宜昌到沙市的河段深泓线明显下切现象，平均下切深度约 1 m。此外，潮流界南京河段深泓线部位亦出现几乎全线下切的现象，但下切的深度要比其他河段明显要小，平均下切幅度约为 1 m。

2.1.2 河流流量和水位变化特征

对沿程 8 个干流控制站 2000～2010 年的日平均水位和流量进行 Mann-Kendall 检验表明，除枝城的日平均水位检验统计量（$Z=-1.16$），其他各站水位都出现明显的下降趋势，并通过 $p=0.001$ 的显著性检验。8 个控制站日平均流量的 Z 统计则表明，除螺山、汉口、大通径流出现减少趋势，其他站点呈现增加的变化。此外，南京的年平均最大潮位出现增加的趋势。

同时，由洪枯季和年平均水位差变化图表明（图 2-2），长江干流沿程各站在枯季水位自 2000 到 2010 年均有较明显的下降，特别是宜昌、沙市、汉口以及安庆。而年平均水位和洪季的水位则具有一定的振荡。此外，在 2006 年各站年和洪季平均水位出现最低值。流量的变化不明显，而水位的明显下降，结合河流深泓线的变

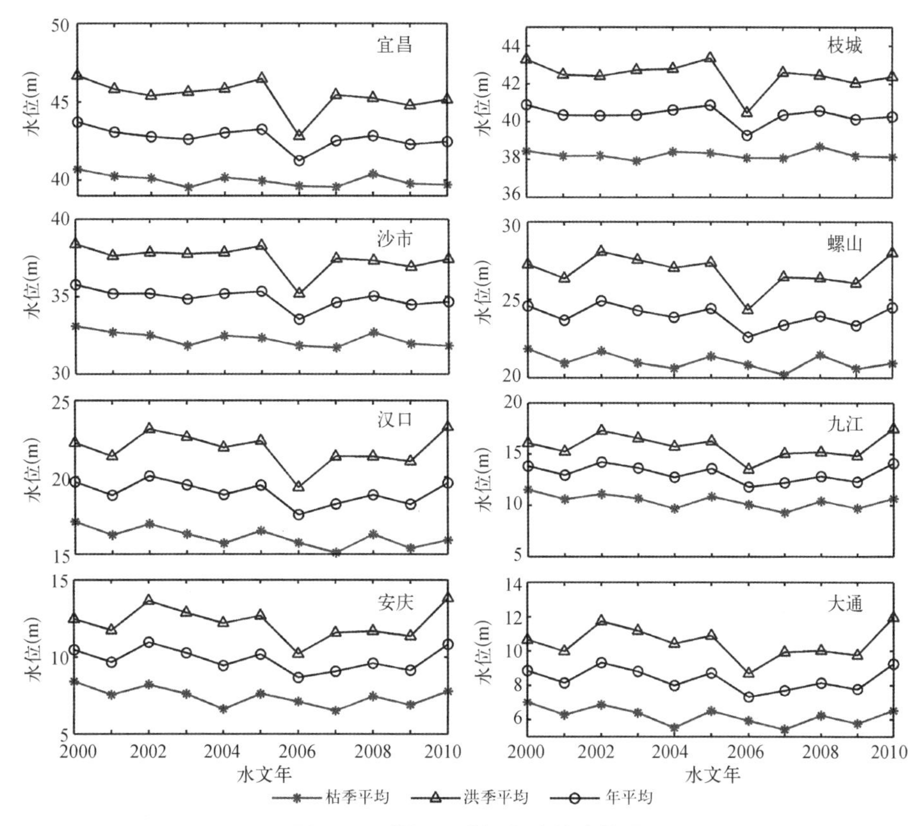

图 2-2　长江干流沿程水位变化图

化，表明河床可能发生侵蚀。

2.1.3　河床冲刷/淤积模式

2.1.3.1　河床各断面的泥沙收支

为综合考虑长江河段河槽泥沙的收支关系，在此选用蓄水前(1981～2002)、蓄水后(2003～2010)两期的年平均悬浮泥沙通量进行河段悬浮泥沙平衡分析。同时，鉴于过去的研究几乎都没有考虑到河床自身的冲刷和淤积可能弥补悬浮泥沙总量，故进一步利用蓄水前、蓄水后(2002 年 10 月)至 2010 年 10 月的长江河床年平均冲刷/淤积的泥沙量(包括推移质和悬移质)，来分析河床泥沙的收支变化。

表 2-1　长江干流不同站位的水位和流量 Mann-Kendall 检验系数

参　数(时间)	宜昌	枝城	沙市	螺山	汉口	九江	安庆	大通	南京
日流量(2000～2010)	2.89	9.24	4.01	−5.63	−4.49	3.00	—	−3.99	—
日水位(2000～2010)	−11.16	−1.16	−13.21	−9.78	−13.06	−12.89	−11.27	−10.34	5.51*
年径流量(1955～2010)	0.55	—	—	—	0.86	—	—	0.96	—

* 为南京年最大水位(1955～2008 年)。

就蓄水前的长江河槽而言，由年平均悬沙收支表明，蓄水前上游宜昌到枝城河段年平均悬沙通量增加，而下游汉口到大通总体是处于平衡状态，这很可能和上游枝城河段的支流清江泥沙补充，以及上游坡度相对较陡泥沙运输能力大，而下游坡度平缓泥沙运输能力较小有关，相应的河床冲刷亦表明此点(图 2-3)。同时，枝城—螺山河段悬浮泥沙减小了 4%，这可能是：① 河床坡度变缓致使部分泥沙发生沉积，如河床相应年份的河槽年平均淤积为 0.8×10^{6} t；② 尽管洞庭湖有泥沙补充给长江，但洞庭湖承纳上游的泥沙要比净补充多60×10^{6} t，即导致在下游螺山出口悬浮泥沙要小于枝城；③ 螺山—汉口河段虽然有汉江的泥沙补充，但该河段年平均悬浮泥沙减少了 16%，与其他河段比较，这是悬沙落淤最多的地段，显然亦造成该河段的河床淤积幅度最强。此外，汉口到大通的泥沙收支基本平衡(图 2-3)。由于螺山而下依次为洞庭湖和江汉平原以及鄱阳湖平原，河床坡度极为平缓，径流动力作用相应减弱，故造成河流运输能力降低，悬沙逐渐沉降。同时，自汉口到大通除鄱阳湖净输出泥沙外，没有较大的河流泥沙物源，因而可推测该河段河床多年的冲淤和悬浮泥沙的收支类似，维持冲淤平衡状态。总体而言，蓄水前的河槽悬浮泥沙自上游到下游是沿程减少，河床呈现为净的淤积状态。

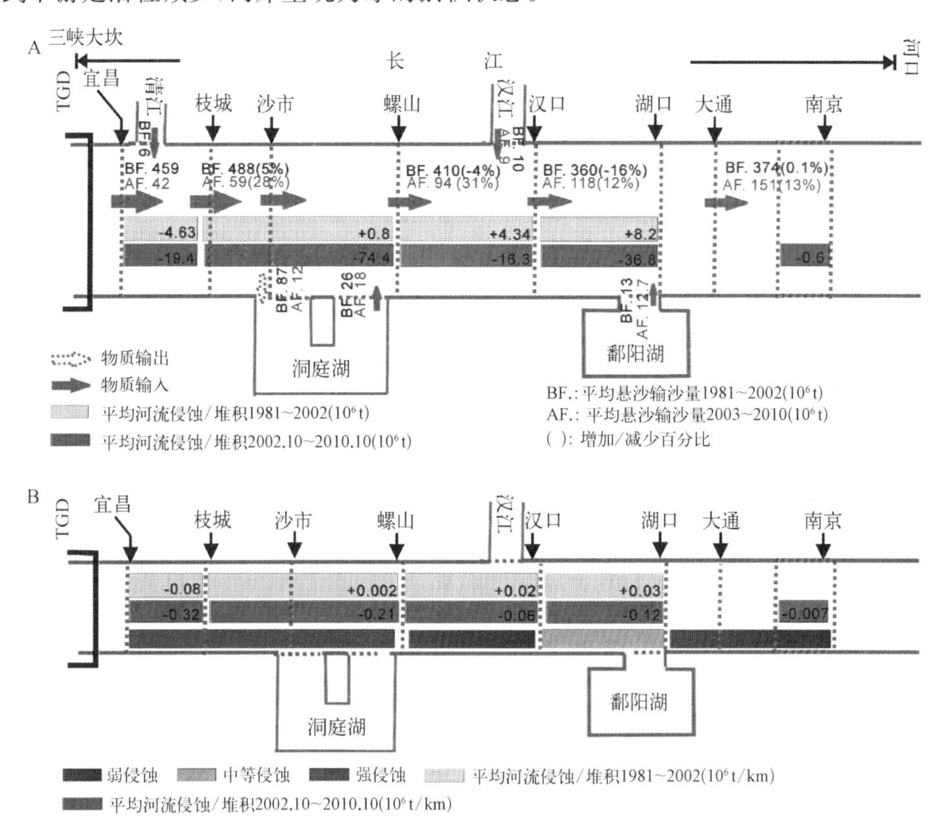

图 2-3 河流沉积/冲刷模式

与蓄水前的河槽悬沙比较，蓄水后的河槽不同河段悬沙明显处于增加状态，尤其是宜昌—枝城河段、枝城—螺山河段悬沙增加了约 30%，螺山—汉口、汉口—大通悬沙则增加了约 12%。不同河段悬沙的增幅亦和相应河段的河床冲刷幅度一致。蓄水前的河床淤积或者冲淤平衡已经完全转变为侵蚀状态，尤其是沙市—螺山河段的侵蚀高达 74.4×10^6 t。显然，增加的悬沙通过河床冲刷进行补充，目前长江河床河槽即处于强烈的冲刷态势(图 2－3)。即蓄水后的年份，河床由先前的泥沙“汇”变为现在的一个重要的“源”。此外，值得提及的是，南京河段 2001～2006 年的河床对比分析表明，该河段亦出现弱的冲刷状态，虽然没有湖口到南京的河床监测数据，但汉口到湖口河段河床大规模的侵蚀量(36.8×10^6 t)，很可能是汉口到大通悬沙减少的重要补充。因而，可推测，湖口到南京整个河段的河床可能和南京河段实测的河床冲刷类似，即处于弱的冲刷状态。

2.1.3.2　河槽泥沙的冲刷/淤积模式

为便于比较，进一步将河床的冲刷/淤积折算为单位长度上的冲刷/淤积量(图 2－3B)，综合前述的讨论，即蓄水前后的河床泥沙行为已经发生明显改变，由蓄水前的泥沙主要淤积转变为蓄水后的河槽泥沙冲刷状态。同时，如果假定单位长度的泥沙冲刷分为强烈冲刷($>0.2\times10^6$ t)、中等冲刷($0.1\times10^6\sim0.2\times10^6$ t)、弱冲刷($<0.1\times10^6$ t)，那么，长江干流自宜昌到河口可分为以下几个冲刷模式：宜昌—螺山为强冲刷；螺山—汉口为弱冲刷；汉口—湖口为中等冲刷；湖口—南京为弱冲刷。

因而，可以预期流域边界条件已经发生明显改变，这对河口的沉积或淤积将产生严峻影响。

2.2　长江河口的悬浮泥沙及其河槽冲淤特征

2.2.1　河口表层水体悬浮泥沙变化特征

河口表层水体的悬浮泥沙对上游流域边界条件(如径流、悬沙)的变化格外敏感。据此，利用徐六泾、横沙、佘山、牛皮礁、南槽东在三峡蓄水前 1999～2002 年以及三峡蓄水后的 2006 年监测的表层悬浮泥沙以及相应的大通悬浮泥沙变化序列进行统计分析。

首先，由图 2－4 可知徐六泾、横沙和佘山在 1999 年的悬浮泥沙观测是类似于 2000 年。同时，徐六泾的悬浮泥沙具有季节性的变化，而且在夏半年的悬浮泥沙变幅大于冬半年。其次，横沙在 1999 和 2000 年季节性变化较弱，其夏半年和冬半年的悬浮泥沙浓度基本相当。而佘山的悬浮泥沙亦具有季节性变化，同时在冬半年的悬沙浓度要大于夏半年，这和徐六泾的悬沙季节性变化恰好相反。类似的变化也能在引水船站观测到。

由表 2－2 可见佘山站冬半年悬浮泥沙浓度要高于其他站位。同时，南槽

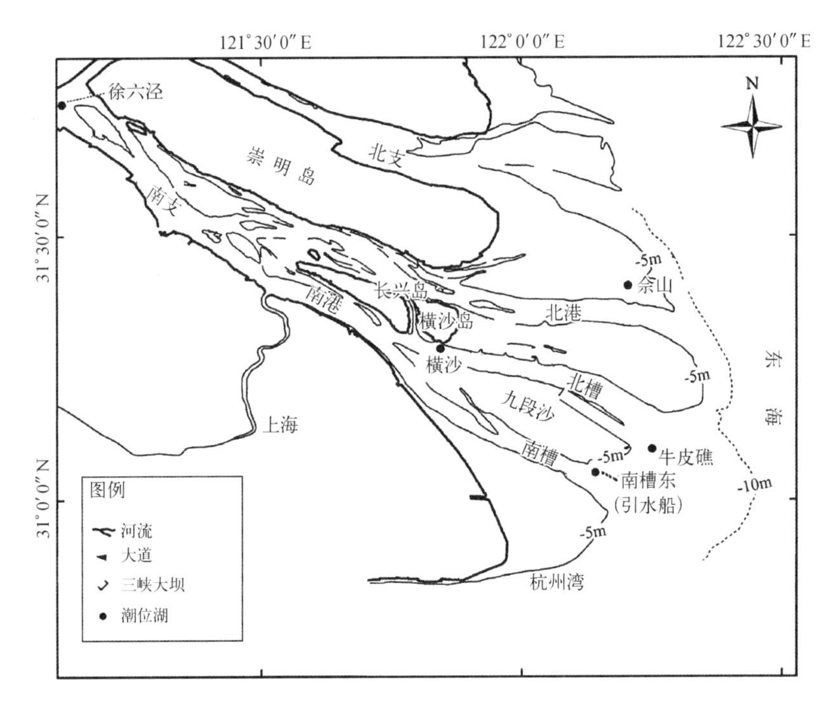

图 2-4　河口表层水体悬浮泥沙观测站

东亦有类似特征。然而,三峡运行以后,即使2006年为特枯年份,但从图2-5和表2-2仍能推知悬沙具有季节性的变化,但徐六泾悬沙已经明显减少,横沙基本不变,口外佘山和南槽东也基本和三峡运行前的悬浮泥沙相当。进一步做大通入海泥沙和河口各站相应序列的悬沙相关分析(图2-6),发现徐六泾和大通的入海泥沙浓度呈现正相关,而横沙则没有此类关系,口外的站则呈现正或负的关系。

表 2-2　悬沙变化特征

年份	大通(kg/m^3)			徐六泾(kg/m^3)			横沙(kg/m^3)		
	夏半年	冬半年	全年	夏半年	冬半年	全年	夏半年	冬半年	全年
1999	0.33	0.09	0.21	0.13	0.09	0.12	0.31	0.38	0.34
2000	0.44	0.12	0.28	0.2	0.11	0.15	0.34	0.38	0.35
2006	0.12	0.09	0.11				0.24	0.24	0.24

年份	佘山(kg/m^3)			牛皮礁(kg/m^3)			南槽东(kg/m^3)		
	夏半年	冬半年	全年	夏半年	冬半年	全年	夏半年	冬半年	全年
1999	0.31	0.51	0.41				0.2*	0.52*	0.36*
2000	0.32	0.48	0.40						
2006				0.68	0.4	0.54	0.89	0.52	0.71

*是引水船1982年8月～1983年7月的悬沙浓度。

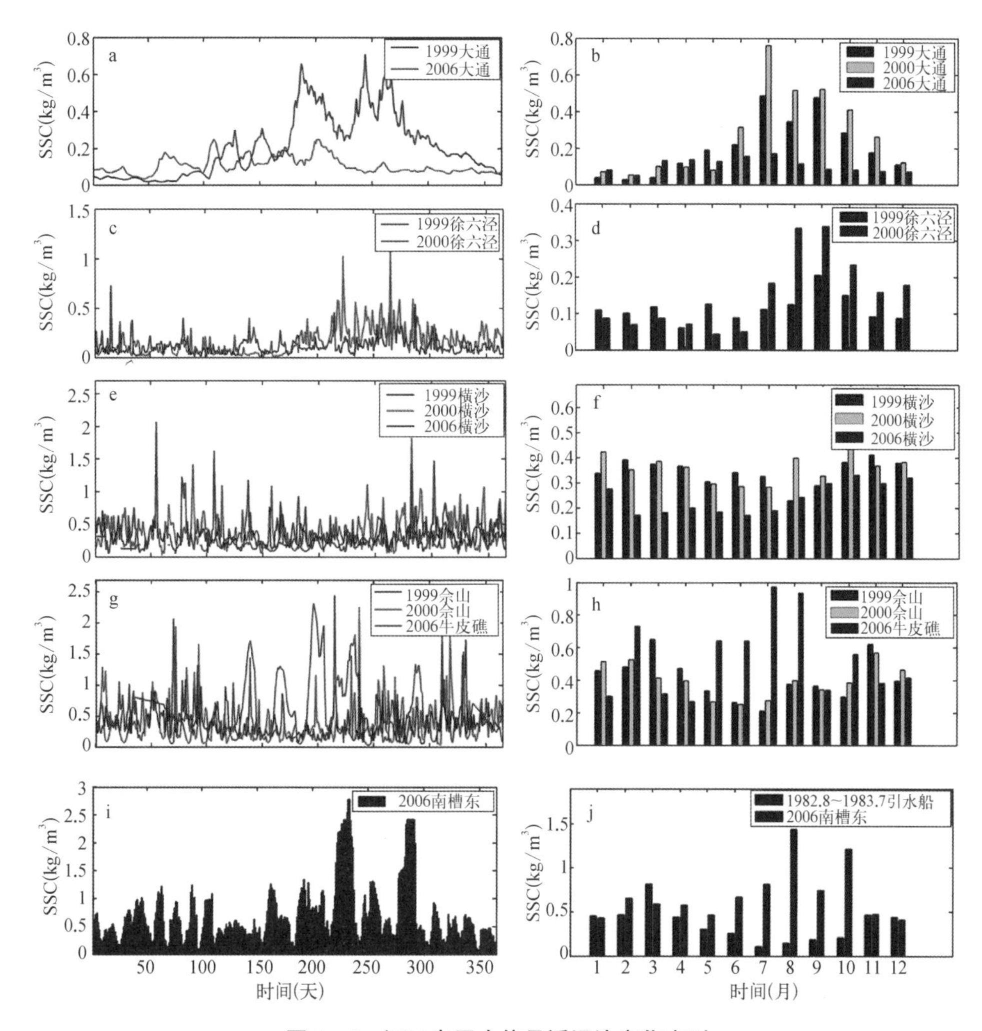

图 2-5　河口表层水体悬浮泥沙变化序列

可见，上游边界条件的改变，对河口拦门沙(横沙以内)以内的河口区域已经在表层水体的悬沙上出现相应响应，但拦门沙及其口外因受制于最大浑浊带效应和口外潮流以及波浪的掀沙作用而仍能基本维持不变。

2.2.2　河槽冲淤变化特征

考虑到长江口河槽冲淤的复杂多变，这里仅选工程作用强烈影响的北支、北槽河段进行分析。

2.2.2.1　北支

北支水道是长江入海的第一级汊道，流经上海市崇明县与江苏省海门市、启东市入海(图 2-7)。北支水道西起崇明岛头部、东至连兴港，全长约 83 km。自 1958 年以来，北支水道萎缩淤浅速度加快，目前北支由河口汊道转变成狭长的喇叭形潮

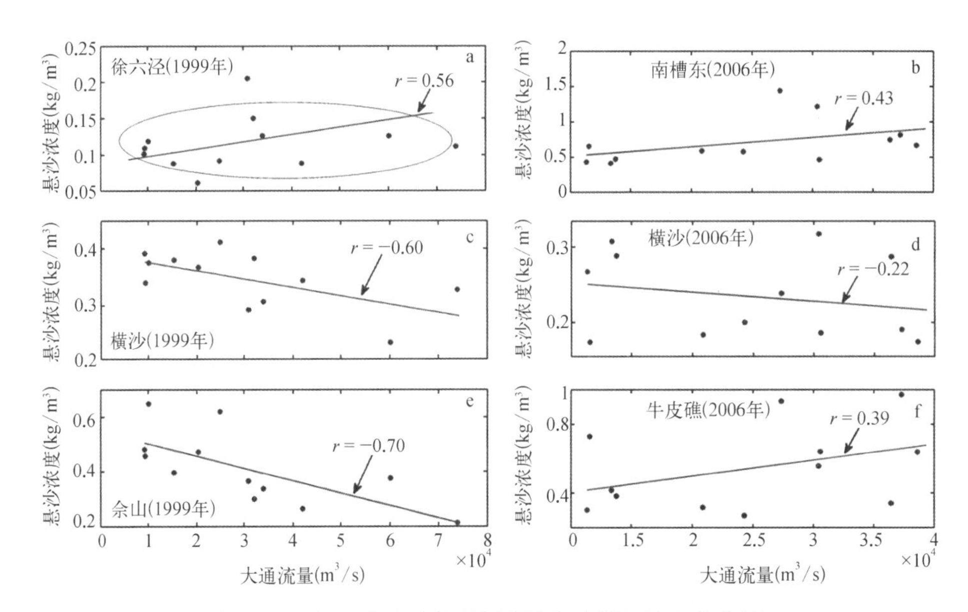

图 2-6　河口表层水体悬浮泥沙和大通泥沙相关分析

图 2-7　长江口北支概况

汐水道，下段口门处河宽约 12 km，上段崇头河宽仅 2.5 km，下段口门连兴港处河宽约 12 km，长江口外传入的潮波在此会发生强烈变形。

长江口北支在早期 1958 年前为无人工干预的状态，而随着北支上口河宽束窄及其上游分水分沙减少，北支河宽整体处在减少状态(图 2-8)。同时，北支水道平均水深由 1958 年的 4.9 m 减小至 2009 年的 2.8 m，平均水深出现明显减小，特别是 1991～2009 年，而青龙港—头兴港河段则是水深出现明显减少的河段(图 2-9)。

伴随河宽和平均水深的减小，北支河槽体积亦发生相应的变化，如 1958 年北支容积为 30 亿 m^3，而在 1998 年仅为 14.3 亿 m^3，到 2009 年则不到 6 亿 m^3(图2-10)。

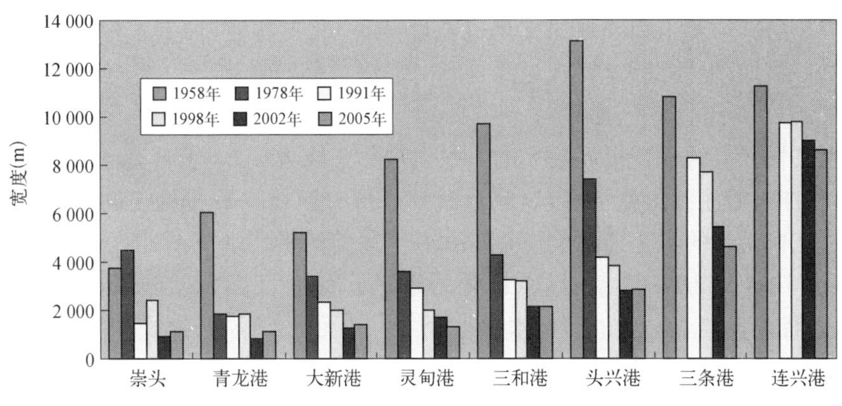

图 2-8 北支 0 m 河宽宽度

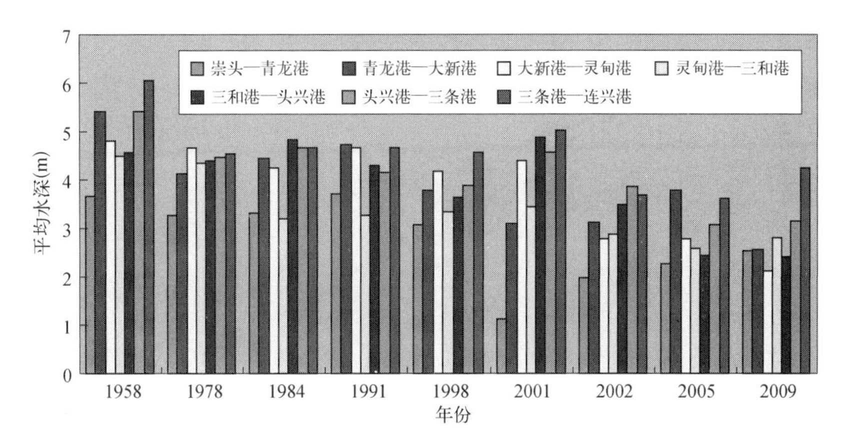

图 2-9 北支各个年份平均水深

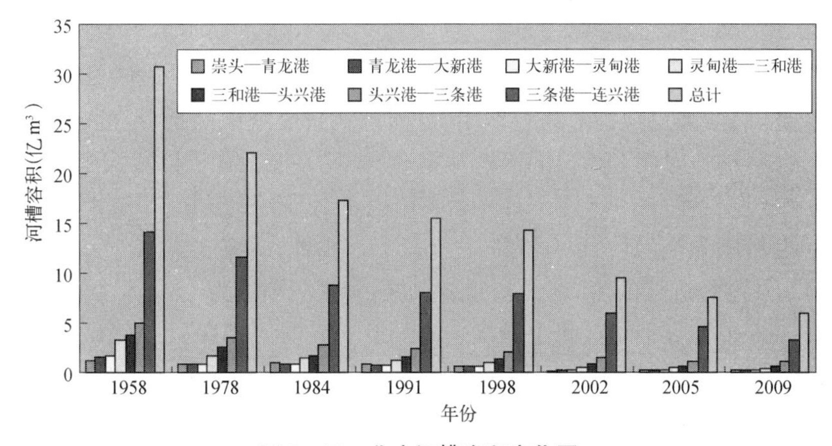

图 2-10 北支河槽容积变化图

长江口北支水道的萎缩主要出现在河口中上段，尽管一系列围垦工程和护岸工程效应，导致江面缩窄，由此潮波传播过程中发生的剧烈变形致使北支中、上段河宽束窄，河床变浅，河槽容积减小，但河口海平面的上升亦在某些方面增大了潮波效应。河口局部工程导致北支河口宽度减小,北支萎缩,局部水位抬升、其与海平面上升叠加,促使潮波增强、泥沙自海向陆输送呈增强。

2.2.2.2 北槽

由于长江上游修建世界最大的水电大坝—三峡大坝,大坝自2003年6月蓄水以来,长江入海泥沙急剧下降,这已导致河口部分区域出现侵蚀。同时,河口北槽作为长江口目前的主要通海航槽,由1998年以前的平均水深不足7 m已疏浚到目前的12.5 m(图2-11),为此,北槽先后修建了19座丁坝以实施深水航道整治工程,这是目前世界上最大的河口水利工程之一。无疑,流域的大坝和河口的重大工程以及复杂的水动力影响下,必将对长江北槽产生深远影响。

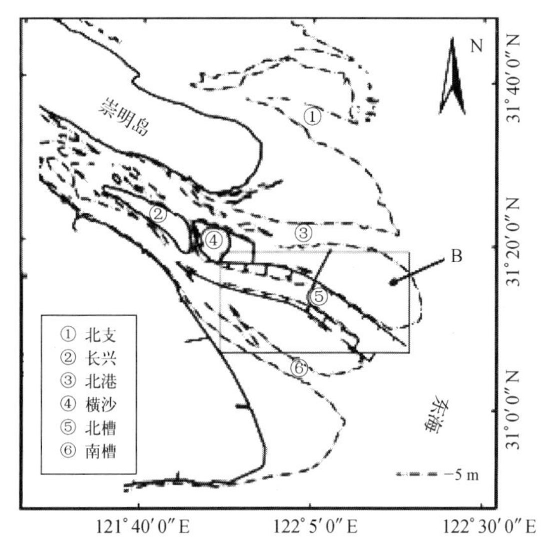

图2-11 长江口北槽位置

由于河口极其复杂的水动力作用,目前一直很难获取高精度和长时间尺度的实测地形图数据,因而对河口的河槽冲刷/淤积模式很难有定量的认识。长江河口北槽深水航道工程自1998年1月开始实施以来,先后每年进行季节性的测量3～4次,测量的精度分别为1∶10 000和1∶25 000。由此,研究收集了自1998年8月到2011年8月已经进行的45次最新测量数据,每张测图约为11 255个水深点数据,基于ArcGis平台分别统计每个测次北槽低于0 m的河槽容积、-8 m以深的河槽容积以及-2 m以浅的河槽容积。此外,将所有的测图水深标准化处理,形成45×11 255的矩阵,进而利用经验正交函数分析北槽的沉积变化模式,评估河口深水航道工程对北槽的影响。

(1) 北槽的冲刷特征

由于长江口北槽深水航道工程分为:一期(1998.8～2001.5),工程的目的是航道水深达到8.5 m;二期(2002.5～2005.2),使航道水深达到10 m;三期

(2006.8～2010.3)，使水深达到12.5 m。每个阶段实施后则利用疏浚船进行航道水深维护。因而这里选择和这三期工程基本一致的测图分析北槽的冲淤特征。图2-12表明，第一期工程开始实施时，北槽上段和下段主槽明显发生冲刷，冲刷幅度超过1 m，北槽中段出现轻微冲刷，但上段以北部分丁坝有较强淤积，整个河槽容积出现扩大的趋势。在一期和二期工程之间，尽管有航道疏浚，但主航道仍然出现弱的淤积态势，约自然回淤 145.7×10^6 m^3。二期工程(2002.5～2005.2)实施期间，坝田滩涂和航道出现截然相反的变化，主航道出现冲刷，坝田滩涂则为强淤积态势，平均淤积强度超过1 m，河槽容积则进一步缩小。在二期工程和三期工程实施的中间阶段，除北槽中下段主河槽为冲刷外，其他部位普遍发生弱的淤积，而在三期工程阶段(2006.8～2010.2)，坝田滩涂的淤积强度和2005年2月至2006年8月坝田滩涂淤积是相当的，但主槽出现冲刷，整个河槽容积基本维持不变。三期工程完工后，自2010年2月至2011年8月，北槽出现自然回淤，淤积量达 80.9×10^6 m^3。同时，坝田滩涂继续呈现淤积态势，整个河槽则呈现类似一期工程后(2001.5～2002.3)的斑块状淤积(图2-3)。显然，通过三期工程实施前后测图的比较表明：北槽深水航道工程由开始实施到完成期间，主槽发生强烈冲刷，坝田潮滩则出现淤积；工程实施后，坝田继续淤积，主槽出现回淤，其中回淤的部位主要集中在北槽中段，并有下移的趋势。

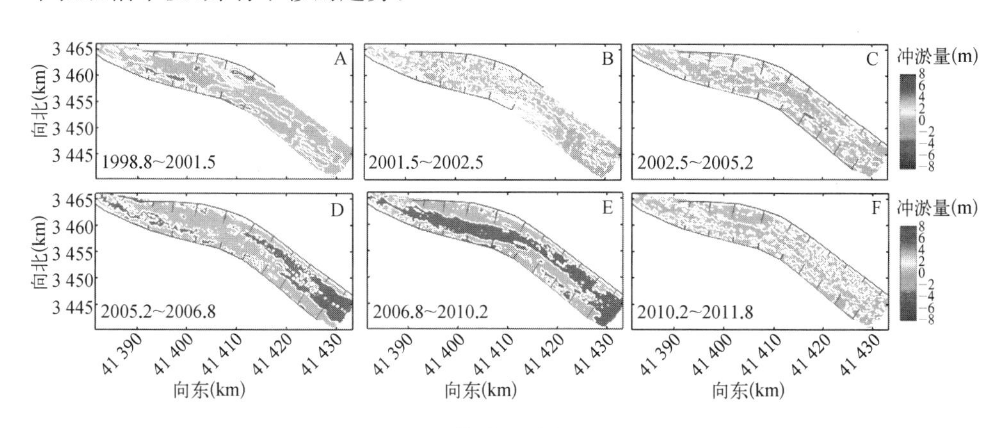

图2-12　北槽冲刷特征(后附彩图)

(2) 北槽河槽的冲淤过程分析

自1998年8月至2011年8月分别在2月、5月、8月、11月进行的45次测量清晰展示了河槽的冲淤变化过程。首先，在这13年里，河槽整个容积是下降的，同时有年内季节性的振荡(图2-13a)，年平均容积减少速率为 17.2×10^6 m^3。然而，河槽主航道−8 m以深的区域则出现容积明显扩大趋势，年平均容积扩大速率为 14.8×10^6 m^3(图2-13b)，而平均中潮位−2 m以浅的滩涂则处于冲淤交叠但以淤积为主的明显淤积状态，年平均淤积约为 17×10^6 m^3(图2-13b)。此外，值得注意的是，滩涂的冲淤和−8 m以深的槽的变化虽然没有过去明显的“洪淤枯冲”现

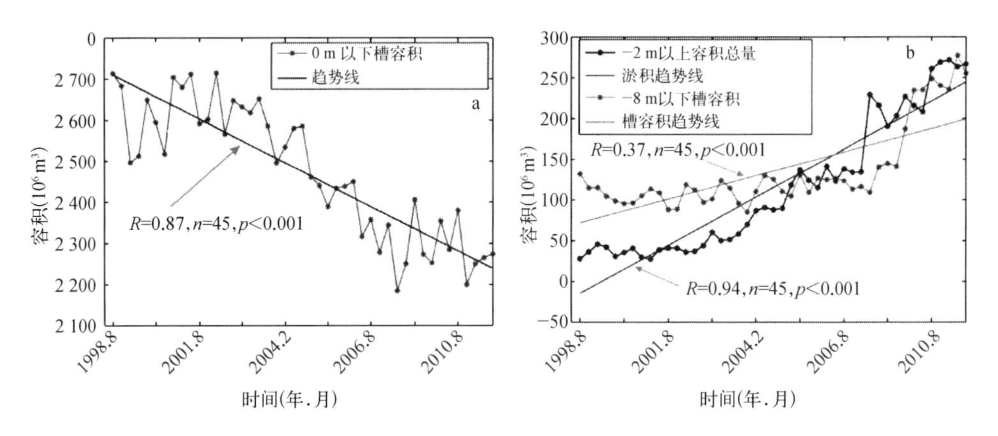

图 2-13　长江口北槽 0 m、−8 m 以下、−2 m 以上容积变化

象，但季节性的自然振荡依旧存在。同时，滩涂的淤积过程线和−8 m 以深河槽容积的侵蚀在大部分年份仍具有反相的位相关系，这表征了河槽在容积减少的同时，河槽的滩槽仍旧具有“滩冲槽淤”或者“滩淤槽冲”的泥沙交换模式。

(3) 北槽河槽的冲淤模式

自 1954 年长江特大洪水以来，长江口北槽的岸线轮廓格局就基本没有变化。因而北槽的沉积模式研究主要是针对河口内部的泥沙输运和冲淤的分析。由于经验正交函数能很好地概括和提取河口沉积和地貌变化的主要结构模式，故所构建的 45×11 255 的北槽河口水深数据可利用 EOF 分解为时间和空间函数(图 2-14)。结果表明，经验正交函数分解的第一和第二模态占了整个空间变化的 91%，在此主要分析这两个模态，其他的模态可视为噪声而去除。

首先，第一经验正交函数占了总方差的 85%，反映了河槽泥沙的主要沉积方式(图 2-14a、b)，北槽河口的第一空间函数系数清晰展示了系数在纵向上呈阶梯

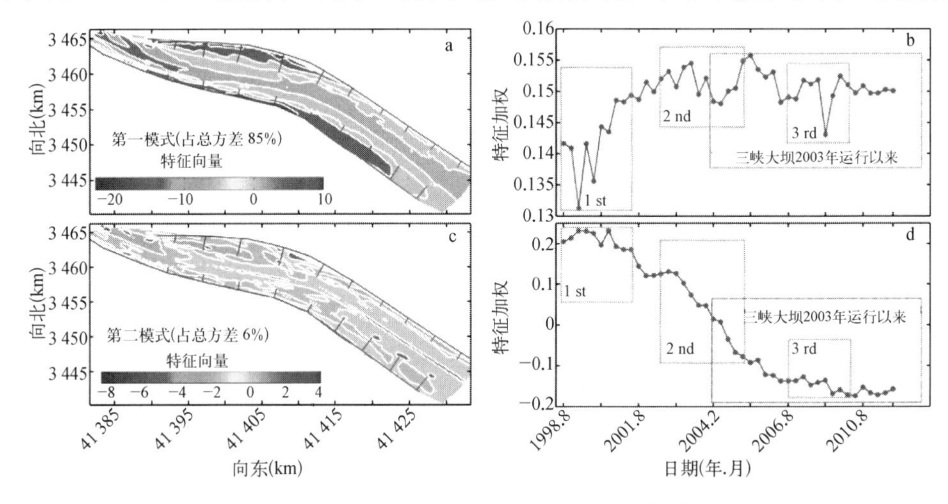

图 2-14　北槽冲刷/沉积模式(后附彩图)

状条带分布，系数值则由坝田（－2 m 以浅）到－5 m，进而到主槽，呈现阶梯状下降，在主槽内的空间系数为负值（图 2-14a）。这表明了河槽的泥沙沉积方式是坝田强淤积（中等潮位以上的潮滩）—低潮滩（－2～－5 m）弱淤积，而河槽则为强冲刷状态，即'滩淤槽冲'，这和－2 m 以上的泥沙沉积过程以及－8 m 以深的河槽冲刷过程结果是完全一致（图 2-14a、b）。同时，注意到第一模态的时间函数都为正，并且展现明显的季节性波动；时间函数系数在 2010 年 8 月以前具有相对增大的趋势，而 2010 年 8 月以后则相对平稳，结合第一空间函数，表明尽管潮滩的淤积有"弱—强"的季节性波动特征，但长期以来潮滩的泥沙是处于稳定增加态势，在 2010 年 8 月以后则淤涨速率基本处于稳定，河槽表现出来的特征是泥沙长期冲刷，河槽加深，2010 年 8 月以来则缓慢冲刷。这和工程前后的测图分析结果也是一致的（图 2-12）。

第二特征函数占了总方差的 6%，反映了河槽次要的泥沙变化模式（图 2-14c、d）。第二空间函数系数分别表明，北槽河口的空间函数基本为正，且在河槽自中上段到中段呈现带状分布，两侧为负值，第二空间函数清晰表征了北槽河口的拦门沙沉积方式，即拦门沙在十几年中是一直存在的，并且主要出现在北槽中上段到中段。而相应的时间函数表明，时间函数系数是明显的呈下降趋势，并且在 2004 年初系数由正变负，结合空间函数系数，这表明尽管北槽河口拦门沙终年存在，且具有较少的季节性波动，但整个拦门沙的泥沙淤积速率在减缓，特别在 2004 年左右河口拦门沙体积呈现负的增长，即由正淤积状态到泥沙侵蚀冲刷。显然，第二特征函数表征了北槽河口拦门沙终年存在、但体积和规模在持续减小的泥沙沉积模式。

2.2.2.3　影响河口泥沙沉积的主要因子甄别

北槽河口在近 50 年来主要受控于上游水沙以及潮流的动力作用，河口的动力地貌格局基本稳定。然后，自 1998 年以来，河口先后三期工程疏浚，致使主槽水深由过去不足 7 m，而浚深到 8.5 m、10 m 以及目前的 12.5 m，即河槽主槽呈现阶梯性的冲刷，相应的北槽潮滩则出现主槽相反的泥沙搬运方式，即坝田持续淤高，尽管这和滩槽的水沙交换加剧和局部环流有关，但这都是由河口深水航道工程三期整治所引起的。同时，1998～2011 年的 13 年间上游泥沙已经发生剧烈的减少，这种减少的趋势和第一模态增加的时间系数值没有必然的关系，而长江的径流强度与过去比较，无明显的变化，即经验正交函数第一模态反映了在河口局部工程作用下的河槽泥沙变化行为。考虑到第一模态占了河口泥沙沉积的 85%，故在很大程度上表明北槽河口的泥沙输运过程已被人为约束，北槽河口成为人工控制的河口。

北槽河口拦门沙是北槽的重要沉积体系，其形成主要是长江入海径流下泄到河口，因水流扩散，流速降低，导致流域大量的泥沙沉积在口门，从而构成拦门沙的基干。随后，由于盐淡水的絮凝、环流等作用进一步导致细颗粒泥沙下沉，覆盖于拦门沙基干之上，导致沙体进一步扩大。因此，长江流域较粗颗粒泥沙的变化是北槽拦门沙沉积体系形成的基础，流域泥沙的减少，可直接影响拦门沙体系的规模。据

图 2-5，长江入海泥沙自 1998 年以来呈现减少的趋势，特别是 2003 年随着三峡大坝的建设，泥沙量急剧减少，2003 年入海泥沙仅为 2.06×10^8 t，不到过去 50 年年均入海泥沙量的 50%；而 2006 年进一步减少到 0.85×10^8 t；2011 年则不到0.8×10^8 t。第二经验特征函数的时间系数亦表明在 2004 年初系数出现正值向负值转换，同时自 2004 年后，时间系数急剧下降。进一步对第二经验函数的时间系数和大通入海泥沙进行相关分析，两者呈现明显的相关。此外，亦有研究表明，随着上游泥沙的减少，长江河口拦门沙坝峰向陆的位置，悬沙浓度已经降低。因此，第二经验函数表征的拦门沙泥沙沉积模式主要受控于上游泥沙的变化，随着上游泥沙的减少，拦门沙沉积体系的规模趋于减小。

2.3　海平面上升对河口水面比降影响及其模拟分析

2.3.1　河口水位比降

河口水面比降可通过实测不同位置的连续潮位在相同时间的瞬时水位来表征。然而，限于目前很难收集到河口大规模和连续的水位资料。因而，只能通过在河口研究区不同位置进行同步连续观测的水文资料来表征河口的水位变化（图 2-15）。在此，考虑到影响水面比降的因素以及可比较性，在此尽量选择研究区尤其是河道相对平顺、两个站位同步观测且观测时间在大潮的站点进行研究，通过筛选和反复斟酌，对选择的站点分析涨平和落憩时刻的水位比降状态。

选择研究的站位集中在南支—南港—南槽，由不同年份的洪季大潮涨憩状态（表 2-3）表明，大通流量基本是 4 万～5 万 m^3/s，与此同时河口的水位比降由

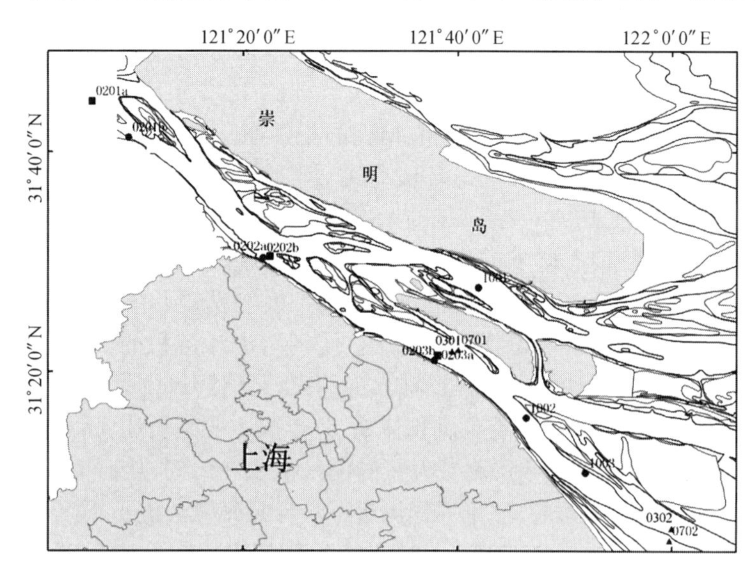

图 2-15　河口选择的站点分布

2003年的0.728,2004年的1.36,下降到2010年的0.494和0.594,同时枯水季节水面比降由2002年3月的-1.7,2002年9月的-0.861,增加到2007年的0.646,即比降在洪季观测的站点是沿程呈现减小的趋势,而枯水季节的比降呈现沿程增加的趋势。

表2-3　不同年份不同潮情(涨憩)下长江口水位纵比降变化表

观测日期	大通流量(m^3/s)	站点—站点	水位涨憩纵比降($\times10^{-4}$)	备　注
2002年3月1～2日	11 700	0201a—0202a	2.19	白茆沙—陈行水库
		0202a—0203a	-1.70	陈行水库—六滧
2002年9月22～23日	37 300	0201b—0202b	0.481	白茆沙—陈行水库
		0202b—0203b	-0.861	陈行水库—六滧
2003年2月17～18日	15 600	0301—0302	1.13	小九段—南槽中
2003年7月15～16日	61 400	0301—0302	0.728	小九段—南槽中
2004年9月15～16日	43 000	0301—0302	1.36	小九段—南槽中
2007年1月18～19日	10 100	0701—0702	0.646	小九段—南槽中
2010年8月10～11日	51 700	1001—1002	0.494	南港上—南槽上
		1002—1003	0.594	南槽上—南槽中

进一步分析不同测站在落憩时的比降情况可见(表2-4),洪水季节的比降由2002年9月的0.515、2003年7月的0.227、2004年的1.14,下降到2010年的0.405,表明洪水季节观测站点比降沿程具有减小的趋势。类似的,枯水比降在落憩时2002年为1.48,2003年2月为1.02,2007年为0.062,即出现沿程减小的趋势。

表2-4　不同年份不同潮情(落憩)下长江口水位纵比降变化表

观测日期	大通流量(m^3/s)	站点—站点	水位涨憩纵比降($\times10^{-4}$)	备　注
2002年3月1～2日	11 700	0201a—0202a	1.48	白茆沙—陈行水库
		0202a—0203a	-1.18	陈行水库—六滧
2002年9月22～23日	37 300	0201b—0202b	0.515	白茆沙—陈行水库
		0202b—0203b	-1.72	陈行水库—六滧
2003年2月17～18日	15 600	0301—0302	1.02	小九段—南槽中
2003年7月15～16日	61 400	0301—0302	0.227	小九段—南槽中
2004年9月15～16日	43 000	0301—0302	1.14	小九段—南槽中
2007年1月18～19日	10 100	0701—0702	0.062	小九段—南槽中
2010年8月10～11日	51 700	1001—1002	0.405	南港上—南槽上
		1002—1003	0.660	南槽上—南槽中

考虑到水位比降在涨平时受到强劲潮流和径流的共同作用,落憩则主要受到径流的作用。同时枯水季节的比降更易受控于外海潮流的作用。据此,河口水位比降无论是涨平还是落憩沿程减小很有可能是因为河床的容积减小或者河口局部

水位的抬升，但南支的容积基本不变(图 2－16)。此外，南槽的－5 m 以及－8 m 亦基本维持稳定，即南槽的容积也基本维持稳定。显然，尽管枯水季节的大潮涨平比降沿程增加，但其他潮情比降均出现减小，而河槽容积基本不变，则很可能比降的减小是由局部河口水位抬升造成的。如果加上外海海平面的上升，未来河口比降有可能进一步减小，而河口上部的冲刷由大通到南京乃至河口增大，则河口区的逆比降加大，亦将出现溯源侵蚀。限于数据的有限性，具体需要进一步做长距离调查研究。

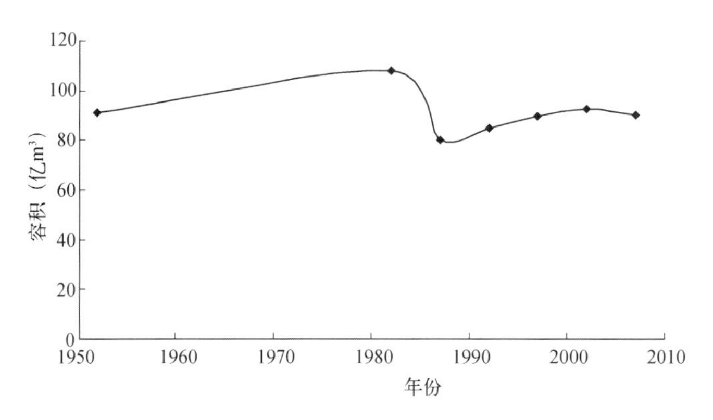

图 2－16　南支徐六泾—共青圩的河槽容积变化

2.3.2　水面坡降和水位变化与海平面上升的耦合过程

2.3.2.1　计算模型

利用 MIKE21_FM 建立了长江口—杭州湾二维垂向平均潮流数学模型。本模型的优点在于：一是计算稳定性好；二是采用非结构网格，能够较好拟合长江口边界曲折、岛屿众多的海岸线；三是模型具有模拟漫滩功能。模型计算区域包括长江河口、杭州湾和邻近海域，东边界至 124.7°E 左右，北边界到 32.6°N 附近，南边界到 29.3°N，长江上游边界取在潮流界顶点——江阴。长江口内网格作了加密，最小网格分辨率为 100 m，而外海网格则进行放大，最大可达 12 000 m；计算时间步长为 60 s。外海开边界以潮位驱动，考虑 15 个主要分潮(M2、S2、N2、K2、K1、O1、P1、Q1、MU2、NU2、T2、L2、2N2、J1 和 OO1)；河流边界则给大通当月平均径流量。地形取 1980 年和 2004 年水下地形(图 2－17)。

2.3.2.2　计算模型水位的验证

水位验证采用了 2003 年和 2010 年《潮汐表》中长江口内的白茆、南门港、石洞口、长兴、横沙、南堡镇、吴淞、中浚、青龙港和佘山等潮位站的水位资料，验证结果见图 2－18 和2－19。由于篇幅限制，本结果只显示部分时间部分站位的验证结果。

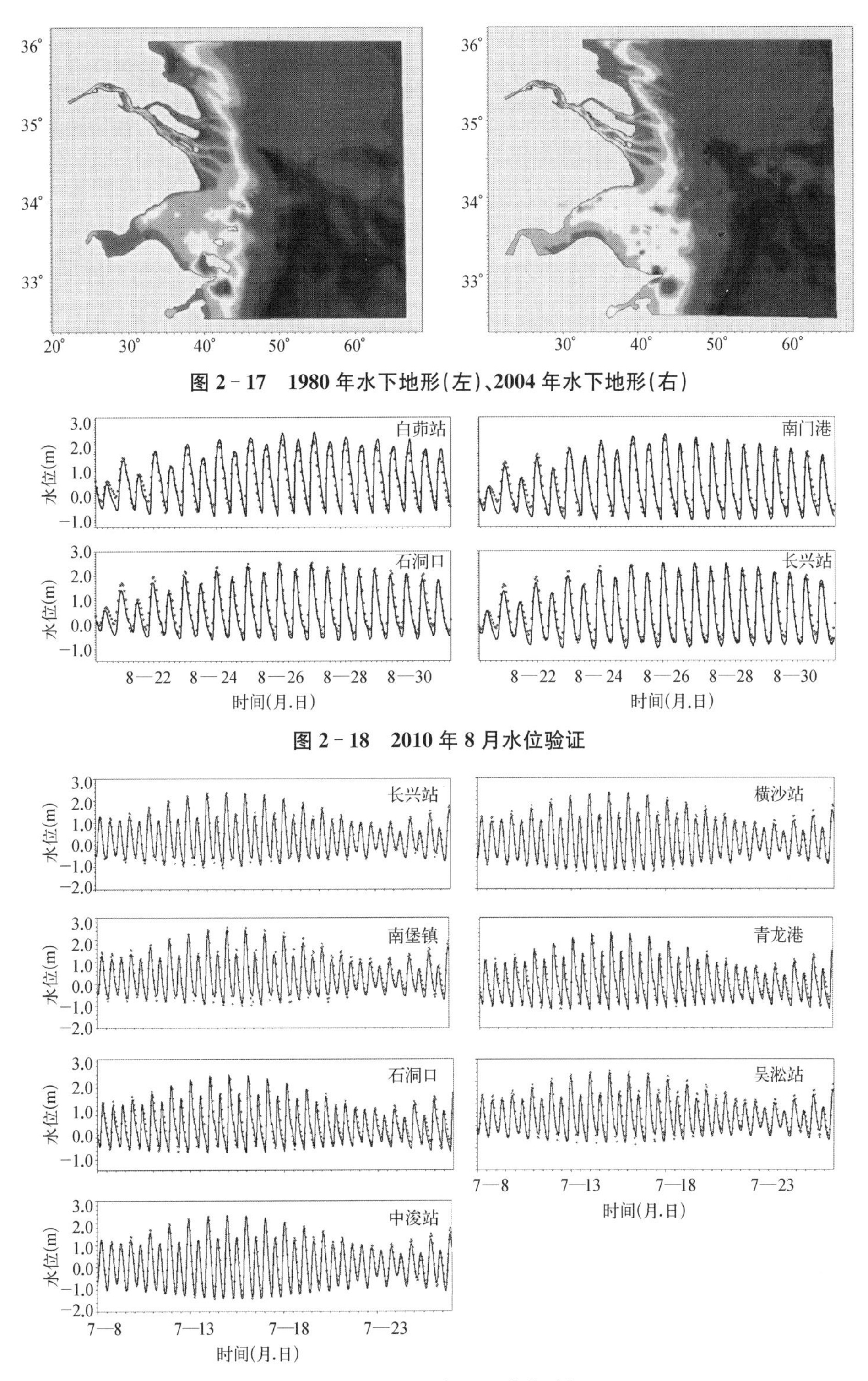

图 2-17　1980 年水下地形(左)、2004 年水下地形(右)

图 2-18　2010 年 8 月水位验证

图 2-19　2003 年 7 月水位验证

2.3.2.3 水面坡降的计算方法

模型采用两套地形，第一套为1980年水下地形图，第二套为2004年地形图，两套地形图均由相应年份海图数字化获得。外海给由调和常数计算得到的水位，上游分别给近50年来大通站洪季(55 000 m^3/s)和枯季(11 000 m^3/s)的平均径流量。计算时间包括两个完整的大、中、小潮周期。

本过程一共计算四次，四次给定相同外海开边界，不同的是上游径流量(洪季和枯季)和地形(1980年和2004年)的组合，计算组合方式如下：① 1980年地形+洪季；② 1980年地形+枯季；③ 2004年地形+洪季；④ 2004年地形+枯季；⑤ 2004年地形+洪季+海平面上升25 cm；⑥ 2004年地形+枯季+海平面上升25 cm。

(1) 数据统计

选取长江口南支、北港、南港、北槽、南槽等河槽内的实测数据点(图2-20～图2-22)进行统计，求取两个全潮的水位平均值(基准面为85基准高程)。

(2) 计算结果

从图2-20～图2-22和表2-5～表2-7中总结出如下规律。

① 由于径流的作用，河口上游段的水位要远高于河口下游段，洪季徐六泾段水位要比入海河段水位高0.4～0.7 m，枯季高0.1～0.2 m；并且整个河段内洪季水位高于枯季水位，此现象河道上游尤为明显。

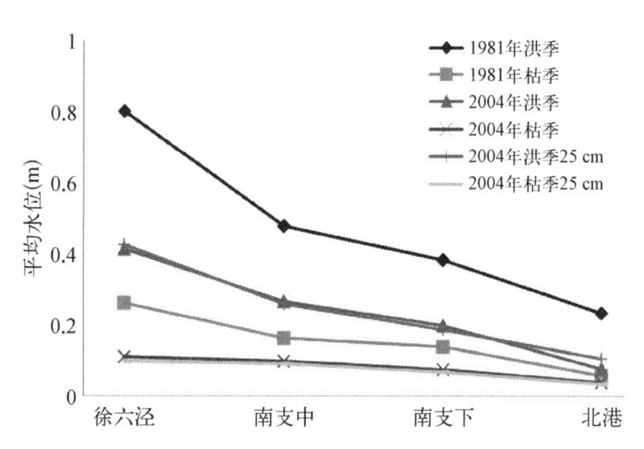

图2-20 北港1981年和2004年平均水位坡降

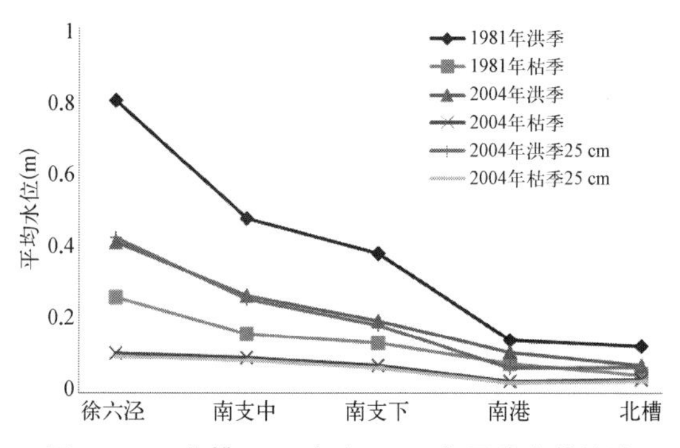

图2-21 北槽1981年和2004年平均水位坡降

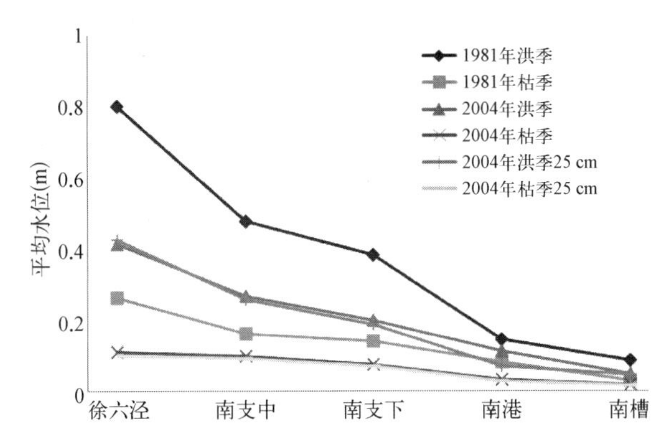

图 2-22　南槽 1981 年和 2004 年平均水位坡降

表 2-5　北港 1981 年和 2004 年平均水位坡降

	徐六泾	南支中	南支下	北港
1981 年洪季	0.80	0.48	0.38	0.23
1981 年枯季	0.26	0.16	0.14	0.06
2004 年洪季	0.41	0.27	0.20	0.08
2004 年枯季	0.11	0.10	0.07	0.04
2004 年洪季+25 cm	0.43	0.26	0.19	0.10
2004 年枯季+25 cm	0.10	0.09	0.07	0.03

表 2-6　北槽 1981 年和 2004 年平均水位坡降

	徐六泾	南支中	南支下	南港	北槽
1981 年洪季	0.80	0.48	0.38	0.15	0.13
1981 年枯季	0.26	0.16	0.14	0.08	0.05
2004 年洪季	0.41	0.27	0.20	0.11	0.08
2004 年枯季	0.11	0.10	0.07	0.03	0.04
2004 年洪季+25 cm	0.43	0.26	0.19	0.07	0.07
2004 年枯季+25 cm	0.10	0.09	0.07	0.03	0.03

表 2-7　南槽 1981 年和 2004 年平均水位坡降

	徐六泾	南支中	南支下	南港	南槽
1981 年洪季	0.80	0.48	0.38	0.15	0.09
1981 年枯季	0.26	0.16	0.14	0.08	0.03
2004 年洪季	0.41	0.27	0.20	0.11	0.05
2004 年枯季	0.11	0.10	0.07	0.03	0.02
2004 年洪季+25 cm	0.43	0.26	0.19	0.07	0.05
2004 年枯季+25 cm	0.10	0.09	0.07	0.03	0.02

② 由于河口演变及长江口深水航道、青草沙水库、南汇边滩圈围等人类工程的作用，1980～2004 年长江口平面形态发生了较大程度的调整，水深的分布也有

明显的变化，这些变化对河口沿程水位也有较大的影响。2004 年洪季水位普遍低于 1981 年，其中徐六泾段低 0.39 m，其他河段也有不同程度的降低，坡降减小。

③ 在上述基础上分析了在海平面上升 25 cm 后长江口各个河槽沿程的水位的变化情况。整个河道中水位没有发生较大的改变，其中北港在海平面上升后洪季水位有所增高，增高幅度为 3 cm，而枯季水位没有发生变化；北槽枯季和洪季水位均无变化；南槽洪季和枯季水位没有发生变化；南港河槽洪季水位有所降低，降幅为 4 cm，而枯季水位没有发生变化。

2.4 结论

针对自 2003 年三峡大坝开始运行以来自宜昌至南京间沿程河床纵剖面深泓线高程变化、8 个干流控制水文站的流量与水位变化及河床冲刷/淤积模式等长江河口流域边界条件的变化开展研究。利用徐六泾、横沙、佘山、牛皮礁、南槽东在三峡蓄水前 1999～2002 年以及三峡蓄水后的 2006 年监测的表层悬浮泥沙以及相应的大通悬浮泥沙、北支与北槽的平均河宽、水深及容积等变化序列进行统计与模拟分析。发现三峡大坝运行后长江河口潮区界和潮流界河床平均下切幅度约为1 m，徐六泾以下河段除枯水季节大潮涨平比降沿程增加外，其他潮情比降均减小。比降减小很可能是由河口大型工程导致的局部河口水位抬升所造成的，如果加上外海海平面上升，未来河口比降有可能进一步减小，而河口上部的冲刷由大通到南京乃至河口，则河口区的逆比降加大，亦将出现溯源堆积。限于数据的有限性，具体需要进一步做长距离调查研究。

第三章　长江口海平面上升对盐水入侵和淡水资源影响

本章针对长江河口动力场特征和盐淡水混合情况，设计高分辨率网格，综合考虑径流量、潮汐、风应力和混合等动力因子，建立长江河口盐水入侵三维数值模式。结合实测资料，对水位、流速、流向和盐度作模式验证，结果表明模式计算值与实测值吻合良好，模式能够正确模拟长江河口水动力和盐水入侵过程。同时，模拟分析了长江大通站平均径流量11 000 m^3/s情况下海平面上升 10～16 cm 导致农历一月大潮期间涨憩和落憩时刻淡水资源量分别为 12.065 亿 m^3 和 17.872 亿 m^3，与海平面未上升时分别减小了 2.504 亿 m^3 和 3.925 亿 m^3，小潮期间涨憩和落憩时刻淡水资源量分别为 30.139 亿 m^3 和 46.019 亿 m^3，比海平面未上升时分别减小了 2.213 亿 m^3 和 2.264 亿 m^3。随着海平面上升的加剧，长江河口淡水资源减少继续加剧。海平面上升引起的盐度升高主要发生在崇明东滩区域、南槽南汇边滩和北支上段，原因在于上述区域位于盐度空间变化大的地方（锋区），海平面上升，锋区盐度等值线只要移动小的距离，就会引起大的盐度变化。

3.1　引言

3.1.1　河口盐水入侵概况

河口是盐水与淡水交汇的区域，盐水入侵是河口存在的普遍现象。河口盐水入侵与河口淡水资源的利用、河口环流、泥沙絮凝沉降、最大浑浊带和生态环境等关系密切。长江是我国第一大河，盐水入侵受径流量、潮差、地形、风应力等动力因子作用影响，动力过程复杂。随着全球气候变化和海平面上升，影响河口盐水入侵和淡水资源的利用。研究长江河口盐水入侵对海平面上升的响应，具有重要的科学和应用意义。

河口是一个淡水和盐水相互交汇的复杂水系，环流动力和咸淡水混合导致盐水入侵，它是河口的一个重要特征。国外对河口盐水入侵的研究，始于 20 世纪五六十年代，大都是基于对观测资料分析的基础上描述河口盐水入侵现象（Pritchard，1952；Pritchard，1954；Pritchard，1956；Bowden，1963；Bowden，1966；Bowden，1967），研究了盐水入侵范围、盐淡水混合和水体盐度分布。如 Pritchard 在一系列经典的论文中，根据河口盐淡水混合特征，将河口划分为充分混合、部分分层和分层三类类型，并强调河口经向余环流对盐水入侵的作用(Pritchard，1952；Pritchard，1954；Pritchard，1956)。之后在理论上有了较为深入的研究，探讨了垂向混合、水平平流、正压和斜压效应等对盐水入侵的动力作用(Geyer et al.，1987；Geyer，1988)。随着数值计算方法和计算机的发展，数值模拟在河口盐水入侵研究中起到了十分重要的作用，揭示了一些重要的动力过程(Festa et al.，1996；Blanton et al.，1997)。例如，Geyer 等(1987)讨论了一个高度分层的河口盐水楔的垂向混合过程，Geyer (1988)研究了 Fraser 河口盐水入侵，发现在潮周期的涨潮期间，在动量和盐量平衡中水平平流远比垂向混合重要，而垂向混合在高度切变的落潮流期间在动力上起着主要的作用。Gillibrand 等(1998)利用一维模式研究了 Ythan 河口的盐水入侵。

近年来国外盐水入侵研究重点为动力过程和机制的研究，现场观测手段和数值模式有了长足的进展(Sanders et al.，2001；Bowen et al.，2003；Liu et al.，2004；Prandle，2004；Geyer，2005；Rao，2005；Lerczak et al.，2006；Brockway et al.，2006)。例如，Melissa 等(2003)认为，当河口分层明显时，大部分的盐以脉冲形式进入河口。盐度的震荡输送在盐平衡过程起到的作用不大，而且受大小潮的变化影响也不大。径流的增加对盐度平衡的影响较大。Prandle(2004)对部分混合型河口研究表明，在浅水河口的大潮期间，潮流流速在垂向上变化很大，潮变形对盐水入侵的影响最大，而潮位和潮流对盐水入侵的影响不大。Rockwell Geyer(2005)采用区域海洋模型系统(ROMS)，对 Hudson 河口流场和盐水入侵进行了数值模拟，较好地模拟了在大小潮以及不同径流条件下的盐度场和流场。模式的计算结果对地形的粗糙程度、垂向的稳定性、垂向的混合强度比较敏感。James 等(2006)对 Hudson River 河道横断面的流速和盐度等进行定点及走航测量，根据这些测量资料研究了河口的盐量平衡状况和盐通量输运的驱动机制。河口垂向剪切扩散是驱动盐量向陆输运的主要动力机制，这种垂向剪切扩散随大小潮交替而在一个量级间发生变化，并在小潮时最为强烈，大潮时最为微弱。从以上研究结果看，不同的河口盐水入侵的动力机制并不相同。针对充分混合条件下的漏斗状河口区域，Brockway 等(2006)提出了可以用来预测海水入侵强度的解析解，认为其与河口宽度密切相关。此外，他们的研究表明，该河口地区至少需要35 m^3/s的河流冲淡水才能使入侵的海水不对周边居民的生活用水产生有害影响。近些年来，有许多河流冲淡水的流量已经在某些月份出现低于 35 m^3/s 的现象。对于非充分混合的河口海岸区域，潮汐周期内平均的线性化理论与盐度场和速度场的垂向结构有关(伴随着海水的入侵)。Prandle(2004)将这些理论的早期研究成果进行了延伸，用以解释潮汐应力及与之相关的对流翻转，并对这些理论的实用性进行了评估。

我国对河口盐水入侵的研究主要工作集中在长江和珠江河口。已有的研究结果表明，长江河口盐水入侵主要受径流量和潮汐的控制(沈焕庭，2003；韩乃斌，

1983；徐建益等，1994；朱建荣等，2010；Wu et al.，2006；Liu et al.，2010；Chen et al.，2010；Li et al.，2010)，还受风应力和口外陆架环流的影响(朱建荣等，2008；Wu et al.，2010；项印玉等，2009)。长江径流量存在显著的季节变化，枯季径流量的下降导致河口盐水入侵加剧。潮汐在不同时间尺度上影响盐水入侵，半日周期的涨落潮使得涨潮期间外海高盐水随涨潮流流向口内、随落潮流流向口外；半月周期的大小潮变化使得盐水入侵强度在大潮期间远大于小潮期间；半年周期的季节变化使得3月潮差最大期间盐水入侵增强。长江河口处于东亚季风区，冬季盛行北风。北风产生向陆的艾克曼水体输运，加剧北支和北港的盐水入侵(朱建荣等，2008；Wu et al.，2010)。长江口外的台湾暖流和苏北沿岸流为长江河口带来高盐水，是盐水入侵的源项(印玉等，2009)。长江河口盐水入侵最显著的特点是北支盐水倒灌(肖成猷等，2000；茅志昌等，2001；顾玉亮等，2003；吴辉等，2007)，即大潮涨潮期间因北支喇叭口形状北支上段水位涌升，大量盐水越过潮滩进入南支。进入南支的盐水在径流作用下向下游输运，中潮至小潮期间到达位于南支中段的陈行水库和青草沙水库，影响上海的供水安全。长三角作为我国经济发达地区，最早面临长江咸潮入侵所带来的不利影响。众多专家学者对长江口盐水入侵规律进行了探讨，从上游的径流变化、各种重大枢纽工程(如三峡水库的建立)等不同因素对长江河口海水入侵的影响进行了研究。沈焕庭等(2003)在历年来的研究基础上，从多个方面对长江河口的盐水入侵进行了综合研究和论述。

华东师范大学长期开展长江河口盐水入侵的现场观测、数值模拟和动力分析研究，取得了众多成果。改进了数值计算方法(朱建荣，2003；朱建荣等，2003；朱建荣等，2004；陈昞睿等，2006；Wu et al.，2010)，建立了一个高分辨率非正交曲线网格移动潮滩边界的长江河口盐水入侵三维数值模式，定量分析和预测长江河口盐水入侵(Wu et al.，2006；Chen et al.，2010；Li et al.，2010；朱建荣等，2008；Wu et al.，2010；项印玉等，2009)。在近几年的研究中，给出了北支倒灌水通量与径流量和潮差的定量关系(Wu et al.，2006)；针对2006年夏季长江流域发生的特大干旱进行现场观测，得出了特低径流量导致长江河口盐水倒灌比常年提前了3个月、倒灌的高盐水团进入南支后受径流作用影响到下游陈行水库的时间约为2天的结论(朱建荣等，2010)；揭示了口外陆架环流对长江盐水入侵的影响(项印玉等，2009)；研制了在空间上具有三阶精度、时间上具有二阶精度，质量严格守恒，无数值频散，低数值耗散的盐度平流数值格式，显著提高了盐水入侵计算的精度(Wu et al.，2010)；定量给出了枯季长江河口南北港、南北支和南北槽的分流比，分析了北风、径流量和潮汐对它们的影响(Li et al.，2010)；揭示了南槽淡水带形成的机理，指出径流和潮泵作用是南槽没冒沙淡水带形成的动力机制(Chen et al.，2010)；计算和分析了不同风速和风向下风生环流、北支向南支倒灌的净水通量和盐通量，从动力机制上揭示了风应力对长江河口盐水入侵和北支盐水倒灌的影响(Li et al.，2010)；长江河口每个河道中的盐度不仅取决于南港和北港分汊口潮平均的分流比，还取决于河道和浅滩的余环流，从南槽九段沙到北槽，从北槽越过横沙东滩到北港，浅滩的横向余环流在盐水入侵中起着较为重要的作用（Wu et al.，2010）。

珠江河口是另一受海水入侵影响较为严重的河口，不过已开展的研究相对较少，且偏重于对河口盐淡水混合类型或湾内盐水活动规律进行研究。如应秩甫等（1983）对伶仃洋盐淡水混合特征进行了分析，认为伶仃洋是一个垂直混合河口，但有横向盐度梯度，即东咸西淡，洪季东、西槽呈似层状的盐水，枯季为缓混合型；田向平（1986）对河口海水入侵作用进行了综述分析，并通过实测资料探讨了洪、枯季伶仃洋的最大浑浊带的成因和活动规律以及对河口泥沙淤积的影响。喻丰华等（1998）在前人的研究基础上对河口盐淡水混合的几个认识进行了论述。闻平等（2007）据此对珠江口咸潮进行了预警分级。

通过国内外众多对河口盐水入侵的研究，在盐水入侵的动态过程、模型研制、预测预报以及防治措施等方面已经取得了长足的进步。但是有关河口盐水入侵对海平面上升的响应的研究并不多见。

3.1.2 海平面上升速率和上升值的选取

海平面上升分绝对海平面上升和相对海平面上升。前者相对于常年平均海平面；后者相对于海底，包括了地基沉降。地基沉降一般包含在测量的水深中，气候变化引起的海平面上升是指绝对海平面上升，故数值模式中海平面上升采用绝对海平面上升。

Gornitz (1993)认为，过去 100 年全球经历了平均气温大约 0.5℃的上升，海平面上升 10～20 cm。IPCC TAR (2001)得出在过去的一个世纪中全球平均海平面上升速率为1～2 mm/a。Horst Sterr 等(2000)认为，过去的 100 年，全球海平面上升了 1.0～2.5 mm/a。由气候变化引起的将来海平面上升，目前估计如在 IPCCP 第二期评估报告所示，至 2100 年海平面上升幅度在 20～86 cm，最佳估计值为 49 cm(包括气溶胶冷却效应)。而且，模式显示在 2100 年后，由于气候响应的滞后尽管假设温室气体散发快速饱和，海平面将继续上升(尽管以低的速率)。Cai 等(2009)认为，到 2100 年海平面经比今天上升大约 50 cm。在过期的 50 年，中国相对海平面上升变化在 1.0～3.0 mm/a。在长江三角洲，在过去的几十年相对海平面上升速率为 6.6 mm/a，至 2050 年将达到 7.9～8.4 mm/a。陈宗镛等(1991)采用消除多种振动的 19 a 滑动平均的办法，利用吴淞站 1951～1987 年的潮位资料，计算出吴淞海平面呈上升趋势，上升速率为 2.4 mm/a。秦曾灏等(1997)预测 2010 年和 2030 年上海绝对海平面相对于 1990 年的上升值分别为 5 cm 和 11 cm，上升率分别为 2.5 mm/a 和2.75 mm/a。颜云峰等(2010)认为长江口未来海平面上升值(绝对海平面)为：2020 年上升 10～11 cm；2030 年上升 13～16 cm；2050 年上升 19～26 cm。国家海洋局东海分局(2011)得出长江口海平面近期上升率为

2.6 mm/a。朱季文等(1994)认为至 2050 年长江三角洲相对海平面上升幅度为 20～100 cm。范代读等(2005)预测长江三角洲地区到 2050 年相对海平面将分别上升 50～70 cm。周子鑫(2008)认为目前对未来 100 年全球海平面上升率的最佳估计为政府间气候变化委员会(IPCC) 提供的数值。假定温室气体继续按目前情况排放,该委员会海岸管理小组(CZMS) 提出的海平面上升量最佳估计是到 2030 年上升 18 cm,到 2070 年上升 44 cm,到 2100 年上升 66 cm,即全球海平面平均上升率分别于 1990～2030 年为 4.5 mm/a，2031～2070 年为 6.5 mm/a，2071～2100 年为 7.3 mm/a。估计 2030 年相对海平面上升量长江三角洲(上海地区)为 30～40 cm,2050 年上海地区相对海平面将上升50～70 cm。《气候变化对海岸带资源环境的影响》中认为过去百年全球海平面上升约 10～20 cm,上升速率为 1～2 mm/a。中国沿海海平面近 50 年来总体呈上升趋势,平均上升速率约为 2.5 mm/a,略高于全球平均海平面上升速率。但各海区上升速率有差异,东海为 3.1 mm/a,长江三角洲为 3.1 mm/a。《海洋对全球变暖的响应》中认为 2003～2006 年中国沿海海平面平均上升速率为 2.5 mm/a，高于全球海平面 1.8 mm/a 的上升速率。国家海洋局日前发布的 2007 年《中国海平面公报》显示：中国沿海海平面平均上升速率为 2.5 mm/a，略高于全球平均水平;近 30 年来,上海沿海海平面上升 115 mm;预计未来 10 年,上海沿海海平面将比 2007 年上升 38 mm。

从上述研究结果看,长江河口绝对海平面上升速率,取 2.5 mm/a 是较为合适的。

3.1.3　本章研究内容

建立海平面上升对长江河口盐水入侵影响三维数值模式,研究在海平面上升情况下在枯季平均径流量和枯水径流量情况下长江河口盐水入侵的变化,对青草沙水库、陈行水库和东风西沙水库取水口盐度和取水的影响,河口可取淡水体积的变化。

考虑长江河口海平面上升速率 2.5 mm/a，重点预测海平每年上升对盐水入侵影响的时段为 2010～2030 年和 2010～2050 年,时长分别为 20 年和 40 年,海平面上升分别为 5 cm 和 10 cm。另外,本项目组最近研究认为,2030 年吴淞相对海平面在 2010 年基础上上升 10～16 cm,需要从灾害风险评估的角度,分析海平面上升 16 cm 对盐水入侵的影响。

3.2　长江河口盐水入侵三维数值模式的建立和验证

3.2.1　三维咸潮入侵模式建立

3.2.1.1　模式特点

ECOM-si 是在 POM 的基础上发展起来(Blumberg et al.，1987)的三维河口海洋模式。在原 ECOM-si 的基础上,Chen 等(2001a，b)发展了一个非正交坐标系下 ECOM-si，该模式具有如下特点：① 模式嵌套了一个 2.5 阶湍流封闭模型，提供垂向湍流黏滞和扩散系数；② 垂向采用 σ 坐标系统；③ 水平方向采用非正交曲线网格，采用“Arakawa C”网格差分格式；④ 动量方程中的正压梯度力采用隐式方法，连续方程的求解采用 Casulli (1990)半隐方法。使得模式允许的时间步长可比 CFL 条件所限制的时间步长大几十倍；⑤ 产生慢过程的项采用水平显式时间差分，垂直隐式差分，因此模式能具有很高的垂向分辨能力；⑥ 耦合了完整的热力学方程。

3.2.1.2 控制方程组

在流体不可压缩、Boussinesq 和静力近似下，给出非正交坐标系下河口海岸海洋控制方程组。引入水平非正交曲线和垂向 σ 坐标系，$\xi=\xi(x, y)$，$\eta=\eta(x, y)$，$\sigma=\dfrac{z-\zeta}{H+\zeta}$，河口海岸海洋控制方程组(包括动量、连续、温度、盐度和密度方程)为

$$\frac{\partial DJu_1}{\partial t}+\frac{\partial DJ\hat{U}u_1}{\partial \xi}+\frac{\partial DJ\hat{V}u_1}{\partial \eta}+\frac{\partial J\omega u_1}{\partial \sigma}$$
$$-Dh_2\hat{V}\left[v_1\frac{\partial}{\partial \xi}\left(\frac{J}{h_1}\right)-u_1\frac{\partial}{\partial \eta}\left(\frac{J}{h_2}\right)+Jf\right]-Dh_2u_1v_1\frac{\partial}{\partial \xi}\left(\frac{h_3}{h_1h_2}\right)$$
$$=-h_2gD\frac{\partial \zeta}{\partial \xi}+\frac{gh_2D}{\rho_o}\frac{\partial D}{\partial \xi}\int_\sigma^0\sigma\frac{\partial \rho}{\partial \sigma}\mathrm{d}\sigma-\frac{gh_2D^2}{\rho_o}\frac{\partial}{\partial \xi}\int_\sigma^0\rho\,\mathrm{d}\sigma+\frac{1}{D}\frac{\partial}{\partial \sigma}\left(K_m\frac{\partial Ju_1}{\partial \sigma}\right)+DJF_x \tag{3-1}$$

$$\frac{\partial DJv_1}{\partial t}+\frac{\partial DJ\hat{U}v_1}{\partial \xi}+\frac{\partial DJ\hat{V}v_1}{\partial \eta}+\frac{\partial J\omega v_1}{\partial \sigma}$$
$$+Dh_1\hat{U}\left[v_1\frac{\partial}{\partial \xi}\left(\frac{J}{h_1}\right)-u_1\frac{\partial}{\partial \eta}\left(\frac{J}{h_2}\right)+Jf\right]-Dh_1u_1v_1\frac{\partial}{\partial \eta}\left(\frac{h_3}{h_1h_2}\right)$$
$$=-h_1gD\frac{\partial \zeta}{\partial \eta}+\frac{gh_1D}{\rho_o}\frac{\partial D}{\partial \eta}\int_\sigma^0\sigma\frac{\partial \rho}{\partial \sigma}\mathrm{d}\sigma-\frac{gh_1D^2}{\rho_o}\frac{\partial}{\partial \eta}\int_\sigma^0\rho\,\mathrm{d}\sigma+\frac{1}{D}\frac{\partial}{\partial \sigma}\left(K_m\frac{\partial Jv_1}{\partial \sigma}\right)+DJF_y \tag{3-2}$$

$$\frac{\partial \zeta}{\partial t}+\frac{1}{J}\left[\frac{\partial}{\partial \xi}(DJ\hat{U})+\frac{\partial}{\partial \eta}(DJ\hat{V})\right]+\frac{\partial \omega}{\partial \sigma}=0 \tag{3-3}$$

$$\frac{\partial JD\theta}{\partial t}+\frac{\partial JD\hat{U}\theta}{\partial \xi}+\frac{\partial JD\hat{V}\theta}{\partial \eta}+\frac{\partial J\omega\theta}{\partial \sigma}=\frac{1}{D}\frac{\partial}{\partial \sigma}\left(K_h\frac{\partial J\theta}{\partial \sigma}\right)+DJF_\theta \tag{3-4}$$

$$\frac{\partial JDs}{\partial t}+\frac{\partial JD\hat{U}s}{\partial \xi}+\frac{\partial JD\hat{V}s}{\partial \eta}+\frac{\partial J\omega s}{\partial \sigma}=\frac{1}{D}\frac{\partial}{\partial \sigma}\left(K_h\frac{\partial Js}{\partial \sigma}\right)+DJF_s \tag{3-5}$$

$$\rho_{\mathrm{total}}=\rho_{\mathrm{total}}(\theta, s) \tag{3-6}$$

其中，

$$\omega = w - \sigma\left(\hat{U}\frac{\partial D}{\partial \xi} + \hat{V}\frac{\partial D}{\partial \eta}\right) - \left[(1+\sigma)\frac{\partial \zeta}{\partial t} + \hat{U}\frac{\partial \zeta}{\partial \xi} + \hat{V}\frac{\partial \zeta}{\partial \eta}\right] \tag{3-7}$$

在上述方程中，式(3－1)、式(3－2)分别是 ξ 方向和 η 方向的动量方程，式(3－3)是连续方程。垂向坐标 σ 从海底 $-1(z=-h)$ 变至海表面 $0\ (z=\zeta)$，其中 x、y 和 z 为向东、向北和向上的笛卡尔坐标轴；ζ 为海表面波动；H 为总水深。ξ 和 η 方向速度分量(定义为 u_1，v_1)可表示为 $u_1 = \frac{h_2}{J}(x_\xi u + y_\xi v)$，$v_1 = \frac{h_1}{J}(x_\eta u + y_\eta v)$，式中 u、v 为 x、y 方向速度分量；$\xi_x = \frac{y_\eta}{J}$，$\xi_y = -\frac{x_\eta}{J}$，$\eta_x = -\frac{y_\xi}{J}$，$\eta_y = \frac{x_\xi}{J}$，其中 J 为雅可比函数，表示为 $J = x_\xi y_\eta - x_\eta y_\xi$，下标符号($\xi$ 和 η)表示微分运算。坐标变换后的因子 h_1 和 h_2 定义为 $h_1 = \sqrt{x_\xi^2 + y_\xi^2}$，$h_2 = \sqrt{x_\eta^2 + y_\eta^2}$。$\hat{U} = \frac{1}{J}\left(h_2 u_1 - \frac{h_3}{h_1} v_1\right)$，$\hat{V} = \frac{1}{J}\left(h_1 v_1 - \frac{h_3}{h_2} u_1\right)$，其中，$h_3 = y_\xi y_\eta + x_\xi x_\eta$；$\theta$ 为位温；s 为盐度；f 为科氏参数；g 为重力加速度；K_m 为垂向涡动黏滞系数；K_h 为热力垂向涡动扩散系数。F_u、F_v、F_θ 和 F_s 分别代表水平动量、热量和盐度扩散项。ρ 和 ρ_o 为扰动和参考密度，它们满足 $\rho_{total} = \rho + \rho_o$ 关系。F_u、F_v、F_θ 和 F_s 由 Smagorinsky's 公式(1963)计算，其中水平扩散系数和水平网格元大小成正比。K_m 和 K_h 使用改进后 Mellor 和 Yamada (1974，1982)2.5 阶湍流闭合模型计算。

动量方程中水平扩散项由下式表示，

$$F_x = \frac{\partial}{\partial x}\left(2A_m\frac{\partial u}{\partial x}\right) + \frac{\partial}{\partial y}\left[A_m\left(\frac{\partial u}{\partial y} + \frac{\partial v}{\partial x}\right)\right] \tag{3-8}$$

$$F_y = \frac{\partial}{\partial x}\left[A_m\left(\frac{\partial u}{\partial y} + \frac{\partial v}{\partial x}\right)\right] + \frac{\partial}{\partial y}\left(2A_m\frac{\partial v}{\partial y}\right) \tag{3-9}$$

其中水平扩散系数 A_m 由下式确定，

$$A_m = Ah_1\ h_2\sqrt{\left[\left(2\frac{\partial u}{\partial \xi}\right)^2 + \left(2\frac{\partial v}{\partial \eta}\right)^2 + 2\left(\frac{\partial u}{\partial \eta} + \frac{\partial v}{\partial \xi}\right)^2\right]} \tag{3-10}$$

其中常数 A 取为 0.02。垂向涡动黏滞和扩散系数由 2.5 阶湍流闭合模型计算，湍流动能输运方程为

$$\begin{aligned}
&\frac{\partial(q^2JD)}{\partial t} + \frac{\partial}{\partial \xi}(q^2JD\hat{U}) + \frac{\partial}{\partial \eta}(q^2JD\hat{V}) + \frac{1}{D}\frac{\partial}{\partial \sigma}(q^2JD\omega) \\
&\quad = J\left\{\frac{2k_M}{D}\left[\left(\frac{\partial u_1}{\partial \sigma}\right)^2 + \left(\frac{\partial u_2}{\partial \sigma}\right)^2\right] + \frac{2g}{\rho_0}K_H\frac{\partial \rho}{\partial \sigma} - \frac{2q^3D}{B_1 l}\right\} + \\
&\frac{\partial}{\partial \xi}\left(\frac{h_2}{h_1}A_HD\frac{\partial q^2}{\partial \xi}\right) + \frac{\partial}{\partial \eta}\left(\frac{h_1}{h_2}A_HD\frac{\partial q^2}{\partial \eta}\right) + \frac{1}{D^2}\frac{\partial}{\partial \sigma}\left(K_q\frac{\partial q^2JD}{\partial \sigma}\right)
\end{aligned} \tag{3-11}$$

上式分别为湍流动能切变产生项、浮力产生项、耗散项、水平扩散项和垂向扩散项组成。

$q^2=\frac{1}{2}(u'^2+v'^2)$ 为湍流动能，l 为湍流混合长度，湍流混合长度输运方程为

$$\frac{\partial(q^2lJD)}{\partial t}+\frac{\partial}{\partial\xi}(q^2lJD\hat{U})+\frac{\partial}{\partial\eta}(q^2lJD\hat{V})+\frac{1}{D}\frac{\partial}{\partial\sigma}(q^2lJD\omega)$$
$$=J\left\{\frac{lE_1K_M}{D}\left[\left(\frac{\partial u_1}{\partial\sigma}\right)^2+\left(\frac{\partial u_2}{\partial\sigma}\right)^2\right]+\frac{lE_1g}{\rho_0}K_H\frac{\partial\rho}{\partial\sigma}-\frac{q^3D}{B_1}\widetilde{W}\right\}+$$
$$\frac{\partial}{\partial\xi}\left(\frac{h_2}{h_1}A_HD\frac{\partial(q^2l)}{\partial\xi}\right)+\frac{\partial}{\partial\eta}\left(\frac{h_1}{h_2}A_HD\frac{\partial(q^2l)}{\partial\eta}\right)+\frac{1}{D^2}\frac{\partial}{\partial\sigma}\left(K_q\frac{\partial q^2lJD}{\partial\sigma}\right) \tag{3-12}$$

$\widetilde{W}$ 是壁近似函数(wall proximity function)，定义为 $\widetilde{W}=1+E_2\left(\frac{l}{KL}\right)^2$；K 为 Von Karman 常数。

$$(L)^{-1}=(\zeta-Z)^{-1}+(H+Z)^{-1} \tag{3-13}$$

其中，E_1、E_2、B_1 为经验常数

$$K_M=qlS_M,\ K_H=qlS_H,\ K_q=qlS_q$$

S_M、S_H、S_q 为稳定函数，它们满足

$$\begin{cases}S_M[6A_1A_2G_M]+S_H[1-2A_2B_2G_H-12A_1A_2G_H]=A_2\\ S_M[1+6A_1^2G_M-9A_1A_2G_H]-S_H[12A_1^2G_H+9A_1A_2G_H]=A_1(1-3C_1)\\ S_q=0.20\end{cases} \tag{3-14}$$

其中，

$$G_M=\frac{l^2}{q^2}\left(\left(\frac{\partial u}{\partial z}\right)^2+\left(\frac{\partial v}{\partial z}\right)^2\right) \tag{3-15}$$

$$G_H=\frac{l^2}{q^2}\left(\frac{g}{\rho_0}\frac{\partial\rho}{\partial z}\right) \tag{3-16}$$

经验常数：

$$(A_1,A_2,B_1,B_2,C_1,E_1,E_2)=(0.92,0.74,16.6,10.1,0.08,1.8,1.33) \tag{3-17}$$

q^2，q^2l 在海表面和海底边界条件为

$$(q^2, q^2 l) = (B_1^{2/3} u_\tau^2, 0) \qquad \sigma = 0 \tag{3-18}$$

$$(q^2, q^2 l) = (B_1^{2/3} u_\tau^2, 0) \qquad \sigma = 1 \tag{3-19}$$

式中，u_τ 为表面和底部摩擦速度。

3.2.1.3　初始条件

为了方便，流速和水位的初值一般取为零，

$$u(x, y, \sigma, 0) = 0 \tag{3-20}$$

$$v(x, y, \sigma, 0) = 0 \tag{3-21}$$

$$\omega(x, y, \sigma, 0) = 0 \tag{3-22}$$

$$\zeta(x, y, 0) = 0 \tag{3-23}$$

初始温度、盐度或取为均匀，或取自实测资料，

$$s(x, y, \sigma, 0) = s(x, y, \sigma) \tag{3-24a}$$

$$\theta(x, y, \sigma, 0) = \theta(x, y, \sigma) \tag{3-24b}$$

3.2.1.4　边界条件

海表面边界条件：

$$\omega(x, y, 0, t) = 0 \tag{3-25}$$

动力学边界条件：

$$\left.\frac{\rho_0 K_m}{D} \frac{\partial u_1}{\partial \sigma}\right|_{\sigma=0} = \tau_{0\xi} \tag{3-26}$$

$$\left.\frac{\rho_0 K_m}{D} \frac{\partial v_1}{\partial \sigma}\right|_{\sigma=0} = \tau_{0\eta} \tag{3-27}$$

式中，$\tau_{0\xi}$、$\tau_{0\eta}$ 分别为风应力矢量 $\vec{\tau_0}$ 在坐标轴 ξ 和 η 方向上的分量。风应力通过 Large 和 Pond(1981)改进的稳定状态拖曳系数来计算。

热力学边界条件：

$$\left.\frac{\rho_0 K_h}{D} \frac{\partial \theta}{\partial \sigma}\right|_{\sigma=0} = Q_{net} \tag{3-28}$$

$$\left.\frac{\rho_0 K_h}{D} \frac{\partial s}{\partial \sigma}\right|_{\sigma=0} = P_{net} \tag{3-29}$$

式中，Q_{net} 和 P_{net} 分别是表面净热通量和盐通量。

海底边界条件：

$$\omega(x, y, -1, t) = 0 \tag{3-30}$$

动力学边界条件：

$$\frac{\rho_0 K_m}{D}\frac{\partial u_1}{\partial \sigma}\bigg|_{\sigma=-1} = \tau_{b\xi} \tag{3-31}$$

$$\frac{\rho_0 K_m}{D}\frac{\partial v_1}{\partial \sigma}\bigg|_{\sigma=-1} = \tau_{b\eta} \tag{3-32}$$

式中，$\tau_{b\xi}$、$\tau_{b\eta}$ 分别为底摩擦应力矢量 $\overrightarrow{\tau_b}$ 在坐标轴 ξ 和 η 方向上的分量，$\tau_{b\xi} = C_d\sqrt{U^2+V^2}\overrightarrow{u_1}$，$\tau_{b\eta} = C_d\sqrt{U^2+V^2}\overrightarrow{v_1}$。

底摩擦应力拖曳系数 C_d 由近海底 z_{ab} 处的流速呈对数分布计算：

$$C_d = \max\left[k^2/\left(\ln\frac{z_{ab}}{z_0}\right)^2,\ 0.0025\right] \tag{3-33}$$

其中，k 为卡门常数；z_0 为海底粗糙度。在河口浅海，海底粗糙度对水动力是一个较敏感的数据，本课题取长江河口底质的中值粒径作为海底粗糙度，其在槽址、深水航道的出口和没冒沙处中值粒径较小，徐六泾上游和浅滩处中值粒径较大。

热力学边界条件：

$$\frac{\rho_0 K_h}{D}\frac{\partial \theta}{\partial \sigma}\bigg|_{\sigma=-1} = 0 \tag{3-34}$$

$$\frac{\rho_0 K_h}{D}\frac{\partial s}{\partial \sigma}\bigg|_{\sigma=-1} = 0 \tag{3-35}$$

岸边界条件：

$$v_t = 0$$

$$v_n = 0$$

$$\frac{\partial s}{\partial n} = 0$$

$$\frac{\partial \theta}{\partial n} = 0 \tag{3-36}$$

式中，t 为表岸边界的切向；n 为法向。

3.2.1.5 数值方法

模式中的动量方程分以下三步做时间积分。

第一步：

$$\frac{DJ\,u_{1a}^{n+1} - DJ\,u_1^n}{\Delta t}$$

$$
=-\frac{\partial DJ\hat{U}^n u_1^n}{\partial \xi}-\frac{\partial DJ\hat{V}^n u_1^n}{\partial \eta}-\frac{\partial J\omega^n u_1^n}{\partial \sigma}+Dh_2\hat{V}^n\left[v_1^n\frac{\partial}{\partial \xi}\left(\frac{J}{h_1}\right)-u_1^n\frac{\partial}{\partial \eta}\left(\frac{J}{h_2}\right)\right]+Dh_2\hat{V}^n Jf
$$

$$
+Dh_2 u_1^n v_1^n\frac{\partial}{\partial \xi}\left(\frac{h_3}{h_1 h_2}\right)+\frac{gh_2 D}{\rho_o}\frac{\partial D}{\partial \xi}\int_\sigma^0 \sigma\frac{\partial \rho^n}{\partial \sigma}\mathrm{d}\sigma-\frac{gh_2 D^2}{\rho_o}\frac{\partial}{\partial \xi}\int_\sigma^0 \rho^n \mathrm{d}\sigma+DJF_x^n \tag{3-37}
$$

$$
\frac{DJv_{1a}^{n+1}-DJv_1^n}{\Delta t}
$$

$$
=-\frac{\partial DJ\hat{U}^n v_1^n}{\partial \xi}-\frac{\partial DJ\hat{V}^n v_1^n}{\partial \eta}-\frac{\partial J\omega^n v_1^n}{\partial \sigma}-Dh_1\hat{U}^n\left[v_1^n\frac{\partial}{\partial \xi}\left(\frac{J}{h_1}\right)-u_1^n\frac{\partial}{\partial \eta}\left(\frac{J}{h_2}\right)\right]-Dh_1\hat{U}^n Jf
$$

$$
+Dh_1 u_1^n v_1^n\frac{\partial}{\partial \eta}\left(\frac{h_3}{h_1 h_2}\right)-\frac{gh_1 D}{\rho_o}\frac{\partial D}{\partial \eta}\int_\sigma^0 \sigma\frac{\partial \rho^n}{\partial \sigma}\mathrm{d}\sigma-\frac{gh_1 D^2}{\rho_o}\frac{\partial}{\partial \eta}\int_\sigma^0 \rho^n \mathrm{d}\sigma+DJF_y^n \tag{3-38}
$$

第二步：

$$
\frac{DJu_{1b}^{n+1}-DJu_{1a}^{n+1}}{\Delta t}=\frac{1}{D}\frac{\partial}{\partial \sigma}\left(K_m\frac{\partial Ju_{1b}^{n+1}}{\partial \sigma}\right) \tag{3-39}
$$

$$
\frac{DJv_{1b}^{n+1}-DJv_{1a}^{n+1}}{\Delta t}=\frac{1}{D}\frac{\partial}{\partial \sigma}\left(K_m\frac{\partial Jv_{1b}^{n+1}}{\partial \sigma}\right) \tag{3-40}
$$

第三步：

$$
\frac{DJu_1^{n+1}-DJu_{1b}^{n+1}}{\Delta t}=-h_2 gD\frac{\partial \zeta^{n+1}}{\partial \xi} \tag{3-41}
$$

$$
\frac{DJv_1^{n+1}-DJv_{1b}^{n+1}}{\Delta t}=-h_1 gD\frac{\partial \zeta^{n+1}}{\partial \eta} \tag{3-42}
$$

在第一步中，仅考虑非线性项、科氏力项、密度梯度力项、水平涡动黏滞项和由坐标变换产生的曲率项，所有这些项均作显式处理。在第二步中，仅考虑垂向涡动黏滞项，并做隐式处理，这样在垂直方向可极大地提高分辨率。在第三步中，仅考虑外重力波产生的水位梯度力，这个快过程作隐式处理，把它代入连续方程，用半隐格式求解水位分布，消除了 CFL 判据的严格限制，提高了计算效率。求出水位分布后，由第三步可直接得出三维速度场的分布。

3.2.1.6　模式的设置

(1) 模式范围和网格、时间步长

模式的范围包括整个长江河口、杭州湾和邻近海区，东边到 124.5°E 附近，北边到 33°N 附近，南边到 28°N 附近，上游延伸至大通(图 3-1)。模式网格分辨率较高，口内为100 m至500 m,南北支分叉口区域的网格加密,在北支上端的分辨率为100 m左右,口外较疏,最大为7 km左右。从放大了的深水航道和南北支分叉口区域的网格图可以看到网格的正交性、平滑性、岸线拟合和局部加密,均得到了很好的体现,而这些对提高模式的稳定性和计算精度是重要的。垂向采用σ坐标,均匀的分成5层。

长江河口北支地形复杂,潮滩众多,模式中采用干湿判别法来模拟潮滩移动边界,潮滩的临界水深设为0.2 m。

因模式的水位方程求解采用隐式格式,时间步长取为60 s。

(2) 上游开边界条件和不同保证率下的径流量

在模式验证的计算中,上游动量方程开边界条件由河口现场观测期间大通实测资料给出。

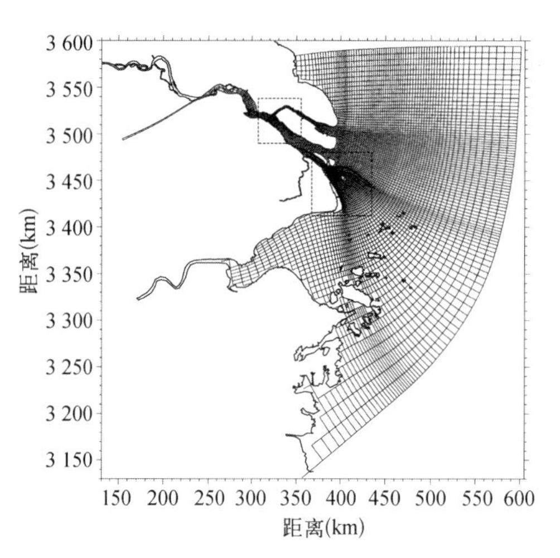

在海平面上升对盐水入侵的数值模拟中,考虑农历一月(公历2月)和农历三月(公历4月)盐水入侵及其变化(下文不注明农历的月份为公历,不再说明)。因径流量季节性变化显著,是决定盐水入侵的主要因子,需考虑不同保证率下的径流量。图3-2和表3-1为1950～2010年各月平均径流量,季节性变化十分显著,1月平均值为11 200 m^3/s,7月为49 800 m^3/s。

经统计计算,1950～2010年1～4月(农历二到四月)在各个保证率情况下的径流量见表3-1。

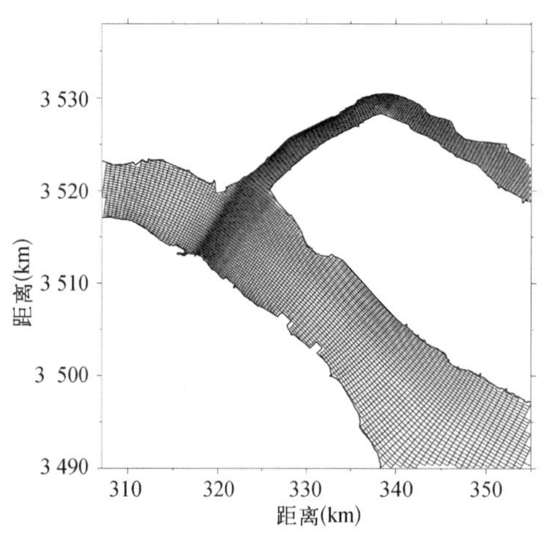

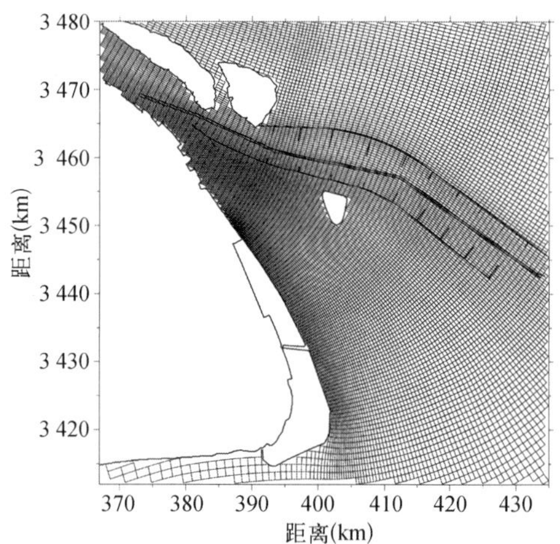

图3-1 模式的计算网格(图中大范围计算网格分辨率为实际的三分之一)

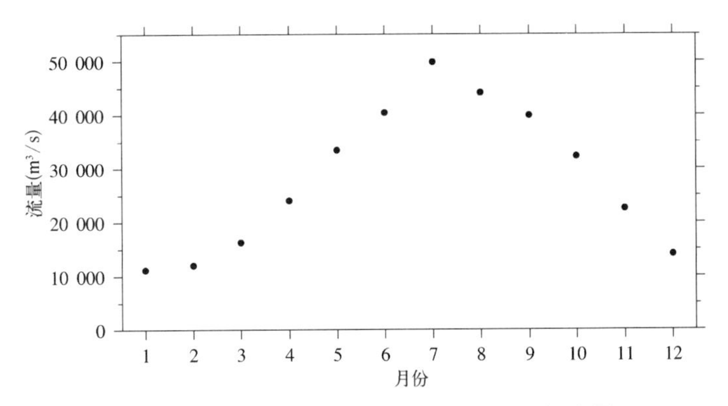

图 3-2　1950～2010 年大通站各月平均径流量

表 3-1　1950～2010 年大通各月平均径流量　(单位：m^3/s)

月份	1	2	3	4	5	6	7	8	9	10	11	12
径流量	11 184	12 058	16 300	24 061	33 488	40 454	49 848	44 149	39 909	32 332	22 552	14 063

本课题对农历一月盐水入侵的数值进行模拟，数值模式从农历正月初一开始计算，至二月二十八结束。因前期径流量会影响当月的盐水入侵，取正月和一月的月平均值11 600 m^3/s，对照表 3-2，接近保障率 50%。

表 3-2　大通站 1950～2011 年流量水文频率分析

流量 m^3/s \ 保障率 / 时间	50%	60%	70%	80%	90%	95%	98%	99%
1 月	10 331.8	9 712.7	9 165.4	8 661.4	8 170.4	7 910.7	7 733.8	7 663.9
2 月(农历一月)	11 370.3	10 592.7	9 855.4	9 109.6	8 267.8	7 724.1	7 254.4	7 013.4
3 月	15 486.0	14 275.3	13 092.6	11 850.4	10 366.8	9 336.6	8 369.9	7 828.9
4 月(农历三月)	23 921.7	22 588.5	21 163.3	19 497.0	17 189.1	15 285.8	13 146.3	11 721.7

本课题还对农历三月盐水入侵的数值进行模拟，参考了上海市科学技术委员会科研计划项目“长江口水源地咸潮控制和保障体系研究”(课题编号：08231200100)临界径流量的研究成果(对应陈行水库盐水入侵不宜连续取水时间 7 天)，3 月和 4 月的临界径流量分别为 14 000 m^3/s 和 18 000 m^3/s。数值模式从 3 月 1 日开始计算，至 4 月 30 日结束。因前期径流量会影响当月的盐水入侵，取 3 月和 4 月临界径流量的平均值 16 000 m^3/s，对照表 3-2，接近保障率 95%。

上游盐度开边界条件设为零。

(3) 外海开边界条件

外海开边界条件考虑陆架环流和潮流，陆架环流以余水位的形式给出，由渤海、黄海、东海大区域数值模式计算的结果提供，潮流由 16 个主要分潮组成，即 M_2、S_2、N_2、K_2、K_1、O_1、P_1、Q_1、MU_2、NU_2、T_2、L_2、$2N_2$、J_1、M_1 和 OO_1，

$$\zeta = \zeta_0 + \sum_{i=1}^{16} f_i H_i \cos(\omega_i t + (V_i + u_i) - g_i) \qquad (3-43)$$

其中，ζ 为潮位；ζ_0 为余水位；f 为节点因子；H_i 为振幅；ω_i 为角频率；g_i 为迟角；$V_i + u_i$ 为订正角，它可由具体的年、月、日求得。各分潮的调和常数由渤海、黄海、东海大模式计算的结果提供。有了潮汐的调和常数，可以正确给出任何时刻的潮位值，它是实时的。

在枯季长江径流、北风和陆架环流等综合作用下，长江口外海区余水位分布见图 3-3，长江口内向西水位抬升，表明径流东流入海。苏北沿岸水位抬升和较密的等值线，表明受北风的作用，水体向岸作 Ekman 输运，产生沿岸向南流动的苏北沿岸流。计算区域东南侧指向西北的 0 m 等值线，表明台湾暖流流向西北，尽管表层受北风的作用，在海表面水位上体现不是很明显，但从底层的流场分布可以明显看出，底层的台湾暖流沿口外水下谷流到长江口外(图 3-4)。它带来的高温高咸潮对长江河口的动力过程具有重要的影响。

大模式较成功地模拟出了 16 个分潮在东海黄海渤海的转播特征(图 3-5、图 3-6)，再现了计算区域内半日分潮的 5 个无潮点和 2 个蜕化的半个无潮点、全日分潮的 3 个无潮点。大模式模拟的结果可为本课题小区域模式提供较为可靠的外海开边界潮汐调和常数资料。本课题采用上述方法给出外海开边界条件是合理和先进的，同时给出陆架环流和潮汐作用的边界条件。

外海的盐度开边界条件由多年月平均的实测资料给出，模式每个计算时步线性插值边界盐度，再根据边界处水体流进和流出情况，最终由辐射边界条件确定边界盐度。

(4) 海表面边界条件

海表面风由 NCEP 在再分析资料中给出，针对不同的试验分别有如下两种方式：① 直接利用 NCEP 风场，时间分辨率为 6 小时，空间分辨率为 0.5°；② 利用 NCEP 风场求得不同月份(每个月又分上半月和下半月)的多年平均风场。

图 3-7 为长江河口半月平均风矢随时间变化，9 月至来年 4 月为偏北风，5～8 月为偏南风，季风性质明显，2 月偏北风约为 5 m/s。在数值模式中，按计算月份读取半月平均的风矢资料，风是随时间变化的。

(5) 初始条件

对水动力场初始水位和流速，因水动力过程反应的时间短，一般均设为零。初始盐度因热力过程反应的时间长，必须给出初始的空间分布。本课题盐度初始场由模式起算月份对应的众多历史实测资料经客观分析后给出。

(6) 地形

在模式验证的计算中，长江河口地形资料采用当年的实测资料。

在海平面上升对盐水入侵的数值模拟中，水深取 2011 年最新实测资料(图 3-8、图 3-9)。

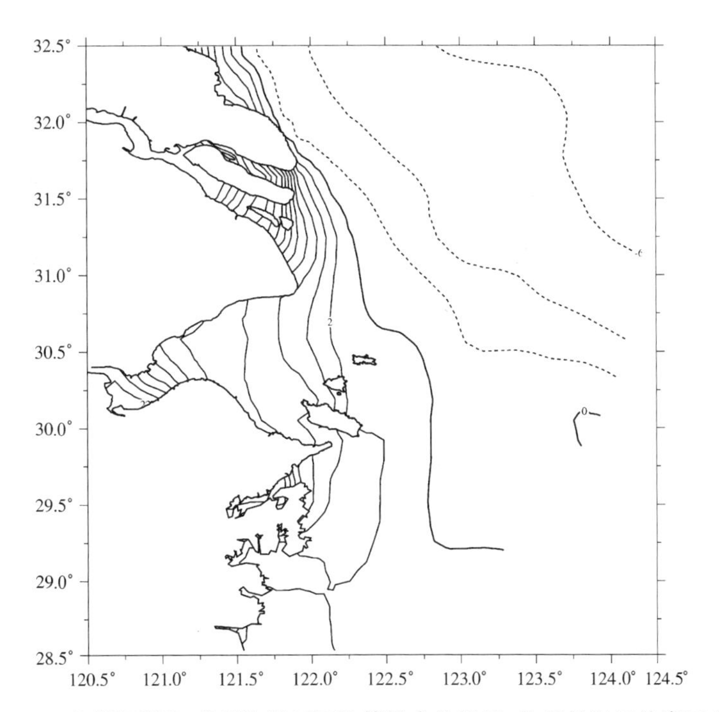

图 3-3　在长江径流、北风和陆架环流等综合作用下，枯季长江口外海区余水位分布

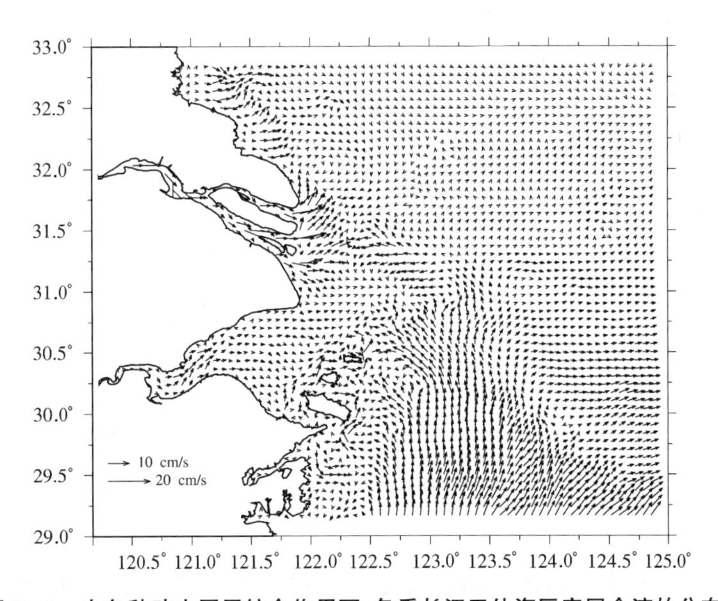

图 3-4　在各种动力因子综合作用下，冬季长江口外海区底层余流的分布

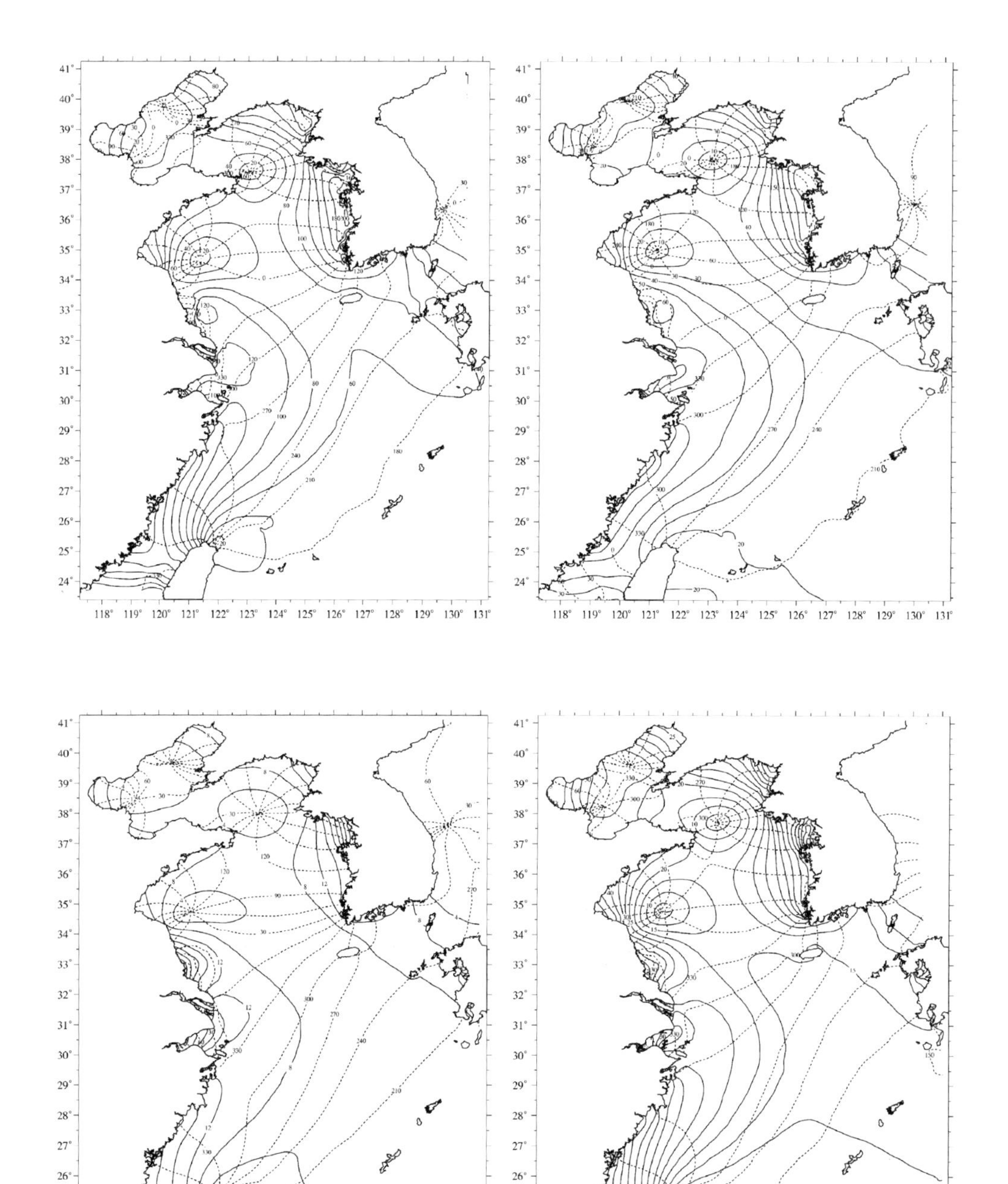

图 3-5 大模式计算的半日潮同潮图(实线振幅,虚线位相,左上、右上、左下和右下分别代表 M_2、S_2、K_2 和 N_2)

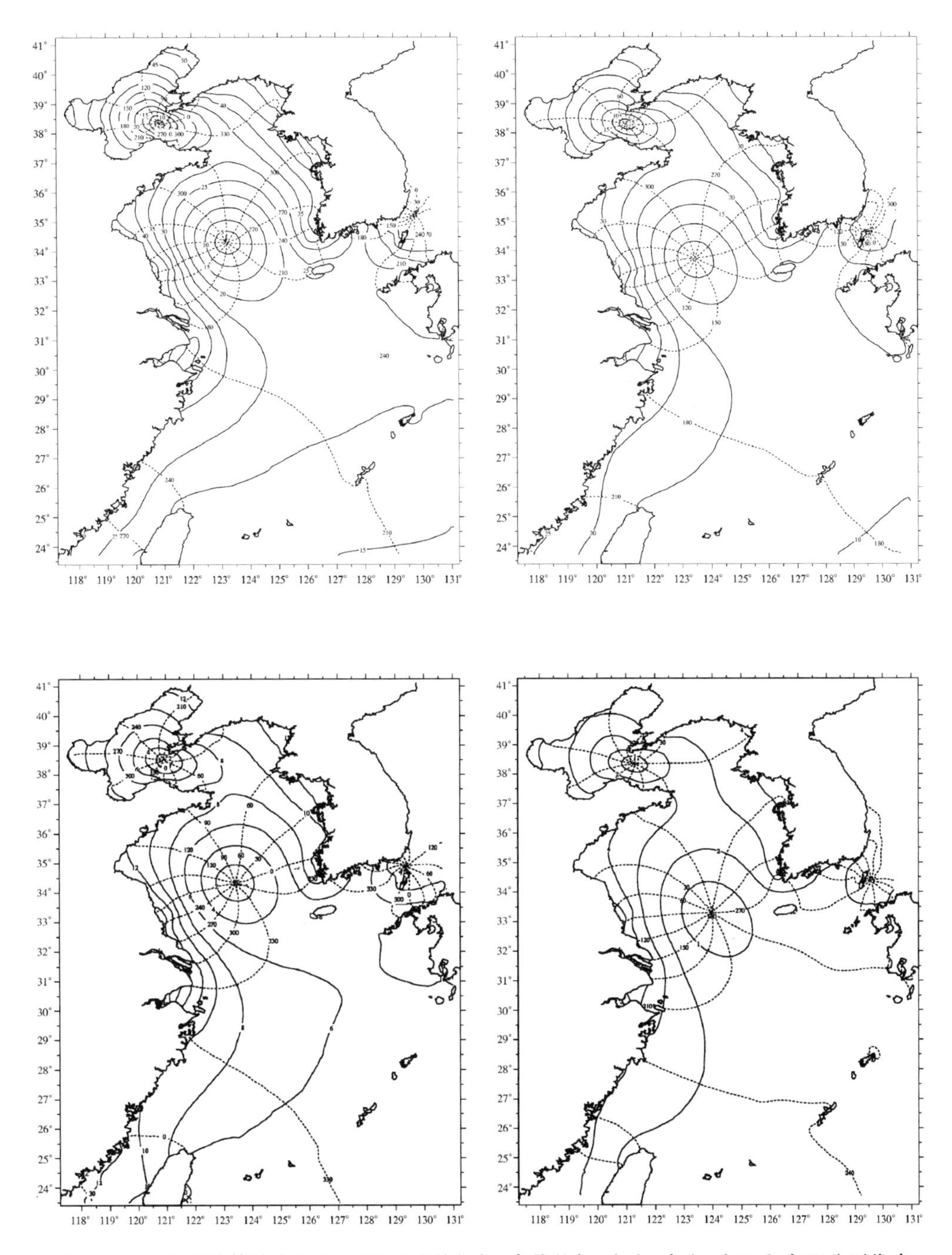

图 3-6 大模式计算的全日潮同潮图(实线振幅,虚线位相,左上、右上、左下和右下分别代表 K_1、O_1、P_1 和 Q_1)

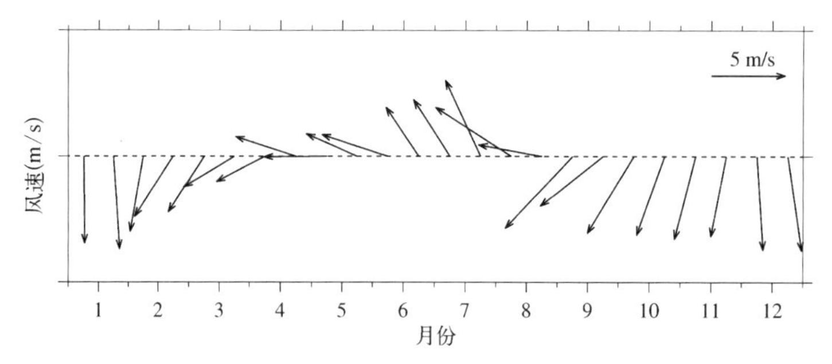

图 3-7 长江河口半月平均的风矢

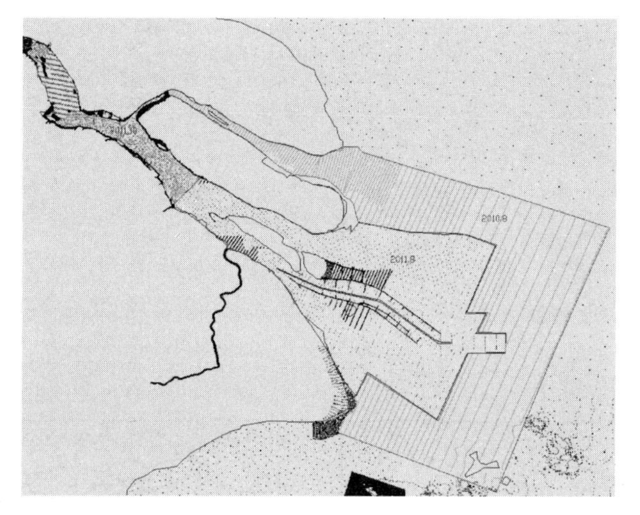

图 3-8 长江河口水深测区年度分布

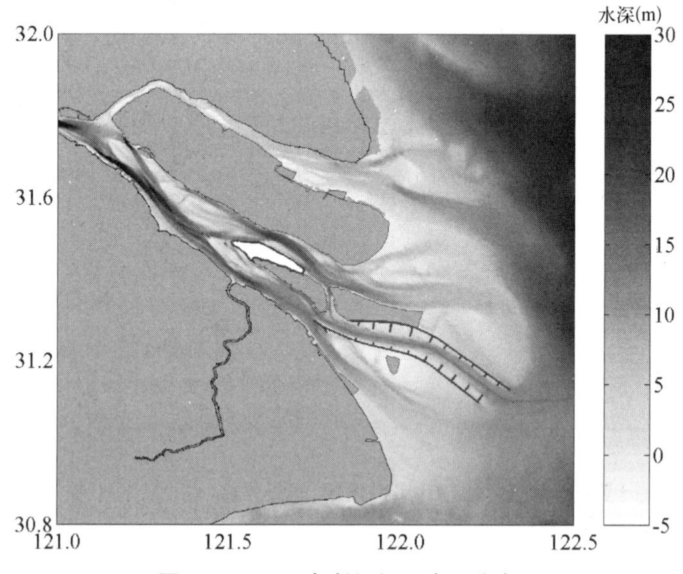

图 3-9 2011 年长江河口水深分布

水深资料已订正到85黄海高程(平均海平面),口外陆架水深由海图数值化后得到。

3.2.2　模式的改进

ECOM是当今国内外应用较为广泛的海洋模式。为了能在研究河口海岸问题时得到更高的计算精度和局部空间分辨率,网格线需要拟合岸线,曲线网格的正交性就较难满足。为此Chen和Zhu等发展了一个非正交坐标系下ECOM,并在北美五大湖之一的苏必利尔湖环流的研究中得到了很好的应用。为了更好地满足河口海岸数值模拟的需要,ECOM模式在下面几个方面作了有效改进。

① 因ECOM差分格式的基本框架为欧拉格式(时间前差,空间中央差),在涡动黏滞系数较小的情况下,尤其在无潮汐混合和层结存在的情况下,ECOM存在着弱不稳定性。我们采用预估修正法对模式中科氏力项作半隐式处理。

② ECOM模式垂向采用σ坐标系,当水深变化剧烈、垂向层结强时,斜压梯度力容易出现较大的计算误差。原ECOM模式采用扣除整个海域平均密度层结的方法来减少这种误差,但在河口、浅海和陆架区域,局部海域和整个海域的层结有很大区别,用这种方法计算斜压梯度力误差仍比较大。我们引进局域的概念,提出了扣除局域平均密度层结的思想,并且采用返回Z坐标系计算斜压梯度力的方法。

③ 原ECOM模式中物质输运方程的平流项差分格式采用中央差,具有把下游信息带到上游的伪物理现象。在河口潮流强大、方向不断改变的情况下,物质输运计算将遇到较大的误差。若改用迎风格式,则因一阶精度而有太大的耗散。我们建立了一套3rd HSIMT-TVD格式,该格式在空间上具有三阶精度,时间上具有二阶精度,且确保数值无频散。

图3-10为一维和盐度不连续分布情况下,不同TVD格式计算结果与解析解比较,可见3rd HSIMT-TVD格式与解析解最为接近。图3-11为计算域内盐度偏差随时间变化,可见3rd HSIMT-TVD格式守恒性最好。

3.2.3　模式的验证

本书应用ECOM_si模式在长江河口作了大量的验证(Wu et al.,2010;Liu et al.,2010;Chen et al., 2010;项印玉等,2009;朱建荣等,2008;Li et al., 2010; 王彪等,2011;Wu et al., 2011; 朱建荣等,2011;宋永港,2011;Li et al., 2012;裘诚等,2012;Xu et al., 2012;裘诚等,2012),模式计算的水位、流速流向和盐度与实测资料吻合良好。为节省篇幅,这里给出长江河口2005年4月和2009年2月的潮位验证,2003年2月口门区域的流速、盐度验证,2007年2～3月南支及北支几个站的盐度验证,2008年12月流速、流向和盐度的验证,2012年1月流速、流向和盐度的验证。一般在模式验证前,还需对模式作率定。实际上,三维ECOM数值模式因水平和垂向湍流混合系数由湍流闭合模型计算,很少有需率定的参数。本课

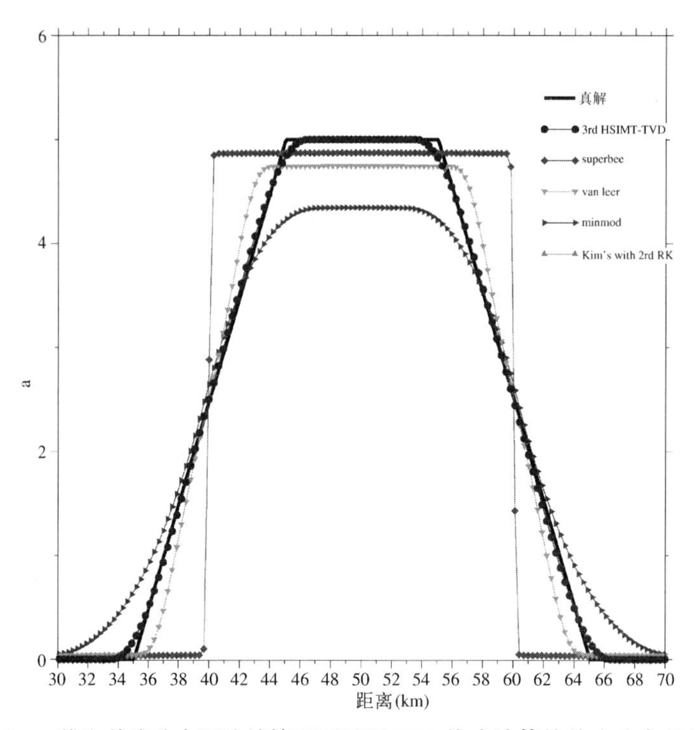

图 3-10　一维和盐度分布不连续情况下不同 TVD 格式计算的盐度分布(黑色实线为真解)

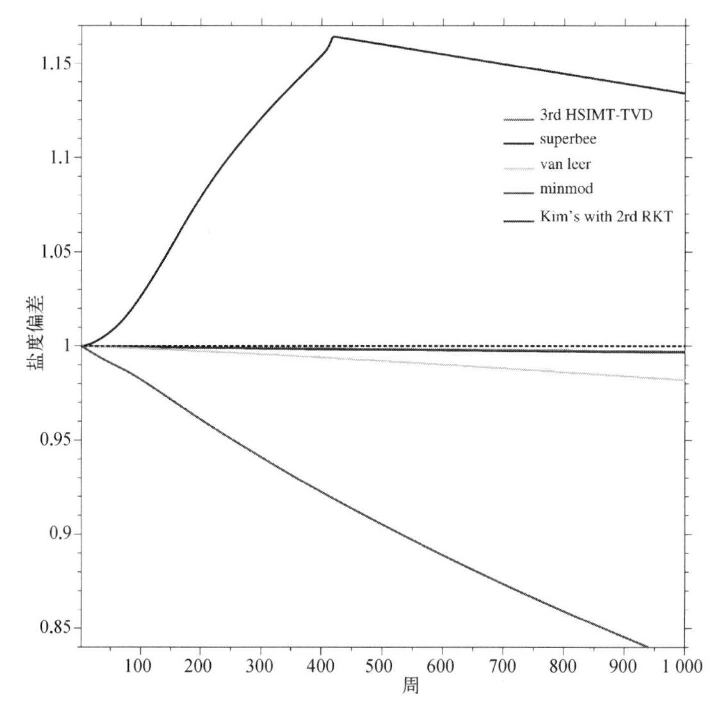

图 3-11　不同 TVD 格式计算的盐度偏差随时间分布

题组近10年来应用该数值模式在长江河口作了大量研究，针对底部粗糙度、垂向湍流黏滞和混合系数、开边界上潮汐调和常数进行了反复的率定，计算结果与观测资料吻合良好。因此，本课题不再对模式作率定，而采用上述4次观测资料对模式作验证。

3.2.3.1　2005年4月的验证

模式的径流边界采用2005年4月大通实测流量，风应力亦采用实测资料。数值模式从4月1日开始运行1个月。图3-12为堡镇和高桥两个测站的实测潮位与模式计算值。从图上可以看出，模式计算水位和实测资料符合良好，大、中潮期间的计算结果比小潮期间的计算结果好，小潮的计算值略有偏小。从总的计算效果看，水位计算的精度还是较高的。

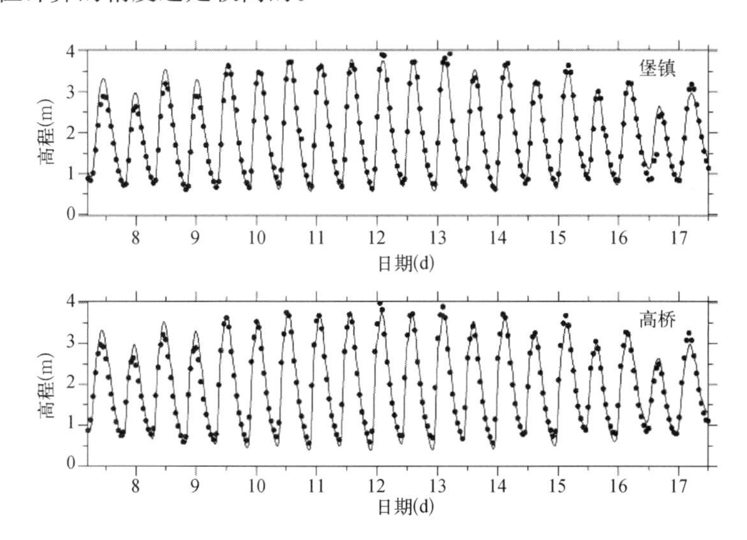

图3-12　2005年4月堡镇和高桥的水位验证(实心圆点为实测值，细实线为计算值)

3.2.3.2　2009年2月的验证

2009年潮位的验证，潮位站分布见图3-13，永隆沙、崇西、堡镇、南门、马家港、横沙潮位站潮位站资料为实测2009年逐时资料，中浚站采用2009年潮汐表潮位资料。考虑大通实测的径流量和崇明东滩实测风况随时间变化。

图3-14仅给出2009年2月1～17日潮位站水位验证情况，其余时段不再赘述。从图中我们可以看到，模式的水位模拟值与潮位站实测值吻合良好。潮位站分散分布于长江口，这表明模式能准确地模拟出长江口各处的水位变化。

3.2.3.3　2003年2月的验证

2003年2月河口海岸学国家重点实验室组织了一次大规模水文观测，这里采用此次观测资料对模式进行验证。测站位置见图3-15，分布在口门三个汊道之中。模式采用大通实时径流量和实时风场驱动，从2003年1月1日开始计算，47天后输出结果进行比较。图3-16为验证结果，可以看到，无论是流速、流向，还是盐度，数值模式都得到了很好的验证。

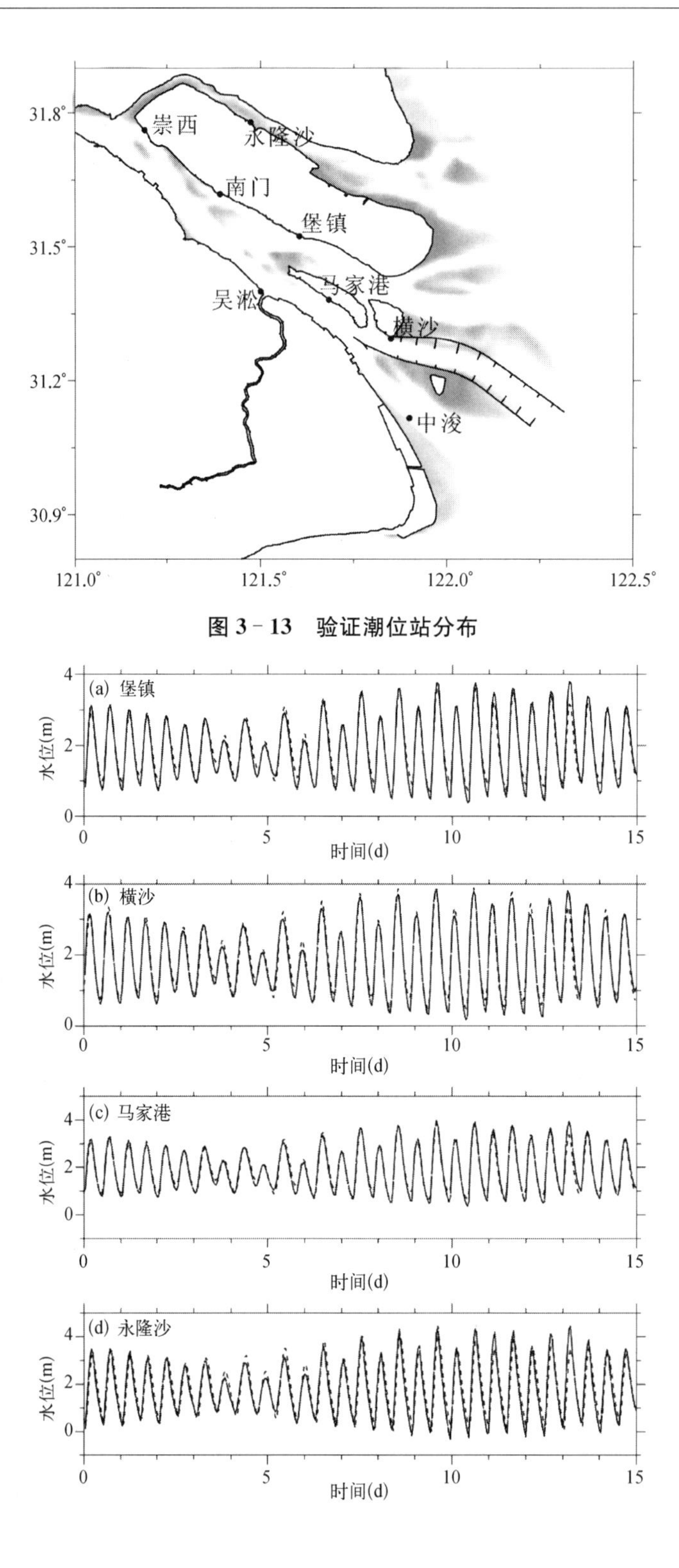

图 3-13 验证潮位站分布

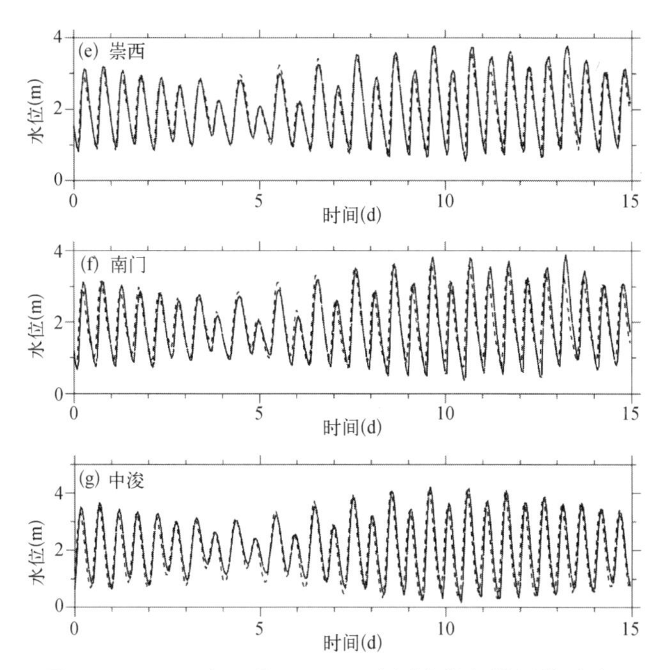

图 3-14　2009 年 2 月 1～15 日实测水位与模拟值对比图
(实线为实测数据,虚线为模式计算值)

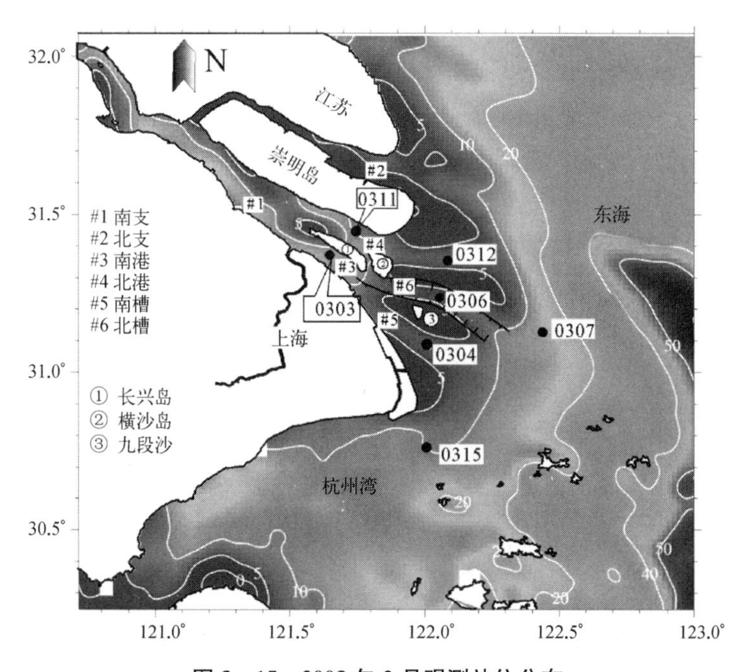

图 3-15　2003 年 2 月观测站位分布

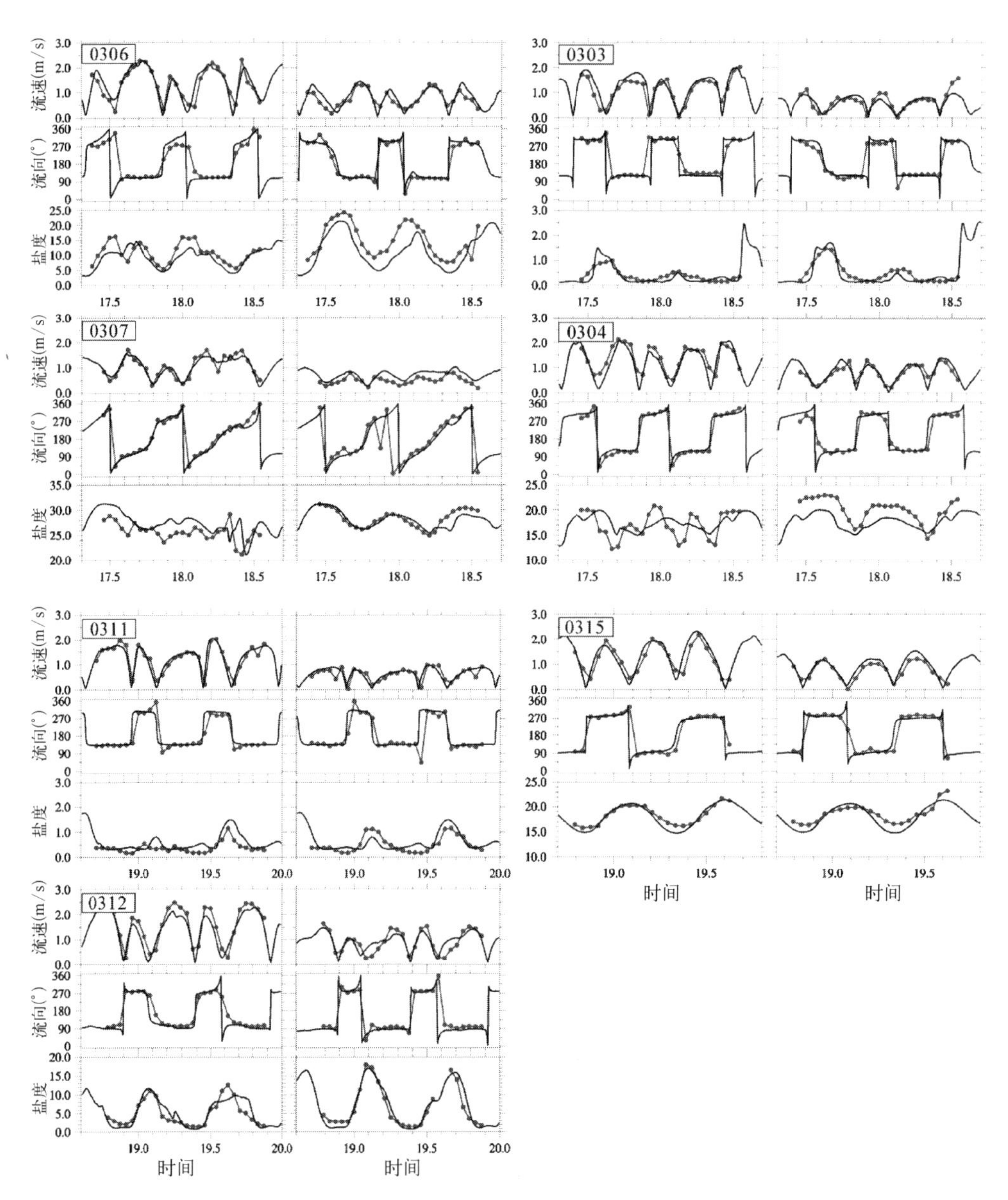

图 3-16 2003年2月表层(各组左列)和底层(各组右列)流速(各组上)、流向(各组中)和盐度(各组下)的验证(黑实线为模式计算值,灰色点线为观测值)

3.2.3.4 2007年2～3月的验证

共有崇头、南门、青草沙 A、青草沙 B、太仓、新取水口和陈行水库 7 个站,验证结果见图 3-17到图 3-23。应该说,模式计算的结果很好地再现了实际的咸潮倒灌过程。在青草沙下部的青草沙 B 点,同时受到外海直接入侵和咸潮倒灌的影响,模式很好地模拟了这一特点。

从模式的验证结果可以看到,项目组建立的三维长江河口水动力盐度数值模

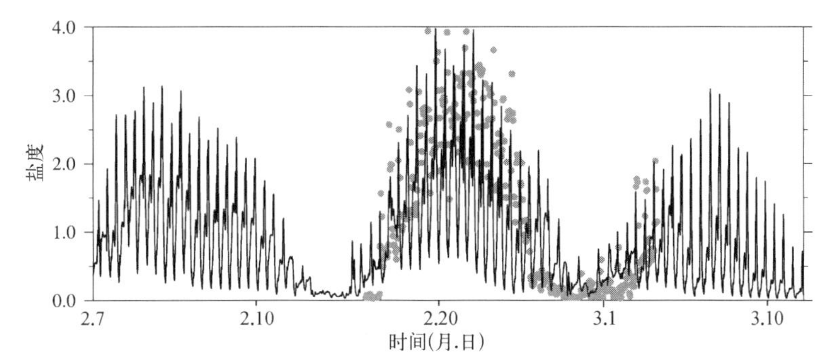

图 3－17　2007 年 2～3 月崇头盐度验证

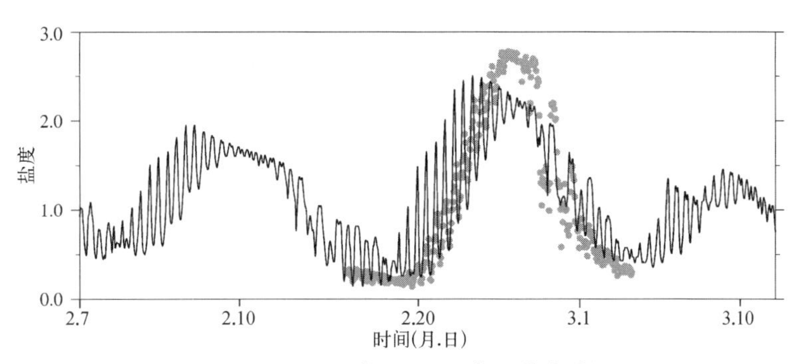

图 3－18　2007 年 2～3 月南门盐度验证

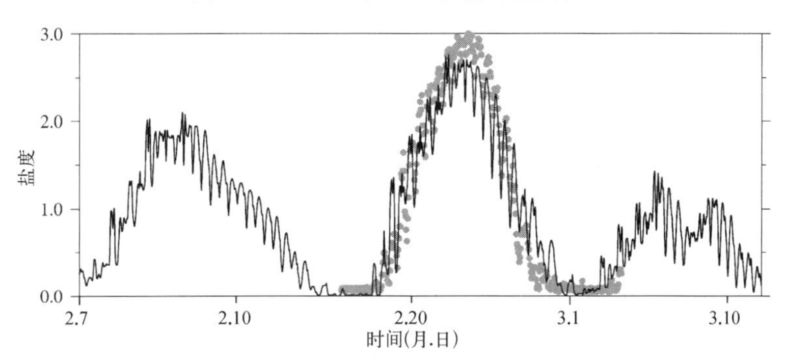

图 3－19　2007 年 2～3 月太仓盐度验证

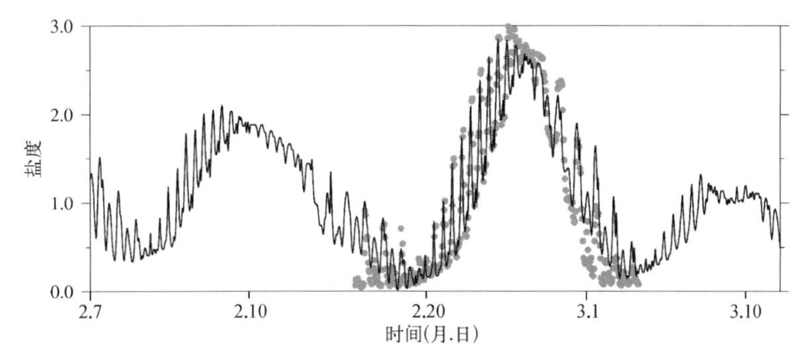

图 3－20　2007 年 2～3 月青草沙 A 盐度验证

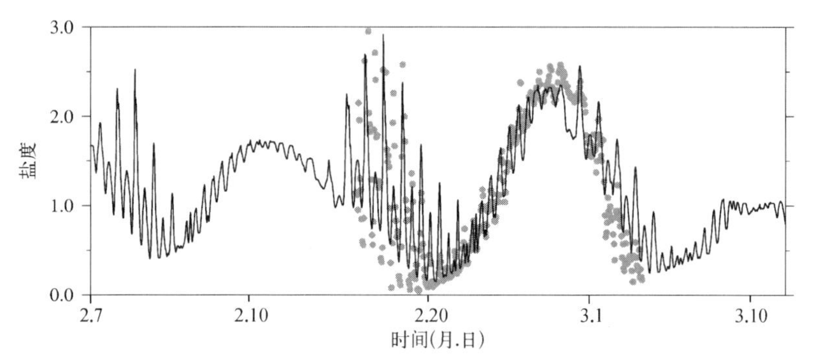

图 3 - 21　2007 年 2～3 月青草沙 B 盐度验证

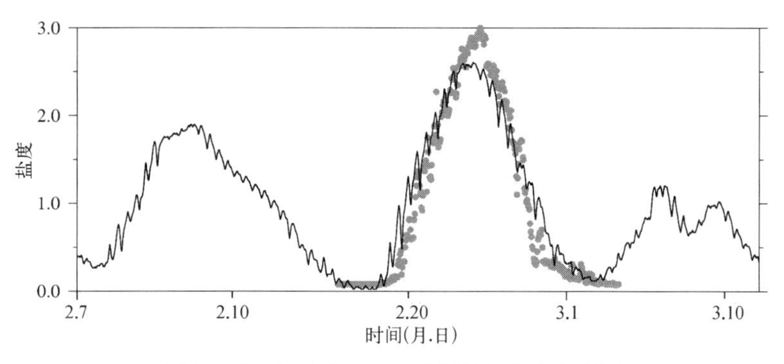

图 3 - 22　2007 年 2～3 月新取水口盐度验证

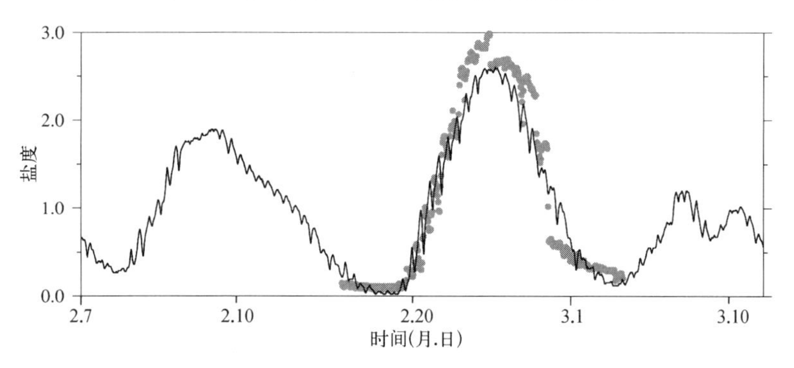

图 3 - 23　2007 年 2～3 月陈行水库取水口盐度验证

型可准确地模拟长江河口水流和盐度过程，特别是北支咸潮倒灌的过程，可以用于模拟长江河口的咸潮入侵。

3.2.3.5　2008 年 12 月的验证

2008 年 12 月 26～29 日，在长江河口区域设置 B1、B2、C1、C2、D1、D2 六个观测站对模式流速、流向进行验证。测站位置见图 3 - 24。模式从 12 月 15 日起计算，15 日后输出结果，验证结果见图 3 - 25 到图 3 - 30。比较模式计算流速、流向与实测值，可见模式计算结果与实测资料吻合良好，模式能正确模拟长江河口的水动力过程。

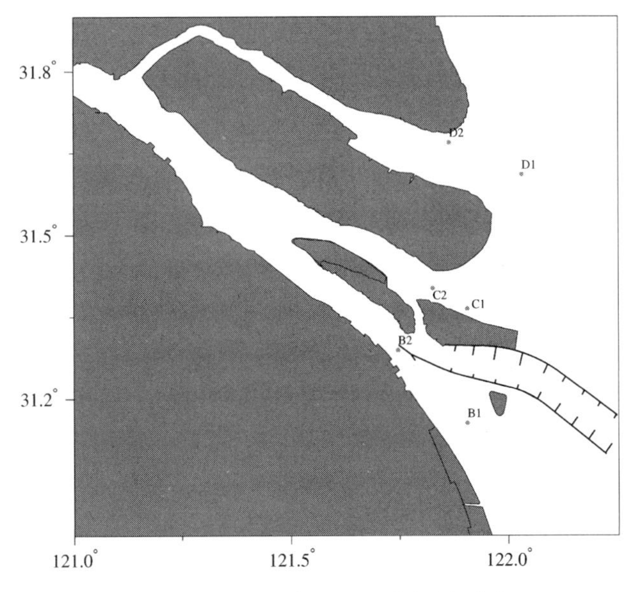

图 3－24　2008 年 12 月观测站位分布

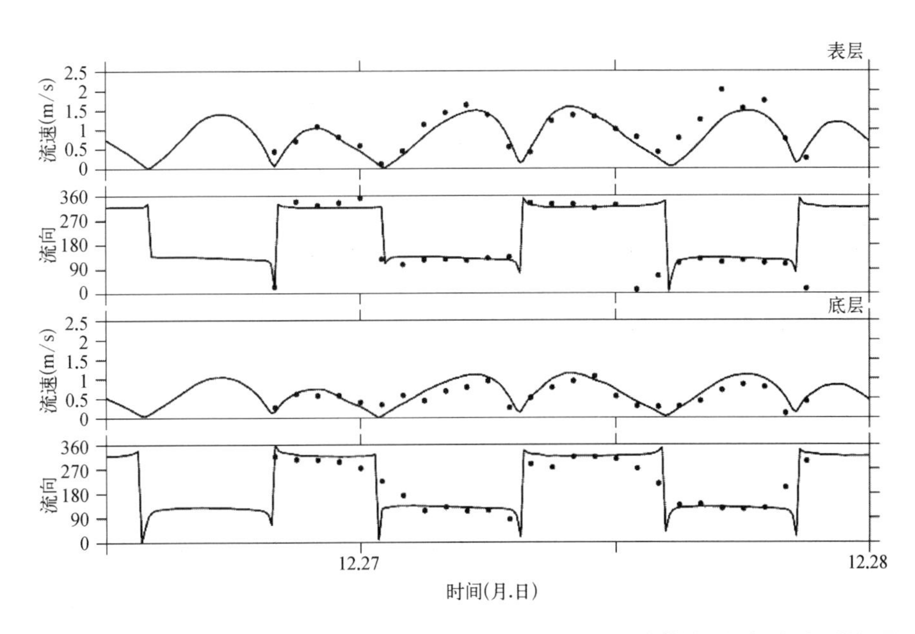

图 3－25　B1 站点表底层流速、流向 2008 年 12 月 26～28 日计算值(实线)与实测值(黑点)比较

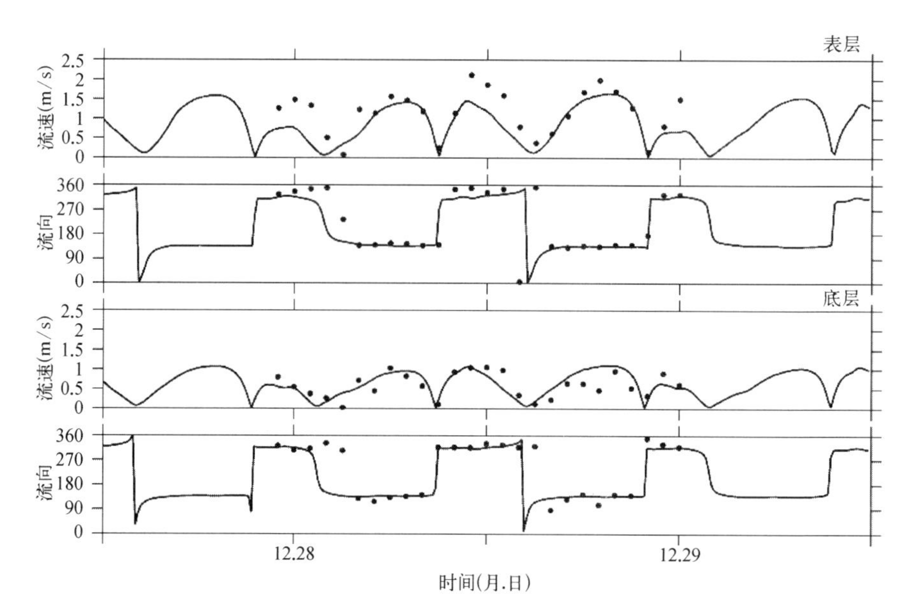

图 3-26　B2 站点表底层流速、流向 2008 年 12 月 28～29 日计算值(实线)与实测值(黑点)比较

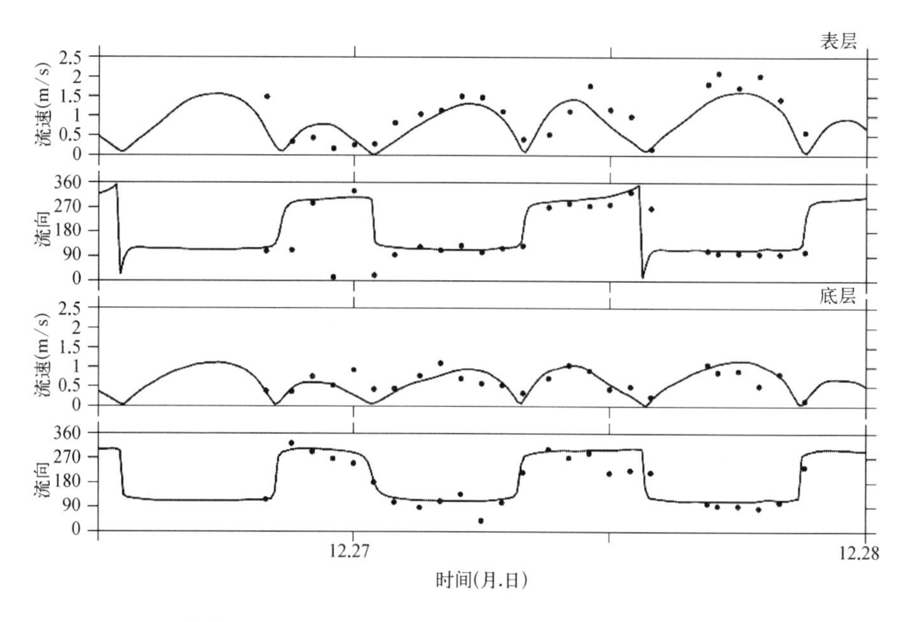

图 3-27　C1 站点表底层流速、流向 2008 年 12 月 27～28 日计算值(实线)与实测值(黑点)比较

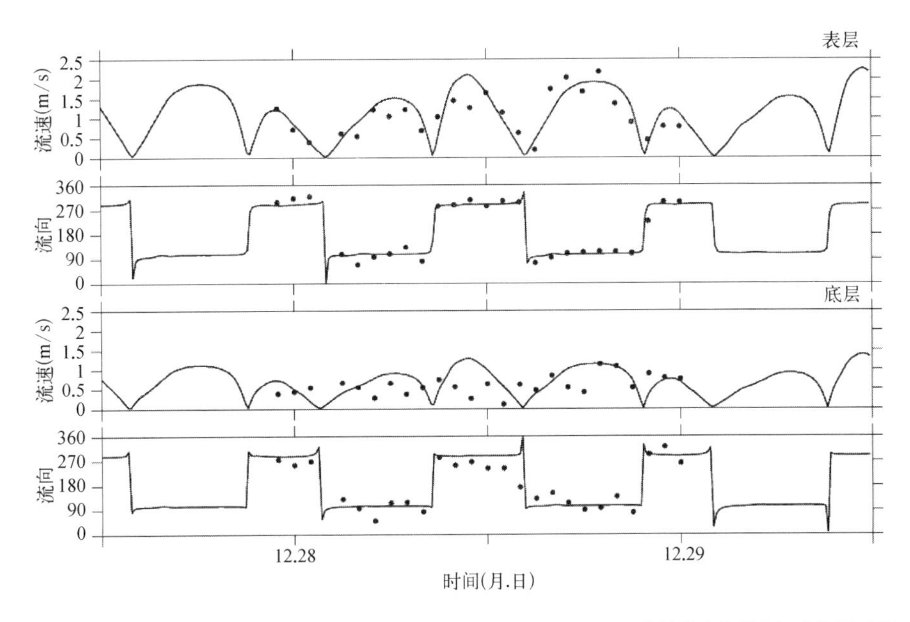

图 3-28　C2 站点表底层流速、流向 2008 年 12 月 28～29 日计算值(实线)与实测值(黑点)比较

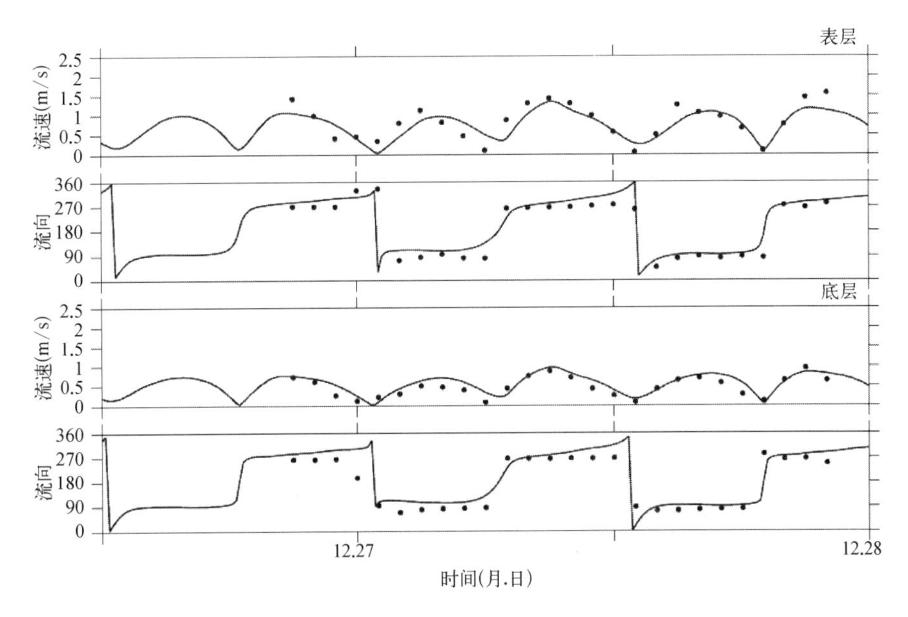

图 3-29　D1 站点表底层流速、流向 2008 年 12 月 27～28 日计算值(实线)与实测值(黑点)比较

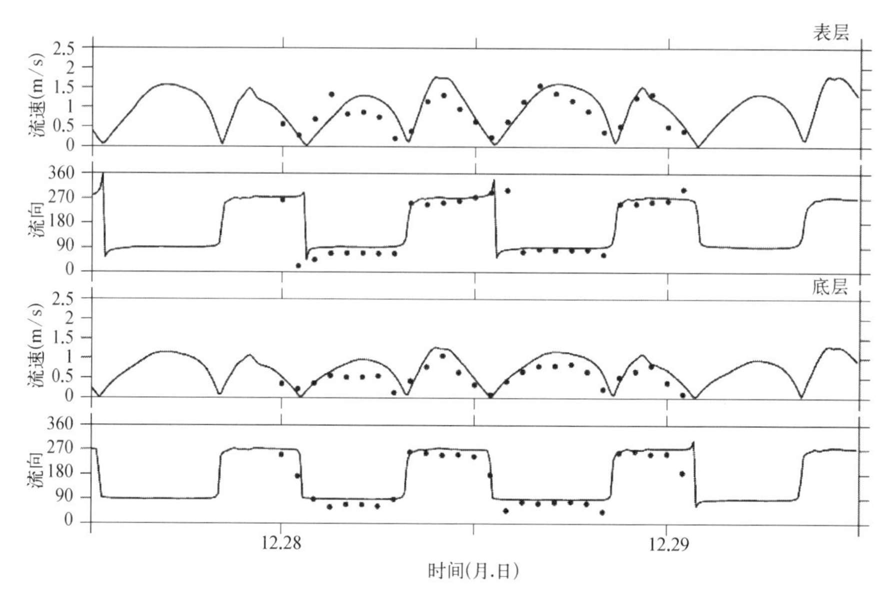

图 3-30 D2 站点表底层流速、流向 2008 年 12 月 28～29 日计算值(实线)与实测值(黑点)比较

3.2.3.6 2012 年 1 月的验证

利用两次现场观测资料来验证数值模式：一次是从 2011 年 12 月 24 日至 2012 年 1 月 13 日的浮筒表层盐度观测；另一次是 2012 年 1 月 2～5 日的小潮期间和 1 月 10～13 日大潮期间的船只观测。这些测站位于北支口门、北港、南北槽和南支上段(图 3-31)。

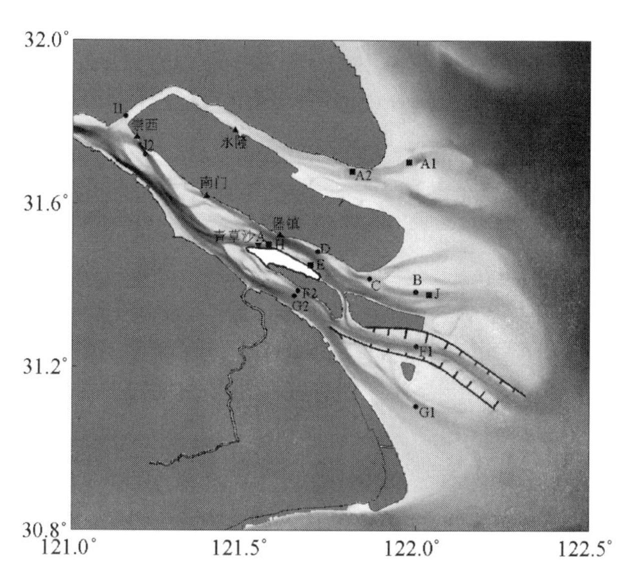

图 3-31 2011 年 12 月 24 日至 2012 年 1 月 13 日浮标测站 A1、A2、E 和 J 位置，2012 年 1 月 4～13 日出在船测站位 B、C、D、F、G 和 I 位置

我们用三个技术计量标准，给出模式计算结果与测量的盐度和流速时间序列的定量评估，它们在以往的研究中介绍过（例如，Ralston et al.，2010）。相关系数(CC)表述模式和观测之间的线性关系，定义为

$$CC=\frac{\sum_{i=1}^{N}(X_{mod}-\overline{X}_{mod})(X_{obs}-\overline{X}_{obs})}{\left[\sum_{j=1}^{N}(X_{mod}-\overline{X}_{mod})^2\sum_{i=1}^{N}(X_{obs}-\overline{X}_{obs})^2\right]^{1/2}} \tag{3-44}$$

式中，X是研究变量；$\overline{X}$是其平均值。均方根误差(RMSE)是经常使用的模式和观测间差异表述：

$$RMSE=\left[\sum_{i=1}^{N}(X_{mod}-X_{obs})^2/N\right]^{1/2} \tag{3-45}$$

模式的技术分(SS)或者 Nash Sutcliffe Model Efficiency (ME) 依赖于经观测标准偏差归一化后的模式和观测之间的均方根误差：

$$SS=1-\frac{\sum_{i=1}^{N}(X_{mod}-X_{obs})^2}{\sum_{i=1}^{N}(X_{obs}-\overline{X}_{obs})^2} \tag{3-46}$$

由 SS 模式的表现划分为 5 档：>0.65 为极好；0.65～0.5 v 为很好；0.5～0.2 为好；<0.2 为不好（Allen et al.，2007；Ralston et al.，2010）。

流速的技术度量标准用流矢的向东和向北分量计算，总结在表 3-3 中。在口门附近由于潮流控制流场，如所料在表层和底层 CCs 为高值(>0.90)。RMES 在表层为 0.20 m/s，在底层为 0.16 m/s，它们均分别小于最大值的 10%。SS 呈现极好结果，在表层为 0.88，在底层为 0.84。总体上，模式很好地模拟了表层和底层的往复潮流。

表 3-3　船只和浮标测站模式和观测比较的相关系数(CC)，均方根误差(RMSE)和技术分数 Scores (SS)

	船测站				浮标站	
	水流 (m/s)		盐度 (psu)		表层盐度 (psu)	
	表层	底层	表层	底层	E、J 测站	A1、A2 测站
CC	0.95	0.92	0.90	0.88	0.91	0.88
RMSE	0.20	0.16	2.73	4.35	2.46	0.83
SS	0.88	0.84	0.57	0.74	0.69	0.58

对盐度，在船测站测量垂向剖面，在浮标站仅在表层测量。图 3-32 为 6 个船测站大潮期间模式结果和观测资料之间的比较。模式抓住了盐度的潮致波动及其

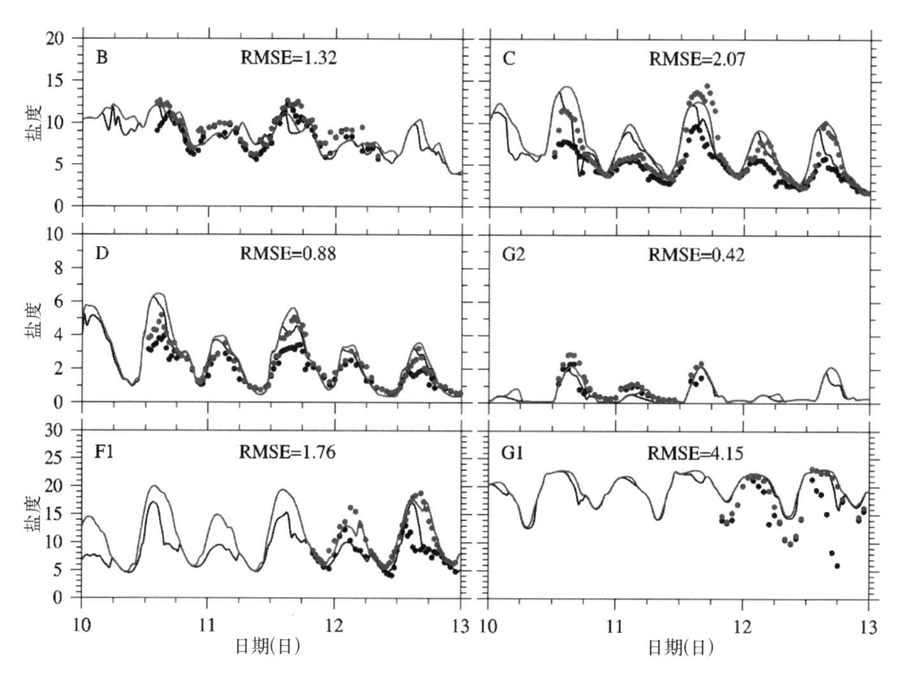

图 3-32　大潮期间(2012 年 1 月 10～13 日)船测站观测(点)和模拟(线)盐度比较
(黑线和灰色分别代表表层和底层资料。标上了每个测站均方差)

表层和底层之间的差异。然而，在一些测站(如测站 C)模式趋向于高估垂向湍流，导致水柱更为均匀。CCs 在表层和底层均大于 0.85；RMSE 在表层为 2.73，在底层为 4.35。大多数船测站位于河口口门，盐度对盐水楔的移动非常敏感。因此，小如几千米的盐度锋面位置不正确模拟，会导致高的 RMSEs。底层 SS 为 0.74，大于表层值的 0.57，按照上述划分范围，表层和底层均为“非常好”。

图 3-33 展示了浮标在较长时间内(20 天)模式的表现，它覆盖了一个完整的大小潮周期。在浮标 E 和 J 测站，半日和大小潮周期信息显著，而在 A1 和 A2 测站，盐度高且大小潮周期变化小。在 E 和 J 测站 CC 为 0.91，略高于 A1 和 A2 测站。在 E 和 J 测站 RMSE 高于测站 A1 和 A2。在 E 和 J、A1 和 A2 测站 SS 分别为 0.69 和 0.58，两者均达到了可接受的分数。

3.2.4　小结

建立了长江河口咸潮入侵三维数值模式，盐度方程平流项采用一个空间上具有三阶精度、数值无频散的差分格式 3rd HSIMT-TVD，以确保无数值频散、低数值耗散和盐量守恒性，有效改进的数值模式。模式计算区域包括整合长江河口、杭州湾和口外陆架，综合考虑了径流量、潮汐潮流、风应力、混合、地形和口外陆架环流等的作用。该模式网格分辨率高，口内为 100～500 m，南北支分叉口区域的网格加密，在北支上端的分辨率为 100 m 左右，口外较疏，最大为 7 km 左右。垂向采

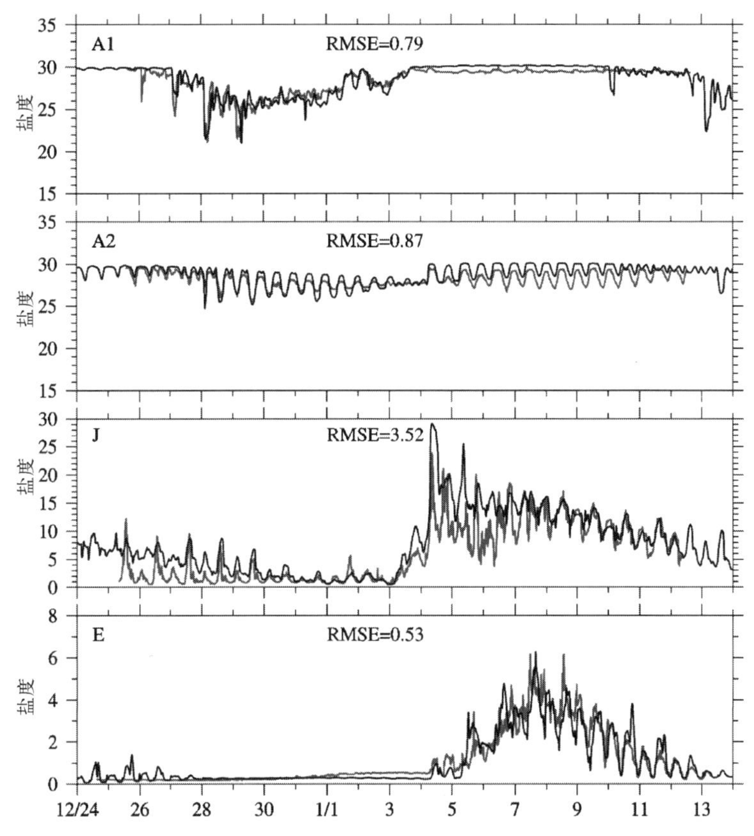

图 3-33　2011 年 12 月 24 日至 2012 年 1 月 13 日浮标测站表层盐度观测(灰色)和模拟(黑色)比较(标上了每个测站均方差)

用 σ 坐标,均匀的分成 5 层。模式的水位方程求解采用隐式格式,时间步长取为 30 s。外海开边界条件考虑陆架环流和潮流,陆架环流以余水位的形式给出,由渤海、黄海、东海大区域数值模式计算的结果提供,潮流由 16 个主要分潮 M_2、S_2、N_2、K_2、K_1、O_1、P_1、Q_1、MU_2、NU_2、T_2、L_2、$2N_2$、J_1、M_1 和 OO_1 调和常数合成给出。在模式验证中海表面风由 NCEP 在再分析资料给出,时间分辨率为 6 小时,空间分辨率为 0.5°,在模式模拟海平面变化对盐水入侵影响数值试验中,海表面风由多年统计得到的半月平均值给出。

对建立的数值模式进行了严格的验证。给出了 2005 年 4 月和 2009 年 2 月的潮位验证,2003 年 2 月口门区域的流速、盐度验证,2007 年 2～3 月南支及北支几个站的盐度验证,2008 年 12 月流速、流向和盐度的验证,2012 年 1 月流速、流向和盐度的验证,并给出了 2012 年 1 月模式验证的定量评估。验证结果表明该模式能真实地模拟出长江河口的水动力过程和咸潮入侵过程。

该模式得到了成功地应用和发展,已取得众多的研究成果,也为工程建设提供了技术支撑。

3.3 一至三月保证率90%径流量、海平面未上升和上升5和10 cm情况下盐水入侵及其变化

农历一月保证率95%和95%径流量分别为7 724和7 200 m^3/s,作者课题组试算结果表明长江河口水源地已取不到淡水。本节考虑12月至来年3月各月90%保证率下径流量、半月平均风况、外开边界16个分潮,模拟在多个动力因子作用下海平面上升0、5、10和16 cm情况下盐水入侵及其变化。12月至来年3月90%保证率下径流量分别为10 200、8 170、8 268和10 370 m^3/s。该模式从12月1日开始计算,至3月31日结束。给出2月(农历一月)大潮和小潮期间潮周期平均、涨憩和落憩时刻(相对于青草沙取水口,下同)单宽余通量、盐度的平面分布和北港、北槽和南槽纵向盐度剖面分布(位置见图3-34),1~3月陈行水库、宝钢水库、青草沙水库、东风西沙水库和浏河口墅水库取水口盐度过程线。

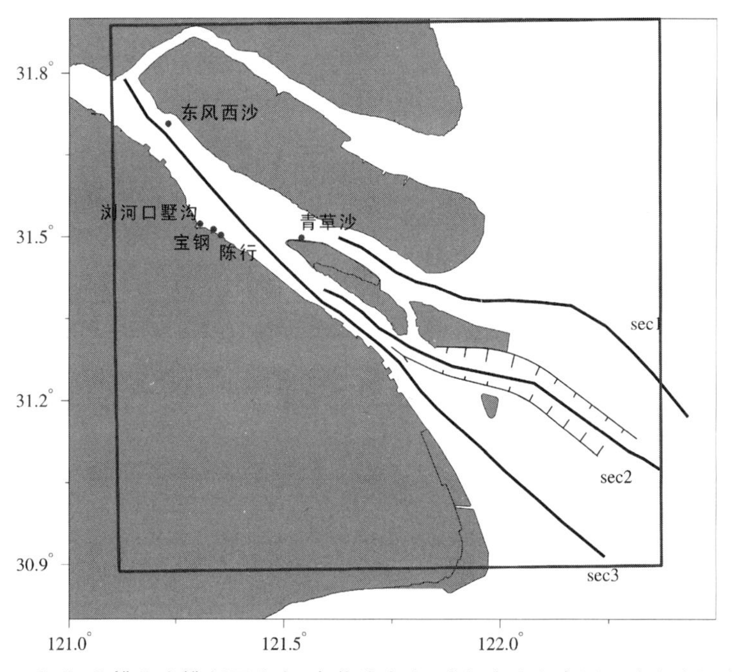

图3-34 北港、北槽和南槽断面分布,青草沙水库、陈行水库和东风西沙水库取水口位置

3.3.1 海平面未上升情况下长江河口咸潮入侵数值模拟

首先不考虑海平面上升情况,数值模拟长江河口咸潮入侵,作为海平面上升情况下咸潮入侵变化的比较数值实验。

3.3.1.1 余通量和盐度的平面分布

统计农历一月大潮和小潮期间6个连续涨落潮(约3天)时间内的垂向平均单

宽余通量和盐度分布。从计算的垂向平均单宽余通量看(图 3-35),大潮期间,在长江河口南北槽、北港,因径流的作用水体净输运向海,而北支由于已发展成了涨潮槽,水体自外海向陆净输运。盐度分布表明,大潮期间北支充斥外海高盐水,在分汊口盐水倒灌进入南支;盐度低于 0.5 的水域位于南支的南侧;在南支的拦门沙区域,盐度分布受外海盐水入侵影响。大潮期间南支盐度呈现两头大、中间小的分布特征。

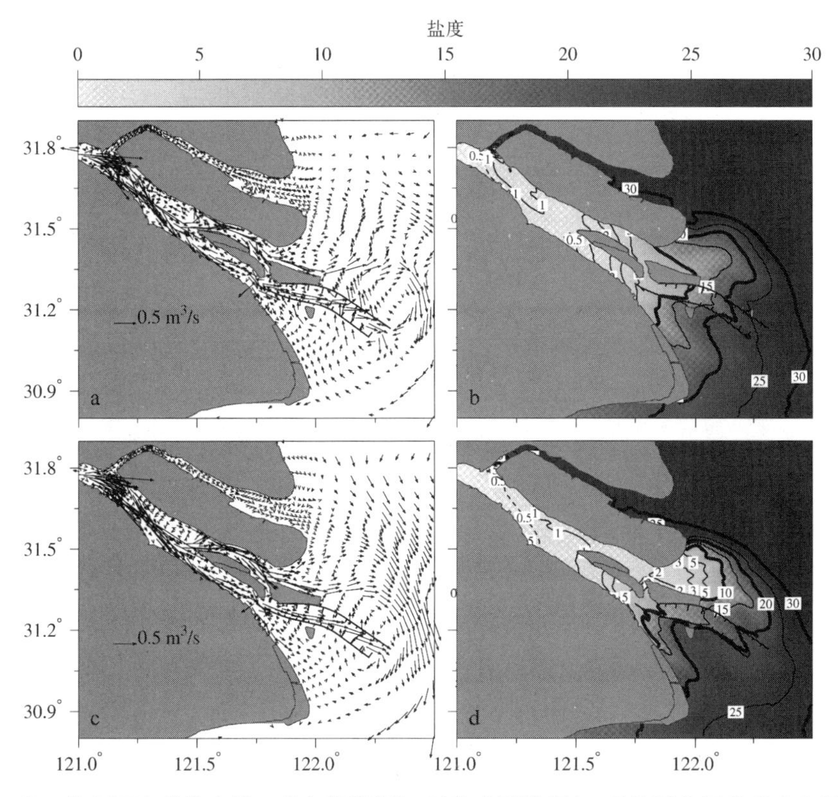

图 3-35 海平面上升前农历一月大潮期间(a、b)和小潮期间(c、d)的垂向平均单宽余通量和盐度分布

小潮期间,从单宽余通量上看,由于潮流作用减弱,相比于大潮期间量值略有减小,口外南向的风生环流更为显著。对比盐度分布发现,北支盐水倒灌现象减弱,大潮期间倒灌进入南支的盐水团在径流作用下逐渐下移,南支大部分区域没有淡水。

大潮涨憩时刻表层盐度分布表明(图 3-36a),北支因河势呈喇叭口形状,上游滩涂多、水深浅,进入北支的分流比小,故基本上被外海高盐水所占据。涨潮时北支大量盐水涌向上游,盐水团自分汊口倒灌进入南支,形成北支盐水倒灌现象。北港冲淡水出口门后在径流与潮流共同作用下向北侧运动扩散。北港、北槽和南槽受外海盐水入侵影响,在拦门沙区域形成盐度锋面。

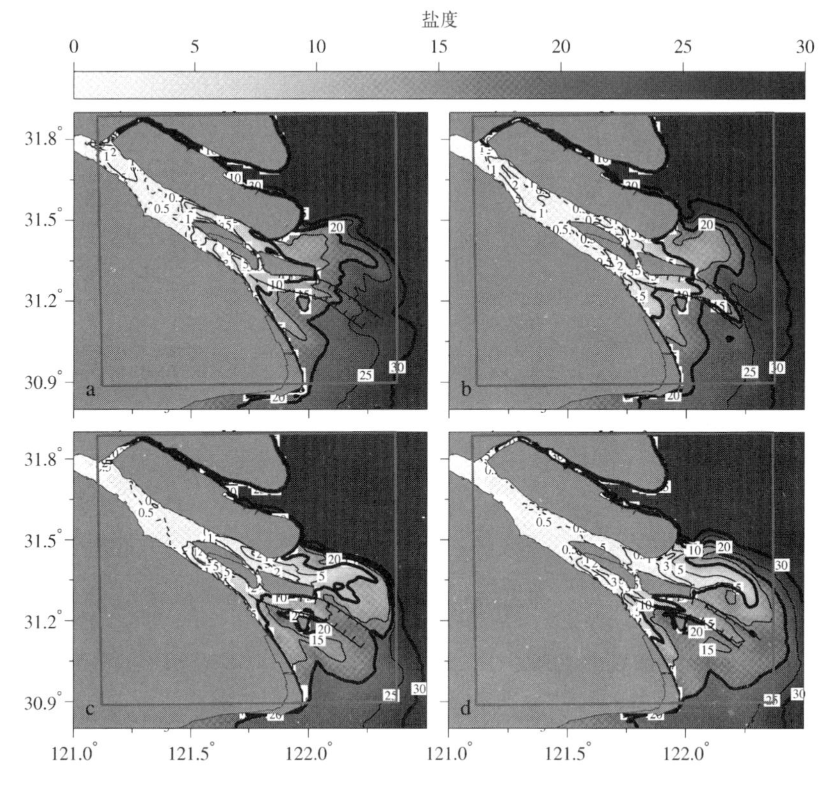

图 3-36　海平面上升前农历一月大潮涨憩(a)、大潮落憩(b)、小潮涨憩(c)和小潮落憩(d)表层盐度分布(灰框为统计淡水资源面积区域,虚线为 0.5 等盐度线)

大潮落憩时刻表层盐度分布表明(图 3-36b),由北支倒灌入南支的盐水团在径流作用下下移扩散。比较涨憩时刻,在落潮流作用下,口门附近等盐度线向海移动。

小潮涨憩时刻表层盐度分布和大潮涨憩时刻相比,口门附近盐度明显降低(图 3-36c),因小潮时潮流强度小于大潮,外海高盐水随涨潮流进入河口导致盐水入侵较大潮时弱,等盐度线显著向外海扩张。在南支上段,北支盐水倒灌减弱,受径流作用盐度小于 0.5 的淡水范围扩大。

小潮落憩时刻表层口门附近盐度比涨憩时刻低,北港淡水向外海扩散明显,在下泄径流作用下,南支上段出现淡水区域(图 3-36d)。

图 3-37a 为陈行、青草沙、东风西沙、浏河口墅沟、宝钢水库取水口水位过程线。

3.3.1.2　盐度的纵向剖面分布

在大潮涨憩时刻(图 3-38),沿北港纵断面,盐度从上端处的 5 到下端的 26,没有淡水出现。沿北槽纵断面,没有淡水。沿南支纵断面,从 22 km 至 50 km 处出现淡水,往下游盐度逐渐增加,下端盐度超过 20。

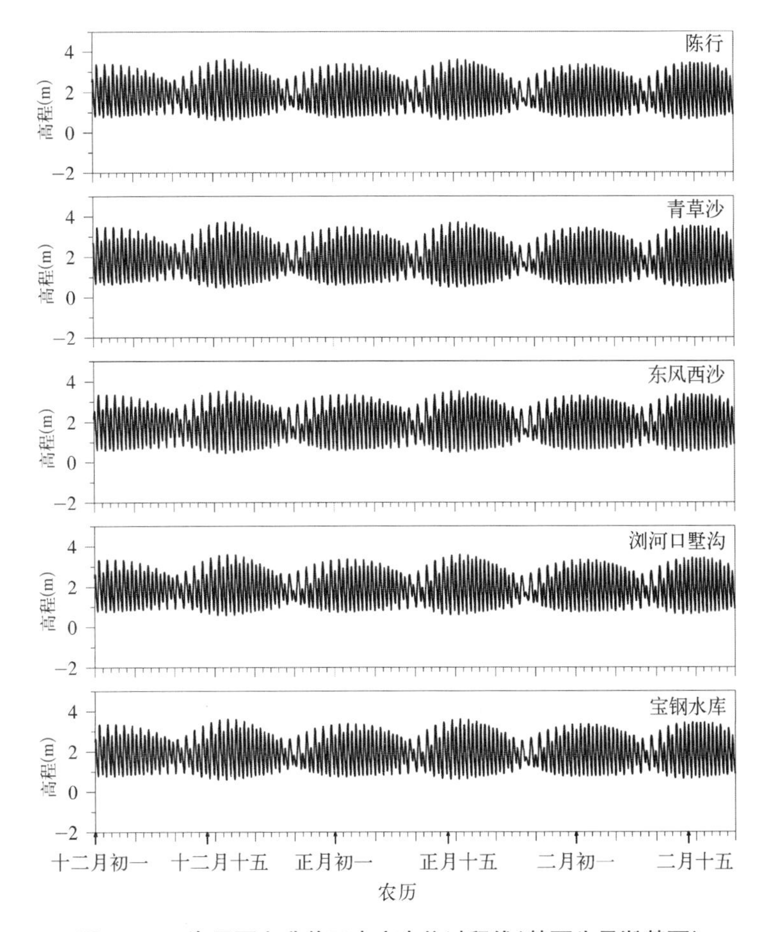

图 3-37 海平面上升前五水库水位过程线(基面为吴淞基面)

大潮落憩时刻(图 3-39),沿北港纵断面随落潮流上游淡水向下游输运,上端至 5.5 km 处出现淡水,往下游盐度逐渐增加至 30。沿北槽纵断面,上端至7 km处出现淡水。沿南支纵断面,40~70 km 处出现淡水,再往下游盐度升高,无淡水。

小潮涨憩时刻(图 3-40),沿北港纵断面,无淡水。沿北槽纵断面,无淡水出现。沿南支纵断面,上端至 46 km 处盐度低于 0.5,出现淡水,往下游盐度逐渐升高,在下端大于 20。

小潮落憩时刻(图 3-41),沿北港纵断面,上段至 5 km 处盐度低于 0.5。沿北槽纵断面,无淡水出现。沿南支纵断面,上端至 55 km 处盐度低于 0.5,出现淡水。

3.3.1.3 水源地取水口盐度随时间变化

农历一月海平面上升前陈行、青草沙、东风西沙、浏河口墅沟、宝钢水库的盐度随时间变化见图 3-42。

在陈行水库取水口,盐度变化具有显著的半月特征,表层最长不宜取水天数为 8.22 天,发生在农历一月上半月。

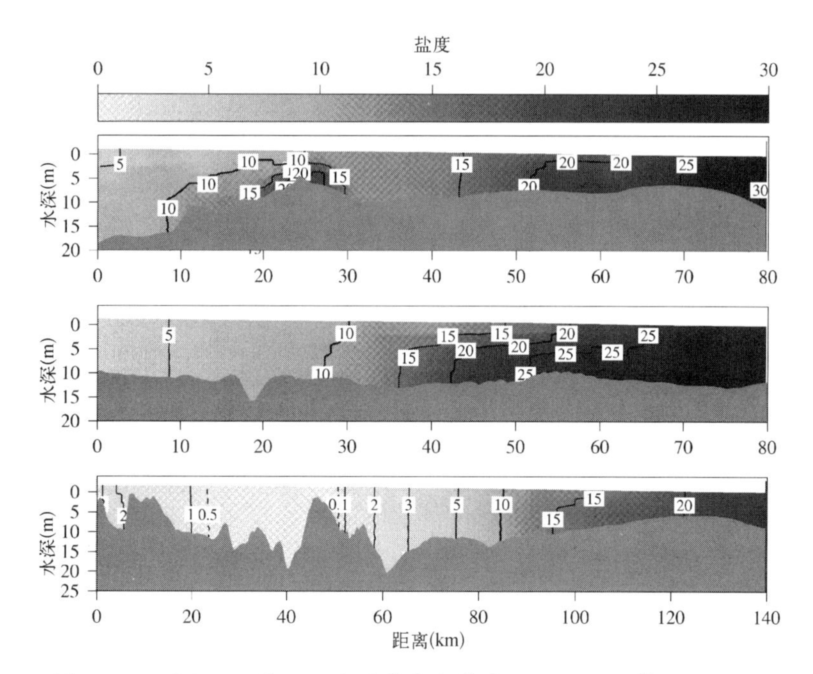

图 3-38 农历一月海平面上升前大潮涨憩北港(上)、北槽(中)、南支(下)盐度纵向剖面分布

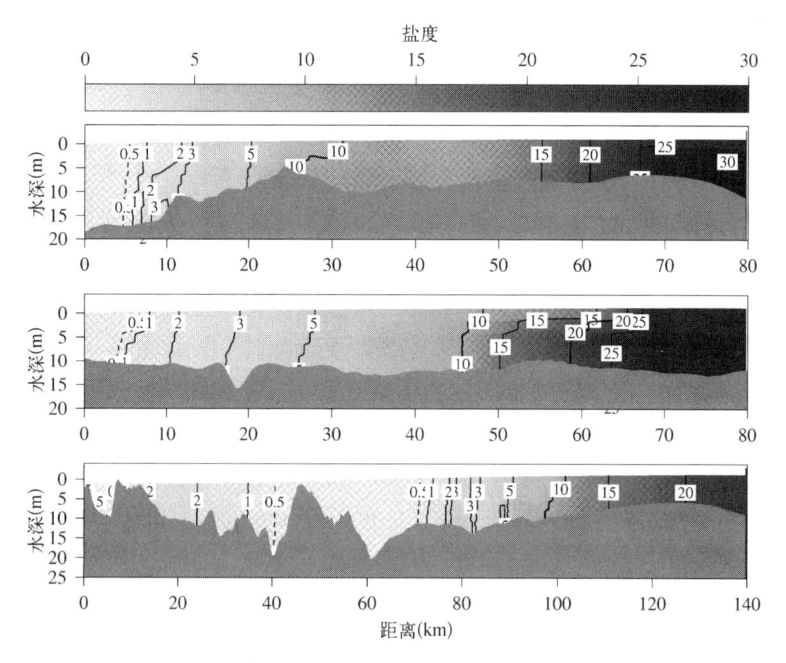

图 3-39 农历一月海平面上升前大潮落憩北港(上)、北槽(中)、南支(下)盐度纵向剖面分布

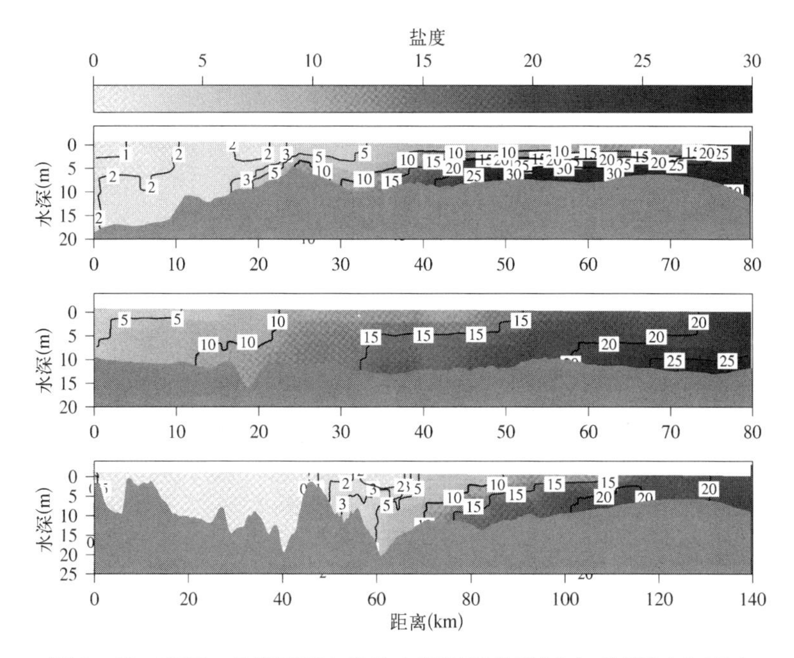

图 3-40　农历一月海平面上升前小潮涨憩北港(上)、北槽(中)、南支(下)盐度纵向剖面分布

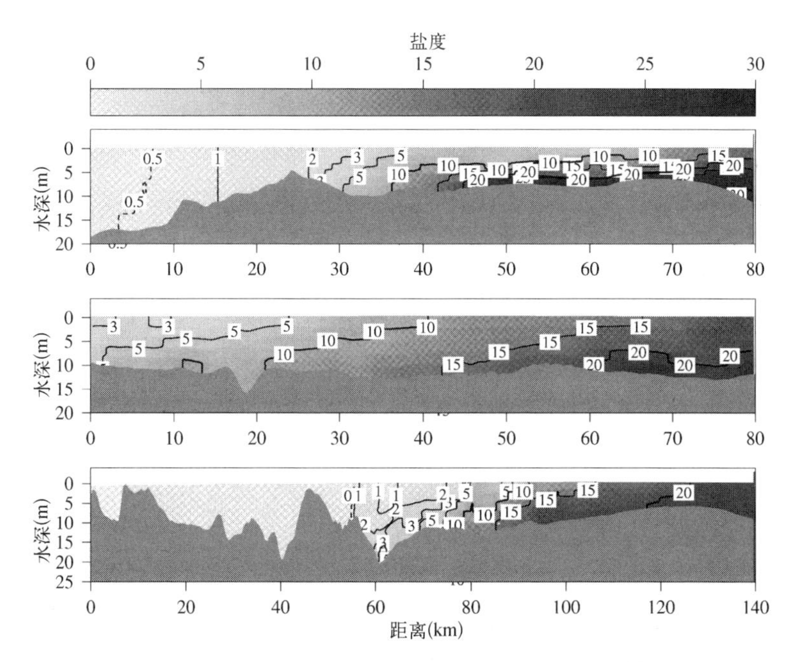

图 3-41　农历一月海平面上升前小潮落憩北港(上)、北槽(中)、南支(下)盐度纵向剖面分布

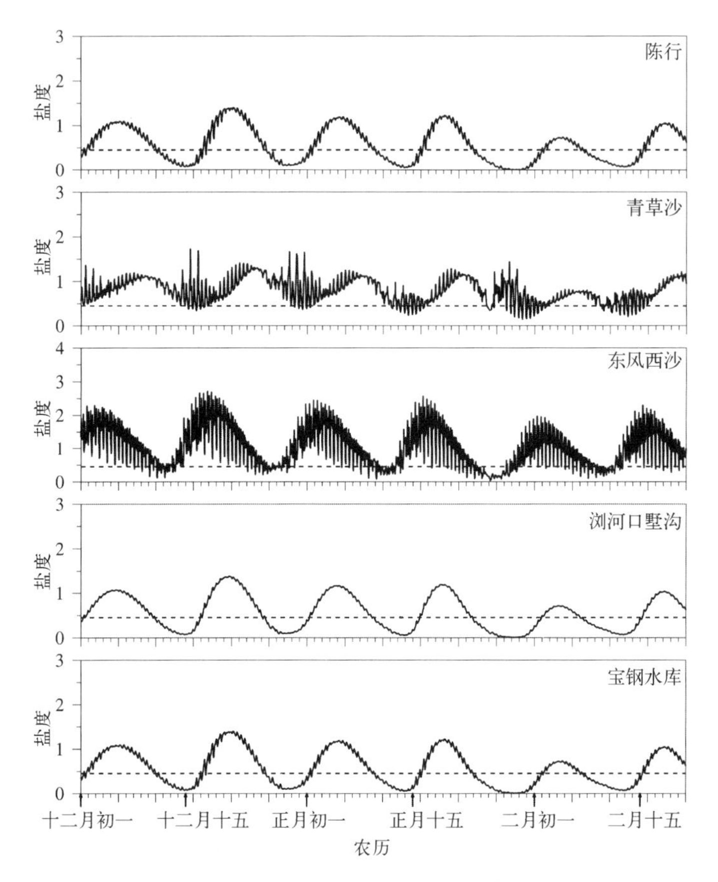

图 3-42 农历一月至二月海平面上升前水库表层盐度随时间变化

在青草沙水库取水口，表层最长不宜取水天数为 11.11 天，发生在农历一月上半月。

在东风西沙水库取水口，表层盐度小于底层盐度，表层盐度振幅较大，落潮时因徐六泾上游淡水下移，盐度下降明显，最低值接近 0.45。表层最长不宜取水天数为 10.78 天，发生在农历一月上半月。

在浏河口墅沟水库取水口，表层最长不宜取水天数为 8.57 天，发生在农历一月上半月。

在宝钢水库取水口，表层最长不宜取水天数为 8.60 天，发生在农历一月上半月。

3.3.1.4 河口淡水资源量

对图 3-33 中灰框范围内，盐度小于 0.5 的区域作统计分析，得出农历一月后半月大潮和小潮期间涨急、涨憩、落急和落憩时刻淡水体积(表 3-4)。

本课题重点分析涨憩和落憩时刻淡水资源。在农历一月大潮期间涨憩和落憩时刻的淡水资源量分别为 1.456 9 km^3 和 2.179 7 km^3，小潮期间涨憩和落憩时刻淡水资源量分别为 3.235 2 km^3 和 4.828 3 km^3，比涨憩时刻增加了 1.778 3 km^3

和 2.648 6 km^3。

表 3-4　农历一月大潮和小潮期间涨急、涨憩、落急和落憩时刻盐度小于 0.5 区域体积

（单位：km^3）

海平面上升量	大潮				小潮			
	涨急	涨憩	落急	落憩	涨急	涨憩	落急	落憩
上升前	2.630 3	1.456 9	1.734 4	2.179 7	4.365 1	3.235 2	3.999 9	4.828 3
5 cm	2.491 8	1.367 7	1.558 0	2.004 7	4.242 9	3.119 9	3.874 6	4.722 3
10 cm	2.317 6	1.206 5	1.296 4	1.787 2	4.107 8	3.013 9	3.771 6	4.601 9
16 cm	2.165 4	1.082 5	1.133 3	1.632 0	3.952 9	2.884 3	3.617 9	4.442 1

3.3.2　海平面上升 10 cm 情况下盐水入侵及其变化

考虑长江河口海平面上升速率 2.5 mm/a，预测海平每年上升对盐水入侵影响的时段为 2010 年至 2050 年，时段为 40 年，海平面上升 10 cm。

3.3.2.1　盐度的平面分布和变化

在海平面上升 10 cm 情况下，大潮和小潮涨憩和落憩时刻表层的盐度分布见图 3-43，盐度的分布基本与海平面上升 5 cm 时一致。大潮期间和小潮期间平均

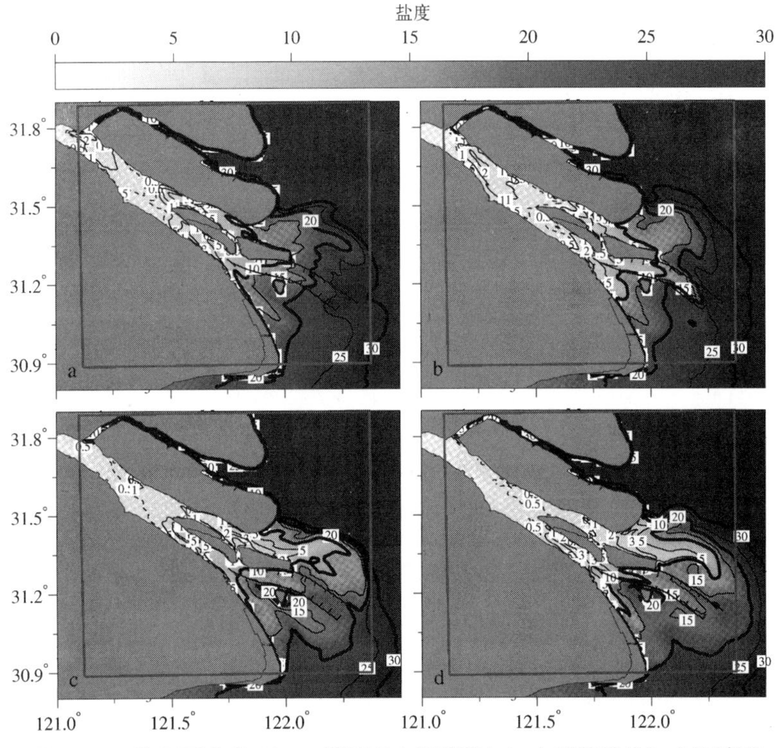

图 3-43　海平面上升 10 cm 情况下大潮涨憩(a)、大潮落憩(b)、小潮涨憩(c)和小潮落憩(d)表层盐度分布

的垂向平均单宽余通量和盐度与海平面未上升时差值分布见图 3－44，相比于海平面上升 5 cm 时的情况，单宽余通量变化随海平面上升变化量值变得更加明显。单宽余通量差值在北港上段向陆、下段向海，在北槽向海，在南槽向陆，在口门处形成一个反气旋式的单宽余通量差值环流，表明向北横跨潮滩和北槽的余通量加强。盐度差值分布表明，大潮期间北港和崇明东滩东侧水域、北支上段盐度增大明显，量值在 0.2～0.4。在南汇边滩，盐度上升范围和量值较小，量值约为 0.2。在小潮期间，相比于大潮期间，崇明东滩东侧水域和南汇边滩盐度上升量值增大，但北港盐度上升量值和范围显著减小。

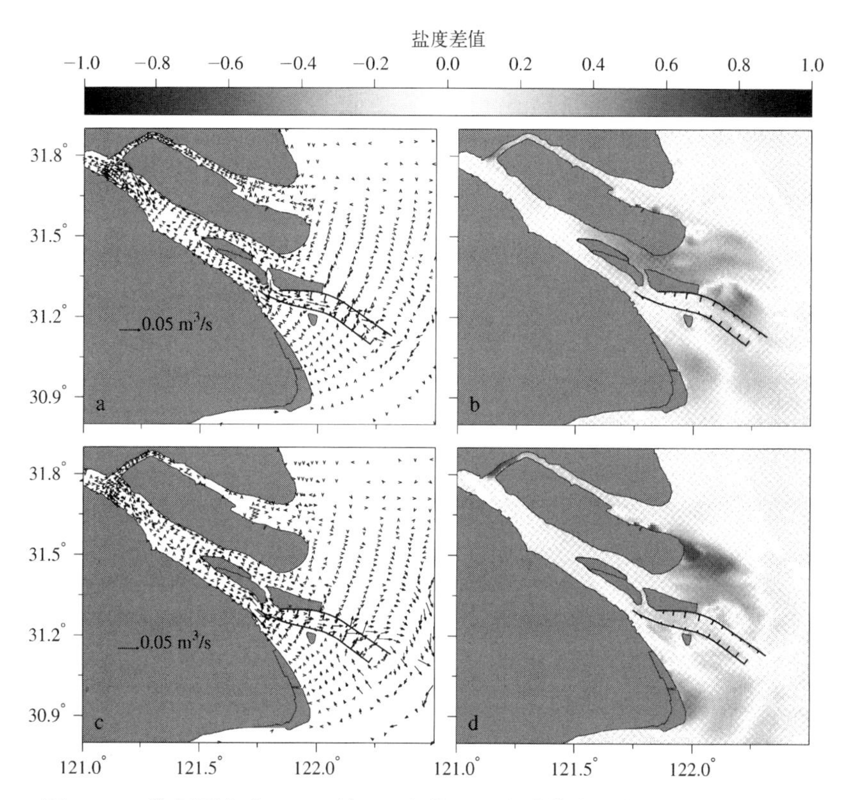

图 3－44　海平面上升 10 cm 情况下与海平面上升前大潮期间(上)和小潮期间(下)的垂向平均单宽余通量和盐度差值分布(后附彩图)

图 3－45 为陈行、青草沙、东风西沙、浏河口墅沟、宝钢水库取水口水位过程线。

3.3.2.2　盐度的纵向剖面分布

在大潮涨憩时刻(图 3－46)，沿北港纵断面，没有淡水出现。沿北槽纵断面，无淡水。沿南支纵断面，淡水位于 23～49 km 处。

大潮落憩时刻(图 3－47)，沿北港纵断面，上端至 4 km 处出现淡水。沿北槽纵断面，上端至 6 km 处出现淡水。沿南支纵断面，44～70 km 处出现淡水。

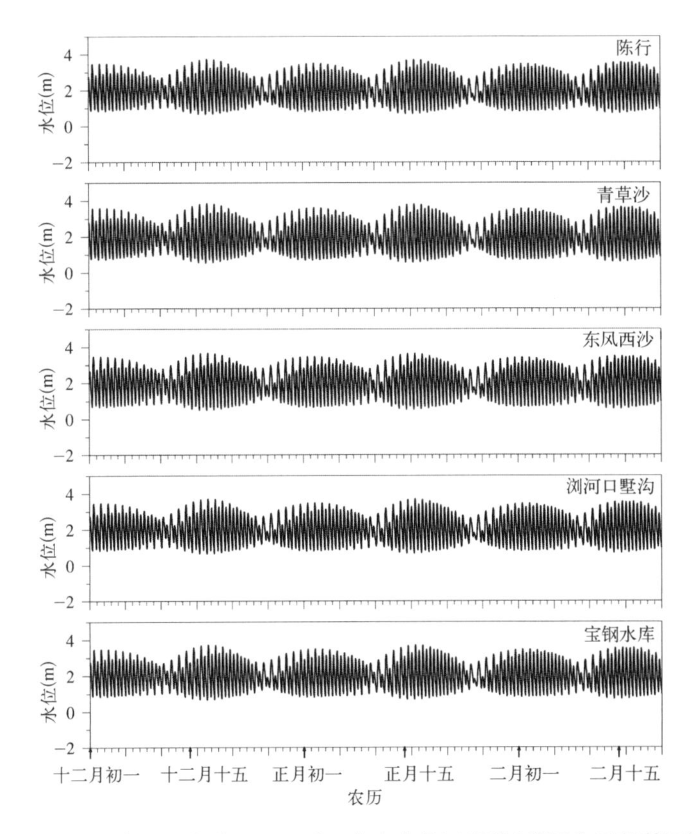

图 3-45　海平面上升 10 cm 后五水库水位过程线(基面为吴淞基面)

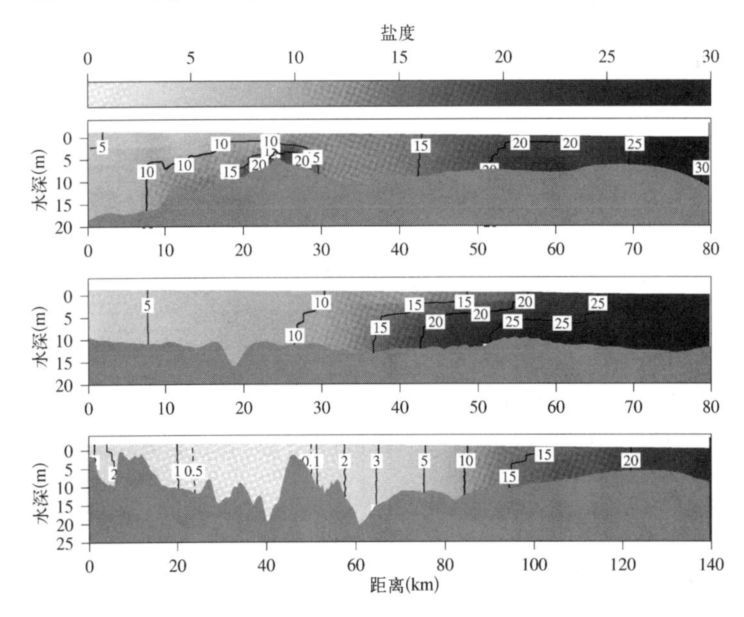

图 3-46　农历一月海平面上升 10 cm 大潮涨憩北港(上)、北槽(中)、南支(下)盐度纵向剖面分布

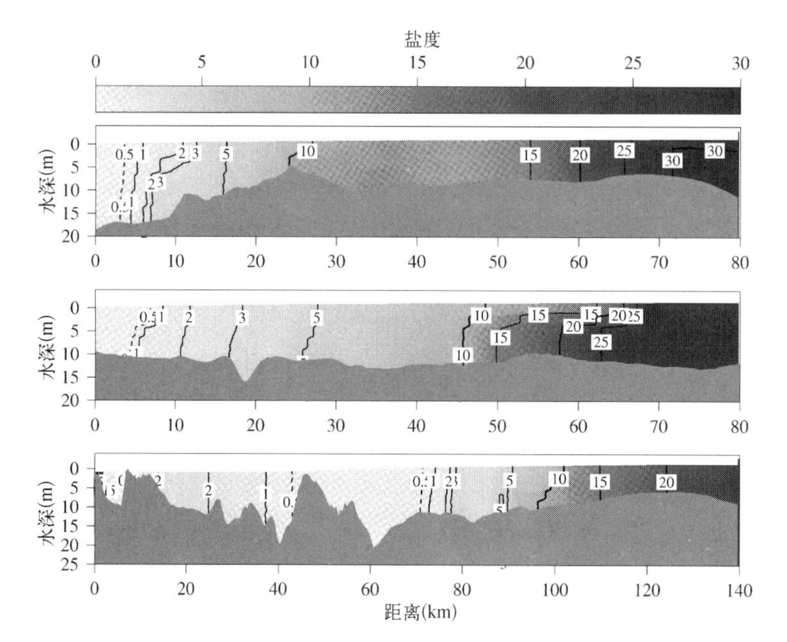

图 3-47　农历一月海平面上升 10 cm 大潮落憩北港(上)、北槽(中)、南支(下)盐度纵向剖面分布

小潮涨憩时刻(图 3-48),沿北港纵断面,无淡水。沿北槽纵断面,无淡水出现。沿南支纵断面,上端至 45 km 处出现淡水。

小潮落憩时刻(图 3-49),沿北港纵断面,上端至 5 km 处盐度低于 0.5。沿北槽纵断面,无淡水出现。沿南支纵断面,上端至 53 km 处盐度低于 0.5。

3.3.2.3　水源地取水口盐度随时间变化

农历一月海平面上升前陈行、青草沙、东风西沙、浏河口墅沟、宝钢水库盐度随时间变化及其与海平面未上升时差值见图 3-50 和图 3-51。

在陈行水库取水口,第二个盐度峰值期间盐度最大上升了约 0.15,表层最长不宜取水天数为 8.32 天,增加了 0.1 天。

在青草沙水库取水口,第二个盐度峰值期间盐度最大上升了约 0.4,表层最长不宜取水天数为 13.2 天,增加了 2.1 天。

在东风西沙水库取水口,第二个盐度峰值期间盐度上升了约 0.21,表层最长不宜取水天数为 10.9 天,增加了 0.12 天。

在浏河口墅沟水库取水口,第二个盐度峰值期间盐度上升了约 0.15,表层最长不宜取水天数为 8.73 天,增加了 0.16 天。

在宝钢水库取水口,第二个盐度峰值期间盐度上升了约 0.15,表层最长不宜取水天数为 8.722 天,增加了 0.13 天。

3.3.2.4　河口淡水资源量及其变化

农历一月后半月大潮和小潮期间涨急、涨憩、落急和落憩时刻淡水体积见

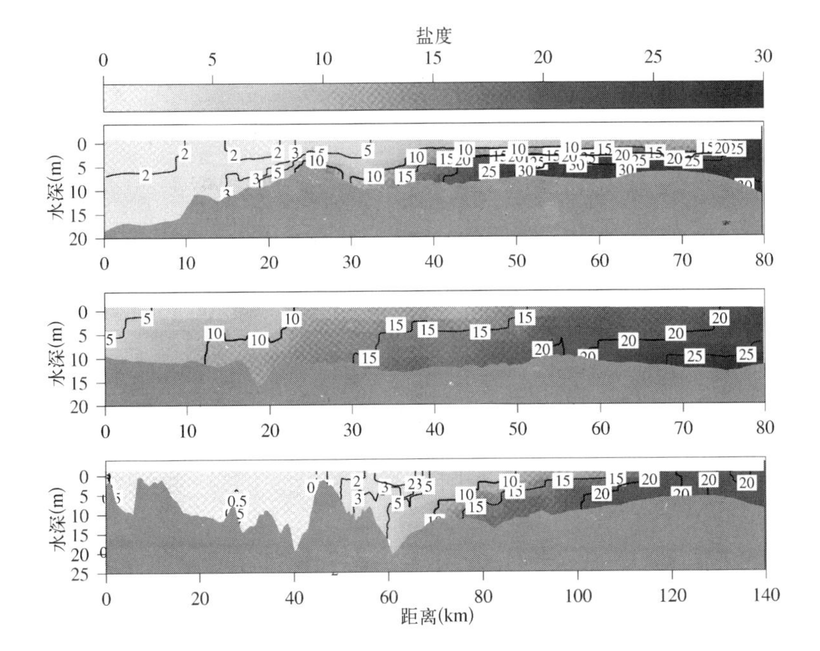

图 3-48　农历一月海平面上升 10 cm 小潮涨憩北港(上)、北槽(中)、南支(下)盐度纵向剖面分布

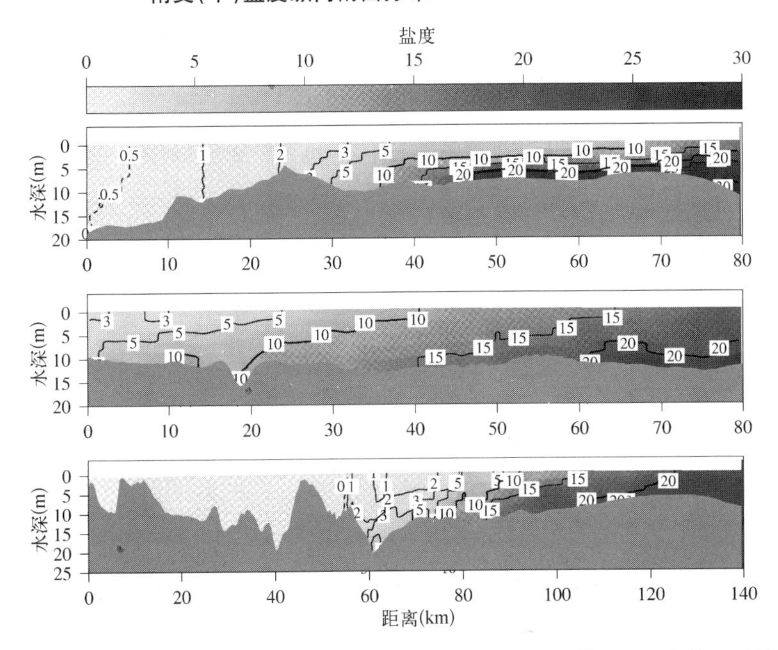

图 3-49　农历一月海平面上升 10 cm 小潮落憩北港(上)、北槽(中)、南支(下)盐度纵向剖面分布

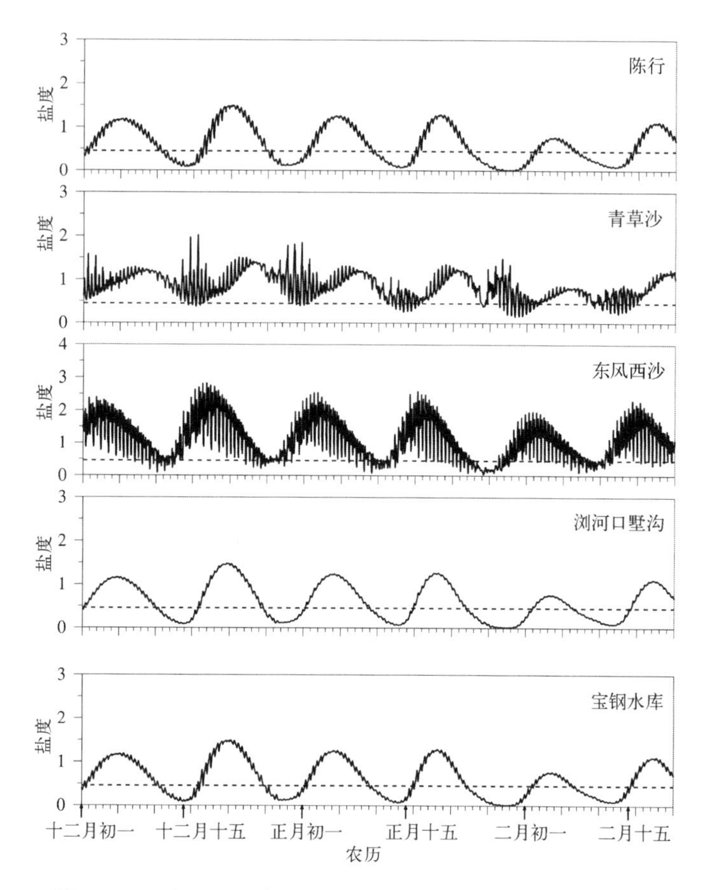

图 3-50　农历一月海平面上升 10 cm 表层盐度随时间变化

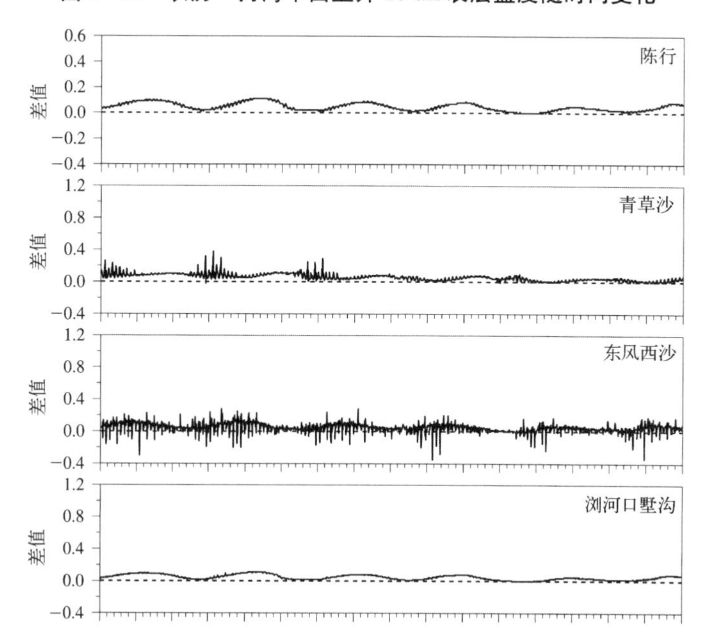

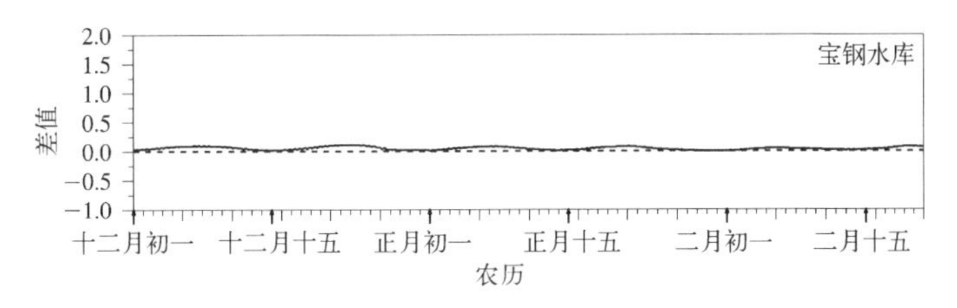

图 3－51　农历一月海平面上升 10 cm 表层盐度与海平面未上升时差值随时间变化

表 3－4。大潮期间涨憩和落憩时刻淡水资源量分别为 1.206 5 和 1.787 2 km^3，与海平面未上升时分别减小了 0.250 4 和 0.392 5 km^3。小潮期间涨憩和落憩时刻淡水资源量分别为 3.013 9 和 4.601 9 km^3，与海平面未上升时分别减小了 0.221 3 和 0.226 4 km^3。随着海平面上升的加剧，长江河口淡水资源减少继续加剧。

3.3.3　海平面上升 16 cm 情况下盐水入侵及其变化

根据项目组最近研究成果，2030 年吴淞相对海平面在 2010 年基础上上升10～16 cm。本节考虑长江河口海平面上升 16 cm 情况下盐度分布变化和盐水入侵影响。

3.3.3.1　盐度的平面分布和变化

在海平面上升 16 cm 情况下，大潮和小潮涨憩和落憩时刻表层的盐度分布见图 3－52，盐度的分布基本与海平面上升 10 cm 时一致。大潮期间和小潮期间平均

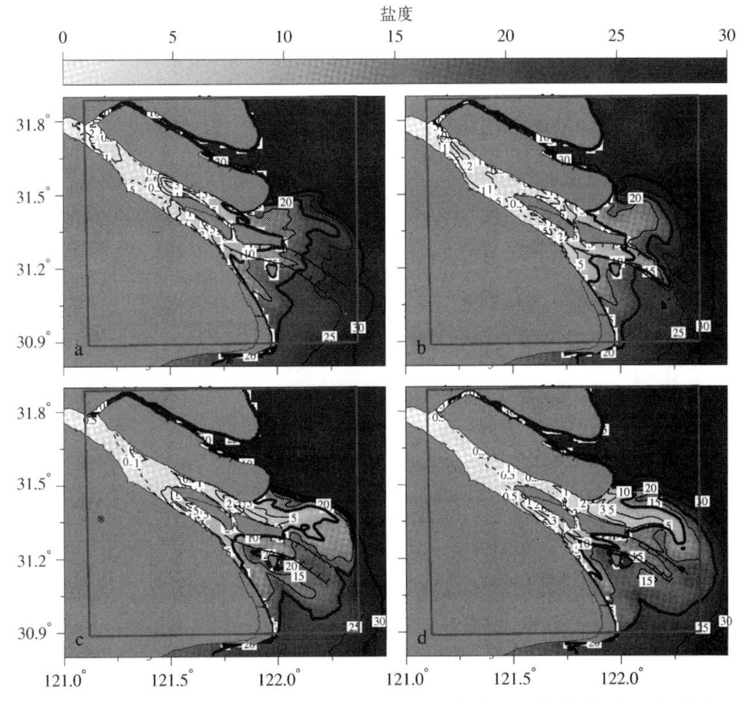

图 3－52　海平面上升 16 cm 情况下大潮涨憩(a)、大潮落憩(b)、小潮涨憩(c)和小潮落憩(d)表层盐度分布

的垂向平均单宽余通量和盐度与海平面未上升时的差值分布见图3－53，相比于海平面上升5 cm与10 cm时的情况，单宽余通量变化随海平面上升变化量值更为明显。单宽余通量差值在北港上段向陆、下段向海，在北槽向海，在南槽向陆，与海平面上升10 cm情况下相同，口门处同样形成一个反气旋式的单宽余通量差值环流。盐度差值分布表明，大潮期间北港和崇明东滩东侧水域、北支上段盐度增大明显，量值在0.4～0.6。在南汇边滩，盐度上升范围和量值较小，量值约为0.4。小潮期间，相比于大潮期间，崇明东滩东侧水域和南汇边滩盐度上升量值增大，北港盐度上升量值和范围显著减小。

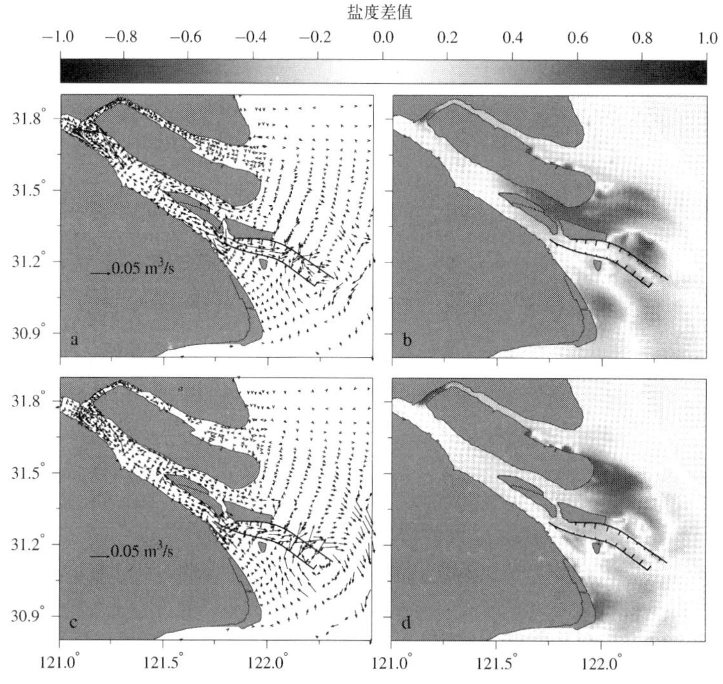

图3－53 海平面上升16 cm情况下与海平面上升前大潮期间(上)和小潮期间(下)的垂向平均单宽余通量和盐度差值分布(后附彩图)

图3－54为陈行、青草沙、东风西沙、浏河口墅沟、宝钢水库取水口水位过程线。

3.3.4.2 盐度的纵向剖面分布

在大潮涨憩时刻(图3－55)，沿北港纵断面，没有淡水出现。沿北槽纵断面，无淡水。沿南支纵断面，淡水位于24～49 km处。

大潮落憩时刻(图3－56)，沿北港纵断面，上端至3 km处出现淡水。沿北槽纵断面，上端至6 km处出现淡水。沿南支纵断面，43～70 km处出现淡水。

小潮涨憩时刻(图3－57)，沿北港纵断面，无淡水。沿北槽纵断面，无淡水出现。沿南支纵断面，上端至43 km处出现淡水。

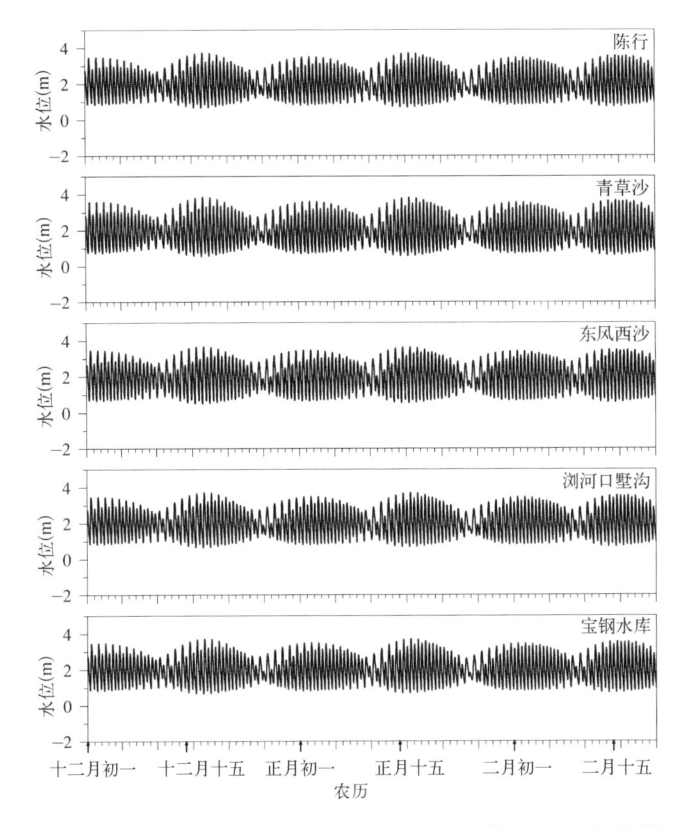

图 3-54　海平面上升 10 cm 后五水库水位过程线(基面为吴淞基面)

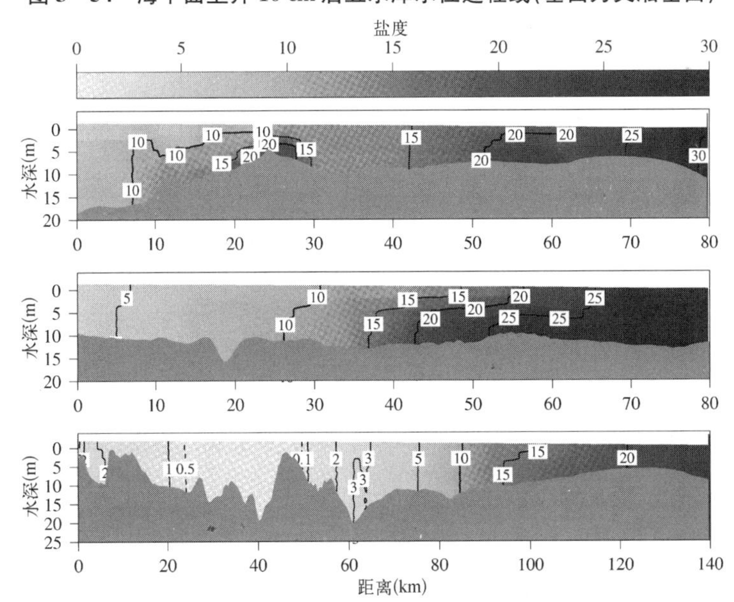

图 3-55　农历一月海平面上升 16 cm 大潮涨憩北港(上)、北槽(中)、南支(下)盐度纵向剖面分布

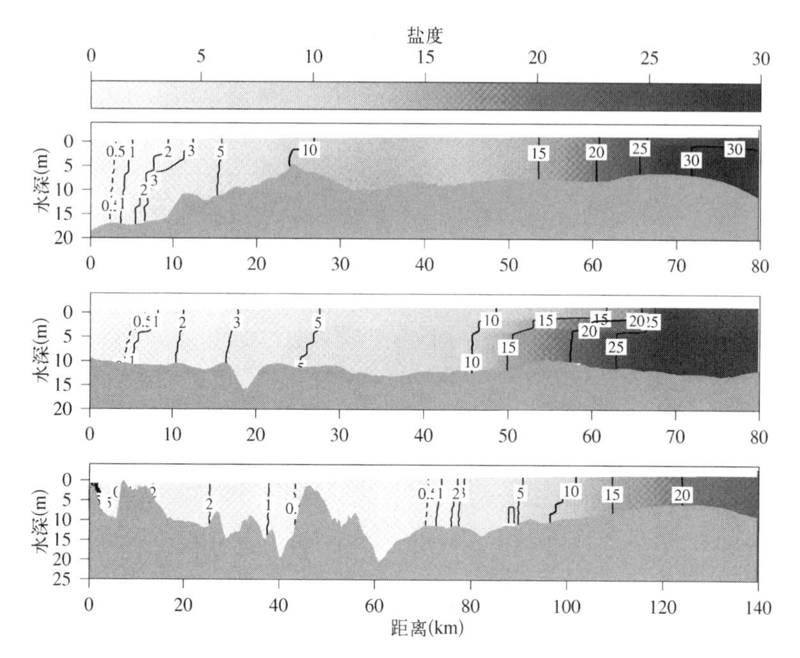

图 3-56 农历一月海平面上升 16 cm 大潮落憩北港(上)、北槽(中)、南支(下)盐度纵向剖面分布

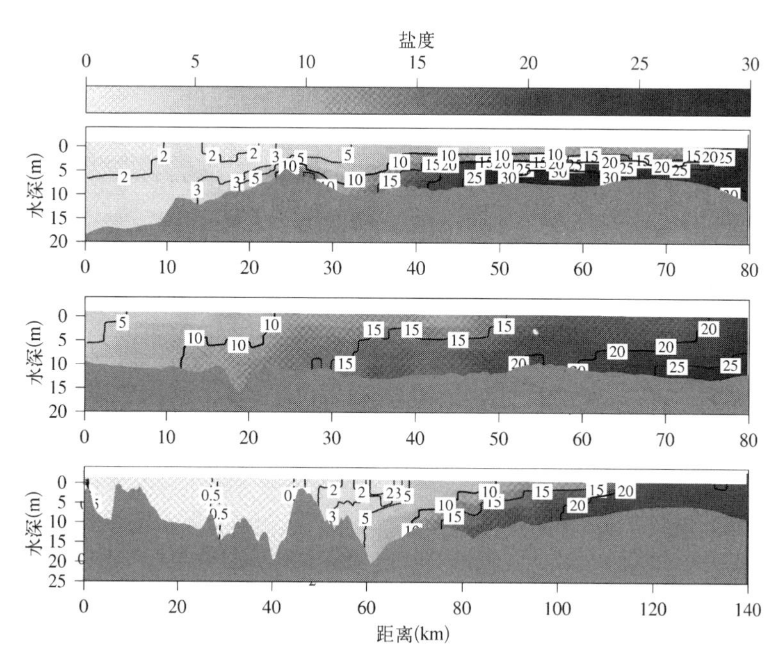

图 3-57 农历一月海平面上升 16 cm 小潮涨憩北港(上)、北槽(中)、南支(下)盐度纵向剖面分布

小潮落憩时刻(图 3-58),沿北港纵断面,上端至 4 km 处盐度低于 0.5。沿北槽纵断面,无淡水出现。沿南支纵断面,上端至 53 km 处盐度低于 0.5。

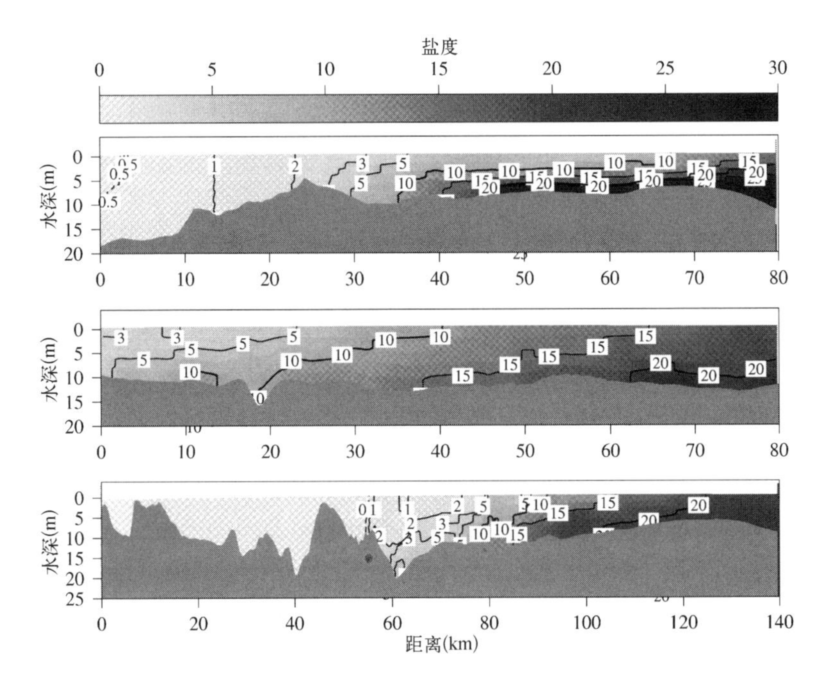

图 3-58　农历一月海平面上升 16 cm 小潮落憩北港(上)、北槽(中)、南支(下)盐度纵向剖面分布

3.3.3.3　水源地取水口盐度随时间变化

农历一月海平面上升前陈行、青草沙、东风西沙、浏河口墅沟、宝钢水库盐度随时间变化及其与海平面未上升时的差值见图 3-59 和图 3-60。

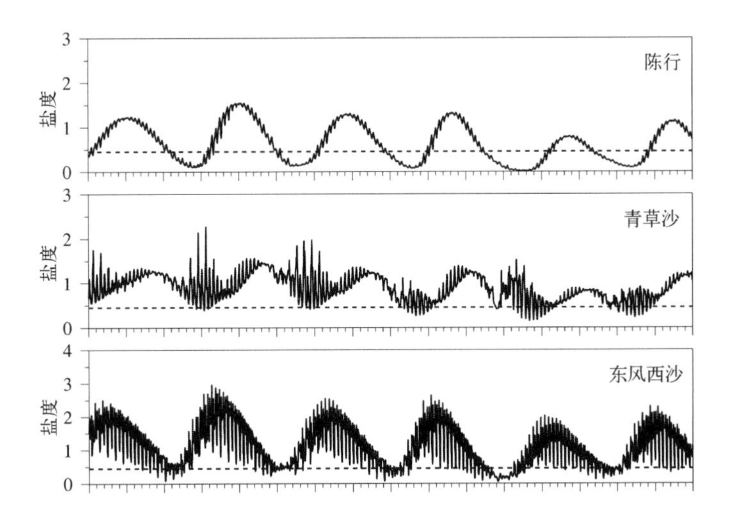

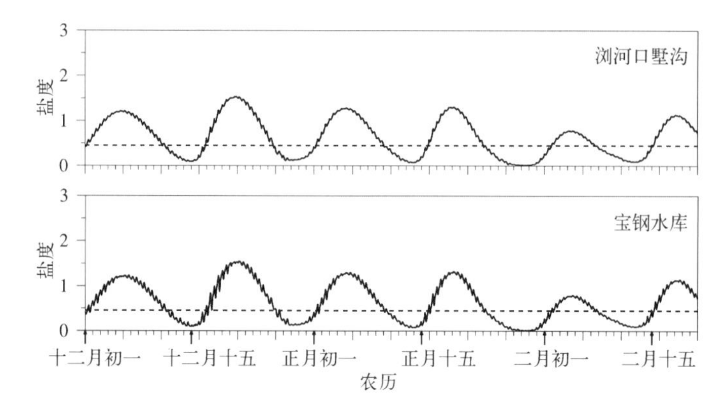

图 3-59 农历一月海平面上升 16 cm 表层盐度随时间变化

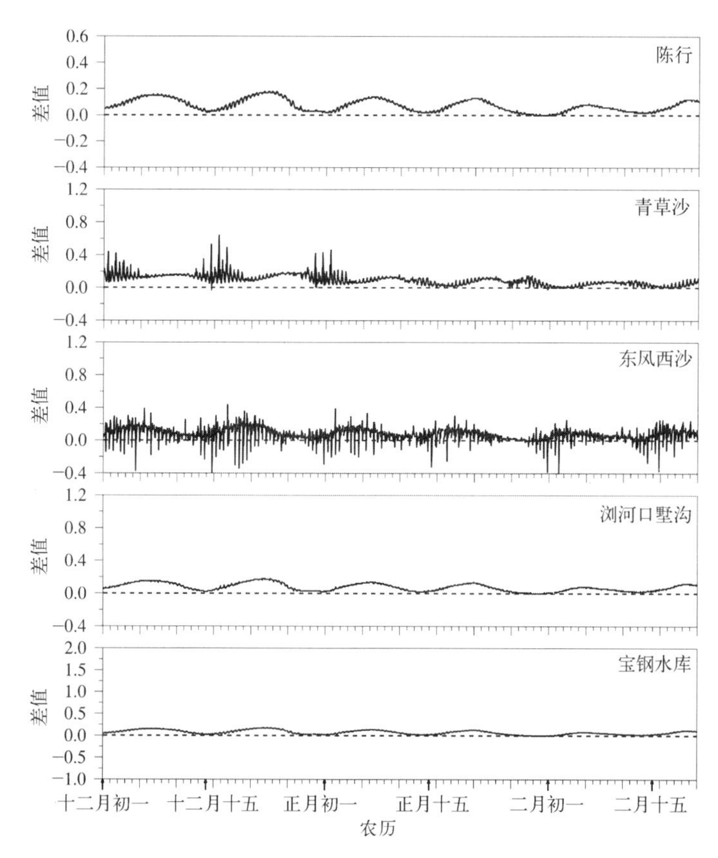

图 3-60 农历一月海平面上升 16 cm 表层盐度与海平面未上升时差值随时间变化

在陈行水库取水口,第二个盐度峰值期间盐度最大上升了约 0.18,表层最长不宜取水天数为 8.76 天,增加了 0.54 天。

在青草沙水库取水口,第二个盐度峰值期间盐度最大上升了约 0.64,表层最长不宜取水天数为 13.21 天,增加了 2.11 天。

在东风西沙水库取水口，第二个盐度峰值期间盐度上升了约 0.44，表层最长不宜取水天数为 10.92 天，增加了 0.15 天。

在浏河口墅沟水库取水口，第二个盐度峰值期间盐度上升了约 0.19，表层最长不宜取水天数为 8.82 天，增加了 0.25 天。

在宝钢水库取水口，第二个盐度峰值期间盐度上升了约 0.19，表层最长不宜取水天数为 9.14 天，增加了 0.54 天。

3.3.3.4　河口淡水资源量及其变化

农历一月后半月大潮和小潮期间涨急、涨憩、落急和落憩时刻淡水体积见表 3-4，大潮期间涨憩和落憩时刻淡水资源量分别为 1.082 5 和 1.632 0 km^3，与海平面未上升时分别减小了 0.374 4 和 0.547 7 km^3，小潮期间涨憩和落憩时刻淡水资源量分别为 2.884 3 和4.442 1 km^3，与海平面未上升时分别减小了 0.351 0 和 0.386 2 km^3。随着海平面上升的加剧，长江河口淡水资源减少继续加剧。

3.4　总结

本课题考虑长江河口海平面上升速率 2.5 mm/a，重点预测海平每年上升对盐水入侵影响的时段为 2010～2030 年和 2010～2050 年，时长分别为 20 年和 40 年，海平面上升分别为 5 cm 和 10 cm。

综合考虑径流、潮汐、风应力、地形和混合等动力因子，建立海平面上升对长江河口盐水入侵影响三维数值模式，数值模拟和分析 12 月至来年 3 月保证率 50%径流量和海平面未上升、上升 5 cm、10 cm 和 16 cm 情况下盐水入侵及其变化，研究在海平面上升情况下在枯季平均径流量和枯水径流量情况下长江河口盐水入侵的变化，对青草沙水库、陈行水库和东风西沙水库取水口盐度和取水的影响，河口可取淡水体积的变化等。

三维数值模式中盐度方程平流项采用一个空间上具有三阶精度、数值无频散的差分格式 3rd HSIMT-TVD，以确保无数值频散、低数值耗散和盐量守恒性。模式网格分辨率高，口内为 100～500 m。外海开边界条件考虑陆架环流和潮流，陆架环流以余水位的形式给出，由渤海黄海东海大区域数值模式计算的结果提供，潮流由 16 个主要分潮 M_2、S_2、N_2、K_2、K_1、O_1、P_1、Q_1、MU_2、NU_2、T_2、L_2、$2N_2$、J_1、M_1 和 OO_1 调和常数合成给出。在模式验证中海表面风由 NCEP 在再分析资料给出，时间分辨率为 6 小时，空间分辨率为 0.5°，在用该模式模拟海平面变化对盐水入侵影响数值试验中，海表面风由多年统计得到的半月平均值给出。

对建立的数值模式进行了严格的验证。给出了 2005 年 4 月和 2009 年 2 月的潮位验证，2003 年 2 月口门区域的流速、盐度验证，2007 年 2～3 月南支及北支几个站的盐度验证，2008 年 12 月流速、流向和盐度的验证，2012 年 1 月流速、流向和盐度的验证，并给出了 2012 年 1 月模式验证的定量评估。验证结果表明该模式能真实地模拟出长江河口的水动力过程和咸潮入侵过程。

数值模式再现了长江河口水体输运和北支盐水倒灌现象、盐度时空变化特征。大潮期间，垂向平均单宽余通量在长江口门内主要决定于径流量，在南支净水体输运向海，河槽水深处水体输运通量远大于潮滩等水浅处。北支因喇叭口形状，水体净向陆输运，北支水体倒灌进入南支。北支被高盐水占据，北侧盐度大于南侧盐度，向上游逐渐减小。存在北支盐水倒灌，南支纵向呈现两端高、中间低的特征。北港、北槽和南槽盐水入侵主要来自外海，各河槽盐水入侵强度依次为南槽、北槽和北港。受外海盐水入侵影响，拦门沙区域底层盐度大于表层盐度。相比于大潮期间盐水入侵强度较大，小潮期间因潮汐的减弱盐水入侵减小。北支盐水倒灌减弱。大潮期间从北支进入南支的高盐水在径流作用下向下游输运，影响陈行和青草沙水库取水口，南支盐度纵向呈现出向海单调增加，南支口门处盐度等值线向海移动。

在海平面未上升情况下，12 月至来年 3 月陈行、青草沙、东风西沙、浏河口墅沟、宝钢水库取水口连续不宜取水时间分别为 8.22、11.11、10.78、8.57 和 8.60 天。在农历一月大潮期间涨憩和落憩时刻淡水资源量分别为 14.569 亿 m^3 和 21.797 亿 m^3，小潮期间涨憩和落憩时刻淡水资源量分别为 32.352 亿 m^3 和 48.283 亿 m^3。

在海平面上升 10 cm 情况下，农历一月陈行、青草沙、东风西沙、浏河口墅沟、宝钢水库取水口连续不宜取水时间分别为 8.32、13.2、10.9、8.73 和 8.722 天，比海平面未上升时分别增加了 0.1、2.1、0.12、0.16 和 0.12 天。农历一月大潮期间涨憩和落憩时刻淡水资源量分别为 12.065 亿和 17.872 亿 m^3，与海平面未上升时分别减小了 2.504 亿和 0.392 5 亿 m^3，小潮期间涨憩和落憩时刻淡水资源量分别为 3.013 9 亿 m^3 和 4.601 9 亿 m^3，与海平面未上升时分别减小了 0.221 3 亿 m^3 和 0.226 4 亿 m^3。

在海平面上升 16 cm 情况下，农历一月陈行、青草沙、东风西沙、浏河口墅沟、宝钢水库取水口连续不宜取水时间分别为 8.76、13.2、10.92、8.82 和 9.14 天，比海平面未上升时分别减少了 0.54、2.11、0.15、0.25 和 0.54 天。农历一月大潮期间涨憩和落憩时刻淡水资源量分别为 10.825 亿 m^3 和 16.320 亿 m^3，与海平面未上升时分别减小了 3.744 亿 m^3 和 5.477 亿 m^3，小潮期间涨憩和落憩时刻淡水资源量分别为 28.843 亿 m^3 和 44.421 亿 m^3，与海平面未上升时分别减小了 3.510 亿 m^3 和3.862 亿 m^3。随着海平面上升的加剧，长江河口淡水资源减少将继续加剧。

海平面上升引起的盐度升高，主要发生在崇明东滩区域、南槽南汇边滩和北支上段，原因在于上述区域位于盐度空间变化大的地方(锋区)，海平面上升，锋区盐度等值线只要移动很小的距离，就会引起较大的盐度变化。

第四章　长江河口航道拦门沙对海平面上升的响应

通过近百年来历史资料和最新图件中北支、北港、北槽和南槽拦门沙河段的主泓剖面与平面图，分析近百年来四个入海航槽拦门沙的形态演变特征。经分析发现：近100年来，北支拦门沙由口外向口内逐渐移动并演变为口内巨型沙坎；北港拦门沙滩顶向下游移动了近30 km，2001年后北港拦门沙河段开始有心滩发育；北槽拦门沙有两个明显的滩顶，但至2010年这一显著特征消失；南槽拦门沙滩顶呈双峰型—多峰型—单峰型变化趋势，且滩顶向下游移动了约14 km。但随着海平面上升，航道拦门沙滩顶将向口内移动，滩顶水深变浅。海平面上升对河口河槽影响的综合评估表明：对南支河槽中扁担沙和南港河槽中瑞丰沙等较大型沙体南缘布置导流顺坝，或适当围垦，且在沙体周围建造潜堤，固定水下暗沙和活动沙，保持河槽稳定。

4.1　引言

研究海岸带的关键问题是海陆相互作用，海陆相互作用的关键点是河口，而拦门沙是河口海陆相互作用的动力平衡带。拦门沙是世界上许多河流普遍存在的地貌现象和沉积体，其在纵剖面上具有局部隆起的特点。就大多数河口而言，拦门沙的塑造主要取决于涨落潮流强度的对比，这种对比决定着拦门沙的位置。陈吉余(1964)指出均匀展宽、河水相对强劲的河口，如广利河口(李安龙等，2004)，拦门沙滩顶的位置一般在口门之外；在流域来沙不大，而滨海地带有丰富物质来源的漏斗状的河口，其拦门沙滩顶位置在口门之内，特称为河口沙坎，如钱塘江河口(陈吉余等，1964；钱宁等，1964)、英国的泰晤士河口(Thames Estuary)(Robinson et al.，1960)和步里斯托海湾(Bristol Channal)(Harris et al.，1988)、法国西南的加龙(Gironde Estuary)河口(Fenies et al.，1998)内均发育有沙坎；有些河口的江流、潮流都有一定的强度，拦门沙的滩顶便出现在口门附近，如黄河(Fan et al.，2006)、长江(陈吉余等，1988)、密西西比河(Howard et al.，1960)。此外，拦门沙还以河口心滩、砂坝以及某些横亘河口的沙嘴的形态存在于各入海河口。

长江河口拦门沙处水深变浅给河流水运和海运事业的发展以及通海航槽建设带来了极大的影响，因此成为众多学者关注的焦点。陈吉余(1988)等曾分析北港拦门沙滩顶水深的变化；沈金山(1983)从泥沙来源、铜沙浅滩的季节性变化方面分析了南槽拦门沙的成因；黄卫凯(1995)应用经验特征函数(EOF)模型描述了长江口南槽与北槽的变化；程和琴(2009)指出，北支河道潮流优势转型后，会潮点与淤积带摆荡频繁，北支河道整体处于淤积的趋势；刘杰(2003，2004)从河床横纵断面的冲淤变化、郑宗生(2007)利用地理信息系统建立不同时期的长江口水下数字高程模型、窦希萍(2005，2006)运用全沙模型，分析了深水航道整治工程对北槽航道拦门沙的影响。在这些研究成果的基础上，本章收集历史资料和最新图件，利用地理信息系统工具(ArcGIS)对水深进行数字化，具体分析百年来长江河口四个入海航道拦门沙的形态演变特征。在此基础上利用布尔网络模型开展航道拦门沙对流域来沙减少和海平面上升叠加作用下的模拟分析。

4.2 近百年来长江河口航道拦门沙的形态演变特征

4.2.1 资料与方法

为研究长江河口航道拦门沙的形态演变，搜集了一系列海图，如长江口北支 1959 年(1：25 000)、1986 年与 2006 年(1：120 000)，长江口北港 1916～1931 年与 1958 年(1：100 000)、1996 年(1：120 000)以及 2001 年、2005 年、2007 年、2009 年(1：75 000)，长江口北槽 1958 年(1：100 000)、1982 与 1996 年(1：120 000)、2001 年与 2010 年(1：75 000)，以及长江口南槽 1916～1931 年与 1958 年(1：100 000)以及 1982 年、1996 年(1：120 000)、2010 年(1：75 000)的海图。用 ArcGIS 对海图进行数字化，采集各航槽水深数据，做出各航槽拦门沙河段的主泓剖面图。其中为探讨整治工程实施后北槽拦门沙的形态演变，北槽主泓剖面的选取将避开航道轴线。

4.2.2 长江河口航道拦门沙的纵剖面演变特征

4.2.2.1 北支拦门沙

北支为漏斗状的河口，沿程连续分布有明显的隆起部分(图 4－1)，其位置位于口内者，称沙坎；位于口门或附近者，称拦门沙(陈吉余等，1964；钱宁等，1964)。程和琴等(2009)指出北支整个河段为最大浑浊带，因此北支整个河段均可以视为拦门沙河段。

1915 年，北支拦门沙滩顶位置在顾园沙附近，滩顶水深为 4.2 m(图 4－1，表 4－1)。口内大新港至三和港之间发育有两个沙坎，长达 15 km，其最浅点水深为 4～6 m。至 1959 年，拦门沙滩顶向上游迁移至吴沧港与中戥溆港之间，滩顶水深为 6.0 m。口内沙坎扩大，其范围在大新港至头兴港之间，长约 30 km，最浅点分布在青龙港至头兴港之间，水深 4 m 以浅。1984 年，拦门沙滩顶继续向上游移动，迁移至三条港附近，演变为巨型沙坎，最浅点水深为 2～4 m。1984～2006 年，北支整体处于淤积趋势，沙坎最浅点在青龙港至三条港间，水深在 2 m 以浅。百年来，北支拦门沙由

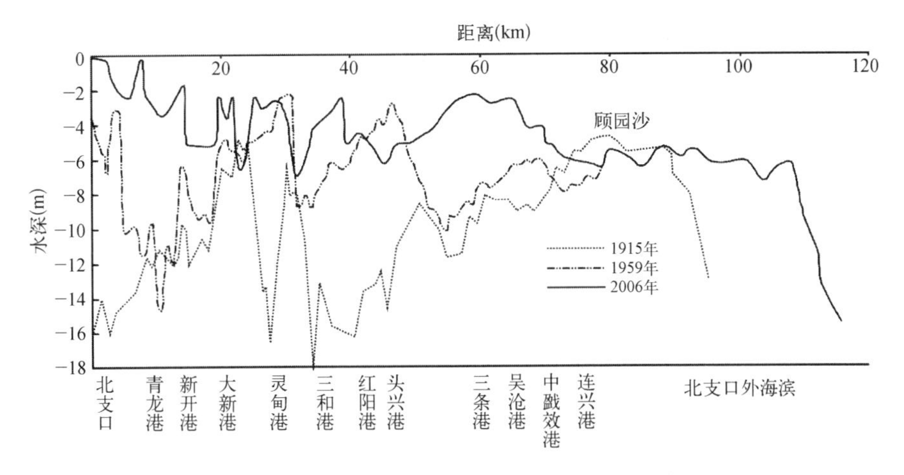

图 4-1　1915～2006 年北支主泓剖面图(程和琴等,2009)

口外向口内逐渐移动并演变为口内巨型沙坎,且沙坎规模巨大,呈大锯齿状,几乎遍布在整个北支河道,这是北支河道有别于北港、南、北槽的最显著的特征。

表 4-1　1915～2006 年长江河口北支拦门沙滩顶以及口内沙坎水深变化

	拦门沙		口内沙坎
	滩顶位置(°E)	滩顶水深(m)	最浅点水深(m)
1915 年	—	4.2	4～6
1959 年	121.79	6.0	2～3
1984 年	121.68	—	2～4
2006 年	121.69	—	2 m 以浅

4.2.2.2　北港拦门沙

1916～1931 年,北港拦门沙滩顶在东经 122.01°,10 m 滩长为 42.9 km(图 4-2,表 4-2)。1958 年,拦门沙滩顶较 1916～1931 年向下游移动了约 17 km,10 m 滩长缩减至 36.3 km。1958～1996 年,拦门沙滩顶位置基本保持不变,但滩长增至 44.1 km。1996～2009 年,拦门沙滩顶位置下移了约11 km。1916～2009 年,滩顶水深基本维持在 5～6 m,水深变化不大。总体上,百年来北港拦门沙滩顶向下游移动了近 30 km。

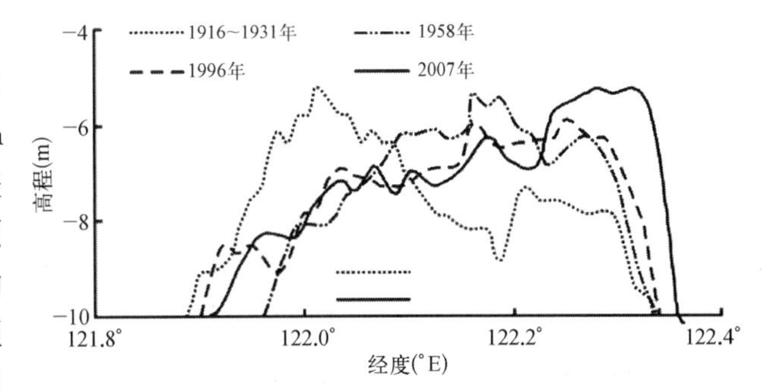

图 4-2　1916～2009 年北港主泓剖面图

表 4－2　1916～2009 年长江口北港拦门沙滩顶位置、滩顶水深和 10 m 滩长变化

	滩顶位置(°E)	滩顶水深(m)	10 m 滩长(km)
1916～1931 年	122.01	5.2	42.9
1958 年	121.19	5.3	36.3
1996 年	122.16	6.0	44.1
2009 年	122.30	5.1	41.1

4.2.2.3　北槽拦门沙

鉴于南北槽于 1954 年大水后分流而成(徐海根等，1988)，故北槽拦门沙的演变始于 1954 年后。1958～1996 年，北槽均有两个明显的拦门沙滩顶，呈双峰型(图 4－3，表 4－3)。1958 年，北槽上游拦门沙滩顶水深为 5.6 m(和玉芳，2011；He et al.，2013)，下游拦门沙滩顶水深为 7.3 m，10 m 滩长为 56.9 km；1982 年，两个拦门沙滩顶均向上游移动，且上游拦门沙滩顶冲刷至 6.1 m，下游拦门沙滩顶淤浅至 6.2 m，10 m 滩长增至 63.1 km；1996 年，两个拦门沙滩顶改向下游移动，上游拦门沙滩顶水深淤浅至 5.2 m，下游拦门沙滩顶水深冲刷至 7.3 m。1996～2010 年，拦门沙形态发生巨变，北槽上段冲刷中段淤积，至 2001 年衔接北槽上下段的－10 m深槽消失，北槽拦门沙两个明显的滩顶消失，且滩顶水深冲刷至 7.5 m，水深条件良好，10 m 滩长减至 48.2 km，为历年最小。

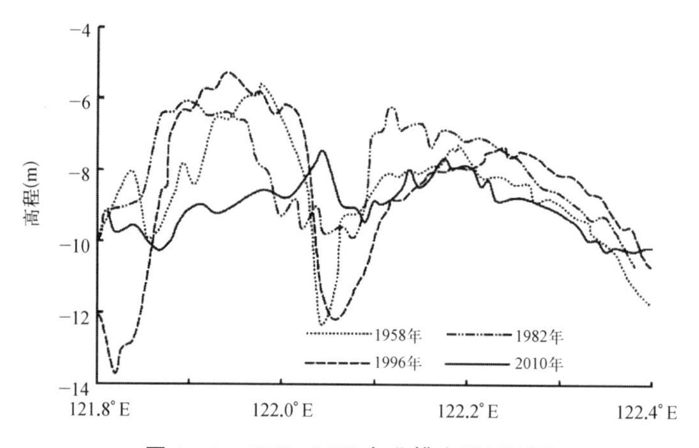

图 4－3　1958～2010 年北槽主泓剖面图

表 4－3　1958～2010 年长江口北槽拦门沙滩顶位置、滩顶水深和 10 m 滩长变化

		滩顶位置(°E)	滩顶水深(m)	10 m 滩长(km)
1958 年	上滩	121.98	5.6	56.9
	下滩	122.20	7.3	
1982 年	上滩	121.90	6.1	63.1
	下滩	122.12	6.2	

续　表

		滩顶位置(°E)	滩顶水深(m)	10 m 滩长(km)
1996 年	上滩	121.94	5.2	55.0
	下滩	122.24	7.3	
2001 年	上滩	121.96	6.0	59.7
	下滩	122.25	7.1	
2010 年		122.04	7.5	48.2

4.2.2.4　南槽拦门沙

1916～1931 年，南槽有两个拦门沙滩顶，呈双峰型，上游滩顶水深为 6.1 m，下游滩顶水深为 7 m，10 m 滩长为 66.9 km(图 4-4，表 4-4)。到 1958 年，在南槽 121.87～121.89°E 之间出现一个 10 m 深槽，使得南槽增加一个拦门沙滩顶，呈多峰型，滩顶水深自上而下分别是 7.5 m、6.7 m、6.9 m，10 m 滩长为 66.5 km。1958～1996 年，南槽整体处于淤积趋势，滩顶水深变浅，滩顶减少至 1 个，10 m 滩长增加了 8.4 km。到 2010 年，南槽维持一个明显拦门沙滩顶的形态，但滩顶向下游移动约 28 km，滩顶水深为 5.1 m。总体上，南槽的拦门沙滩顶呈双峰型—多峰型—单峰型变化趋势。

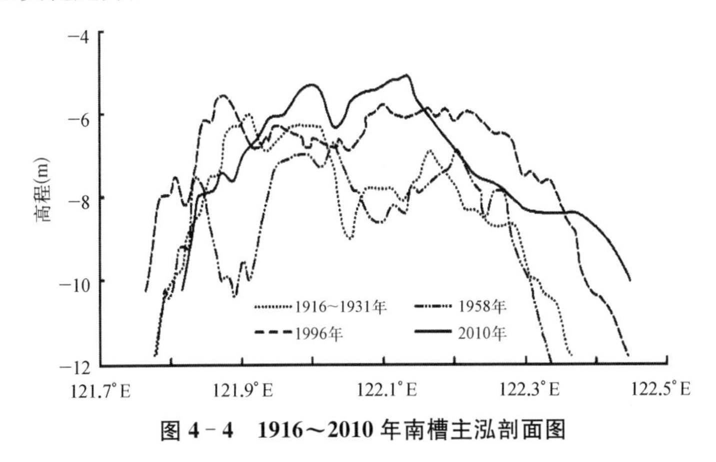

图 4-4　1916～2010 年南槽主泓剖面图

表 4-4　1916～2010 年长江口南槽拦门沙滩顶位置、滩顶水深和 10 m 滩长变化

		滩顶位置(°E)	滩顶水深(m)	10 m 滩长(km)
1916～1931 年	上滩	121.91	6.1	66.9
	下滩	122.16	7.0	
1958 年	上滩	121.84	7.5	66.5
	中滩	122.03	6.7	
	下滩	122.20	7.9	
1982 年	上滩	121.86	6.2	72.1
	下滩	122.04	5.9	

续 表

	滩顶位置(°E)	滩顶水深(m)	10 m 滩长(km)
1996 年	121.88	5.6	74.9
2010 年	122.14	5.1	69.4

4.2.2.4 长江河口航道的拦门沙演变机制分析

长江河口四个入海航道拦门沙的演变特征有着较大差异，其原因在于各航槽的分水分沙比和动力条件以及大型工程建设的影响。分水分沙比是决定拦门沙规模和范围大小的主要因素(陈吉余等，1988)；而近 50 多年来崇明岛大规模围垦、横沙东滩的促淤圈围、深水航道整治、青草沙水库等大型工程对长江口四个航道拦门沙的形态演变影响不可小视。本书在北支拦门沙演变与崇明岛大规模围垦、北槽拦门沙演变与深水航道直接关联(程和琴等，2009；刘杰等，2003，2004；郑宗生等，2007；窦希萍等，2005，2006)等已有成果基础上，进一步开展北港和南槽拦门沙演变机制分析。

(1) 北港拦门沙

1954 年长江流域发生百年一遇的特大洪水后，长江主泓改走北港，到 1958 年拦门沙滩顶位置相较于 1916～1931 年下移了约 17 km。除少数年份外，北港的分流、分沙比及净输出的流量和沙量均达到南北港总量的 50%～60%，1978 年 8 月，北港径流分配曾占南北港总量的 72.3%(恽才兴，2004)。径流量增加，使北港上段河槽发生冲刷，从上游带来大量的泥沙堆积在拦门沙河段，拦门沙 10 m 滩长增加了约 8 km。1997 年开工的长江口深水航道整治工程中长达 49.2 km 的北导堤(图 4-5a、c)和横沙东滩促淤圈围工程(图 4-5a、c)，将北港南岸向口外延长了近 50 km，阻挡了原本在科氏力作用下南偏、沿横沙串沟向南至北槽的落潮流(图 4-5b)，增大了向东落潮流，1998 年及 1999 年北港分流比为 54.1%～55.7%(恽才兴，2004)，2002 年北港分流比为 61.7%(茅志昌等，2008)，使得 1996～2009 年 14 年间北港拦门沙滩顶下移了约 11 km(图 4-2)。

而且，2009 年 1 月青草沙水库合龙之后，北港河道大幅度缩窄约 4 000 m，上口缩窄约4 450 m，形成微弯河势，并以 4.37%的放宽率向下游沿程逐渐放宽，致使北港上段冲刷，泥沙堆积在下游河口放宽处，这也是北港拦门沙滩顶向下游移动的原因之一。青草沙水域实施水库工程后，北港的涨落潮分流比略有降低，但变化不超过 1.3%(陆忠民等，2009)。

此外，2001 年以来，北港拦门沙河段(121°55′E 附近)出现一个狭长的心滩，不断发展壮大并向下游移动(图 4-6)。2001 年时该心滩−5 m 等深线包络的面积仅为 2 km^2，至 2007 年时，其已达到 15 km^2，呈倒马蹄形。该心滩可能是 1998、1999 年的大洪水对长江口的造床作用逐步显现出来的，洪水下泄的水流在拦门沙前被阻，在河床产生河底冲刷现象并形成河底心滩。心滩使水流分汊，流束在心滩附近

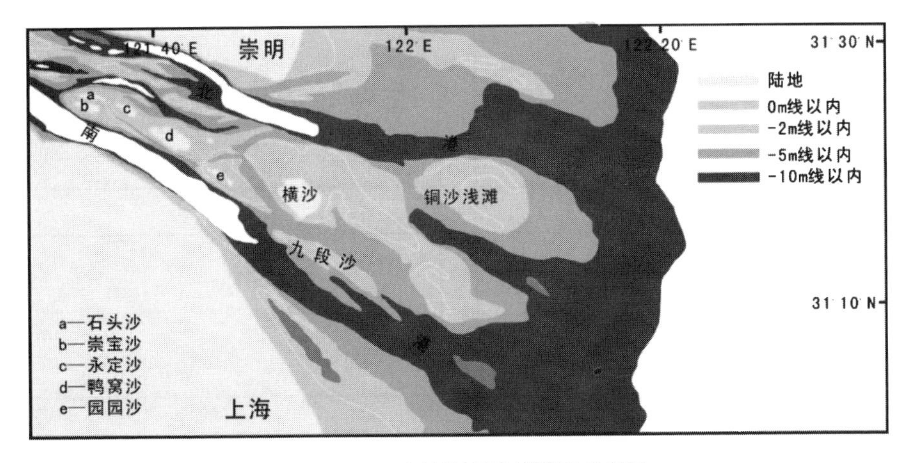

(a) 1916～1931 年长江河口拦门沙分布图

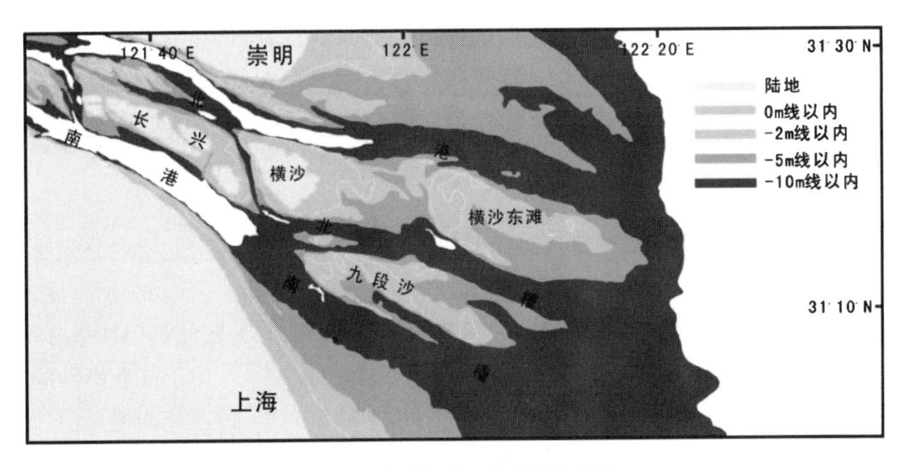

(b) 1958 年长江河口拦门沙分布图

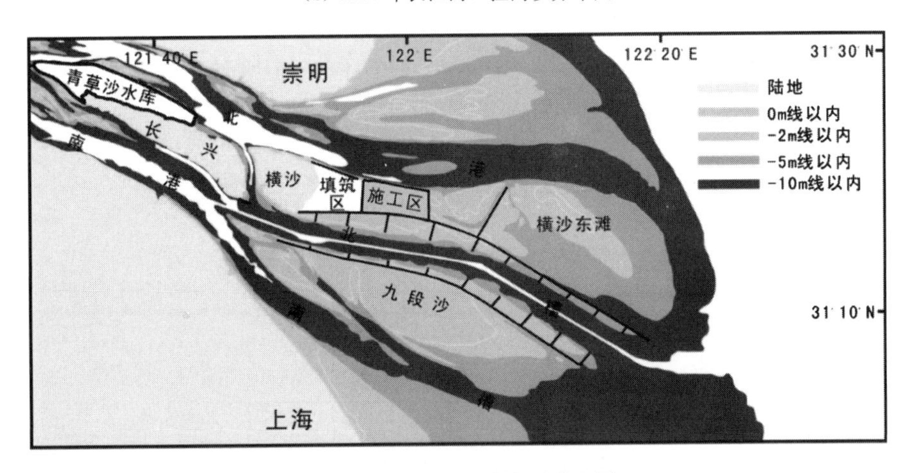

(c) 2010 年长江河口拦门沙分布图

图 4-5　长江河口拦门沙分布图(后附彩图)

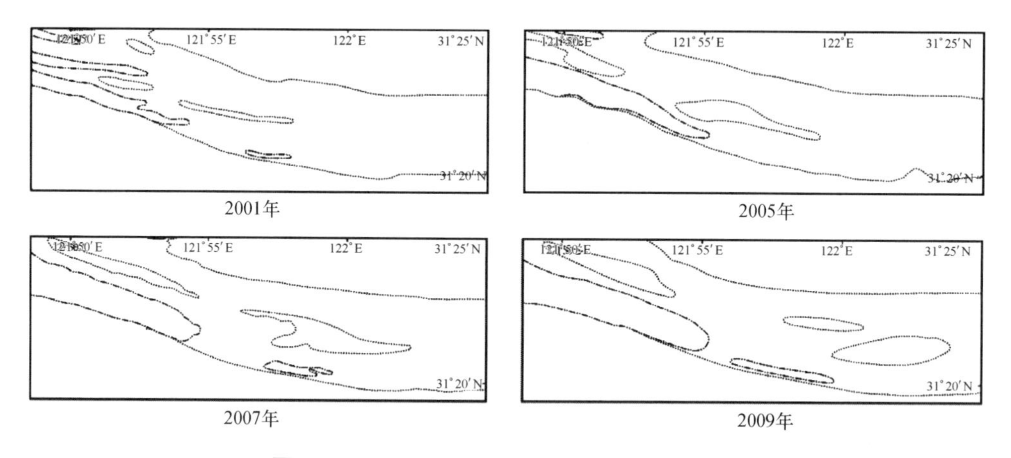

图 4-6 2001～2009 年北港-5 m 心滩的变化

弯曲，沿着底部趋向于两侧，加强了螺旋环流，从而促进心滩的生长，在平面上形成了弧形的，凹向上游的倒马蹄形心滩(萨摩伊洛夫，1958)。每次接踵而来的洪水都使倒马蹄形心滩增长，最后由于流速的增长使心滩发生决口，2009 年该倒马蹄形心滩被冲开。

(2) 南槽拦门沙

南槽拦门沙滩顶位置和滩顶水深的变化，同长江入海径流在南北槽的分配比例有着密切的关系。1965 年以前，南槽分流比远大于北槽，长江南港径流有 67.8%(恽才兴，1983)从南槽入海，在拦门沙河段冲出一个 10 m 深槽(1958 年)，致使拦门沙呈多峰型。此后，北槽不断发展，南槽分流比逐渐减小(邹德森，1987)，1998 年位于江亚南沙的上断面分流比仅为 40%，10 m 深槽消失，致使拦门沙向单峰型转变，1996 年南槽拦门沙滩顶水深较 1958 年减小了 1 m 左右。但北槽深水航道整治工程开工后，仅 2001～2010 年的 10 年间，南槽上、下断面涨落潮分流比均增加了 20%左右(图 4-7)，山潮水比值相应增加，上游拦门沙滩顶向下游移动了约 28 km。滩顶水深并没有随着分流比的增加而得到改善，这与江亚南沙尾部的下延有关(刘杰等，2004)。

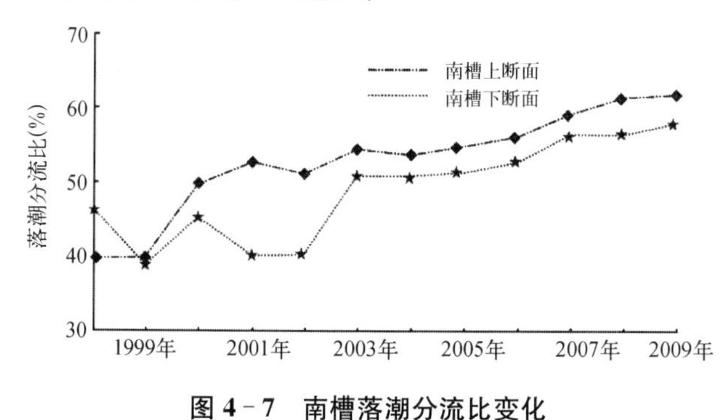

图 4-7 南槽落潮分流比变化

注：南槽落潮分流比数据来自长江口三期工程河床变形动态跟踪分析研究——南港南北槽河床冲淤变化

(3) 流域人类驱动力增强

人类活动影响了山潮水之比值，改变了洪枯来水不平衡的状态。长江入海径流近年来实际上是呈减少趋势，据长江河口潮区界大通站 1990～2004 年观测资料，1990～2000 年平均径流量为 9 537×10^8 m^3（张瑞等，2008），2000～2004 年平均径流量降为 9 190×10^8 m^3（恽才兴，2004）。究其原因，随着三峡工程、南水北调工程及上游其他水电站工程的建设，使长江洪季径流的洪水峰降低，入海总流量减小，枯季流量虽有所增加，但不一定能到达长江口。因此，虽然北港、南槽近年来分流比有所增加，但由于入海径流量减少，其拦门沙滩顶水深并未得到改善。

4.2.3　结论

通过长江口北支、北港、北槽和南槽拦门沙河段的主泓剖面图可清楚地展示百年来各航槽拦门沙滩顶位置、滩顶水深以及滩长的变化。近 100 年来，北支拦门沙由口外向口内逐渐移动并演变为口内巨型沙坎，滩顶水深日益恶化，近 50 年来北支两岸的大规模围垦更加剧了这种趋势；北槽长江口深水航道整治工程中的北导堤和横沙东滩促淤圈围工程，将北港南岸向口外延长了近 50 km，阻挡了原本在科氏力作用下南偏、沿横沙串沟向南至北槽的落潮流，增大了向东落潮流，加之青草沙水库合龙使北港河道大幅度缩窄，致使北港上段冲刷泥沙堆积在下游河口放宽处，使得 1996～2009 年 14 年间北港拦门沙滩顶下移了约 11 km，并出现倒马蹄形心滩，北槽拦门沙由双峰型变成单峰型；且深水航道整治工程后，2001～2010 年的 10 年间，南槽上、下断面涨落潮分流比均增加了 20% 左右，拦门沙滩顶向下游移动了约 28 km。而近二十年来长江上游不断增加的水利大坝、中游调水和下游引水以及河口区日益增多的局域工程使入海径流量减少，致使北港、南槽虽然分流比有所增大，但滩顶水深并未得到改善。

4.3　长江河口航道拦门沙对海平面上升响应

4.3.1　布尔网络系统原理

应用布尔变量建立长时间尺度上河口对海平面上升的多重反馈效应，是对建模系统的一个挑战。由于河口的许多过程以及有关参数值的物理性质大多不明，很难构建纯粹的物理模型概念，且自驱动模型或者以处理数据为基础的模型是有限的，采用另一种模式提供一些预测性的容量将是非常有益的。这种方法在地理学中称为“系统方法”。在这种方法中，将河口作为一个物理系统，划分为一组形态要素以及各形态要素之间的联系。对各要素之间的依赖或者外部动力可以以定性的方式进行调查而不需要详细的定量计算。系统方法常被用于提供对一个复杂系统运作的认识了解，但是其基于对物理过程的简化描述。

布尔方程可简短描述为：以 x 为状态变量。如果假定 x 为变量，可以建立

一个关于 x 的非线性函数 a，$X(x, a)$。在河口的形态演变过程中，x 代表了河口地貌要素的数量。参数设置包括影响河口形态演变的各要素：海浪、潮流、沉积物等。假设 x 非常小的情况下，对应的 x 小于某一阈值 X_0；但当 x 大于这一阈值 X_0 时，x 明显增大，并接近 Xma。如果考虑到理想化情况，当 x 小于它的阈值时，x 是 0，则 x 是一个比它更大的阈值。x、X 可以作为连续的布尔变量和布尔函数，分别审议这一情况。有了这个解释，我们可以说，布尔变量小于阈值时，布尔函数较小；布尔变量大于阈值时，布尔函数较大。显然，这一过程将更好地表现各要素的变化，而非简单的线性化。为了描述系统元素的状态，x 赋值 1 代表高，赋值 0 代表低。某一个要素未来的状态取决于布尔系统中其他要素的输入。

长江河口目前面临着海平面上升、上游泥沙量减少的严峻形势，与此同时，人类活动导致河口河槽的持续缩窄，考虑到这些因素的影响，我们将设置以下情景对长江河口航道拦门沙形态特征对海平面上升的响应分别进行预测分析。

情景一：海平面上升，四个入海河槽的平面形态保持不变，径流量不变，陆域来沙持续减少；

情景二：海平面上升，四个入海河槽的平面形态保持不变，径流量持续减少，陆域来沙持续减少；

情景三：海平面上升，四个入海河槽的河宽均缩窄，径流量不变，陆域来沙持续减少；

情景四：海平面上升，四个入海河槽的河宽均缩窄，径流量持续减少，陆域来沙持续减少。

根据以上四个情景，可将长江河口航道拦门沙描述成一个包含滩顶位置、滩顶水深、10 m滩长（图 4 - 8）三个形态要素的系统网络，其网络的各个节点就是航道拦门沙的形态要素、径流作用以及潮流作用，实色箭头表示积极的回应，而虚线箭头表示消极的回应。图 4 - 9 是当海域来沙充足（a）和海域来沙不足（b）时，长江河口航道拦门沙对海平面上升响应研究的布尔网络系统模型。每个节点对应的要素以一个布尔变量来表示，各布尔变量的相互作用通过布尔函数来表达。布尔函数决定于航道拦门沙各形态要素和外部作用力之间的相互作用，为布尔系统不同要素间的联系提供了一个合乎情理的定性描述。

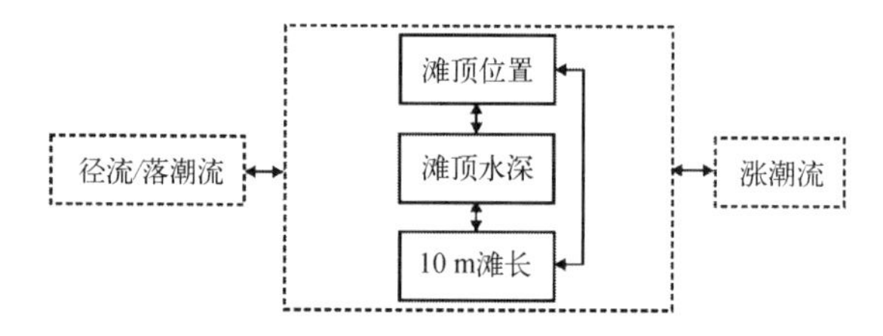

图 4 - 8　长江河口航道拦门沙主要的形态要素示意图

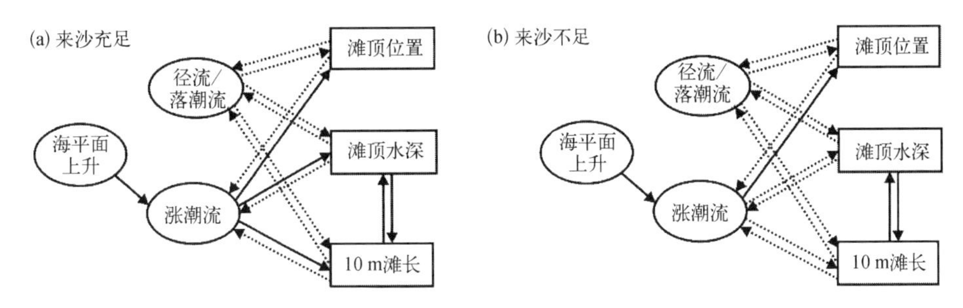

图 4-9　长江口航道拦门沙形态演变对海平面上升响应的布尔网络系统示意图

布尔网络中，每一个节点对应一个布尔变量。表 4-5 是长江河口航道拦门沙对海平面上升响应的布尔网络系统中各布尔变量和相应的布尔函数的表达式。布尔函数定义了所有布尔变量的逻辑表达式，用逻辑运算符“和”“或”“否”进行命题计算。需要指出的是，这些复杂的逻辑表达式只能赋值为“1”或“0”，其中滩顶位置向口外移动赋值为“0”，向口内移动赋值为“1”；滩顶水深变深赋值为“0”，滩顶水深变浅赋值为“1”；10 m 滩长变短赋值为“0”，10 m滩长变长赋值为“1”。布尔函数描述了某一布尔变量对当前拦门沙各形态要素和外部作用力作出的响应，把当前布尔变量的赋值代入布尔函数，可以推出其在下一阶段的变量值，重复这个过程可以分析得出长江河口航道拦门沙对海平面上升的响应结果。

表 4-5　布尔变量和布尔函数的表达

布尔网络要素	布尔变量	布尔函数	布尔网络要素	布尔变量	布尔函数
径流/落潮流	r	R	滩顶水深	d	D
涨潮流	t	T	10 m 滩长	l	L
滩顶位置	p	P			

4.3.2　布尔函数的确定

举一个简单的、人为的例子。一个系统有两个要素，a 和 b。这两个要素可能的状态是 $4=2^n$（n 是节点的个数）。对应的有两个布尔函数 A 和 B，用来定义要素 a 和 b 如何转变。

$$A=a,\ B=b\wedge a \tag{4-1}$$

布尔函数中使用的一元逻辑运算符 $'$ 和二元逻辑运算符 $\vee$、$\wedge$ 列于表 4-6a 中。运算符对应的真值列于表 4-6b。这个简单的 $a-b$ 布尔系统可利用表 4-6b 计算，结果列于表 4-6c。表格左边是系统可能的 4 种状态，表格右边是每种情况下布尔函数对应的真值。可以看出，$\{a,\ b\}=\{0,\ 0\}\rightarrow\{1,\ 0\}\rightarrow\{0,\ 0\}\rightarrow\{1,\ 0\}\cdots$。

表 4-6 简单的布尔要素转化表

(a) 数据库中的逻辑运算符			
a'		非 a	
$a \vee b$		a 或者 b	
$a \wedge b$		a 和 b	
(b) 逻辑运算符真值表			
′			
$P=0$		1	
$P=1$		0	
$\vee$	$q=0$		$q=1$
$P=0$	0		1
$P=1$	1		1
$\wedge$			
$P=0$	0		0
$P=1$	0		1
(c) 系统 $a-b$ 的真值表			
a	B	A	B
0	0	1	0
0	1	1	0
1	0	0	0
1	1	0	1

同理，{0，1} → {1，0} → {0，0} → {1，0}…。在这个例子中，系统最后结束在{0，0}→ {1，0} 的循环之中。

为了使长江河口航道拦门沙对海平面上升响应的布尔网络系统有章可循，需要建立一个能压缩各要素间重要的物理关系的逻辑表达式，即建立布尔函数来表达长江河口航道拦门沙对海平面上升的响应。布尔函数如下所示。

当海域来沙充足时：

$$R = P' \vee D' \vee L' \tag{2-2}$$

$$T = p' \vee D' \vee L' \tag{2-3}$$

$$P = R' \vee T \tag{2-4}$$

$$D = (R' \vee T) \wedge L \tag{2-5}$$

$$L = (R' \vee T) \wedge D \tag{2-6}$$

当海域来沙不足时：

$$R = P' \vee D' \vee L' \tag{2-7}$$

$$T = p' \vee D' \vee L' \tag{2-8}$$

$$P = R' \vee T \tag{2-9}$$

$$D = (R' \lor T') \land L \tag{2-10}$$

$$L = (R' \lor T') \land D \tag{2-11}$$

4.3.3 结果输出

表 4－7 显示了四个情景下，当海域来沙充足和不足时，各个布尔变量的初始状态和最终状态。结果显示：当径流量不变，上游来沙量持续减少时，随着海平面的上升，若海域来沙充足，长江河口航道拦门沙的滩顶位置最终向口内移动，滩顶水深变浅，10 m 滩长变长，而拦门沙不断地发展壮大，阻碍了径流/落潮流下泄，涨潮流上溯，径流和潮流最终赋值均变为“0”；若海域来沙不足，长江河口航道拦门沙的滩顶位置向口内移动，但由于泥沙供应不足，拦门沙规模变小，滩顶水深变深，10 m滩长缩短；当径流量和上游来沙量持续减少时，随着海平面的上升，长江河口航道拦门沙的滩顶位置向口内移动，虽然上游来沙量持续减少，但径流量持续减少，水流挟沙能力降低，还会有大量泥沙沉降，补给拦门沙，所以拦门沙规模变大，滩顶水深变浅，10 m 滩长增长。

表 4－7　长江河口航道拦门沙对海平面上升响应的布尔网络系统各要素的初始状态和最终状态

		初始状态					最终状态				
		r	t	p	d	l	R	T	P	D	L
情景一	海域来沙充足	1	1	0	0	0	0	0	1	1	1
		1	1	1	1	1	0	0	1	1	1
情景二	海域来沙不足	1	1	0	0	0	1	1	1	0	0
		1	1	1	1	1	0	0	1	1	1
情景三	海域来沙充足	0	1	0	0	0	0	0	1	1	1
		0	1	1	1	1	0	0	1	1	1
情景四	海域来沙不足	0	1	0	0	0	0	0	1	1	1
		0	1	1	1	1	0	0	1	1	1

4.3.4 结论

本节以长江河口北支、北港、北槽和南槽四个入海航槽为研究对象，对近百年来航道拦门沙的形态演变特征及其机理进行分析，并在此基础上，应用布尔网络系统概率模型对长江河口航道拦门沙对长周期海平面上升的响应进行预测分析。获得以下主要结论。

① 通过长江口北支、北港、北槽和南槽拦门沙河段的主泓剖面图和横剖面图可清楚地展示百年来各航槽拦门沙滩顶位置、滩顶水深以及滩长的变化。具体为：

北支。近 100 年来，北支拦门沙由口外向口内逐渐移动并演变为口内巨型沙坎，滩顶水深日益恶化，近 50 年来北支两岸的大规模围垦更加剧了这种趋势。

北港。北槽长江口深水航道整治工程中的北导堤和横沙东滩促淤圈围工程，将北港南岸向口外延长了近 50 km，阻挡了原本在科氏力作用下南偏、沿横沙串沟向南至北槽的落潮流，增大了向东落潮流，加之青草沙水库合龙使北港河道大幅度缩窄，致使北港上段冲刷泥沙堆积在下游河口放宽处，使得 1996～2009 年 14 年间北港拦门沙滩顶下移了约 11 km，并出现倒马蹄形心滩。

北槽。北槽拦门沙由双峰型变成单峰型。

南槽。深水航道整治工程后，2001～2010 年的 10 年间，南槽上、下断面涨落潮分流比均增加了 20% 左右，拦门沙滩顶向下游移动了约 28 km。而近二十年来长江上游不断增加的水利大坝、中游调水和下游引水以及河口区日益增多的局域工程使入海径流量减少，致使北港、南槽虽然分流比有所增大，但滩顶水深并未得到改善。

② 在上述长江河口近百年来航道拦门沙形态演变特征的基础上，进一步应用布尔网络系统概率模型分析和预测长江河口航道拦门沙对长周期海平面上升的响应。鉴于长江河口目前面临着径流量变化不大和来沙量持续减少的严峻形势，人类活动导致河口河槽持续缩窄，利用布尔网络模型预测的结果为：若海域来沙充足，航道拦门沙形态对海平面上升的响应表现在拦门沙滩顶向口内移动，滩顶水深变浅，10 m 滩长增长；若海域来沙不足，航道拦门沙形态对海平面上升的响应表现在拦门沙滩顶向口内移动，滩顶水深变深，10 m 滩长缩短。

③ 海平面上升对河口河槽影响的综合评估表明，对南支河槽中扁担沙和南港河槽中瑞丰沙等较大型沙体南缘布置导流顺坝，并适当围垦，且在沙体周围建造潜堤，固定水下暗沙和活动沙，保持河槽稳定。

第五章　海岸侵蚀对海平面上升的响应

通过对长江口和杭州湾北岸潮间带宽度、表层和浅地层柱状样沉积物、典型水下岸坡剖面的现场测量，以及潮间带宽度与水下岸坡剖面的多幅历史海图分析，研究近30年上海市岸滩演变特征及岸滩演变的主要原因。分析结果表明：长江口潮间带宽度减少90%以上；岸滩沉积物整体上呈“北细南粗化”，横沙东滩北岸、北港长江大桥和东海大桥附近潮间带柱状样粒序向上显著变粗；水下岸坡明显变陡，侵蚀型岸滩特征凸显，滩底刷深约1 m；流域水利工程、河口大面积围垦、青草沙水库和长江与东海大桥等大型工程建设是造成潮间带大面积损失和局部沉积物粗化的主要原因；杭州湾北岸随着海平面上升侵蚀强度增大。为此，应加强海堤结构和设计高程、前沿岸滩的防护研究。

5.1　引言

由潮上带、潮间带和水下岸坡组成的海岸带是陆地向海延伸的前沿，人类活动频繁，因而是陆海相互作用研究的焦点。淤泥质岸滩的塑造是泥沙来源、动力条件和地形三者相互作用的结果（高抒等，1988；贺松林，1988；陈才俊，1991；Roberts et al.，2000；Pritchard et al.，2002）。近年来，随着入海泥沙的减少、海平面上升和日益增多的海岸工程对岸滩动力条件和地形的显著改变，岸滩冲淤平衡遭到破坏，剖面形态呈现由缓慢淤涨的凸形和“S”形特征向侵蚀的凹型转变（陈才俊，1991；季子修等，1993；Carol et al.，2008）。

长江三角洲是长江流域的终端，两千年来随着长江大量下泄泥沙在河口区淤积，三角洲边滩持续向外推展（陈吉余，1979），直至20世纪80年代仍处于持续快速淤涨状态（恽才兴，2004）。但自20世纪90年代以来，随着近年来上游泥沙补给减少和频繁的圈围工程，崇明岛南沿、崇头新建河段、长兴岛南沿以及杭州湾北岸为侵蚀岸段（毛兴华等，2000；季永兴等，2002）；河口深水航道工程南北导堤建成后出现了南北槽水沙分配变化、南汇边滩向南槽主槽淤进、滩面侵蚀冲刷等现象（刘红等，2011；向卫华等，2003；付桂等，2007；劳治声，1992）。因此，在流域来沙持续减少，围垦、东海和长江大桥与青草沙水库等近岸工程增加，以及全球气候变化等多重因素的驱动下，长江口区自潮间带至水下岸坡发生了何种变化、演变趋势如何等问题直接关系到近岸工程、航运和人口财产安全，亟待深入研究。冲淤格局的转变将使岸滩剖面发生调整和重塑，岸滩稳定性势必受到影响，直接关系到近岸工程、航运和人口财产安全。海平面上升，尤其是长江口邻近区域的海平面上升可能对海岸产生深远影响。此外，低洼海岸地区通常易受到风暴潮影响，海平面上升将极大地加剧风暴潮洪水对沿海地区的威胁。

5.2 国内外研究现状

岸滩剖面的塑造归根结底是动力、泥沙和地形相互作用的结果。地形要素是岸滩发育的地质基础；泥沙供应决定海岸淤涨与否，是岸滩剖面基本形态特征的决定因素；以风浪和潮流为主的动力因素是岸滩剖面发育的必要条件（陈才俊，1991）。当三者间的平衡关系遭到破坏，便会导致岸滩的调整与重塑。在上述三者的变化过程中，岸滩的演变特征是一个值得研究的课题，潮间带对水动力、泥沙和地形变化的响应更是引起了国内外学者的广泛关注。

5.2.1 岸滩演变

岸滩剖面的塑造归根结底是动力、泥沙和地形相互作用的结果。地形要素是岸滩发育的地质基础；泥沙供应决定海岸淤涨与否，是岸滩剖面基本形态特征的决定因素；以风浪和潮流为主的动力因素是岸滩剖面发育的必要条件（陈才俊，1991）。当三者间的平衡关系遭到破坏，便会导致岸滩的调整与重塑。在上述三者的变化过程中，岸滩的演变特征是一个值得研究的课题，潮间带对水动力、泥沙和地形变化的响应更是引起了国内外学者的广泛关注。

5.2.1.1 均衡剖面

1887 年，意大利学者 Cornaglia 提出了海滩泥沙运动的“中立点假说”（null-point hypothesis），认为由于浅水波变形，海滩上存在中立点，中立点岸侧和海侧物质分别向岸、向海运动，中立点上的物质在点附近来回摆动（柯马尔，1985）。Fennemans（1902）最早提出海滩平衡剖面概念，即在波浪等水动力条件充分作用下，最终形成一个均衡的海滩剖面。Zenkevich（1946）根据中立点理论提出了海滩平衡剖面的塑造模式。Bruun（1954）和 Dean（1977）提出的均衡剖面模式是目前最为常见且应用最广的剖面模式，Dean（1987）将经验拟合常数 A 与泥沙颗粒沉降速率相关联（陈志强等，2002）。上述海岸均衡剖面研究主要针对砂质海岸展开。

关于淤泥质海岸是否存在均衡剖面的讨论，由于其动力因素、泥沙来源和沉降特性等较砂质海岸更为复杂，目前仍无定论。陈西庆等（1998）认为，淤泥质岸滩均衡剖面是在一定的泥沙物质组成、海洋动力及海平面条件下，海岸剖面从水下岸坡、潮间带至潮上带具有确定的空间形态结构及物质组成的海岸剖面。

5.2.1.2 岸滩剖面对不同因子变化的响应

(1) 波浪、潮流与泥沙供应改变

缓淤涨型潮滩剖面状似"S"形,岸滩微凸形态与泥沙供应关系更为密切,潮流弱而泥沙补给充足情况下,潮滩剖面向上凸形发展,潮滩宽度随着沉积物供给的增加而增加;侵蚀型岸滩剖面则与水动力强度的相关性更为显著,潮流强、波浪作用活跃的岸段呈现侵蚀格局,岸滩剖面最终形成上凹形,潮差增大是潮滩坡度增加的主要原因(高抒等,1988;贺松林,1988;陈才俊,1991;Roberts et al.,2000;Pritchard et al.,2002)。

由此可见,泥沙供应决定了岸滩的宽度和淤涨程度;水动力强度则对岸滩剖面形态特征起决定作用。在流域各类水库建设、水土保持工程的影响下,导致入海泥沙量减少;滩涂围垦开发等各类近岸工程等改变了河口水动力条件(侯志庆,2012)。以潮滩围垦为例,人工围堤后潮滩边界条件发生强烈改变,潮流受围堤所阻,原潮波的形态遭到破坏,水动力和泥沙间的平衡关系被打破,潮滩沉积发生变化,剖面形态随之调整改变。岸滩剖面调整周期的长短由围堤抛筑的高程和潮滩的淤涨速率决定(贺松林,1988;陈才俊,1991)。

(2) 海平面上升

20世纪70年代以来,关于海平面变化导致海岸剖面调整的Bruun法则(Bruun,1988)的研究与应用得到了广泛的关注与深入探讨。均衡剖面是Bruun法则应用的前提,我国多位学者对海平面上升背景下,淤泥质潮滩剖面动态调整、面积侵蚀损失等做了相关研究(季子修等,1993;杨世伦等,1998)。海平面上升不仅导致侵蚀作用和岸线后退,同时也影响淤泥质潮滩均衡剖面形态的动态调整,海平面上升后均衡剖面如何变化、是否可以形成新的均衡状态是目前该领域研究的另一个主要方面。

Carol等(2008)以路易斯安那州海岸湿地为研究对象,分析了湿地岸线后退地区在海平面上升背景下,波浪主导水下湿地平台的侵蚀特性,并构建了与相对海平面上升相关的岸线后退概念模型。结果表明,受到海平面上升的影响,平台的湿地边缘侵蚀发生深度直到水下1.5 m处。构建的概念模型描述了路易斯安那州南部侵蚀湿地剖面形态可以达到一个简单的均衡状态,并随着逐年海平面的上升,剖面以初次均衡形态向岸后退。

5.2.2 海岸侵蚀对海平面上升的响应

海平面上升将会导致岸线后退,这已首先由Bruun(1962)提出。尽管有些学者对Bruun法则提出了诸多怀疑,但却在近几十年来的应用过程中得到不断的发展、论证和提炼。诚然,在不根据海岸环境的具体条件,把Bruun法则应用于由海平面上升来预测海岸侵蚀状态,还要有更多的研究加以验证。据现有调查研究资料,有关海岸侵蚀对海平面变化的响应关系,就海平面上升诱发的海岸侵蚀现象的表现形式与层次而言,可分为直接的影响和间接的影响两类。前者指直接体现为在海水向陆入侵时所造成的海岸线后退,以及沿海平原低地淹没与沼泽化,并伴随河口与地下盐水入侵和海堤防护、城市排污工程等失效;后者指海平面上升通过在新的海岸动力条件与泥沙环境下,海岸带新发生的物质平衡调整,而加大海岸侵蚀的现象。庄振业等(2000)认为海岸侵蚀是人工采沙、河流输沙量减少和海平面上升共同作用的结果,其中鲁南海岸侵蚀的三者贡献之比为 5∶4∶1。海平面上升对海岸侵蚀的影响具有多样性特征,它还可使沿海海滩水深变大的同时,减弱其消浪和抗冲的能力,这加强了对海岸防护工程的破坏力,导致滩涂生态系统逆向演替;在当前长江入海物质发生变异、海平面上升、海洋动力加强的情景下,加强对海岸侵蚀响应海平面变化的研究必将具有深远的意义。

5.3 长江河口岸滩演变特征

5.3.1 资料来源与研究方法

5.3.1.1 历史海图资料收集与整理

为研究长江口岸滩地貌形态变化,本书搜集了近 30 年长江口北港和南汇边滩 10 幅历史海图资料,包括长江口北部 1983 年(1∶120 000)、1991 年(1∶75 000)以及 1999 年、2004 年、2009 年(1∶120 000)的海图;长江口南部 1976~1978 年与 1990 年(1∶120 000)、1998 年(1∶130 000)、2004 年(1∶250 000)以及 2008 年(1∶130 000)的海图。通过 ArcGIS 对海图进行数字化,采集北港河槽及南汇边滩水深数据,绘制并分析上述 6 个典型岸滩剖面(P1、P2、P3、P4、P5 和 P6)形态及其演变特征。通常来说,潮间带是大潮期高低潮位暴露出的潮滩部位,为研究和可比性的需要,将介于岸线至 0 m 等深线之间的范围作为潮间带,0 m 等深线至 −10 m水深范围则为水下岸坡,详细海图信息如表 5-1 所示。

表 5-1 长江口海图资料来源与相关信息

区 域	年 份	海图名称	比例尺	来 源
北 港	1983	北水道及海门水道	1∶120 000	中国人民解放军海军司令部航海保证部
	1991	横沙至浏河	1∶75 000	交通部上海海事安全监督局
	1999	长江口北部	1∶120 000	中国人民解放军海军司令部航海保证部
	2004	长江口北部	1∶120 000	中国人民解放军海军司令部航海保证部
	2009	长江口北部	1∶120 000	中国人民解放军海军司令部航海保证部
南汇边滩	1976~1978	长江口及附近	1∶120 000	中国人民解放军海军司令部航海保证部
	1990	长江口及附近	1∶120 000	中华人民共和国交通部安全监督局
	1998	长江口南部	1∶130 000	中国人民解放军海军司令部航海保证部
	2004	吕四港至花鸟山	1∶250 000	中国人民解放军海军司令部航海保证部
	2008	长江口南部	1∶130 000	中国人民解放军海军司令部航海保证部

5.3.1.2　野外现场调查

(1) 潮间带沉积物普查

2011 年 7～8 月在长江口及杭州湾北岸潮间带选择 30 条自陆向海岸滩剖面进行了沉积物及形态的勘测(图 5－1c)，每条测线采集 3～6 个表层沉积物（共 115 个），并在部分典型剖面潮间带采集 1～3 个 35 cm 柱状样(共 19 个)；2011 年 12 月 8～12 日和 2012 年 6 月 5～10 日，在青草沙水库北大堤(P1)、奚家港(P2)、团结沙(P3)、横沙东滩北岸(P4)和芦潮港(P5)、南汇嘴(P6)等岸段布设 6 条自海向陆的水下岸坡剖面(图 5－1a、b)上进行地形和水文测量。地形采用测深仪(P1、P2、P4、P6 剖面)和浅地层剖面仪 Edgetech－3100P(P3、P5 剖面)测量。

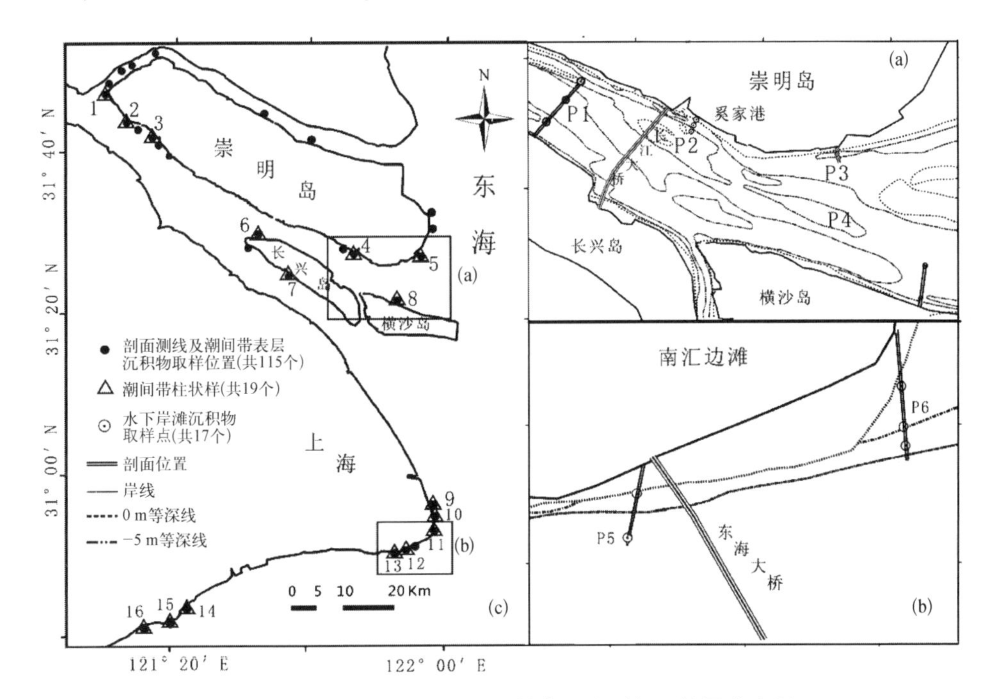

图 5－1　研究区域、沉积物取样点及实测剖面位置分布图

(2) 临水岸段水文与地貌调查

2011 年 12 月 8～12 日和 2012 年 6 月 5～10 日在长江口和杭州湾六个典型临水岸段(图 5－1b、c)的开展 ADCP 和浅地层剖面仪(Edge－3100P)的测量。其中包括：

(a) 分别于 2012 年 6 月 5～6 日对 S1、S2、S3 进行同步取样，于 2012 年 6 月8～9 日对 S4、S5、S6 进行同步取样。取样时刻分别于整点时刻附近，取样时由底至表每隔 1 m 取一个水样，持续取样时间为 26 小时。本次取样共取水样 1 296 个，具体每个定点取样个数列于表 5－2。ADCP 流速仪分层观测流速流向各定点分层取水样，使用直读式海流计于表层每小时正点观测流速流向，使用风速仪记录风速风向。

表 5-2 水体悬浮泥沙取样位置及个数统计

取样时间	取样点		经度	纬度	取样个数
2012 年 6 月 5～6 日	北港	长兴岛北侧(S1)	121.693	31.459	305
		奚家港(S2)	121.787	31.456	156
		崇明东滩南侧(S3)	121.882	31.439	156
		横沙岛北侧(S4)	121.937	31.346	445
2012 年 6 月 8～9 日	南汇	南汇嘴(S5)	121.975	30.866	78
		芦潮港(S6)	121.908	30.850	156

(b) 在长江口北港和长江口与杭州湾北岸交汇岸段 6 个定点位置附近布设剖面测线(图 5-1 中 P1～P6)，对自潮下带至深槽水下岸滩剖面的形态进行测量，水下岸滩剖面形态采用测深仪(P1、P2、P4、P6 剖面)和浅地层剖面仪(P3、P5 剖面)测量，同时每条剖面取若干表层底质样(共 38 个)。

5.3.1.3 样品与实测数据整理与分析

沉积物粒径经由激光粒度仪测试分析，柱状样经过冷冻保存、切割等步骤后，制作揭片。根据 Folk 和 Ward 公式(Folk et al.，1957)计算平均粒径、分选系数、偏度等粒度参数。砂、粉砂和黏土的粒径分类采用国际通用的美国地球物理学会泥沙粒径分类方法(Trefethen et al.，1950)，即砂为 $-1\sim4\Phi$、粉砂为 $4\sim8\Phi$、黏土为 $>8\Phi$，并通过三角图示法确定沉积物组成。本书中 1982 年长江河口底质沉积物粒径及组成资料来源于 1982～1984 年长江口西部底质图(董永发，1989)。

ADCP 流速流向数据通过 Excel 及 Matlab 软件绘制成图表。扫描测深仪图纸并绘制出岸滩剖面形态；浅地层剖面仪为图像数据截取并绘制剖面形态。

5.3.2 结果

5.3.2.1 长江口潮间带岸滩及其沉积物特征

(1) 潮滩宽度和坡度

潮滩宽度调查初步结果显示除崇明东滩外，目前上海市沿岸潮滩普遍较窄。大部分岸段海塘外天然潮滩宽度为 30～150 m，个别岸段海堤直接临水。这主要是由于围垦工程不断向海推进，而潮滩淤涨速率跟不上。各个岸段潮滩的具体宽度和坡度，根据全站仪测量数据确定(表 5-3)。

表 5-3 野外调查断面处潮滩宽度和坡度汇总

断面名称	位置		滩宽(m)		坡度	
	纬度	经度	高潮滩	中低潮滩	高潮滩	中低潮滩
摇头沙北	30°54.755′	121°58.427′	42.25		1/75	
东海大桥西	30°51.049′	121°53.623′	35	73.5	1/30	1/135
东海大桥下	30°51.452′	121°54.595′	31.4	61	1/103	1/31

续 表

断面名称	位置		滩宽(m)		坡度	
	纬度	经度	高潮滩	中低潮滩	高潮滩	中低潮滩
大治河南	30°56.037′	121°58.114′	42	482	1/55	1/717
新建水闸南	31°44.023′	121°12.662′	22.5		1/42	
崇头丁坝北	31°44.023′	121°12.662′	150		1/85	
崇头丁坝南	31°47.281′	121°9.679′	95		1/81	
庙港水闸东	31°41.207′	121°17.688′	77	17.5	1/102(芦苇)、1/47(藨草)	1/23
鸽龙港	31°39.629′	121°19.329′	20	35.7	1/50	1/30
崇明东滩南	31°27.231′	121°56.064′	900	335	1/140 1(芦苇)、1/387(藨草)	1/335
东滩	31°31.226′	121°57.361′	2 458	113	1/558 6	1/282 5
崇启大桥西中东	31°41.553′	121°39.741′	65,82,73		1/36、1/41、1/40	
长江大桥西	31°28.623′	121°45.049′	167	24	1/165(芦苇)、1/31(藨草)	1/30
长江大桥下	31°28.081′	121°46.183′	187.5	8	1/65(芦苇)、1/100	1/40
长兴岛南	31°25.297′	121°36.964′	32.5	51.4	1/133	1/68

(2) 潮间带表层沉积物与柱状样

1) *表层沉积物粒径及组成*

潮间带114个表层沉积物样品的中值粒径为1.94～7.85Φ(如图5-2所示)，其中中砂(1～2Φ)1个、细砂(2～3Φ)15个、极细砂(3～4Φ)14个、粗粉砂(4～5Φ)27个、中粉砂(5～6Φ)29个、细粉砂(6～7Φ)19个、极细粉砂(7～8Φ)9个。Φ50介于4Φ至7Φ的共75个表层样品，即粗粉砂、中粉砂和细粉砂占总体表层沉积物样品的66%，反映了研究区域沉积物以粉砂为主。

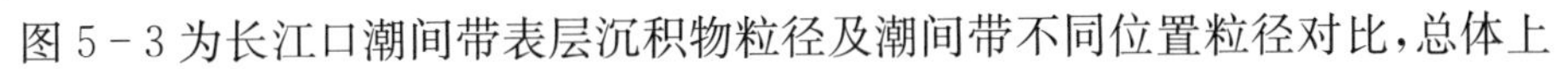

图5-3为长江口潮间带表层沉积物粒径及潮间带不同位置粒径对比，总体上

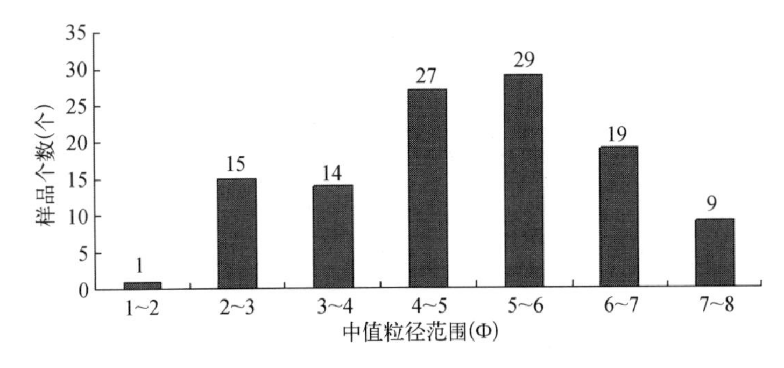

图5-2 各粒级沉积物样品分布图

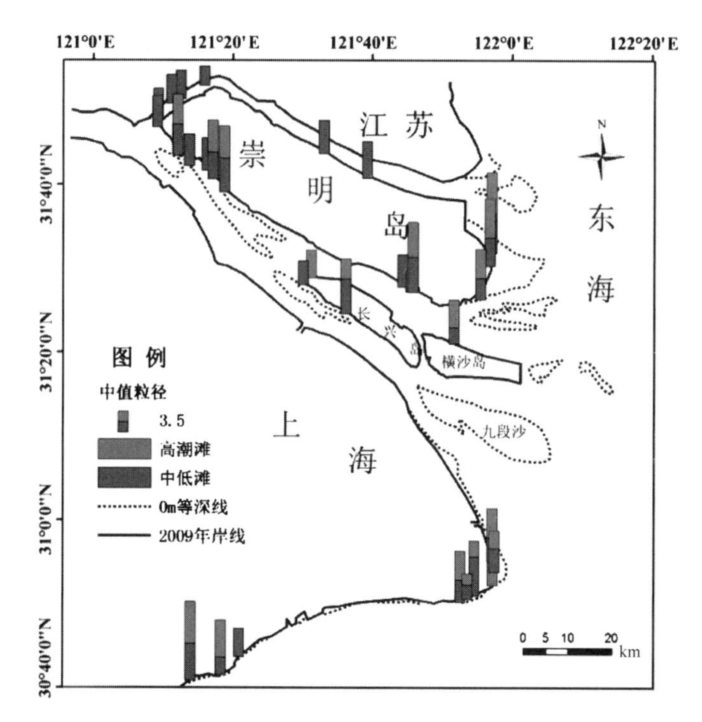

图 5-3　长江口潮间带不同部位表层沉积物粒径分布图(后附彩图)

从徐六泾向长江口外，潮间带中低滩沉积物粒径逐渐变粗；潮间带高潮滩表层沉积物粒径较粗的区域集中于长兴岛头部、横沙东滩，及南汇边滩；崇明岛东滩南侧潮间带沉积物较细。从潮滩表层沉积物粒级上，长江口北部潮滩表层沉积物组成中粉砂所占比例较大，杭州湾北岸西部和南汇边滩的沉积物组分也以粉砂为主；芦潮港以东至摇头沙南侧，特别是东海大桥下潮滩表层沉积物组分以中、细砂为主。崇明岛北岸潮滩沉积物粒径较细，粒级属于细粉砂。

在相同区段，由于动力条件和沉积环境的不同，表层沉积物的分布也具有明显的差异。崇头北部表层沉积物粒径明显大于南部，从崇明岛头部南侧至鸽笼港潮间带表层沉积物粒径较为均匀，自西向东呈现略微递减的趋势；崇明岛北岸沉积物相对较细，崇明东滩自北向南沉积物粒径递增；长江大桥下光滩下部较其东西两侧沉积物粒径明显增大，表明该处动力条件较强；南汇边滩与杭州湾北岸地处开敞海域，波浪和潮流对该地沉积地貌的改造起重要作用，由于较强的动力沉积环境，南汇边滩潮滩沉积物普遍较粗。杭州湾北岸以东海大桥为重要节点，同时也是沉积物粒径最粗的地带，东海大桥以西潮滩平均中值粒径递减，大桥以东也有类似情况；南汇嘴与摇头沙北侧 7 号隔堤外的高潮滩表层沉积物粒径明显较其周围潮滩更粗。

从相同潮滩不同部位沉积物横向上的分布特征来看，长江口北部(崇明东滩及长江口北港上下段)潮间带的高潮滩表层沉积物普遍细于中低潮滩，而南汇嘴和杭州湾北岸潮间带自海向岸沉积物粒径逐渐变粗，且高潮滩沉积物粒径明显粗于中低滩。以崇明东滩为例，高潮滩表层沉积物明显较粗，这一现象与潮滩中上部分布有盐沼植被有关，盐沼植物的存在有利于泥沙颗粒沉降，改变水流结构并有助于减缓侵蚀冲刷。长江大桥西侧及下部潮间带自高至低表层长江口粒径变粗，且部分潮滩植被与光滩结合处存在明显的冲刷坑，表明该处水动力较强，潮滩植被具有抗击冲刷的作用。

根据长江口沉积物粒度分析结果(图 5-4)，长江口潮间带表层沉积物类型有细砂(FS)、砂质粉砂(ST)、粉砂质砂(TS)、粉砂(T)以及粉砂质黏土(TY)共五类。其中，属于粉砂质黏土的样品个数较多，粉砂样品个数则甚少。

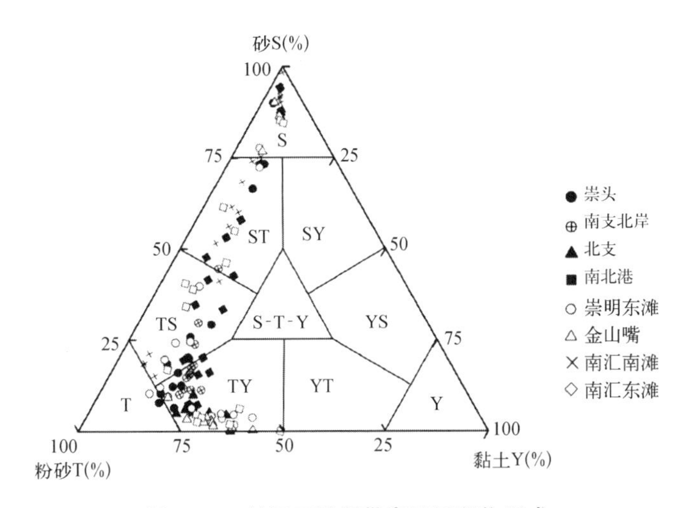

图 5-4　长江口潮间带表层沉积物组成

从沉积物类型的分布上看，除南汇南边滩外，粉砂质黏土是普遍分布于长江口的主要沉积物类型，崇明岛周边潮滩，包括崇头、南北两岸以及崇明东滩沉积物以粉砂质黏土为主，部分潮滩也为粉砂质砂以及砂质粉砂；南汇边滩，特别是南滩为长江口潮间带表层沉积物较粗的区域，沉积物类型基本属于细砂和砂质粉砂，另外南汇东滩、金山嘴以及南北港部分潮滩沉积物属于砂质；长江口南北港以及南汇东滩沉积物类型包括砂、砂质粉砂、粉砂质砂以及粉砂质黏土(图 5-4)。

整个长江口潮滩平均粒径及中值粒径均为 1.94～7.99Φ，平均粒径的平均值为 5.27Φ，中值粒径平均值为 4.88Φ。中值粒径普遍大于平均粒径，沉积物中值粒径与平均粒径存在较好的线性相关关系，相关系数达 0.96 以上。

根据采自长江口不同区域潮间带的样品粒度参数进行相关分析，各区域沉积物中值粒径(Φ50)、分选系数(σ1)和偏度(SKI)之间的相关性和相关系数如图 5-5 和表 5-4 所示。中值粒径与分选性之间为正相关，即沉积物越细，分选性越差。潮间带表层沉积物粒度参数之间呈现较好相关性的地区为崇明东滩和金山嘴。

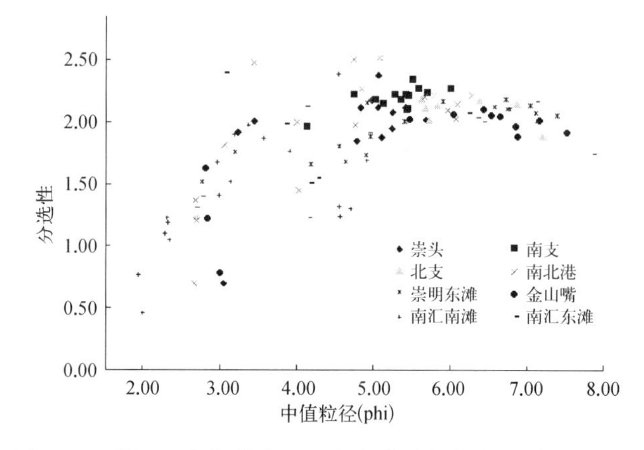

图 5-5 长江口潮间带表层沉积物中值粒径与分选型离散图

表 5-4 长江口潮间带表层沉积物粒度参数相关系数 R

	$\Phi_{50}-\sigma_1$	$\Phi_{50}-S_{KI}$	σ_1-S_{KI}
崇　头	0.615	0.159	0.588
南　支	0.695	0.790	0.900
北　支	0.486	0.729	0.158
南北港	0.696	0.482	0.082
崇明东滩	0.839	0.958	0.833
金山嘴	0.812	0.905	0.590
南汇南滩	0.569	0.020	0.443
南汇东滩	0.392	0.610	0.569

潮滩沉积物偏度主要为 0.3～0.5，沉积物粒径分布曲线基本属于正偏，即中值和峰值分布于均值的较粗一侧；中值粒径与偏度之间具有明显的负相关(图 5-6)，表明沉积物粒径越细，粒径分布曲线越对称。相关性较显著的地区为崇明东滩、南支北岸以及金山嘴。

2011 年 7～8 月潮间带沉积物采样结果表明，除了南支北岸和崇明东滩沉积物的分选系数和偏度之间存在显著负相关(即随着沉积物分选性变好，粒径分布曲线越不对称，呈现明显正偏外)，其余区域沉积物分选性与偏度之间整体上不存在明显的相关性(图 5-7)。

2) *柱状样沉积层序*

从近期长江口岸滩潮间带表层 35 cm 柱状样的沉积物粒径及沉积层序上看(图 5-8)，崇明岛南沿(5-8a～e)、青草沙水库北岸(5-8f)以及南汇东滩(5-8i、j)早期沉积具有较强的韵律性，表明上述潮滩所在区域相对规律潮汐作用下的沉积特征。长江大桥下潮滩(图 5-8d～i)表层沉积物以砂质为主，较早期沉积物发生明显的粗化，早期粉砂—泥互层构造遭到破坏。长兴岛南岸(图 5-8g～i)潮间带自下而上沉积物变细，且下部具有植物根系、贝壳等生物体扰动。横沙岛北岸潮

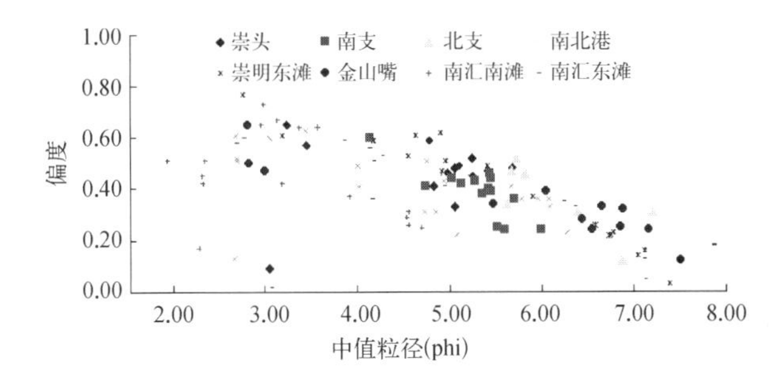

图 5-6　长江口潮间带表层沉积物中值粒径与偏度离散图

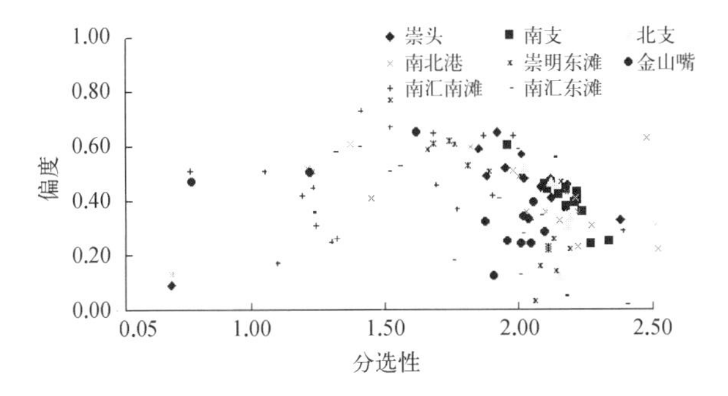

图 5-7　长江口潮间带表层沉积物分选性与偏度离散图

图 5-8　长江口潮间带自表层向下 35 cm 柱状样

间带(图 5-8h、i)则为沙波斜层理的粉砂质沉积环境,反映了该处较强的水动力环境。

南汇南滩(图 5-8i、l、m)沉积物较东滩(图 5-8i、j)更粗,沉积层序以透镜状层理为主,无明显的韵律性沉积特征。近期,自南汇嘴至芦潮港岸段表层沉积物发生粗化(图 5-8i、l、m),表明近期沉积条件发生明显变化,动力沉积作用增强。杭州湾北岸金山嘴东西两侧潮间带沉积层序以透镜状为主(图 5-8e~n、p),沉积物淤泥为主。金山嘴潮滩(图 5-8e~o)较其东西两侧潮滩沉积物更粗,细砂为其主要沉积物,并具有脉状层理。

3) 微地貌特征

滩面主要微地貌有沙纹、沙波、侵蚀坑、潮沟等,南岸大部分断面都有冲刷坎,有些断面甚至有 2~3 级冲刷坎,北岸有沙纹沙波,尤其是鱼鳞状沙波(图 5-9)。

图 5-9 潮滩微地貌(后附彩图)

4) 剪切力特征

使用剪切力仪对长江口潮间带潮滩部分断面表层沉积物取样点进行剪切力的现场测试,结果如表 5-5、图 5-10、图 5-11。

表 5-5 上海市部分岸段表层沉积物剪切力

断面位置	纬 度	经 度	上 部	中 部	下 部
金山城市海滩西	30.700 8°	121.332 8°	3.90		3.97
金山嘴	30.737 0°	121.374 3°	3.53	4.43	4.23

续　表

断面位置	纬　度	经　度	上　部	中　部	下　部
碧海金沙西	30.800 6	121.499 3	3.33		
交汇点(东海大桥西)	30.850 8°	121.893 8°	0.57	0.53	0.27
摇头沙北(滴水湖七号隔堤)	30.912 6°	121.973 8°	0.85	1.37	0.43
大治河口	30.934 2°	121.969 5°	0.17	0.93	0.10
启隆乡	31.740 5°	121.559 5°			0.33
东滩北侧	31.544 8°	121.957 9°			3.93
长江大桥东(崇明)	31.466 5°	121.774 7°			0.50
青草沙断面 1	31.492 9°	121.534 1°			1.57
长兴岛南岸	31.421 9°	121.616 3	2.07	0.60	0.67

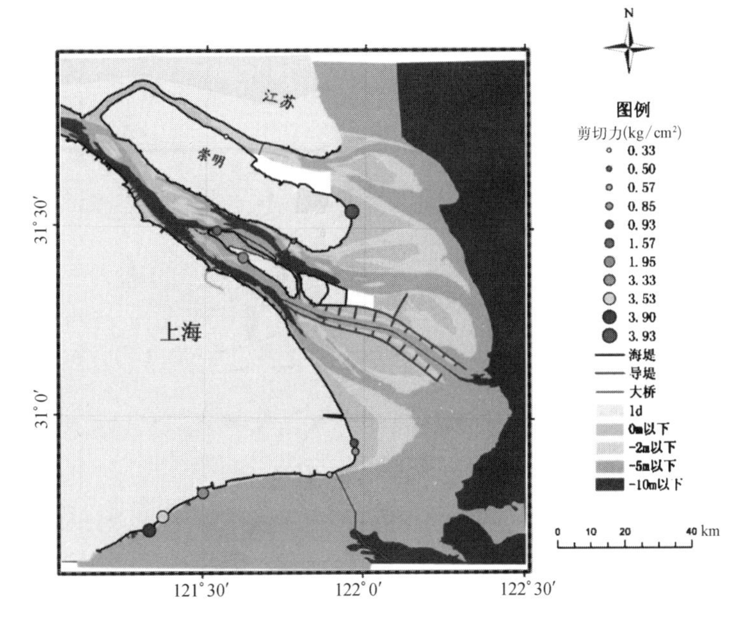

图 5-10　2011 年夏季上海市潮滩沉积物表层剪切力分布图(后附彩图)

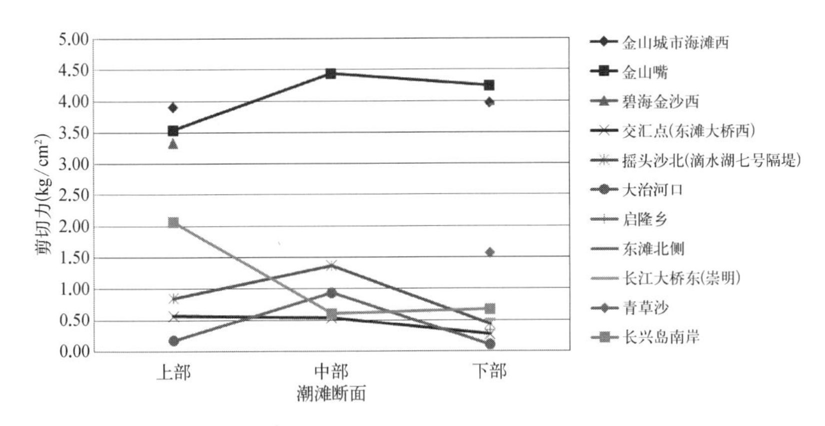

图 5-11　断面剪切力

剪切力在潮滩上、中、下部的变化无明显的规律可循，这主要与各个采样点的泥沙粒径、含水率以及植被根系多少有关。待采来的表层沉积物样品分析结果出来以后可以做进一步分析和判断。

5.3.2.2　水下岸滩沉积物及地貌特点

(1) 表层沉积物

1) 枯季表层沉积物粒径与组成

2011 年长江口枯季水下岸滩底质样平均中值粒径为 4.90Φ，粒级范围属粗粉砂，从整个长江口沉积物中值粒径分布看(图 5-12)，北港河段平均中值粒径为 4.83Φ，南汇边滩平均中值粒径为 5.06Φ，南汇边滩略粗于长江口北港河段。

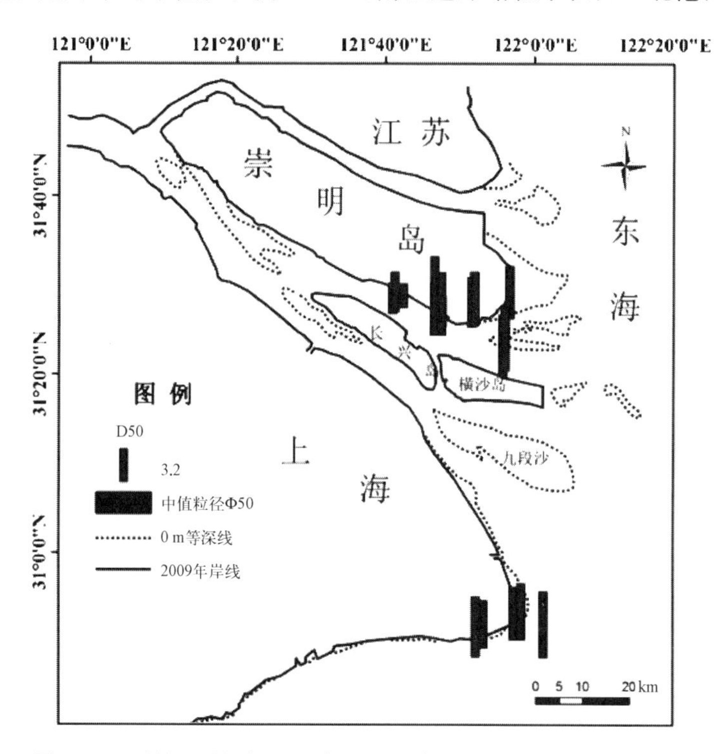

图 5-12　长江口枯季(2011 年 12 月)水下岸滩沉积物中值粒径分布

北港上、中、下河段沉积物平均中值粒径分别为 3.07Φ、5.07Φ 和 6.01Φ，北港沉积物自口内向拦门沙有细化趋势；南汇边滩不同部位沉积物粒径也具有一定差异性，南汇嘴水下岸滩沉积物中值粒径平均值为 5.68Φ，芦潮港东至东海大桥西侧岸段则为 4.44Φ，沉积物较粗。

除北港上段青草沙北岸沉积物自岸向海变粗外，相同采样剖面自岸向海沉积物中值粒径递增，即沉积物逐渐变细。

据 2011 年 12 月长江口枯季水下岸滩沉积物组分分析结果(图 5-13)，沉积物主要类型包括粉砂质黏土(TY)、粉砂质砂(TS)、砂质粉砂(ST)以及细砂(S)四类。

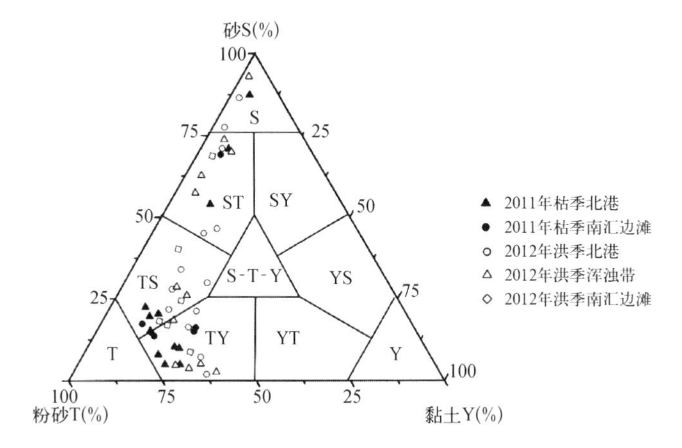

图 5-13　2011 年 12 月长江口枯季水下岸滩沉积物组分

其中,属于粉砂质黏土的样品个数较多,细砂样品仅有 1 个。

从沉积物类型的分布上看,长江口北港自上段至拦门沙河段沉积物组分分类依次为砂质粉砂、粉砂质砂及粉砂质黏土,即自上而下沉积物组成中细颗粒物质组分越来越多;南汇嘴沉积物以粉砂质黏土为主,而芦潮港岸段水下岸滩沉积物以粉砂质砂及砂质粉砂为主,南部沉积物组成中粗颗粒物质多于东部。

2) 洪季表层沉积物粒径与组成

2012 年 6 月长江口洪季水下岸滩沉积物平均中值粒径为 4.94Φ,粒级范围属粗粉砂,拦门沙段沉积物平均中值粒径为 4.94Φ。从长江口沉积物中值粒径分布看(图 5-14),北港河段平均中值粒径为 4.93Φ,南汇边滩平均中值粒径为 4.96Φ,北港河段略微粗于南汇边滩。

北港上、中、下河段沉积物平均中值粒径分别为 4.83Φ、4.48Φ 和 6.06Φ,北港沉积物自上段向横沙东滩北岸呈现变细的趋势;南汇嘴水下岸滩沉积物中值粒径平均值为 4.54Φ,芦潮港东至东海大桥西侧岸段则为 5.82Φ,东部沉积物粗于南部。拦门沙段沉积物中值粒径分布特点为:自西向东沉积物中值粒径呈变粗的趋势;而自北向南沉积物为细—粗—细的变化特征,北部略粗于南部。从同一采样岸滩、不同部位沉积物粒径分布特点看,北港河段沉积物中值粒径自岸向海逐渐变粗,而南汇边滩则呈现变细的趋势。

2012 年 6 月长江口洪季水下岸滩沉积物组分分析结果(图 5-14),沉积物主要类型包括粉砂质黏土(TY)、粉砂质砂(TS)、砂质粉砂(ST)以及细砂(S)四类。其中,属于粉砂质黏土的样品个数较多,细砂样品相对较少。

从沉积物类型的空间分布上看,长江口北港河段沉积物组成中粗颗粒含量较多,其中细砂和砂质粉砂样品为 5 个,南汇边滩沉积物组成以粉砂质黏土和粉砂质砂为主;长江口自横沙东滩和南汇边滩向外的拦门沙段沉积物组分由粉砂质黏土、粉砂质砂向砂质粉砂过渡,沉积物组成中粗颗粒物质含量增加。

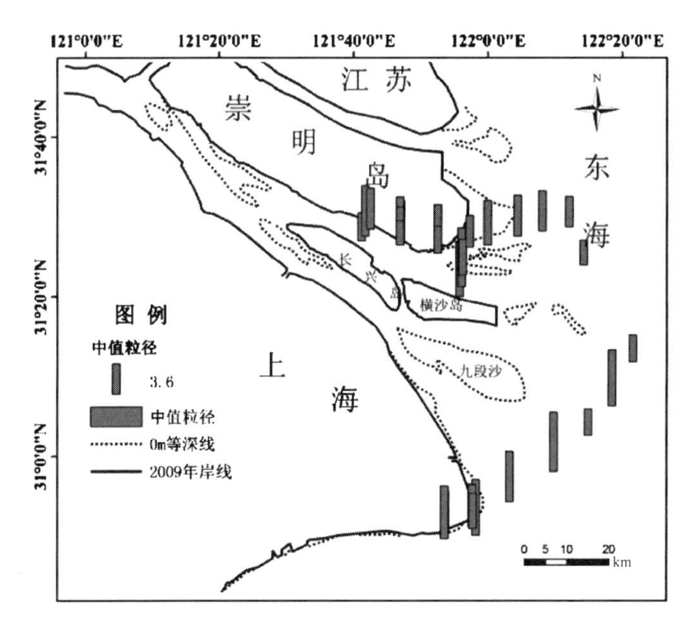

图 5-14 长江口洪季(2012 年 6 月)水下岸滩沉积物中值粒径分布图

从长江口水下岸滩沉积物中值粒径上看,北港河段为枯季粗于洪季,南汇边滩情况则与之相反。北港河段内自上而下沉积物粒径变化枯洪季均呈现变细趋势;南汇南滩枯季沉积物粗于东滩,而洪季则较细;从同一岸滩不同部位沉积物粒径的枯洪季变化看,北港河段沉积物自岸向海沉积物粒径分布情况相反,南汇边滩则基本相同。

比较 2011 年 12 月至 2012 年 6 月水下岸滩沉积物组成情况,沉积物类型均为粉砂质黏土(TY)、粉砂质砂(TS)、砂质粉砂(ST)以及细砂(S)四类,而洪季沉积物中粗颗粒含量较高的样品数较枯季多。枯季北港河段自上而下沉积物中细颗粒物质组分增加,而洪季该趋势不明显,奚家港断面处沉积物变粗。

(2) 水下岸滩形态

长江口水下岸坡向凹形、斜坡形等形态特征转变,部分岸段岸坡呈现多段下凹、侵蚀陡坎等侵蚀型特点。P1 剖面位于为长兴岛北岸,近期,青草沙水库北侧水下岸滩下段(图 5-15a)仍呈现整体上凸的特点,但岸坡剖面上存在多处下凹。P2、P3 剖面分别位于崇明东滩南侧的奚家港和团结沙港,据 2012 年实测剖面形态所示(图 5-15b、c),近期水下岸滩剖面仍呈现“U”形特征。2012 年,芦潮港 P5 水下岸滩剖面上存在明显侵蚀陡坎(图 5-15e),南汇嘴 P6 剖面呈现微凸形态特点(图 5-15f)。

总体上,长江口北部以北港南岸为例,水下岸坡平均坡降明显大于南部的汇角处,横沙岛北岸高潮滩坡度平缓,自中低潮滩起坡度明显增大,水下岸坡平均坡降可达 22.4‰,水下岸坡剖面呈现典型的斜坡形形态特征。北港南岸上段剖面坡度

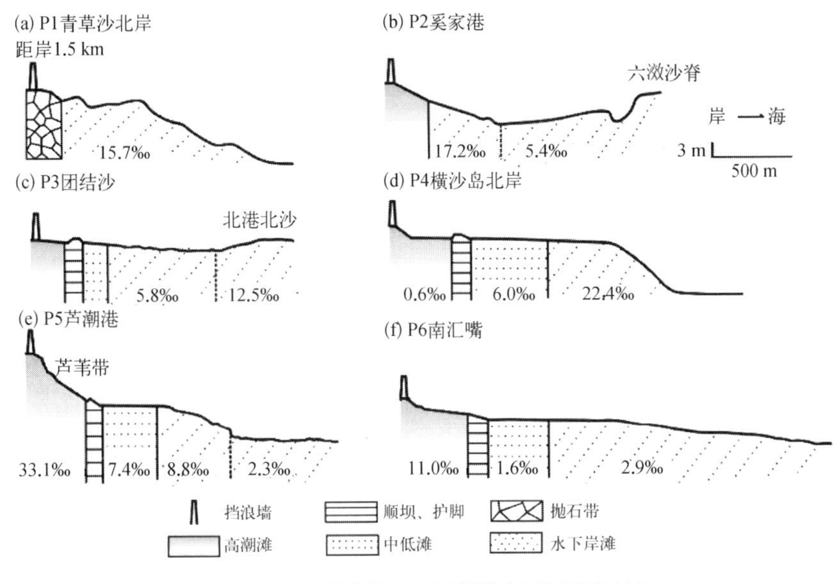

图 5-15　近期长江口典型岸滩剖面形态特征

小于下段，青草沙水库北侧水下岸滩平均坡降为 15.7‰，岸坡剖面呈下凹形态特征，近坡脚处存在一突起的淤积带(图 5-15)。

汇角处东海大桥以东潮滩剖面坡度明显小于大桥西侧的潮滩剖面，高滩宽度窄，剖面坡度陡，中低潮滩和水下岸滩坡度约为高潮滩坡度的 1/5，整个潮滩剖面自高滩至水下岸滩呈现倒“S”形形态特征(图 5-15)。

从整个潮滩剖面形态上看，长江口北港南岸岸滩剖面特点为潮间带宽度窄、坡度较为平缓，潮下带水下岸坡坡度普遍较陡，平均坡降可达 19.1‰；青草沙水库外侧岸滩剖面整体形态呈现多段下凹的特点，初步反映该段剖面存在较为严重的侵蚀冲刷，而下段坡脚处已出现一明显淤积平台；由此看见，长江口北港南岸潮滩剖面坡度较陡，且存在一定冲刷现象，主要冲刷区域发生在潮下带的水下岸坡。南汇嘴潮滩剖面形态均呈现一定上凹下凸的特点，潮间带高滩与中低滩剖面呈现明显下凹形态，东海大桥西侧潮间带剖面凹度更大，且中低滩与水下岸滩的平均坡降更大，坡脚处存在一明显侵蚀陡坎；综上所述，南汇嘴岸滩剖面也发生一定冲刷现象，不同于长江口北部岸滩剖面的冲刷特性，南汇嘴潮滩剖面较为活跃的冲刷带为潮间带高滩，潮下带为主要的淤积区；另外，东海大桥西侧水下岸滩坡脚处也存在一定冲刷问题。

5.3.2.3　近 30 年来长江口岸滩演变特征

长江口岸滩演变特征可从潮滩沉积物和岸滩剖面形态两个方面进行分析，其中，沉积物包括岸滩表层沉积物粒径和组成，以及柱状样沉积层序；岸滩剖面形态特征包括潮间带宽度和面积、剖面形态特征以及闭合水深等。

(1) 岸滩表层沉积物“北细南粗”

崇明岛北岸和南岸自崇头至下段沉积物中值粒径(D50)1982 年小于 5.0Φ，

2012 年为 5.2Φ,泥质含量增加。长江大桥岸段 D50 由 1982 年的 5.0Φ,2012 年增大至 3.9Φ;崇明东滩奚家港及团结沙潮间带 D50 在 1982 年为 5.0Φ,2012 年为 4.3Φ,沉积物组成由粉砂向砂质粉砂转变。

长兴岛洲头潮间带沉积物 1982 年以泥质粉砂为主，D50 为 5.0Φ,2012 年为砂质粉砂和粉砂质砂，D50 增大至 4.4Φ。长兴岛南沿潮间带沉积物 2011 年为 5.2Φ,较 1982 年略有细化。横沙东滩北沿潮间带沉积物 1982 年为粉砂，D50 为 5.0Φ,至 2012 年明显粗化为细砂，D50 达 3.3Φ。

南汇边滩潮间带表层沉积物 1982 年以泥质粉砂和粉砂为主，D50 为 6.0Φ。2012 年,南汇东滩稍有粗化，D50 为 5.8Φ;芦潮港岸段粗化明显，D50 为 4.2Φ;南汇南滩东海大桥附近粗化最为显著，D50 达 2.3Φ;但南汇嘴岸段细化，D50 为 7.1Φ。

总体上,近 30 年来,长江口岸滩表层沉积物中值粒径 D50 与沉积物组分呈“向北变细、向南粗化”的变化特征,即青草沙以北除局部大型工程附近,潮间带沉积物粗化,青草沙以南的南汇边滩表层沉积物粗化明显(图 5-16a、b)。

(2) 岸线变动频繁、潮间带大幅减少

近 30 年来,随着岸线不断向海推进,除崇明东滩外,潮间带面积和宽度大幅减小,长兴岛北岸、崇明东滩、横沙东滩以及南汇边滩潮间带宽度降幅达 90% 以上(图 5-17,表 5-6),目前大部分岸段宽度在 30～150 m,部分岸段海堤直接临水。

青草沙水库北大堤岸线为 2007 年青草沙水库施工而成,目前堤外尚无潮间带发育(图 5-17a)。奚家港(图 5-17b)岸线 1983～1991 年外移 0.7 km，潮间带宽度由 2.1 km 锐减至 0.72 km，1991 年后持续减少,至 2011 年仅 0.2 km，降幅达 90.5%。团结沙岸段(图 5-17c) 1991 年潮间带宽度达 5.87 km，但至 2011 年仅为 0.25 km，降幅达 95.7%。横沙东滩(图 5-17d)北岸为 2004 年后圈围而成,此前位处潮下带,此后逐渐淤涨,至 2011 年实测潮间带宽度不足 0.2 km。

芦潮港岸段岸线 1978～1990 年外移的最大距离为 2.0 km，新岸线外潮间带持续淤积,潮间带宽度平均增加 0.6 km;1998 年岸线向海推进 6.0 km，潮间带宽度锐减,仅剩0.11 km(图 5-17e)。因此,1978～2011 年间潮间带降幅达 95.5%。

南汇嘴岸段潮间带宽度 1978 年为 5.0 km，岸线 1990 年略为外移,潮间带宽度淤涨了 0.7 km;1998 后岸线外向海推进约 6.0 km 后,潮间带宽度不足 1.0 km,2011 年为0.41 km,较 1978 年减少 91.8%(图 5-17f)。

(3) 水下岸坡侵蚀形态凸显

近 30 年来,长江口水下岸坡由 20 世纪 80 年代平缓的斜坡形和“S”形向较陡的凹形(图 5-17e)、斜坡形(图 5-17d, f)转变,坡度增大,部分岸段近期呈现凹凸起伏(图 5-15a)、陡坎(图 5-15e)等侵蚀型特点;南汇南滩近期滩底发生冲刷,−8 m水深处稳定岸滩下蚀 1 m。

目前,青草沙水库北大堤水下岸坡由一个高平滩和一个中陡坡组成,平均坡度达 15.7‰,由陆至海岸滩剖面上存在多处凹凸起伏(图 5-15a),但该剖面 1983 年

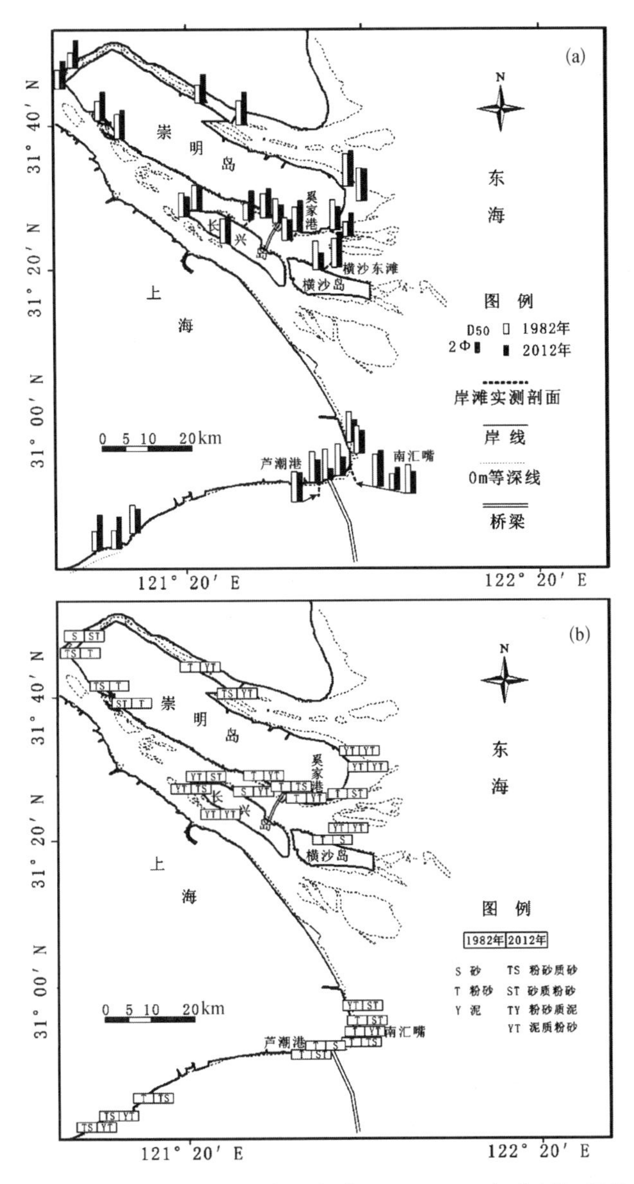

图 5-16　长江口潮间带及水下岸滩 1982～2012 年表层沉积物中值粒径(a)与组成(b)

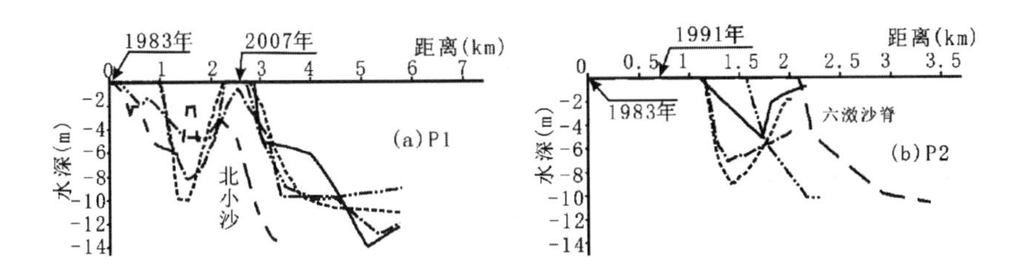

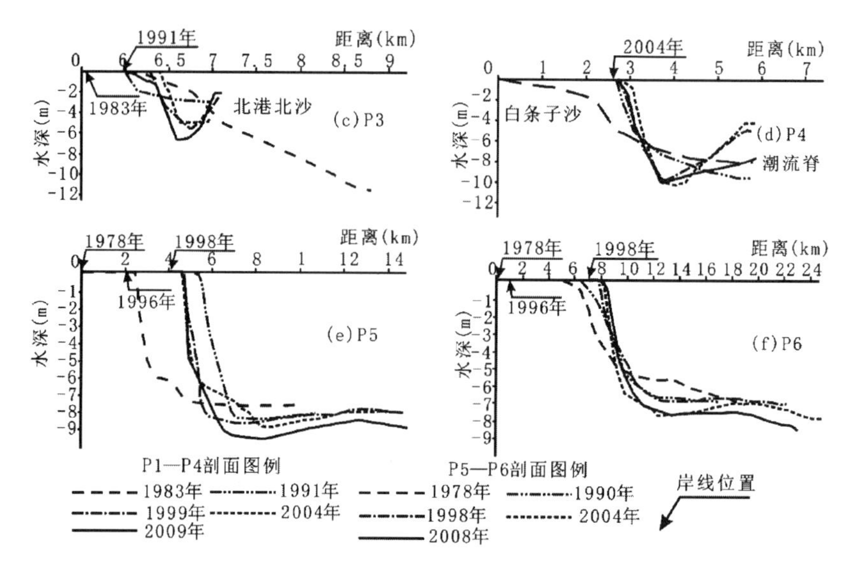

图 5-17　近 30 年来长江口典型岸滩剖面变化

表 5-6　长江口典型岸滩剖面历年潮间带宽度　（单位：km）

年　份	P2	P3	P4	P5	P6
1978～1983	2.10	5.87	白条子沙	2.42	5.00
1990～1991	0.72	0	白条子沙	3.00	5.70
1998～1999	0.43	0.26	白条子沙	0.84	0.92
2004	0.39	0.39	0	0.61	1.00
2008～2009	0.31	0.25	0	0.66	0.89
2011*	0.20	—	0.14	0.11	0.41
1982～2011 潮间带宽度降幅	90.5%	95.7%	—	95.5%	91.8%

注：* 为 2011 年实测潮间带宽度。

平均坡度仅为 2.1‰，1991～2004 年增至 10.0‰，2009 年新岸线外水下岸坡呈倒“S”形，平均坡度为 6.4‰。其中，−5 m 水深以浅的岸滩冲刷，平均坡度达 13.5‰；−5～−10 m 水深范围内岸滩则大幅度淤高，呈明显的凸形特征(图 5-17a)。

长江大桥东侧奚家港剖面水下岸坡为斜坡形，坡度 17.2‰（图 5-15b），其 1983～1991 年为下凹形，平均坡度 11.1‰；1999～2004 年平均坡度增大至 30.7‰，但 2009 年坡脚淤高近 4.0 m，坡度变缓至 10.0‰(图 5-17b)。

团结沙岸滩岸段 2012 年为斜坡形，平均坡度为 5.8‰（图 5-15c）；其 1983 年平均坡度为 4.1‰，至 1991 年坡脚大幅淤高，呈下凹形特征，坡度为 3.0‰；自 20 世纪 90 年代至 2004 年，岸坡呈较陡的斜坡形，平均坡度增大，达 10.4‰，2009 年时坡脚刷深 2.0 m，平均坡度增大至 11.3‰(图 5-17c)。

横沙东滩北侧当前为斜坡形水下岸坡，实测岸坡上存在一宽度为 500 m、坡度为 19.2‰的陡坡带(图 5-15d)；1983 年却为“S”形缓坡，平均坡度仅 1.4‰，中陡坡带位于－2～－5 m水深范围；1983～2009 年－9 m 水深以浅淤积，以下冲刷，岸坡由凹形向斜陡坡形转变，至 2009 年坡度增加到 10.0‰（图 5－15d）。

芦潮港岸坡当前由坡度为 8.8‰的斜陡坡和 2.3‰的平缓坡组成，且以一深度达 1 m 的陡坎连接（图 5－15e）。1978 年该岸坡为斜坡形，平均坡度为 2.8‰，－7.5 m水深以上的边坡 1990 年向外淤展、坡脚刷深近 1.0 m；1998 年剖面整体发生蚀退，平均坡度达 7.0‰；芦潮港剖面 2004 年坡度为 2.8‰，－8 m 水深岸滩 1990～2004 年基本稳定；－6 m 水深以上岸坡 2008 年变化不明显，－6 m 水深至坡脚发生冲刷，刷深深度 1 m（图 5－17e）。

南汇嘴水下岸坡 2012 年呈微凸形态特点，平均坡度为 2.9‰（图 5－15f）；1978 年岸坡为"S"形特征，以平均坡度 0.4‰平缓向海延伸。自 1978～2004 年岸坡－3～－5 m 水深以上逐年淤积，－5 m 水深以下以冲刷为主，－8 m 水深处岸滩基本稳定，2004 年岸坡平均坡度增大至 1.1‰；2008 年岸坡整体淤涨，坡度为 1.5‰，坡脚以下岸滩刷深，深度为 1 m（图 5－17f）。

砂质海滩普遍发育着自陆向海的均衡剖面和闭合深度（Fenneman，1902；Bruun，1988；李志强，2002），由于淤泥质海岸沉降特性等较砂质海岸不同，对均衡剖面及闭合深度的确定方法也复杂多样（逢自安，1980；陈西庆等，1998）。陈西庆等（1998）认为可从地貌上做如下判断以确定闭合深度，若岸滩剖面在一定深度范围内呈显著冲淤变化，而该深度以下剖面无明显多年变化，这一深度称之为闭合深度。

从图 5－17e（南汇南滩自芦潮港）和图 5－17f（南汇嘴水下岸滩）中可以看出，1978～2004 年这两个剖面－8 m 水深以上区域发生较显著的冲淤变化，而该水深范围以下则无明显冲淤现象，因此认为该区域闭合深度约为－8 m。然而，2008 年，在该闭合深度以深范围区域均发生较明显的刷深现象，刷深约 1 m。

（4）长江口水下三角洲冲淤

通过 1959～2000 年（图 5－18）和 2000～2009 年（图 5－19）地形图的比较分析，发现进入 21 世纪以来长江河口水下三角洲由 20 世纪的强烈淤积转为淤积减缓，局部地区冲刷。

5.3.3　长江口岸滩演变的影响因素探讨

5.3.3.1　流域来沙减少

流域来沙是长江口岸滩发育的重要物质基础，近年来，随着长江来沙量的锐减，岸滩淤涨速率总体上呈下降趋势（杨世伦等，2006）。岸滩塑造是泥沙和水动力相互作用的结果，在水动力一定的条件下，丰富的泥沙来源有利于形成宽阔、微凸形的岸滩剖面；当泥沙供应中断时，导致涨落潮流输沙能力不平衡，出现落潮输沙能力大于涨潮输沙能力的现象，岸滩遭受侵蚀，岸坡宽度变窄、坡度变陡、凹形形态特征凸显（高抒，1988；逢自安，1980）。

从六个典型岸滩坡度和形态特征的变化（图 5－17）与长江大通站输沙量变化

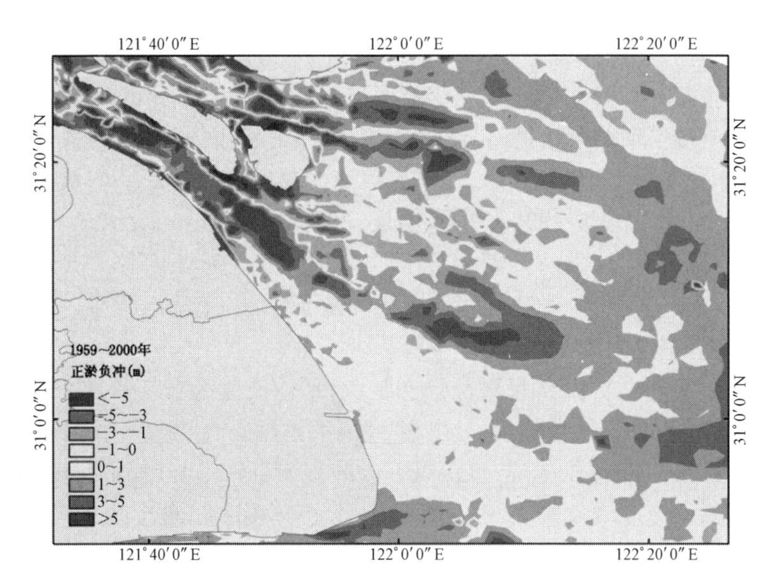

图 5-18 长江河口水下三角洲 1959～2000 年冲淤分布图(后附彩图)

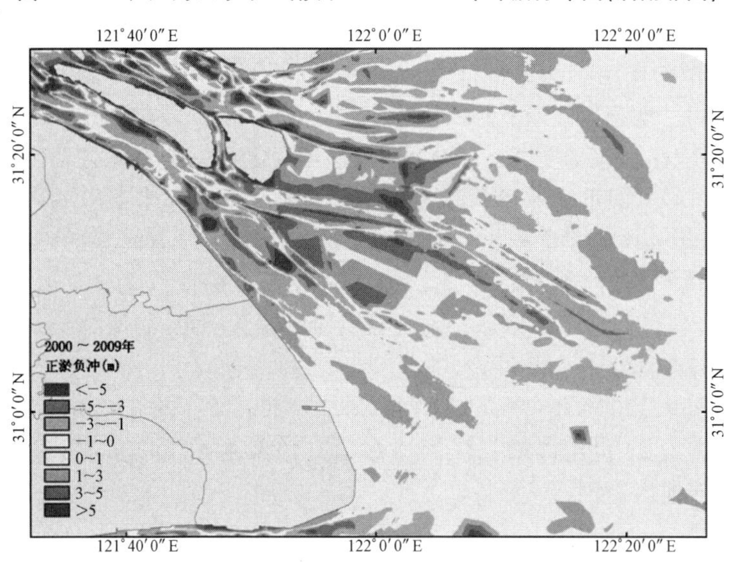

图 5-19 长江河口水下三角洲 2000～2009 年冲淤分布图(后附彩图)

(图 5-20a)看,岸滩坡度在 20 世纪 80 年代初较缓,部分岸段呈现自然发育状态下的"S"形特征(图 5-17c、d、f),1980～1990 年岸坡形态发生显著变化,90 年代初期水下岸坡呈现凹形(图 5-17a、e)和斜陡坡形(图 5-17b、d、f)。而长江河口潮区界大通站 1960～2011 年水沙观测资料(图 5-20a)显示,1960～1990 年径流量基本持平,年输沙量自 60 年代起呈递减趋势,1980～1990 年降幅明显增大,年均减少 0.8×10^7 m^3,与同一时期上述河口岸滩显现侵蚀特征基本同步。近 20 年来,长江入海泥沙量进一步减少,特别是 2003 年三峡水库运行以来的前 10 年里,泥沙入海量年均减少 1.5×

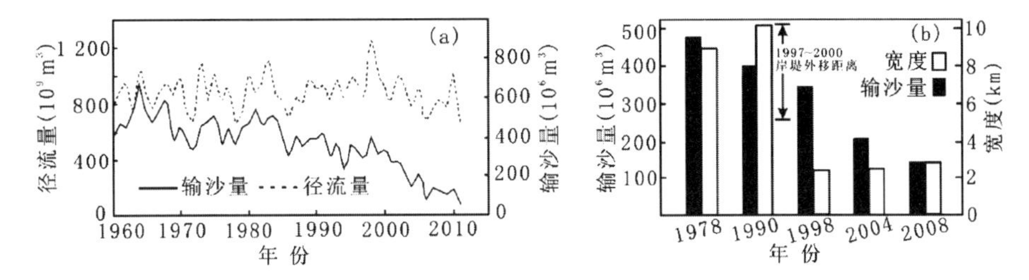

图 5-20　长江口大通站 1980～2011 年实测年径流量与输沙量(a)；1978～2008 年南汇嘴浅滩宽度与输沙量(b)

10^7 m^3,同时,长江口水下岸坡持续呈现坡度增大、侵蚀特征凸显的演变特点。芦潮港至南汇嘴水下岸坡(图 5-17e、f)闭合水深1978～2004 年位于−8 m。然而,在流域来沙锐减的背景下,该闭合水深以深区域 2008 年被刷深约 1 m。

长江口岸滩形态变化特征与流域来沙减少无论在发生时间上还是在变化量上都存在一定的相关性。为深入了解两者间的响应关系,选取南汇嘴岸滩剖面(图 5-1b,P6)做进一步研究。

长江流域来沙是南汇边滩淤涨的物质基础,南汇嘴岸段(图 5-19f)自 1997～2000 年进行大规模促淤堤坝筑造,岸堤外移约 5 km,其后该剖面位置处岸线稳定。至 2003 年圈围工程完工,实测南汇嘴浅滩水域水沙运动和输移也基本恢复到工程前的状态,恢复了涨潮优势流、优势沙,这一基本动力条件有利于南汇嘴进入新一轮的淤涨(李九发等,2010)。因而在进行该岸段剖面地貌形态对流域来沙量减小的响应的研究时,可基本排除圈围筑底对岸滩水动力条件的影响。

以水下岸坡−5 m 等深线的离岸距离作为南汇浅滩宽度的地貌形态指标,选取 1978 年、1990 年、1998 年、2004 年和 2008 年五个年份的流域输沙量和浅滩宽度做相关性分析(图 5-20b)。结果显示,近 30 年来流域来沙量与岸滩宽度均发生大幅减少,1978～1990 年流域输沙量年均降幅为 0.7×10^7 m^3,同期,岸滩宽度增年均幅为 129 m;由于 1990～2000 年−5 m水深范围内浅滩宽度锐减,主要由于该时期南汇嘴筑造大面积促淤堤坝所致,其后岸滩水域进入恢复调整时期;流域来沙量 2004～2008 年年均降幅增加至 1.5×10^7 m^3,该时期南汇嘴岸线稳定、水域基本动力已恢复至施工期条件,岸滩宽度略有增加,4 年里年均增幅为 43 m,相对于 1980～1990 年计算结果,流域来沙量年均降幅增大一倍,而岸滩宽度年均增幅仅为施工前的三分之一。

综上所述,长江口岸滩地貌侵蚀形态变化与流域来沙量减少在时间上存在同步性,且随着流域来沙量减少,岸滩淤涨速率大幅减缓。在海洋动力条件无明显变化的情况下,流域来沙量锐减是导致长江口水下岸滩侵蚀型格局形成的重要原因。

5.3.3.2　河槽变迁、沙体发育

在径流和潮流等相互作用下,长江口南北支、南北港均为狭长型水沙通道,而这些河槽中大量狭长形沙体的发育和对水下岸坡地貌形态演变有较大影响。

20世纪80年代以来，长江口北港逐步向单一河槽演变，主槽上段北偏、下段南偏(图5-21c)。北港部分水下岸坡1980～1990年呈斜坡形特征(图5-17b、c、d)，90年代后，北港近岸发育的沙体包括六滧沙脊、北港北沙、北港下段潮流脊。1991～2009年，六滧沙脊呈沙体向岸且向下游移趋势(图5-21b)，与此同时，奚家港岸坡坡脚大幅淤高，坡度减缓(图5-17b)。北港北沙2009年较1999年有离岸运动的趋势(图5-21a、b)，团结沙岸坡坡脚刷深，坡度增大(图5-17c)。由此推测，近岸沙体向岸移动时，水下岸坡下部淤高且坡度变缓，反之岸坡下部刷深、坡度增大。造成此类岸滩演变特点的原因在于，随着沙体离岸运动，沙体与岸线间的泓道得以发育，岸坡坡脚水深增大，坡度变陡；当沙体整体向岸移动，泓道滩底淤高，岸坡坡脚抬高，坡度变缓，泓道呈萎缩趋势。

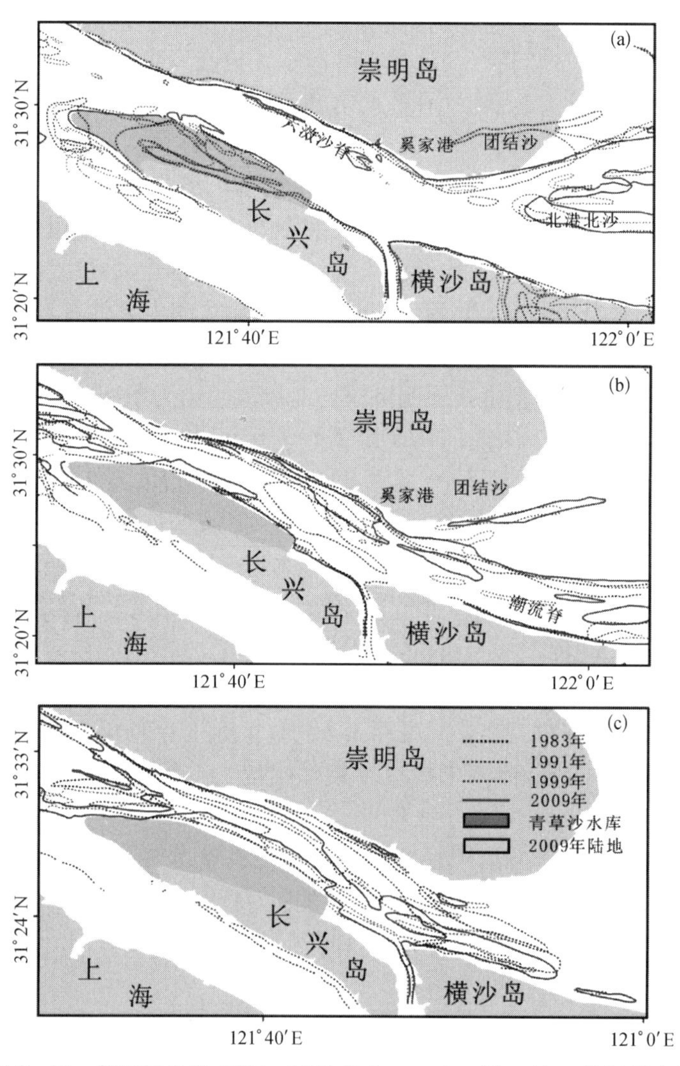

图5-21 长江口北港1983～2010年0 m、-5 m及-10 m等深线变化

横沙岛北岸1983年岸坡坡度为1.4‰，1991～2009年北港下段潮流脊形成并发育(图5-21b)，岸坡坡度增大至10.0‰，坡脚位置处较原剖面刷深2 m(图5-17d)。值得注意的是，2009年，六滧沙脊尾部沙体下切，随着北港主槽下段当前南偏的趋势，沙尾下切沙体将逐年向下游移动并南移(图5-21b、c)，成为新的近岸沙体，将可能致使横沙东滩北岸岸坡进一步变陡。

5.3.3.3　促淤圈围及近岸工程

近30年来长江口潮间带沉积物中值粒径D50粗化主要分布在青草沙头、奚家港与团结沙所在的崇明东滩南侧以及南汇边滩等区域附近(表5-7)，特别是横沙东滩、长江大桥与东海大桥下潮间带附近，沉积物D50增幅达1.1～3.7Φ。上述区域集中了青草沙水库、促淤圈围和大桥建设等主要的大型河口工程。近岸工程是在岸滩范围建造海岸构筑物，例如直立式护岸、堤坝、桥墩等，将减少波浪原来在岸滩上传播所损耗的能量。波浪经构筑物后发生反射，能量较大，对构筑物周围岸滩造成冲蚀，细颗粒泥沙被冲走，暴露出粒径较大的沉积物，此为大型工程附近岸滩沉积物粗化的主要原因(严恺等，2002)。

表5-7　近30年来长江口北港和南汇边滩主要大型工程

工程名称与位置	施工时间与围垦面积		潮间带宽度(km)		岸滩坡度(‰)		表层沉积物D50(Φ)	
	时间	围垦面积(km^2)	1980s	2008	1980s	2008	1980s	2011
崇明东滩团结沙与东旺沙围垦	1990～1991 1991～1992	18.3 66.7	5.9	0.3	4.1	11.3	5.0	4.3
横沙东滩围垦	1996至今	182	0	0.1	1.4	9.4	5.0	3.3
南汇嘴	1994～1999	8.7	5.0	0.9	0.4	1.5	6.0	7.1
东滩一期、二期围垦	1999～2002	73.7 33.3						5.8
芦潮港临港围垦	2000～2002	4.7	2.4	0.7	2.8	2.8	6.0	4.2
青草沙水库北大堤	2007～2009	60	0.1	0	2.1	6.4	5.0	4.4
东海大桥	2002～2005	—	2.4	0.7	—	—	6.0	2.3
长江大桥	2005～2007	—	2.1	0.3	—	—	5.0	3.9

1978年至今，长江口进行了大面积中高潮滩围垦，岸线不断向海推进。主要淤涨区潮间带围垦区集中于崇明东滩、横沙东滩、南汇边滩等淤涨型潮间带，以及青草沙水库(表5-7)，上述区域近30年来因围垦导致潮间带面积减损失达447 km^2，新岸线外潮间带宽度锐减，降幅达90%以上。因此，长江口圈围工程无疑是导致潮间带宽度锐减的重要原因。

5.3.3.4　近期长江口不稳定岸段判断

近30年来，长江口岸滩主要演变特征包括部分潮滩沉积物粗化、0 m等深线范围内潮滩宽度大幅减小、水下岸坡侵蚀型形态凸显及平均坡度增加等。潮间带是潮上带与水下岸滩之间的过渡地带，也是潮汐波浪能量大幅衰减的缓冲区，潮间带宽度越窄，由岸外传入的水流对海堤的作用能量相对集中，从而容易导致崩岸的发生；在河流岸坡中，随着流水作用的进一步侵蚀，岸坡变陡，陡峭的岸坡容易崩解，给河流沿岸生产生活及河道航运安全带来极大影响；潮滩沉积物粗化，抗冲击力差，在无人工措施的条件下岸滩容易被掏空，导致大块陆地坍入江中、岸线后退。另外，岸外沙体发育演变使得沙体与陆岸之间形成上口窄下口宽的涨潮槽，槽内能量相对集中、冲刷强烈，导致岸滩更易失稳。因此，本节以岸滩近期沉积环境现状，包括潮滩沉积物和宽度、水下岸坡坡度为主要依据，判断长江口岸滩稳定情况。

从近期潮滩剖面形态特征上看(图 5－22)，潮间带宽度不足 0.5 km 的岸滩位于崇明岛南沿 1～4 号剖面处、长兴岛边滩剖面[图 5－22(7)]，以及芦潮港断面处[图 5－22(13)]。长江口北部岸坡平均坡度大于 18‰的剖面位于南支北岸[图 5－22(2～5)]、北港南北边滩[图 5－22(4、6、8)]，南汇嘴至芦潮港剖面[图 5－22(12、13)]处平均坡度达 3.1‰，为南汇东滩岸坡平均坡度的 6 倍。金山嘴断面处[图 5－22(14～16)]岸坡平均坡度达 26.4‰，较其东西两侧明显变陡。近 30 年来长江口潮间带沉积物发生明显粗化的区域主要集中在促淤圈围、大型近岸工程集中的区域，包括青草沙头、崇明东滩南侧、横沙东滩以及南汇边滩，长江大桥与东海大桥下潮间带沉积物粗化最为明显。

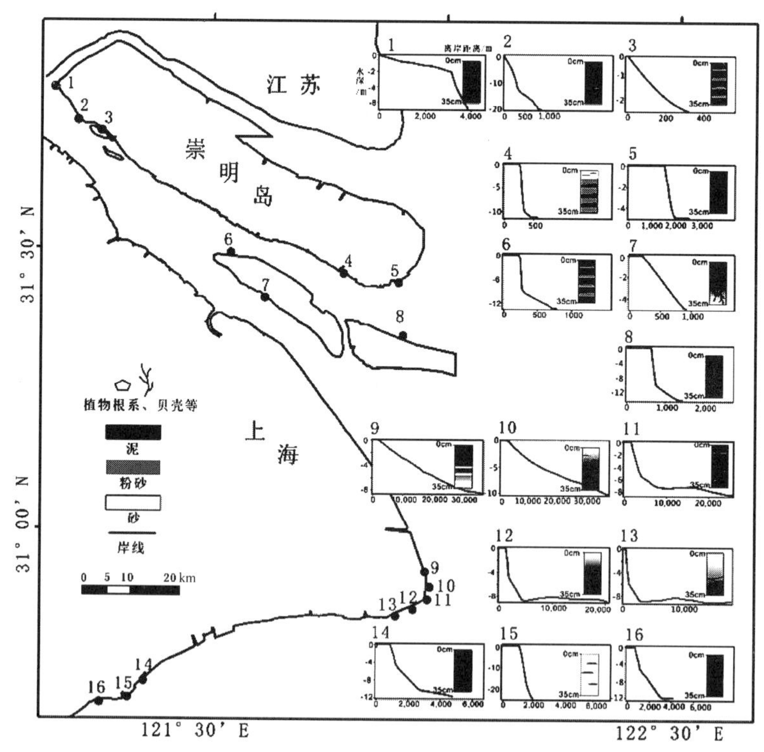

图 5－22 近期长江口沉积环境特征

上述结果表明，长江口稳定性相对较差岸段主要集中于崇明岛南沿、南北港分流口、横沙东滩北岸、南汇嘴至芦潮港岸段以及金山嘴。特别是新建闸、长江大桥及东海大桥下侧、青草沙水库外围岸滩，近期沉积环境发生较为显著变化，且潮滩宽度窄、水下其岸坡陡峭，是值得注意的崩岸事故高发地。

5.4　海岸冲刷与淤积趋势分析

5.4.1　长江口水下三角洲冲淤

通过 1959～2000 年（图 5－18）和 2000～2009 年（图 5－19）地形图的比较分析，发现进入 21 世纪以来长江河口水下三角洲由 20 世纪的强烈淤积转为淤积减缓，局部地区冲刷。

5.4.2　海岸侵蚀对海平面上升的响应

长江河口是三级分叉和四口分流，然而杭州湾却是漏斗强潮河口，两者相互依存。由于长江河口向海延伸，目前的杭州湾外部已经形成了一个相对半封闭的体系，其南部是通过崎岖列岛和东海隔离，崎岖列岛的部分汊道近年来因为修建上海最大的港口——洋山港而被围堵（图 5－23）。显然，杭州湾外部作为链接杭州湾内部和长江河口的中间枢纽地带，对长江河口的泥沙响应极为敏感。与此同时，相对海平面上升，尤其是长江口邻近区域的海平面上升可能对海岸产生深远影响，作为相对封闭的海湾—杭州湾岸线对海平面变化的响应亦较为敏感，故杭州湾可作为响应入海泥沙和海平面变化研究相对理想的区域。

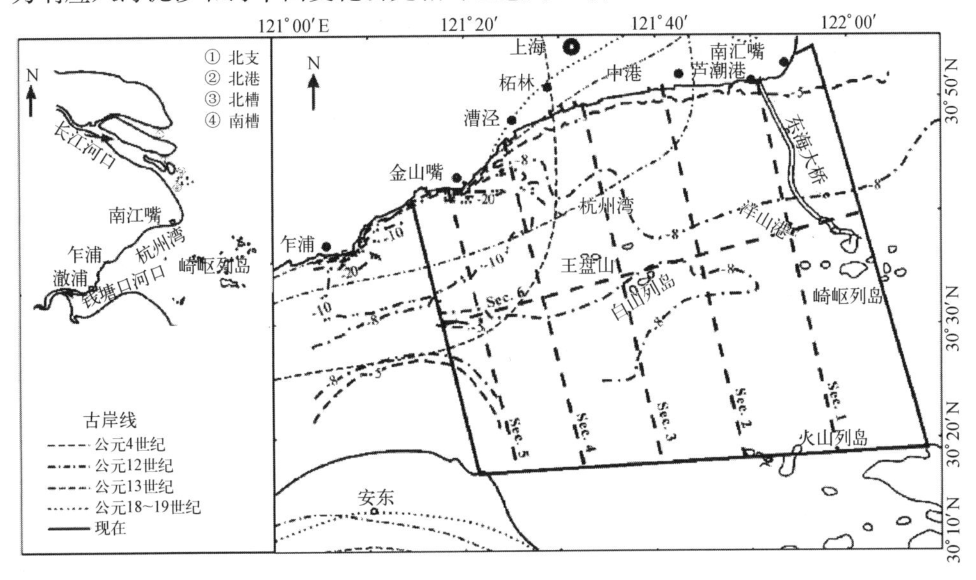

图 5－23　杭州湾示意图

首先通过分析最近50年该区域的海平面变化，进而探讨杭州湾的沉积过程及其对海平面变化的响应，由此选择杭州湾北岸金山岸段研究岸线冲刷/淤积的动态变化，并进行动态模拟预报。

5.4.2.1 杭州湾的泥沙冲刷/淤积特征

由于计算的河口体积能被考虑作为"泥沙"体积（当考虑河口泥沙不作为松散的固结物），故使用河口体积的变化去分析河口在不同年份的沉积是非常普通的技术(Blott et al.，2006)。显然，由表5-8，从1931年到1989年，杭州湾外部体积有净的损失，大约2%，或者相当于 7×10^8 m^3，这表明杭州湾外部一直处于沉积状态，而且在过去58年内的平均沉积速率约 12.1×10^6 m^3/a。然而，这也注意到在1931～1962年，河口的年平均沉积速率为 52.3×10^6 m^3/a（表5-9）(Lin，1990)，该速率是比1931～1989年河口的平均沉积速率要大，这意味着沉积速率在杭州湾外部在1962～1989年应该小于1931～1962年。

表5-8 杭州湾低于0 m的体积变化

年份	杭州湾以北		杭州湾以南		杭州湾	
	面积(10^9 m^2)	体积(10^9 m^3)	面积(10^9 m^2)	体积(10^9 m^3)	面积(10^9 m^2)	体积(10^9 m^3)
1931	1.72	15.06	2.02	17.73	3.74	32.8
1962	1.73	14.5				
1989	1.71	14.01	2.01	18.08	3.72	32.09
1997	1.71	13.98	2.05	18.01	3.76	32.01
2002	1.69	13.84	1.99	18.07	3.68	31.91
2008	1.71	14.02	2.06	18.24	3.76	32.26

表5-9 不同时间尺度的杭州湾冲刷/淤积

时间间隔	杭州湾以北		杭州湾以南		杭州湾		净输入*
	体积变化(10^6 m^3)	沉积速率(10^6 m^3/a)	体积变化(10^6 m^3)	沉积速率(10^6 m^3/a)	体积变化(10^6 m^3)	沉积速率(10^6 m^3/a)	泥沙通量(10^6 m^3/a)
1931～1962	562.4	18.1				52.3**	102.34***
1962～1989	492.5	18.2					99.35
1989～1997	22.7	2.84	64.3	8.04	87.02	10.8	74.27
1997～2002	149.9	29.9	−59.4	−11.9	90.4	18.1	68.65
2002～2008	−188.1	−31.3	−162.8	−27.1	−350.9	−58.5	36.82

* 输入：基于文献(Wan et al.，2004)，输入表征平均每年从长江口进入杭州湾的泥沙(约27%)，泥沙密度为 $1.24\ t/m^3$(Lin，1990)。

** 数据来自Lin，1990。

*** 进入杭州湾的泥沙是基于长江入海泥沙在1955～1962年的平均值。

同时，钱塘江河口体积在1989～1997年有弱的增加约 80×10^6 m^3，1997～2002年增加为 50×10^6 m^3，其中1997～2002年出现局部侵蚀现象。这表明杭州湾外部在1989～2002年期间大约有缓慢的沉积，年平均沉积速率为 8×10^6～$10\times$

10^6 m^3/a (表 5-8、5-9)。相反,从 2002～2008 年,河口体积出现净的增加,增加的体积为 351×10^6 m^3,这表明在杭州湾外部出现相对快速的侵蚀,大约年平均侵蚀速率为 58.5×10^6 m^3/a (表 5-9)。总体而言,杭州湾外部的沉积速率可以归纳为:快速的沉积在 1931～1962 年,缓慢的沉积在 1962～1997 年,河口冲淤调整期间出现在 1997～2002 年,河口快速的侵蚀出现在 2002～2008 年。这和三峡运行、河口泥沙快速下降期间恰好吻合。

因此,1997～2008 年是杭州湾外部由冲淤调整到快速侵蚀的阶段,尤其是三峡在 2003 年蓄水前后期间是关键阶段。图 5-24 是杭州湾在最近 20 年的时空沉积变化图。首先,图 5-24a、b 清晰地展示了河口自从 2002 年后已经出现大规模的侵蚀和 1997～2002 年沉积变化,即使杭州湾内部似乎保留相对恒定的沉积速率,但杭州湾外部已经出现大规模的侵蚀,其中杭州湾外部的南区域从 1997 年就已经开始出现侵蚀。而杭州湾外部的北区域则 1997～2002 年的沉积速率为 29.9×10^6 m^3/a,到 2002～2008 年已经完全地转变为侵蚀,侵蚀强度为 -31.3×10^6 m^3/a(表 5-9)。同时,这也看到,即使杭州湾外部的南部区域其潮滩仍处于淤涨的状态,但在 0 m 以下的区域和 1997～2002 年比较,侵蚀开始加剧,2002～2008 年大约年平均侵蚀速率为 27×10^6 m^3/a (表 5-9)。

更进一步地,1989～2008 年,自杭州湾外部湾口到金山嘴的 5 条纵向剖面(图 5-23)表明:在剖面 4 是一个清晰的冲淤转换区间,自剖面 4 向西,有明显的沉积趋势;而向东,则出现明显的侵蚀 (图 5-24c～g)。这表明剖面 4 以东的海床出现冲刷,侵蚀的泥沙进一步向西输运。此外,杭州湾北岸的深槽侵蚀尤其明显,与别的年份比较,杭州湾北岸深槽大大拓深 (图 5-24c、e)。类似的在王盘山附近,深槽的侵蚀亦非常明显,切割超过15 m(图 5-24h)。此外,值得一提的是,与北部比较,杭州湾外部的南区域似乎有不正常的、局部出现很大的淤积或者侵蚀,而且主要分布在崎岖列岛周边区域 (图 5-24a～d)。

5.4.2.2　杭州湾北岸龙泉—南竹港海岸对海平面上升的响应

龙泉—南竹港岸段地处杭州湾北岸中部,为金山与奉贤海岸的交界地带。该岸段沿岸修建有百年一遇的防汛海堤(约 9 m 高,吴淞零点基面),海堤前沿为向海倾斜高度约为 4～6 m 的混凝土低坝平台,为防止海岸侵蚀和抵御台风与风暴潮的袭击,在该岸段同时布设有垂直于海堤、与海堤相连的间距不一的丁坝(戴志军等,2009)。杭州湾北岸前沿水域属于浅海半日潮,潮流主要呈现显著的往复流形式,所测最大流速可达 2.03 m/s, 自口门向金山石化总厂潮流呈两头大中间小(谷国传等,1983)。近岸带物质组成普遍较细,以粉砂质黏土为主。

5.4.2.3　岸线变化对海平面上升的响应

利用历史岸线后退方法,自 1998 年到 2008 年两条固定断面的 0 m 等深线年平均后退分别为 3.7 m、5.7 m(表 5-10),−3 m 等深线后退的幅度相对较大,分别为 118 m 和 110 m(表 5-10)。

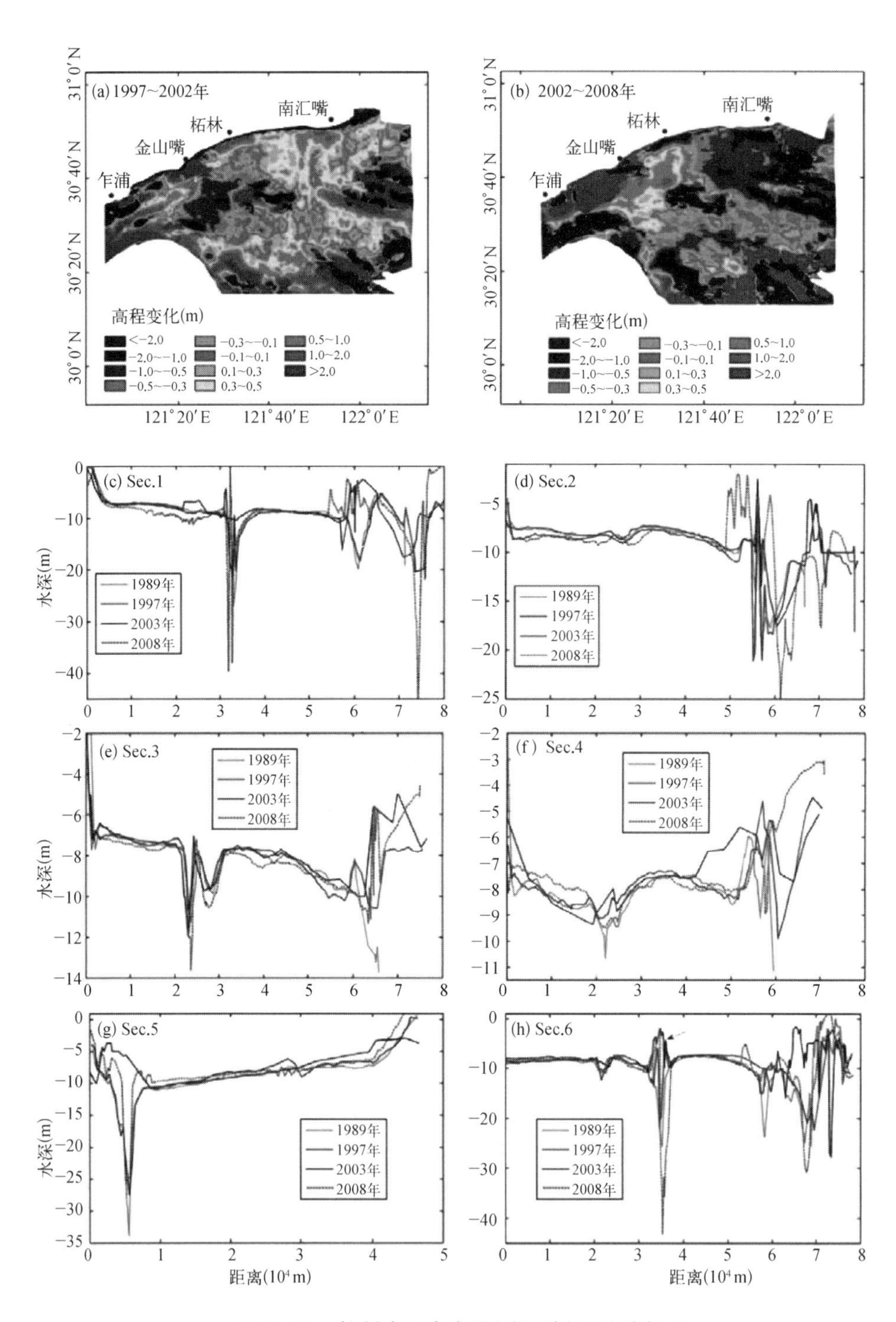

图 5-24 杭州湾泥沙冲刷/淤积特征(后附彩图)

表 5-10　杭州湾并北岸等深线的变化趋势

计算方法		历史岸线变化		淹没法则	
年份阶段		1998～2008 年	2008～2100 年	1998～2008 年	2008～2100 年
断面 1 的 0 m 等深线变化	迁移后退宽度(m)	37	377	2.6	23.5
	迁移速率(m/a)	3.7	3.7	0.26	0.23
	海面上升的贡献(%)	7	6		6
	其他作用的贡献(%)	93			94
断面 2 的 0 m 等深线变化	迁移后退宽度(m)	57	581	2.2	21.
	迁移速率(m/a)	5.7	5.7	0.22	0.21
	海面上升的贡献(%)	4			4
	其他作用的贡献(%)	96			96
断面 1 的 3 m 等深线变化	迁移后退宽度(m)	118	1 203	2.6	23.5
	迁移速率(m/a)	11.8	11.8	0.26	0.23
	海面上升的贡献(%)	2			2
	其他作用的贡献(%)	98			98
断面 2 的 3 m 等深线变化	迁移后退宽度(m)	110	1 122	2.2	21.
	迁移速率(m/a)	11	11	0.22	0.21
	海面上升的贡献(%)	2			2
	其他作用的贡献(%)	98			98

基于淹没法则计算，因海平面相对上升 3.8 mm/a，引起的等深线迁移后退为 2.2 m、2.6 m，可见单纯因相对海平面上升引起的岸线后退宽度较小。历史岸线后退方法所考虑的是以起点到终点的两个岸线位置年份，因而在起点到终点的时间阶段内，岸线水平撤退实质已经涵盖了所有的气候媒介（波浪、流、风和海平面）影响的海岸动力地貌过程，从而利用历史岸线后退方法计算得到的岸线撤退距离包括波浪、潮流、风暴潮以及海平面上升和人类活动作用引起的岸线后退。淹没法则没有考虑因其他应力作用导致的岸线侵蚀现象，也没有考虑沿岸和横向的泥沙输运，只是基于纯粹的坡度和海平面变化关系。因此，海平面相对上升引起的岸线撤退在 1998～2008 年十年期间的贡献为利用沉降法则得到的岸线迁移后退在历史岸线后退方法计算所得岸线迁移后退的比重。显然，由表(5-10)可知，海平面相对上升引起的岸滩迁移后退在两个断面的 0 m 等深线与－3 m 等深线变化中所占比重不到 10%。然而，海平面相对上升引起的潜在灾害却是不容忽视的，如波浪动力作用增强、风暴潮和台风等灾害加剧。同时，由于杭州湾北岸高潮带为海堤所占据，即因海平面上升局部泥沙调整的缓冲带消失，而海平面上升可能导致堤坝根部壅水，冲刷底部，故该区域海平面上升可能导致岸线的变化量虽小，但“牵一发而动全身”，其对海堤安全的威胁是显而易见的。

5.4.2.4　未来 100 年后岸滩响应海平面上升的变化趋势

海平面上升是一个不争的事实，未来海平面上升在中国仍呈加剧状态（季子修等，1996），因而如何评估沿海未来岸线的变化以及统筹规划海岸布局是今后海岸带资源利用的一个重心。由此进一步基于历史岸线后退方法和淹没法则计算2100年该区段岸滩的变化。结果表明相对海平面上升引起的岸滩后退达21～23 m，占岸线变化趋势贡献的2%(表5-10)。假定未来100年的气候条件以及人类活动作用的强度与1998～2008年十年期间的情景类似，则0 m等深线后退的水平距离为370～580 m，而－3 m等深线后退的水平距离为1 100～1 200 m。与目前距离海堤位置的0 m和－3 m等深线比较，海堤仅仅距离0 m等深线平均不到60 m，距离－3 m等深线也不到300 m。因此，如基于历史岸线后退方法，那么即使目前海堤设计结构及海堤高度可抵御1 000年一遇的台风风暴潮灾难，然而因岸线的后退，海堤有可能沦陷于水中。即使只考虑相对海平面上升，虽然其导致岸线迁移撤退的贡献较少，但海堤位置不变，未来100年后岸线距海堤的距离减少到约为40 m，较窄的潮滩缓冲带一旦遭遇每日高潮或天文大潮，海堤堤脚就可能发生掏蚀进而导致海堤失稳，最终影响海堤掩护的工业园区，故如不未雨绸缪，则极可能酿成严重的水灾。

海平面变化引发的灾害是相当复杂和极其广泛的，其中岸滩迁移后退首当其冲。杭州湾北岸为高强度人类活动作用的地带，海岸带承载负荷远高于其他地区。在相对海平面上升和其他作用条件下，岸滩的变化及其响应非常敏感。近十年来岸线主要呈现侵蚀后退趋势，年侵蚀速率达3～5 m/a，其中单纯因相对海平面上升引发的迁移后退速率约为0.2 m/a，占岸线后退速率的6%。未来100年该地区岸线侵蚀宽度将超过300 m，而相对海平面上升引发的岸滩迁移后退约为20 m。由于海堤离0 m等深线平均距离不到60 m，故即使该地区人类活动作用有所减弱或海堤进一步加固，然而受相对海平面上升导致的海堤堤脚掏蚀、冲刷乃至诱发的更为频繁的风暴潮增水、越堤流作用的影响，海堤很可能崩溃或沦陷海中。故在当前条件下，不仅应对海堤的结构和设计高程进行研究，而且应加强对海堤前沿岸滩的防护工作。

第六章 长江口海平面上升与河口水下人工生态工程构建

在对上海市海岸侵蚀与滩涂盐沼植被分布状况和生态系统进行全面现场调查基础上，借鉴十余年来欧美国家将生态学和生态系统服务观念整合到海岸防护工程的理论与经验，结合长江口水域状况，建议在崇明东滩、南汇东滩以及杭州湾北岸构建盐沼—人工牡蛎礁等潮间带与水下一体化生态工程或牡蛎礁水下生态工程措施，并从地点选择、礁体材料选择和礁体建造、种苗补充、跟踪监测、效果评估以及调整和正常维护等方面对实施水下生态工程提出了建议，以应对日趋严峻的因海岸侵蚀导致的海岸防护形势以及海平面上升的影响。

6.1 上海市滩涂盐沼植被

6.1.1 滩涂盐沼植被分布概况

根据受人为影响程度的不同，上海市滩涂盐沼植被大致可以分为两类：人工圈围型和自然生长型。人工圈围型盐沼广泛分布于金山—奉贤边滩、南汇边滩、浦东新区和宝山边滩等地。这类盐沼植被基本呈窄带状分布，宽度最多为几百米，成片分布的很少。它们均为围垦后待开发，这些盐沼植被多很快被利用，成为新的城市建设用地。自然生长型盐沼植被则多分布在崇明岛边滩和一些沙洲(如九段沙等)。这类滩涂植被分布广泛，且几乎均成片分布，由于高程差异，呈现较明显的带状分布。这种成带性与人工圈围边滩的带状分布有很大区别。

人工圈围边滩植被的带状分布是由人为因素导致的。沿岸都筑有丁坝、挡浪墙等各种防浪设施，植被无法在其上生存。堤外高程较低，基本没有植被分布，而圈围的堤内滩涂中的植物也无法扩散至光滩，呈现人为圈围滩涂形式的带型分布。自然生长的盐沼植被的带状分布主要是由自然环境因素(如高程、盐度等)引起的。不同植物适应水淹、盐度的范围不同，高程越低则海水浸泡的时间越长，所以适应不同水淹程度的植物在滩涂上就呈现出与高程相关的带状分布。并且盐度也影响植物的分布，在盐度较高的滩涂上，虽高程升高分别为光滩、互花米草群落、芦苇群落；而在盐度较低的滩涂上，则多为光滩、海三棱藨草群落、互花米草群落、芦苇群落(王卿，2007)。

筑坝、丁坝、挡浪墙等人工设施对于沿岸社会、经济活动十分重要，同时也对植物的生长带来严重影响，如水泥质的人工设施阻挡了植物的扩散，使得植被基本分布在人为所设定的范围内，这对于控制植物的蔓延有重要作用，但这也限制了植物对于新型淤涨滩涂的固滩功能。在有大量人为活动的海岸带上，如码头和工业区等，植被基本都被破坏殆尽。

6.1.2　上海市沿岸滩涂植被分布规律

滩涂植被的分布主要受到两个因素的影响：高程和盐度。高程控制着植物生长的外界条件，水淹时间长短和水动力条件强弱；而盐度通过植物本身对盐度的耐受性影响植被的分布。这两个影响因子相辅相成，并且它们之间又有着千丝万缕的关系。滩涂植被的分布其实就是植被演替的结果，其带状分布可以看作是植被演替的几个阶段。第一个阶段就是滩涂淤涨形成的光滩。由于水淹时间较长，不适合高等植物的生长，但通常存在许多藻类。调查发现上海市滩涂底栖硅藻种类多达 90 个，主要优势种为肘状针杆藻尖喙变种、斯氏布纹藻、膨胀桥弯藻和卵形双菱藻(闵华明，2007)。第二个阶段是海三棱藨草作为先锋物种出现在淤涨的光滩上，进一步促进泥沙淤积，使得其高程不断增高，形成海三棱藨草群落。第三个阶段为芦苇侵入海三棱藨草群落，随着滩涂高程的增加，芦苇将取代海三棱藨草，形成芦苇为优势种的群落类型。近 20 年来，随着外来植物互花米草引入上海，改变了沿岸滩地植被的格局，互花米草最适高程介于芦苇和海三棱藨草之间，在盐度较高时，比芦苇更具竞争力，因而改变了原有的演替格局。压缩了芦苇群落和海三棱藨草群落的面积。上海市海岸带常见两种植被分布规律(图 6－1 和图 6－2)。一种是分布在人工筑坝非常集中的地区，植被主要都已带状分布在人工围成的淤泥

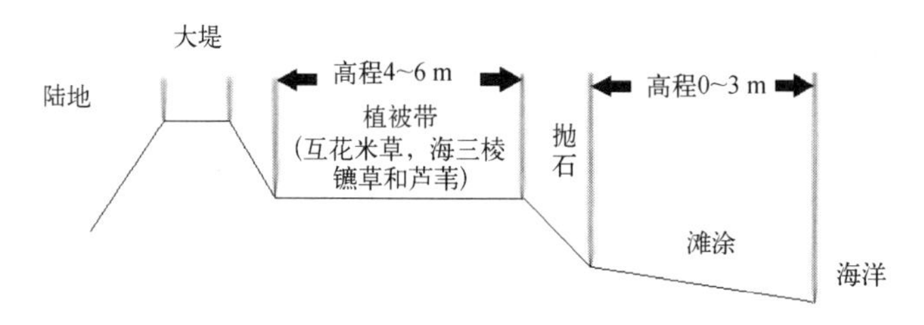

图 6－1　人工圈地盐沼植被沿高程一般模式分布图

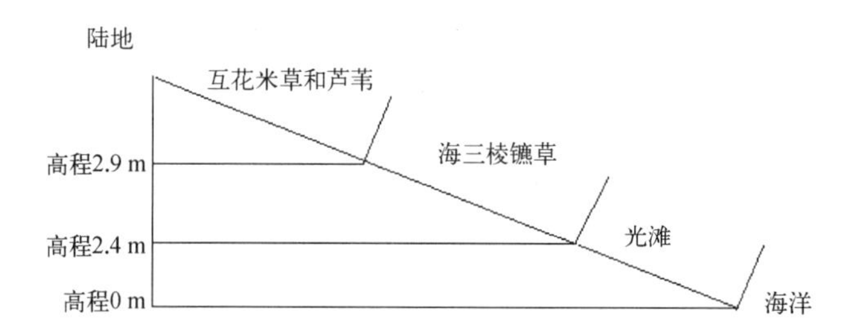

图 6－2　自然盐沼植被沿高程一般模式分布图(数据来自黄华梅，2009)

中，并且植被主要呈斑状分布，并没有明显的带状分布，这可能是由于分布带过于狭窄致使无法清晰的区分出植被带（图 6-1）。另一种则是分布在滩涂很长的地区。这种分布明显的呈现出盐沼植被的带状分布，不同高程条件下分布着不同的植被（图 6-2）。这也是所谓的盐沼植被分布的一般模式（黄华梅，2009）。

6.1.3　上海市沿岸滩涂植被的贡献

滩涂盐沼生态系统对于社会经济具有很重要的作用，沿岸生态系统的经济价值大约为49 521美元/公顷·年（Costanza，1997），其中盐沼植被在其中贡献了很大的价值。杨世伦等研究植物对潮滩动力和沉积的影响，结果表明植物对波浪具有消能作用，能够降低流速的 20%～60%；盐沼植被具有明显的促淤作用，盐沼中的沉积速率达到光滩的 9 倍以上。刘广平等在 2010 年曾对上海地区外来物种互花米草进行了全面的生态效益的综合评估。他们利用能值分析法、市场估值法、消浪护岸、大气组分调节、物质生产、水分调节、营养积累以及净化功能等进行了计算，估计出上海地区 2006 年互花米草提供的总价值约为15.93 亿元/年，认为不应夸大互花米草的负面效应。除了互花米草外，本地物种——海三棱藨草和芦苇对于沿岸滩涂的生态价值也非常高。

近年来由于温室效应的影响，全球海平面上升的加速给沿海地区带来了严重风险。季子修等利用高程—面积法和沉积速率法研究了当海平面上升 0.5 m 和 1 m时对上海沿岸滩涂的影响，发现全区潮滩面积分别比 1990 年减少 9.2%和 16.7%，湿地面积减少 20%和 28%。如果海平面上升后，滩面淤涨跟不上海平面上升速度的话，堤坝阻挡了植被后撤通道，潮间带植被面积减少，甚至完全消失，从而带来潜在严重的后果：首先，上海市沿岸面临高强度的水动力条件，海岸防护等级将需要进一步提高，现有沿岸堤坝将不能抵挡海水的侵袭；其次，风暴潮将会更加频繁，失去了潮间带植被的缓冲作用，增加了沿岸的防护压力；再次，上海市将失去巨大的后备土地资源，限制社会和经济的发展。

6.2　河口水下人工生态工程构建

全球气候变暖一方面导致海平面上升，另一方面导致灾害性天气的频度和强度增加，沿海地区面临的各种风险增加，对沿海地区的海岸防护也提出了新的要求。传统上，海岸防护从工程角度采取相关措施，然而这些措施会对当地生态系统带来负面或不可预见的影响，甚至对周边更大范围的生态系统带来影响。近十余年，出于降低海岸防护措施对生态系统的负面影响以及提高生态系统服务功能的需要，将生态学和生态系统服务的观念整合到海岸防护工程引起了欧美国家的浓厚兴趣。在过去的十余年里，主要采用两类方法实现上述整合：① 利用筛选出来的生态系统工程物种改变其环境以提高岸线的安全性或节省海岸防护工程成本的方法;② 在海岸防护工程(如堤坝、丁坝等)实施过程中做适当改变以适应于提高当地生物多样性和生态系统服务功能的方法。

实现海岸防护工程生态化可从水上和水下两个方面进行,对水上部分有较多认识。然而对于水下生态工程的了解十分匮乏,我们首先简单介绍水下生态工程(underwater ecological engineering)的概念、沿海典型的水下生态系统类型及其受损状况,然后就一些典型的水下生态系统恢复工程(特别是牡蛎礁恢复)进行介绍,并针对上海市的实际情况,提出应对海平面上升的海岸防护水下生态工程建议和措施。

6.2.1 水下生态工程及其理论基础

水下生态工程是构建于水域环境中的生态工程措施,其目的是恢复或维持良好的水生生态系统,进而有利于陆生生态系统或海洋生态系统的可持续维持。成功的水下生态工程显然既达到工程目标,同时也是可持续的生态系统,利于生物多样性的维持,因而与之相关的主要理论主要包括如下几个方面。

食物网理论:生态系统是包括生物群落及其环境构成的完整整体,在多数生态系统中由初级生产者的光合作用提供生态系统的能量来源,维持着食物网中各生物的生长和更新。因此,在生态工程建设中,初级生产者的恢复往往是生态工程的核心。然而,近海生态系统(尤其是河口生态系统)存在许多碎屑食物网,其中的能量不少来自输入的有机碎屑,因而以有机碎屑为食的滤食动物在生态系统物质和能量过程中起着十分关键的作用。

生态系统动态:生态系统一直处于动态变化中,尤其是当前面临的全球环境变化下,生态系统也处在不断变化中,尤其是河口水域生态系统,这种动态变化尤为明显,不仅受到自然的潮汐变化影响,而且存在明显的盐度变化、高程变化,因此在景观结构上变化剧烈。基于这种情况,水下生态工程应结合开展地点的动态变化特征设计、实施恰当的生态工程,并根据这些动态变化进行前瞻性设计和施工。

生态系统工程种(物种)(ecosystem engineering species):是指那些能够改变生物和非生物环境,从而控制其他生物的资源可利用性的物种。原则上,生态系统中的所有物种都可以改变其周边环境,从而成为生态系统工程种。在现实中,通常是指那些对改变环境的能力时空尺度上远大于其自身时空尺度的物种。例如互花米草具有很强的无性繁殖能力,形成致密的盐沼群落,能消减波能,加速泥沙沉积,促进滩面淤高,通过对生境的这些改变影响生态系统结构、过程和功能。因此,不管是在原产地,还是引种地,互花米草对当地生态系统的影响都是十分深刻的,是典型的生态系统工程种。在海岸防护工程中,恰当地利用生态系统工程种对环境的改变能力,不仅可以降低防护工程成本,而且有利于本地生物多样性的维持和生态系服务功能的提高。

6.2.2　沿海水域典型生态系统及其受损状况

6.2.2.1　沿海水域生态系统分布的典型模式

(1) 热带地区：红树林—海草床—珊瑚礁生态系统

构成热带沿海生态系统骨干的类型十分丰富，包括红树植物、海草以及珊瑚等，从全球来看，这些类群的分布存在明显的相关性，以东南亚至澳大利亚海域分布的种类最丰富(图 6-3)。以这些类群为主体，在潮间带构成了红树林，潮下带分布着海草床，而离岸则分布着珊瑚礁生态系统，它们组成了由陆至海的连续的、物种多样性十分丰富、生态系统服务功能高的近海生态系统(图 6-4)。尽管它们的分布在空间上存在分异，但它们间存在频繁的物质和能量流动，形成联系紧密的系统。

(2) 温带地区：盐沼—海草床

由于温度等因素的制约，温带地区生物多样性较热带地区明显降低，沿海水域生态系统结构也简化，红树植物等无法生长，取代的为盐沼植物，由陆至海形成盐沼—海草床(图 6-5)。同时，组成海草床的种类和数量也与热带地区存在很大差异，海草种数减少，海草床往往由单一种类组成，海草种类基本上属于大叶藻科植物，部分也有川蔓藻(Ruppia maritima)分布。

6.2.2.2　典型水下生态系统及其受损状况

沿海地区水下生态系统包括海草床、牡蛎礁、珊瑚礁、海藻床等，这里就前两种类型进行阐述。

(1) 海草床及其受损状况

全球有 5 科 72 种海草，分布于热带至温带地区，分布温度最低的海草是大叶藻(Zostera marina)，最北可分布到挪威北部北冰洋沿岸瓦朗厄尔峡湾(70°30′N)、俄罗斯乔沙湾(67°30′N)和阿拉斯加(66°33′N)(Green et al., 2003)，可以耐受数月冰层覆盖。具体可以将全球的海草划分为 6 个群区，各区主要种类和分布特点如下(Short et al., 2007)。

① 北大西洋温带区：该区物种多样性低，只有 5 个物种，往往分布在深度12 m以内的水域。在泻湖主要分布有大叶藻和川蔓藻；河口地区和浅海主要为大叶藻、矮大叶藻(Z. noltii)和川蔓藻。

② 热带大西洋区：该区有 10 种海草，在泻湖分布的种类较多，包括热带泰莱草(*Thalassia testudinum*)、海牛草(*Syringodium filiforme*)、浅滩藻(*Halodule wrightii*)、星星草或英格曼海草(*Halophila baillonii*)以及大叶藻；浅海分布有热带泰莱草、海牛草、浅滩藻、毛喜盐草(*Halophila decipiens*)。

③ 地中海区：该区有 9 种海草，分布广的优势种有大洋波喜荡(*Posidonia oceanica*)和丝粉藻(*Cymodocea nodosa*)，从泻湖、浅海和深海都有分布，深海分布有喜盐草(*Halophila stipulacea*)，浅海还有大叶藻和矮大叶藻，而川蔓藻只分布在泻湖。

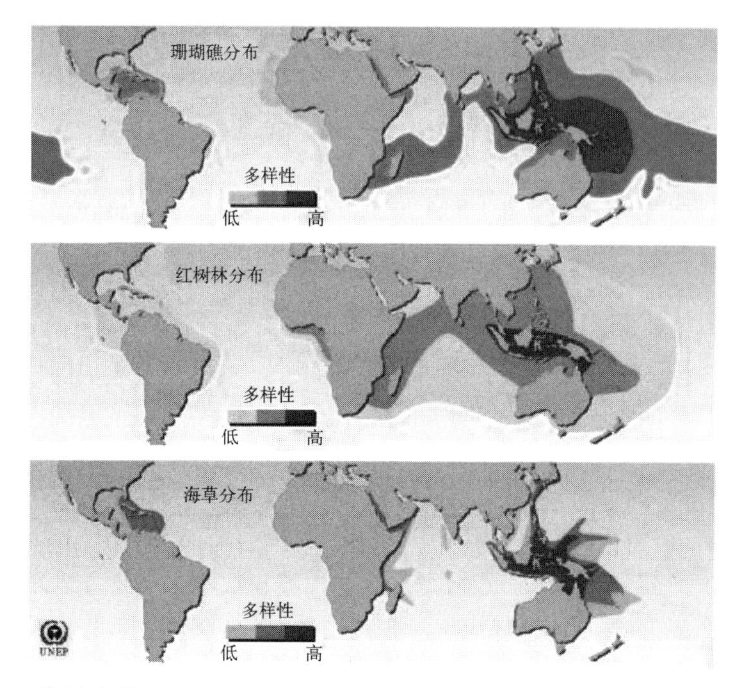

资料来源：UNEP. WCMC，2001. http://www.grida.no/graphicslib/detail/distribution-of-coral-mangrove-and-seagrass-diversity_06d1.

图 6-3 全球珊瑚、红树林和海草的分布(后附彩图)

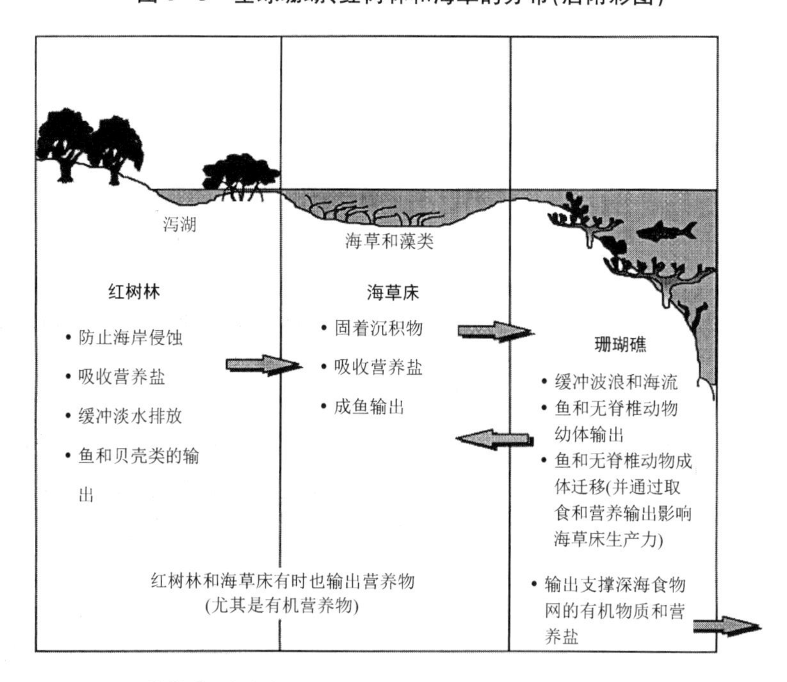

图 6-4 热带典型的水下生态系统：红树林—海草—珊瑚礁系统及其主要服务功能(Moberg et al.，1999)

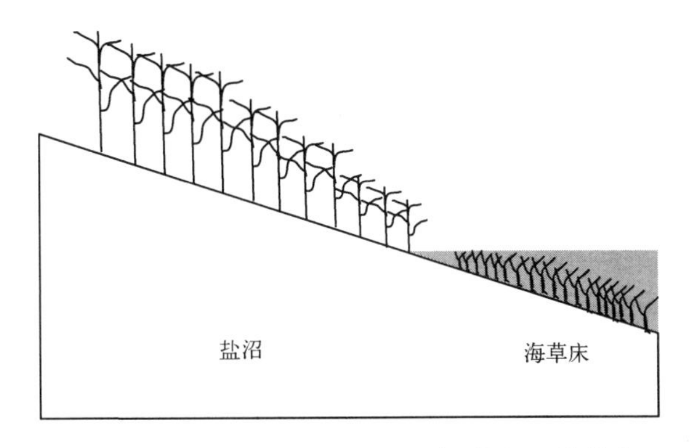

图 6－5　温带沿海水下生态系统：盐沼—海草床

④ 北太平洋温带区：该区有 15 种海草，大叶藻是泻湖、河口和浅海的主要优势种。

⑤ 热带印度—太平洋区：该区海草多样性最丰富，有 24 种海草。河口分布有喜盐草、二药藻、海菖蒲和川蔓藻等，而在浅海分布有泰来藻、针叶藻、丝粉藻全楔草以及二药藻、喜盐草，在深海主要有不同种类的喜盐草(如毛喜盐草)。

⑥ 南半球温带区：该区有 18 种海草分布(Short et al.，2007)，多分布于水深 50 m 的水域。

最近，Short 等(2011)采用 IUCN 标准对 72 种海草的受胁状况进行了分析，只有 3 种(4%)为濒危，易危 7 种(9.5%)，近危 5 种(7%)。总体而言，处于受胁状态的种类不多，这与海草多为广布物种有关。然而，由于人类活动的影响，海草床面积急剧减少，1980 年以来每年减少 110 km^2，自 1879 年以来，29%的已知海草床消失(Waycott et al.，2009)，并且海草床消失的速率呈现加速现象(图 6－6)，1940 年以前，海草床面积年均降低的速率中位数为 0.9%，而 1990 年以后，年均降低速率的中位数达到 7%(Waycott et al.，2009)。

我国报道的海草共 5 科 11 属 21 种，2008～2010 年，我们在沿海地区进行海草调查时，新增加 2 种川蔓藻属种类，记录的海草达 23 种，这些海草主要分布在我国热带地区，以海南岛沿海海域分布的种类最多。长江口及其附近区域由于泥沙含量高，水体透明度低，制约了高等植物的生长，海草种类最少，仅有 1 种海草(川蔓藻)分布。

我国的海草床面积同样存在加快衰退趋势，导致海草床面积减少的原因主要是人为原因，包括围垦、滩涂养殖、挖沙虫、挖螺、耙螺、围网捕鱼、插桩养蚝、底拖网作业以及旅游活动等，此外台风和风暴潮等自然因素也对海草床带来严重威胁(李颖虹等，1997)。

(2) 牡蛎礁及其受损状况

牡蛎为双壳类海洋底栖动物，主要生长于温带、亚热带地区咸淡水交汇的河口、海湾，在部分热带地区也有分布。牡蛎喜生长于硬质基底表面，牡蛎礁(*oyster*

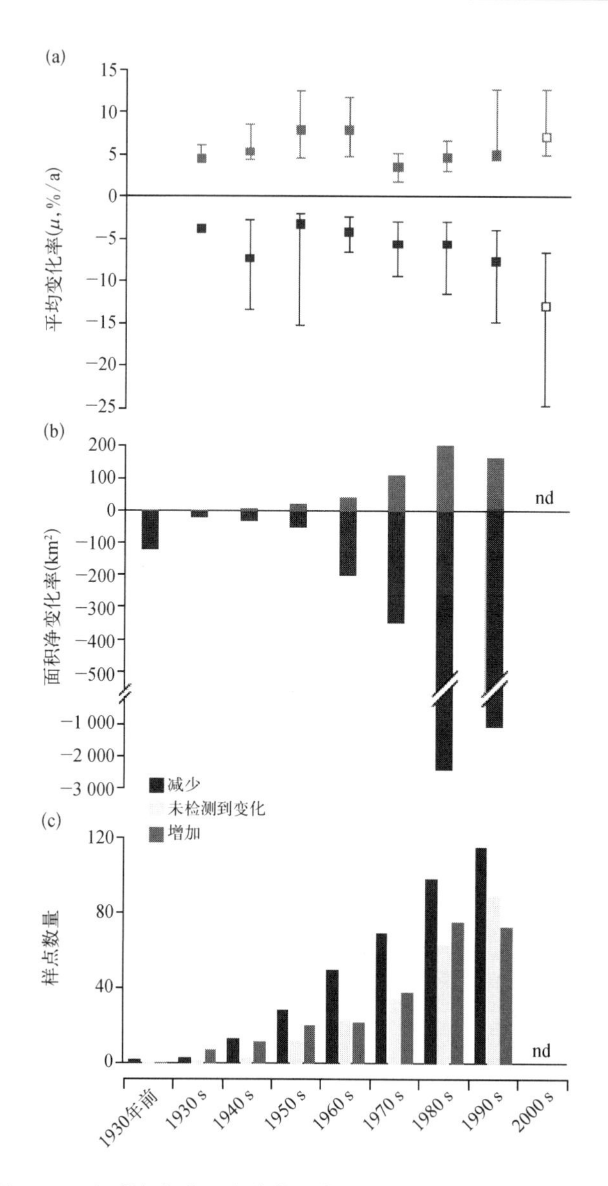

图 6-6 全球海草床面积变化趋势(引自 Waycott et al.，2009)

reef)或牡蛎床(*oyster bed*)就是由牡蛎大量固着生长所形成的一种生物礁系统。此外，其他贝类密集生长也可形成贝壳礁/床(*mussel bed*)。在这里以牡蛎礁为主进行阐述，也包括部分贝壳床的材料。

牡蛎科(*Ostreidae*)的种类称为真牡蛎，包括牡蛎属(*Ostrea*)、巨牡蛎属(*Crassostrea*)等。巨牡蛎属的种类主要生活在潮间带，而牡蛎属的种类分布于潮下带。牡蛎是生态系统关键种，牡蛎是生态系统工程师，通过其作用可改变潮间带和潮下带生态系统结构和功能。牡蛎礁具有重要的生态系统服务功能，主要包括如下几个方面。

① 通过滤食作用净化水体：牡蛎是滤食性底栖动物，可以大量去除河口、海湾水体中的悬浮颗粒物、浮游植物和碎屑，提高水体的透明度，从而增加河口、海湾水域生态系统初级生产力（如海草床、浮游植物）。研究表明牡蛎等双壳类动物过滤明显改善局域水体透明度，促进了大叶藻的快速扩展，尤其是极大地增加了大叶藻分布的水深（Dennison et al.，1993）。

② 提供栖息地和食物：牡蛎外壳粗糙，附着在硬质基底上形成复杂的、高度异质的三维生物结构，为许多底栖无脊椎动物、鱼类和游泳性甲壳动物提供了栖息地以及觅食、繁殖和避难场所，维持很高的物种多样性。Lenihan 等（2001）研究表明，北卡潮下带牡蛎礁中无脊椎动物十分丰富，是许多娱钓和商业鱼类很好的觅食场。此外，即使在软质基质上，牡蛎壳也能增加生境复杂性，从而有利于增加物种多样性。

③ 生物矿化与固碳：牡蛎通过壳的形成在生物地球化学过程发挥作用，牡蛎的外壳由碳酸钙组成，牡蛎不断利用水体中的碳酸氢根离子（HCO_3^-）和钙离子（Ca^{2+}）形成碳酸钙，因而在其生长过程中，牡蛎壳可以束存碳并保持很长时间。封存的时间长度与沉积环境有关，牡蛎壳如果存留在河口的咸淡水或滨海的咸水中，牡蛎壳可能由于海绵或者水体酸化的化学溶解作用而逐渐消失。如果牡蛎壳深埋藏于海床沉积物中或者成陆后的土壤中，则可以几乎无限地保持不变，从而可以提供永久的碳束存，避免其重新进入大气中。由于牡蛎壳通常随人们收获后带往陆地，整个空壳常被丢弃或埋藏，因此牡蛎养殖可以增加长期净碳束存能力。但是另一方面，将牡蛎壳带离海水或咸淡水，将降低碳酸钙作为酸化平衡剂的能力以及促进更新的能力。

④ 稳定基质和岸线：牡蛎礁形成复杂的三维结构，分布于潮下带和潮间带，位于盐沼前部呈带状分布，可以有效地消减波能、降低流速、提高沉积速率，从而达到稳定岸线的作用（Myer et al.，1997；Piazza et al.，2005）。

然而，牡蛎礁也经历了严重的衰退，通过对全球 40 个生态区 144 个海湾的调查分析，Beck 等（2011）指出全球范围内 85%的牡蛎礁生态系统已消失。其中 70%的海湾、63%的生态区牡蛎礁的多度不足原来的 10%，37%海湾和 28%生态区的牡蛎礁已功能绝灭，即多度不足原来的 1%（图 6－7）。导致牡蛎礁衰退的原因很多，不同地方的原因不尽相同。主要原因包括以下几点。

① 过度捕捞：牡蛎是人们喜食的海鲜，每年的捕捞量很大，超过其天然更新速率。在 1880～1910 年，美国收获的牡蛎鲜肉达每年 1.6 亿磅*，1995 年下降至 0.4 亿磅（MacKenzie，1996）。1995～2004 年，我国黄海野生牡蛎的平均年捕捞量超过 2 万 6 千吨，略少于墨西哥湾（Beck et al.，2011）。

② 水体污染：伴随经济快速发展的水体污染是当前牡蛎礁衰退的主要原因之

* 1 磅＝0.453 592 千克。

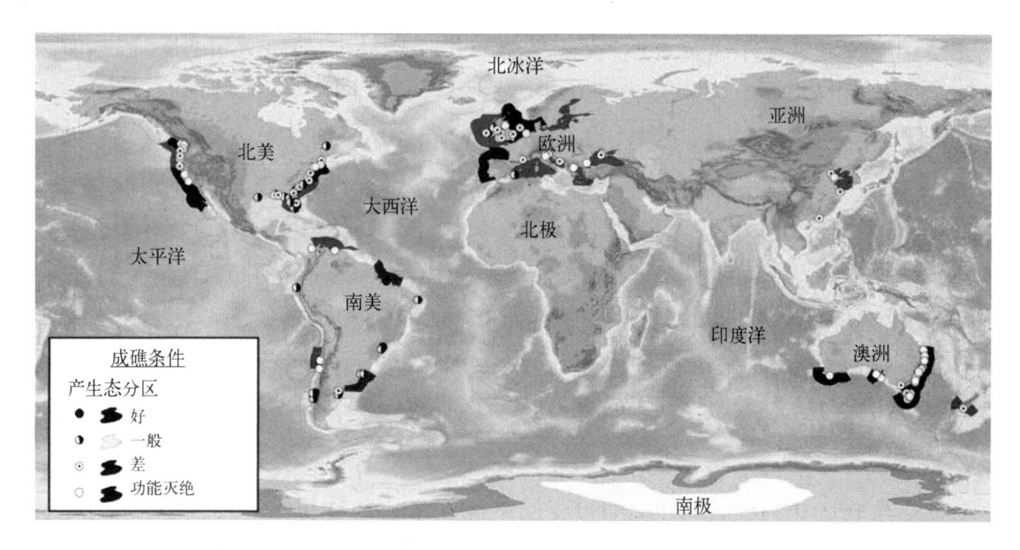

图例说明：相对于历史时期目前残存的牡蛎礁丧失百分比：小于50%(好)、50%～89%(中等)、90%～99%(差)、大于99%(功能性消失)。

图 6-7 全球主要海湾和生态区牡蛎礁状况(后附彩图)

注：引自 Beck et al.，2011

一，特别是富营养化及其伴生的水体缺氧可以导致大范围内牡蛎的死亡。

③ 泥沙淤积：陆地森林砍伐导致水体流失，过高的泥沙淤积可覆盖牡蛎礁，降低牡蛎礁更新速率，甚至导致牡蛎死亡。

④ 水文条件改变：例如流速改变，由于密西西比河口地区来水减少，牡蛎礁所处海域盐度上升，牡蛎生长缓慢，甚至死亡。

6.3 河口水下生态工程

6.3.1 海草床的生态恢复

恢复海草床的工作最早始于美国麻省等地水域，当地以大叶藻为优势种，并且早在1947年，Addy就提出了一个大叶藻种植的指导原则。然而大规模的海草床恢复工程主要在1980年以后。1998年NOAA颁布了美国和邻近水域海草保护与恢复导则(Fonseca et al.，1998)。

海草床的恢复主要采取移植和播种两种途径。最初种植时直接植于基质中，要求潜水者用手种植单个单元，效率和成活率都很低，近年来University of New Hampshire的Fred Short博士开发了一种特殊的移植方法，即TERF(Transplanting Eelgrass Remotely with Frames)，用可降解的纸绳将海草固着在框架上，然后再放置到选定的海草恢复地点。

由于海草都是克隆植物，同一个克隆可以扩展很大的面积，相近个体大多属于同一个克隆，在较小范围挖去用于移植的材料时，这些材料遗传多样性可能很低，甚至是完全相同的克隆，而遗传多样性有助于生态恢复的成功以及抵御环境变化带来的不利影响，较低的遗传多样性可能会影响恢复的成败。美国旧金山湾的海草床曾经由于水体污染而大面积衰退，在水体污染得到控制后，于 1992 年开始了海草床的生态恢复，通过直接移植大叶藻。初期由于对遗传因素考虑不当，恢复效果不佳，经过改进恢复方法，海草床面积得到明显增加。

也可以采用撒播种子的方法进行恢复海草床。在切萨比克湾，在小的摩托艇手播大叶藻种子，Orth 等(1994)报道了成功率。在纽约 Great South Bay，开发了一种播种方法，将种子附着于一个可生物降解的网箱上，然后将这一网箱植于拟恢复地点的沉积物表面下即可(Churchill et al.，1978)。

最近，罗德岛海洋研究生院的科学家 Steve Granger 开发了一种船拉的犁，可将种子置于沉积物表面下。他的同事 Mike Traber 则开发了一种将种子包在诺克斯明胶基座上，这可阻止或减轻种子取食和被波浪和海流导致的损失。明胶包裹的种子从犁上注进沉积物中。

6.3.2　人工牡蛎礁/桩

牡蛎礁的恢复最初是针对牡蛎产量衰减、病害导致品质下降而进行的，特别是在美国，从日本引进牡蛎提升产量。近 20 年来，牡蛎礁的恢复更多地是针对海岸侵蚀、海平面上升而开展的。美国国家研究协会(National Research Council)于 2010 年出版了可持续的贝类养殖的著作，在其中针对人工牡蛎礁等的构建提出了建议(National Research Council，2010)。

Furlong (2012)统计了美国墨西哥湾北部沿岸几个州 1964～2011 年人工牡蛎礁建设情况，在 2006 年建设达到高峰，建造了 50 处人工牡蛎礁，用作礁体材料最多的是岩石和牡蛎壳(图 6-8)。

过去数十年，佛罗里达麦克迪尔空军基地东部岸线严重侵蚀，导致红树林、棕榈、和岸边的上百年的栎树死亡，该基地启动了构建牡蛎礁的计划来稳定岸线，牡蛎和贻贝过滤海水并为鱼类和其他生物提供生境，消减波能、加速沉积又有利于当地的红树林和盐沼生长，从而进一步稳定岸线、改善生境。2004 年开始，在 0.5 英里* 的岸线志愿者将用牡蛎壳做成的紧实的牡蛎堆或者牡蛎壳袋，建成复杂的牡蛎坝和牡蛎堆，使其发育成牡蛎礁，一期用了 2 400 多个牡蛎堆、1 700 个牡蛎袋以及 36 吨牡蛎壳，建成了 3 600 英尺** 长的牡蛎礁。并在牡蛎坝后栽种盐沼植物，构成盐沼—牡蛎礁一体化防护系统。防护效果十分明显(图 6-9)。

我国开展牡蛎礁的生态恢复和重建工作较迟，中国水产科学研究院东海水产研究所在 21 世纪初开展了人工恢复牡蛎礁的探索，以长江口深水航道整治工程的

---

* 1 英里=1.609 344 千米。
** 1 英尺=0.304 8 米。

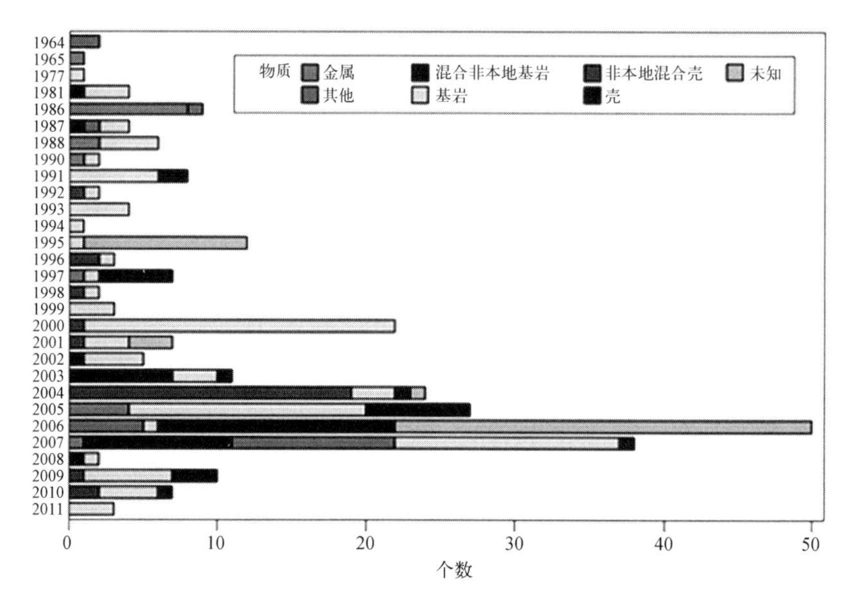

图 6-8 墨西哥湾北部各年构建的人工牡蛎礁类型及数量(Furlong, 2012)

图 6-9 牡蛎堆(左)和牡蛎礁建成前后的岸线对比(右)

资料来源：http://www.southeastaquatics.net/projects/oyster-reef-for-shoreline-stabilization.

水工建筑物为礁体，直接投放巨牡蛎成体。人工牡蛎礁上巨牡蛎密度和生物量初期呈指数增加，一年后生物量稳定在 2 500 g/m^2 以上(去壳鲜重)。同时大型底栖动物快速增加，由初期的 2 种增加到 5 年后的 28 种，监测期间共出现 47 种，总密度和生物量也快速增加(沈新强等，2011)。

根据测定结果，牡蛎壳约占牡蛎总重量的 84%，牡蛎壳中碳含量为 12%，其中封存碳量约占牡蛎总重量的 10.08%。该人工牡蛎礁具有强大的固碳能力，通过牡蛎的钙化过程，单位面积年固碳量为 2.70 kg/m^2，年平均固定碳量达 3.33×10^4 t，直接产生的年平均固碳效益达 837 万元，相当于营造 1 110 hm^2 热带森林(沈新强等，2011)。据估算，我国贝类养殖每年从近海移出的碳量为 70 万～99 万 t，其中 67 万 t 碳以贝壳的形式被移出海洋，为碳汇渔业做出了重要贡献(沈新强等，2011)。

人工牡蛎礁结合滩地盐沼建设可以发挥更大的岸线防护效果(图6－10)。生长在潮间带的盐沼茎秆密度高，也能消减波能、降低流速，具有很好的促淤效果，在盐沼的向海方向构建潮间带或潮下带人工牡蛎礁盘，可以降低对盐沼前沿的冲刷，发挥更好的岸线防护效果(Geden et al.，2011)。

图6－10　牡蛎礁＋盐沼发挥更好的岸线防护功能(Geden et al.，2011)

6.4　应对海平面上升的水下生态工程

全球暖化已经得到广泛认可，其后果之一是海平面上升，据估计，气温升高，将导致海平面升高，并且灾难性气象(如风暴潮)的频度和强度也将增加，会对沿海地区带来严重威胁，已经引起了沿海各国的高度重视。许多国家开展了相关研究和工程措施应对这些风险。而水下生态工程可以在如下3个方面应对海平面上升的不利影响：加速泥沙淤积以与海平面上升一致、稳固海岸线抵御风暴潮等的不利影响、维持正常的近海生态系统结构和功能。

大量的研究表明，滨海植物大多具有很强的促淤功能，利用植物的促淤功能，加速泥沙淤积的速度，水下生态工程与潮间带促淤工程的结合可以更好地抵御海平面上升的不利影响。因此，建议采用潮间带、潮下带综合考虑，结合具体地点的特点，构建红树林—海草床、盐沼—海草床或盐沼—人工牡蛎礁等一体化生态工程。

6.4.1　长江口水下生态工程需要考虑的因素

开展水下生态工程要因地制宜、选择适当的模式。以长江口而言，开展水下生态工程时需要考虑长江口如下因素。

① 水体泥沙含量高，透明度低，营养物输入多，水域生态系统以碎屑生态系统为主或以藻类为主要初级生产力。因此，不宜建设对水体透明度有较高要求的海草床等。

② 泥沙淤积速度较快，建设水下生态工程措施时，需要从基底的动态变化考虑可持续性。

③ 长江口是重要的生物通道和繁育场，是长江流域洄游水生生物溯河降海必经通道，也是候鸟迁飞重要的中继站，每年有大量鸟类在此停歇、补充能量。在崇明东滩停歇的候鸟中有7个物种的种群数量占全球总数的1％以上。需要考虑如何降低对这些物种的不利影响，为它们提供栖息、庇护场所以及食物来源。

④ 长江口也是世界上最繁忙的航道之一，不仅有世界上最大的港口——上海港，也是内河港口通海的通道。水下生态工程的构建应需考虑这一重要功能，两者应和谐统一。

上述因素是构建水下生态工程需要考虑的基本边界条件。由于水体混浊度很高、透光度极低，制约了潮下带高等植物的生长，自然状况下长江口仅有川蔓藻分布于流速较缓的水域。因此，不宜构建海草床为主的水下生态工程，宜结合人工生物礁为主要措施的水下生态工程。因此，建设人工牡蛎礁为主的水下生态工程，结合潮间带盐沼的保护与恢复，形成盐沼—人工牡蛎礁一体化系统。一方面人工牡蛎礁促进淤积，稳定、抬升滩面；另一方面，稳定的滩面适合盐沼植物生长，进一步加速泥沙淤积，稳定并扩大滩地面积。

大多数盐沼植物可以通过克隆生长快速占据合适生境，盐沼植物生长速度很快，盐沼植被面积扩展速度也很快。在长江口，每年盐沼植物外扩速度可以达到 70 hm^2/a(黄华梅，2009)。如果围垦速度过快，超过了盐沼植物正常的生长潮位，将导致盐沼植物面积过度减少，盐沼植被的促淤功能将急剧下降，不利于滩涂淤涨。因此在海平面上升情况下，制定科学的围垦方案和计划对于利用自然力应对海平面上升至关重要。

6.4.2 长江口人工水下生态工程流程

在长江口构建人工牡蛎礁等水下生态工程设施的大致流程如下(图 6-11)。

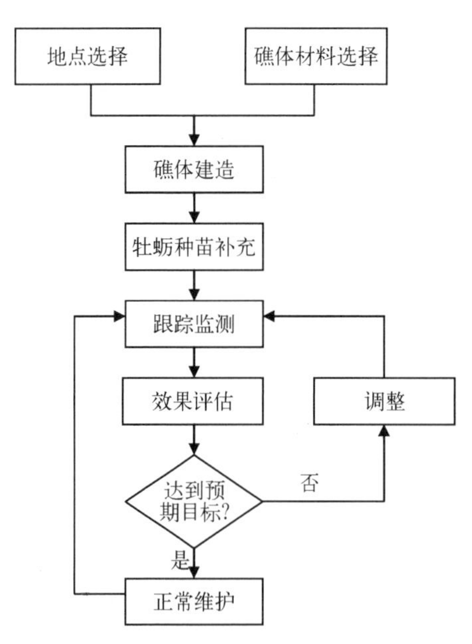

图 6-11 人工牡蛎礁生态工程建设和管理流程

(1) 地点选择

人工牡蛎礁构建地点最主要的是要考虑牡蛎的生长特点。牡蛎适合生长于咸淡水丰富的河口地区，盐度过高抑制其生长，长江口、杭州湾水域均适合牡蛎的生长。根据上海周边水域状况，可能的人工牡蛎礁建设地点有以下几处。

① 崇明东滩、横沙东滩、南汇东滩等洲滩。

② 长江口深水航道治理工程的南北导堤、丁坝群等。工程分三期完成，位于九段沙北缘的南导堤全长 48 km，横沙浅滩南缘的北导堤 49.2 km，丁坝总长 30 km，为牡蛎提供了硬质基底，也是开展人工牡蛎礁建设的理想地点。沈新强等(2011)在这里开展了利用巨牡蛎构建人工牡蛎礁的探索，并获得成功。

③ 未来的未来上海新枢纽港的海岸防护工程。目前已经提出了在横沙浅滩建设未来上海新枢纽港的设想，利用长江口航道疏浚土，在横沙东滩进行滩涂围垦，构建上海海洋新城和深水新港。如果这一构想得以实施，可以结合该工程的海岸防护开展水下生态工程，提升生态系统服务功能。

（2）礁体材料选择和礁体建造

牡蛎为固着生长的双壳类动物，需要附着在硬质基底上。长江口水下三角洲均为泥沙淤积形成的，缺少附着生物附着的天然岩石等附着体，因此构筑人工牡蛎礁时需要提供适当的硬质礁体材料。

礁体材料类型很多，包括废弃的金属构件（如废弃船舶）、岩石、牡蛎壳等。在欧美国家通常以牡蛎壳作为基质，将牡蛎壳装在网袋里以免被潮水冲散，或者将牡蛎壳砌成不同形状的坝状结构。这种将废弃的牡蛎壳集中起来作为牡蛎礁礁体材料，不仅可以废物利用，而且牡蛎不规则外壳可以降低水流的影响，有利于牡蛎幼体的定居。长期来看，将牡蛎壳返回去，不至于从海水中移出过多钙，有利于缓解海水酸化。

然而，在我国尚没有大规模收集牡蛎壳的习惯，很难收集到足够的牡蛎壳用于构建牡蛎礁。因此，在人工牡蛎礁建造时，需要考虑其他的礁体材料。在长江口，可以结合传统的海岸防护工程，以堤坝、丁坝等作为牡蛎礁的支撑。也可以在潮下带滩面抛掷人工构筑物、甚至废弃建材作为牡蛎的支撑，这些支撑物一方面起着消浪、促淤的作用，另一方面可作为牡蛎移植的固着基质。

（3）牡蛎种苗补充

礁体建造后，水域中的牡蛎幼体将逐渐定殖，并不断扩大礁体。然而仅依靠牡蛎幼体自然定居过程速度较慢，效率较低。人工补充牡蛎种苗可以加快牡蛎礁的建设。牡蛎种苗人工补充可以直接投放成年牡蛎，也可以采用固着体整体移植成年牡蛎。后一种方式尤其适合于流速较快、冲刷较大的地点，并且对牡蛎的损伤也小。

（4）跟踪监测

衡量人工牡蛎礁建设是否达到预期目标，需要对人工牡蛎礁的效果进行评价。跟踪监测为评价人工牡蛎礁效果提供数据，也为牡蛎礁的调整和维护提供依据。监测指标可以根据需要从多方面进行：① 人工牡蛎礁结构（淤积状况、牡蛎生长等）；② 环境要素（淹水深度/时间、流速、透明度、盐度等）；③ 固着生物生长情况；④ 鱼类以及其他动物种类和数量；⑤ 与建设目标相关的其他特定指标。

（5）效果评价

人工牡蛎礁效果的评估是与构建目的紧密相关的。最初人工牡蛎礁多以恢复牡蛎礁的产出或作为娱钓、商业鱼类觅食场所。以海鲜输出为目的时，评价中强调恢复的面积、个体大小和产量，同时作为一种可生食的海鲜，改善水质提高牡蛎的安全性也是考虑的首要因素。作为为其他海洋生物提供栖息或觅食场所时，吸引目标海洋生物的种类和数量是考虑的重要指标。

作为水下生态过程的人工牡蛎礁效果的评价不应强调牡蛎作为食物的商品价值,更重要的是应从对当地生态系统服务功能提高和生物多样性维持的角度加以衡量。

(6) 调整和正常维护

如果人工牡蛎礁建设没有达到预期效果,根据监测指标分析判断可能的原因,并针对主要因素,做出适当调整。

即使经过评价,人工牡蛎礁达到了预期效果,也需要定期监测和检查,特别是监测礁体变化情况。由于牡蛎礁直接面对潮水和各种因素的影响,牡蛎礁礁体可能会损坏,需要根据有关情况作相应的维护,以利人工牡蛎礁持续、高效地发挥其滩岸防护、维持生物多样性和生态系统服务功能的作用。

第七章 海平面上升对城市防汛和供水安全综合影响评估

围绕全球气候变化背景下长江口海平面上升对城市安全影响因素，分析上海市长江口水域和沿海及邻近海域海平面上升 10～16 cm 对代表性潮位站点平水年与丰水年潮位、潮型、潮动力、潮通量和大陆黄浦江水系、江岛水系面平均除涝最高水位和上海市长江口水源地取水口盐度、淡水资源量、最长连续不宜取水天数等的影响特征，评估海平面上升对防汛安全、供水安全等方面影响，为完善长江口城市海塘防护、防汛排水和供水安全标准提供技术支撑，并提出相应的对策措施。

7.1 沿江沿海潮型响应海平面上升关系研究

7.1.1 长江口水域海平面上升对潮型响应关系

7.1.1.1 潮位对海平面变化的响应关系

(1) 年平均高潮位响应关系

图 7-1(a)为吴淞站 1975～2000 年年平均高潮位和海平面同步变化过程。从图上可以明显看出，吴淞站年平均高潮位与长江口水域海平面基本上呈现出同步变化的趋势。在长江口海平面升高时，吴淞站的年平均高潮位也同时升高；海平面下降时，吴淞站的年平均高潮位也同时降低。

本章以年平均海平面的年际变化为自变量，以吴淞站年平均高潮位的年际变化为因变量，寻求两者之间的相关关系，其结果如图 7-1(b)所示。从图中可以看出，吴淞站年平均高潮位和海平面之间存在着较为密切的线性相关关系，其相关系数为 0.905。在 26 年的资料中，线性相关回归值±3 cm 的上下包络线范围内，仅有 4 年的点在包络线之外，其余均在包络线范围之内。这说明海平面的变化对吴淞站年平均高潮位有非常明显的影响。

(2) 年平均低潮位响应关系

图 7-2 为吴淞站 1975～2000 年年平均低潮位和海平面同步变化过程。可以看出，与年平均高潮位的变化过程相似，吴淞站年平均低潮位与长江口水域海平面基本上也呈现出同步变化的趋势。在长江口海平面升高时，吴淞站的年平均低潮位也同时升高；海平面下降时，其年平均低潮位也同时降低。

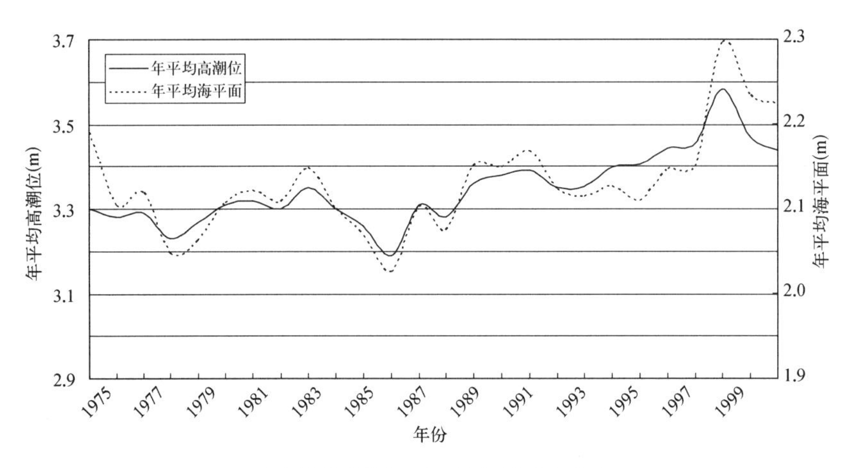

(a) 年平均高潮位与海平面同步变化趋势

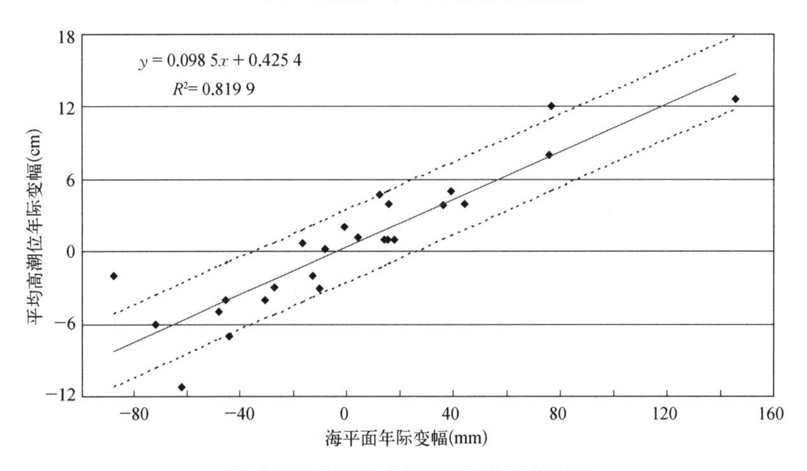

(b) 年平均高潮位与海平面变化相关关系

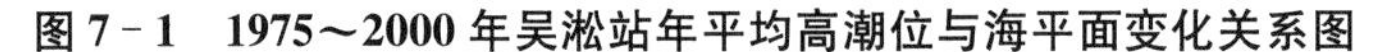

图 7-1　1975～2000 年吴淞站年平均高潮位与海平面变化关系图

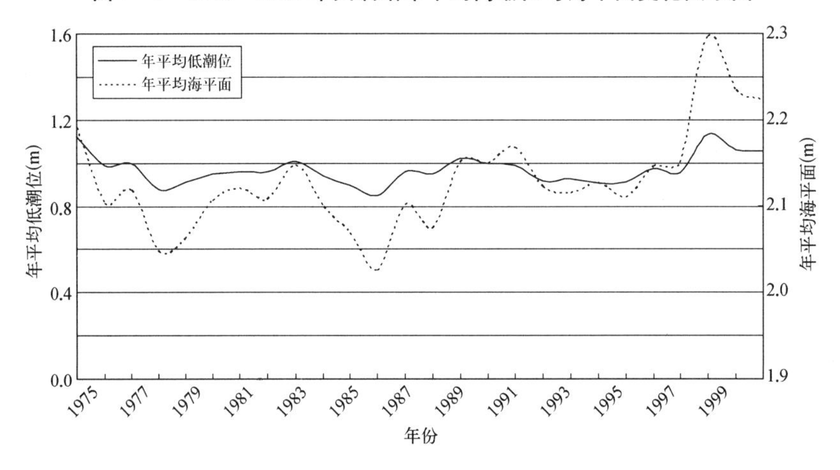

图 7-2　1975～2000 年吴淞站年平均低潮位与海平面同步变化图

从年平均低潮位和年平均海平面变化的相关关系图(图 7-3)可以看出,吴淞站年平均低潮位和海平面之间存在着较为密切的线性相关关系,其相关系数达到了 0.964,比年平均高潮位与年平均海平面变化的相关系数还要高。在 26 年的资料中,线性相关回归值±3 cm 的上下包络线范围内,几乎所有的实测点都在包络线范围之内。这说明海平面的变化对吴淞站年平均低潮位有非常明显的影响。

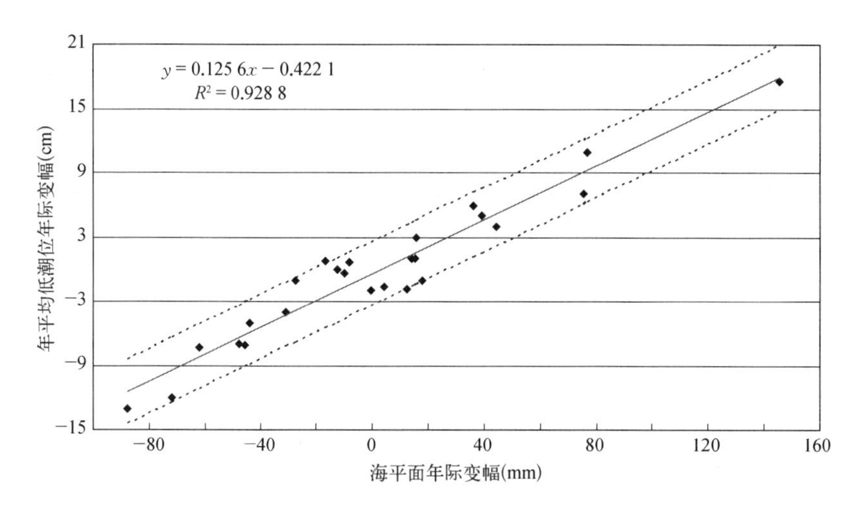

图 7-3　吴淞站年平均低潮位与海平面变化相关关系图

从上述分析可以看出,吴淞站年平均高潮位和年平均低潮位的年际变化与海平面年际变化之间存在着较好的相关关系。那么,该站各月月平均高低潮位的年际变化与海平面的年际变化之间是否也存在较好的相关关系呢? 分析结果表明,这种相关关系并不明显。其中,月平均高潮位与海平面年际变化之间的相关系数为 0.105～0.662,月平均低潮位与海平面年际变化之间的相关系数为 0.269～0.764,稍高于月平均高潮位,具体见表 7-1。这种情况表明,虽然年平均高潮位和年平均低潮位与海平面在年际变化上有较好的相关关系,但是这种相关性并没有相应地表现在各月潮位的变化中。

表 7-1　吴淞站各月平均高低潮位年际变化与海平面年际变化线性相关系数(R^2)

月　份	平均高潮位	平均低潮位	月　份	平均高潮位	平均低潮位
1	0.662	0.566	7	0.306	0.570
2	0.263	0.322	8	0.410	0.684
3	0.260	0.269	9	0.631	0.764
4	0.105	0.336	10	0.622	0.738
5	0.647	0.676	11	0.542	0.595
6	0.516	0.626	12	0.385	0.489

从各月来看，9、10 月份的相关性相对较好，而 3、4 月份的相关性相对较差，这可能与上游来水的月际变化有关。

(3) 潮差对海平面变化的响应关系

图 7－4 为吴淞站年平均潮差和海平面同步变化过程，从图中可以看出，随着长江口海平面的逐年变化，该站年平均潮差并没有表现出与之相应的趋势性变化，仅仅从图上来看，两者间不存在明显的相关关系。

从两者的相关关系图(图 7－5)来看，吴淞站年平均潮差与海平面变化之间的相关系数 R^2 仅为 0.604。这说明长江口水域海平面的升高或者下降，并不会明显地影响吴淞站潮差的相应改变。

(4) 潮位极值对海平面变化的响应

通过对吴淞站年最高高潮位、年最低高潮位、年最低低潮位、年最高低潮位、年

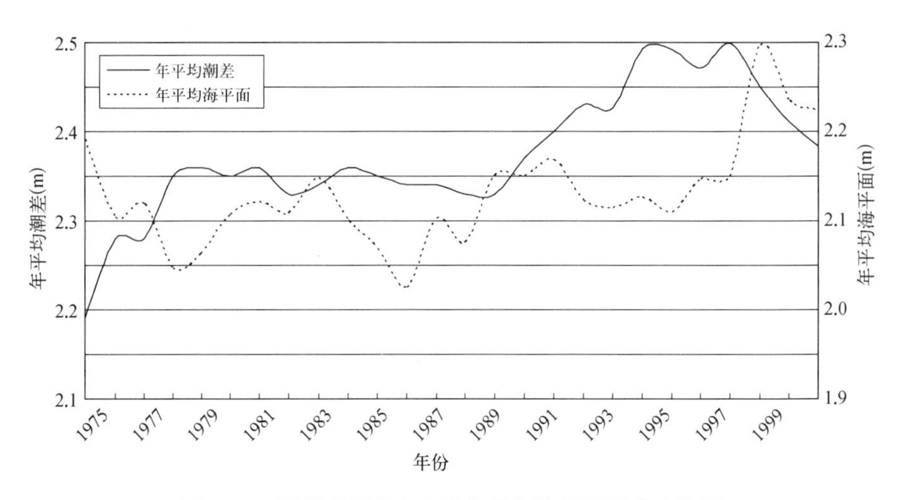

图 7－4 吴淞站历年年平均潮差与海平面同步变化图

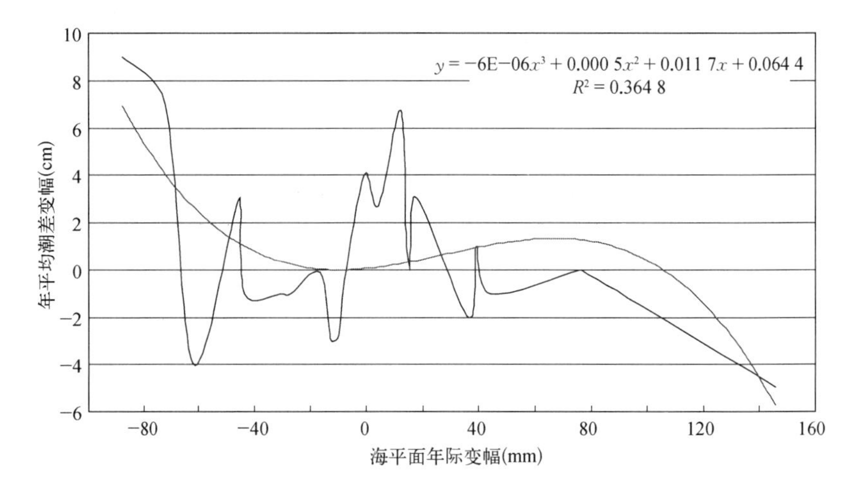

图 7－5 吴淞站年平均潮差与海平面变化相关关系图

最大涨潮潮差、年最大落潮潮差六个潮位特征值对海平面变化的响应特点分析，发现在这六个潮位特征值中，年最低低潮位与海平面的相关关系相对较高，其相关系数为 0.562，其余潮位特征值与海平面都不存在明显的相关关系，相关系数均在 0.4 以下，其中相关性最差的为年最大落潮潮差，相关系数仅 0.255(表 7-2)。

表 7-2　吴淞站潮位极值与海平面变化线性相关系数(R^2)

潮位特征值	相关系数	潮位特征值	相关系数
年最高高潮位	0.334	年最低低潮位	0.562
年最低高潮位	0.382	年最大涨潮差	0.370
年最高低潮位	0.305	年最大落潮差	0.255

本书着重分析年最低低潮位对海平面变化的响应关系。图 7-6 为吴淞站年最低低潮位和海平面同步变化过程。从图中可以看出，随着 1975～2000 年的海平面升降变化，吴淞站年最低低潮位也大致存在着一个相应的升高或者降低的变化，与海平面的变化趋势基本一致。在海平面下降的年份，吴淞站的年最低低潮位也随之下降；在海平面升高的年份，该站年最低低潮位也随之升高，只不过年最低低潮位的变幅没有海平面的变幅大。

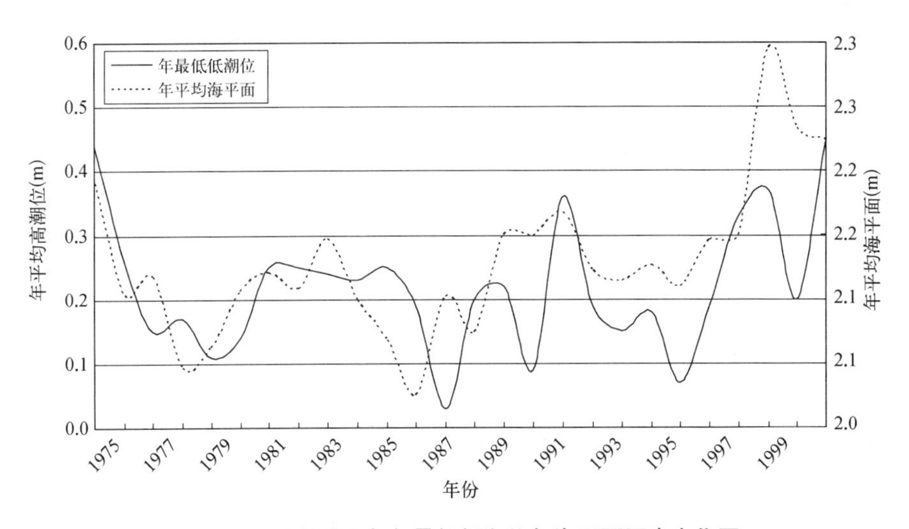

图 7-6　吴淞站历年年最低低潮位与海平面同步变化图

从吴淞站年最低低潮位与海平面变化的相关关系(图 7-7)，可以看出存在着一种趋势性的关系，即随着海平面的上升，年最低低潮位也会相应抬升，但没有一个定量的关系。

7.1.1.2　潮历时对海平面变化的响应关系

(1) 平均涨潮历时响应特征

从近几十年的资料来看，吴淞站涨潮历时变化较小(图 7-8)。其中，涨潮历时

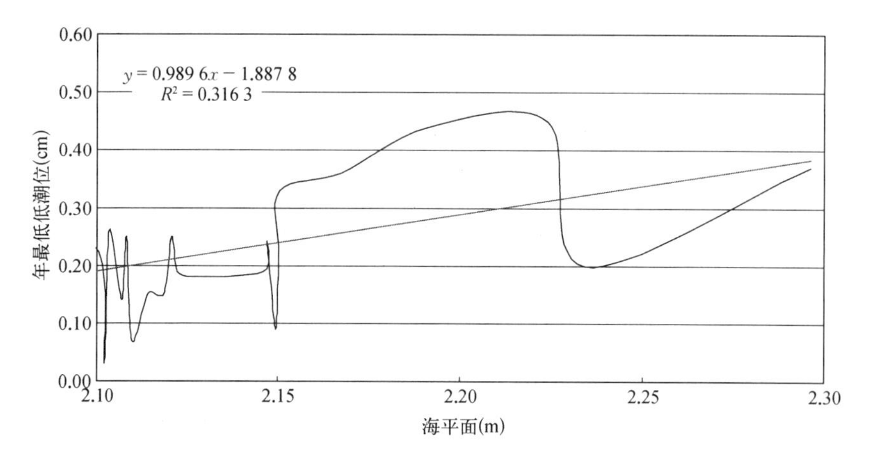

图 7-7 吴淞站年最低低潮位与海平面相关关系图

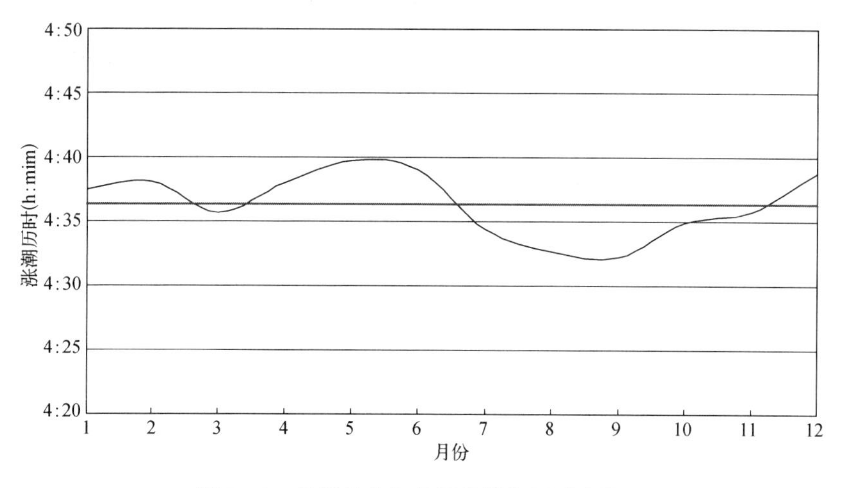

图 7-8 吴淞站多年月平均涨潮历时变化图

多年平均为 4 小时 34 分 30 秒，最大涨潮历时为 1985 年的 4 小时 40 分 41 秒，最小涨潮历时为 1977 年的 4 小时 27 分 30 秒，最大最小值相差仅 13 分 11 秒，说明涨潮历时变化非常平稳，受海平面变化的影响甚微。

从年际变化看，自 1975 年到 2000 年，吴淞站年平均涨潮历时年际间相差最大的为 1983～1984 年，为 5 分 37 秒；年际间相差最小的年份，相差还不到 1 分钟。从涨潮历时与海平面的同步变化过程(图 7-9)来看，涨潮历时并没有出现随海平面的变化而呈现出趋势性的改变。从涨潮历时年际变化与海平面年际变化的相关关系(图 7-10)来看，两者存在较微弱的负相关性，其相关系数为−0.178。这种情况说明，随着海平面的上升，吴淞站的涨潮历时会呈现微弱的缩短，但这种影响是十分有限的。

(2) 平均落潮历时响应特征

与涨潮历时相似，吴淞站近几十年来的落潮历时变化也很小(图 7-11)。落潮

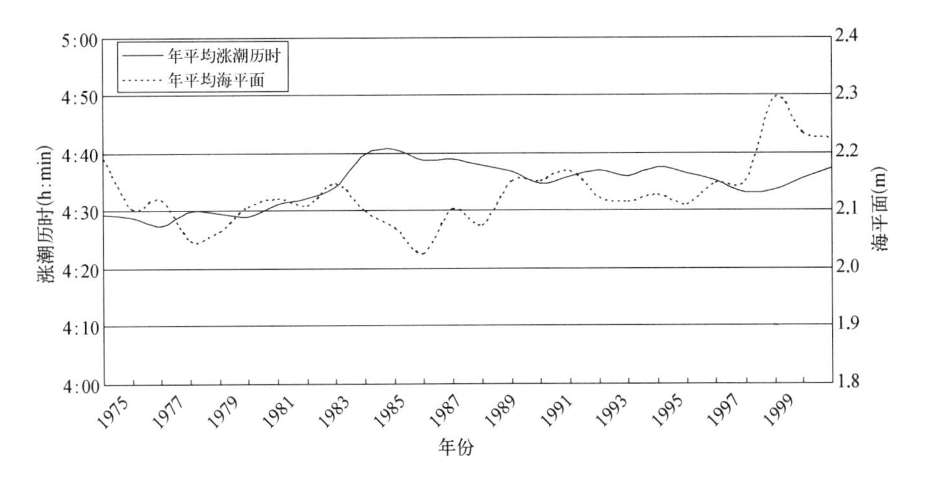

图 7-9 吴淞站历年年平均涨潮历时与海平面同步变化图

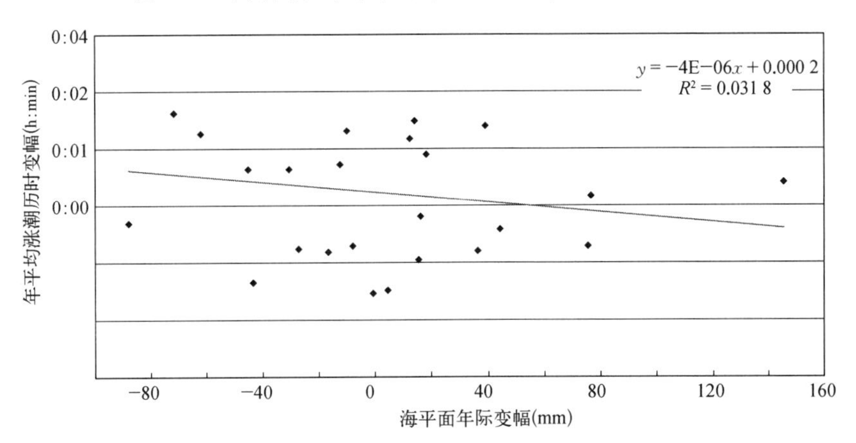

图 7-10 吴淞站年平均涨潮历时与海平面年际变化相关关系图

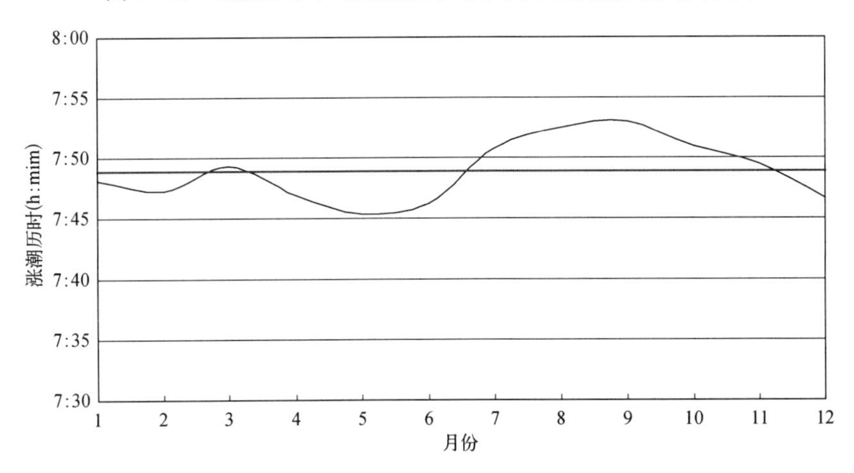

图 7-11 吴淞站多年月平均落潮历时变化图

历时多年平均为 7 小时 50 分 48 秒，最大落潮历时为 1977 年的 7 小时 57 分 38 秒，最小落潮历时为 1985 年的 7 小时 44 分 34 秒，最大最小值相差 13 分 4 秒，说明落潮历时变化非常平稳，受海平面变化的影响甚微。

从年际变化看，自 1975 年到 2000 年，吴淞站年平均落潮历时年际间相差最大的是1983～1984 年，为 5 分 51 秒；年际间相差最小的年份为 1987～1988 年，相差仅 10 秒钟。从落潮历时与海平面的同步变化过程(图 7－12)来看，落潮历时并没有出现随海平面的变化而呈现趋势性的改变。从落潮历时年际变化与海平面年际变化的相关关系(图 7－13)来看，两者存在较微弱的正相关性，其相关系数为 0.224。这种情况说明，随着海平面的上升，吴淞站的落潮历时会呈现一定的增加，但影响有限。

(3) 潮历时极值响应特征

本章分析的潮历时极值，包括最大涨潮历时、最小涨潮历时、最大落潮历时和最小落潮历时四个指标。通过分析这四个指标与海平面同步变化过程(图 7－14～7－17)可以看出，长江口水域涨落潮历时的极值，不会因海平面的变化而发生相应的改变。

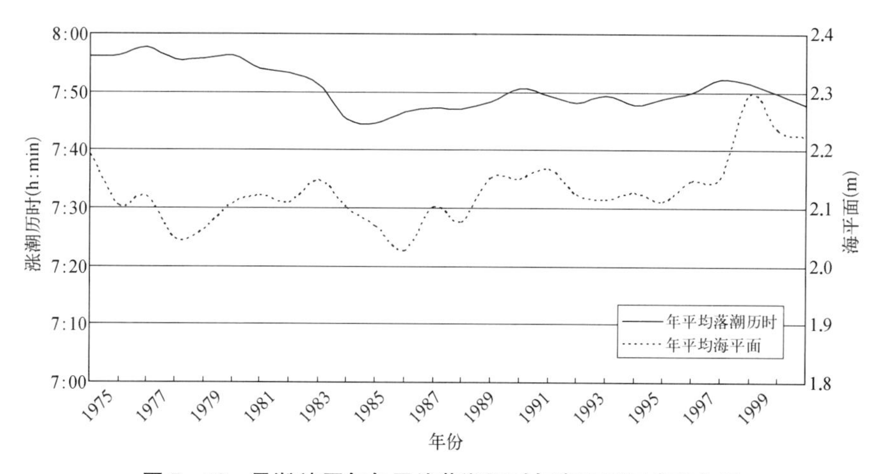

图 7－12　吴淞站历年年平均落潮历时与海平面同步变化图

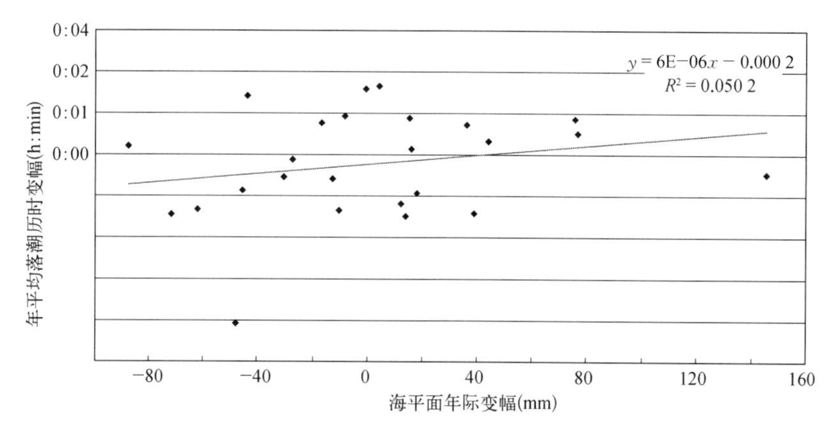

图 7－13　吴淞站年平均落潮历时与海平面年际变化相关关系图

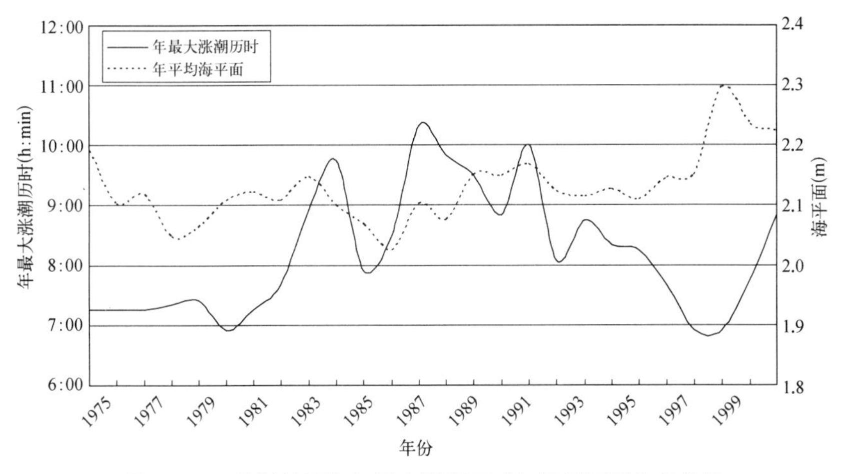

图 7-14　吴淞站历年年最大涨潮历时与海平面同步变化图

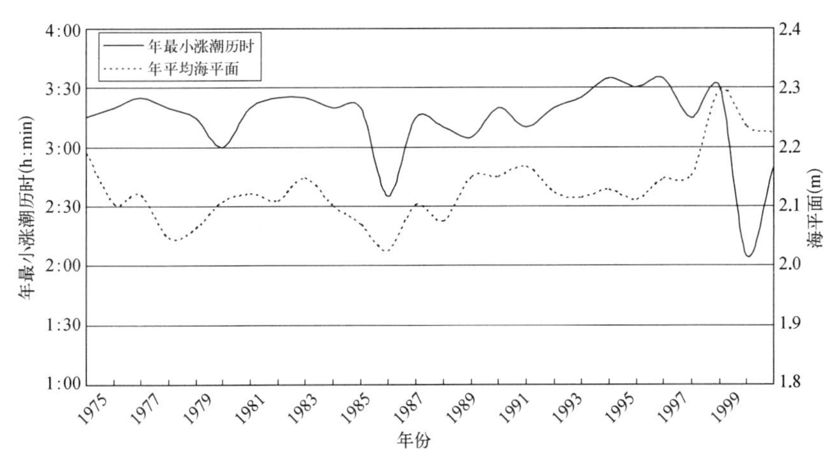

图 7-15　吴淞站历年年最小涨潮历时与海平面同步变化图

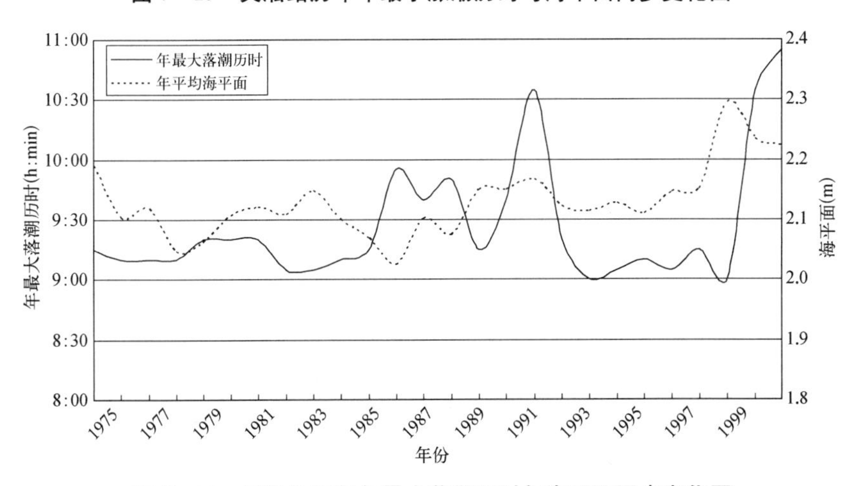

图 7-16　吴淞站历年年最大落潮历时与海平面同步变化图

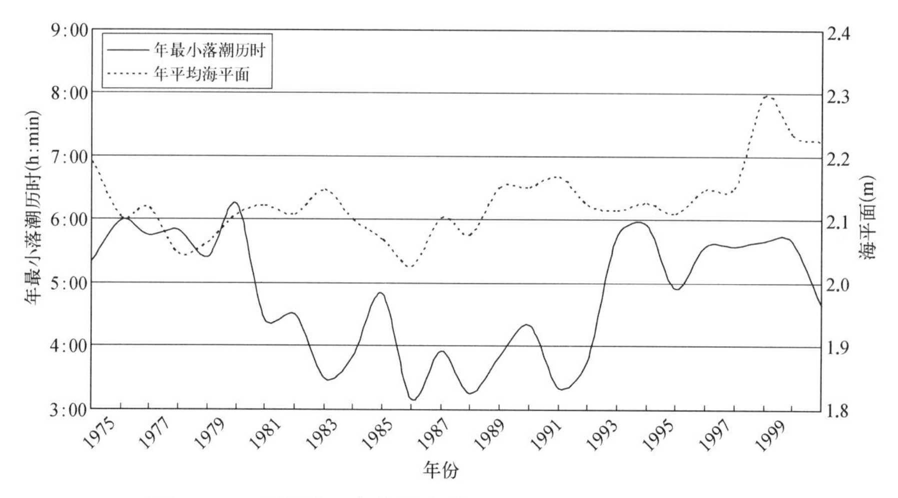

图 7-17 吴淞站历年年最小落潮历时与海平面同步变化图

进一步分析上述四项指标与海平面的相关关系(表 7-3),可以看出,最大涨潮历时和最小涨潮历时都与海平面存在着负相关关系,说明随着海平面的上升,涨潮历时极值会有一定幅度的缩短;另一方面,最大落潮历时和最小落潮历时都与海平面存在着正相关关系,说明随着海平面的上升,涨潮历时极值会有一定幅度的缩短。不论涨潮历时还是落潮历时,其极值与海平面的相关都不是很明显。

表 7-3 吴淞站潮历时极值与海平面线性相关系数(R^2)

潮历时特征值	相关系数	潮历时特征值	相关系数
最大涨潮历时	-0.120	最大落潮历时	0.271
最小涨潮历时	-0.143	最小落潮历时	0.192

7.1.1.3 结果与讨论

根据长江口区域堡镇、高桥、吴淞等 3 个潮位站的历年潮位资料,以吴淞站为代表站分析了潮型对海平面变化的响应特征。主要结论为:① 吴淞站年平均高潮位、年平均低潮位和海平面之间存在着较为密切的线性正相关关系,说明海平面的变化对这两个特征值有很明显的影响;② 吴淞站年平均潮差、历年涨潮历时、落潮历时与海平面变化之间没有明显的相关性,说明长江口水域海平面变化对这三者的影响有限或微弱;③ 通过对吴淞站年最高高潮位、年最低高潮位、年最低低潮位、年最高低潮位、年最大涨潮潮差、年最大落潮潮差、最大涨潮历时、最小涨潮历时、最大落潮历时、最小落潮历时等与海平面变化过程及相关关系进行分析,本书认为,除最低低潮位与海平面有相对较好的相关关系外,其他潮型极值与海平面之间并不存在明显相关关系,说明海平面的变化对潮型极值的影响有限;④ 开展了基于海平面变化(假定海平面年际变化值在-70~70 mm 之间)的年平均高潮位和年平均低潮位的潮型设计,其中年平均高潮位在-6.5~7.3 cm,年平均低潮位在-9.2~8.4 cm。

7.1.2　上海沿海及邻近海域海平面上升对潮型响应关系

7.1.2.1　响应海平面上升的月平均潮位变化分析

上海沿海吕泗、滩浒岛、大戢山、嵊山、芦潮港、佘山、小衢山 7 个潮位站农历月平均潮位变化和趋势线如图 7-18 所示。受海平面上升等影响，各站月平均潮位基本表现出上升的趋势性变化。

7.1.2.2　月最高高潮位

经对上述 7 个潮位站的多年月最高高潮位分析（限于篇幅图略，下文同）发现，吕泗、滩浒岛、佘山站月最高高潮位有上升趋势，芦潮港月最高高潮位有下降趋势，其他站趋势性变化不明显。

7.1.2.3　月最低高潮位

经对上述 7 个潮位站的多年月最低高潮位分析发现，芦潮港、佘山和小衢山站月最低高潮位有上升趋势，其他各站各月份变化趋势并不一致。

7.1.2.4　月最高低潮位

经对上述 7 个潮位站的多年月最高低潮位分析发现，除小衢山有上升趋势外，其余各站月最高低潮位的总体趋势性变化不明显。

7.1.2.5　月最低低潮位

经对上述 7 个潮位站的多年月最低低潮位分析发现，佘山站月最低低潮位有较明显的上升趋势，其他各站总的趋势性变化不限制，各月变化有差异。

7.1.2.6　月平均高潮位

经对上述 7 个潮位站的多年月平均高潮位分析发现，滩浒岛、小衢山和佘山的月平均高潮位有较显著的上升趋势，其余各站各月有升有降。

7.1.2.7　月平均低潮位

经对上述 7 个潮位站的多年月平均低潮位分析发现，除佘山月平均低潮位增加外，其余各站趋势性变化不明显，各月变化趋势不一致。

7.1.2.8　月平均涨潮历时

经对 7 个潮位站的多年月平均涨潮历时分析发现，吕泗平均涨潮历时有明显的下降，滩浒岛和芦潮港有较明显的上升趋势。其余各站各月有升有降。

7.1.2.9　月平均落潮历时

经对上述 7 个潮位站的多年月平均落潮历时分析发现，与平均涨潮历时变化趋势相反。

7.1.2.10　月平均潮差

经对上述 7 个潮位站的多年月平均潮差分析发现，滩浒岛、芦潮港和小衢山的月平均潮差有一定的上升趋势，其余各站各月变化趋势不一致。

综上所述，从农历月平均各潮汐要素的统计来看，各站月平均潮位随着海平面

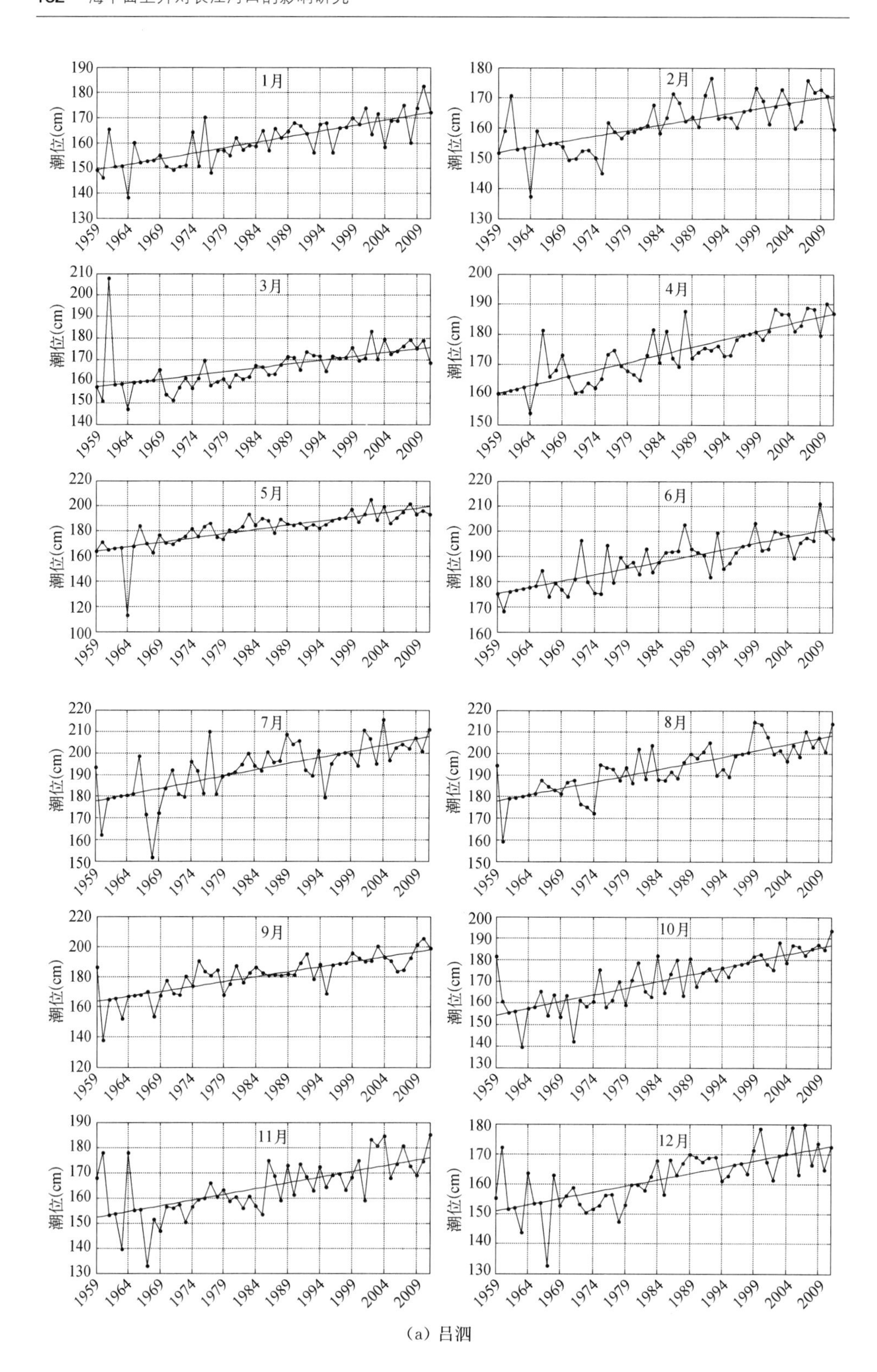
1月
2月
3月
4月
5月
6月
7月
8月
9月
10月
11月
12月
潮位(cm)
1959
1964
1969
1974
1979
1984
1989
1994
1999
2004
2009

(a) 吕泗

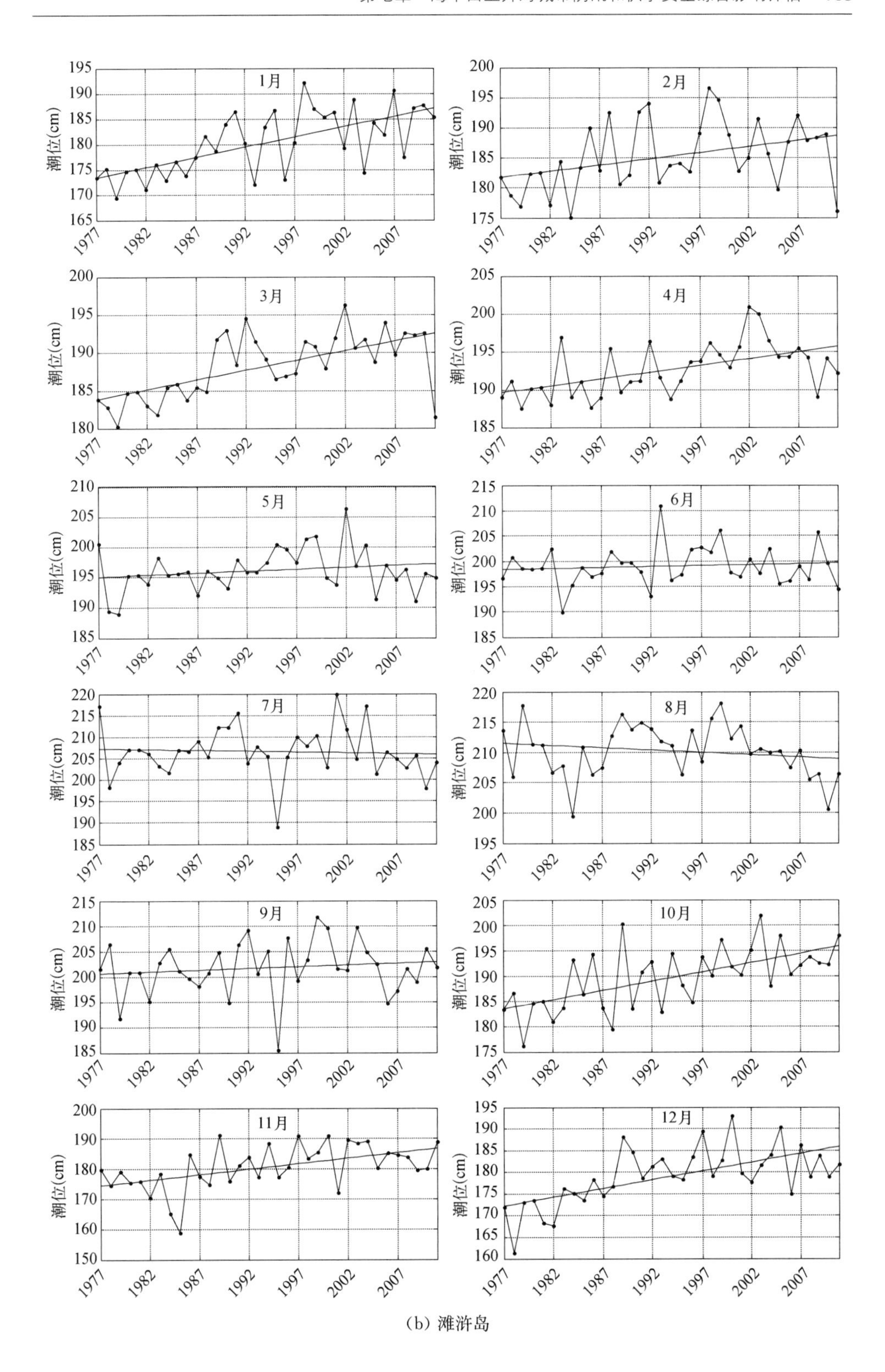
1月
2月
3月
4月
5月
6月
7月
8月
9月
10月
11月
12月
潮位(cm)
1977
1982
1987
1992
1997
2002
2007

（b）滩浒岛

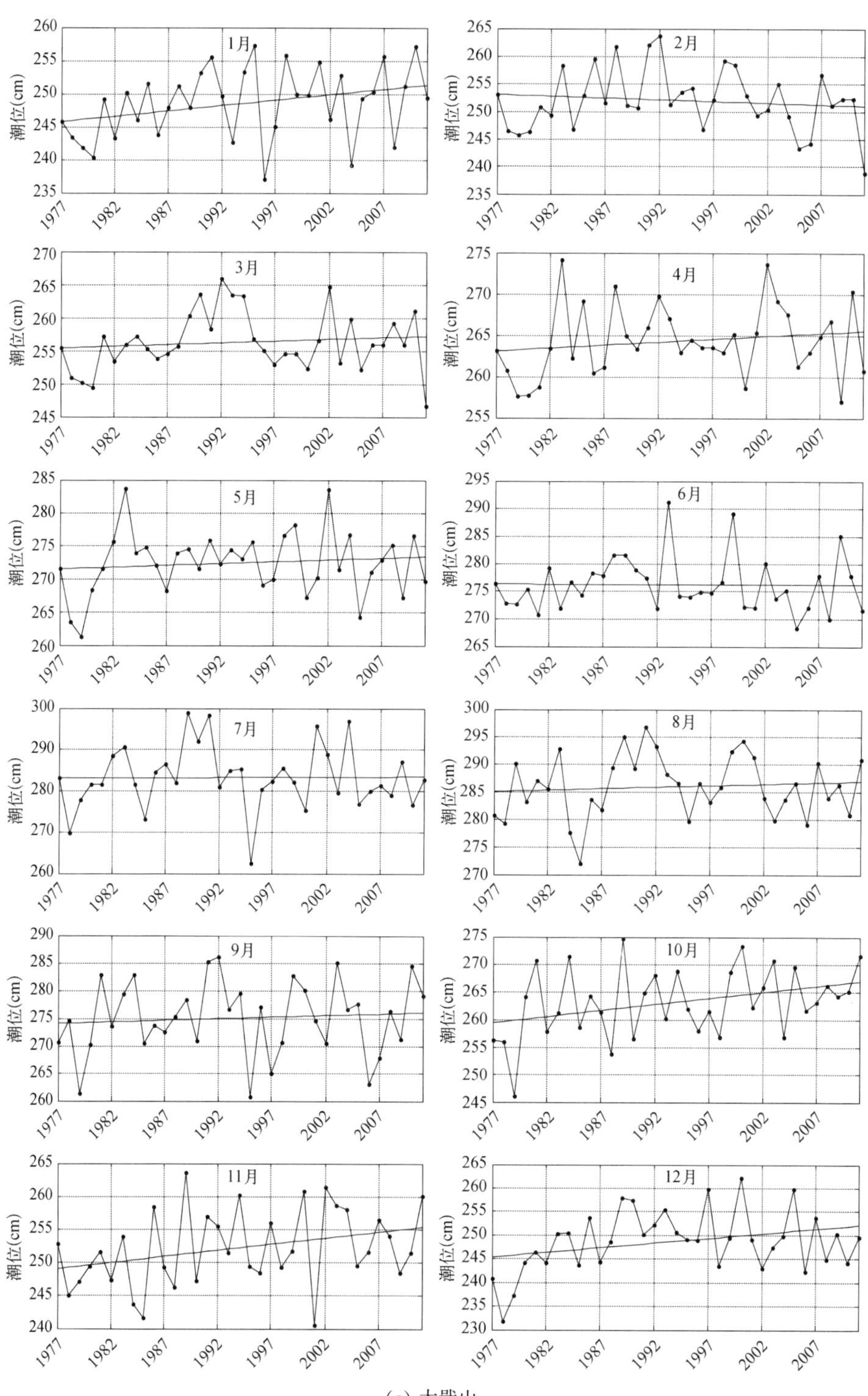

(c) 大戢山

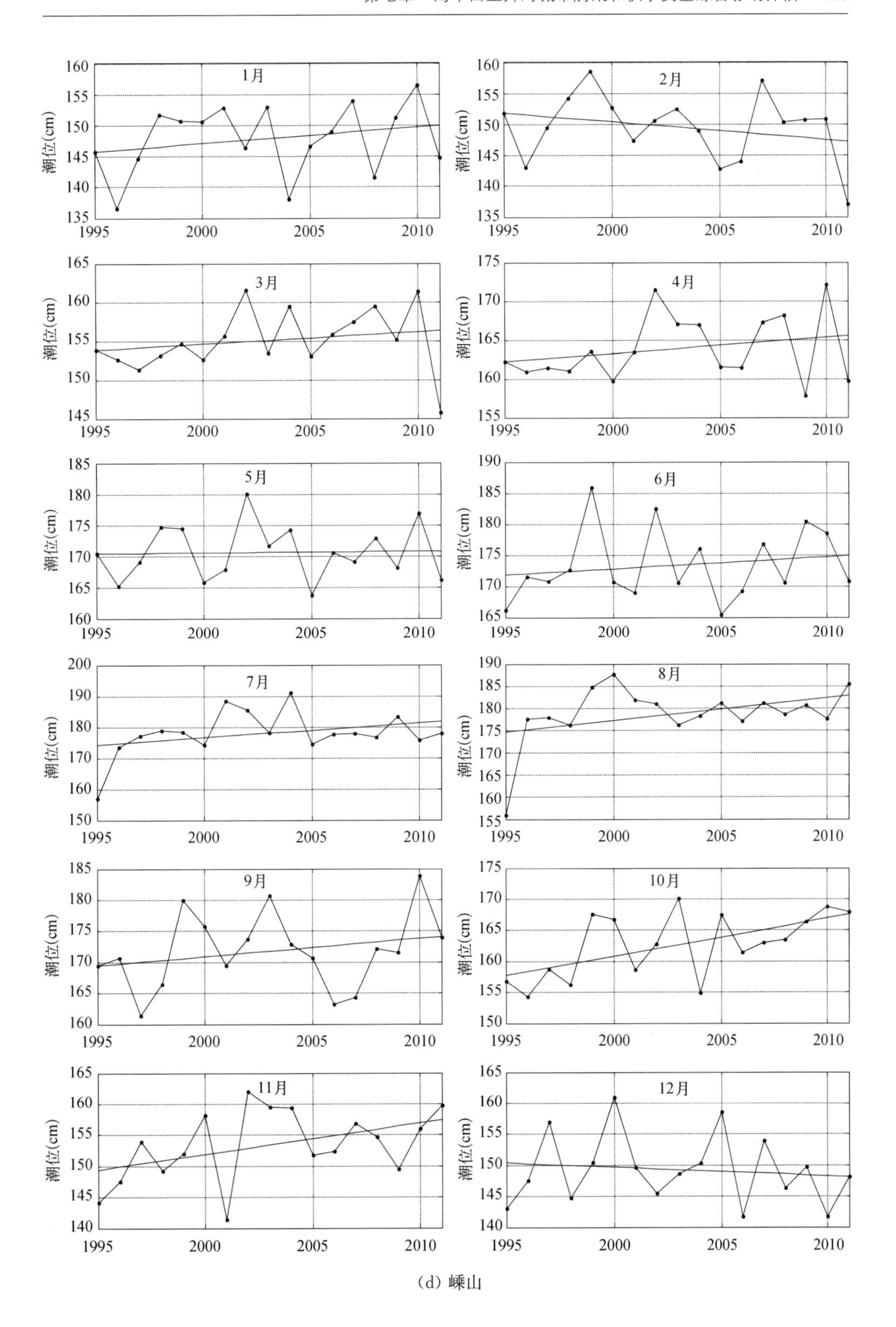

(d) 嵊山

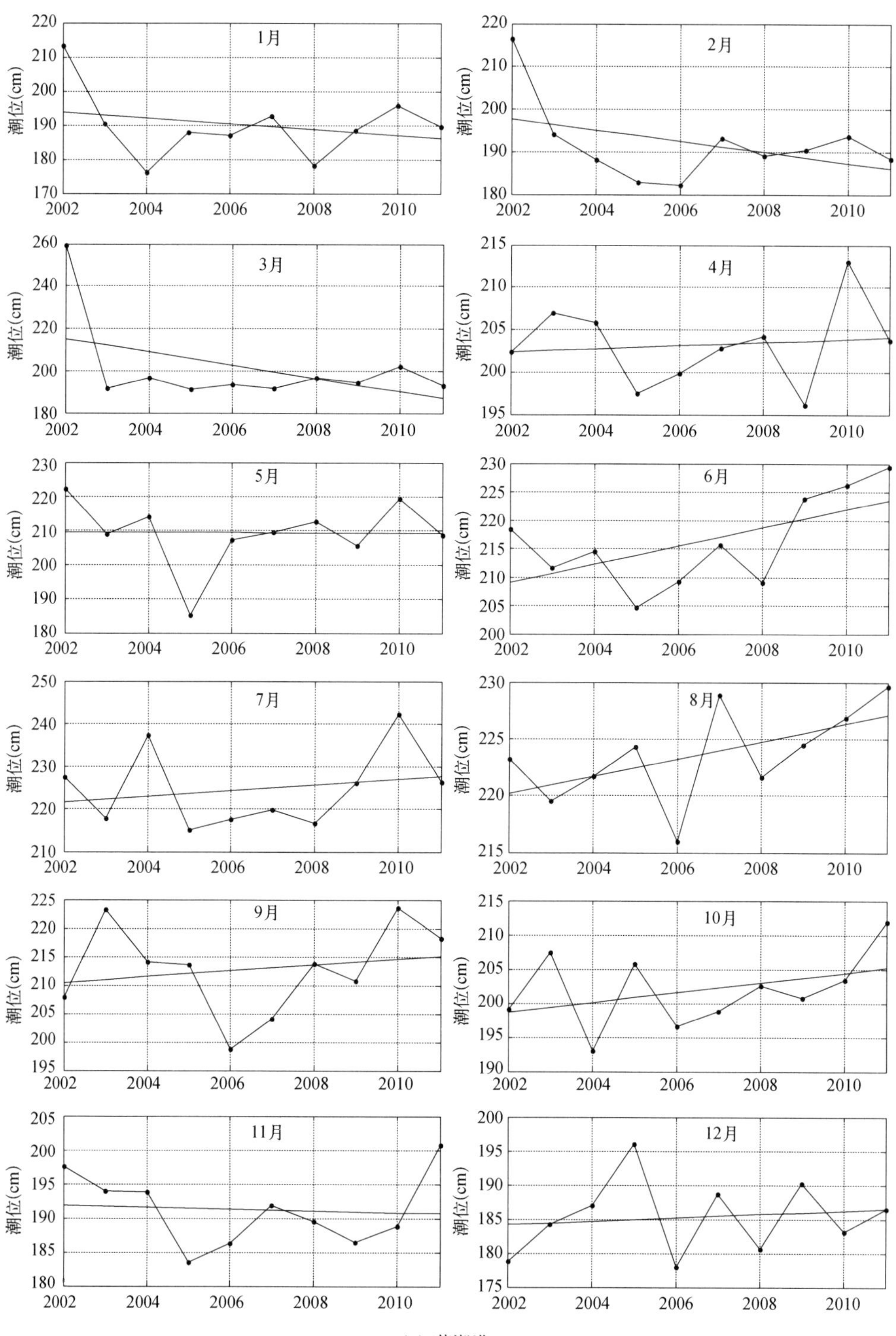
1月
2月
3月
4月
5月
6月
7月
8月
9月
10月
11月
12月
潮位(cm)
2002
2004
2006
2008
2010

(e) 芦潮港

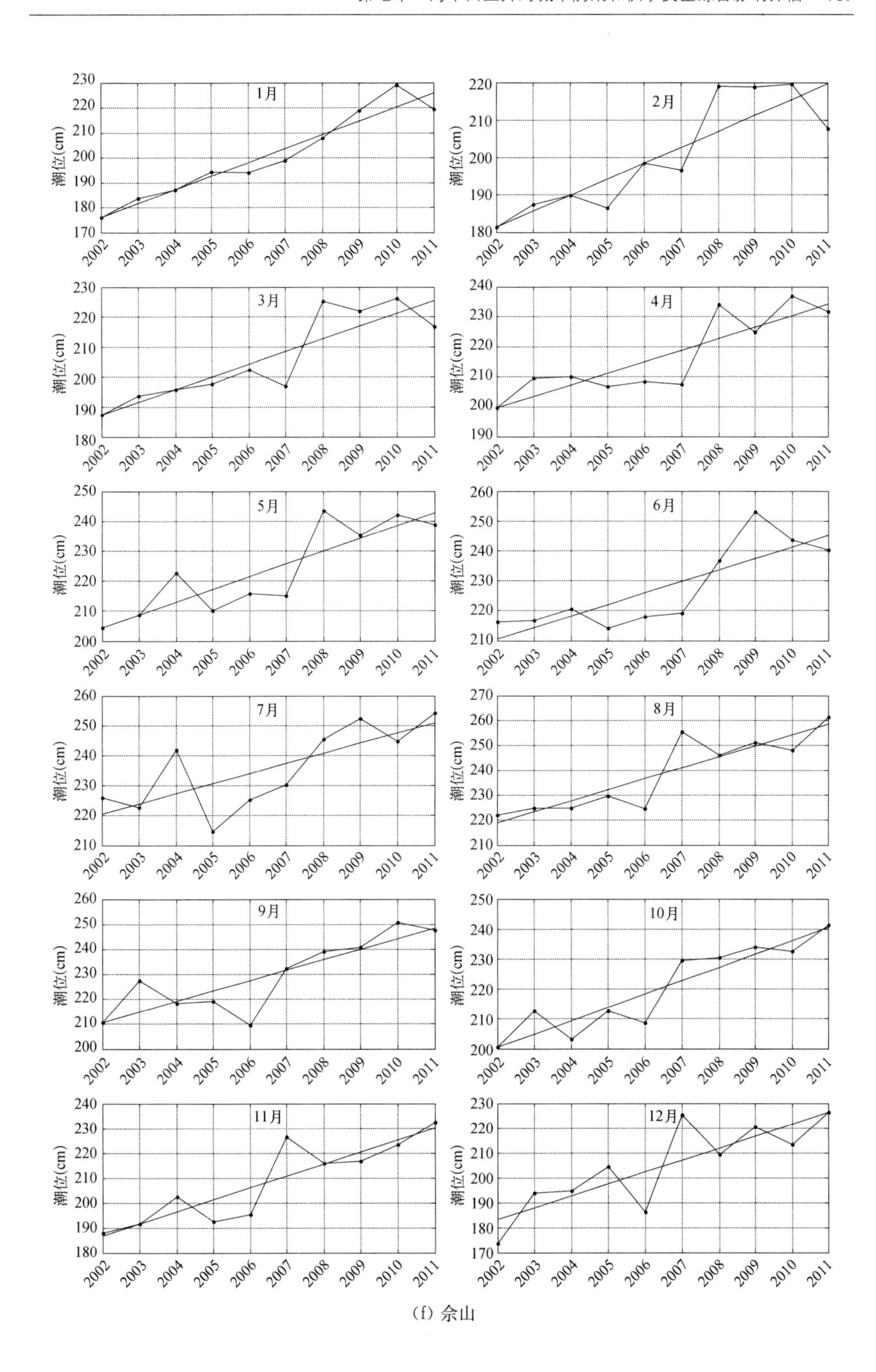
1月
2月
3月
4月
5月
6月
7月
8月
9月
10月
11月
12月
潮位(cm)
2002
2003
2004
2005
2006
2007
2008
2009
2010
2011

(f) 佘山

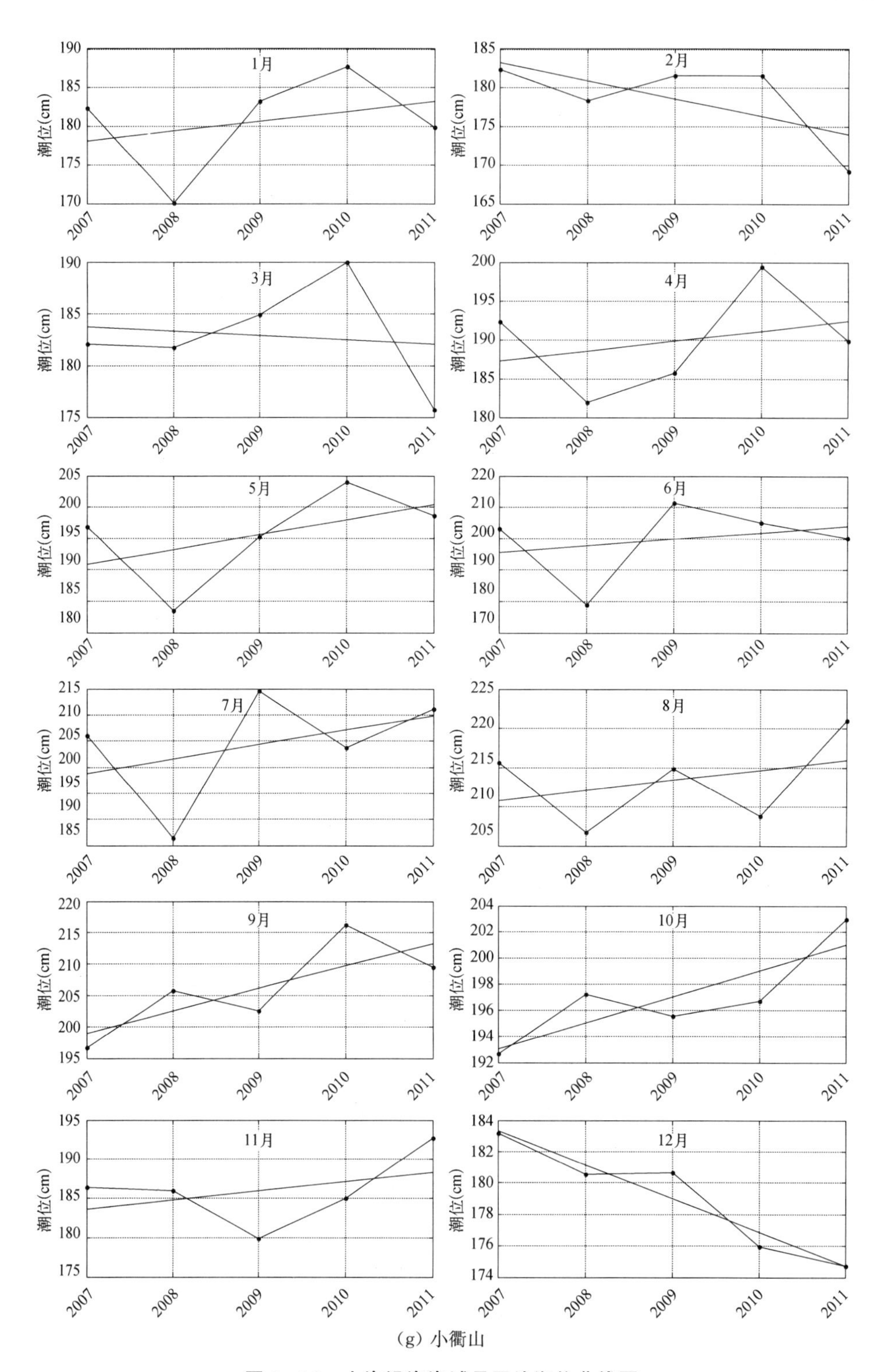

(g) 小衢山

图 7-18 上海沿海海域月平均潮位曲线图

上升有一致的上升趋势。佘山站观测资料年限较短,各统计值趋势性变化特征较显著,这可能与资料时段处于某一周期中有关。资料年限较长的各站各月统计值有较明显的趋势性变化,如吕泗和佘山站的月平均高潮位、月平均低潮位都有上升趋势,滩浒岛站的潮差减小、潮时增加,而一些站(如大戢山站)变化则并不显著。

7.1.2.11 结果与讨论

利用上海邻近海域长时间序列潮位观测资料,进行上海沿海海平面变化以及响应海平面变化的潮汐特征研究,研究结果如下。

1) 上海沿海海平面具有明显的季节变化特征,其中以 9 月份海平面最高,1~2 月份海平面最低。上海沿海潮位站观测的水位年较差值在 40 cm 左右。

2) 不考虑地面沉降等因素的上海沿海相对海平面近年来呈上升趋势,沿海潮位站各站上升速率从最低的 1.3 mm/a(嵊山站)到最高的 5.3 mm/a(吕泗站)。

3) 基于本研究所采用的观测资料统计分析表明,随着海平面变化,上海沿海潮型特征也相应改变,对多站阴历月平均资料的分析表明: ① 月平均潮位总体上呈上升趋势,个别月份呈下降特征;② 月最高高潮位除芦潮港变化不明显外,其余各站总体呈上升趋势,个别月份下降;③ 各站月最低高潮位趋势有升有降,芦潮港和小衢山站总体上呈上升趋势;④ 佘山和小衢山站月平均高潮位有较明显的上升趋势,其他各站各月份变化趋势不一致;⑤ 除佘山站有趋势性上升外,其余各站月平均低潮位变化变化不明显;⑥ 吕泗站涨潮历时有减小的趋势,芦潮港和滩浒岛涨潮历时有较明显的增加趋势,其他站变化不显著;⑦ 潮差无一致的趋势性变化,但滩浒岛站潮差有增大的趋势。

4) 分别利用不同时段连续多年年极值潮位资料进行防涝典型年遇设计潮位的计算表明,吕泗站近 20 年计算典型年遇高水位大于其余时段值,大戢山和滩浒岛不同时段年极值均值和百年一遇高水位略有增加,但幅度仅在 cm 级。

5) 上海近海大戢山、滩浒岛和佘山站调和常数随海平面变化有一定变化,大戢山和滩浒岛站 M2 分潮振幅从 20 世纪 90 年代起有较为明显的增大趋势,其中滩浒岛增加值达到 20 cm。

7.2 海平面上升对海岸防护影响评估

7.2.1 长江河口水动力三维数值模式

本书就长江河口及近海采用三维温盐混合共同作用的河口近海水动力 ECOM-si 模型,来研究海平面上升对上海市沿江沿海水动力的影响。模式中的盐度方程的平流项采用一个空间上具有三阶精度、数值无频散的差分格式 3rd HSIMT-TVD,以确保无数值频散、低数值耗散和盐量守恒性,是朱建荣教授有效改进的数值模式。模式计算区域包括整合长江河口、杭州湾和口外陆架,综合考虑了径流量、潮汐潮流、风应力、混合、地形和口外陆架环流等的作用。模式垂向采用

σ坐标，均匀的分成5层。外海开边界条件考虑陆架环流和潮流，陆架环流以余水位的形式给出，由渤海黄海东海大区域数值模式计算的结果提供，潮流由M_2、S_2、N_2、K_2等16个主要分潮调和常数合成给出。对建立的数值模式进行了严格的验证，包括2003～2012年的数次潮位、流速、流向和盐度等的验证。验证结果表明，该模式能真实地模拟出长江河口的水动力过程和咸潮入侵状况。该模式在上海市及长江口水域众多水土开发利用与保护的规划和研究项目中得到了成功的应用和发展，取得了众多的研究成果，也为工程建设提供了技术支撑。

7.2.2 上海市大陆片区黄浦江水系和江岛片区崇明水系的感潮河网一维水动力数学模型

7.2.2.1 上海陆域感潮河网水动力模型的建立

(1) 数学模型及模块

1) 水动力模型控制方程

水动力模型基本方程采用Saint-Venant方程组，数值离散方程采用成熟的Preismann四点隐式差分格式进行离散，联立方程求解。

水量基本方程：一维明渠非恒定流Saint-Venant方程组

$$\begin{aligned}&\frac{\partial Q}{\partial x}+B_w\frac{\partial Z}{\partial t}=q\\&\frac{\partial Q}{\partial t}+2u\frac{\partial Q}{\partial x}+(gA-Bu^2)\frac{\partial Z}{\partial x}-u^2\frac{\partial A}{\partial x}\bigg|_z+g\frac{n^2\mid Q\mid Q}{AR^{1.333}}=0\end{aligned}\tag{7-1}$$

式中，t为时间坐标；x为空间坐标；Q为流量；Z为水位；U为断面平均流速；n为糙率系数；A为过流断面积；B为主流断面宽度；R为水力半径；q为旁侧入流流量；B_W为水面宽度(包括主流宽度B及起调蓄作用的附加水面宽度)。

2) 河网泵闸系统控制模块

泵、闸控制方式的模拟是水动力模型的重要组成部分。根据上海的水网特征、水资源合理调度的客观要求以及水利工程运行管理的实践经验，遵循防汛时按照防汛安全要求调度、平时按照改善水质和保障用水需要调度的原则，对泵闸的运行方式按照闸内、外的水位控制、闸关联水系的区域平均水位控制以及时间控制等多重要求进行精细的模拟。

3) 降雨径流模块

不同的下垫面具有不同的产流规律，降雨径流模拟将本区域下垫面分成水面(包括河道、湖泊等水面)、水田、旱地或绿地和城镇道路等有覆盖的下垫面，按照水文学的原理和方法来分别计算分块区域的产汇流。

(2) 初始条件

初始水位：取常水位2.7 m，初始流量为0.0 m^3/s。

除涝标准：采用 1963 年型 20 年一遇最大 24 小时面雨量及相应潮型为评估条件。

计算雨型：采用 1963 年 9 月 12 日 8:00～13 日 8:00 的降雨过程，其中最大 1 小时的降雨强度为 36 mm，与城镇小区排水设计强度一年一遇的标准相衔接。外河潮位采用同步实测潮位过程，即 1963 年 9 月同期实测长江口潮位变化过程。

降雨扣损：不同下垫面的降雨径流扣损标准见表 7－4 和表 7－5。

表 7－4　城市化地区不同下垫面扣损标准表

分项＼分类	初损(mm/次)	稳渗(mm/d)	蒸发或拦截(mm/d)
无覆盖面积	20	4	6
有覆盖面积	0	0	6
水　　面	0	0	4

表 7－5　非城市化地区不同下垫面扣损标准

分项＼分类	初损(mm/次)	稳渗(mm/d)	蒸发或拦截 (mm/d)	水田拦截(mm/d)
水　　田	0	4	6	60
旱地非耕地	20	4	6	—
水　　面	0	0	4	—

下垫面组成：根据上海市城市总体规划、土地利用规划以及区域总体规划、控制单元规划等，结合水系现状及规划情况确定下垫面组成。

(3) 边界条件

边界条件采用 1963 年雨型及长江口、杭州湾实测潮型以及黄浦江计算潮型。上海水文边界利用太湖流域水动力学模型以及长江口实测潮型计算确定。

(4) 工况条件及泵闸控制方式

流域及上海河网水系等排涝工程采用远期规划工况，即河网水系布局、河道规模、泵闸工程和市政雨水泵站均已按流域防洪规划、区域防洪除涝规划和雨水排水规划推荐方案实施完成，以此作为计算分析的排涝工程基准工况。

各水利分片预降水位至面平均最低控制水位 2.0 m(青松片预降水位 1.8 m)。在除涝排水过程中，充分利用潮汐动力，水闸能排则排，无法自排时启用泵站抽排。

(5) 数值方法

通过对河网水动力控制方程进行 Preissmann 四点隐式差分格式数值离散处理，即得如下离散方程：

$$
\begin{aligned}
-Q_i + C_i Z_i + Q_{i+1} + C_i Z_{i+1} &= D_i \\
E_i Q_i - F_i Z_i + G_i Q_{i+1} + F_i Z_{i+1} &= \psi_i
\end{aligned}
\qquad (7-2)
$$

式中，$C_i = \dfrac{\Delta x_i}{2\Delta t}(B_t)^j_{i+1/2}$；$D_i = q\Delta x_i + C_i(Z^j_i + Z^j_{i+1})$；$E_i = \dfrac{\Delta x_i}{2\Delta t} - 2u^j_{i+1/2} + \dfrac{g}{2}n_i^2$

$\Delta x_i\left(\frac{|u|}{R^{1.333}}\right)_i^j$;$G_i=\frac{\Delta x_i}{2\Delta t}+2u_{i+1/2}^j+\frac{g}{2}n_i^2\Delta x_i\left(\frac{|u|}{R^{1.333}}\right)_{i+1}^j$;$F_i=(gA-Bu^2)_{i+1/2}^j$;$\psi_i=\frac{\Delta x_i}{2\Delta t}$ $(Q_i^j+Q_{i+1}^j)+\Delta x_i\left(u^2\left.\frac{\partial A}{\partial x}\right|_z\right)_{i+1/2}^j$。式中凡下脚标为 $i+1/2$ 者均表示取 i 及 $i+1$ 断面处函数平均值。

区域河网除涝能力可通过节点控制水位计算来分析。其中,对过闸流量及区间调蓄作用采用成熟的模块进行精细模拟;降雨径流过程模拟,根据设计标准降雨和下垫面的组成,采用"扣损法"计算净雨深及产水过程。

(6) 概化河网

河网水动力模型概化河网包括大陆片区黄浦江水系和江岛片区崇明水系,概化河网包括了全部市管、区管河道以及大部分镇管河道和部分重要村级河道,其中,大陆片域黄浦江水系涉及区域面积 4 930 km^2、总河长 5 654 km,共概化河段 4 072 条段、节点 3 093 个、水闸 459 座,如图7－19(a)所示。崇明岛域涉及区域面积 1 267 km^2、总河长 1 071 km,共概化河段 498 条段,354 个节点、水闸 27 座,如图 7－19(b)所示。长兴岛域涉及区域面积 66. 7 km^2、总河长 166. 9 km,共概化河段 190 条段,128 个节点、水闸 11 座。横沙岛域涉及区域面积 81. 5 km^2、总河长 164. 6 km, 共概化河段 162 条段,102 个节点、水闸 6 座。

7.2.2.2 模型的率定和验证

本书采用的平原感潮河网地区黄浦江水系及崇明岛水系一维水动力模型分别在相关研究中经过广泛的模型率定和验证,其中包括黄浦江水系利用 2004 年 7～9 月和

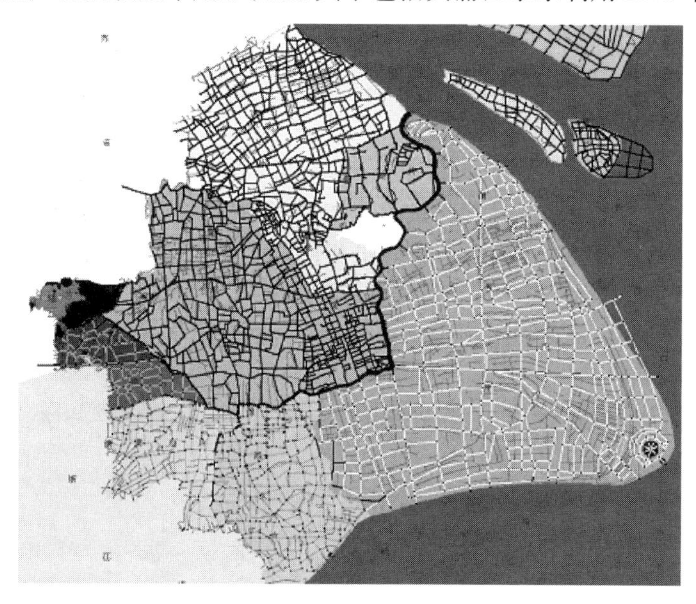

(a) 黄浦江水系和长兴岛、横沙岛水系

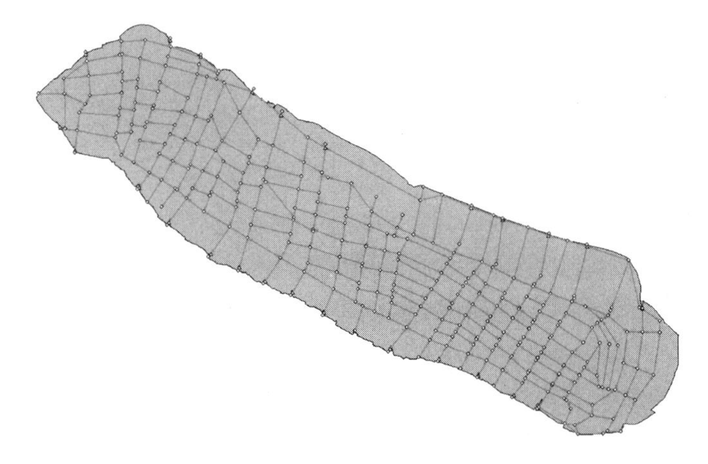

(b) 崇明岛水系

图 7-19　上海市黄浦江水系和崇明三岛水系概化河网图

2006 年 10～12 月调水期间的水文同步测验资料，崇明岛水系利用 2008 年 5 月和同年 10 月调水期间的水文同步测验资料，分别在不同科研或规划项目中进行了各水系水动力同步重演模拟计算和率定验证，部分河道断面的水位和水量率定验证情况详见图 7-20、图 7-21、图 7-22 和图 7-23。

由率定与验证结果图可知：当黄浦江水系水动力模型的糙率系数取下列值时，即黄浦江的糙率系数为 0.018～0.025、蕰藻浜的糙率系数为 0.022～0.035、苏州河的糙率系数为 0.018～0.036、河网的其他河道糙率系数采用 0.020～0.030 时，各代表断面的水位或流量的计算值与实测值地吻合较好。其中黄浦江及其主要干支流水位的计算值与实测值的平均误差小于 1%～5%，流量的计算值和实测值相比，除个别点据有一定偏差外，绝大多数点据吻合较好，平均误差小于 10%；水利分片内日平均水位变化过程的平均误差小于 5%，取得了较令人满意的结果。当崇明岛水系的糙率系数取0.020～0.035 时，各代表断面的水位或流量的计算值与实测值地吻合也较好，其中，水位的计算值和实测值相比，平均误差小于 10%；流量的计算值和实测值相比，除个别点据有一定偏差外，绝大多数点据吻合较好，平均误差小于 15%。

7.2.2.3　小结

建立了上海陆域黄浦江水系及崇明三岛水系一维感潮河网水动力数学模型，且分别在相关研究中经过广泛的模型率定和验证，其中包括黄浦江水系利用 2004 年 7～9 月和 2006 年10～12 月调水期间的水文同步测验资料，崇明三岛水系利用 2008 年 5 月和同年 10 月调水期间的水文同步测验资料，分别在不同科研或规划项目中进行了各水系水动力同步重演模拟计算和率定验证。由率定与验证结果可知：当黄浦江水系水动力模型的糙率系数取下列值时，即黄浦江的糙率系数为 0.018～0.025、蕰藻浜的糙率系数为 0.022～0.035、苏州河的糙率系数为 0.018～

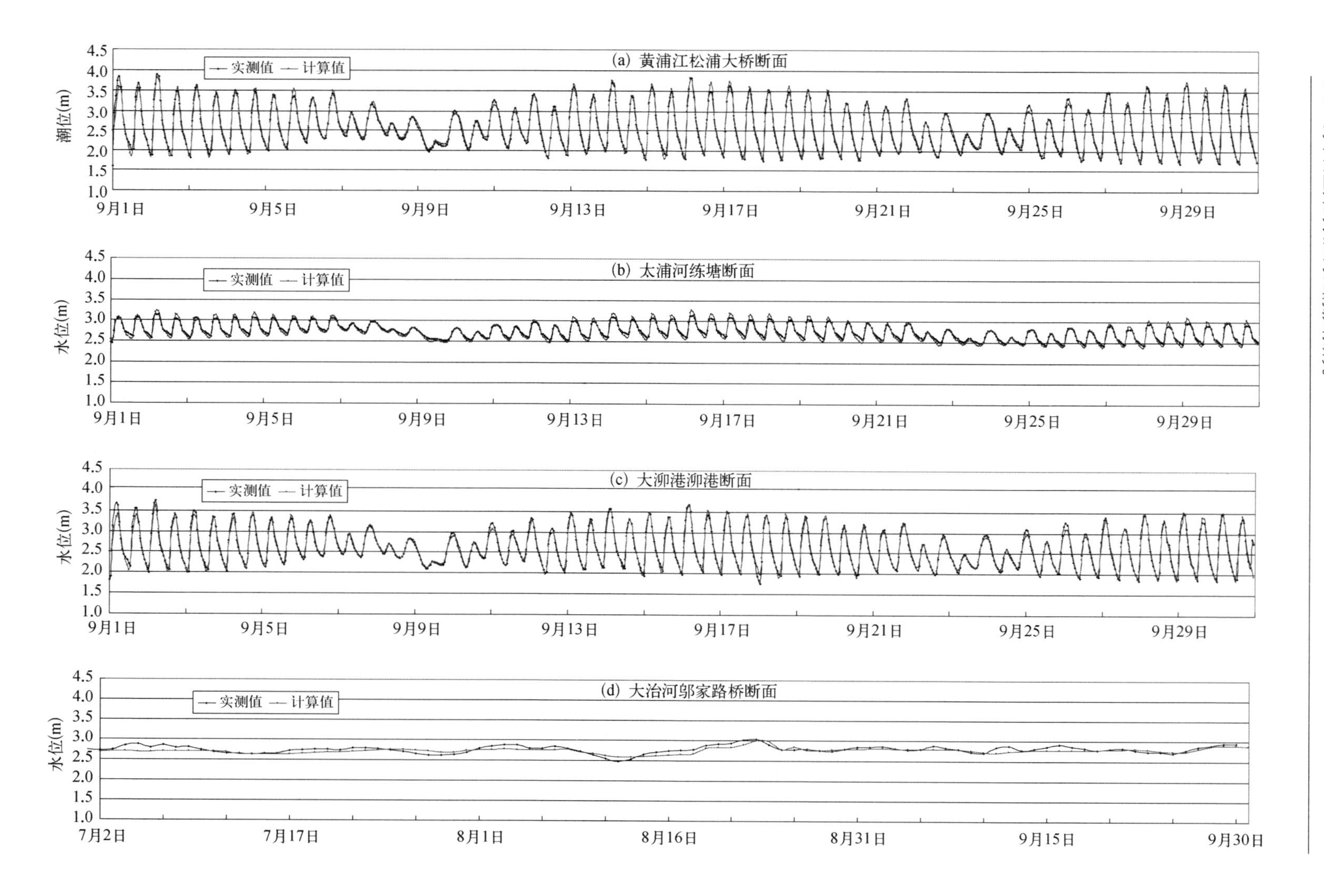
(a) 黄浦江松浦大桥断面
实测值
计算值
潮位(m)
4.5
4.0
3.5
3.0
2.5
2.0
1.5
1.0
9月1日
9月5日
9月9日
9月13日
9月17日
9月21日
9月25日
9月29日
(b) 太浦河练塘断面
实测值
计算值
水位(m)
4.5
4.0
3.5
3.0
2.5
2.0
1.5
1.0
9月1日
9月5日
9月9日
9月13日
9月17日
9月21日
9月25日
9月29日
(c) 大泖港泖港断面
实测值
计算值
水位(m)
4.5
4.0
3.5
3.0
2.5
2.0
1.5
1.0
9月1日
9月5日
9月9日
9月13日
9月17日
9月21日
9月25日
9月29日
(d) 大治河邬家路桥断面
实测值
计算值
水位(m)
4.5
4.0
3.5
3.0
2.5
2.0
1.5
1.0
7月2日
7月17日
8月1日
8月16日
8月31日
9月15日
9月30日

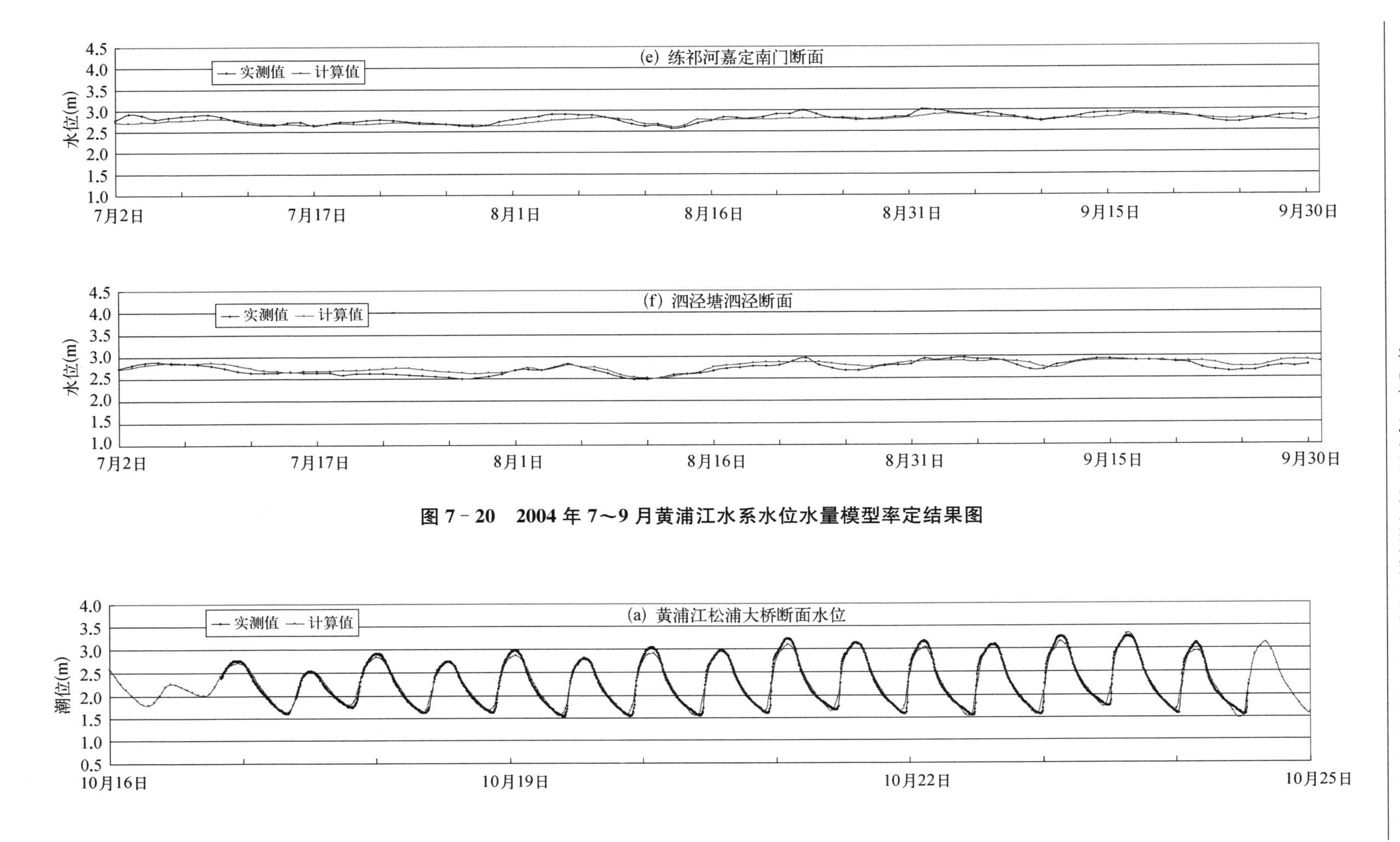

图 7-20　2004 年 7~9 月黄浦江水系水位水量模型率定结果图

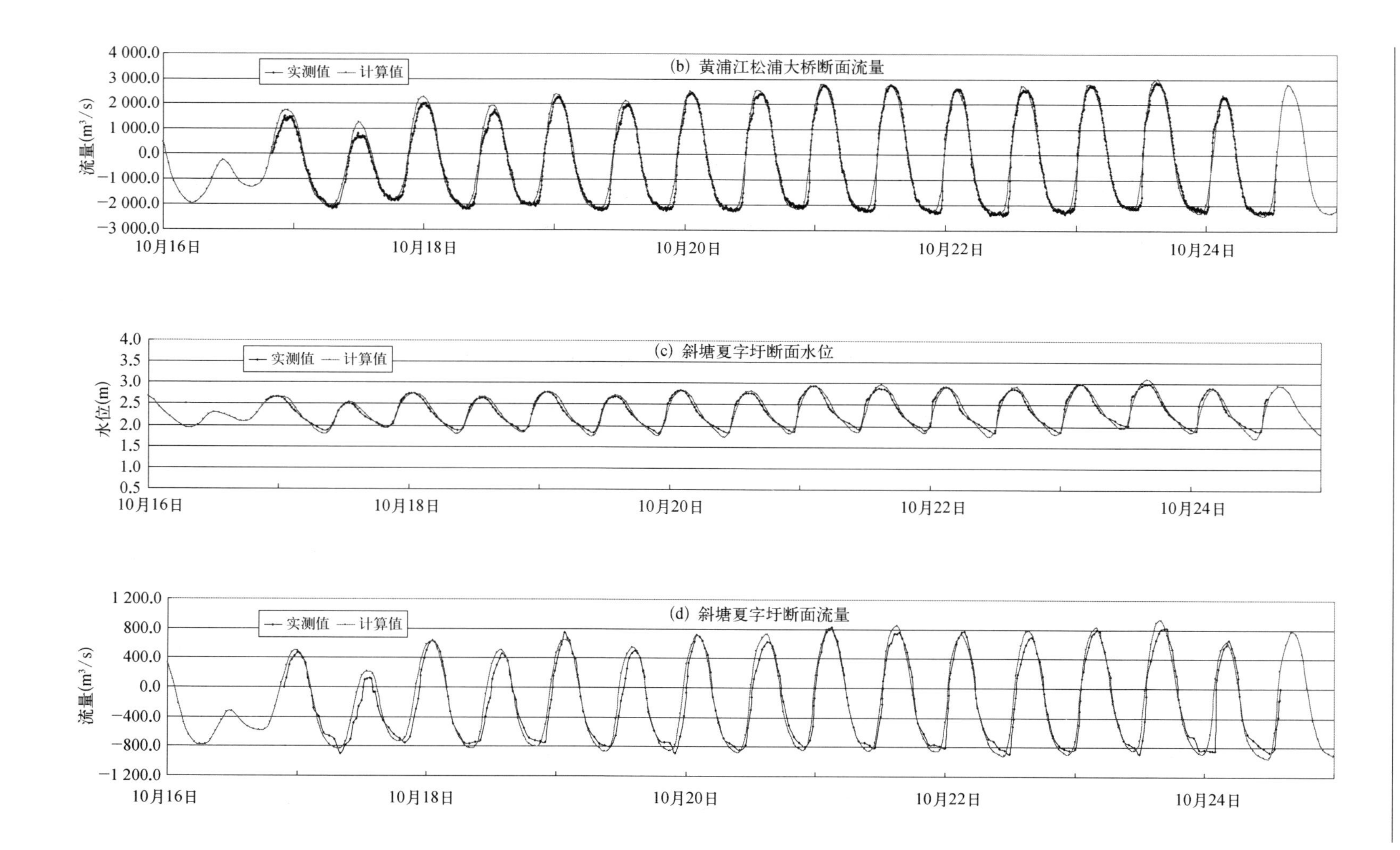
(b) 黄浦江松浦大桥断面流量
实测值
计算值
流量(m³/s)
4 000.0
3 000.0
2 000.0
1 000.0
0.0
−1 000.0
−2 000.0
−3 000.0
10月16日
10月18日
10月20日
10月22日
10月24日
(c) 斜塘夏字圩断面水位
实测值
计算值
水位(m)
4.0
3.5
3.0
2.5
2.0
1.5
1.0
0.5
10月16日
10月18日
10月20日
10月22日
10月24日
(d) 斜塘夏字圩断面流量
实测值
计算值
流量(m³/s)
1 200.0
800.0
400.0
0.0
−400.0
−800.0
−1 200.0
10月16日
10月18日
10月20日
10月22日
10月24日

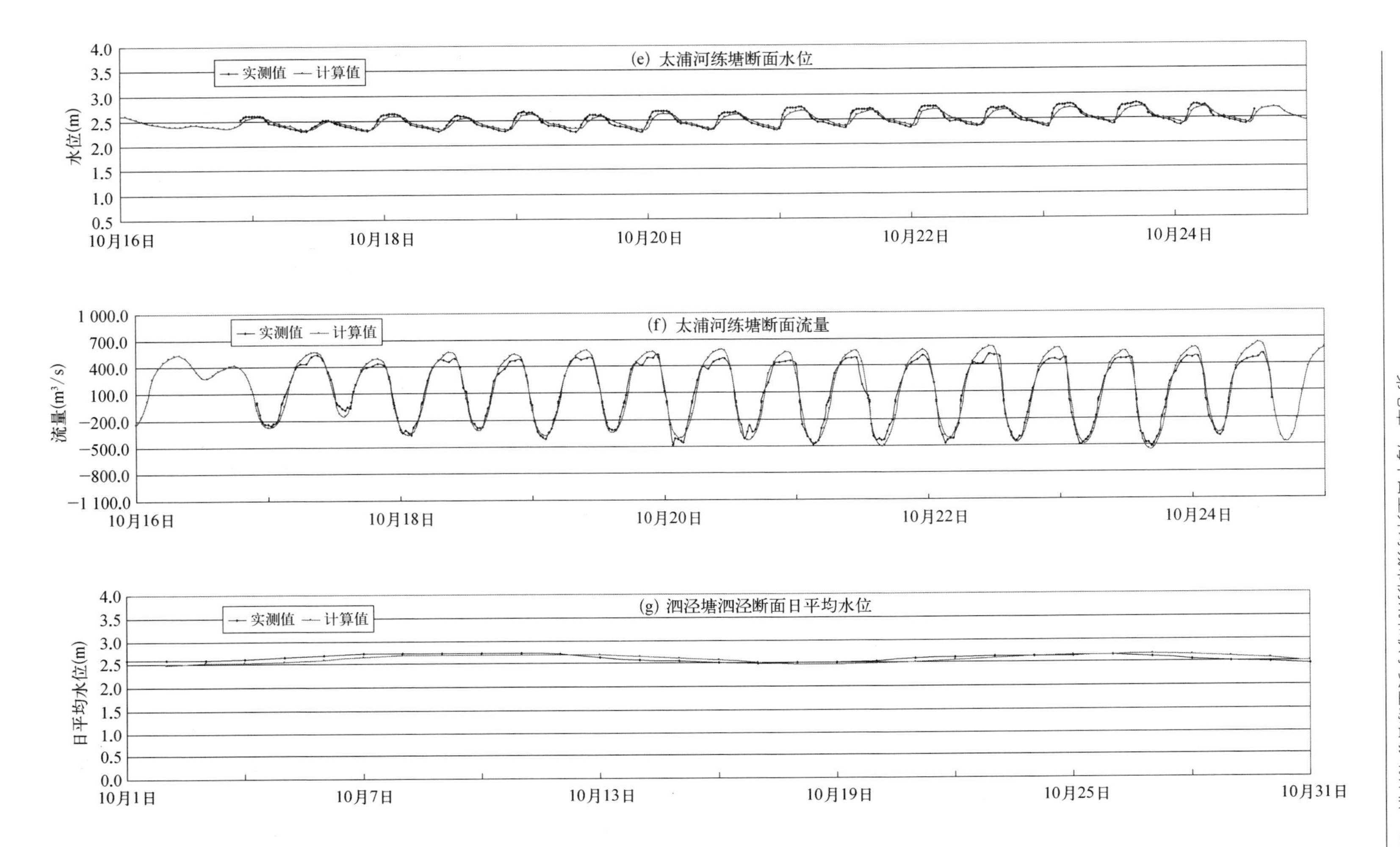
(e) 太浦河练塘断面水位
实测值　计算值
水位(m)
4.0
3.5
3.0
2.5
2.0
1.5
1.0
0.5
10月16日
10月18日
10月20日
10月22日
10月24日
(f) 太浦河练塘断面流量
实测值　计算值
流量(m³/s)
1 000.0
700.0
400.0
100.0
−200.0
−500.0
−800.0
−1 100.0
10月16日
10月18日
10月20日
10月22日
10月24日
(g) 泗泾塘泗泾断面日平均水位
实测值　计算值
日平均水位(m)
4.0
3.5
3.0
2.5
2.0
1.5
1.0
0.5
0.0
10月1日
10月7日
10月13日
10月19日
10月25日
10月31日

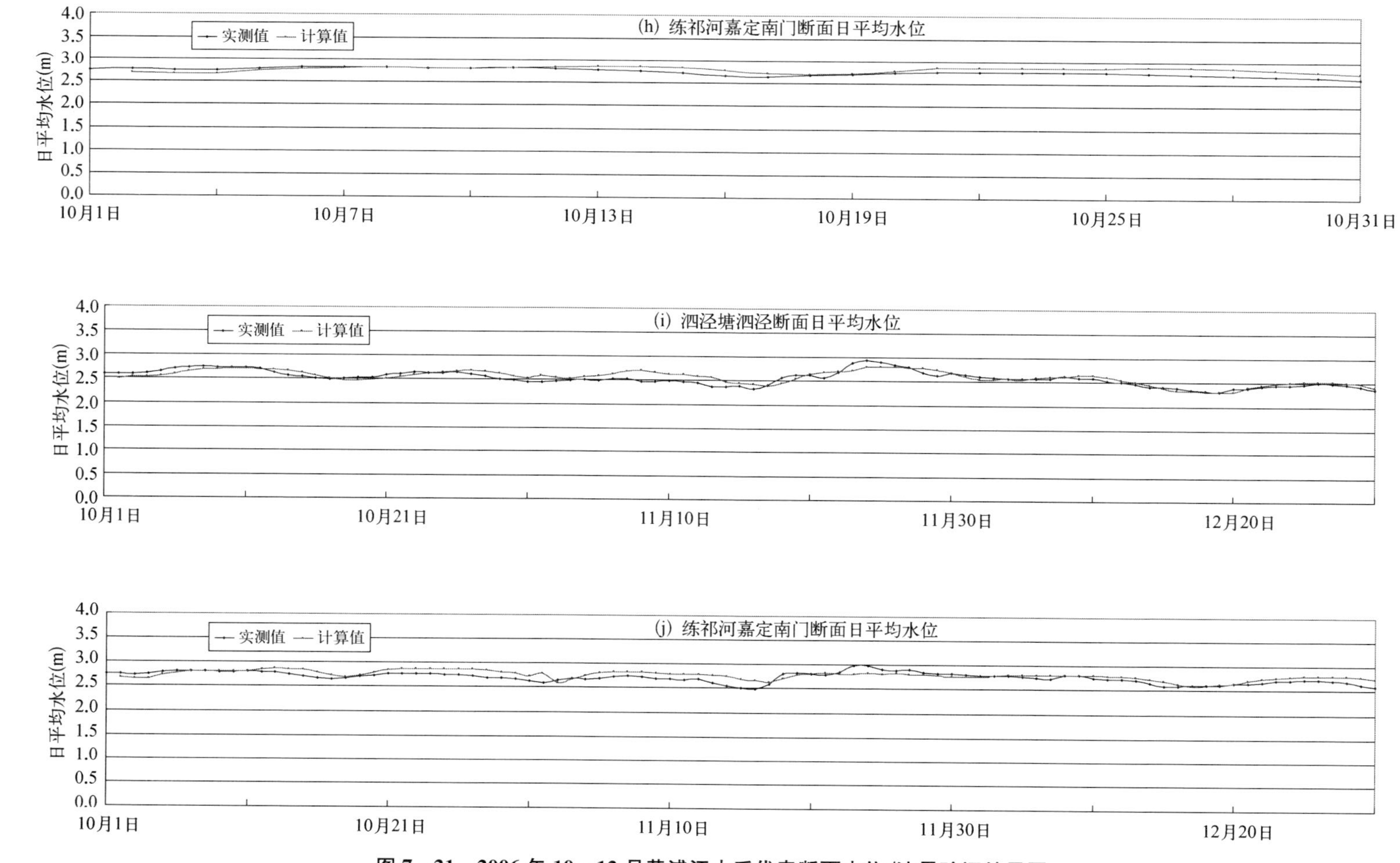

图 7-21　2006 年 10~12 月黄浦江水系代表断面水位/流量验证结果图

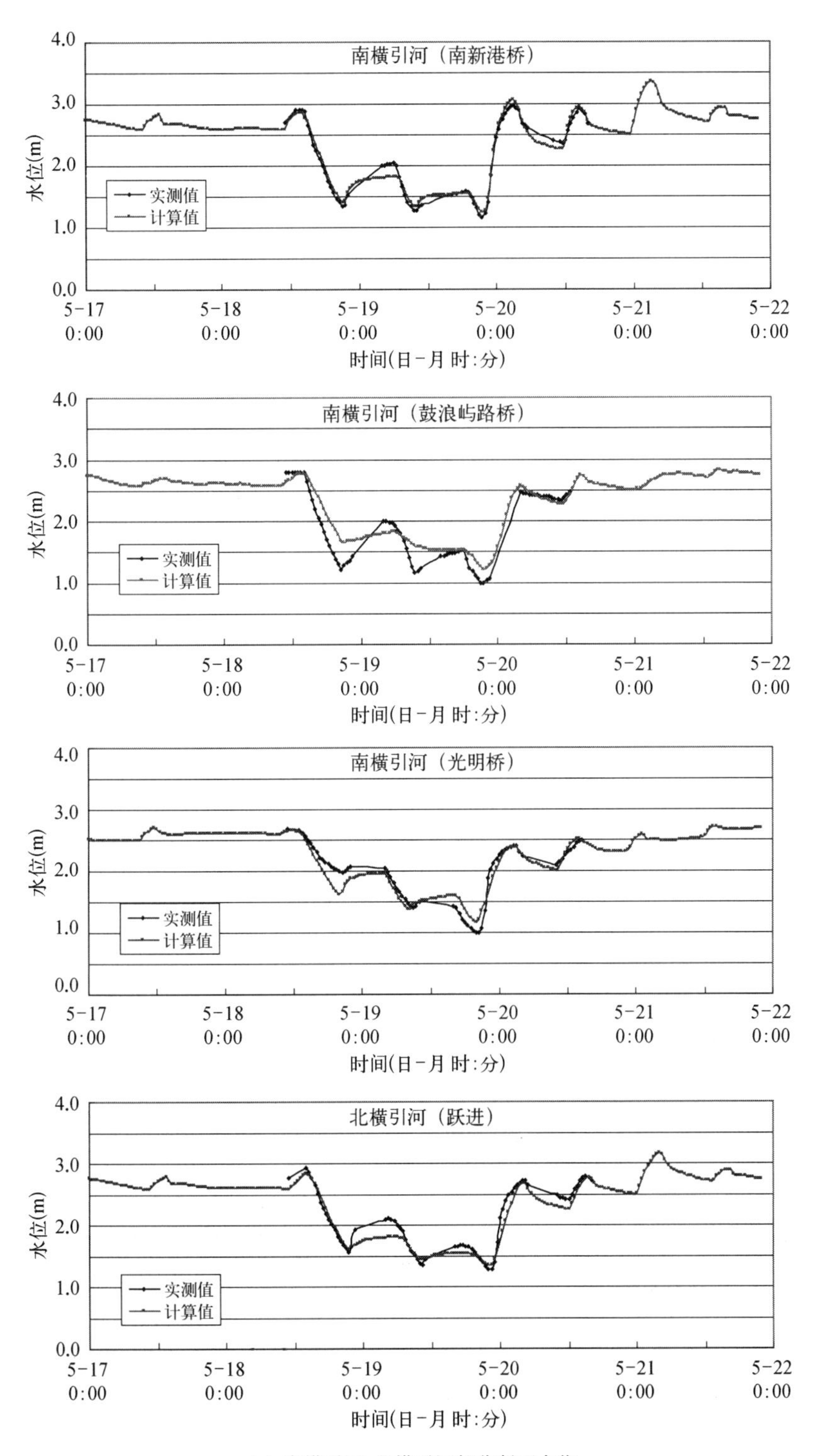

(a) 南横引河、北横引河部分断面水位

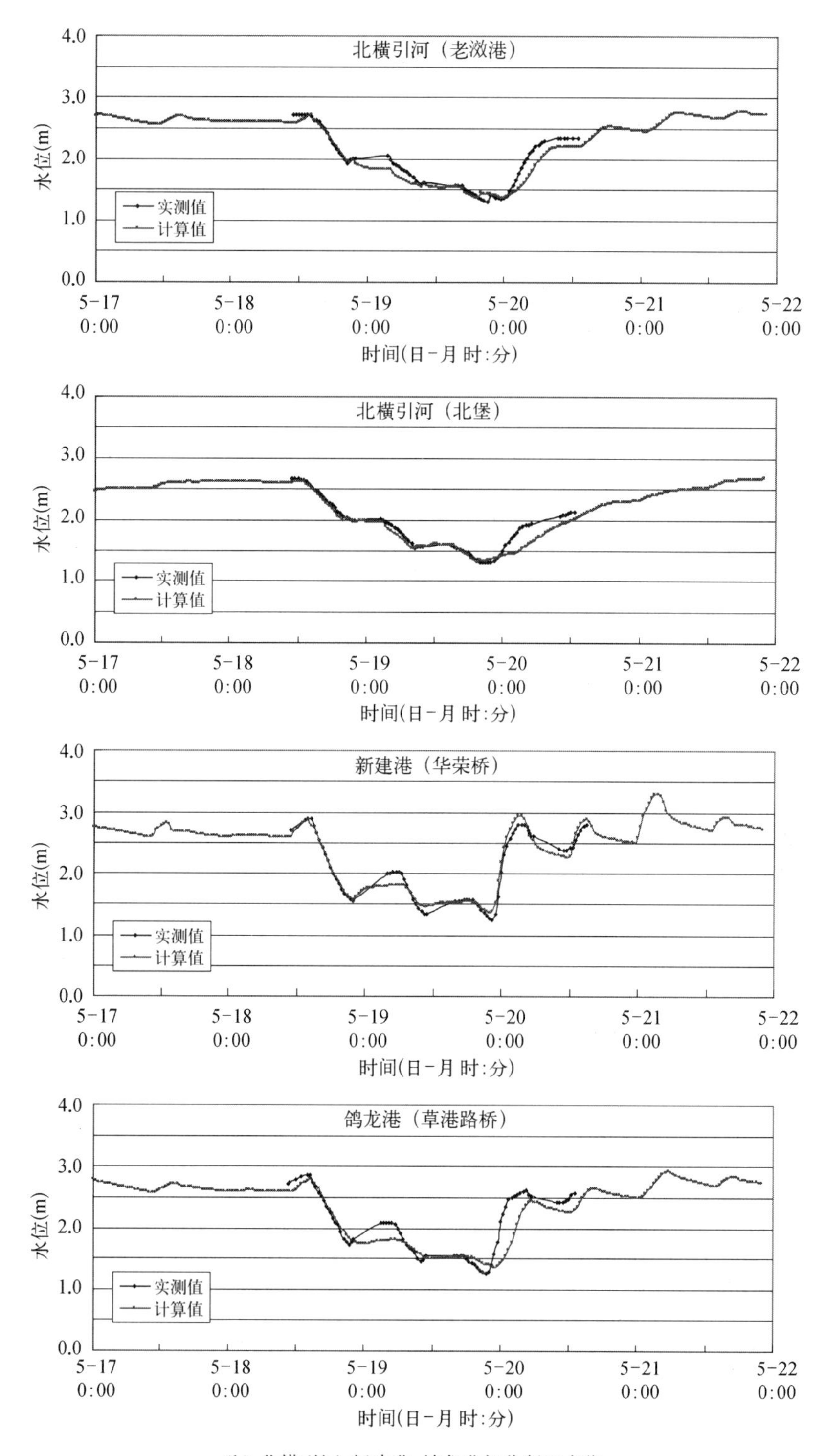

（b）北横引河、新建港、鸽龙港部分断面水位

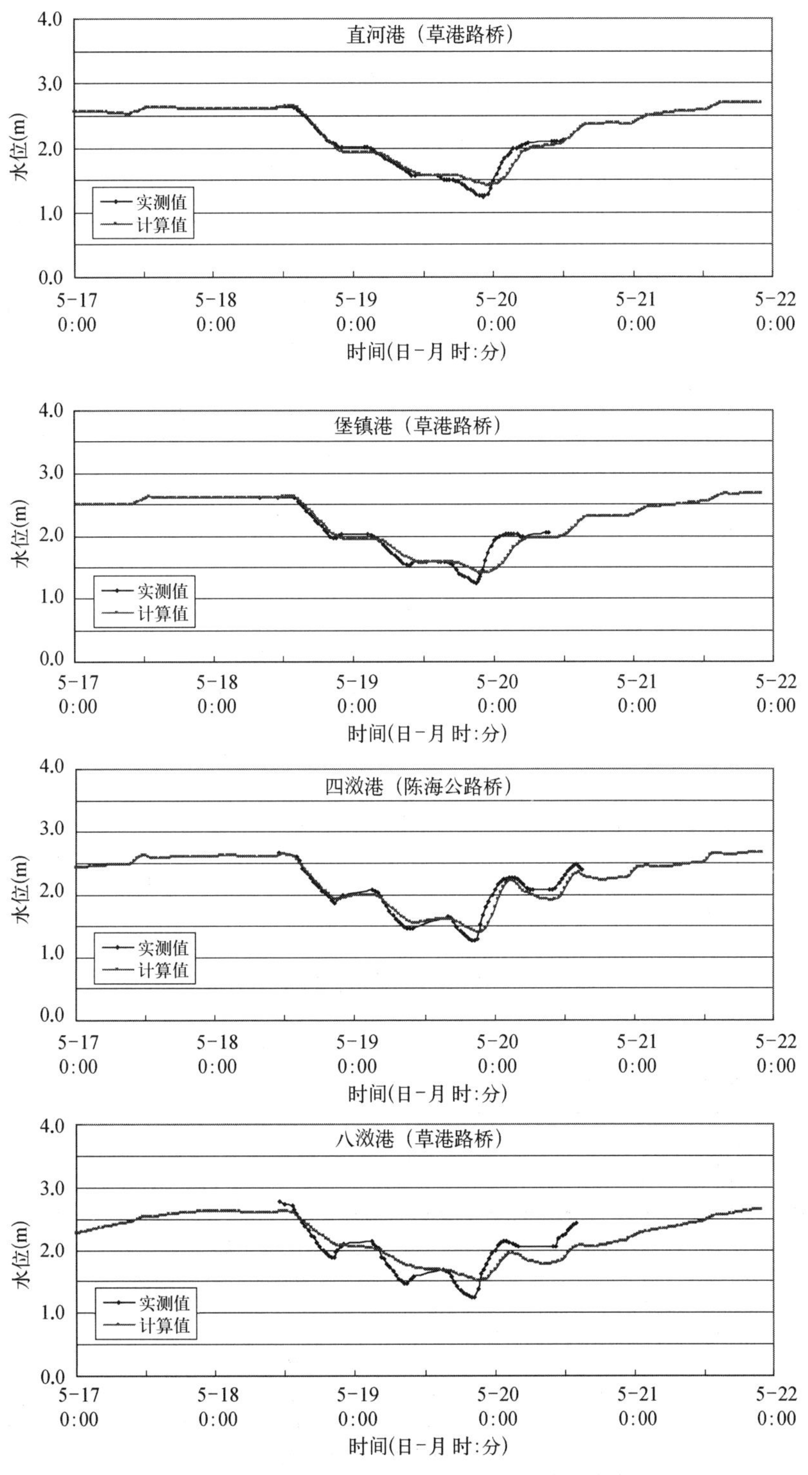

(c) 直河港、堡镇港、四滧港和八滧港部分断面水位

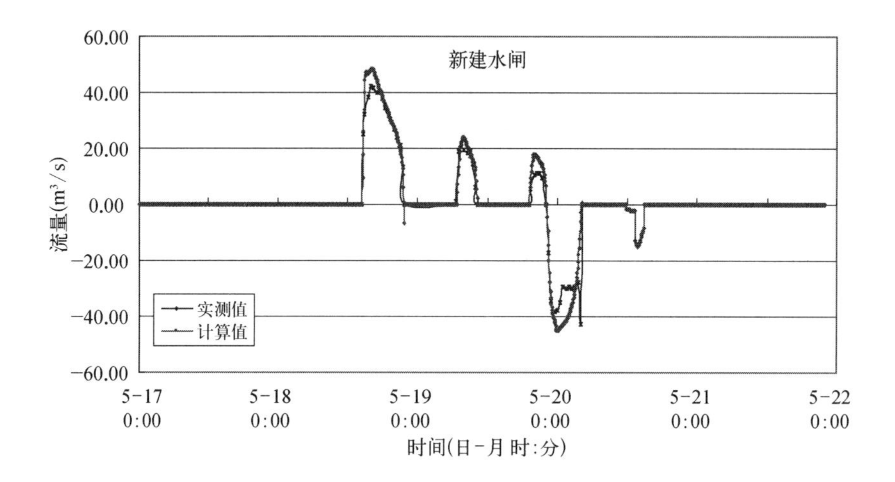

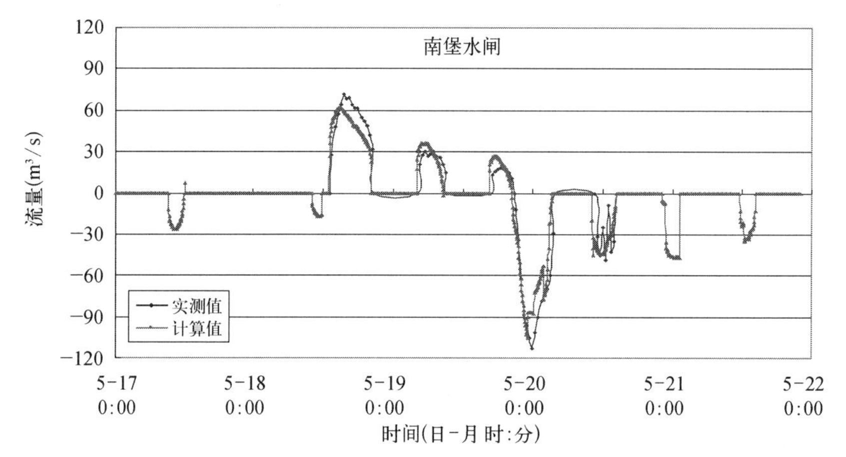

(d) 新建水闸、南堡水闸流量

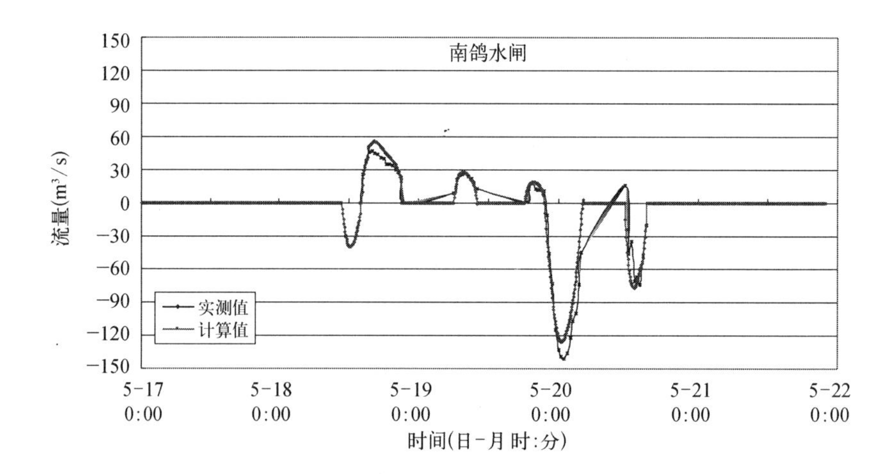

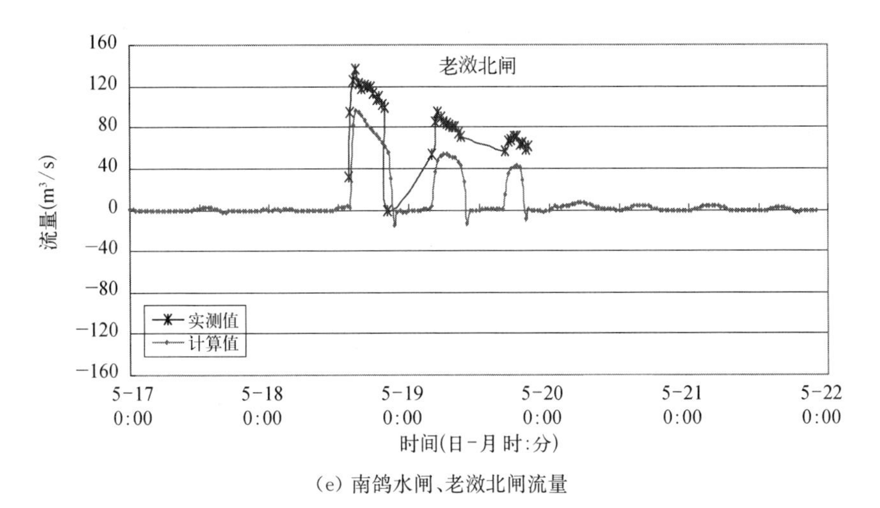

(e) 南鸽水闸、老滧北闸流量

图 7-22　2008 年 5 月崇明岛河网调水试验水动力模型水位、流量率定结果图

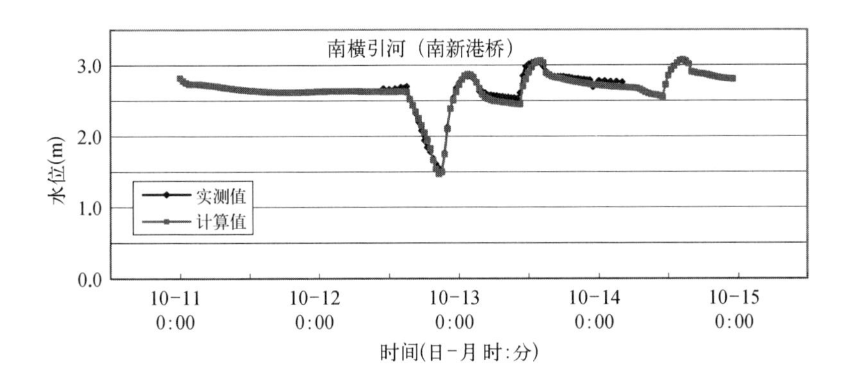

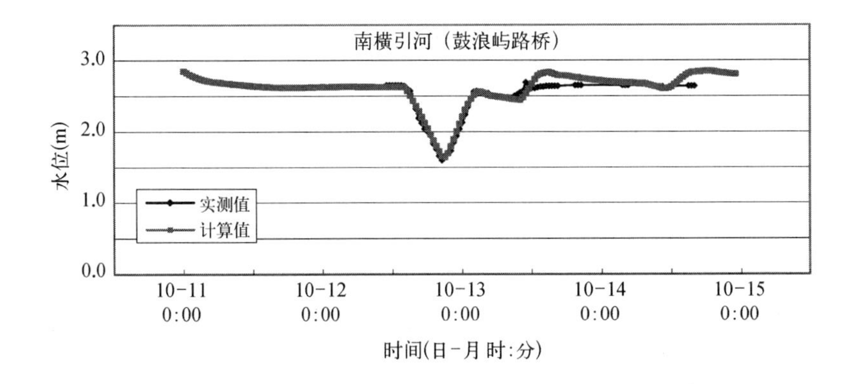

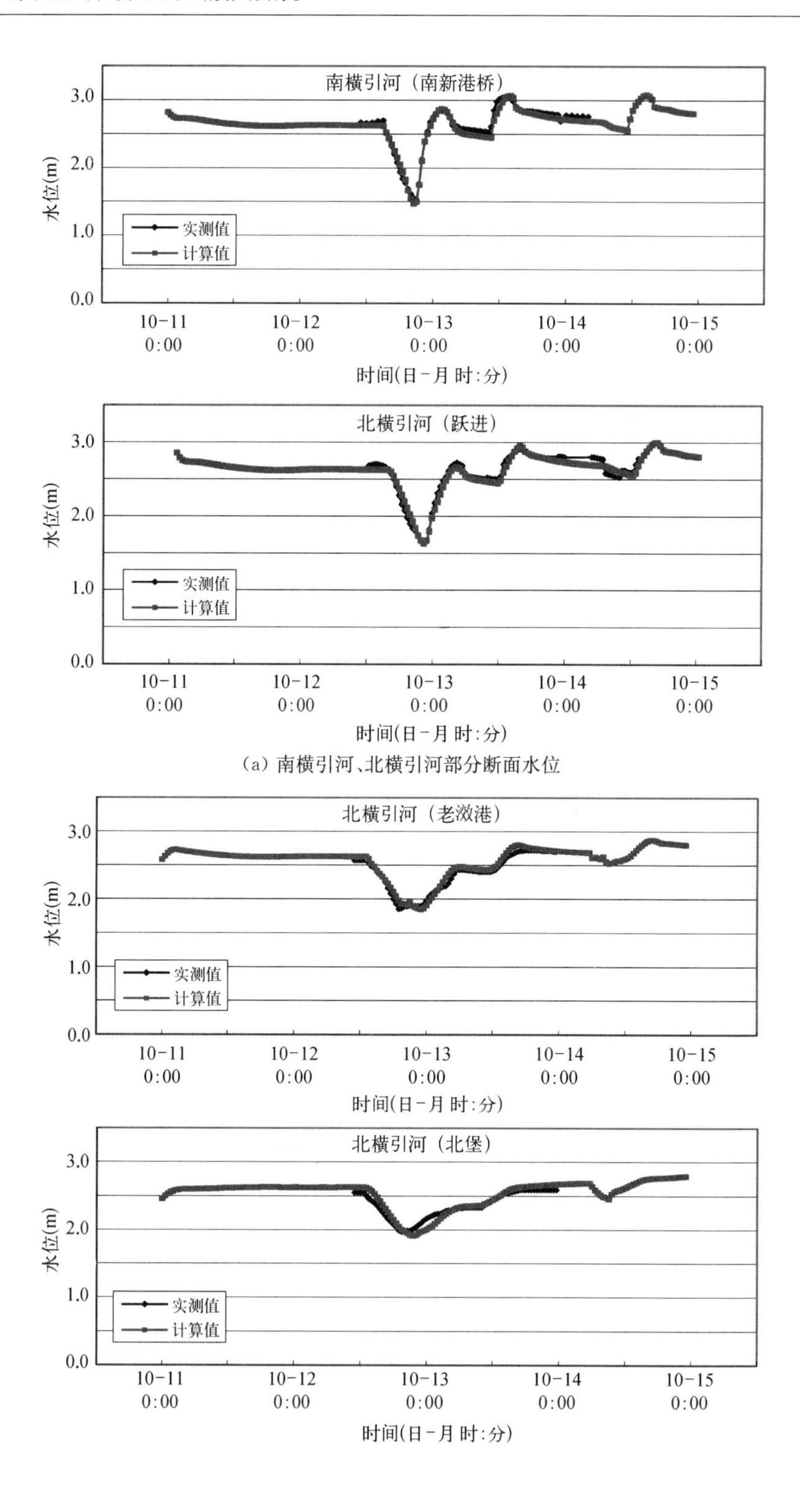

（a）南横引河、北横引河部分断面水位

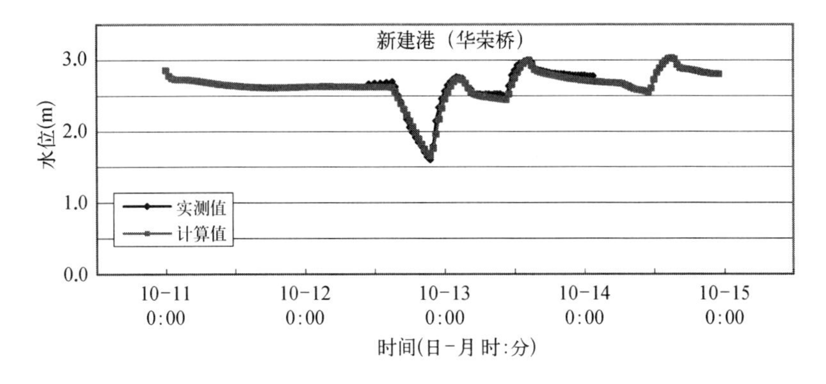

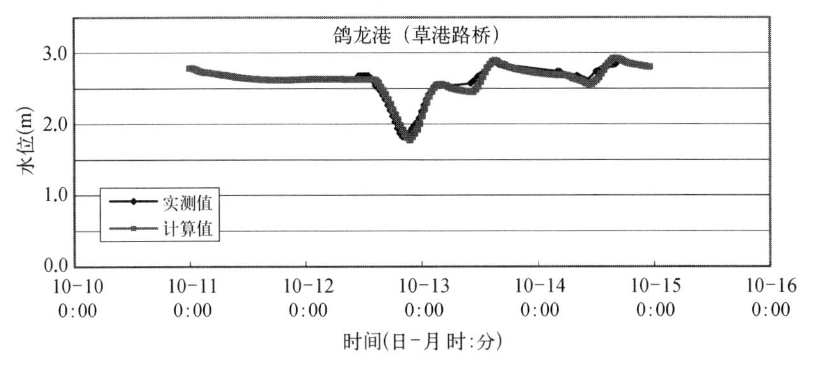

(b) 北横引河、新建港、鸽龙港部分断面水位

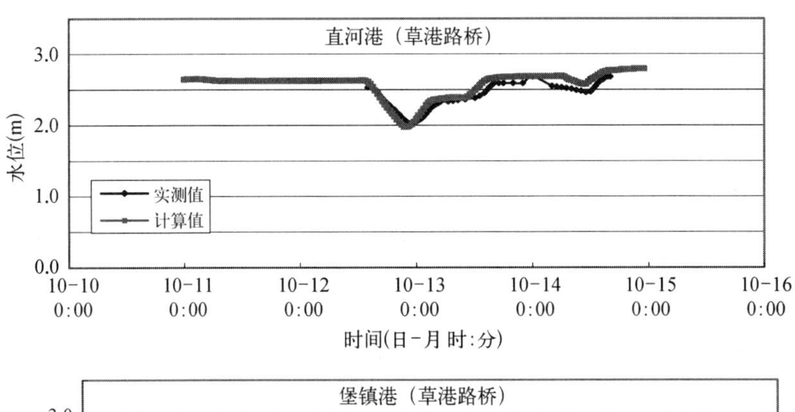

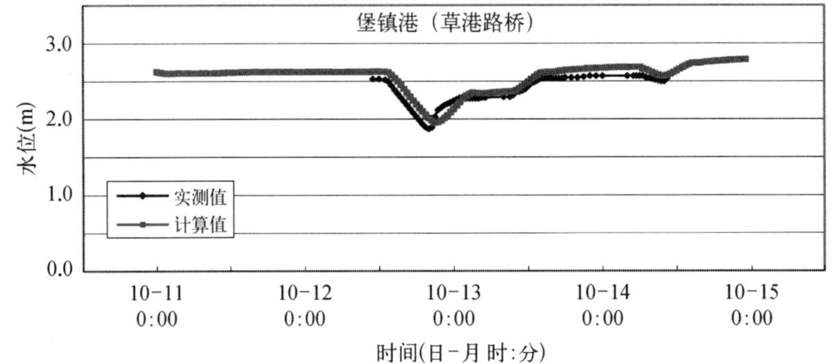

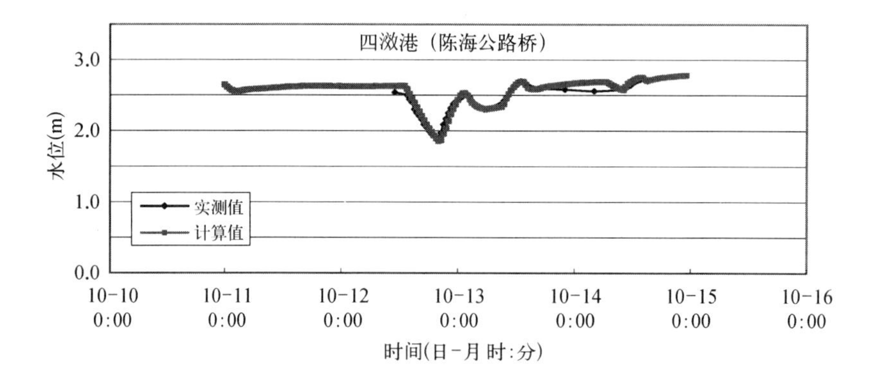

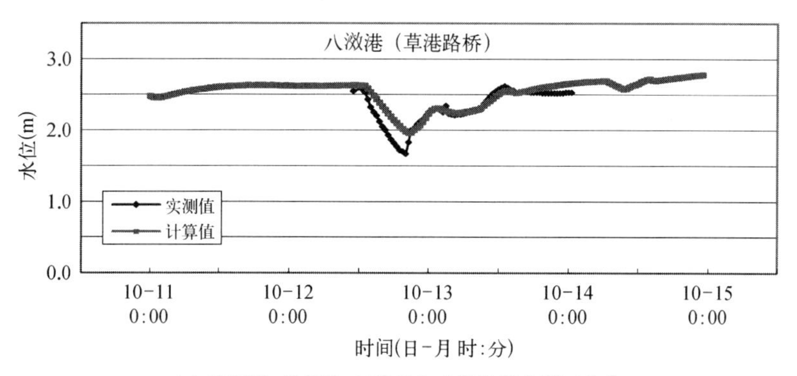

（c）直河港、堡镇港、四滧港和八滧港部分断面水位

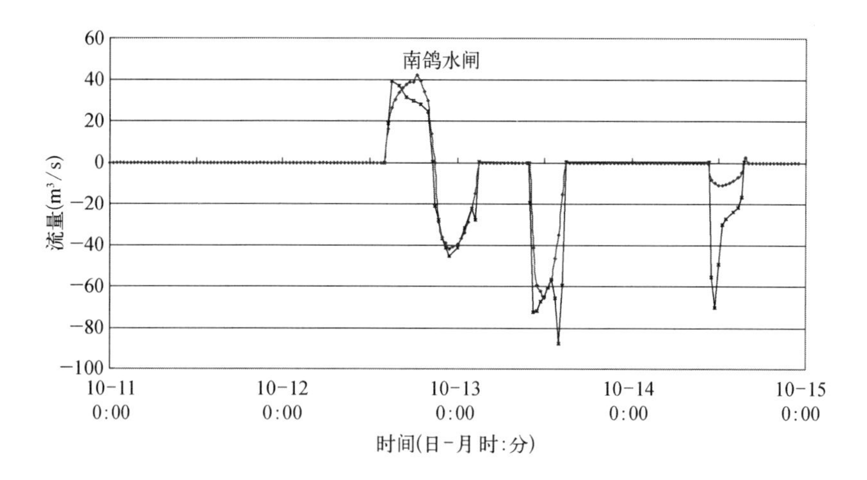

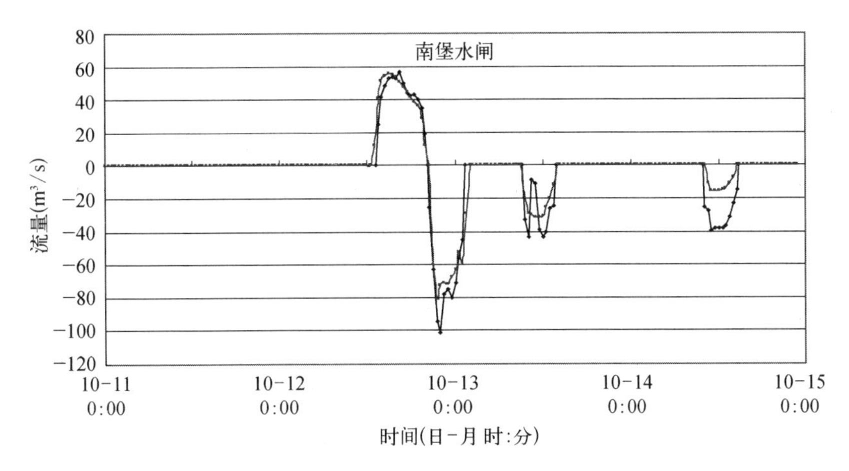

(d) 南鸽水闸、南堡水闸流量

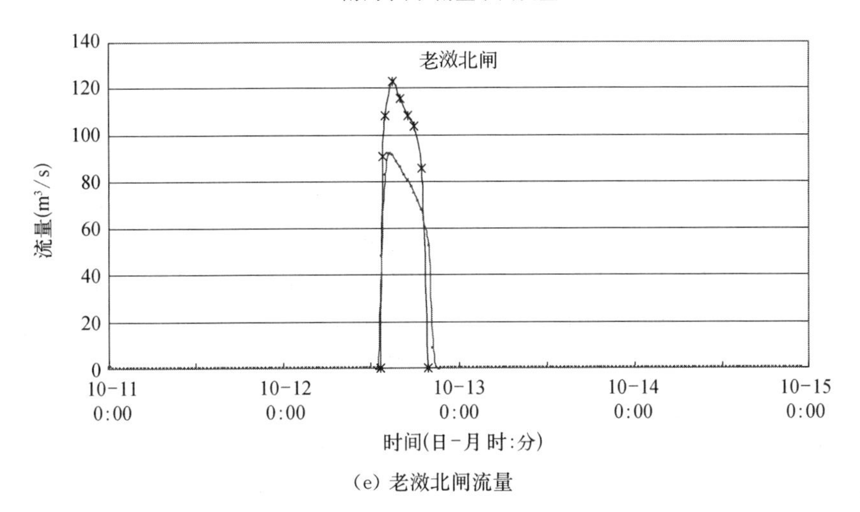

(e) 老滧北闸流量

图 7-23 2008 年 5 月崇明岛河网调水试验水动力模型水位、流量验证结果图

0.036、河网的其他河道糙率系数采用 0.020～0.030，各代表断面的水位或流量的计算值与实测值吻合较好。其中黄浦江及其主要干支流水位的计算值与实测值的平均误差小于 1%～5%；流量的计算值和实测值相比，除个别点据有一定偏差外，绝大多数点据吻合较好，平均误差小于 10%；水利分片内日平均水位变化过程的平均误差小于 5%，取得了较令人满意的结果。当崇明岛水系的糙率系数为 0.020～0.035 时，各代表断面的水位或流量的计算值与实测值吻合也较好。其中，水位的计算值和实测值相比，平均误差小于 10%；流量的计算值和实测值相比，除个别点据有一定偏差外，绝大多数点据吻合较好，平均误差小于 15%。

验证结果表明，所建立的上海市陆域感潮河网水动力模型能真实地模拟出黄浦江水系和崇明岛水系的水动力过程，且得到了成功的应用和发展，同样也已取得众多的研究成果，也为上海市水务规划或重大水务课题研究提供了技术支撑。

7.2.3　海平面上升对海岸防护的影响评估

7.2.3.1　海平面上升对上海近岸海域水动力的影响分析

应用建立的长江河口及近海水动力三维数值模型，分析了海平面上升对上海市沿江沿海代表性潮位和潮流、典型断面水通量的影响。模型选择了上海市沿江沿海自金山嘴、金汇港闸、芦潮港、南汇嘴观海公园、外高桥、吴淞口等大陆近岸代表性站点及崇明三岛和主要港汊的代表性站点共 30 个，典型断面位置包括北支上段、北港上段、北槽和南槽上段共 4 个。选取了典型平水年时段(1997 年 8 月 8～20 日)和典型丰水年时段(1998 年 7 月 15 日～8 月 27 日)两个特征年典型时段，分别就海平面上升前及上升 10 cm 和 16 cm 的三种情况(本研究所开展的海平面上升 5 cm 对上海市沿江沿海近岸水域水动力的影响均小于海平面上升 10～16 cm 情况，因此本书不重点介绍前者的影响)对上海市沿江沿海水动力状况影响进行了模拟，其中重点介绍典型平水年时段(即 1997 年型影响方案)，典型丰水年时段(即 1998 年型影响方案)的影响与平水年型方案类似，在此不作详细介绍。

(1) 潮动力特征

1) 海平面上升前的平水年

海平面上升前的平水年时段(8 月 8～20 日)，自南汇嘴至金山嘴，小潮潮差为 2.2～3.2 m，大潮潮差为 4.45～6.2 m；小潮期间最大流速为 0.75～1.1 m/s，大潮期间最大流速为 0.95～1.7 m/s。自陈行水库近川杨河至大治河闸外，小潮潮差为 1.6～2.1 m，大潮潮差为 3.1～4.2 m；小潮期间最大流速为 0.5～1.0 m/s，大潮期间最大流速为 0.72～1.3 m/s。在崇明岛沿岸中，东滩至北支小潮潮差(约 1.7～2.2 m)和大潮潮差(约 3.9～4.25 m)均要高于南支沿岸的小潮潮差(约 1.65～1.8 m)和大潮潮差(约 3.1～3.3 m)；环岛小潮期间最大流速为 0.6～1.2 m/s，大潮期间最大流速为 0.95～1.7 m/s。长兴岛和横沙岛沿岸，小潮潮差为 1.65～1.8 m，大潮潮差为 3.1～3.4 m；小潮期间最大流速为 0.6～1.05 m/s，大潮期间最大流速为 0.5～1.75 m/s(图 7-24)。

2) 海平面上升后的平水年

在海平面分别上升 10 cm 和 16 cm 的平水年时段(8 月 8～20 日)：上海市沿江沿海近岸水域潮位上升变化量也大多分别在 9.0～11.0 cm 和 14.0～18.0 cm，少数低值分别在 6.5 cm(如长兴岛民主村江段)和 12.0 cm(如外高桥段、长兴岛民主村江段、崇明岛团旺闸外段)；少数高值分别达到 16.0 cm(如庙港北闸段)和 23.0～24.0 cm(如崇明岛庙港北闸段和横沙岛富民沙路南端段)。在表层流速最大增加量中，上海市沿江沿海近岸水域大多在 1.5～3.0 cm/s 和 2.0～5.0 cm/s，少数高值别达到 3.8～4.0 cm/s(如北支东滩公园—庙港北闸段、横沙岛富民沙路南端段、外高桥段等)和 8.0 cm/s(如横沙岛东段、崇明岛庙港北闸段)。为清楚地表示海平面上升后站点水位、表层和底层流速的变化，采用其差值随时间变化图，

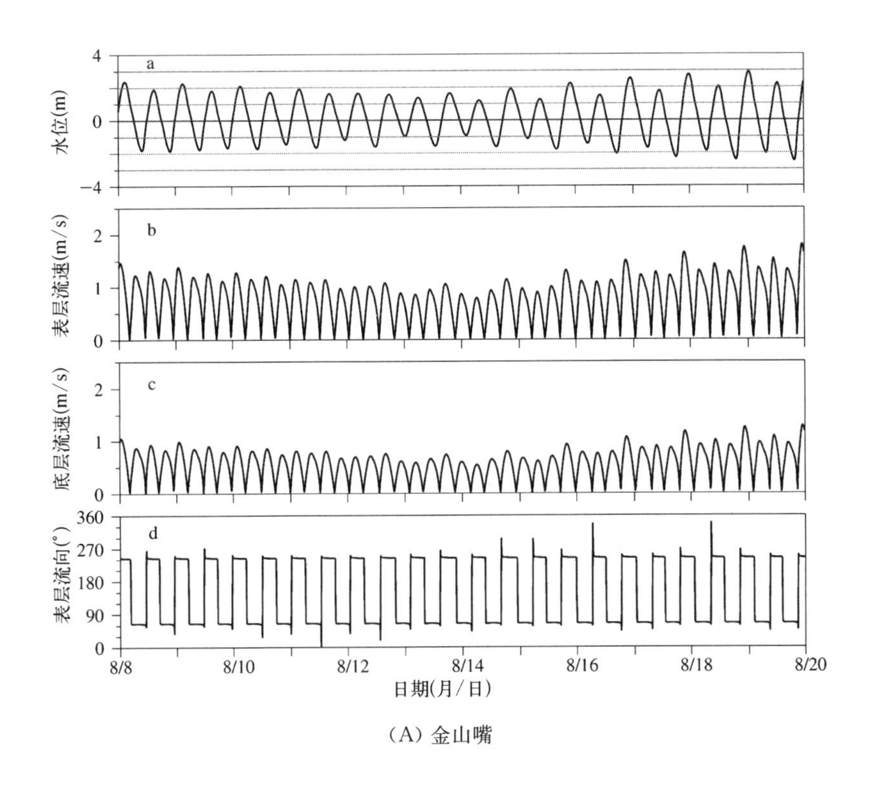
a
水位(m)
4
0
−4
b
表层流速(m/s)
2
1
0
c
底层流速(m/s)
2
1
0
d
表层流向(°)
360
270
180
90
0
8/8
8/10
8/12
8/14
8/16
8/18
8/20
日期(月/日)

(A) 金山嘴

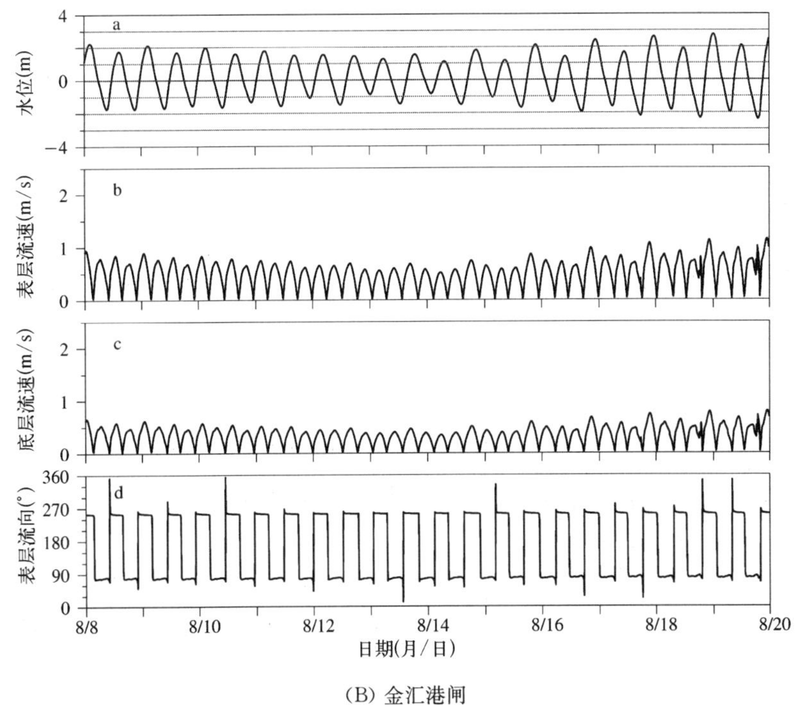
a
水位(m)
4
0
−4
b
表层流速(m/s)
2
1
0
c
底层流速(m/s)
2
1
0
d
表层流向(°)
360
270
180
90
0
8/8
8/10
8/12
8/14
8/16
8/18
8/20
日期(月/日)

(B) 金汇港闸

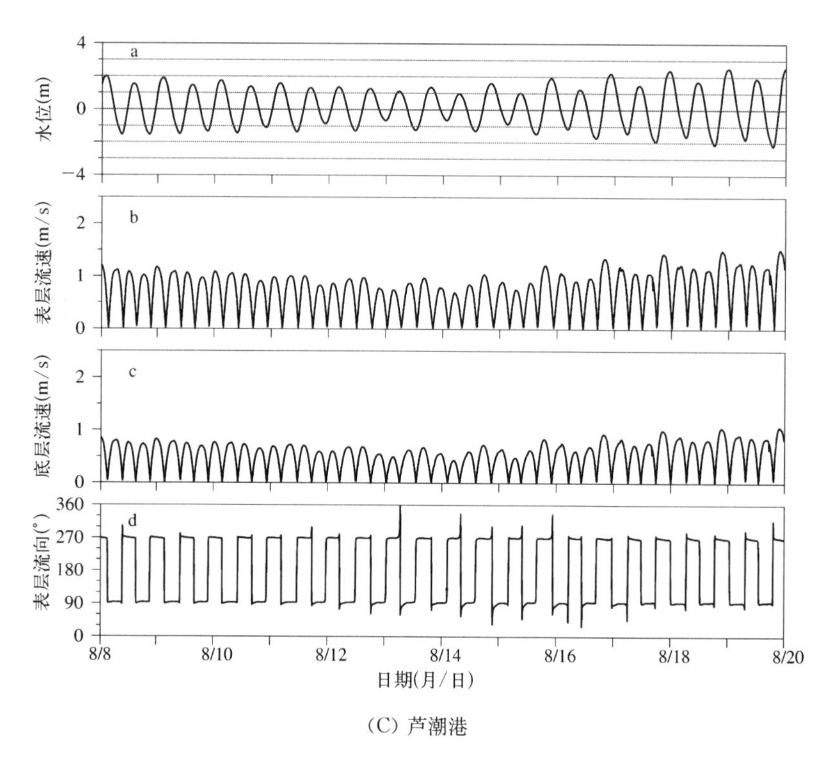

(C) 芦潮港

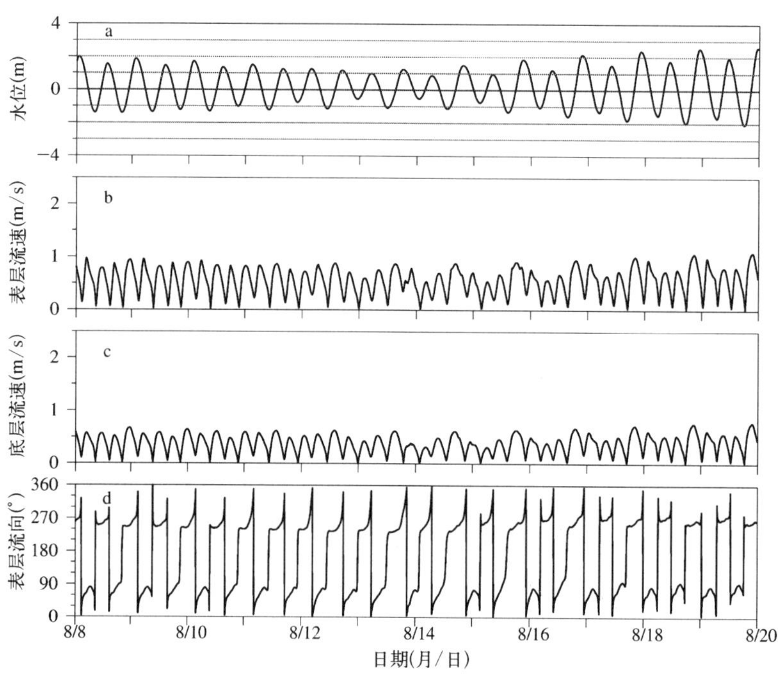

(D) 南汇嘴观海公园

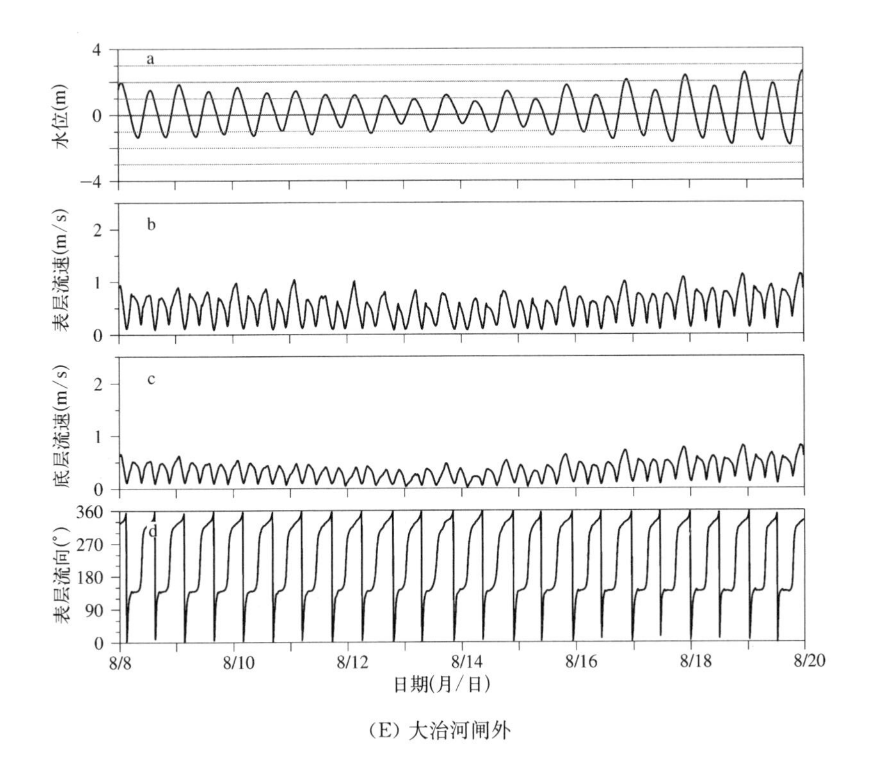

(E) 大治河闸外

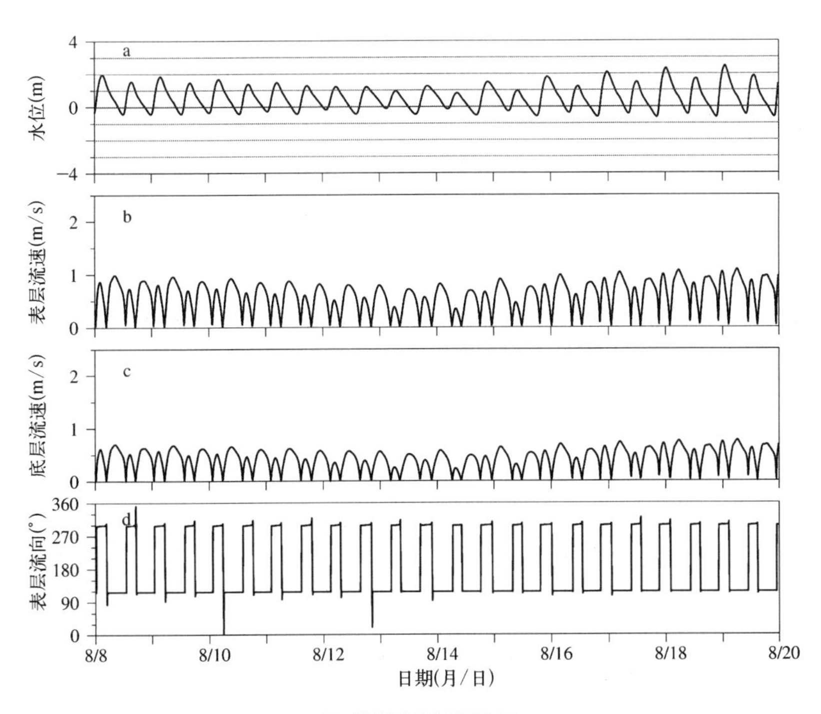

(F) 陈行水库近川沙河

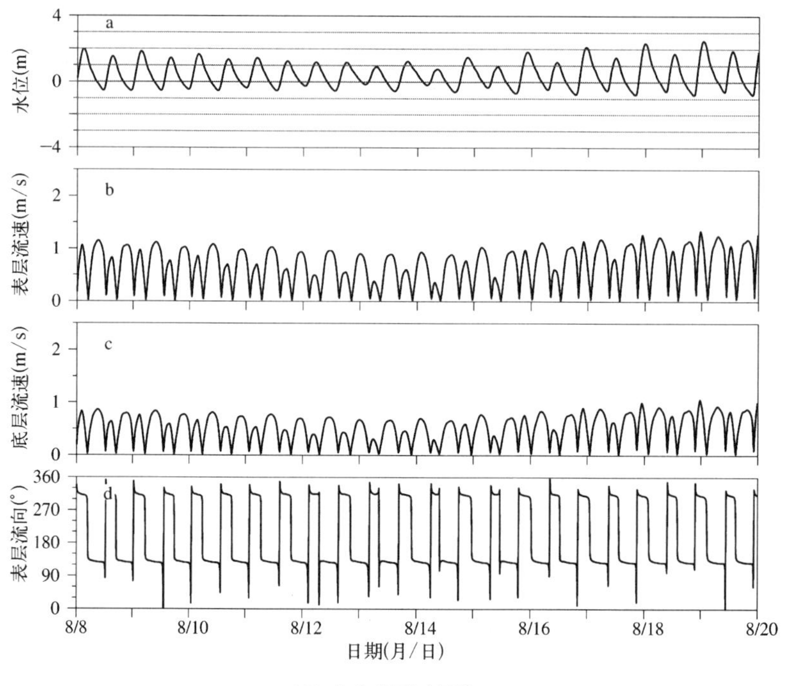

(G) 炮台公园近吴淞口

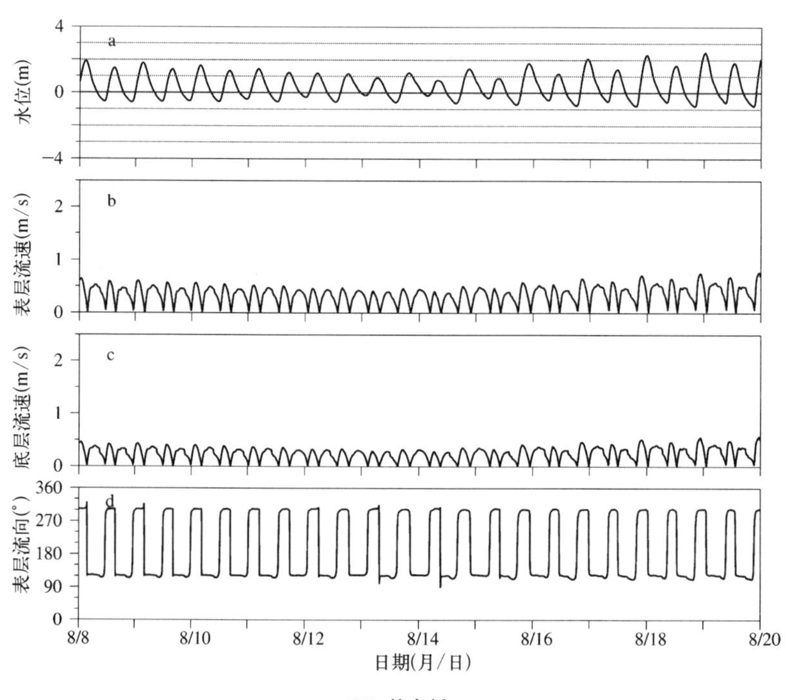

(H) 外高桥

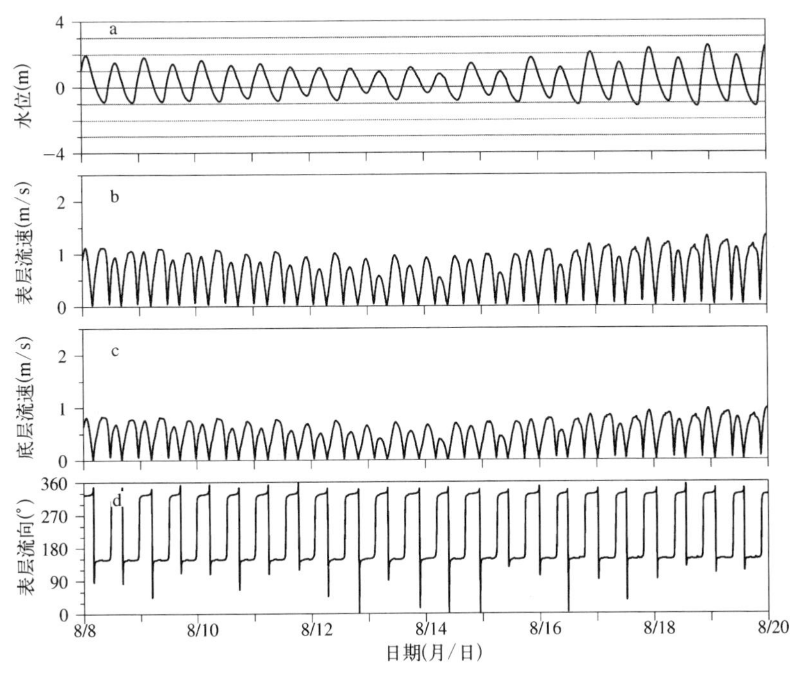

(I) 三甲港海滨公园

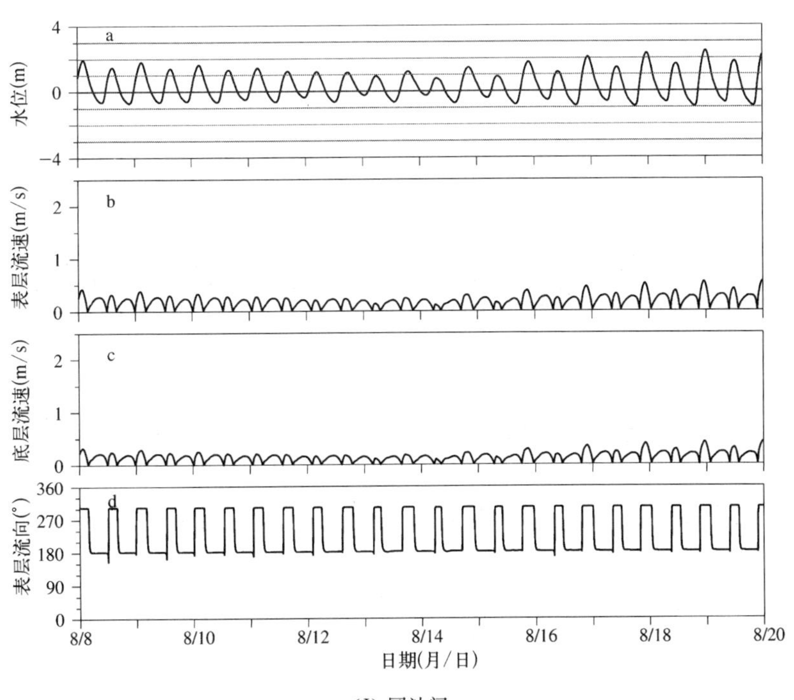

(J) 园沙闸

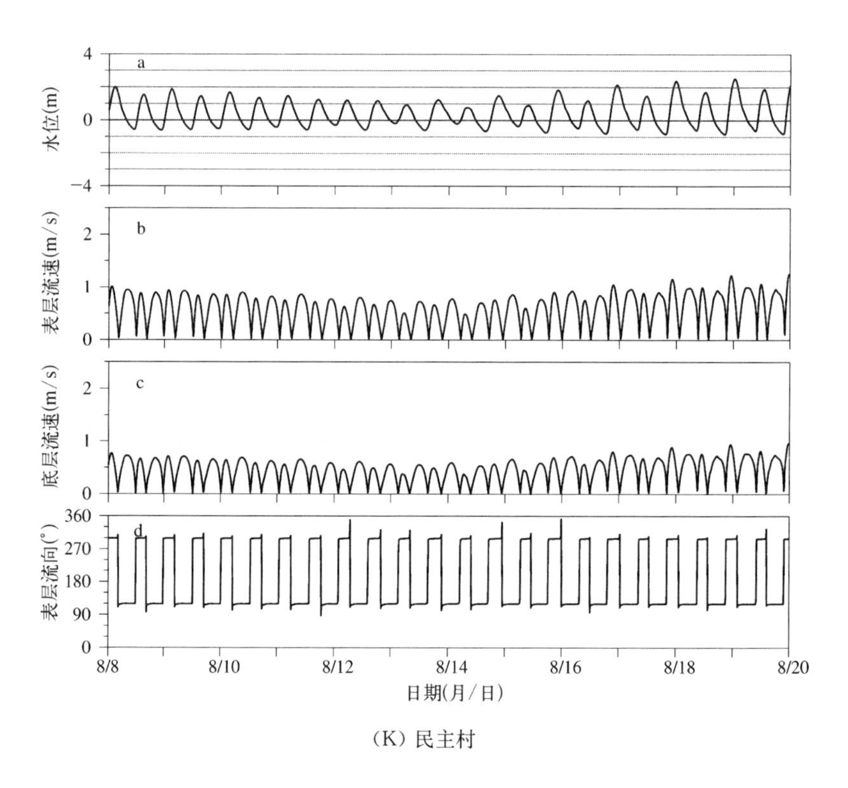

(K) 民主村

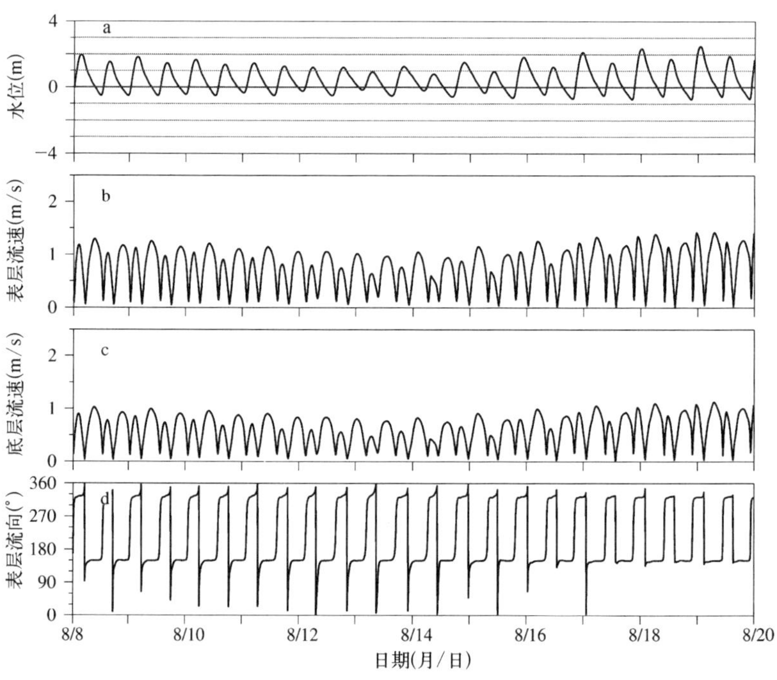

(L) 青草沙水库西端

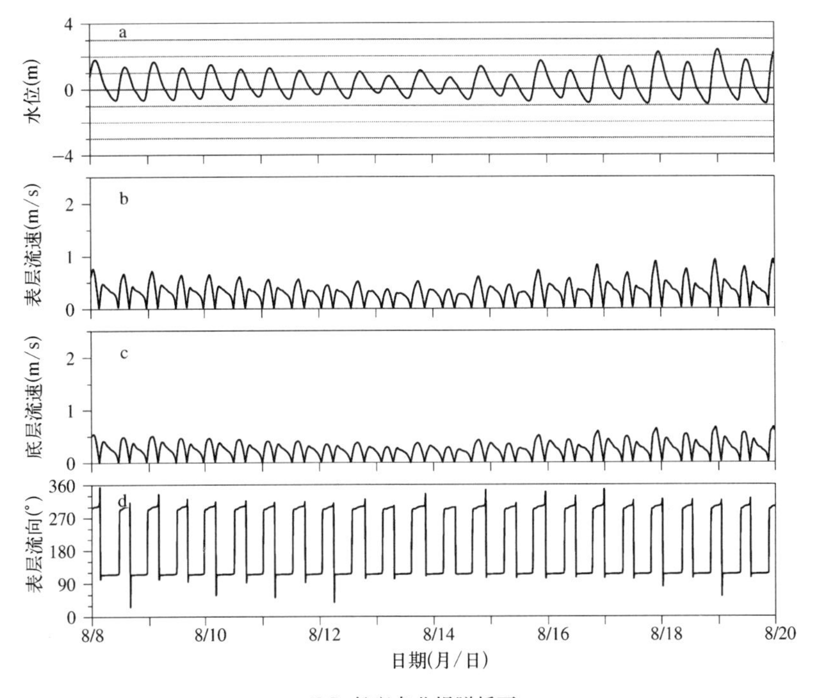

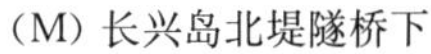
(M) 长兴岛北堤隧桥下

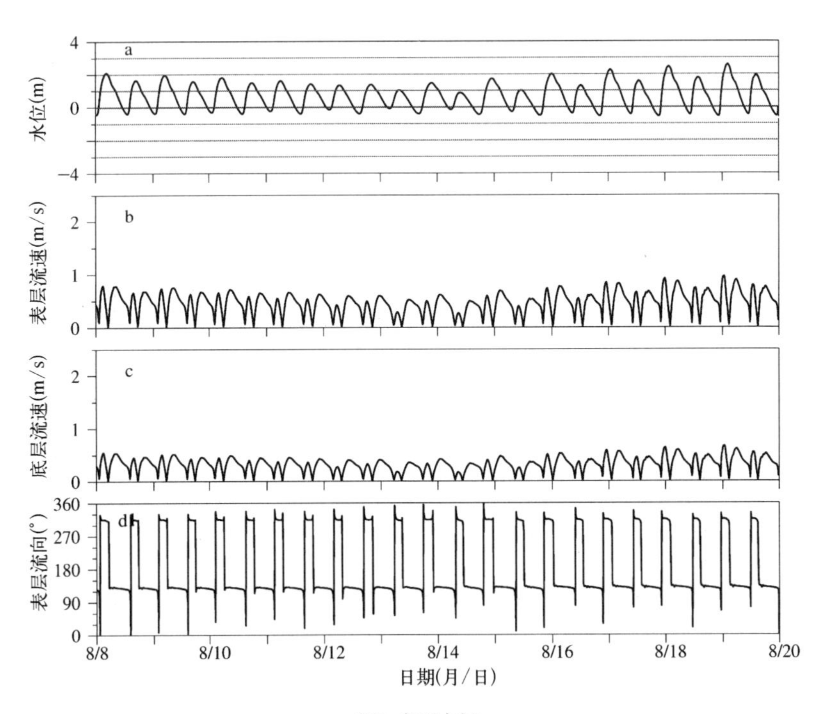

(N) 崇西水闸

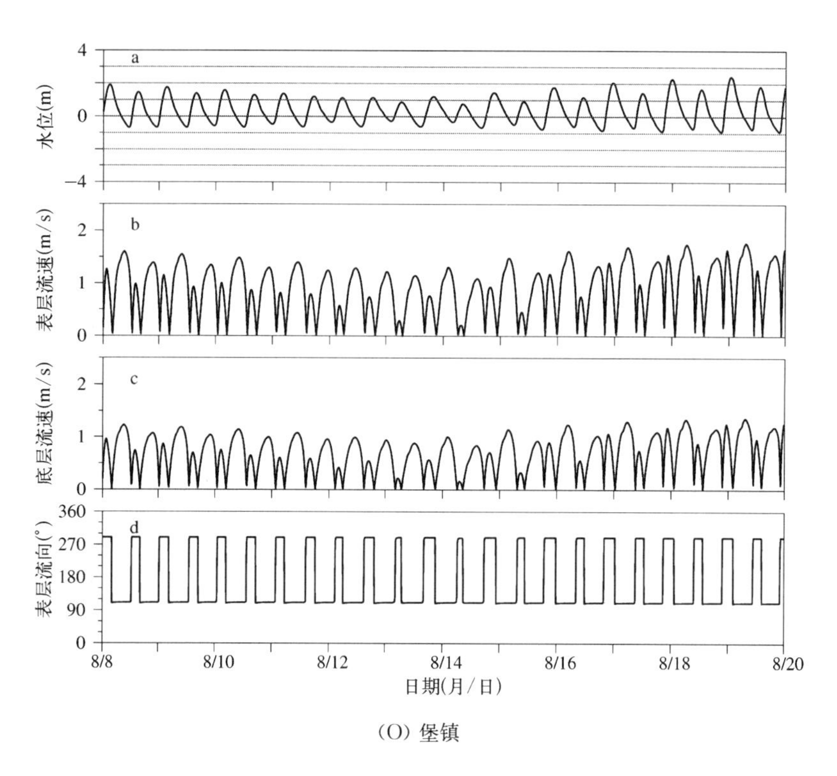
a
水位(m)
4
0
−4
b
表层流速(m/s)
2
1
0
c
底层流速(m/s)
2
1
0
360
d
270
180
90
0
表层流向(°)
8/8
8/10
8/12
8/14
8/16
8/18
8/20
日期(月/日)

(O) 堡镇

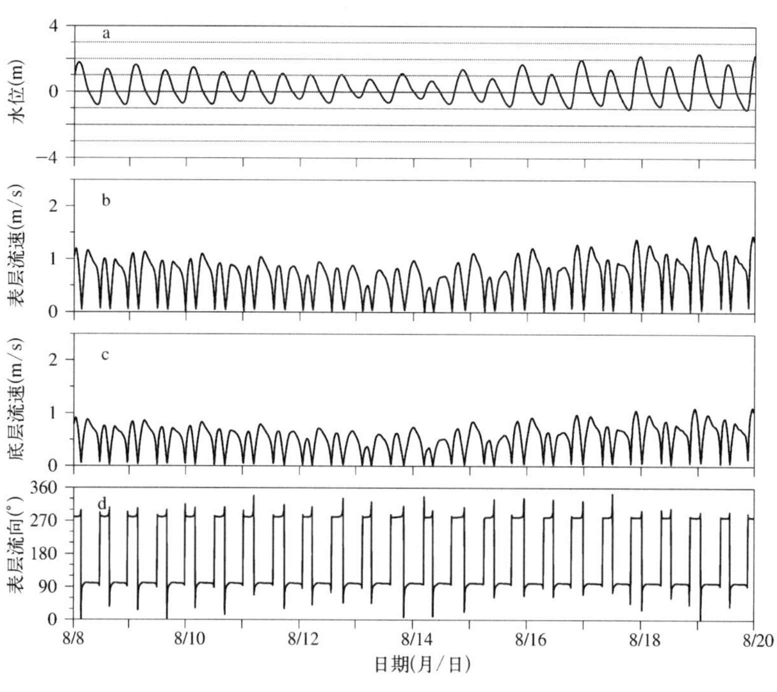
a
水位(m)
4
0
−4
b
表层流速(m/s)
2
1
0
c
底层流速(m/s)
2
1
0
360
d
270
180
90
0
表层流向(°)
8/8
8/10
8/12
8/14
8/16
8/18
8/20
日期(月/日)

(P) 团旺闸外

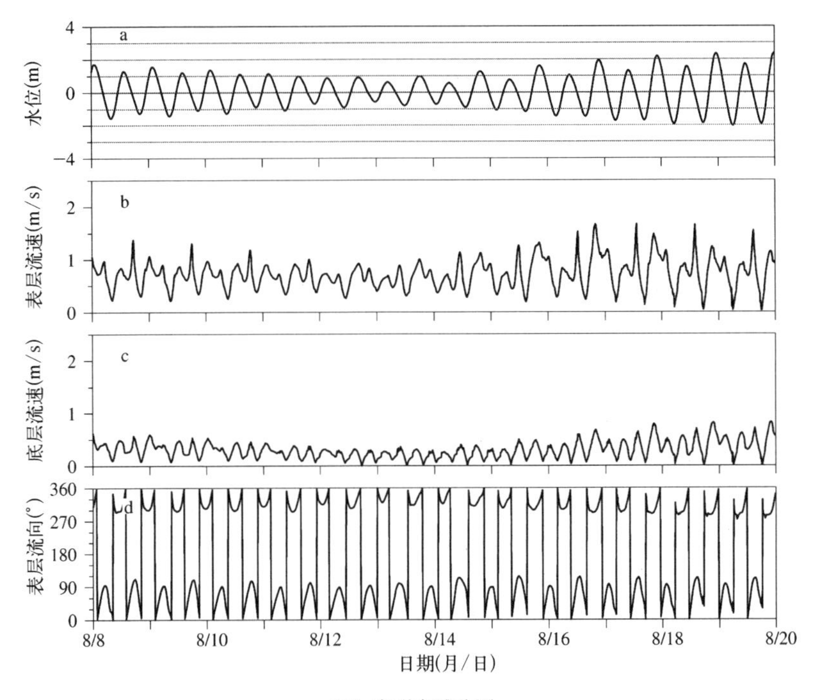

(Q) 崇明东滩公园

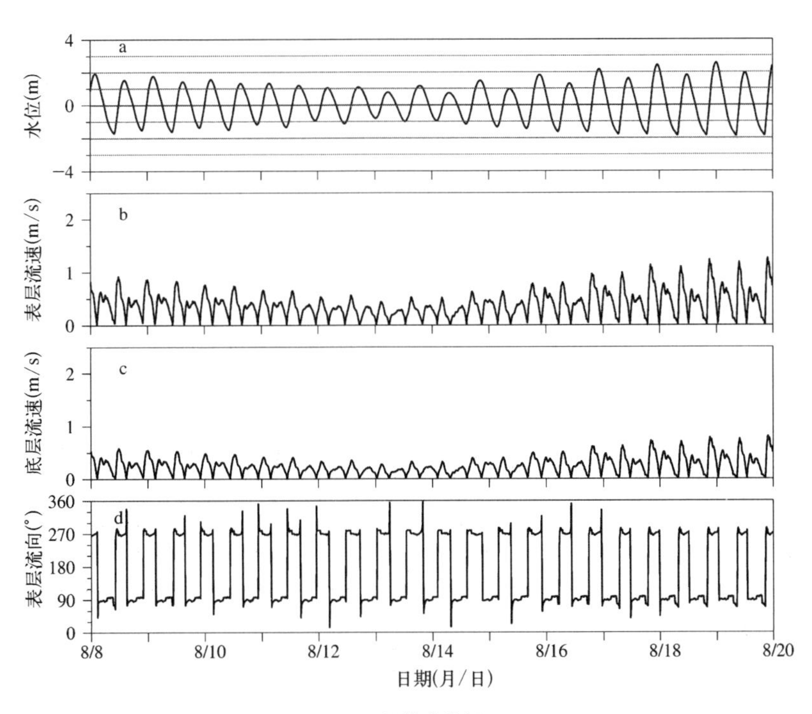

(R) 堡镇港北闸

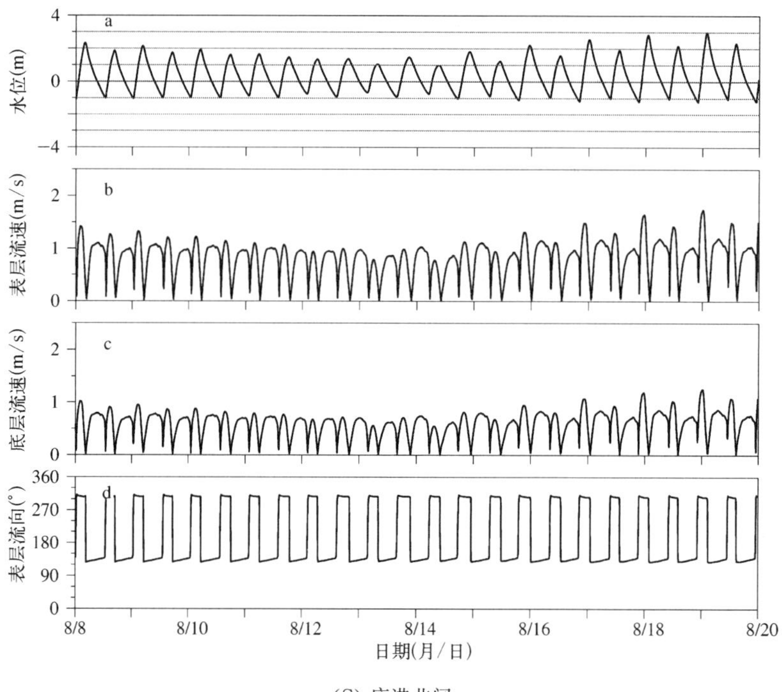

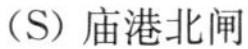
(S) 庙港北闸

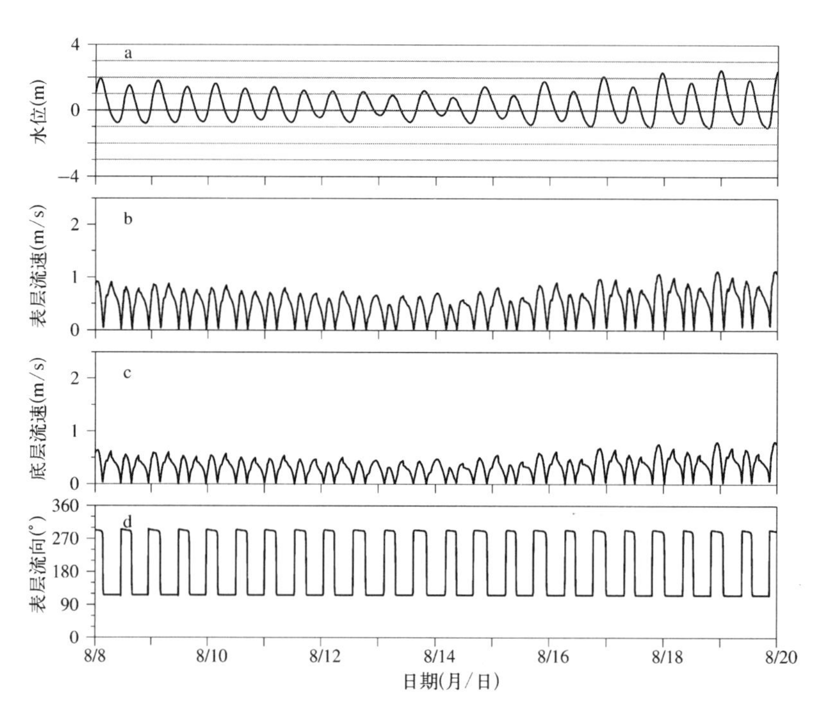

(T) 富民沙路南端

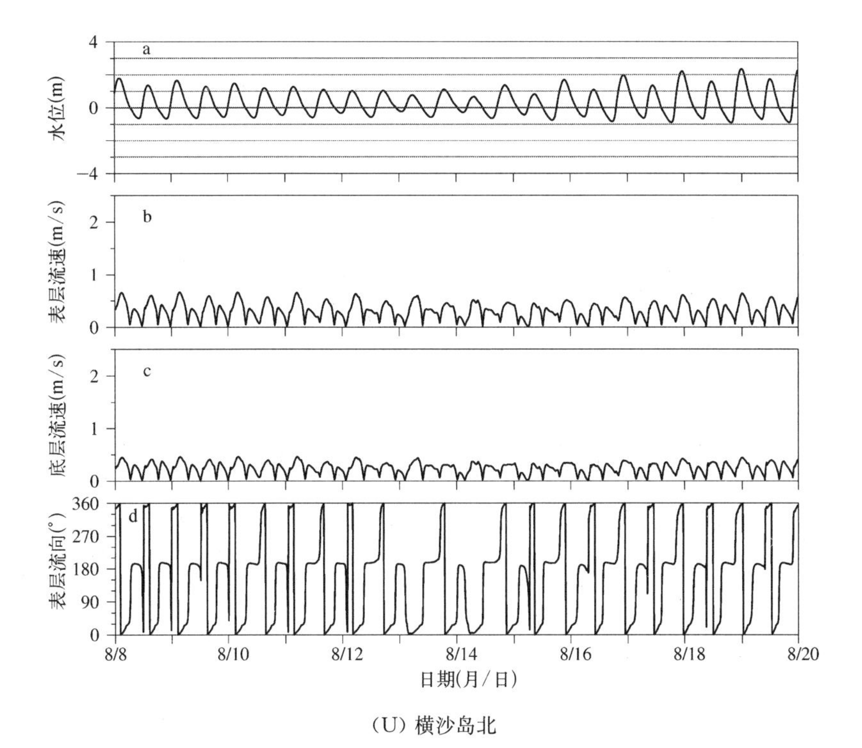

a
水位(m)
4
0
−4
b
表层流速(m/s)
2
1
0
c
底层流速(m/s)
2
1
0
d
表层流向(°)
360
270
180
90
0
8/8
8/10
8/12
8/14
8/16
8/18
8/20
日期(月/日)

（U）横沙岛北

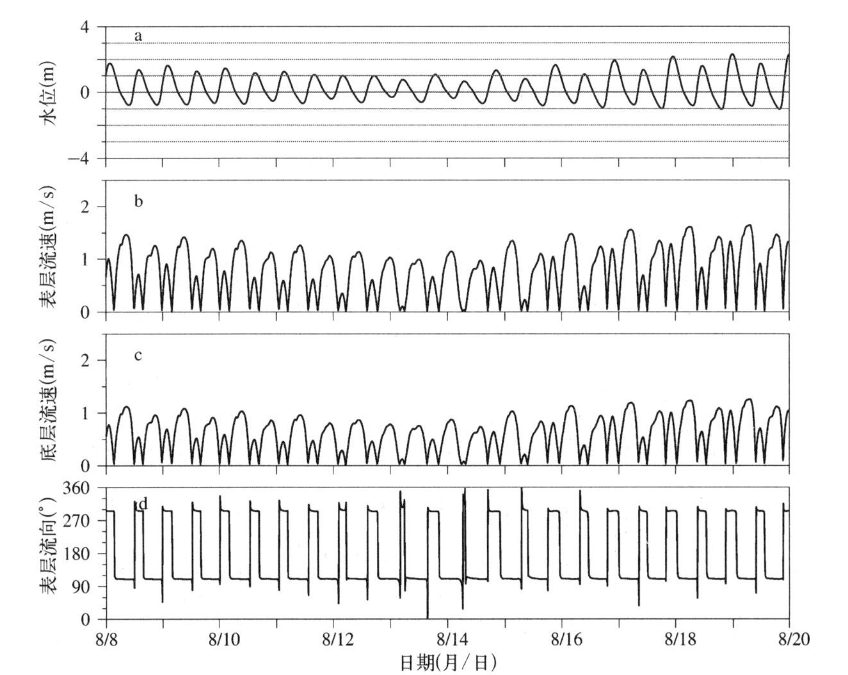

a
水位(m)
4
0
−4
b
表层流速(m/s)
2
1
0
c
底层流速(m/s)
2
1
0
d
表层流向(°)
360
270
180
90
0
8/8
8/10
8/12
8/14
8/16
8/18
8/20
日期(月/日)

（V）横沙岛东

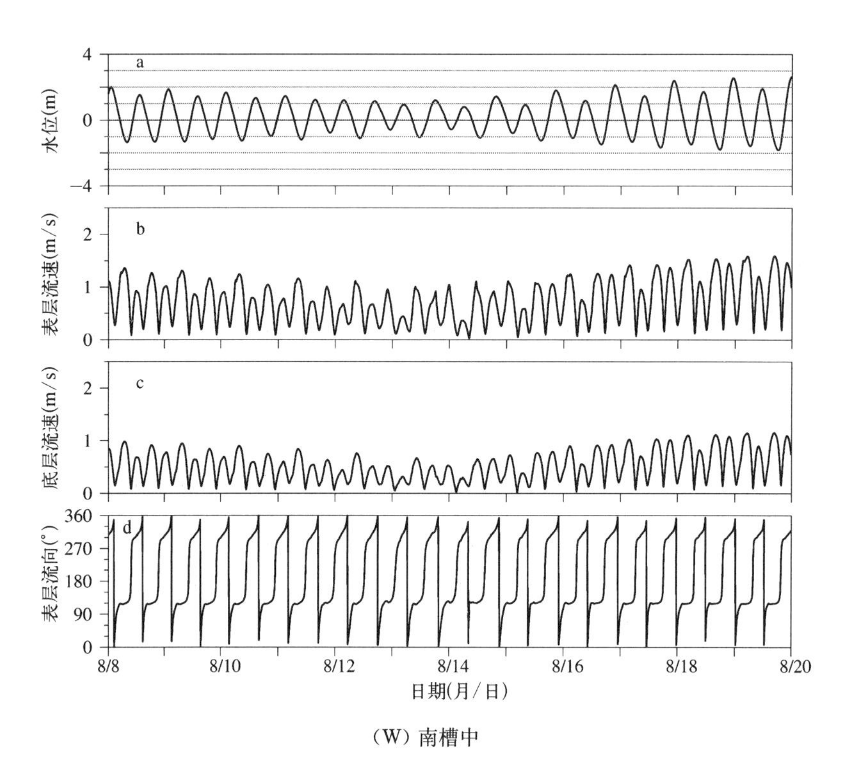
a
水位(m)
4
0
−4
b
表层流速(m/s)
2
1
0
c
底层流速(m/s)
2
1
0
d
表层流向(°)
360
270
180
90
0
8/8
8/10
8/12
8/14
8/16
8/18
8/20
日期(月/日)

(W) 南槽中

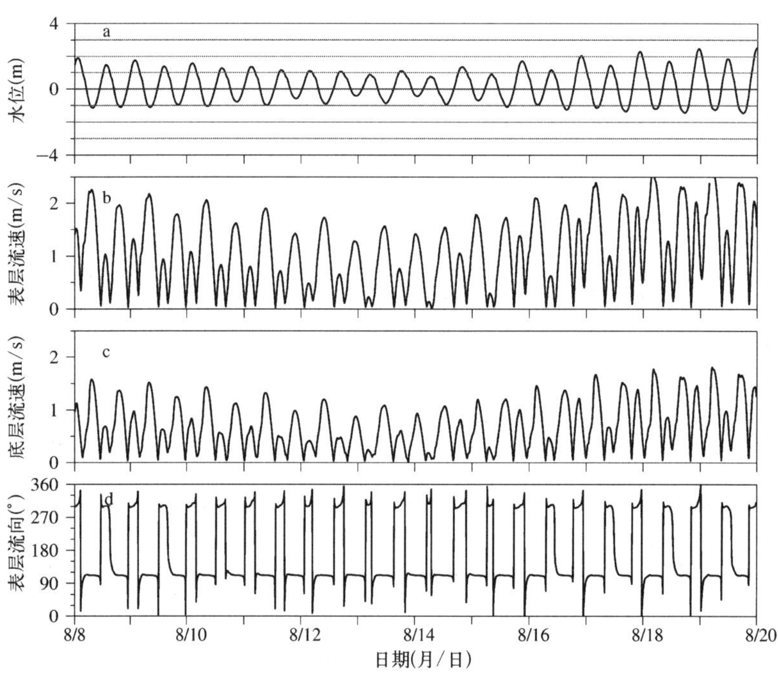
a
水位(m)
4
0
−4
b
表层流速(m/s)
2
1
0
c
底层流速(m/s)
2
1
0
d
表层流向(°)
360
270
180
90
0
8/8
8/10
8/12
8/14
8/16
8/18
8/20
日期(月/日)

(X) 北槽中

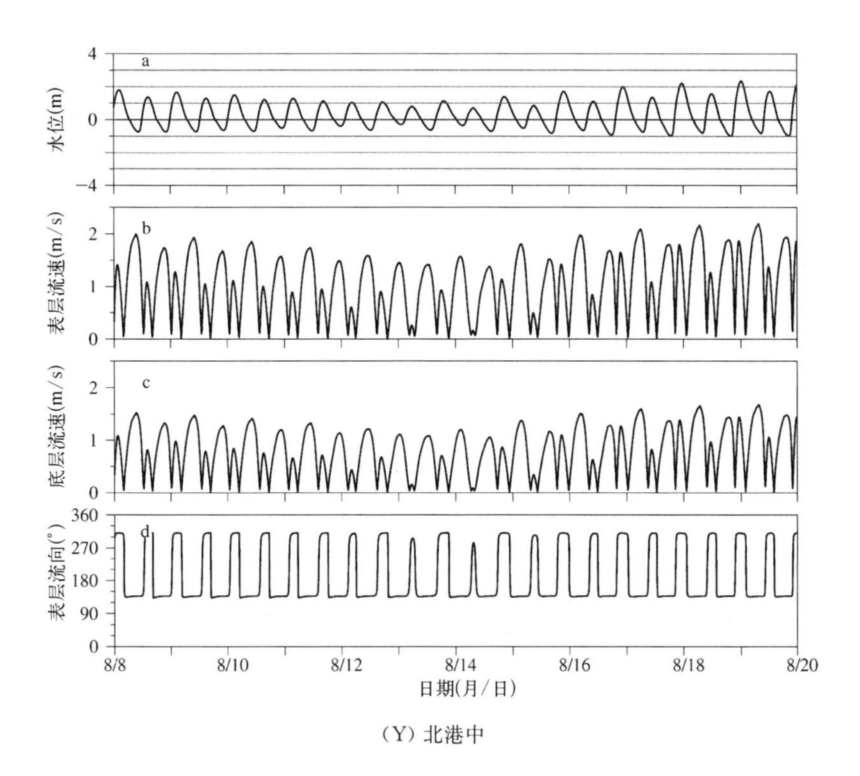
a
水位(m)
4
0
−4
b
表层流速(m/s)
2
1
0
c
底层流速(m/s)
2
1
0
d
表层流向(°)
360
270
180
90
0
8/8
8/10
8/12
8/14
8/16
8/18
8/20
日期(月/日)

（Y）北港中

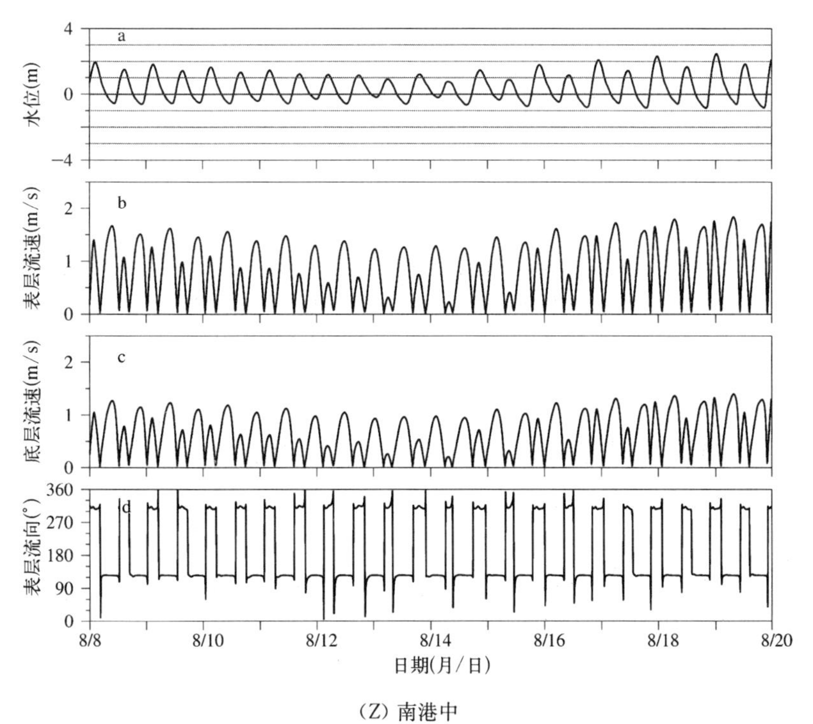
a
水位(m)
4
0
−4
b
表层流速(m/s)
2
1
0
c
底层流速(m/s)
2
1
0
d
表层流向(°)
360
270
180
90
0
8/8
8/10
8/12
8/14
8/16
8/18
8/20
日期(月/日)

（Z）南港中

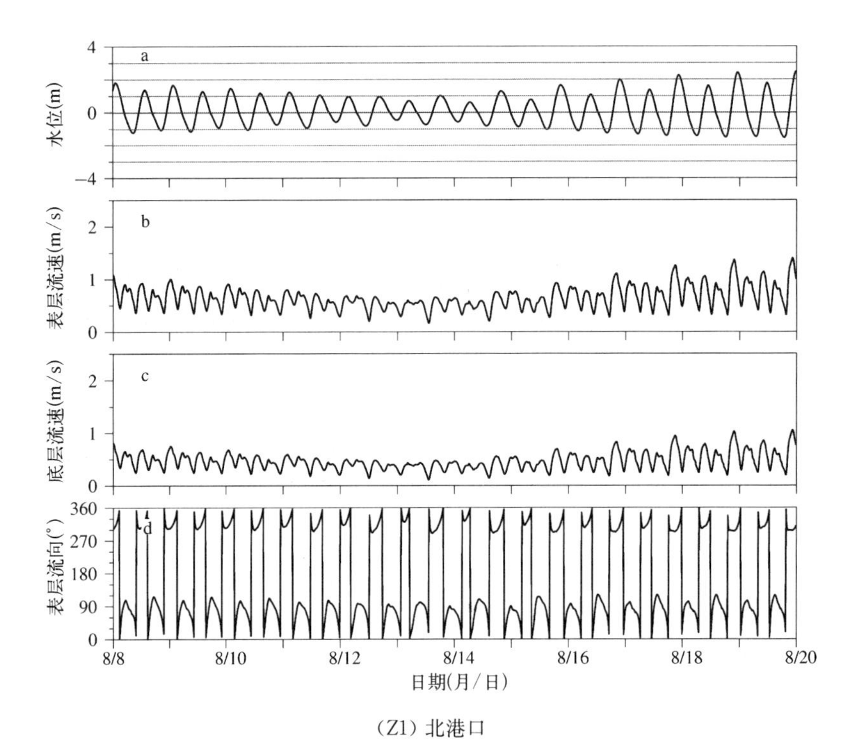
a
水位(m)
4
0
−4
b
表层流速(m/s)
2
1
0
c
底层流速(m/s)
2
1
0
d
表层流向(°)
360
270
180
90
0
8/8
8/10
8/12
8/14
8/16
8/18
8/20
日期(月/日)

(Z1) 北港口

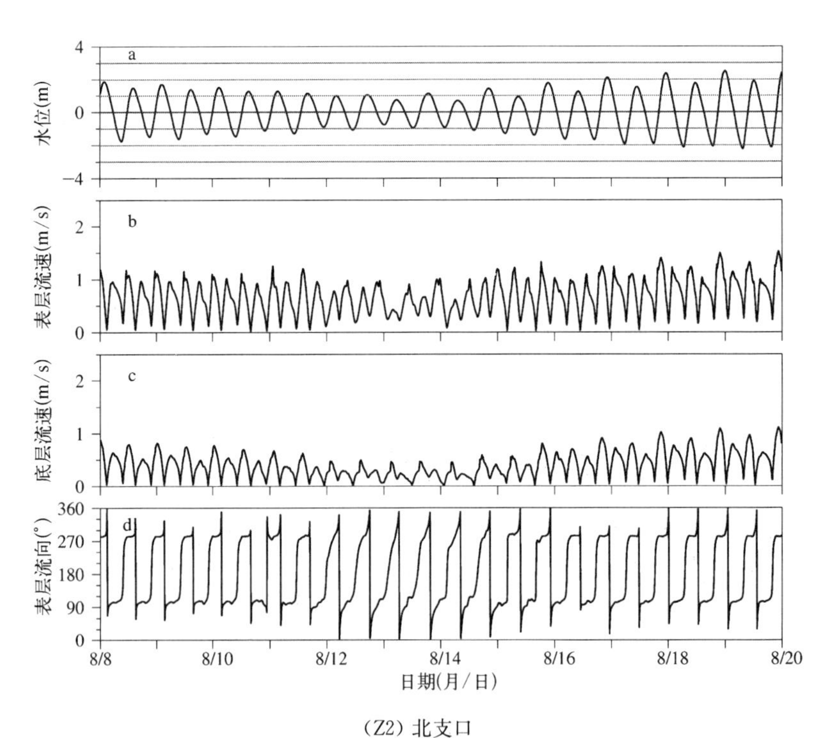
a
水位(m)
4
0
−4
b
表层流速(m/s)
2
1
0
c
底层流速(m/s)
2
1
0
d
表层流向(°)
360
270
180
90
0
8/8
8/10
8/12
8/14
8/16
8/18
8/20
日期(月/日)

(Z2) 北支口

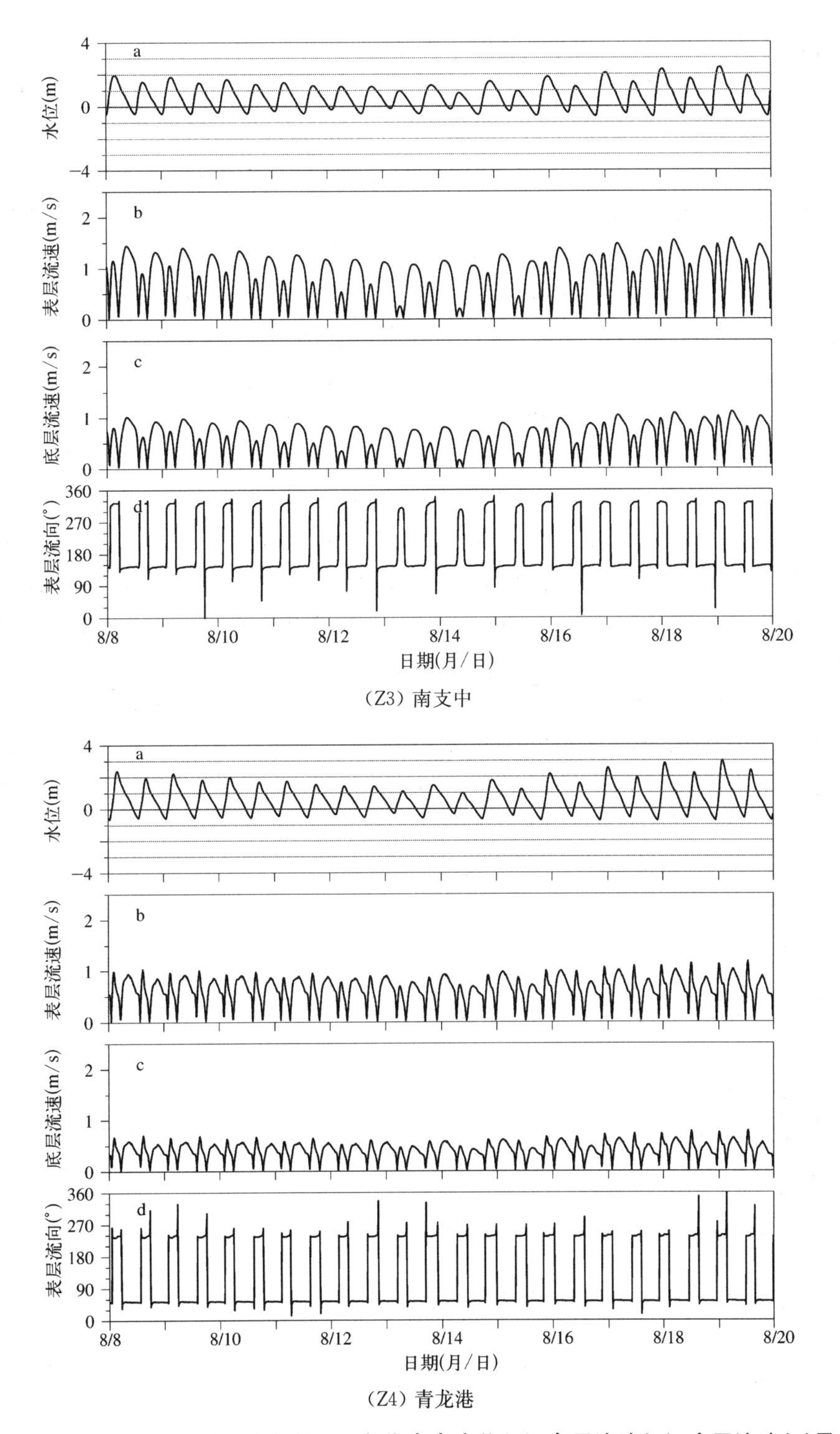

图 7-24　海平面上升前平水年长江口各代表点水位(a)、表层流速(b)、底层流速(c)及表层流向(d)随时间变化

即海平面上升后模式计算结果减去海平面未上升模式计算结果，图 7－25 中黑线代表海平面上升 5 cm 的情况，红线代表海平面上升 10 cm 的情况，蓝线代表海平面上升 16 cm 的情况。

在金山嘴站位[图 7－25(A)]，在海平面上升 5 cm 的情况下，潮位增加在 4.5～6.0 cm，表层流速在一些时段增加，最大量值约为 1.2 cm/s，一些时段流速减小，最大量值约为0.8 cm/s。底层流速的变化趋势与表层一致，只是量值有所减小。在海平面上升10 cm的情况下，潮位增加 9.0～12.0 cm，表层流速在一些时段增加，最大量值约为2.0 cm/s，一些时段减小，最大量值约为 1.8 cm/s。在海平面上升 16 cm 的情况下，潮位增加 15.0～18.0 cm，表层流速在一些时段增加，最大量值约为 3.0 cm/s，一些时段减小，最大量值约为 2.4 cm/s。

在金汇港闸站位[图 7－25(B)]，在海平面上升 5 cm 的情况下，潮位增加4.5～6.0 cm，表层流速增加，最大量值约为 1.0 cm/s。在海平面上升 10 cm 的情况下，潮位增加 9.5～11.5 cm，表层流速增加，最大量值约为 1.2 cm/s。底层流速的变化趋势与表层一致，只是量值有所减小。在海平面上升 16 cm 的情况下，潮位增加 15.0～18.0 cm，表层流速在一些时段增加，最大量值约为 2.0 cm/s，底层最大增加值在 1 cm/s 左右。

在芦潮港站位[图 7－25(C)]，在海平面上升 5 cm 的情况下，潮位增加 5.0～7.0 cm，表层流速减小，最大量值约为 0.8 cm/s。在海平面上升 10 cm 的情况下，潮位增加 10.0～12.0 cm，表层流速减小，最大量值约为 2.0 cm/s。底层流速的变化趋势与表层一致，只是量值有所减小。在海平面上升 16 cm 的情况下，潮位增加 15.0～18.0 cm，表层流速减小，最大量值约为 1.8 cm/s。

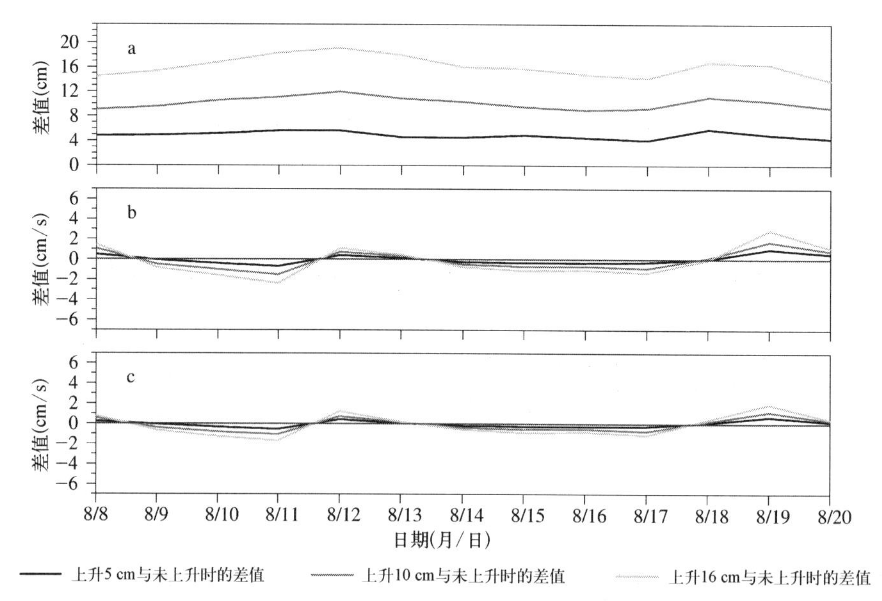

(A) 金山嘴

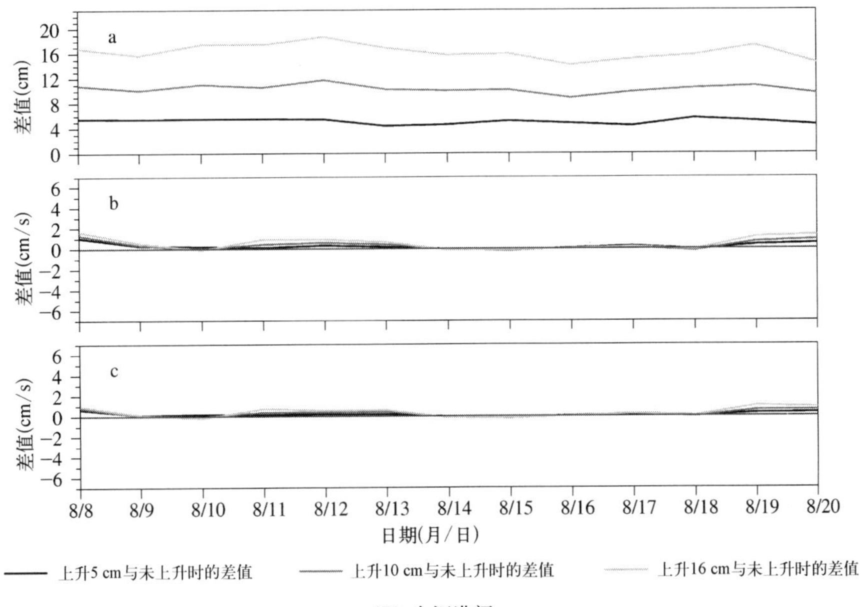

a
b
c
差值(cm)
差值(cm/s)
日期(月/日)
8/8
8/9
8/10
8/11
8/12
8/13
8/14
8/15
8/16
8/17
8/18
8/19
8/20
上升5 cm与未上升时的差值
上升10 cm与未上升时的差值
上升16 cm与未上升时的差值

(B) 金汇港闸

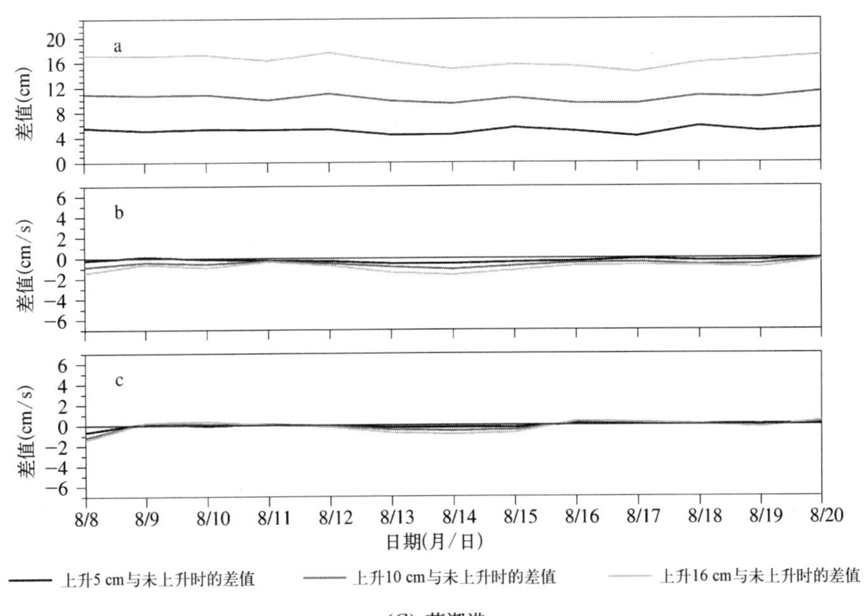

a
b
c
差值(cm)
差值(cm/s)
日期(月/日)
8/8
8/9
8/10
8/11
8/12
8/13
8/14
8/15
8/16
8/17
8/18
8/19
8/20
上升5 cm与未上升时的差值
上升10 cm与未上升时的差值
上升16 cm与未上升时的差值

(C) 芦潮港

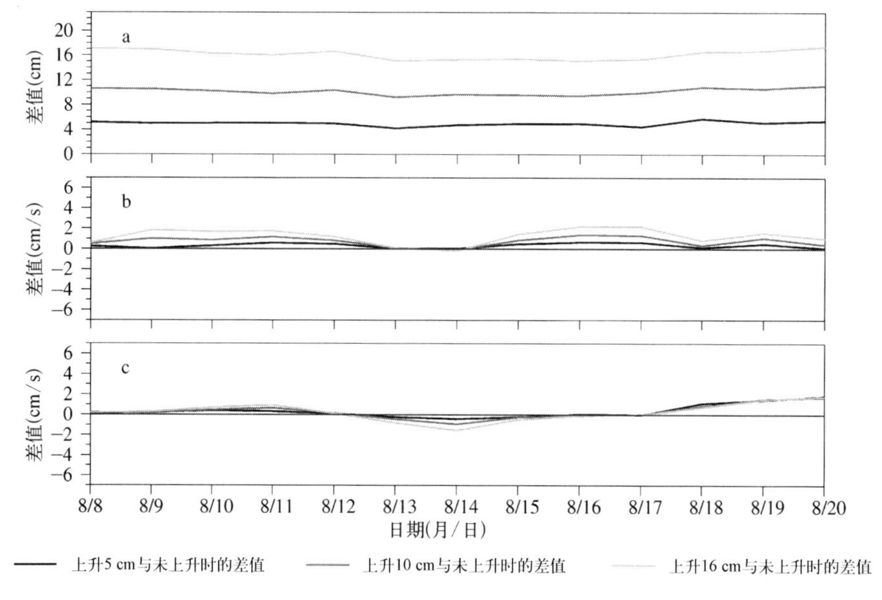

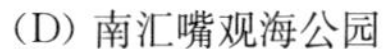
(D) 南汇嘴观海公园

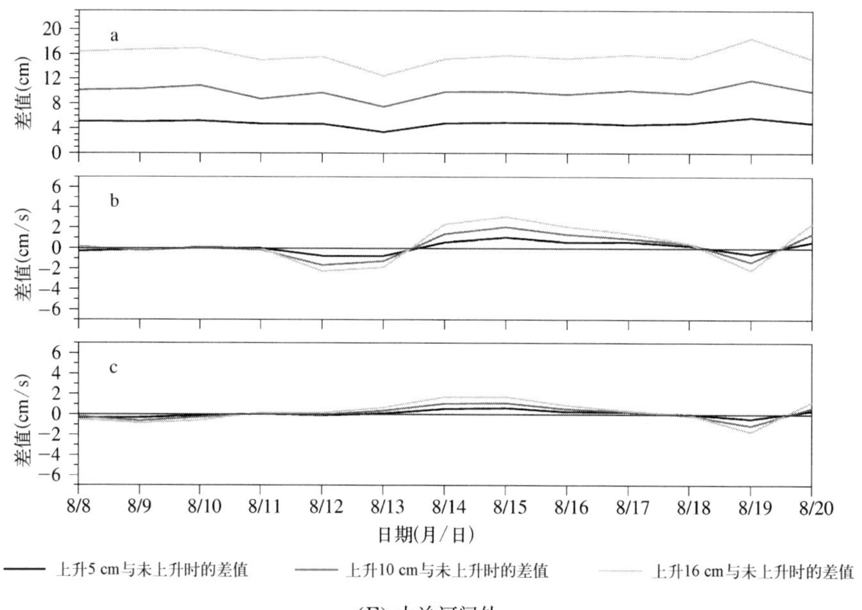

(E) 大治河闸外

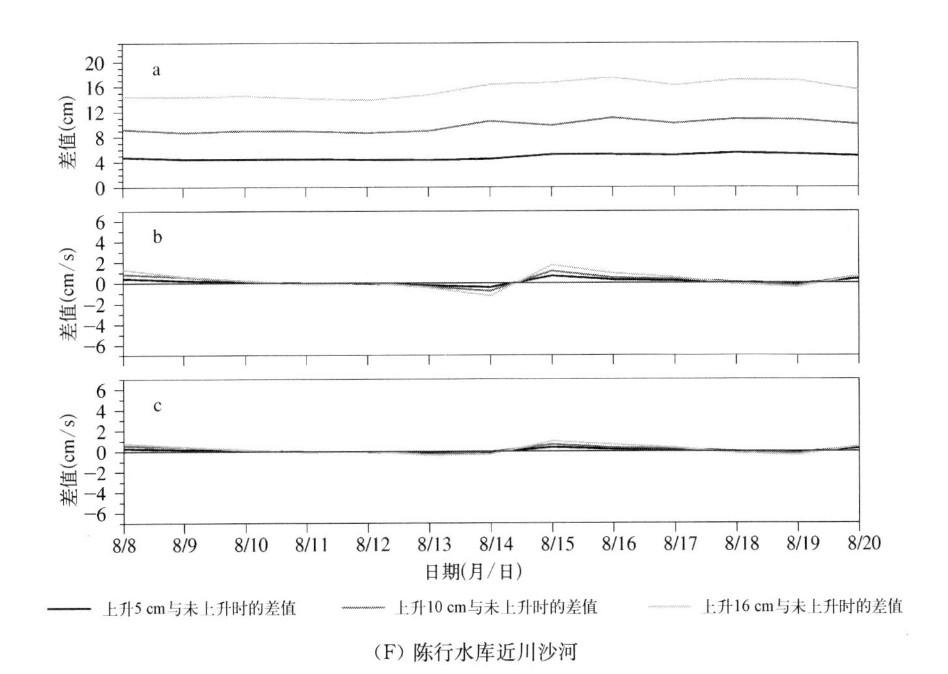

(F) 陈行水库近川沙河

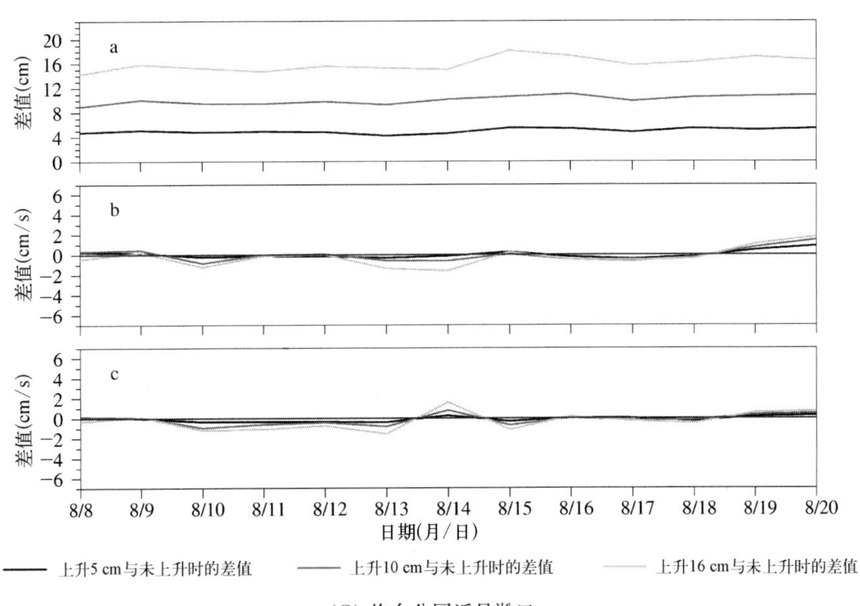

(G) 炮台公园近吴淞口

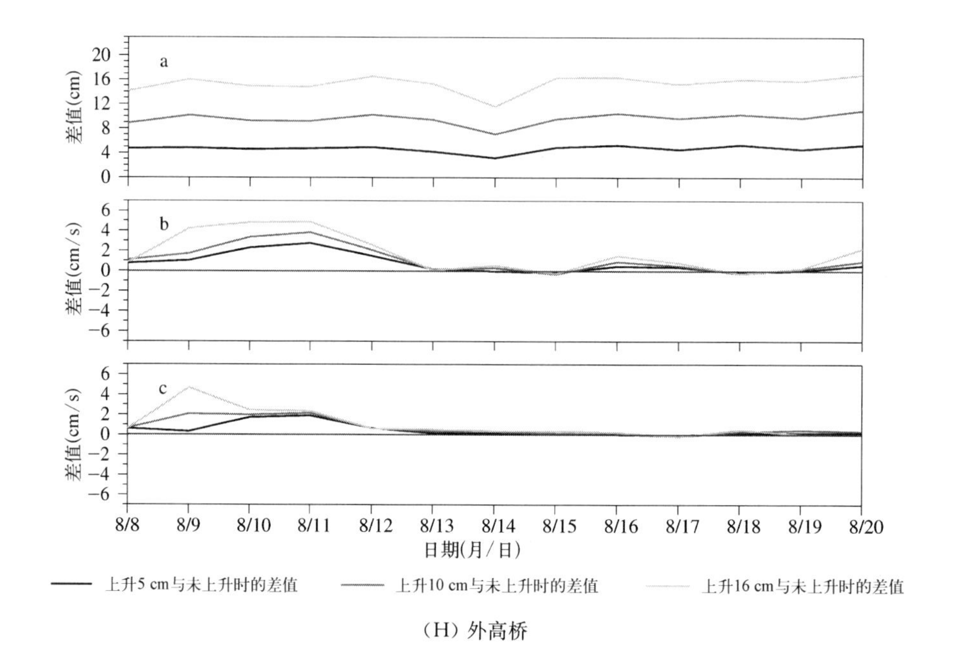

（H）外高桥

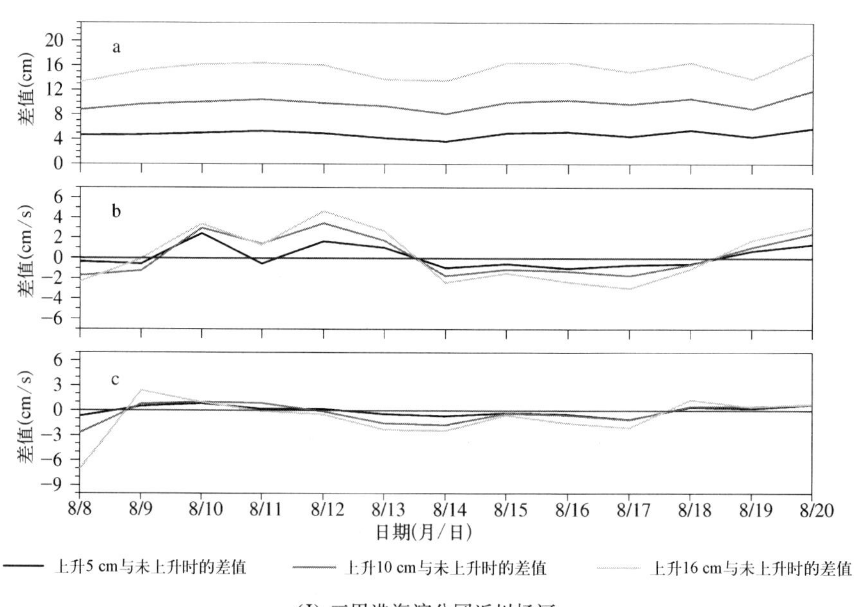

（I）三甲港海滨公园近川杨河

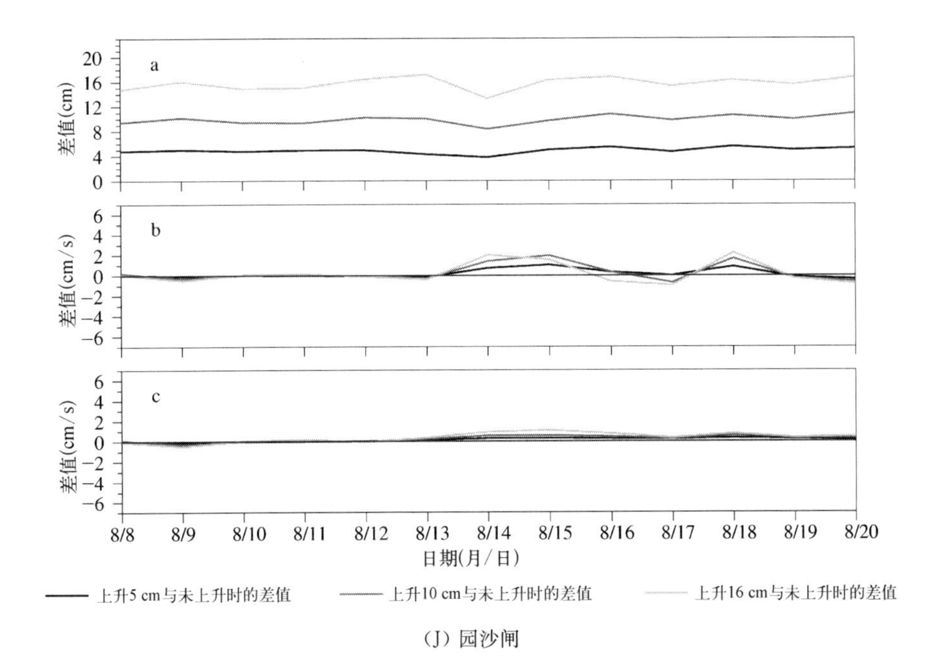
a
b
c
差值(cm)
差值(cm/s)
差值(cm/s)
8/8
8/9
8/10
8/11
8/12
8/13
8/14
8/15
8/16
8/17
8/18
8/19
8/20
日期(月/日)
上升5 cm与未上升时的差值
上升10 cm与未上升时的差值
上升16 cm与未上升时的差值

(J) 园沙闸

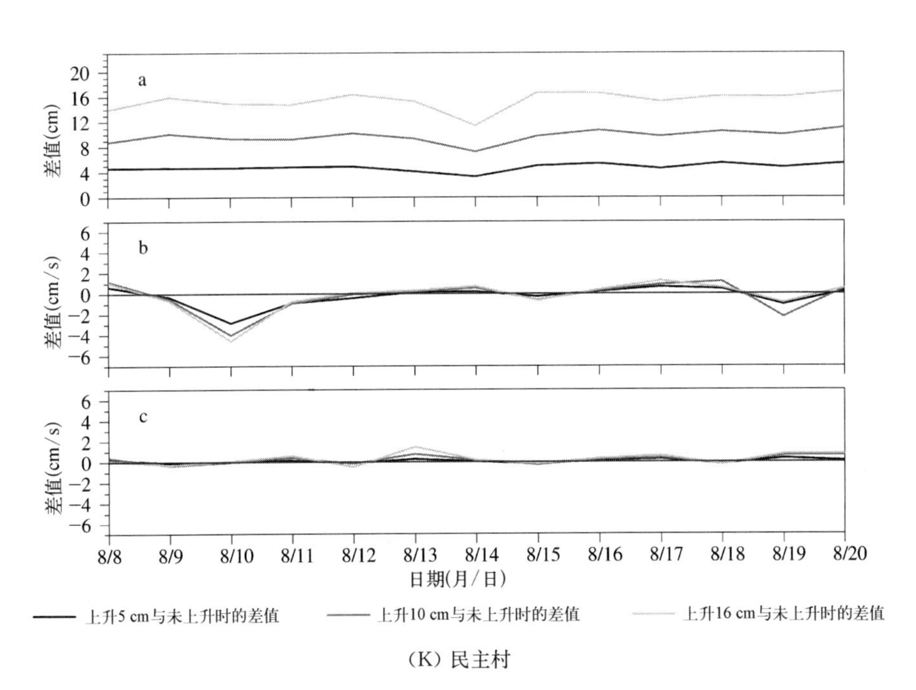
a
b
c
差值(cm)
差值(cm/s)
差值(cm/s)
8/8
8/9
8/10
8/11
8/12
8/13
8/14
8/15
8/16
8/17
8/18
8/19
8/20
日期(月/日)
上升5 cm与未上升时的差值
上升10 cm与未上升时的差值
上升16 cm与未上升时的差值

(K) 民主村

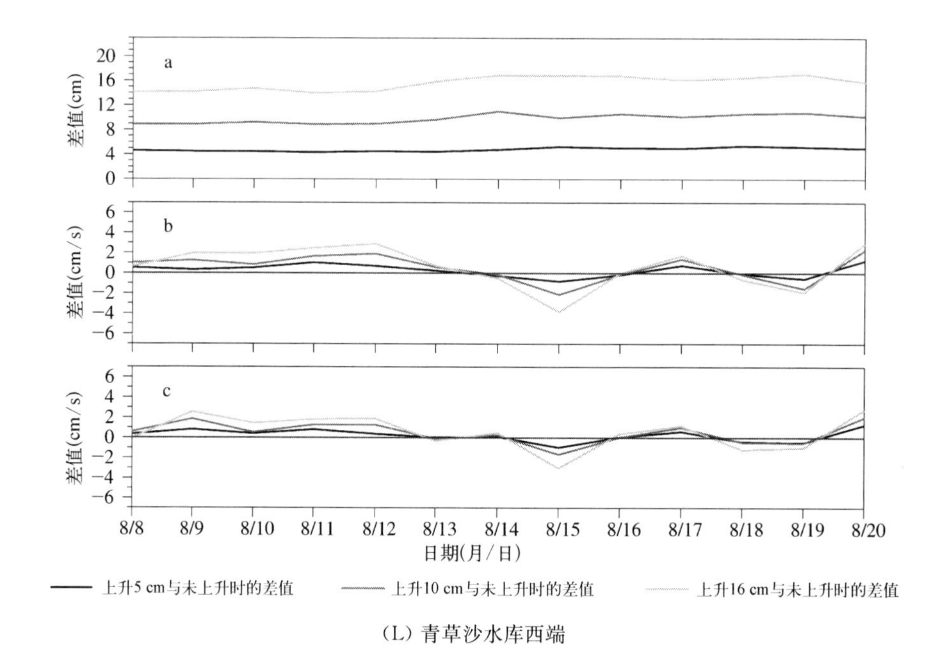

(L) 青草沙水库西端

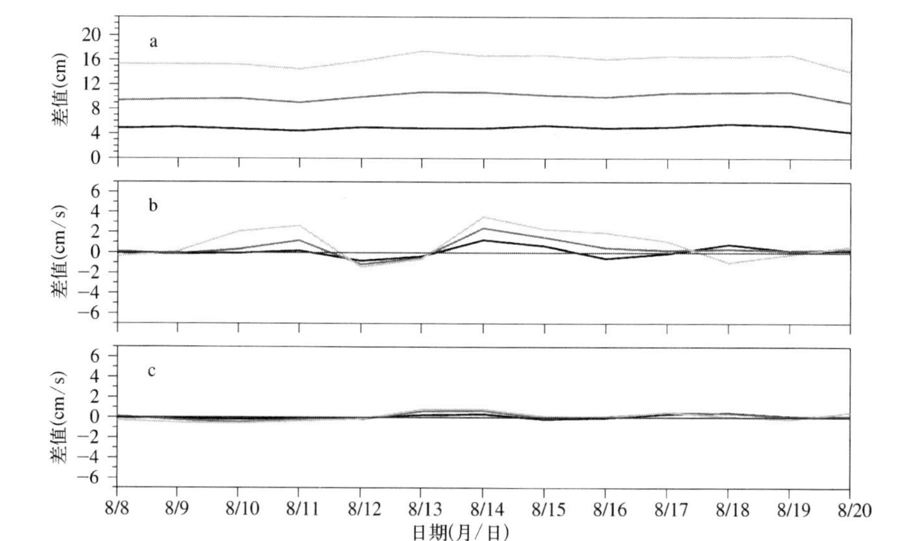

(M) 长兴岛北堤隧桥下

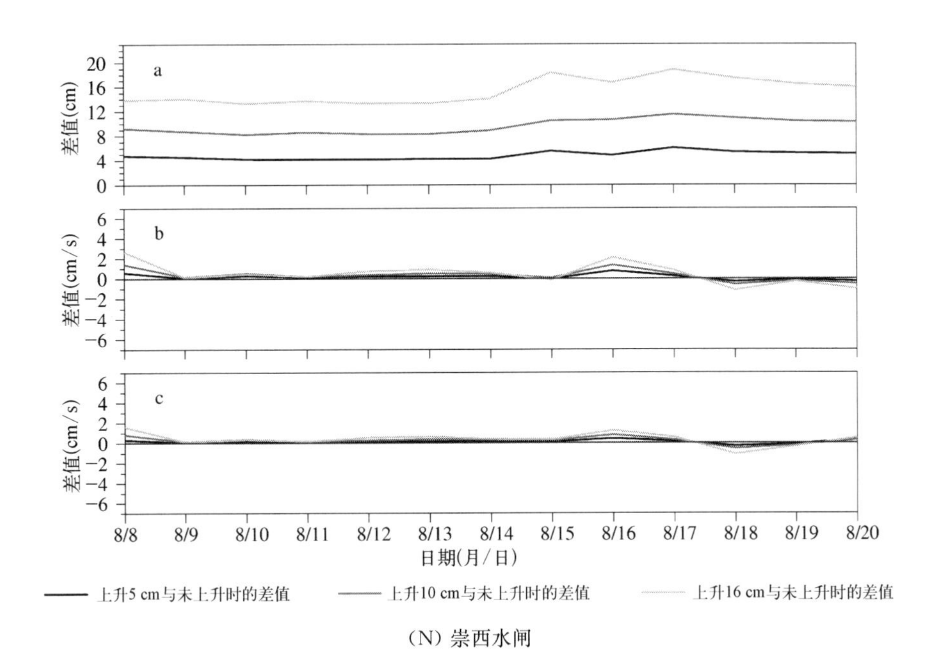
a
差值(cm)
20
16
12
8
4
0
b
差值(cm/s)
6
4
2
0
−2
−4
−6
c
差值(cm/s)
8/8
8/9
8/10
8/11
8/12
8/13
8/14
8/15
8/16
8/17
8/18
8/19
8/20
日期(月/日)
上升5 cm与未上升时的差值
上升10 cm与未上升时的差值
上升16 cm与未上升时的差值

(N) 崇西水闸

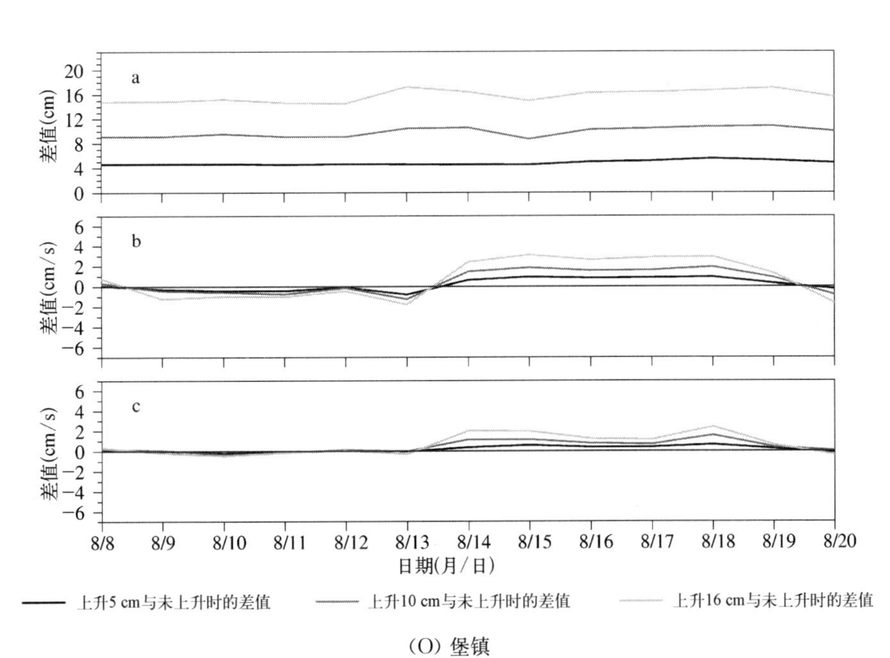
a
差值(cm)
20
16
12
8
4
0
b
差值(cm/s)
6
4
2
0
−2
−4
−6
c
差值(cm/s)
8/8
8/9
8/10
8/11
8/12
8/13
8/14
8/15
8/16
8/17
8/18
8/19
8/20
日期(月/日)
上升5 cm与未上升时的差值
上升10 cm与未上升时的差值
上升16 cm与未上升时的差值

(O) 堡镇

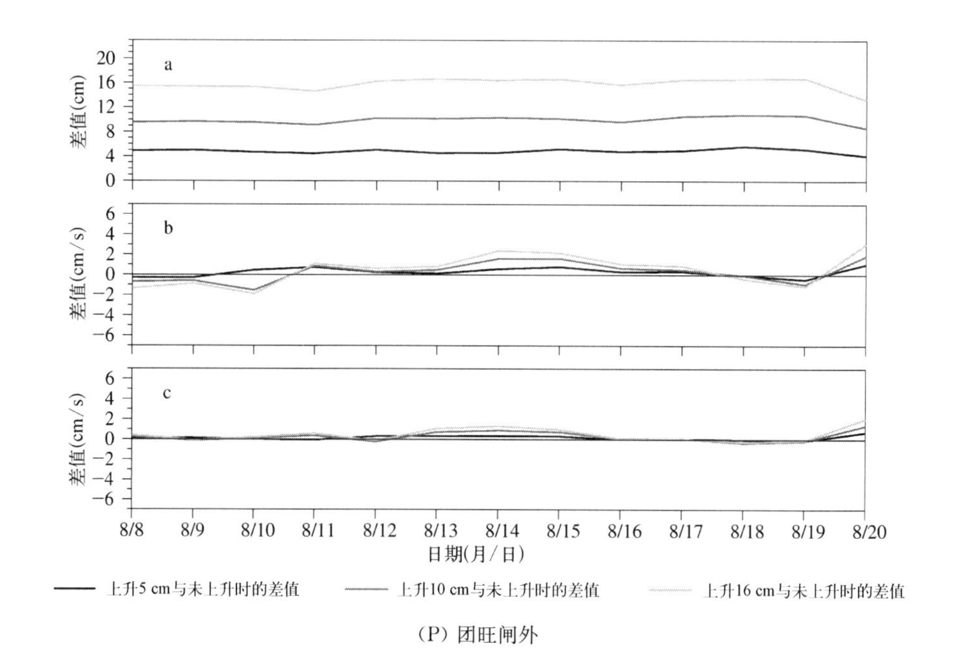

a
b
c
差值(cm)
差值(cm/s)
日期(月/日)
8/8
8/9
8/10
8/11
8/12
8/13
8/14
8/15
8/16
8/17
8/18
8/19
8/20
上升5 cm与未上升时的差值
上升10 cm与未上升时的差值
上升16 cm与未上升时的差值

（P）团旺闸外

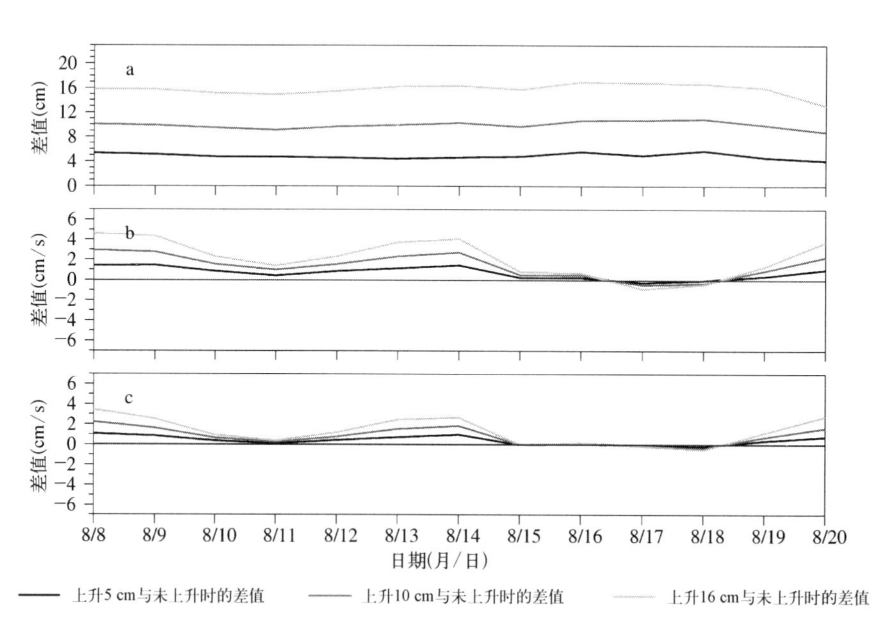

a
b
c
差值(cm)
差值(cm/s)
日期(月/日)
8/8
8/9
8/10
8/11
8/12
8/13
8/14
8/15
8/16
8/17
8/18
8/19
8/20
上升5 cm与未上升时的差值
上升10 cm与未上升时的差值
上升16 cm与未上升时的差值

（Q）东滩公园

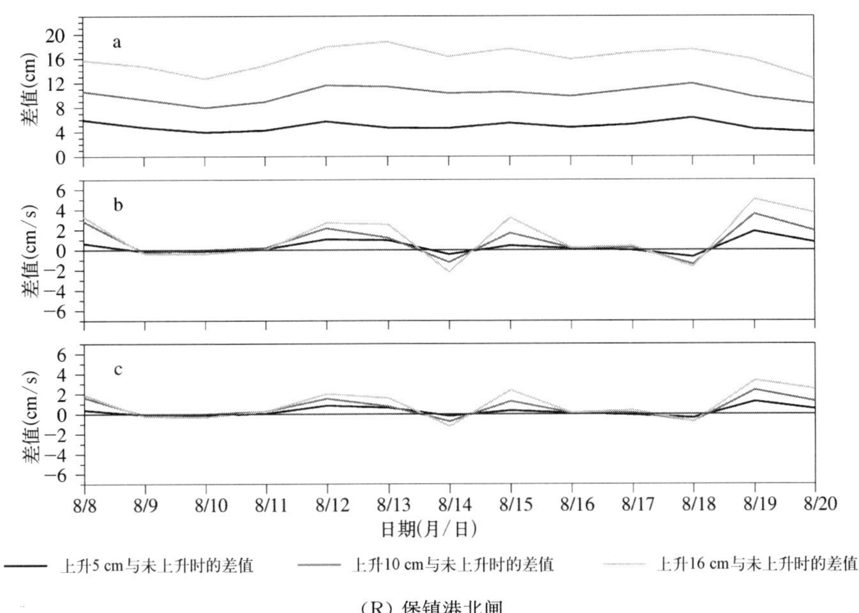

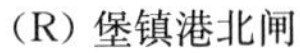
(R) 堡镇港北闸

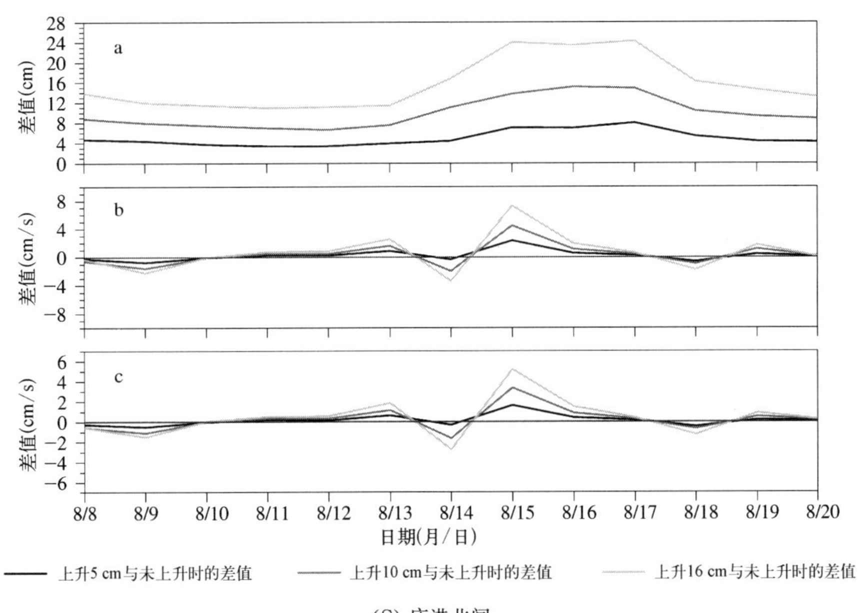

(S) 庙港北闸

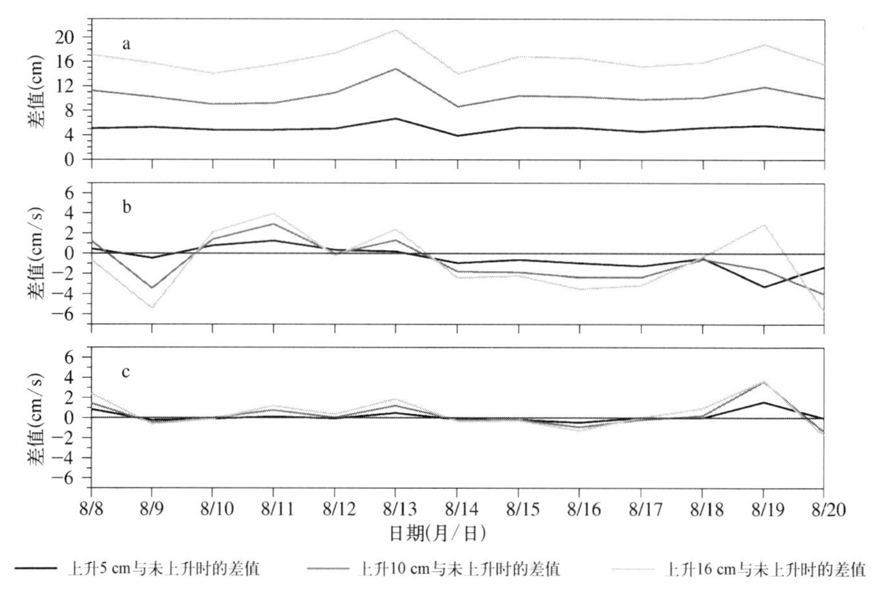
a
b
c
差值(cm)
差值(cm/s)
日期(月/日)
8/8 8/9 8/10 8/11 8/12 8/13 8/14 8/15 8/16 8/17 8/18 8/19 8/20
上升5 cm与未上升时的差值
上升10 cm与未上升时的差值
上升16 cm与未上升时的差值

（T）富民沙路

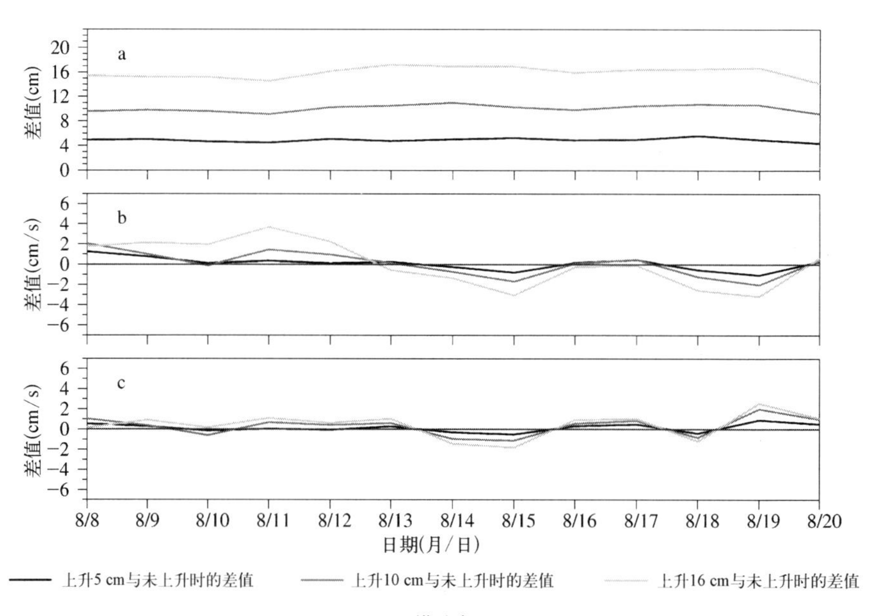
a
b
c
差值(cm)
差值(cm/s)
日期(月/日)
8/8 8/9 8/10 8/11 8/12 8/13 8/14 8/15 8/16 8/17 8/18 8/19 8/20
上升5 cm与未上升时的差值
上升10 cm与未上升时的差值
上升16 cm与未上升时的差值

（U）横沙岛北

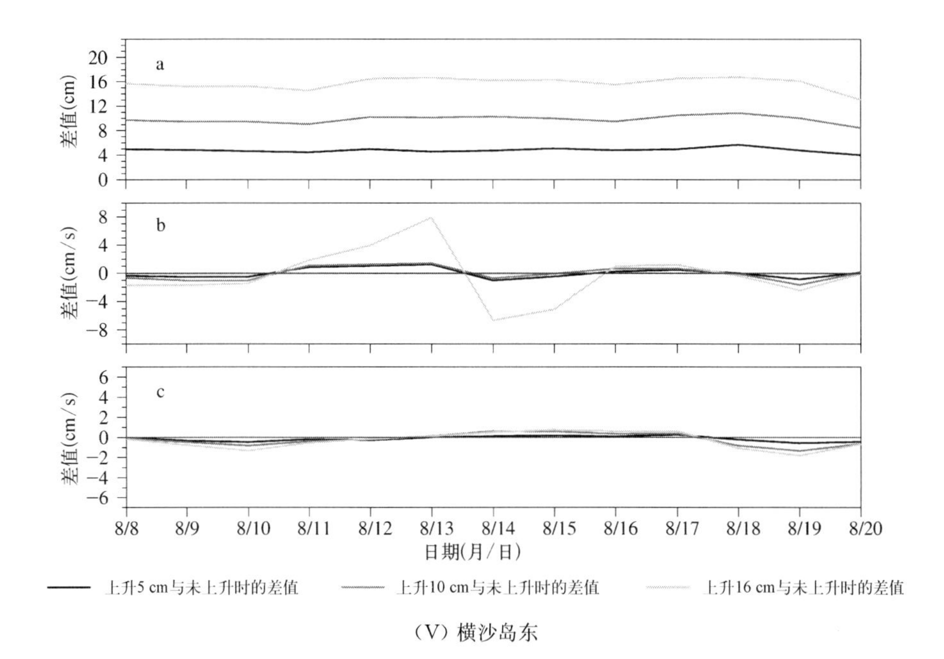
a
差值(cm)
b
差值(cm/s)
c
差值(cm/s)
8/8
8/9
8/10
8/11
8/12
8/13
8/14
8/15
8/16
8/17
8/18
8/19
8/20
日期(月/日)
上升5 cm与未上升时的差值
上升10 cm与未上升时的差值
上升16 cm与未上升时的差值

（V）横沙岛东

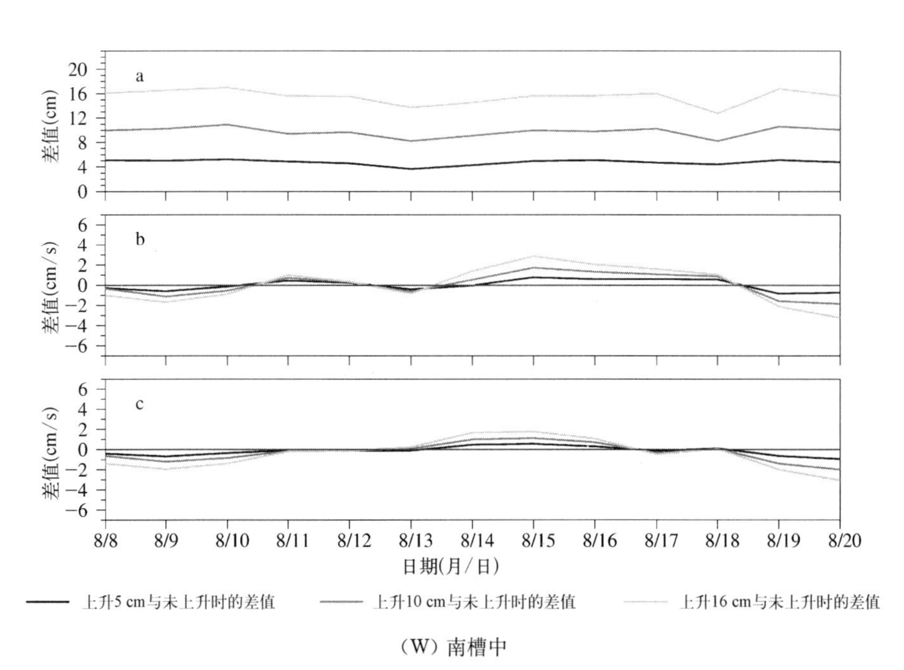
a
差值(cm)
b
差值(cm/s)
c
差值(cm/s)
8/8
8/9
8/10
8/11
8/12
8/13
8/14
8/15
8/16
8/17
8/18
8/19
8/20
日期(月/日)
上升5 cm与未上升时的差值
上升10 cm与未上升时的差值
上升16 cm与未上升时的差值

（W）南槽中

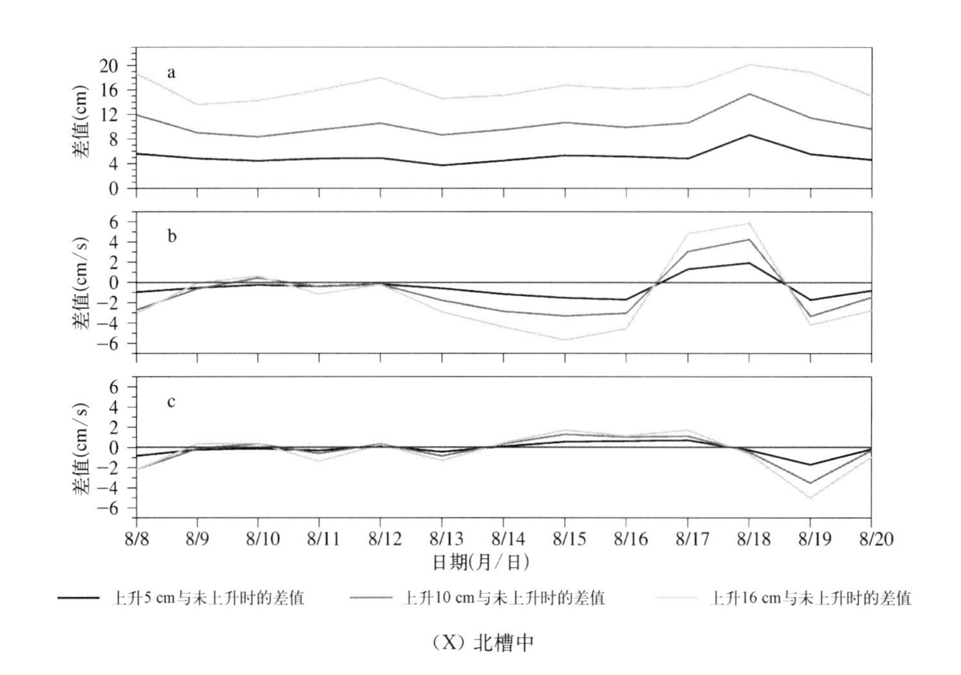
a
b
c
差值(cm)
差值(cm/s)
差值(cm/s)
20
16
12
8
4
0
6
4
2
0
−2
−4
−6
8/8
8/9
8/10
8/11
8/12
8/13
8/14
8/15
8/16
8/17
8/18
8/19
8/20
日期(月/日)
上升5 cm与未上升时的差值
上升10 cm与未上升时的差值
上升16 cm与未上升时的差值

（X）北槽中

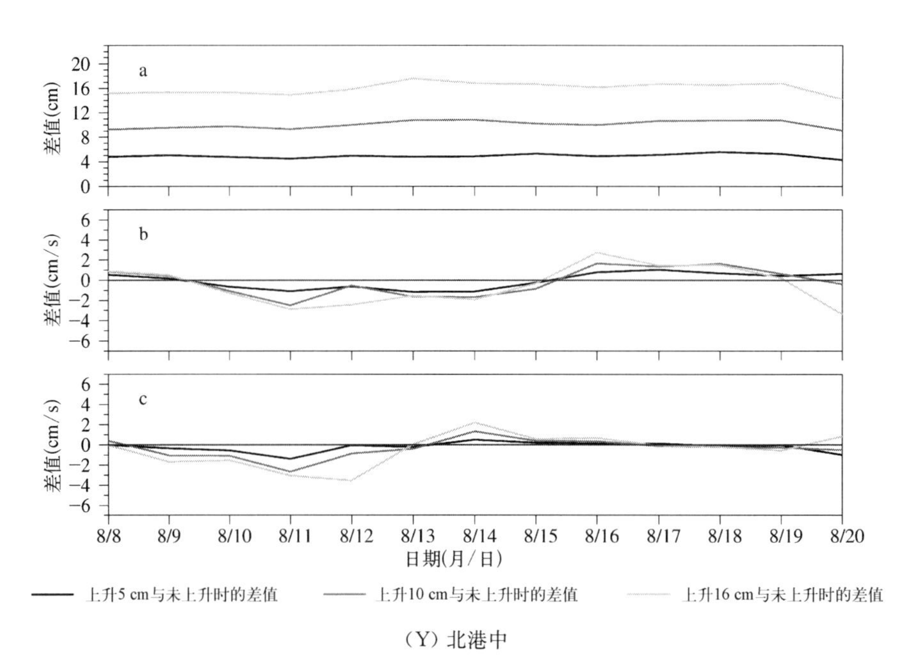
a
b
c
差值(cm)
差值(cm/s)
差值(cm/s)
20
16
12
8
4
0
6
4
2
0
−2
−4
−6
8/8
8/9
8/10
8/11
8/12
8/13
8/14
8/15
8/16
8/17
8/18
8/19
8/20
日期(月/日)
上升5 cm与未上升时的差值
上升10 cm与未上升时的差值
上升16 cm与未上升时的差值

（Y）北港中

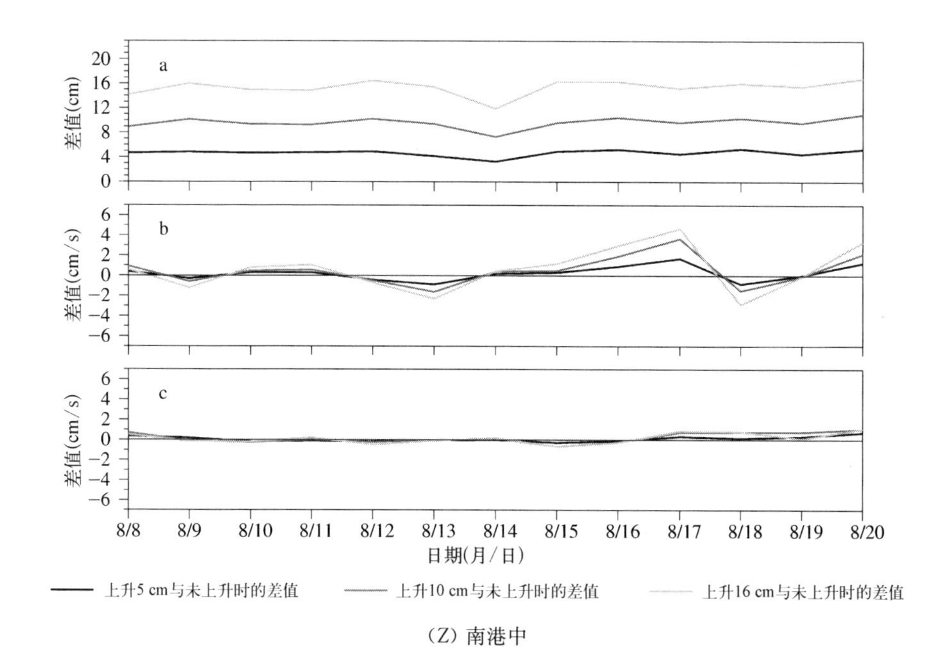
a
差值(cm)
20
16
12
8
4
0
b
差值(cm/s)
6
4
2
0
−2
−4
−6
c
差值(cm/s)
8/8 8/9 8/10 8/11 8/12 8/13 8/14 8/15 8/16 8/17 8/18 8/19 8/20
日期(月/日)
上升5 cm与未上升时的差值
上升10 cm与未上升时的差值
上升16 cm与未上升时的差值

（Z）南港中

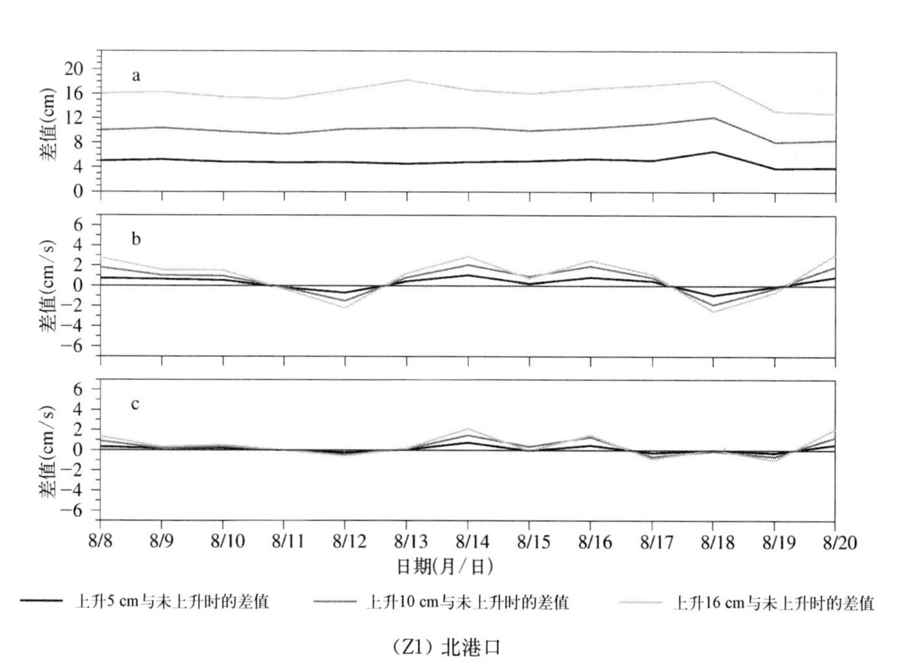
a
差值(cm)
20
16
12
8
4
0
b
差值(cm/s)
6
4
2
0
−2
−4
−6
c
差值(cm/s)
8/8 8/9 8/10 8/11 8/12 8/13 8/14 8/15 8/16 8/17 8/18 8/19 8/20
日期(月/日)
上升5 cm与未上升时的差值
上升10 cm与未上升时的差值
上升16 cm与未上升时的差值

（Z1）北港口

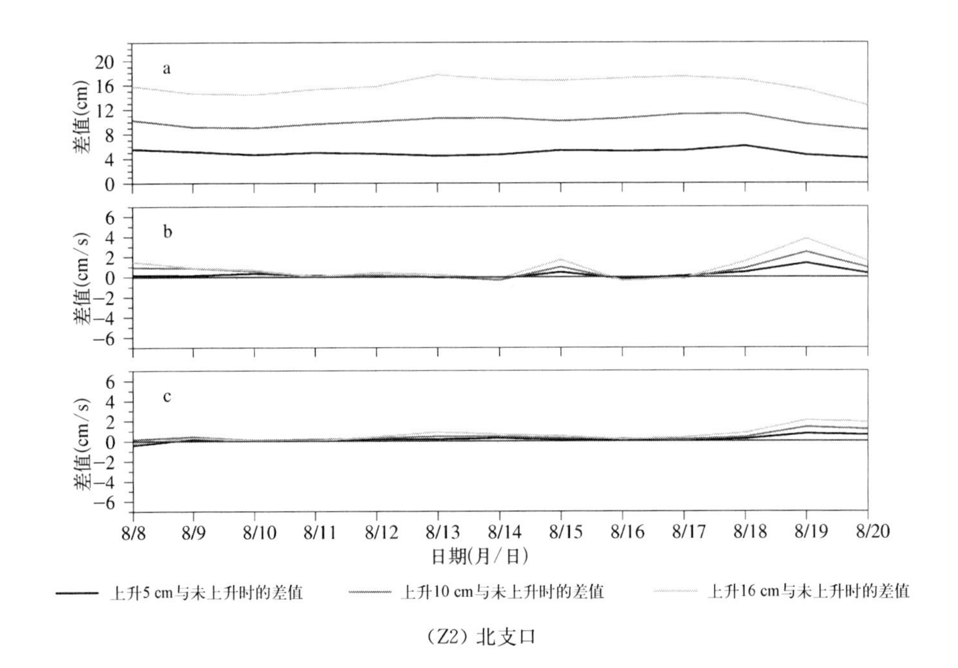
a
b
c
差值(cm)
差值(cm/s)
差值(cm/s)
日期(月/日)
8/8
8/9
8/10
8/11
8/12
8/13
8/14
8/15
8/16
8/17
8/18
8/19
8/20
上升5 cm与未上升时的差值
上升10 cm与未上升时的差值
上升16 cm与未上升时的差值

（Z2）北支口

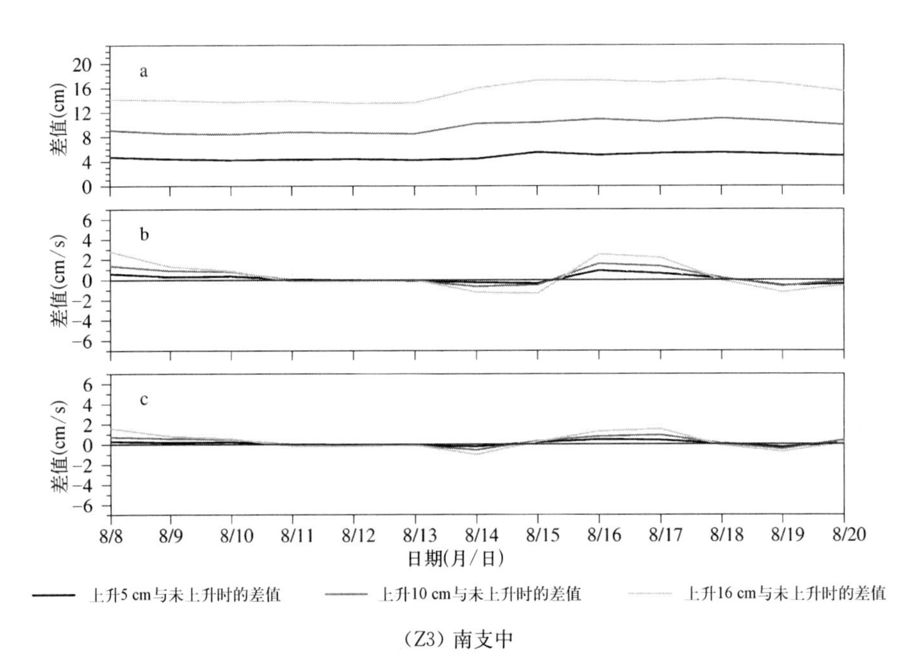
a
b
c
差值(cm)
差值(cm/s)
差值(cm/s)
日期(月/日)
8/8
8/9
8/10
8/11
8/12
8/13
8/14
8/15
8/16
8/17
8/18
8/19
8/20
上升5 cm与未上升时的差值
上升10 cm与未上升时的差值
上升16 cm与未上升时的差值

（Z3）南支中

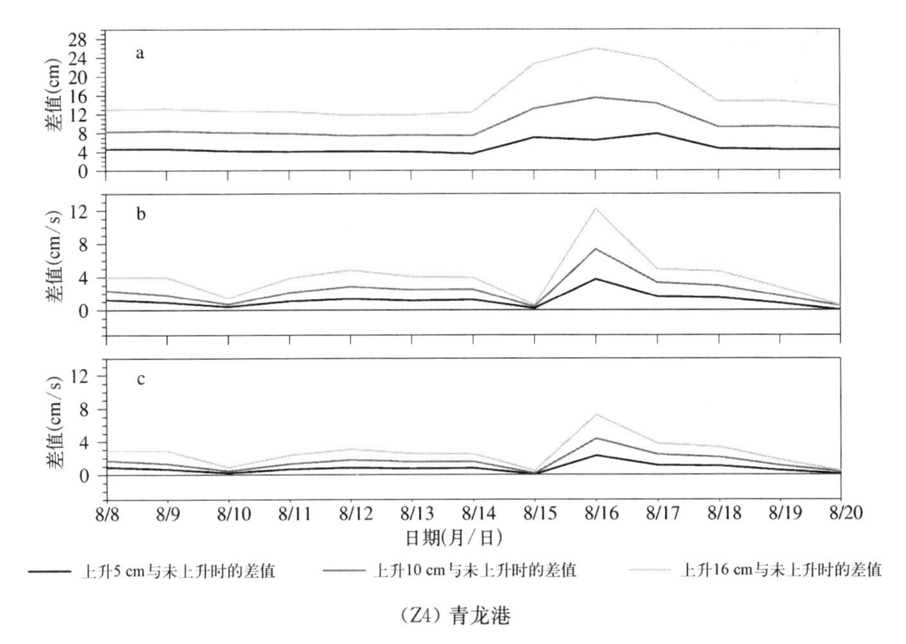

(Z4) 青龙港

图 7-25　平水年海平面上升后各站水位(a)、表层流速(b)、底层流速(c)差值随时间变化

在南汇嘴观海公园站位[图 7-25(D)],在海平面上升 5 cm 的情况下,潮位增加 4.5～6.5 cm,表层流速增加,最大量值约为 0.5 cm/s。在海平面上升 10 cm 的情况下,潮位增加9.5～11.5 cm,表层流速增加,最大量值约为 1.0 cm/s。底层流速的变化与表层不同,一些时段增加,一些时段减小,且趋势相反。在海平面上升 16 cm 的情况下,潮位增加 15.0～17.0 cm,表层流速增加,最大量值约为 2.6 cm/s,底层流速最大增加约 1.8 cm/s,最大减小约 2 cm/s。

除杭州湾北岸的上述 4 个站位外,海平面上升情况下长江大通站平水年(以 1997 年 8 月 8 日～20 日为典型时段)大治河站位、陈行水库近川沙河站位、炮台公园近吴淞口站位等长江南岸、崇明岛沿岸、长兴岛沿岸、横沙岛沿岸的其余 26 个站位的潮位、表层和底层流速等水动力特征变化情况分别详见图 7-25(E～Z4)。上海市沿江沿海 30 个代表站点的潮位、表层流速、底层流速等水动力要素在平水年典型时段情况下海平面上升前后的变化情况详见表 7-6。

(2) 潮通量特征

1) 海平面上升前的平水年

在平水年时段(1997 年 8 月 8～20 日),北支 S1、北港 S2、北槽 S3 和南槽 S4 等 4 个典型断面的潮通量及其变化情况为:过北支上段断面 S1 水通量相对于南支量值很小,且落潮通量大于涨潮通量,表明 8 月洪季净通量还是从南支流向北支,落潮最大通量约在5 000 m^3/s。过北港上段断面 S2,一日两涨两落现象明显,日不等明显,小潮期间落潮通量大于涨潮通量,体现径流的作用,但大潮期间涨潮通量大于落潮通量,涨潮最大通量达到了100 000 m^3/s。过北槽和南槽上段断面 S3 和 S4 水通量,涨潮和落潮通量较为接近(图 7 - 26)。

表 7 - 6　平水年海平面上升后各站水位、表层流速、底层流速变化情况一览表

(单位：潮差与潮位为 cm；流速为 cm/s)

站点编号	海岸段	站点名称	平水年水动力状况				上升 10 cm 水动力要素变化量				上升 16 cm 水动力要素变化量			
			小潮潮差	大潮潮差	小潮最大流速	大潮最大流速	潮位变化	表层流速最大增加值	表层流速最大减少量	底层流速变化趋势	潮位变化	表层流速最大增加值	表层流速最大减少量	底层流速变化趋势
1	杭州湾北岸	金山嘴	320	620	110	170	9.0～12.0	2	1.8	*	15.0～18.0	3	2.4	*
2		金汇港闸	310	610	75	120	9.5～11.5	1.2	0.2	*	15.0～18.0	2	0.2	*
3		芦潮港	260	450	95	130	10.0～12.0	—	2	*	15.0～18.0	0.2	1.8	*
4		南汇嘴观海公园	220	445	80	95	9.5～11.5	1	1.9	*	15.0～17.0	2.6	0.1	*
5	长江口南岸	大治河闸外	210	420	100	130	8.0～12.0	2.2	1.8	*	13.0～18.0	4	2.3	*
6		陈行水库近川沙河	160	310	80	110	9.0～11.0	1.5	0.8	*	14.0～18.0	2	1.5	*
7		炮台公园近吴淞口	185	315	92	120	9.0～11.0	1.5	0.8	*	14.0～18.0	2	2	*
8		外高桥	170	308	55	72	8.0～11.5	4	—	*	12.0～18.0	5	0.3	*
9		三甲港海滨公园近川杨河	190	360	95	125	8.0～12.0	4	2	*	13.0～18.0	5	3	*
10	长兴岛岸	园沙闸	180	315	30	50	9.0～11.5	2.5	0.5	**	13.0～18.0	2.8	1.3	**
11		民主村	175	310	80	120	6.5～11.5	1.8	4	**	12.0～18.0	2	5	**
12		青草沙水库西端	170	310	105	130	9.0～11.0	2.2	2.1	*	14.0～18.0	3	4	*
13		长兴岛北堤隧桥下	165	315	60	80	8.5～10.5	3	0.8	**	15.0～18.0	4	2	**
14	崇明岛岸	崇西水闸	170	310	65	95	8.5～11.5	2	0.3	**	14.0～19.0	3	1	**
15		堡镇	180	315	120	165	8.0～11.0	3	1.5	*	15.0～18.0	3.7	2	*
16		团旺闸外	165	330	90	120	9.0～11.0	2	2.5	**	12.0～17.0	2.5	2.1	**
17		东滩公园	170	420	95	125	9.0～11.0	3.8	—	*	13.0～17.0	5	1	*
18		堡镇港北闸	220	425	60	120	8.0～11.5	4	1.8	*	13.0～19.0	4.5	2	*
19		庙港北闸	210	390	95	170	7.0～16.0	4	2	*	12.0～24.0	8	4	*
20	横沙岛岸	富民沙路南端	180	340	70	110	8.0～14.8	3.8	3	*	14.0～23.0	4	6	*
21		横沙岛北	170	320	60	65	9.0～11.0	2	2.2	*	14.0～18.0	4	3	*
22		横沙岛东	175	330	105	175	9.0～11.0	2.1	2	*	13.0～17.0	8	7	*

续　表

站点编号	海岸段	站点名称	平水年水动力状况				上升 10 cm 水动力要素变化量				上升 16 cm 水动力要素变化量			
			小潮潮差	大潮潮差	小潮最大流速	大潮最大流速	潮位变化	表层流速最大增加值	表层流速最大减少量	底层流速变化趋势	潮位变化	表层流速最大增加值	表层流速最大减少量	底层流速变化趋势
23		南槽中	210	430	110	170	8.5～11.0	2	2	*	13.0～18.0	3.8	3	*
24		北槽中	180	400	170	260	9.0～14.0	4.5	3.5	***	13.0～20.0	6	6	***
25		北港中	180	330	150	210	8.5～10.5	2.2	2.5	***	15.0～18.0	3	3	***
26		南港中	175	310	130	160	7.5～11.0	4	2	***	12.0～18.0	5	2.5	***
27		北港口	165	410	70	130	9.0～11.5	2.5	2.5	*	13.0～18.0	3	2.8	*
28		北支口	200	430	95	140	8.5～11.0	2.5	0.3	*	14.0～18.0	3.3	0.2	*
29		南支中	170	305	120	165	8.5～11.0	2.2	0.6	*	14.0～18.0	3	1	*
30		青龙港	195	370	80	110	8.0～15.5	7.5	—	*	12.0～26.0	12	0	*

注：* 表示底层流速的变化趋势与表层一致，只是量值有所减小。
　　** 表示底层流速基本不变或变化不大。
　　*** 表示底层流速的变化与表层不同，一些时段变化趋势相反。

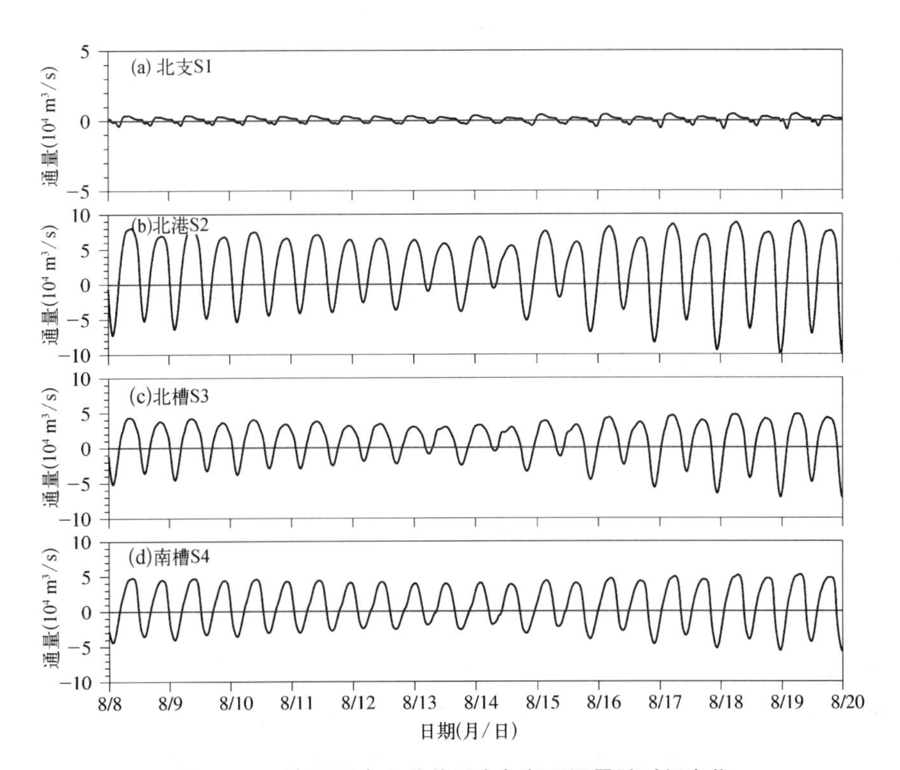

图 7-26　海平面未上升前平水年断面通量随时间变化

2）海平面上升后的平水年

在平水年时段(8月8～20日)，在北支上段断面S1，海平面上升10 cm情况下，涨潮和落潮流量增大的最大值在200～600 m^3/s；海平面上升16 cm情况下，涨潮和落潮流量增大的最大值在300～800 m^3/s。在北港上段断面S2，海平面上升10 cm情况下，涨潮和落潮流量增大的最大值在1 800～4 000 m^3/s；海平面上升16 cm情况下，涨潮和落潮流量增大的最大值在3 000～6 000 m^3/s。在北槽上段断面S3，海平面上升10 cm情况下，涨潮和落潮流量增大的最大值在800～3 000 m^3/s；海平面上升16 cm情况下，涨潮和落潮流量增大的最大值在2 000～4 000 m^3/s。在南槽上段断面S4，海平面上升10 cm情况下，涨潮和落潮流量增大的最大值在1 000～2 000 m^3/s；海平面上升16 cm情况下，涨潮和落潮流量增大的最大值在1 000～4 000 m^3/s。海平面上升5 cm、10 cm和16 cm情况下，长江口各汊道断面通量变化详见图7-27。

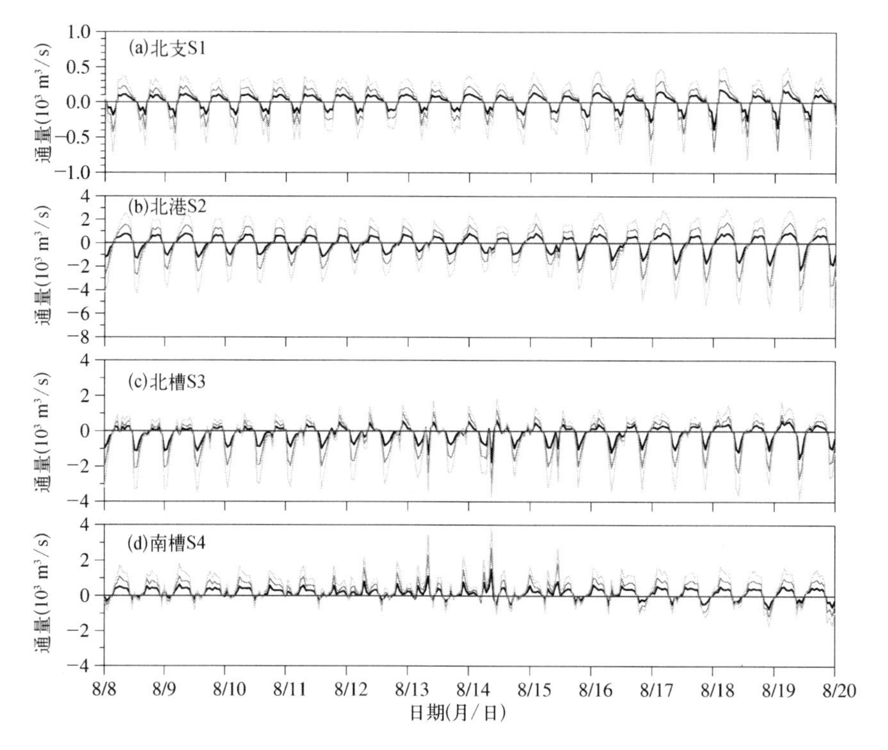

图7-27　丰水年海平面上升后断面通量差值随时间变化

在北支上段断面S1，海平面上升5 cm情况下，涨潮和落潮流量增大的最大值在100～300 m^3/s；海平面上升10 cm情况下，涨潮和落潮流量增大的最大值在200～600 m^3/s；海平面上升16 cm情况下，涨潮和落潮流量增大的最大值在300～800 m^3/s。

在北港上段断面 S2，海平面上升 5 cm 情况下，涨潮和落潮流量增大的最大值在 800～2 000 m^3/s；海平面上升 10 cm 情况下，涨潮和落潮流量增大的最大值在 1 800～4 000 m^3/s；海平面上升 16 cm 情况下，涨潮和落潮流量增大的最大值在 3 000～6 000 m^3/s。

在北槽上段断面 S3，海平面上升 5 cm 情况下，涨潮和落潮流量增大的最大值在 200～1 500 m^3/s；海平面上升 10 cm 情况下，涨潮和落潮流量增大的最大值在 800～3 000 m^3/s；海平面上升 16 cm 情况下，涨潮和落潮流量增大的最大值在 2 000～4 000 m^3/s。

在南槽上段断面 S4，海平面上升 5 cm 情况下，涨潮和落潮流量增大的最大值在 500～1 000 m^3/s；海平面上升 10 cm 情况下，涨潮和落潮流量增大的最大值在 1 000～2 000 m^3/s；海平面上升 16 cm 情况下，涨潮和落潮流量增大的最大值在 1 000～4 000 m^3/s。

(3) 海平面上升后丰水年潮动力和潮通量特征

1) 海平面上升后丰水年潮动力特征

选取 1998 年 7 月 15 日至 8 月 27 日为丰水年计算时段，为消除初始条件的影响，模式从 6 月 20 日开始计算。上游开边界由大通实测的逐日径流量资料给出，外海开边界考虑主要 16 个分潮，由其调和常数合成给出，潮位是实时的。风场考虑夏季的平均风况，南风 4 m/s。

海平面上升分 5 cm、10 cm 和 16 cm 三种情况，同时也以海平面未上升下的潮流、潮流和断面通量作比较分析。模拟的详细结果与平水年相似，本节仅以表格形式列出(表 7－7)，不再详细说明。图 7－28 为在 1998 年 7 月 15 日至 8 月 27 日期

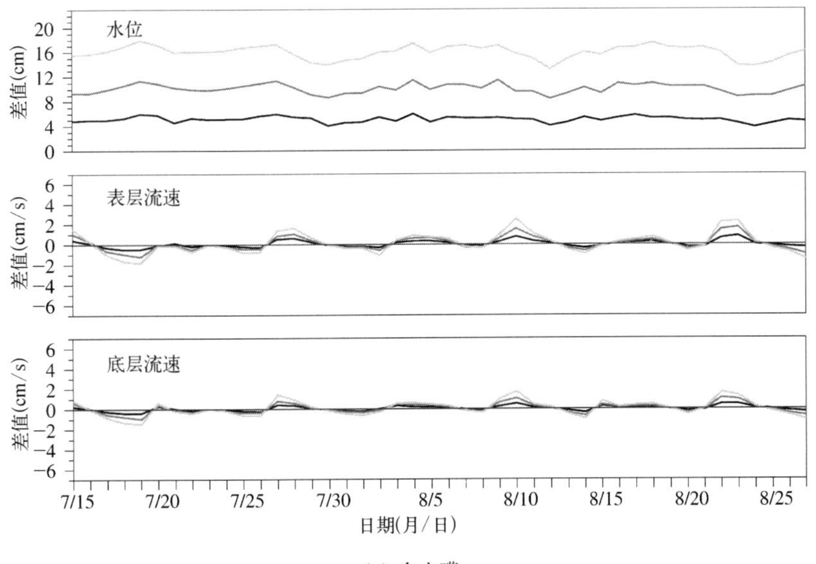

(a) 金山嘴

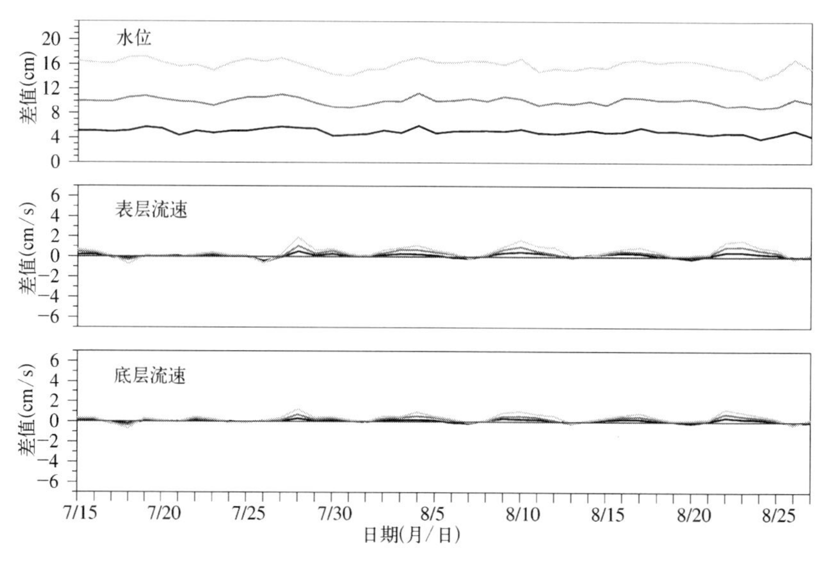
水位
差值(cm)
表层流速
差值(cm/s)
底层流速
差值(cm/s)
日期(月/日)

(b) 金汇港闸

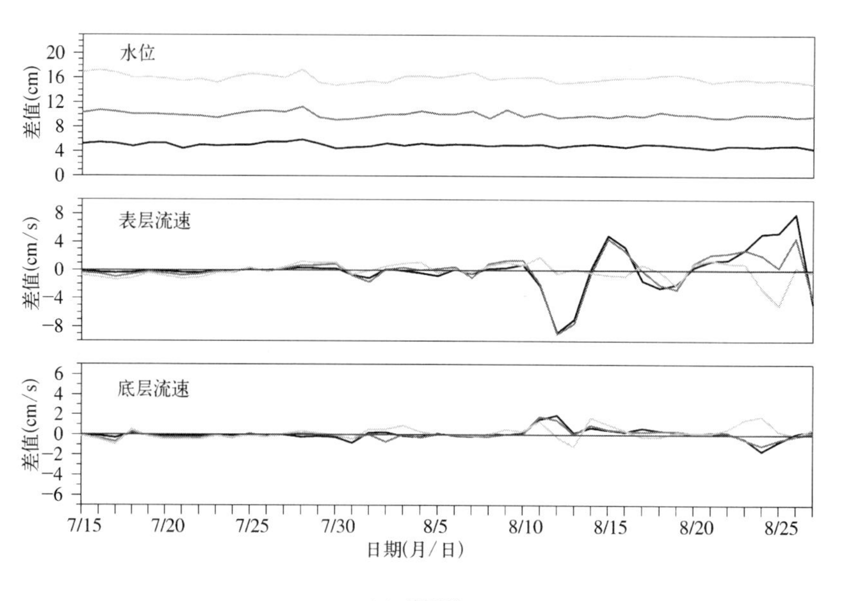
水位
差值(cm)
表层流速
差值(cm/s)
底层流速
差值(cm/s)
日期(月/日)

(c) 芦潮港

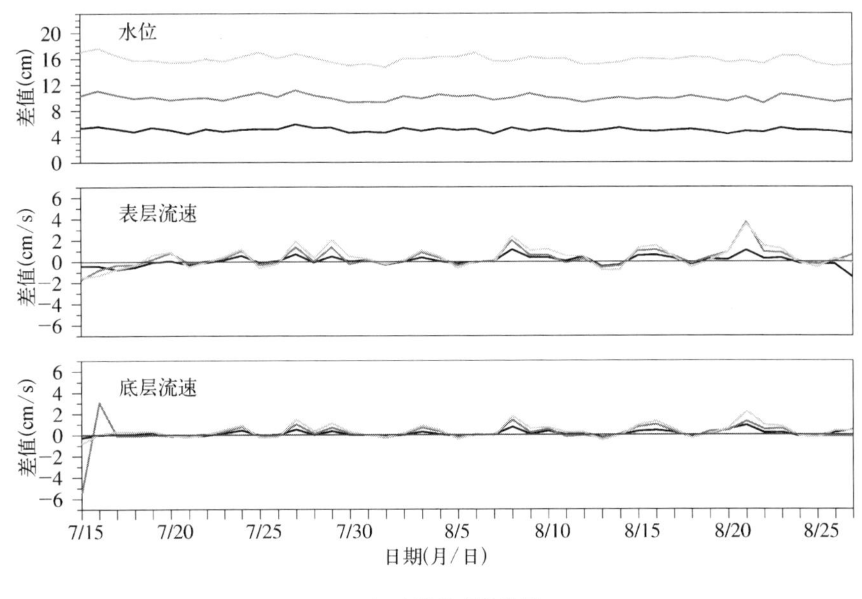

(d) 南汇嘴观海公园

—— 为海平面上升 5 cm 与上升前的差值　—— 为海平面上升 10 cm 与上升前的差值
—— 为海平面上升 16 cm 与上升前的差值

图 7-28　海平面上升后上海市杭州湾北岸代表站位水位、表层流速、底层流速差值随时间变化

表 7-7　丰水年海平面上升后各站水位、表层流速、底层流速变化情况一览表

(单位：潮差、潮位为 cm；流速为 cm/s)

站点编号	海岸段	站点名称	丰水年水动力状况				上升 10 cm 水动力要素变化量				上升 16 cm 水动力要素变化量			
			小潮潮差	大潮潮差	小潮最大流速	大潮最大流速	潮位变化	表层流速最大增加值	表层流速最大减少量	底层流速变化趋势	潮位变化	表层流速最大增加值	表层流速最大减少量	底层流速变化趋势
1	杭州湾北岸	金山嘴	280	530	110	195	8.5～11.5	1.8	1.2	*	14.0～18.0	2.3	2	*
2		金汇港闸	270	500	70	125	9.0～11.0	1.2	0.5	*	15.0～18.0	2.1	1	*
3		芦潮港	220	420	80	140	9.5～11.5	4	9.5	*	15.0～18.0	2	5.5	*
4		南汇嘴观海公园	215	435	70	90	9.5～10.5	3	2	*	15.0～18.0	4	1.8	*
5	长江口南岸	大治河闸外	200	410	65	120	8.0～12.5	4	8	*	14.0～19.0	16	8	*
6		陈行水库近川沙河	130	290	80	110	8.0～11.5	1.5	1.2	*	14.0～18.0	3	3	*
7		炮台公园近吴淞口	155	310	90	120	8.0～12.5	2.2	2	*	14.0～19.0	4	3.5	*

续 表

站点编号	海岸段	站点名称	丰水年水动力状况				上升 10 cm 水动力要素变化量				上升 16 cm 水动力要素变化量			
			小潮潮差	大潮潮差	小潮最大流速	大潮最大流速	潮位变化	表层流速最大增加值	表层流速最大减少量	底层流速变化趋势	潮位变化	表层流速最大增加值	表层流速最大减少量	底层流速变化趋势
8	长江口南岸	外高桥	150	310	45	70	7.5～11.5	4	0.2	*	13.0～18.0	7	1	*
9	长江口南岸	三甲港海滨公园近川杨河	185	325	90	120	4.0～13.5	3.5	3.2	*	8.0～22.0	4	6.2	*
10	长兴岛岸	园沙闸	175	310	25	45	8.0～11.5	2	0.4	**	13.0～18.0	4	1	**
11	长兴岛岸	民主村	155	320	70	110	7.0～12.0	2	3	**	13.0～19.0	4.2	2.5	**
12	长兴岛岸	青草沙水库西端	140	300	110	140	8.0～11.5	3	4	*	13.0～18.0	4	7	*
13	长兴岛岸	长兴岛北堤隧桥下	135	300	40	70	7.5～11.0	2.5	3	**	12.0～18.0	4.5	4	**
14	崇明岛岸	崇西水闸	140	260	70	100	7.5～12.5	2	1	**	13.0～19.0	3.5	1.5	**
15	崇明岛岸	堡镇	150	320	130	185	8.0～11.5	3	2	*	14.0～18.0	5	5	*
16	崇明岛岸	团旺闸外	150	310	80	125	7.5～11.5	3.5	3	**	12.0～18.0	9	5.5	**
17	崇明岛岸	东滩公园	170	400	100	125	8.5～11.5	6	1	*	14.0～19.0	6.5	1.8	*
18	崇明岛岸	堡镇港北闸	180	405	45	115	7.0～13.5	7	3	*	11.5～22.0	7	4	*
19	崇明岛岸	庙港北闸	205	380	95	160	7.5～16.0	3	4	*	11.0～24.0	4.5	5	*
20	横沙岛岸	富民沙路南端	145	320	70	95	9.0～17.0	17	6	*	13.0～23.0	20	7	*
21	横沙岛岸	横沙岛北	130	305	50	75	7.0～12.0	6	4	*	12.0～18.0	10	6	*
22	横沙岛岸	横沙岛东	135	305	110	180	8.0～11.0	4	4.5	*	12.0～19.0	5	5.8	*
23		南槽中	195	420	100	180	7.0～11.0	7	4	*	14.0～18.0	12	15.8	*
24		北槽中	170	355	175	300	7.0～14.0	3.5	3.5	***	12.0～21.0	4.5	5.7	***
25		北港中	175	310	150	230	7.0～11.0	5	2	***	12.0～18.0	6.2	4.5	***
26		南港中	150	320	150	200	7.5～11.0	4	3.5	***	12.0～18.0	8	6	***
27		北港口	175	370	70	120	6.0～12.0	4	2.2	*	12.0～18.0	4	1.8	*
28		北支口	180	410	100	145	7.5～12.5	2	1.5	*	12.0～20.0	3	1	*
29		南支中	160	285	130	170	7.5～11.5	2.8	3.5	*	12.0～18.0	4.5	5	*
30		青龙港	170	340	95	115	7.5～14.5	9.5	0.8	*	12.0～24.0	16.5	2	*

注：* 表示底层流速的变化趋势与表层一致，只是量值有所减小。

** 表示底层流速基本不变或变化不大。

*** 表示底层流速的变化与表层不同，一些时段变化趋势相反。

间杭州湾北岸4个站位水位、表层流速和底层流速与海平面未上升情况下计算结果差值随时间的变化过程，其他站点变化过程从略。

2）海平面上升后丰水年潮通量特征

在1998年7月15日至8月27日期间，海平面上升5 cm、10 cm和16 cm情况下，长江口北支S1、北港S2、北槽S3和南槽S4等各汊道断面通量变化详见图7-29。

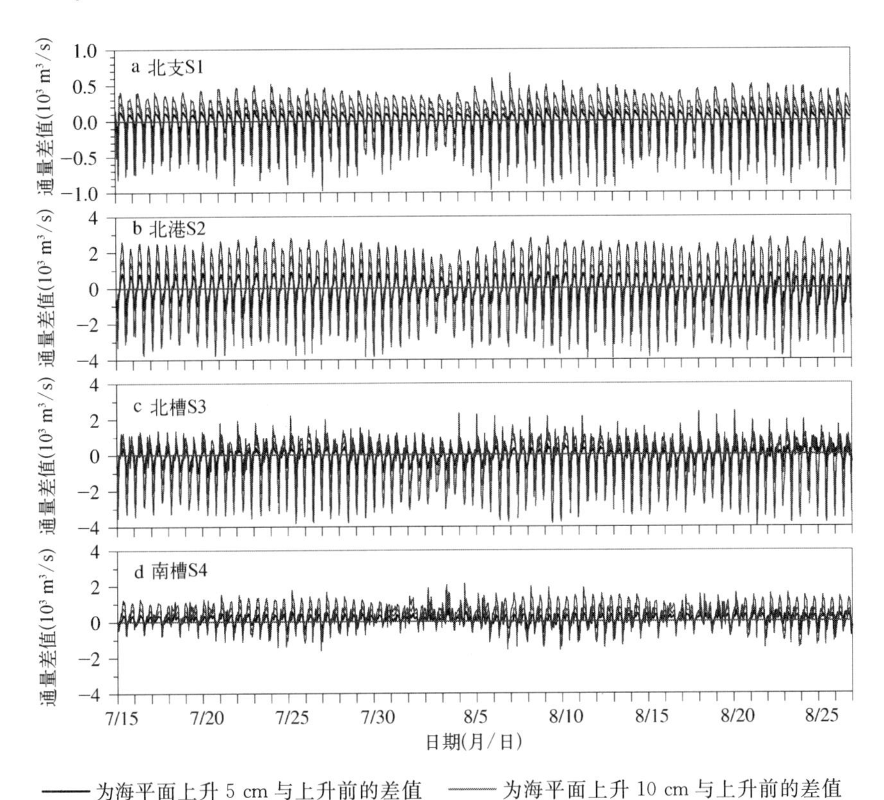

图7-29　海平面上升后断面通量差值随时间变化

7.2.3.2　海平面上升对上海沿岸海岸防护工程的影响分析

(1) 大陆黄浦江水系片区

1）杭州湾北岸

当海平面上升10 cm时，杭州湾北岸沿岸的潮位增加值为9.0～12.0 cm；表层流速除芦潮港区段呈现单一减小（最大减少量约2.0 cm/s）外，其余岸段最大增加值在1.0～2.0 cm/s（其中最小变化在南汇嘴观海公园区段，最大变化在金山嘴区段），最大减少量（约1.9 cm/s）在南汇嘴观海公园区段呈现。

当海平面上升16 cm时，杭州湾北岸沿岸的潮位增加值为15～18 cm；表层流速最大增加值为0.2～3.0 cm/s（其中芦潮港段变化最小，金山嘴段变化最大），最大减少量为 0.1～2.4 cm/s(其中南汇嘴段变化最小,金山嘴段变化最大)。

2) 长江口南岸

当海平面上升 10 cm 时,长江口南岸沿岸的潮位增加值为 8.0～12.0 cm,其中吴淞口以西岸段变幅略高为 9.0～11.0 cm;表层流速除外高桥区段呈现单一增加(最大增加量约4.0 cm/s)外,其余岸段最大增加值为 1.5～4.0 cm/s(其中吴淞口以西岸段变化最小,吴淞口以东岸段变化最大),最大减少量(约 1.8～2.0 cm/s)呈现在南汇东滩区段,而吴淞口以西区段最大减少量约 0.8 cm/s。

当海平面上升 16 cm 时,长江口南岸沿岸的潮位增加值为 12～18 cm;表层流速最大增加值在 2.0～5.0 cm/s(其中吴淞口以西段变化最小,外高桥以东段变化最大),最大减少量约 0.3～3.0 cm/s(其中外高桥区段变化最小,大治河至三甲港海滨公园近川杨河段变化最大,为 2.3～3.0 cm/s)。

3) 海平面上升对大陆片区海岸防护的影响

综上所述,至 2030 年,海平面上升 10～16 cm,大陆片区近海岸水域的潮位将随之上涨8.0～18.0 cm(其中外高桥段相对变化最小,杭州湾北岸段变化相对最大),由此可见,海平面上升将导致上海市大陆片区沿江沿海潮位也同步增加,且超出幅度为−2.0～2.0 cm(表 7-8)。

表 7-8 海平面上升 10～16 cm 对上海市近岸水(海)域潮动力变化的影响

分区段	潮位变化(cm)	表层流速(cm/s)	
		最大增加值	最大减少值
大陆片区	8.0～18.0	0.2～5.0	0.1～3.0
江岛片区	6.5～24.0	1.8～8.0	0.3～7.0

同时,海平面上升,导致大陆片区近海岸水域表层流速最大增加值为 0.2～5.0 cm/s(其中芦潮港段变化最小,外高桥至三甲港海滨公园段变化最大),最大减少量约 0.1～3.0 cm/s(其中金汇港闸区段变化最小,三甲港海滨公园近川杨河段变化最大)。可见,海平面上升10～16 cm,大陆片区近海岸水域表层流速变幅为−3.0～5.0 cm/s(表 7-8)。

(2) 江岛崇明水系片区

1) 长兴岛沿岸

当海平面上升 10 cm 时,长兴岛沿岸的潮位增加值为 6.5～11.5 cm,其中园沙闸—长兴岛北堤隧桥段变幅略高,为 9.0～11.5 cm;表层流速最大增加值在 1.8～3.0 cm/s(其中民主村段最小,园沙闸—长兴岛北堤隧桥段变化最大),最大减少量在 0.5～4.0 cm/s(其中园沙闸段变化最小,民主村段变化最大)。

当海平面上升 16 cm 时,长兴岛沿岸的潮位增加值为 12～18 cm;表层流速最大增加值为 2.0～4.0 cm/s(其中民主村段变化最小,青草沙水库西端—长兴岛北堤隧桥段变化最大),最大减少量在 1.3～5.0 cm/s(其中园沙闸段变化最小,民主村段变化最大)。

2) 崇明岛沿岸

当海平面上升 10 cm 时,在崇明岛南岸,其潮位增加值为 8.0～11.5 cm,中段变幅略低为 8.0～11.0 cm;表层流速最大增加值在 2.0～3.0 cm/s(其中中段变化最大,两头变化最小),最大减少量在 0.3～2.5 cm/s(其中也呈现东段变化最大,西段变化最小)。在崇明岛北岸,其潮位增加值为 7.0～16.0 cm,其中中东部变幅接近为 9.0～11.0 cm;表层流速最大增加值在 3.8～4.0 cm/s(其中东滩公园仅呈现增大趋势),最大减少量约 1.8～2.0 cm/s(限北支中西段区域)。

当海平面上升 16 cm 时,在崇明岛南岸,其潮位增加值为 12～19 cm,中东段变幅略低为 12～17 cm;表层流速最大增加值为 2.5～3.7 cm/s(其中中段变化最大,两头相对变化小),最大减少量为 1.0～2.1 cm/s(其中呈现中东段变化最大,西段变化最小)。在崇明岛北岸,其潮位增加值为 12～24 cm,其中东滩公园变幅略低,为 13～17 cm,庙港北闸段最高时达到 24 cm;表层流速最大增加值为 4.5～8.0 cm/s(其中庙港北闸段变幅最大,堡镇港北闸段变幅最小),最大减少量为 1.0～4.0 cm/s(庙港北闸段变幅最大,东滩公园段变幅最小)。

3) 横沙岛沿岸

当海平面上升 10 cm 时,横沙岛沿岸的潮位增加值为 8.0～14.8 cm,横沙岛北、横沙岛东段变幅较为一致,为 9.0～11.0 cm;表层流速最大增加值为 2.0～3.8 cm/s(其中富民沙路南端段变化略大),最大减少量为 1.5～2.0 cm/s(其中也是富民沙路南端段变化略大)。

当海平面上升 16 cm 时,横沙岛沿岸的潮位增加值为 13.0～23.0 cm,横沙岛北、横沙岛东段变幅较为一致,为 13.0～18.0 cm;表层流速最大增加值为 4.0～8.0 cm/s(其中横沙岛东段变化最大),最大减少量为 3.0～7.0 cm/s(其中横沙岛北段变化最小)。

4) 海平面上升对江岛片区海岸防护的影响

综上所述,至 2030 年,海平面上升 10～16 cm,江岛片区近海岸水域的潮位将随之上涨 6.5～24.0 cm(其中长兴岛民主村段和崇明岛团旺闸段相对变化最小,崇明岛庙港北闸段和横沙岛富民沙路南端段变化最大)。由此可见,海平面上升将导致上海市江岛片区沿江沿海潮位也同步增加,且超出幅度在－4.0 与 8.0 cm 之间,远远比大陆片区沿江沿海近海岸水域的潮位变化剧烈些(表 7－8)。

同时,海平面上升,导致江岛片区近海岸水域表层流速最大增加值为 1.8～8.0 cm/s(其中长兴岛民主村段变化最小,崇明岛庙港北闸段和横沙岛东段变化最大),最大减少量约0.3～7.0 cm/s(其中崇明岛西闸区段和长兴岛北堤隧桥下段变化最小,横沙岛东段和民沙路南端段变化最大)。可见,海平面上升 10～16 cm,江岛片区近海岸水域表层流速变幅在－7.0 与 8.0 cm/s 之间,远远高于大陆片区近海岸水域表层流速变幅。

(3) 小结

1) 大陆片区沿岸

至2030年(以平水年时段8月8～20日为研究时段),海平面上升10～16 cm,大陆片区近海岸水域的潮位将随之上涨8.0～18.0 cm(其中外高桥段相对变化最小,杭州湾北岸段变化相对最大)。由此可见,海平面上升将导致上海市大陆片区沿江沿海潮位也同步增加,且超出幅度在－2.0与2.0 cm之间。

同时,海平面上升,导致大陆片区近海岸水域表层流速最大增加值为0.2～5.0 cm/s(其中芦潮港段变化最小,外高桥至三甲港海滨公园段变化最大),最大减少量约0.1～3.0 cm/s(其中金汇港闸区段变化最小,三甲港海滨公园近川杨河段变化最大)。可见,海平面上升10～16 cm,大陆片区近海岸水域表层流速变幅在－3.0与5.0 cm/s之间。

2) 江岛片区沿岸

至2030年(以平水年时段8月8～20日为研究时段),海平面上升10～16 cm,江岛片区近海岸水域的潮位将随之上涨6.5～24.0 cm(其中长兴岛民主村段和崇明岛团旺闸段相对变化最小,崇明岛庙港北闸段和横沙岛富民沙路南端段变化最大),由此可见,海平面上升将导致上海市江岛片区沿江沿海潮位也同步增加,且超出幅度在－4.0与8.0 cm之间,远远比大陆片区沿江沿海近海岸水域的潮位变化剧烈些。同时,海平面上升,导致江岛片区近海岸水域表层流速最大增加值为1.8～8.0 cm/s(其中长兴岛民主村段变化最小,崇明岛庙港北闸段和横沙岛东段变化最大),最大减少量约0.3～7.0 cm/s(其中崇明岛西闸区段和长兴岛北堤隧桥下段变化最小,横沙岛东段和民沙路南端段变化最大)。可见,海平面上升10～16 cm,江岛片区近海岸水域表层流速变幅在－7.0与8.0 cm/s之间,远远高于大陆片区近海岸水域表层流速变幅。

7.2.4 提出海平面上升对海岸防护的对策措施

防范海平面上升对海岸防护的对策措施包括:实施分区设防;提高海塘工程设计标准;加强管理,实行海岸综合防护;加强海平面上升下海堤防御标准研究。

7.3 海平面上升对区域防洪排涝影响评估

7.3.1 海平面上升对大陆片区防洪除涝的影响

7.3.1.1 面平均最高水位

在海平面上升前(即方案0——海平面上升0 cm)、海平面上升10 cm(即方案1)和上升16 cm(即方案2)三种工况下,采用建立的大陆片区感潮河网一维水动力模型对黄浦江水系10个水利分片及2条片外重点江河(即黄浦江和苏州河)开展了联片联动数值模拟,各水利分片在不同海平面上升值条件下的防洪除涝面平均最高水位及其变化情况详见表 7－9 和表 7－10。

表 7－9　海平面上升前后各水利分片面平均最高水位及其持续时间一览表

水利分片	上升 0 cm 工况	上升 10 cm 工况		上升 16 cm 工况	
	面平均除涝最高水位(m)	面平均除涝最高水位(m)	面平均除涝最高水位超过 3.5 m 持续时间(h)	面平均除涝最高水位(m)	面平均除涝最高水位超过 3.5 m 持续时间(h)
嘉宝北片	3.887	3.904	14.5	3.915	14.75
蕰南片	4.341	4.4	7.25	4.434	7.5
淀南片	3.693	3.715	6.25	3.722	6.5
淀北片	3.974	3.977	10	3.975	9.75
青松片	3.689	3.701	10.25	3.706	10.5
浦东片	3.528	3.554	4.25	3.568	4.75
浦南东片	3.974	4.019	13.75	4.04	14
浦南西片	3.705	3.738	5.5	3.758	5.75
太北片	3.587	3.602	6.25	3.61	6.5
太南片	3.755	3.788	6	3.807	6.25

表 7－10　海平面上升 10 cm、16 cm 各水利分片区域除涝面平均最高水位的变化情况

（单位：cm）

方　案	海平面上升 10 cm 工况		海平面上升 16 cm 工况	
	面平均最高水位变化量	超过 3.5 m 持续时间变化量	面平均最高水位变化量	超过 3.5 m 持续时间变化量
嘉宝北片	1.7		2.8	
蕰南片	5.9		9.3	
淀南片	2.2		2.9	
淀北片	0.3		0.1	
青松片	1.2		1.7	
浦东片	2.6		4.0	
浦南东片	4.5		6.6	
浦南西片	3.3		5.3	
太北片	1.5		2.3	
太南片	3.3		5.2	

从表 7－9 和表 7－10 中可以分析得出：随着海平面的上升，各相关水利分片规划除涝最高水位也呈上升的趋势，尤以蕰南片、浦东片、浦南东片、浦南西片、太南片上升最为明显。

7.3.1.2　局部最高水位

海平面上升对黄浦江水系各水利分片区域防洪除涝局部最高水位也有一定的影响，影响较大的水利分片为蕰南片、浦东片、浦南东片、浦南西片和太南片。各水利分片局部除涝最高水位发布详见表 7－11 和图 7－30。

表 7-11　海平面上升 10 cm、16 cm 条件下各水利分片面平均及局部除涝最高水位分析

水利分片	海平面上升 10 cm 工况		海平面上升 16 cm 工况	
	局部最高水位(m)	局部最高水位出现位置	局部最高水位(m)	局部最高水位出现位置
嘉宝北片	4.13	罗泾镇西随塘河与新川沙河交界处	4.19	罗泾镇西随塘河与新川沙河交界处
蕰南片	4.967	淞南镇小吉普最南端	5.006	淞南镇小吉普最南端
淀南片	4.048	华泾镇春申塘近黄浦江段	4.094	华泾镇春申塘近黄浦江段
淀北片	4.975	古美街道新泾港近苏州河段	4.994	古美街道新泾港近苏州河段
青松片	4.57	华新镇东风港东南角处	4.582	华新镇东风港东南角处
浦东片	4.041	三林镇川杨河近黄浦江段	4.09	三林镇川杨河近黄浦江段
浦南东片	4.889	山阳镇龙泉港近杭州湾段	4.949	山阳镇龙泉港近杭州湾段
浦南西片	3.942	泖港镇横中心河、向阳河、新丰河一带	3.976	泖港镇横中心河、向阳河、新丰河一带
太北片	3.75	练塘镇清水江近西泖河处	3.764	练塘镇清水江近西泖河处
太南片	3.898	石湖荡镇石湖荡港近斜塘段	3.923	石湖荡镇石湖荡港近斜塘段

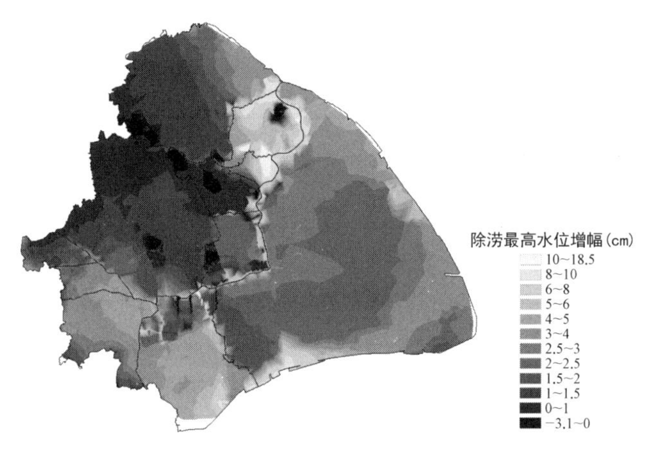

(a) 海平面上升 10 cm 时各水利分片面平均及局部除涝最高水位增幅

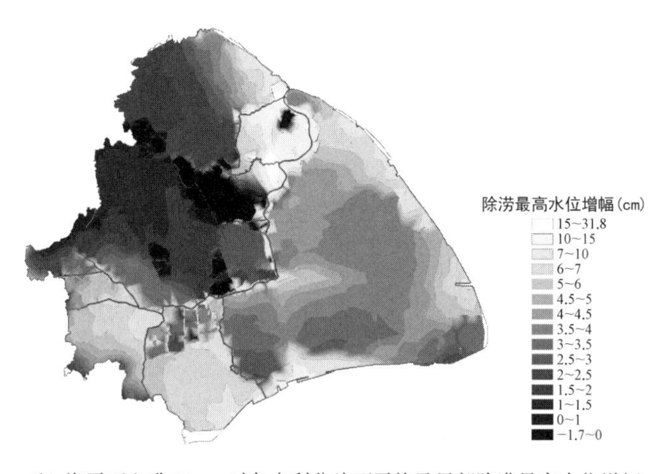

(b) 海平面上升 16 cm 时各水利分片面平均及局部除涝最高水位增幅

图 7-30　海平面上升对上海市黄浦江水系各水利分片除涝最高面平均水位的影响

7.3.1.3　重点江河防洪除涝水位

通过模型的模拟计算，统计黄浦江、苏州河在不同海平面上升值条件下的防洪最高水位及其变化情况，详见表 7－12。由表可知，当海平面上升 10 cm 时，黄浦江除涝最高水位将增高 7.7 cm，苏州河除涝最高水位增高 2.4 cm；当海平面上升 16 cm时，黄浦江除涝最高水位增高 12.3 cm，苏州河除涝最高水位增高 4.0 cm。由此可见，黄浦江受海平面上升的影响较为剧烈，苏州河因有河口闸门控制，受影响程度为 2～4 cm。

表 7－12　海平面上升前后黄浦江苏州河区域除涝面平均最高水位及其变化量

（单位：m）

河　道	方案 0（现状条件）	方案 1（海平面上升 10 cm）		方案 2（海平面上升 16 cm）	
	面平均最高水位	面平均最高水位	相对于方案 0 的变化量	面平均最高水位	相对于方案 0 的变化量
黄浦江	3.919	3.996	7.7	4.042	12.3
苏州河	4.205	4.229	2.4	4.245	4.0

黄浦江：海平面上升对黄浦江高水位的影响十分明显，对其下游段影响程度更为剧烈。通过对计算成果的分析，当海平面上升 10 cm 时，黄浦江除涝平均最高水位均值为 3.996 m，上游黄浦公园站水位增幅均值为 8.399 cm，下游松浦大桥站水位增幅均值为 4.901 cm；当海平面上升 16 cm 时，黄浦江除涝平均最高水位均值为 4.042 m，上游黄埔公园站水位增幅均值为 13.422 cm，下游松浦大桥站水位增幅均值为 7.856 cm，详见表 7－13 及图 7－31。

表 7－13　海平面上升黄浦江各站点水位增幅　（单位：cm）

站　点	海平面上升 10 cm	海平面上升 16 cm
吴 淞 口	9.792	15.669
黄埔公园	8.399	13.422
松浦大桥	4.901	7.856

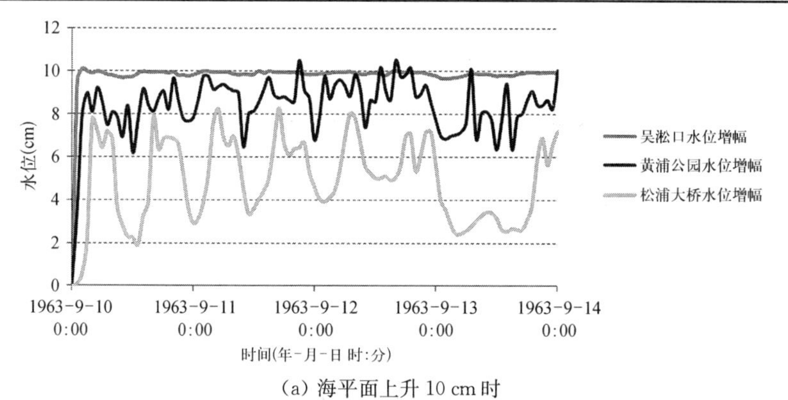

(a) 海平面上升 10 cm 时

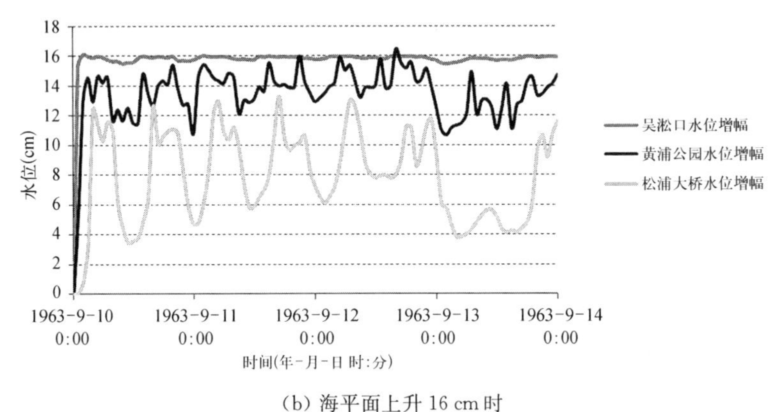

(b) 海平面上升 16 cm 时

图7-31 海平面上升 10 cm 与 16 cm 条件下黄浦江沿线代表站点水位增幅

苏州河：海平面上升对苏州河下游段高水位有一定影响，上游受影响较小。当海平面上升 10 cm 时，苏州河除涝平均最高水位均值为 4.229 m，相对现状平均增加 2.4 cm；当海平面上升 16 cm 时，苏州河除涝平均最高水位均值为 4.245 m，相对现状平均增加 4.0 cm，可见图 7-32。

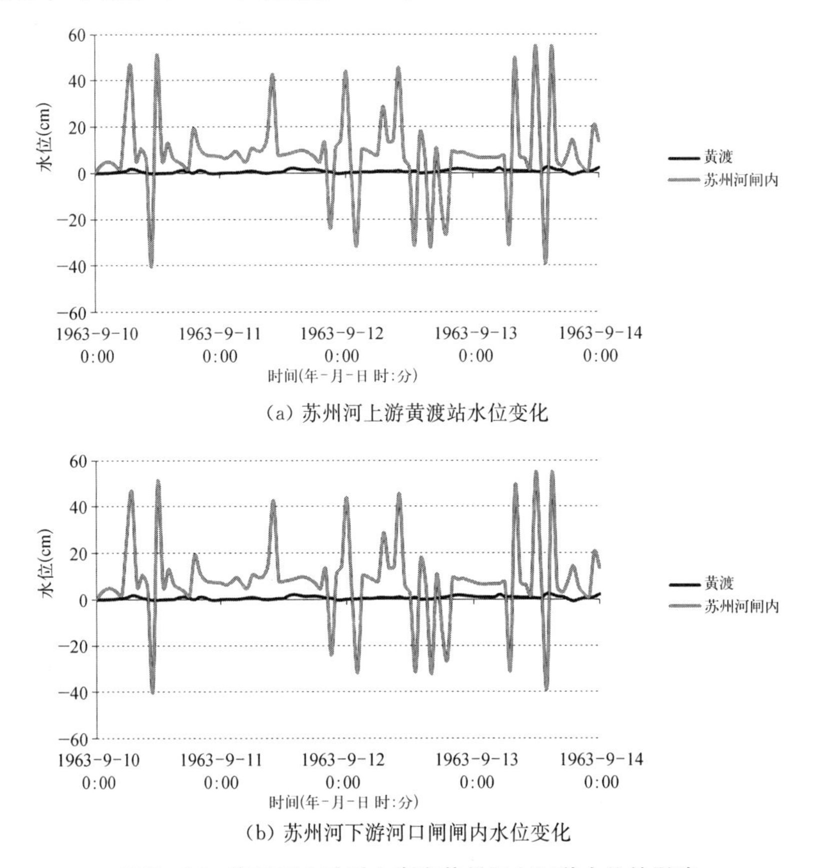

(a) 苏州河上游黄渡站水位变化

(b) 苏州河下游河口闸闸内水位变化

图 7-32 海平面上升对上海市苏州河上下游水位的影响

7.3.2 海平面上升对三岛区防洪除涝的影响分析

7.3.2.1 面平均最高水位

根据前节就海平面上升对上海市区域防洪除涝影响分析的方案设计，在海平面上升前(即方案 0，海平面上升 0 cm)、海平面上升 10 cm(即方案 1)和上升 16 cm(即方案 2)三种工况下，采用建立的崇明三岛各自感潮河网一维水动力模型分别对崇明岛片、长兴岛片和横沙岛片开展了数值模拟，各水利分片在不同海平面上升值条件下的防洪除涝面平均最高水位及其变化情况详见表 7－14 和表 7－15。由此可见，海平面上升对崇明三岛片区的规划面平均最高水位均有一定程度的影响，总体上各水利分片的面平均除涝最高水位随着海平面的上升而呈上升的趋势。

表 7－14　海平面上升前后各水利分片面平均最高水位及其持续时间一览表

水利分片	上升 0 cm		上升 10 cm		上升 16 cm	
	面平均除涝最高水位(m)	面平均除涝最高水位持续时间(h)	面平均除涝最高水位(m)	面平均除涝最高水位持续时间(h)	面平均除涝最高水位(m)	面平均除涝最高水位持续时间(h)
崇明岛片	3.641	5.67	3.673	7.67	3.689	8.0
长兴岛片	3.079	1.55	3.113	2.5	3.12	2.75
横沙岛片	2.875	4.58	2.888	4.67	2.891	5.0

注：崇明岛片、长兴岛片和横沙岛片分别对应于超过 3.5 m、3.0 m 和 2.7 m 的持续时间。

表 7－15　海平面上升前后江岛片区区域除涝面平均最高水位的变化情况一览表

水利分片	海平面上升 10 cm		海平面上升 16 cm	
	面平均除涝最高水位变化量(cm)	面平均最高水位持续时间变化量(h)	面平均除涝最高水位(cm)	面平均最高水位持续时间变化量(h)
崇明岛片	3.2	2.0	4.8	2.33
长兴岛片	3.4	0.95	4.1	1.2
横沙岛片	1.3	0.09	1.6	0.42

崇明岛片受影响最大。海平面上升 10～16 cm 后，岛域面平均最高水位将上升 3.2～4.8 cm，面平均最高水位持续时间将增加 2.0～2.33 h。

长兴岛片受影响次之。海平面上升 10～16 cm 后，岛域面平均最高水位将上升 3.4～4.1 cm，面平均最高水位持续时间将增加 0.95～1.2 h。

横沙岛片受影响相对最小。海平面上升 10～16 cm 后，岛域面平均最高水位将上升1.3～1.6 cm，面平均最高水位持续时间将增加 0.09～0.42 h。

7.3.2.2 局部最高水位

江岛片区三个水利分片的防洪除涝局部最高水位见表 7－16 和图 7－33～7－35。从上述图表可见：海平面上升对崇明三岛片区的规划局部最高水位均有一定程度的影响，总体上各水利分片的局部除涝最高水位也随着海平面的上升而呈上升的趋势，其中，对崇明岛片的影响最大，其次为长兴岛片，最小为横沙岛片。

表 7-16　海平面上升条件下崇明三岛片区局部除涝最高水位变化一览表

水利分片	上升 0 cm	上升 10 cm		上升 16 cm		备　注
	局部最高水位(m)	局部最高水位(m)	相对于海平面上升前变化量(cm)	局部最高水位(m)	相对于海平面上升前变化量(cm)	局部最高水位出现位置
崇明岛片	3.74	3.778	3.8	3.797	5.7	盘船洪鸪港近小星河段
长兴岛片	3.131	3.162	3.1	3.177	4.6	环岛河西段近青草沙水库
横沙岛片	2.896	2.908	1.2	2.916	2.0	横沙东滩东南部

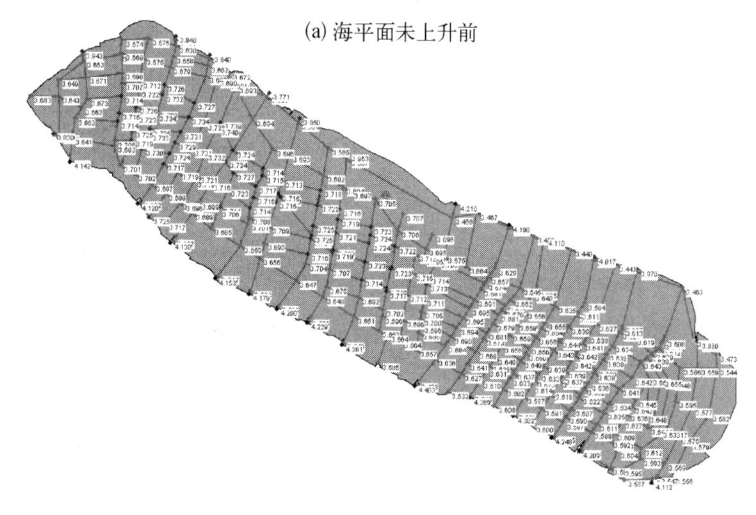

(a) 海平面未上升前

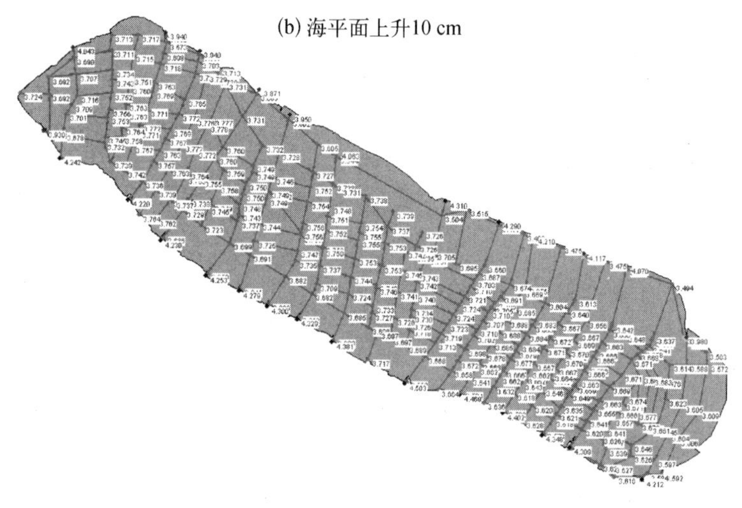

(b) 海平面上升10 cm

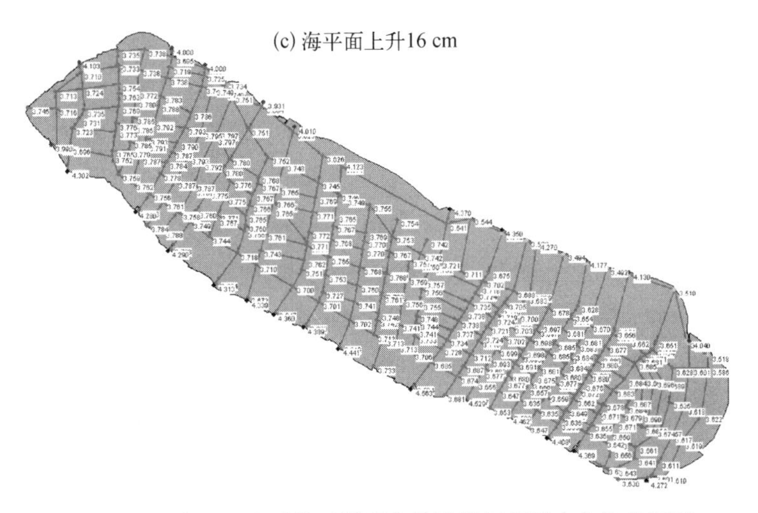
(c) 海平面上升16 cm

图 7-33　海平面上升前后崇明岛片除涝局部最高水位状况图

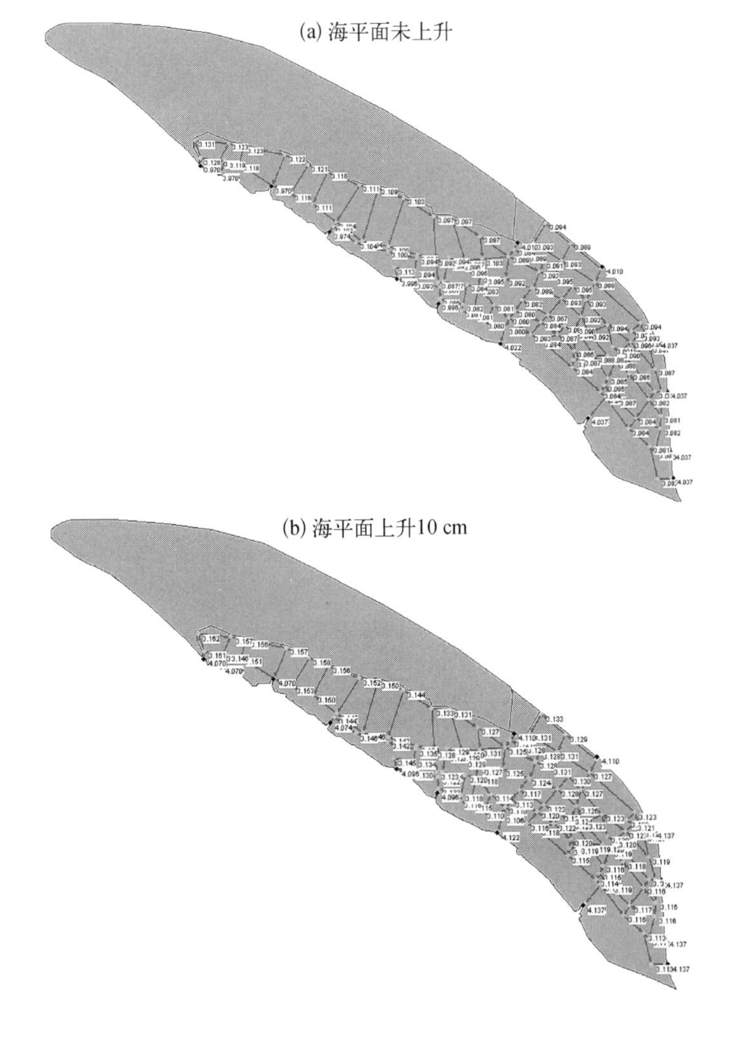
(a) 海平面未上升

(b) 海平面上升10 cm

(c) 海平面上升16 cm

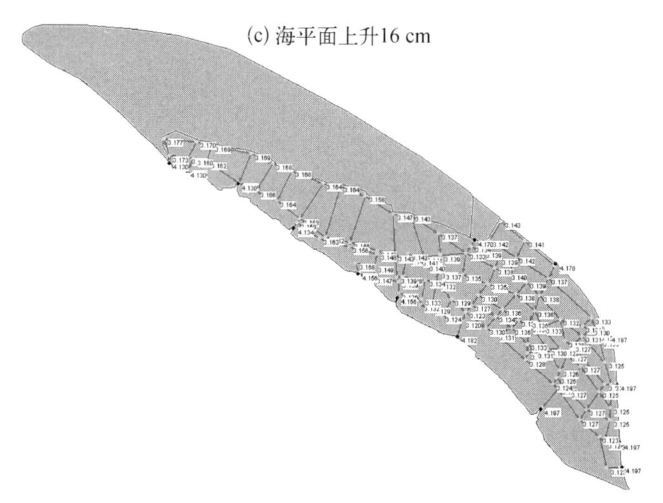

图 7-34　海平面上升前后长兴岛片除涝局部最高水位状况图

(a) 海平面未上升

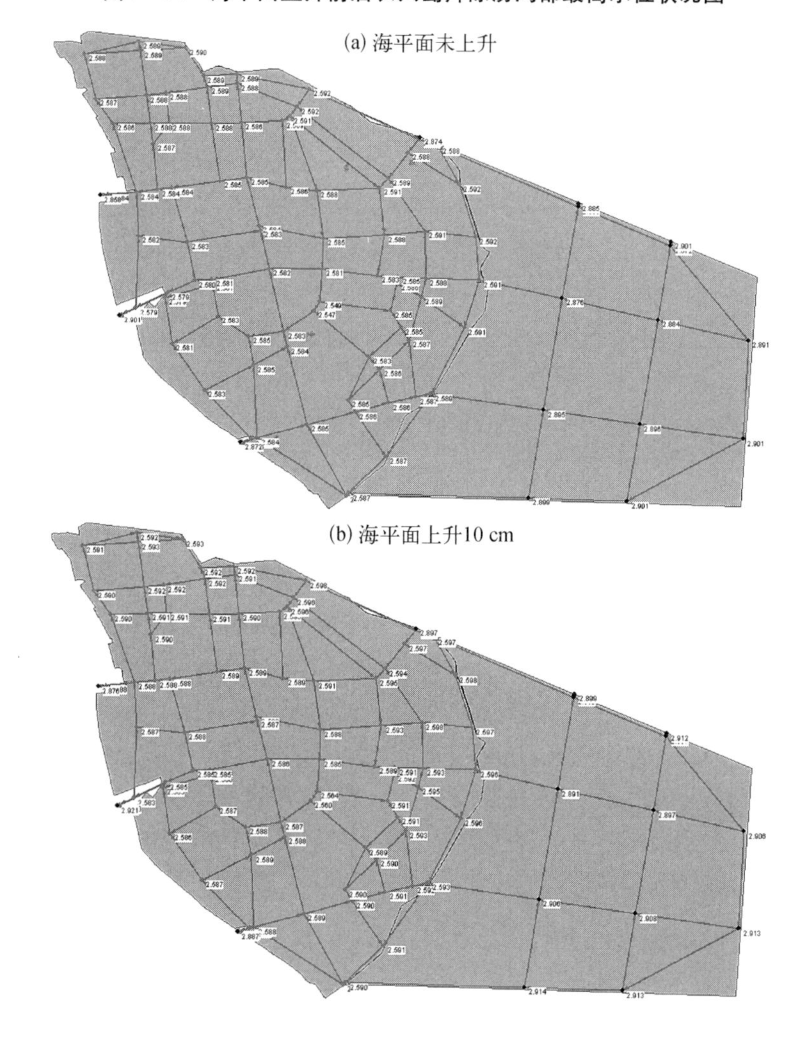

(b) 海平面上升10 cm

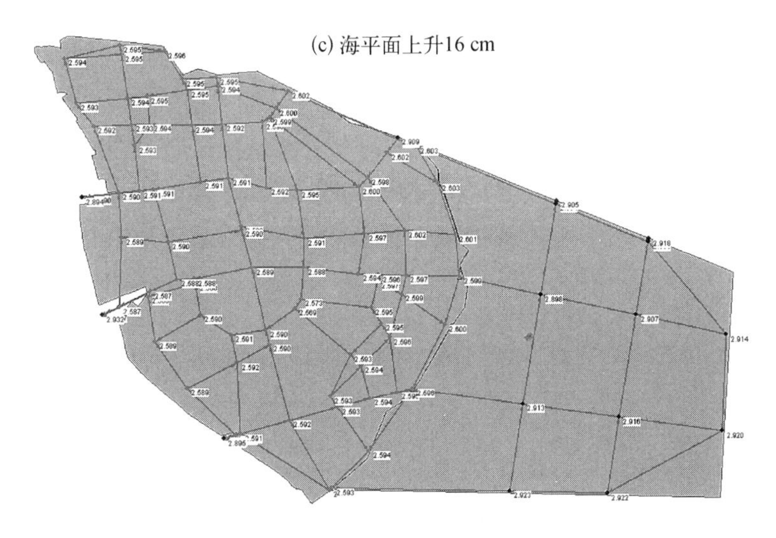

图 7-35　海平面上升前后横沙岛片除涝局部最高水位状况图

(1) 崇明岛片

崇明岛片局部除涝最高水位在海平面上升前后的变化情况详见表 7-16 和图 7-33。当海平面上升 10 cm 时，崇明岛片除涝局部最高水位增幅均值为 3.8 cm；当海平面上升16 cm时，崇明岛片局部除涝最高水位增幅均值为 5.7 cm。

(2) 长兴岛片

长兴岛片局部除涝最高水位在海平面上升前后的变化情况详见表 7-16 和图 7-34。当海平面上升 10 cm 时，长兴岛片除涝最高水位增幅均值为 3.1 cm；当海平面上升 16 cm 时，长兴岛片除涝最高水位增幅均值为 4.6 cm。

(3) 横沙岛片

横沙岛片局部除涝最高水位在海平面上升前后的变化情况详见表 7-16 和图 7-35。当海平面上升 10 cm 时，横沙岛片除涝最高水位增幅均值为 1.2 cm；当海平面上升 16 cm 时，横沙岛片除涝最高水位增幅均值为 2.0 cm。

7.3.3　小结

本章在华东师范大学海平面上升量研究预测成果即以长江口代表验潮站吴淞站 2030 年相对海平面上升 10～16 cm 的基础上，设计了海平面上升前(方案 0)、海平面上升 10 cm(方案 1)和海平面上升 16 cm(方案 2)等三种情况下的上海市陆域区域防洪除涝计算方案。以建立的大陆片区黄浦江水系和江岛片区感潮河网一维水动力数学模型为工具，以上海市各水利分区区域除涝标准(即遭遇 20 年一遇相当于 1963 年型暴雨)为条件，分别对黄浦江水系和崇明三岛水系进行了水动力模拟计算及防洪除涝分析，得出如下结论。

(1) 海平面上升对大陆片区防洪除涝的影响

1) 面平均最高水位

随着海平面的上升,各相关水利分片规划除涝面平均最高水位也呈上升的趋势,尤以蕰南片、浦东片、浦南东片、浦南西片、太南片的上升最为明显。当海平面上升 10～16 cm 时,蕰南片面平均最高水位上升 5.9～9.3 cm,浦东片面平均最高水位上升 2.6～4.0 cm,浦南东片面平均最高水位上升 4.5～6.6 cm,浦南西片面平均最高水位上升 3.3～5.3 cm,太南片面平均最高水位上升 3.3～5.2 cm。

2) 局部最高水位

海平面上升对黄浦江水系各水利分片区域防洪除涝局部最高水位也有一定的影响,影响较大的水利分片也为蕰南片、浦东片、浦南东片、浦南西片和太南片等。

3) 重点江河防洪除涝水位

通过模型的模拟计算可知,当海平面上升 10～16 cm 时,黄浦江除涝最高水位将增高 7.7～12.3 cm,苏州河除涝最高水位增高 2.4～4.0 cm。可见,黄浦江受海平面上升的影响较为剧烈,苏州河因有河口闸门控制,受影响程度为 2～4 cm。

海平面上升对黄浦江防汛高水位的影响十分明显,下游段受到的影响更为剧烈。模拟计算显示,当海平面上升 10 cm 时,黄浦江除涝平均最高水位均值为 3.996 m,上游黄浦公园站水位增幅均值为 8.399 cm,下游松浦大桥站水位增幅均值为 4.901 cm;当海平面上升16 cm时,黄浦江除涝平均最高水位均值为 4.042 m,上游黄埔公园站水位增幅均值为13.4 cm,下游松浦大桥站水位增幅均值为 7.9 cm。

海平面上升对苏州河下游段高水位也有一定影响,上游受到的影响较小。当海平面上升 10 cm 时,苏州河除涝平均最高水位均值为 4.229 m,相对现状平均增加 2.4 cm;当海平面上升 16 cm 时,苏州河除涝平均最高水位均值为 4.245 m,相对现状平均增加 4.0 cm。

(2) 海平面上升对江岛片区防洪除涝的影响

1) 面平均最高水位

海平面上升对崇明三岛片区的规划面平均最高水位均有一定程度的影响,总体上各水利分片的面平均除涝最高水位随着海平面的上升而呈上升的趋势。模拟分析表明,崇明岛片受影响最大,海平面上升 10～16 cm 后,岛域面平均最高水位将上升 3.2～4.8 cm,面平均最高水位持续时间将增加 2.0～2.33 h。长兴岛片受影响次之,海平面上升 10～16 cm 后,岛域面平均最高水位将上升 3.4～4.1 cm,面平均最高水位持续时间将增加 0.95～1.2 h。横沙岛片受影响相对最小,海平面上升 10～16 cm 后,岛域面平均最高水位将上升 1.3～1.6 cm,面平均最高水位持续时间将增加 0.09～0.42 h。

2) 局部最高水位

海平面上升对崇明三岛片区的规划局部最高水位均有一定程度的影响,总体上各水利分片的局部除涝最高水位也随着海平面的上升而呈上升的趋势。其中，海平面上升对崇明岛片的影响最大，其次为长兴岛片，最小为横沙岛片。模拟计算显示，当海平面上升 10 cm 时，崇明岛片除涝局部最高水位增幅均值为 3.8 cm，长兴岛片除涝最高水位增幅均值为3.1 cm，横沙岛片除涝最高水位增幅均值为 1.2 cm；当海平面上升 16 cm 时，崇明岛片局部除涝最高水位增幅均值为 5.7 cm，长兴岛片除涝最高水位增幅均值为 4.6 cm，横沙岛片除涝最高水位增幅均值为 2.0 cm。

7.4　海平面上升对盐水入侵、供水安全影响评估

7.4.1　海平面上升对长江口水源地盐水入侵的影响分析

7.4.1.1　海平面未上升时工况

(1) 水源地取水口盐度随时间变化

农历十二月至翌年二月海平面上升前陈行、青草沙、东风西沙水库取水口的盐度随时间变化见图 7 - 36。在陈行水库取水口，盐度变化具有显著半月特征，表层最长连续不宜取水天数为 8.22 天，发生在农历十二月至翌年二月上半月。在青草沙水库取水口，表层最长连续不宜取水天数为 11.11 天，发生在农历十二月至翌年二月上半月。在东风西沙水库取水口，表层盐度小于底层盐度，表层盐度振幅较大，落潮时因徐六泾上游淡水下移，盐度下降明显，最低值接近 0.45。表层最长连续不宜取水天数为 10.78 天，发生在农历十二月至翌年二月上半月。农历十二月至翌年二月，海平面上升前陈行、青草沙、东风西沙水库取水口表层最长连续不宜取水天数情况见表 7 - 17。

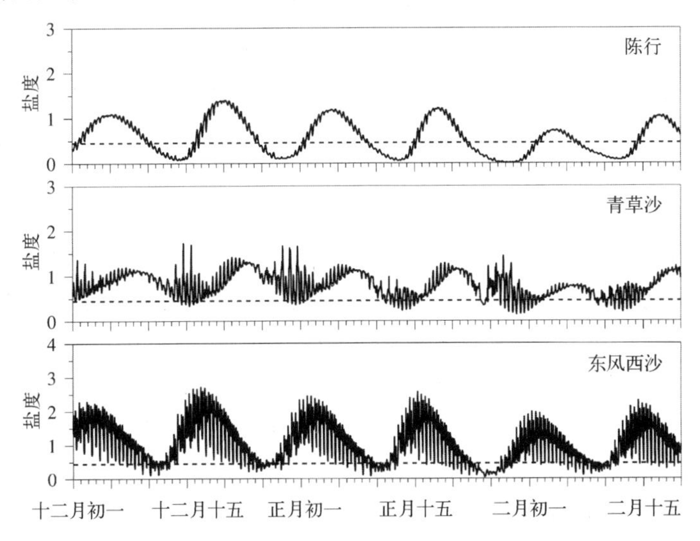

图 7 - 36　农历十二月至翌年二月海平面上升前水库表层盐度随时间变化

表 7-17 在农历十二月至翌年二月大通流量 90%保证率下最长连续不宜取水天数及其变化情况

(单位：d)

最长不宜取水天数			
方案	陈行水库	青草沙水库	东风西沙水库
0 cm	8.22	11.11	10.78
10 cm 方案	8.32	13.2	10.9
16 cm 方案	8.76	13.21	10.92
相对于海平面上升前的时间变化量			
方案	陈行水库	青草沙水库	东风西沙水库
0 cm	0	0	0
10 cm 方案	0.1	2.1	0.13
16 cm 方案	0.54	2.11	0.15

(2) 河口淡水资源量

本节重点分析涨憩和落憩时刻淡水资源。在农历十二月至翌年二月大潮期间涨憩和落憩时刻淡水资源量分别为1.456 9和2.179 7 km^3，小潮期间涨憩和落憩时刻淡水资源量分别为 3.235 2 和 4.828 3 km^3，比涨憩时刻增加了 1.778 3 和 2.648 6 km^3。

7.4.1.2 海平面上升 10 cm、16 cm 时工况

(1) 上升 10 cm 时工况

① 水源地取水口盐度随时间变化：农历十二月至翌年二月海平面上升 10 cm 后陈行、青草沙、东风西沙水库盐度随时间变化及其与海平面未上升时差值见图 7-37。在陈行水库取水口，第二个盐度峰值期间盐度最大上升了约 0.18，表层最长连续不宜取水天数为 8.32 天，增加了 0.1 天。在青草沙水库取水口，第二个盐度峰值期间盐度最大上升了约 0.11，表层最长连续不宜取水天数为 13.2 天，增加了 2.1 天。在东风西沙水库取水口，第二个盐度峰值期间盐度上升了约 0.18，表层最长连续不宜取水天数为 10.9 天，增加了 0.13 天。农历十二月至翌年二月海平面上升 10 cm 下，陈行、青草沙、东风西沙水库取水口表层最长连续不宜取水天数情况见表 7-17。

② 河口淡水资源量及其变化：农历一月后半月大潮和小潮期间涨急、涨憩、落急和落憩时刻淡水体积见表 7-18，大潮期间涨憩和落憩时刻淡水资源量分别为 1.206 5和 1.787 2 km^3，与海平面未上升时分别减小了 0.250 4 和 0.392 5 km^3，小潮期间涨憩和落憩时刻淡水资源量分别为 3.013 9 和 4.601 9 km^3，与海平面未上升时分别减小了 0.221 3 和 0.226 4 km^3。随着海平面上升的加剧，长江河口淡水资源减少继续加剧。

(2) 上升 16 cm 时工况

① 水源地取水口盐度随时间变化：农历十二月至翌年二月海平面上升 16 cm 后陈行、青草沙、东风西沙水库的盐度随时间变化及其与海平面未上升时差值见

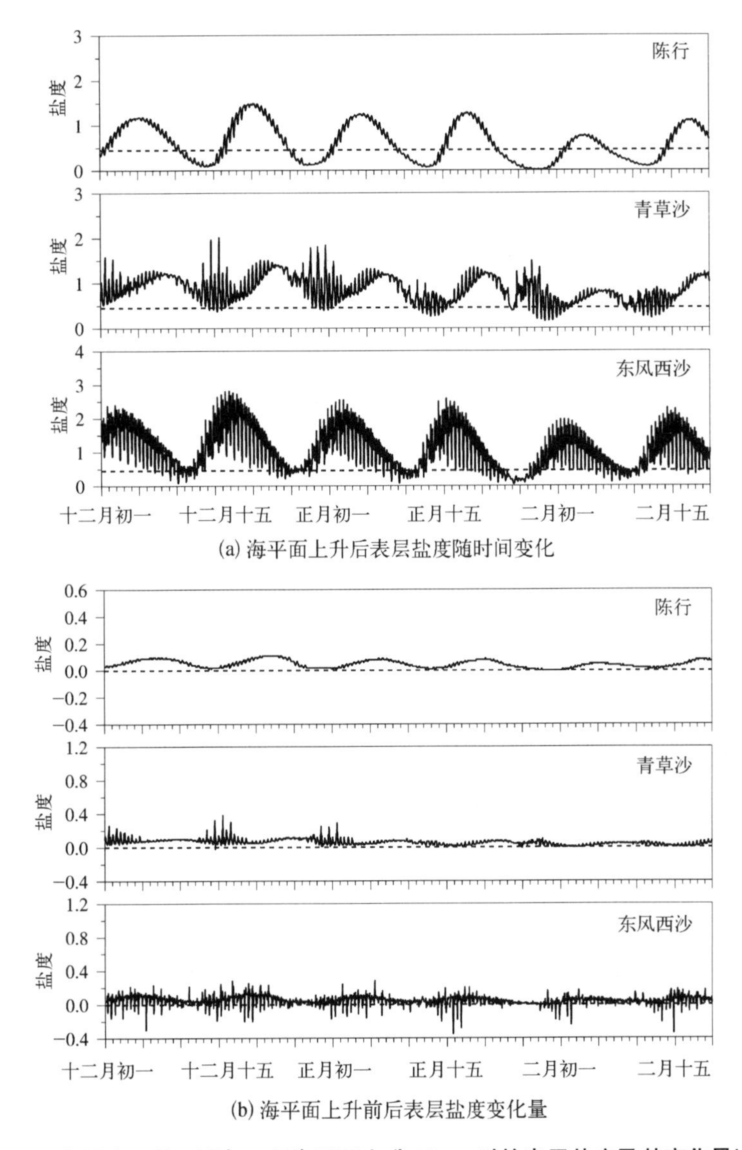

图 7-37　农历十二月至翌年二月海平面上升 10 cm 时的表层盐度及其变化量过程线

图 7-38。在陈行水库取水口，第二个盐度峰值期间盐度最大上升了约 0.18，表层最长连续不宜取水天数为 8.76 天，增加了 0.54 天。在青草沙水库取水口，第二个盐度峰值期间盐度最大上升了约 0.64，表层最长连续不宜取水天数为 13.21 天，增加了 2.11 天。在东风西沙水库取水口，第二个盐度峰值期间盐度上升了约 0.44，表层最长连续不宜取水天数为 10.92 天，增加了 0.15 天。农历十二月至翌年二月海平面上升 16 cm 下，陈行、青草沙、东风西沙水库取水口表层最长连续不宜取水天数情况见表 7-17。

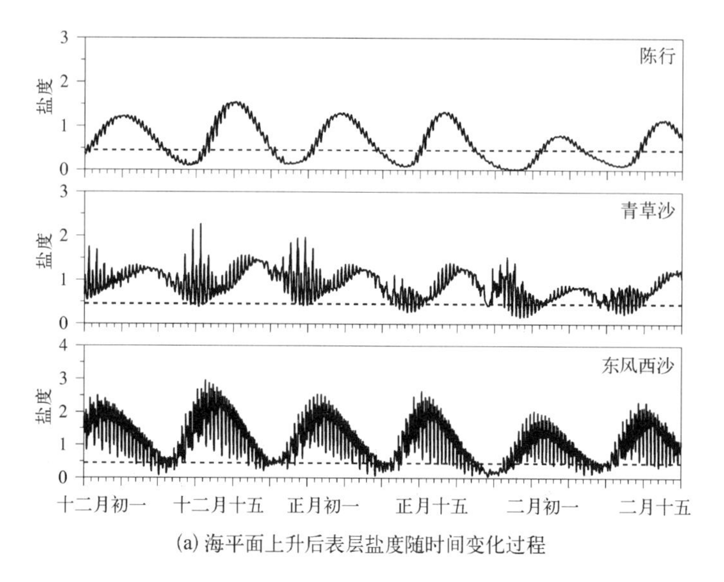

(a) 海平面上升后表层盐度随时间变化过程

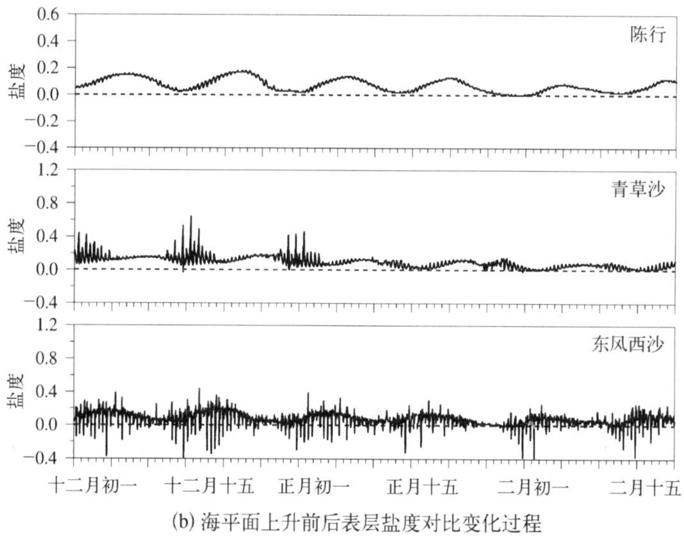

(b) 海平面上升前后表层盐度对比变化过程

图 7-38 农历十二月至翌年二月海平面上升 16 cm 时的表层盐度变化量过程线

② 河口淡水资源量及其变化：农历一月后半月大潮和小潮期间涨急、涨憩、落急和落憩时刻淡水体积见表 7-18。大潮期间涨憩和落憩时刻淡水资源量分别为 1.082 5 和 1.632 0 km^3，与海平面未上升时分别减小了 0.374 4 和 0.547 7 km^3，小潮期间涨憩和落憩时刻淡水资源量分别为 2.884 3 和 4.442 1 km^3，与海平面未上升时分别减小了 0.351 0 和 0.386 2 km^3。随着海平面上升的加剧，长江河口淡水资源减少继续加剧。

农历十二月至翌年二月大通流量 90%保证率下海平面上升前后大小潮憩流时刻淡水资源变化量见表 7-17、7-18、7-19。

表 7-18　在农历一月大潮和小潮期间涨急、涨憩、落急和落憩时刻盐度小于 0.45 区域体积　（单位：km^3）

海平面上升	大潮				小潮			
	涨急	涨憩	落急	落憩	涨急	涨憩	落急	落憩
上升前	2.630 3	1.456 9	1.734 4	2.179 7	4.365 1	3.235 2	3.999 9	4.828 3
10 cm	2.317 6	1.206 5	1.296 4	1.787 2	4.107 8	3.013 9	3.771 6	4.601 9
16 cm	2.165 4	1.082 5	1.133 3	1.632 0	3.952 9	2.884 3	3.617 9	4.442 1

表 7-19　在农历一月大/小潮期间在海平面上升前后的大小潮憩流时刻淡水资源变化量　（单位：km^3）

海平面上升(cm)	大潮		小潮	
	涨　憩	落　憩	涨　憩	落　憩
0 cm	0	0	0	0
10 cm 方案	0.250 4	0.392 5	0.221 3	0.226 4
16 cm 方案	0.374 4	0.547 7	0.351 0	0.386 2

7.4.2　海平面上升对长江口供水安全的影响评估

7.4.2.1　陈行水库

(1) 水质安全

根据海平面上升前后长江口盐水入侵对陈行水库取水口的最长连续不宜取水天数的影响进行分析，至 2030 年，海平面若上升 10～16 cm，在长江枯水期农历十二月至翌年二月大通站 90%保证率径流量下对应的最长连续不宜取水天数(海平面上升前为 8.22 d)增加0.1～0.54 d。显然，海平面上升对陈行水库取水口取水安全有影响，但总体影响尚小。

(2) 水量安全

1) 取水能力

陈行水库目前取水泵站的设施能力达到 590 万 m^3/d(一期 160 万 m^3/d+二期430 万 m^3/d)。

按照至 2030 年海平面上升 10～16 cm 后，在长江枯水期农历十二月至翌年二月大通站 90%保证率径流量下对应的最长连续不宜取水天数增加 0.1～0.54 d 来考虑，届时陈行水库取水泵站的日可取水能力将对应减少 59 万～318.6 万 m^3/d。

考虑到陈行水库目前原水输水泵站的设施能力为 206 万 m^3/d(即原水供水能力：一期 40 万 m^3/d+二期 166 万 m^3/d)，在咸潮来之前抢水至有效库容蓄满的最少时间需要2.17 d。按照海平面上升前后大通站 90%保证率径流量下咸潮入侵陈行水库取水口的影响分析，模拟枯季各个潮周期的咸潮谷的氯度低于 0.45 的时间均超过 4 d。因此，海平面上升 10～16 cm，陈行水库均能够蓄满低盐度淡水。

2）供水能力

陈行水库目前原水输水泵站的设施能力为 206 万 m^3/d。即在非咸潮期，取水能力和供水能力均能够正常工作和保障供水需要。但在咸潮期，若按照陈行水库有效库容来计算（可提供 4.04 d 供水量），则不能够满足枯水期农历十二月至翌年二月大通站 90%保证率大通流量下最长连续不宜取水天数（即 8.22 d）的供水需求，更加不能保证 2030 年海平面上升10～16 cm 后的 8.32～8.76 d 的供水需求。若不采取全市水源（尤其是长江口其他水源）有效调度措施，陈行水库有效库容将难以满足需求，会造成局部区域（嘉定及陈行水库供水区域）的生产生活用水危机。

海平面上升前后，咸潮入侵对陈行水库有效供水能力均存在较大影响，但因为水库库容有限，不能有效发挥水库取水设施的抢水作用。

7.4.2.2 青草沙水库

（1）水质安全

根据海平面上升前后长江口盐水入侵对青草沙水库取水口的最长连续不宜取水天数的影响分析，至 2030 年，海平面上升 10～16 cm，在长江枯水期农历十二月至翌年二月大通站 90%保证率径流量下对应的最长连续不宜取水天数（海平面上升前为 11.11 d）增加 2.1～2.11 d。显然，海平面上升对青草沙水库取水口取水安全影响大，但上升 10 cm 或 16 cm 的影响差别不大。

（2）水量安全

1）取水能力

青草沙水库目前取水泵站的设计能力达到 200 m^3/s，即 1 728 万 m^3/d；引水闸规模为 72 m，闸底高程为−1.5 m。

按照 2030 年海平面上升 10～16 cm 后，在长江枯水期农历十二月至翌年二月大通站 90%保证率径流量下对应的青草沙水库取水口最长连续不宜取水天数增加 2.1～2.11 d 来考虑，取水泵站的可取水能力比海平面上升前减少 1 728 万 m^3/d（即增加 2.11 d 不能取水）。

2）供水能力

到 2030 年青草沙水库原水输水泵站的设施能力将达到 719 万 m^3/d（目前为 420 万 m^3/d）。即在非咸潮期，取水能力和供水能力均能够正常工作和保障供水需要。但在咸潮期，若按照青草沙水库有效库容来计算（即 4.38 亿 m^3 可提供 60.9 d 供水量），即使不从长江取水，也能够满足枯水期农历十二月至翌年二月大通流量 90%保证率下最长连续不宜取水天数（即 11.11 d。但不能满足 96%保证率下以前研究成果中最长连续不宜取水天数，即 68 d）的供水需求；在 2030 年海平面上升 10～16 cm 后，在长江枯水期农历十二月至翌年二月 90%保证率径流量下对应的青草沙水库取水口不宜取水天数增加 2.1～2.11 d，此时利用水库库存原水完全能够满足供水需求，不会造成任何局部区域的生产生活用水危机。

7.4.2.3　东风西沙水库

(1) 水质安全

根据海平面上升前后长江口盐水入侵对东风西沙水库取水口的最长连续不宜取水天数的影响分析，至2030年，海平面上升10～16 cm，在长江枯水期农历十二月至翌年二月大通站90%保证率径流量下对应的最长连续不宜取水天数(海平面上升前为10.78 d)增加0.13～0.15 d。显然，海平面上升对东风西沙水库取水口取水安全也存在影响，但没有青草沙水库那样严重，且海平面上升10 cm与16 m的影响差别不大。

(2) 水量安全

1) 取水能力

东风西沙水库取水泵站的设施设计能力达到40 m^3/s，即345.6万m^3/d；引水闸规模为12 m，闸底高程为0 m。

按照2030年海平面上升10～16 cm后，在长江枯水期农历十二月至翌年二月大通站90%保证率径流量下对应的东风西沙水库取水口最长连续不宜取水天数增加0.13～0.15 d来考虑，届时该水库取水泵站和引水闸的设施能力不能充分发挥作用，且可取水能力比海平面上升前减少44.9万～51.8万m^3。

2) 供水能力

到2030年东风西沙水库原水输水泵站的设施能力将达到40万m^3/d(现阶段为21.5万m^3/d)。即在非咸潮期，取水能力和供水能力均能够正常工作和保障供水需要。但在咸潮期，若按照东风西沙水库有效库容来计算(即890.2万m^3可提供22.3 d供水量)，即使不从长江取水，也能够满足枯水期农历十二月至翌年二月大通流量90%保证率下最长连续不宜取水天数(即10.78 d)，以及96%保证率下北支整治工程后的最长连续不宜取水天数(即10 d)，但不能满足96%保证率下最长连续不宜取水天数(即北支整治工程前的26 d)的供水需求。在2030年海平面上升10～16 cm后，在长江枯水期农历十二月至翌年二月90%保证率径流量下对应的东风西沙水库取水口不宜取水天数增加0.13～0.15 d，此时利用水库库存原水完全能够满足供水需求，不会造成任何局部区域的生产生活用水危机。

7.4.3　小结

根据建立的长江河口及近海水域三维水动力和温盐模型对长江大通站枯水期95%～97%来水保证率下长江口盐水入侵状况进行数值模拟试算，结果表明：在农历一月径流量保证率95%和97%的条件下，长江河口水源地均取不到淡水(氯度低于250 mg/L的长江水)。为此，以长江大通站枯水期90%来水保证率为条件，以海平面上升前和海平面分别上升10 cm与16 cm共三种工况，进行了长江口水域盐水入侵和水源地供水安全的数值模拟和影响分析。

7.4.3.1 长江大通站枯水期90%来水保证率下海平面上升前后长江口盐水入侵及其变化

在海平面未上升情况下，12月至来年3月陈行、青草沙、东风西沙水库取水口连续不宜取水时间分别为8.27、11.11、10.78 d。在农历一月大潮期间涨憩和落憩时刻淡水资源量分别为1.456 9和2.179 7 km^3，小潮期间涨憩和落憩时刻淡水资源量分别为3.235 2和4.828 3 km^3。

在海平面上升10 cm情况下，农历一月陈行、青草沙、东风西沙水库取水口最长连续不宜取水时间分别为8.32、13.2、19.9 d，比海平面未上升时分别减少了0.1、2.1、0.13 d。农历一月大潮期间涨憩和落憩时刻淡水资源量分别为1.206 5和1.787 2 km^3，比海平面未上升时分别减小了0.250 4和0.392 5 km^3；小潮期间涨憩和落憩时刻淡水资源量分别为3.013 9和4.601 9 km^3，比海平面未上升时分别减小了0.221 3和0.226 4 km^3。

在海平面上升16 cm情况下，农历一月陈行、青草沙、东风西沙水库取水口最长连续不宜取水时间分别为8.76、13.21、10.92 d，比海平面未上升时分别减少了0.54、2.11、0.15 d。农历一月后半月大潮和小潮期间涨急、涨憩、落急和落憩时刻淡水体积见表3-4，大潮期间涨憩和落憩时刻淡水资源量分别为1.082 5和1.632 0 km^3，比海平面未上升时分别减小了0.374 4和0.547 7 km^3；小潮期间涨憩和落憩时刻淡水资源量分别为2.884 3和4.442 1 km^3，比海平面未上升时分别减小了0.351 0和0.386 2 km^3。随着海平面上升的加剧，长江河口淡水资源减少继续加剧。

海平面上升引起的盐度升高，主要发生在崇明东滩区域、南槽南汇边滩和北支上段，原因在于上述区域位于盐度空间变化大的地方(锋区)，海平面上升，锋区盐度等值线只要移动小的距离，就会引起大的盐度变化。

7.4.3.2 海平面上升对城市供水安全的影响

海平面上升前后，在长江大通站枯季来水90%保证率下，咸潮入侵对陈行水库有效供水能力均存在较大影响，但主要因为该水库库容有限，不能有效发挥水库的取水设施能力的抢水作用，属于不安全供水状态。而对青草沙水库和东风西沙水库来说，同样条件下海平面上升对其造成的安全供水影响则相对较小，总体属于安全供水状态。

陈行水库：在长江大通站枯季来水90%保证率下，农历十二月至翌年二月对应的最长连续不宜取水天数为8.22 d，至2030年海平面上升10～16 cm后，按对应的最长连续不宜取水天数增加0.1～0.54 d来考虑，届时陈行水库取水泵站的日可取水能力将对应减少59万～318.6万m^3/d。按照现陈行水库有效库容及原水输水泵站的供水设施能力(为206万m^3/d)，在咸潮期，该水库不能够满足枯水期农历十二月至翌年二月大通站90%保证率大通流量下最长连续不宜取水天数期的供水需求，更加不能保证2030年海平面上升10～16 cm后对应最长连续不宜取水天数期的供水需求。若不采取全市水源(尤其是长江口其他水源)有效调度措施,陈行水库有效库容将难以满足需求,会造成局部区域(嘉定及陈行水库供水区域)的生产生活用水危机。

青草沙水库:在长江大通站枯季来水 90%保证率下,农历十二月至翌年二月对应的最长连续不宜取水天数为 11.11 d,至 2030 年海平面上升 10~16 cm 后,按对应的最长连续不宜取水天数增加 2.1~2.11 d 来考虑,届时青草沙水库取水泵站的日可取水能力将对应减少1 728万 m^3/d。按照规划青草沙水库有效库容及原水输水泵站的供水设施能力(为719 万 m^3/d),在咸潮期,该水库能够满足枯水期农历十二月至翌年二月大通站 90%保证率大通流量下最长连续不宜取水天数期的供水需求,也能保证 2030 年海平面分别上升 10~16 cm后的对应最长连续不宜取水天数期的供水需求。

东风西沙水库:在长江大通站枯季来水 90%保证率下,农历十二月至翌年二月对应的最长连续不宜取水天数为 10.78 d,至 2030 年海平面上升 10~16 cm 后,按对应的最长连续不宜取水天数分别增加 0.13~0.15 d 来考虑,届时东风西沙水库取水泵站的日可取水能力将对应减少 44.9 万~51.8 万 m^3。按照规划东风西沙水库有效库容及原水输水泵站的供水设施能力(为 40 万 m^3/d),在咸潮期,该水库能够满足枯水期农历十二月至翌年二月大通站 90%保证率大通流量下最长连续不宜取水天数期的供水需求,也能保证 2030 年海平面分别上升 10~16 cm 后的对应最长连续不宜取水天数期的供水需求。

第八章 海平面上升对城市防潮标准和供水安全标准影响研究

采用P-Ⅲ型频率分布，计算吴淞、吕四、大戢山、长兴、横沙、南门港、中浚、黄浦公园等潮位站多年连续年最高潮位记录中的20年一遇、50年一遇、100年一遇、200年一遇设计高潮位，分析长江口相对海平面上升10 cm和16 cm情况下的8个站点2030年20年一遇、50年一遇、100年一遇、200年一遇设计高潮位。同时，分析长江大通站枯水期95%～97%来水保证率下，海平面上升前后长江口盐水入侵均很严重，农历一月至农历三月的长江口陈行、青草沙、东风西沙等三大水源地取水口均不宜取水；而在大通枯水期90%来水保证率下，三大水源地取水口的最长连续不宜取水天数总体都在8～12 d左右。由此说明海平面上升与长江口水下地形及航道和滩涂促淤围垦等综合工情一道，使得长江口水源地取水保证率指标由原来的97%左右下降至90%左右。因此，海平面的上升将导致现有标准下的海塘设防能力不达标，建议加强海平面变化监测研究，提高防潮和防汛工程规划标准。

8.1 海平面上升对上海市沿江沿海不同重现期设计高潮位影响研究

8.1.1 海平面上升对上海市沿江沿海设计高潮位的影响研究

8.1.1.1 各站点年最高潮位频率分析

根据《海堤工程设计规范》，设计潮（水）位应采用频率分析的方法确定。潮（水）位资料系列不宜少于20年，并应调查历史上曾经出现的最高或最低潮（水）位值。关于潮（水）位资料的最短年限，是参考国内有关规范并考虑我国沿海的实际情况而拟定的。据验证，采用20年潮（水）位资料与采用50年以上长系列潮（水）位资料的计算结果，重现期50年的高潮（水）位值相差在0.2 m以内。由于观测点各年潮（水）位值差别不是很大，为了能准确反映设计的低频潮（水）位值，使海堤的设计更为安全可靠，在进行潮（水）位分析时，要求调查历史上曾经出现的最高或最低潮（水）位值。

设计潮(水)位包括设计高潮(水)位和设计低潮(水)位,潮(水)位频率分析采用的线型,目前一般采用皮尔逊-Ⅲ型分布或极值Ⅰ型分布。据验证,河口站潮(水)位资料,一般以皮尔逊-Ⅲ型拟合较好;海岸港口潮(水)位资料,极值Ⅰ型或皮尔逊-Ⅲ型适线均可采用。由于影响沿海潮汐的因素复杂,各地潮汐情况差异较大,每种线型也都有一定局限性,因此,在某些情况下,经过分析论证,也可以采用适合当地情况的线型进行潮(水)位频率分析计算。本次研究站点主要位于长江河口,潮位资料年限也符合要求,故采用皮尔逊-Ⅲ型分布频率分析计算方法。

(1) 皮尔逊-Ⅲ型分布频率分析计算方法

① 对 n 年连续的年最高或最低潮(水)位序列 h_i,其统计参数及年频率为 p 的潮(水)位可按以下公式计算。

$$\bar{h} = \frac{1}{n}\sum_{i=1}^{n} h_i \tag{8-1}$$

$$C_v = \sqrt{\frac{1}{n-1}\sum_{i=1}^{n}\left(\frac{h_i}{\bar{h}} - 1\right)^2} \tag{8-2}$$

$$h_p = \bar{h}K_p \tag{8-3}$$

式中,$\bar{h}$ 为潮(水)位序列的均值;h_i 为第 i 年的年最高或最低潮(水)位值;C_v 为潮(水)位序列的离差系数;h_p 为年频率为 P 的年最高或最低潮(水)位值;K_p 为皮尔逊-Ⅲ型频率曲线的模比系数。

② 对在 n 年连续的年最高或最低潮(水)位序列 h_i 外,根据调查在考证期 N 年中有 a 个特高或特低潮(水)位值 h_j,其年最高或最低潮(水)位均值 $\bar{h}$ 及离差系数 C_v,可按以下公式计算。

$$\bar{h} = \frac{1}{N}\left(\sum_{j=1}^{a} h_j + \frac{N-a}{n}\sum_{i=1}^{n} h_i\right) \tag{8-4}$$

$$C_v = \sqrt{\frac{1}{N-1}\left[\sum_{j=1}^{a}\left(\frac{h_j}{\bar{h}} - 1\right)^2 + \frac{N-a}{n}\sum_{i=1}^{n}\left(\frac{h_i}{\bar{h}} - 1\right)^2\right]} \tag{8-5}$$

式中,h_j 为特高或特低潮(水)位值($j=1, \cdots, a$);h_i 为连续序列中第 i 年的年最高或最低潮(水)位系列($i=1, \cdots, n$)。

(2) 各站点年最高潮位 P-Ⅲ型分布频率分析

根据长兴站、横沙站、黄浦公园站、南门站、中浚站 25 年及吴淞站近 50 年连续的年最高潮位资料,分别采用 P-Ⅲ型分布频率分析计算方法,对各站设计潮位进行计算,计算结果和水位频率曲线详见表 8-1。

表 8-1 年最高潮位频率分析

潮位站	资料序列	X	C_v	C_s	重现期(年)			
					20	50	100	200
长　兴	1984～2008	5.041 6	0.074	1.67	5.77	6.08	6.32	6.55
横　沙	1984～2008	4.871 6	0.074	1.78	5.58	5.89	6.12	6.36
黄浦公园	1984～2008	4.830 4	0.081	1.8	5.6	5.94	6.19	6.45
南门港	1984～2008	5.289 2	0.072	1.41	6.02	6.32	6.53	6.75
吴　淞	1960～2008	4.901 2	0.079	1.69	5.66	5.98	6.23	6.47
中　浚	1984～2008	5.041 2	0.067	2.22	5.71	6.04	6.29	6.54
吕　四	1966～2008	5.356 4	0.079	0.51	6.1	6.33	6.49	6.64
大戢山	1978～2008	4.787 7	0.047	1.52	5.22	5.4	5.53	5.67

8.1.1.2 海平面上升对年最高潮位的响应

为研究上海沿海及邻近海域代表潮位站的不同重现期的设计潮位对海平面上升响应关系，通过每20年的年最高潮位推算20年一遇设计潮位，从而研究连续时段设计潮位的变化过程。

根据吴淞站49年连续的年最高潮位资料，采用P-Ⅲ型经验适线法，从1960年起每20年计算一次设计潮位，20年重现期设计潮位计算结果如下。根据1960～1979年的实测资料推算的20年重现期设计潮位为5.25 m，设计潮位呈波动上升趋势，1989～2008年的实测资料推算的20年重现期设计潮位达到5.93 m。吴淞站20年重现期设计潮位变化曲线详见图8-1。

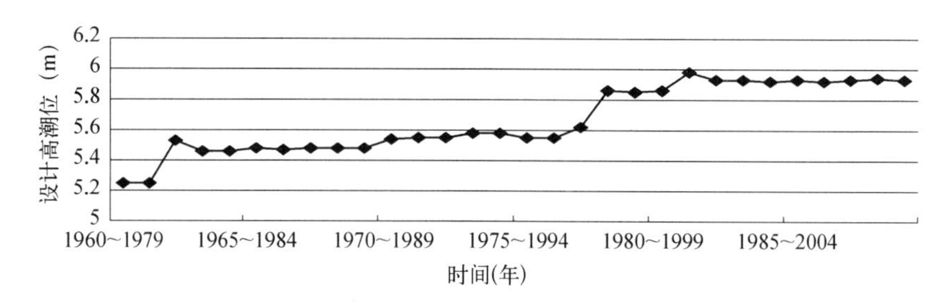

图 8-1 吴淞站20年重现期设计潮位变化曲线

8.1.2 海平面上升影响下的沿江沿海潮位站设计高潮位修编

8.1.2.1 海平面上升值

根据项目组相关子课题研究成果，2030年吴淞相对海平面在2010年基础上上升10～16 cm。本节分别考虑长江口相对海平面上升10 cm和16 cm情况下沿江沿海潮位站设计高潮位修编。

8.1.2.2　海平面上升影响下的沿江沿海潮位站设计高潮位修编

根据以上研究成果，在修编海平面上升影响下的沿江沿海潮位站20年一遇、50年一遇、100年一遇、200年一遇设计高潮位时，仅考虑平均海平面的上升。各站平均海平面抬升后的值：

$$A_1 = A_0 + C \tag{8-6}$$

式中，A_0 为原平均海平面；A_1 为海平面抬升常数 C 后的新海平面；C 为海平面平均抬升值。

所以，各站到2030年和2050年设计频率计算，是在各站现状频率计算的基础上将频率曲线平移常数 C。

$$\overline{Y} = \overline{X} + C \tag{8-7}$$

$$C_{vy} = \frac{\overline{X}}{\overline{X} + C} C_{vx} \tag{8-8}$$

$$C_{sy} = C_{sx} \tag{8-9}$$

式中，$\overline{X}$、C_{vx}、C_{sx} 为现状频率计算参数；$\overline{Y}$、C_{vy}、C_{sy} 为海平面上升后的频率参数；C 为海平面的平均抬升值。

(1) 长兴站

结合海平面上升值研究成果，分析计算了海平面上升影响下长兴站2030年和2050年20年一遇、50年一遇、100年一遇、200年一遇设计高潮位。海平面上升影响下长兴站设计高潮位见表8-2。

表8-2　海平面上升影响下长兴站设计高潮位　(单位：m)

项　目		现　状	2030年相对海平面上升10 cm	2030年相对海平面上升16 cm
均　值		5.04	5.14	5.20
C_v		0.074	0.073	0.072
C_s		1.67	1.67	1.67
重现期(年)	20	5.77	5.88	5.93
	50	6.08	6.19	6.25
	100	6.32	6.42	6.48
	200	6.55	6.66	6.71

(2) 横沙站

结合海平面上升值研究成果，分析计算了海平面上升影响下横沙站2030年和2050年20年一遇、50年一遇、100年一遇、200年一遇设计高潮位。海平面上升影响下横沙站设计高潮位见表8-3。

表 8-3 海平面上升影响下横沙站设计高潮位 (单位：m)

项目		现状	2030 年相对海平面上升 10 cm	2030 年相对海平面上升 16 cm
均值		4.87	4.97	5.03
C_v		0.074	0.073	0.072
C_s		1.78	1.78	1.78
重现期(年)	20	5.58	5.69	5.74
	50	5.89	6.00	6.06
	100	6.12	6.23	6.29
	200	6.36	6.47	6.52

(3) 黄浦公园站

结合海平面上升值研究成果，分析计算了海平面上升影响下黄浦公园站 2030 年和 2050 年 20 年一遇、50 年一遇、100 年一遇、200 年一遇设计高潮位。海平面上升影响下黄浦公园站设计高潮位见表 8-4。

表 8-4 海平面上升影响下黄浦公园站设计高潮位 (单位：m)

项目		现状	2030 年相对海平面上升 10 cm	2030 年相对海平面上升 16 cm 时
均值		4.83	4.93	4.99
C_v		0.081	0.079	0.078
C_s		1.80	1.80	1.80
重现期(年)	20	5.60	5.70	5.76
	50	5.94	6.03	6.09
	100	6.19	6.29	6.35
	200	6.45	6.54	6.60

(4) 南门港站

结合海平面上升值研究成果，分析计算了海平面上升影响下南门港站 2030 年和 2050 年 20 年一遇、50 年一遇、100 年一遇、200 年一遇设计高潮位。海平面上升影响下南门港站设计高潮位见表 8-5。

表 8-5 海平面上升影响下南门港站设计高潮位 (单位：m)

项目		现状	2030 年相对海平面上升 10 cm	2030 年相对海平面上升 16 cm 时
均值		5.29	5.39	5.45
C_v		0.072	0.071	0.070
C_s		1.41	1.41	1.41
重现期(年)	20	6.02	6.13	6.18
	50	6.32	6.42	6.48
	100	6.53	6.64	6.69
	200	6.75	6.85	6.91

(5) 吴淞站

结合海平面上升值研究成果，分析计算了海平面上升影响下吴淞站2030年和2050年20年一遇、50年一遇、100年一遇、200年一遇设计高潮位。海平面上升影响下吴淞站设计高潮位见表8-6。

表8-6 海平面上升影响下吴淞站设计高潮位 (单位：m)

项目		现状	2030年相对海平面上升10 cm时	2030年相对海平面上升16 cm时
均值		4.90	5.00	5.06
C_v		0.079	0.077	0.077
C_s		1.69	1.69	1.69
重现期(年)	20	5.66	5.76	5.82
	50	5.98	6.08	6.15
	100	6.23	6.32	6.40
	200	6.47	6.56	6.64

(6) 中浚站

结合海平面上升值研究成果，分析计算了海平面上升影响下中浚站2030年和2050年20年一遇、50年一遇、100年一遇、200年一遇设计高潮位。海平面上升影响下中浚站设计高潮位见表8-7。

表8-7 海平面上升影响下中浚站设计高潮位 (单位：m)

项目		现状	2030年相对海平面上升10 cm时	2030年相对海平面上升16 cm时
均值		5.04	5.14	5.20
C_v		0.067	0.066	0.065
C_s		2.22	2.22	2.22
重现期(年)	20	5.71	5.82	5.87
	50	6.04	6.15	6.20
	100	6.29	6.40	6.45
	200	6.54	6.65	6.70

(7) 吕四站

结合海平面上升值研究成果，分析计算了海平面上升影响下吕四站2030年和2050年20年一遇、50年一遇、100年一遇、200年一遇设计高潮位。海平面上升影响下吕四站设计高潮位见表8-8。

表 8-8　海平面上升影响下吕四站设计高潮位　(单位：m)

项　目		现　状	2030 年相对海平面上升 10 cm 时	2030 年相对海平面上升 16 cm 时
均　值		5.36	5.46	5.52
C_v		0.079	0.078	0.077
C_s		0.51	0.51	0.51
重现期(年)	20	6.1	6.21	6.27
	50	6.33	6.44	6.50
	100	6.49	6.60	6.66
	200	6.64	6.75	6.81

(8) 大戢山

结合海平面上升值研究成果，分析计算了海平面上升影响下大戢山站 2030 年和 2050 年 20 年一遇、50 年一遇、100 年一遇、200 年一遇设计高潮位。海平面上升影响下大戢山站设计高潮位见表 8-9。

表 8-9　海平面上升影响下大戢山站设计高潮位　(单位：m)

项　目		现　状	2030 年相对海平面上升 10 cm 时	2030 年相对海平面上升 16 cm 时
均　值		4.79	4.89	4.95
C_v		0.047	0.046	0.045
C_s		1.52	1.52	1.52
重现期(年)	20	5.22	5.32	5.38
	50	5.40	5.50	5.56
	100	5.53	5.63	5.69
	200	5.67	5.77	5.82

8.1.3 海平面上升影响下不同重现期高潮位的设计

本研究收集了吴淞站近 49 年的连续年最高潮位资料，吕四站 43 年的连续年最高潮位资料，大戢山站 31 年的连续年最高潮位资料，以及长兴、横沙、南门港、中浚、黄浦公园等站近 25 年的连续年最高潮位资料。根据上述 8 个站点年最高潮位资料，采用 P-Ⅲ型频率分布计算分析了各站点的 20 年一遇、50 年一遇、100 年一遇、200 年一遇设计高潮位，并根据相关单位海平面上升研究成果，分析计算了长江口相对海平面上升 10 cm 和 16 cm 情况下的 8 个站点 2030 年 20 年一遇、50 年一遇、100 年一遇、200 年一遇设计高潮位。其中，至 2030 年，海平面上升后，长兴、横沙、黄浦公园、南门港、吴淞、中浚、吕四、大戢山等站点 200 年一遇设计高潮位分别为6.66～6.71、6.47～6.52、6.54～6.60、6.85～6.91、6.56～6.64、6.65～6.70、6.75～6.81、6.77～6.82 m。

8.2　海平面上升对城市防潮安全标准影响研究

8.2.1　海平面上升后不同重现期设计潮位影响研究

8.2.1.1　现状条件下不同重现期海塘设计潮位标准

上海市海塘各岸段设计重现期的潮位值由岸段范围内不同代表潮位站点设计重现期的潮位值插值求得。因此，不同区域岸段重现期的防潮标准值受岸段内代表潮位站点重现期的潮位值影响较大，根据上海市《海塘规划潮位分析报告》专题研究成果表明，2012年上海市海塘前沿潮位站点中金山嘴、芦潮港、高桥站、堡镇站、马家港站、横沙站等6个潮位站的同频最高潮位比1996年海塘规划分析成果有较为明显的抬升，其中6个潮位站200年一遇的最高潮位值平均抬升约0.31 m。目前上海市海塘前沿代表潮位站点不同重现期的最高潮位分布如表8-10所示。

表8-10　代表潮位站规划年最高潮位频率计算成果表　（单位：m）

站点＼设计频率	0.5%	1%	2%	5%
长　兴	6.55	6.32	6.08	5.77
横　沙	6.36	6.12	5.89	5.58
黄浦公园	6.45	6.19	5.94	5.6
南门港	6.75	6.53	6.32	6.02
吴　淞	6.47	6.23	5.98	5.66
中　浚	6.54	6.29	6.04	5.71

8.2.1.2　海平面上升后不同重现期设计潮位标准

根据前文对海平面上升影响下的沿江沿海潮位站设计高潮位修编研究，选取了吴淞、长兴、横沙、南门港、中浚、黄浦公园站的年最高潮位资料，进行频率计算分析，并结合子课题研究成果，考虑至2030年海平面相对上升10 cm与16 cm后各潮位站点不同重现期设计潮位的变化，得出相对海平面上升后各代表潮位站点不同重现期的设计高潮位。

8.2.1.3　海平面上升前后不同潮位站点设计潮位的影响分析

根据现状和海平面上升条件下各潮位站不同重现期设计高潮位的研究成果，对长兴、横沙、黄浦公园、南门港、吴淞、中浚等沿江沿海代表潮位站点在海平面上升前后20年一遇、50年一遇、100年一遇和200年一遇重现期下的设计高潮位进行分析比较。

随着海平面逐渐抬升，上海市海塘沿线代表潮位站点不同重现期的设计潮位值发生改变。根据预测计算，当海平面上升10 cm，长兴、横沙、黄浦公园、南门港、吴淞、中浚20年一遇设计高潮位分别上升了11 cm、11 cm、10 cm、11 cm、10 cm、11 cm，50年一遇设计高潮位分别上升了11 cm、11 cm、9 cm、10 cm、10 cm、11 cm，

100 年一遇设计高潮位分别上升了10 cm、11 cm、10 cm、11 cm、9 cm、11 cm，200 年一遇设计高潮位分别上升了 11 cm、11 cm、9 cm、10 cm、9 cm、11 cm；当海平面上升16 cm，长兴、横沙、黄浦公园、南门港、吴淞、中浚 20 年一遇设计高潮位普遍抬高16 cm，50 年一遇设计高潮位分别上升了 17 cm、17 cm、15 cm、16 cm、17 cm、16 cm，100 年一遇设计高潮位分别上升了 16 cm、17 cm、16 cm、16 cm、17 cm、16 cm，200 年一遇设计高潮位分别上升了 16 cm、16 cm、15 cm、16 cm、17 cm、16 cm。

8.2.2 海平面上升对海塘前沿滩地剖面的影响

海平面上升在海岸带的主要反映是海岸侵蚀和海岸沙坝向岸位移。海平面上升造成岸滩上破波点上移，其结果会造成高潮滩变窄，沉积物变粗，海岸湿地损失，进而使滩面消浪和抗冲能力减小，引起海岸侵蚀。由于海平面持续上升，加大的水深使波浪对海岸带的扰动作用逐渐减小，形成海底横向供沙减少，却加强了激浪对上部海滩的冲刷。

8.2.3 海平面上升对堤顶设计波高的影响

在浅海中生长、发展、传播的波浪都受到水深的影响，然而波浪受水深和地形影响最大的地区是在海岸附近，所以海平面上升对波浪影响最大的也是在这一地区。当波浪到达海岸附近的破碎带以后，波峰变陡，波谷变平，波形与弧立波类似，最后成为拍岸浪而破碎。此时的波浪要素只与水深 d 和波高 H 有关：

$$C = \left[gd\left(1+\frac{H}{d}\right)\right]^{\frac{1}{2}} \tag{8-10}$$

而当波浪破碎时，水深 d_b 与碎浪波高 H_b 有以下关系：

$$d_b = 1.28H_b \quad 或 \quad H_b = 0.78\, d_b \tag{8-11}$$

在岸边建造的海岸工程，其最大波高往往是拍岸浪的波高，而拍岸浪的波高是随破碎点的水深而变的。根据浅海中水深与碎浪波高关系，考虑不同潮位站区域设计波高在海平面上升后相应的增加值。

随着海平面逐渐抬升，上海市海塘沿线代表潮位站点区域不同重现期的设计波高值也相应增加。根据预测计算，海平面上升 10 cm，长兴、横沙、黄浦公园、南门港、吴淞、中浚 20 年一遇设计波高值分别上升了 8.58 cm、8.58 cm、7.80 cm、8.58 cm、7.80 cm、8.58 cm，50 年一遇设计波高值分别上升了 8.58 cm、8.58 cm、7.02 cm、7.80 cm、7.80 cm、8.58 cm，100 年一遇设计波高值分别上升了 7.80 cm、8.58 cm、7.80 cm、8.58 cm、7.02 cm、8.58 cm，200 年一遇设计波高值分别上升了8.58 cm、8.58 cm、7.02 cm、7.80 cm、7.02 cm、8.58 cm；海平面上升 16 cm，长兴、横沙、黄浦公园、南门港、吴淞、中浚 20 年一遇设计波高值均上升了 12.48 cm，50 年一遇设计波高值分别上升了 13.26 cm、13.26 cm、11.70 cm、12.48 cm、

13.26 cm、12.48 cm，100 年一遇设计波高值分别上升了 12.48 cm、13.26 cm、12.48 cm、12.48 cm、13.26 cm、12.48 cm，200 年一遇设计波高值分别上升了 12.48 cm、12.48 cm、11.70 cm、12.48 cm、13.26 cm、12.48 cm。因此，当岸边的水深由于海平面上升而增加以后，该处的拍岸浪波高也随之增大，这将对海岸工程建筑物的安全造成影响。

8.2.4　城市防潮安全标准

通过对海平面上升后海塘前沿代表潮位站点设计高潮位、海塘前沿滩地剖面以及海塘堤顶设计波高的影响分析，结果表明，随着海平面的逐步上升，当海平面上升10 cm，海塘前沿代表潮位站点 20 年一遇重现期的设计高潮位值上升了 10～11 cm，50 年一遇重现期、100 年一遇重现期和 200 年一遇重现期的设计潮位标准值都上升了 9～11 cm；当海平面上升16 cm，20 年一遇重现期的设计高潮位值上升了 16 cm，50 年一遇重现期的设计高潮位值上升了 15～17 cm，100 年一遇重现期的设计高潮位值上升了 16～17 cm，200 年一遇重现期的设计高潮位值上升了 15～17 cm。同时，海平面的上升，将导致岸滩上破波点上移，滩面消浪和抗冲能力减小，引起海岸侵蚀，海塘沿岸区域的拍岸浪波高也随之增大。海平面上升10 cm后，海塘前沿代表潮位站点 20 年一遇重现期的设计波高值上升了 7.80～8.58 cm，50 年一遇重现期、100 年一遇重现期和 200 年一遇重现期的设计波高值都上升了 7.02～8.58 cm；海平面上升 16 cm 后，20 年一遇重现期的设计波高值上升了 12.48 cm，50 年一遇重现期的设计波高值上升了 11.70～12.48 cm，100 年一遇重现期的设计波高值上升了 13.26～12.48 cm，200 年一遇重现期的设计波高值上升了 11.70～12.48 cm。因此，海平面的上升将导致现有标准下的海塘设防能力不达标，不同重现期的设计高潮位和设计波高值增大，从而使得防汛工程设防能力下降。

8.3　海平面上升对城市供水安全标准影响研究

8.3.1　取水保证率

8.3.1.1　枯水流量保证率

以往长江口水域陈行水库和青草沙水库取水口及待建的东风西沙水库取水口的工程设计标准均选取大通站枯水流量的典型频率（即按照地表水取水保证率90％～97％考虑），且一般多选取 1978～1979 年枯水期（11 月至翌年 3 月）平均流量为设计流量（以 1951～2008 年统计年限计，该流量保证率约为 96.6％），能够满足部分长江口水源地取水口取水安全保障要求。

大通站属长江下游干流潮区界之外最近水文站，该站水文特征值不受海平面上升影响，因此，未来采用长江大通站枯水流量为长江口三大水源地（即陈行水库、青草沙水库、东风西沙水库）取水口取水保证率指标，海平面上升对其均无任何影响。

但根据本项目影响评估专题研究中华师大河口所采用最新河口水下地形及近期的航道、滩涂围垦等综合工情及历史特殊水情(长江大通站枯水期来水保证率90%～97%),就海平面上升对长江口水源地供水安全影响的最新评估分析,在长江大通站枯水期95%～97%来水保证率下,海平面上升前后长江口盐水入侵均很严重,农历一月至农历三月的长江口三大水源地取水口均取不到水。长江大通站枯水期90%来水保证率下的盐水入侵情况及对三大水源地取水影响详见第三章和第七章,包括该水情下对三大水源地取水口的最长连续不宜取水天数等。

8.3.1.2 枯季水位保证率

根据《地面水取水工程设施规划》要求,城市供水水源的设计枯水位的保证率一般可采用90%～99%。而现有或规划长江口三个水源地取水口所处位置及取水泵房取水头部或取排水闸的设计参数见表8-11。

表8-11 上海市长江口三大水源地取水构筑物的相关参数一览表 (单位: m)

水源地名称	取水头部		上游闸孔规模		下游闸孔规模	
	等深线外侧	取水口中心高程	闸孔净宽	闸底高程	闸孔净宽	闸底高程
陈行水库	−7		—	—	—	—
青草沙水库	−8		72	0	20	−1
东风西沙水库	−8		12	0	5(2.5×2)	0

根据海平面上升对沿江沿海潮型响应关系研究成果,未来海平面上升将抬高10～16 cm,即原有取水口的最低潮位也将同步抬高10～16 cm,相当于取水口较之以前所处水深更深,取水保证程度更高,将更加有利于取水口的取水条件(表8-12)。

表8-12 上海市长江口三大水源地取水口及水库内特征水位一览表 (单位: m)

位置	特征水位	青草沙水库	陈行水库	东风西沙水库
长江侧	设计高水位	6.09	6.1	5.25(非汛期)
	校核高水位	6.38		6.43
	设计低水位	−0.07	−0.3	
库内侧	库内最高蓄水位	7.0	7.25	5.15
	库内死水位	−1.5	0.6	1.0

8.3.2 最长连续不宜取水天数

根据前文对长江大通枯季流量90%来水保证率下农历一月的长江口盐水入侵模拟,海平面分别上升10 cm、16 cm情况下,陈行水库的最长连续不宜取水天数(海平面未上升时为8.22 d)变化很小,将延长0.1～0.54 d;青草沙水库的最长连续不宜取水天数在海平面上升前后变化很大,将延长2.10～2.11 d(海平面未上升时为

11.11 d)；东风西沙水库的最长连续不宜取水天数在海平面上升前后变化不大，将延长0.13～0.15 d(海平面未上升时为10.78 d)。

由此可见，至2030年长江口海平面上升10～16 cm对上海市三大水源地的取水口最长连续不宜取水天数指标均有不同程度影响(表8－13)，其中对青草沙水源地的该指标影响相对最大(海平面上升使得该水源地取水口最长连续不宜取水天数增加2.1 d左右)；对陈行水源地的该指标影响次之，(海平面上升将使得该水源地取水口最长连续不宜取水天数增加0.10～0.54 d)；对东风西沙水源地的同一指标影响则最小(海平面上升将使得该水源地取水口最长连续不宜取水天数增加0.13～0.15 d内)。

表8－13　海平面上升对上海市长江口水源地最长连续不宜取水天数指标的影响

水库名称	枯水期90%来水保证率下最长连续不宜取水天数(d)	海平面上升10～16 cm下对最长连续不宜取水天数的影响程度(d)
陈行水库	8.22	0.1～0.54
青草沙水库	11.11	2.1～2.11
东风西沙水库	10.78	0.13～0.15

8.3.3　取供水水质

8.3.3.1　取水水质

陈行水库取水口水质在海平面上升前后随潮汐呈现周期性变化，最大变化量约为0.1‰～0.2‰(相当于55.4～110.8 mg/L)，且海平面上升10～16 cm情况下的取水口盐度与海平面上升前的变化趋势接近。

青草沙水库取水口水质在海平面上升前后随潮汐总体呈现周期性变化，但差值波动幅度较大，最大变化量约为0.4‰～0.6‰(相当于221.4～332.1 mg/L)，且海平面上升10～16 cm情况下的取水口盐度与海平面上升前的变化趋势接近。

东风西沙水库取水口水质在海平面上升前后也总体随潮汐呈现周期性变化，但在各潮周差值波动幅度相对于青草沙水库取水口更加剧烈，最大变化量约为－0.4‰～0.4‰(相当于－221.4～221.4 mg/L)，且海平面上升10～16 cm情况下的取水口表层盐度与海平面上升前的变化趋势接近。

8.3.3.2　供水水质

根据分析，在长江枯水期大通站90%来水保证率下的连续不宜取水天期间，长江口三大水库取水设施(即取水泵闸)关闭，不从长江口取水，以水库内避咸蓄淡水供应原水，水质(含氯度，下同)不受外面咸潮入侵水影响，为正常淡水供应(此限 $Cl^- \leqslant$ 250 mg/L的水体)。但在咸潮期结束，会取用长江口淡水或低盐度水来补充水库内水源，此时，水库向各大自来水厂供应的原水会是低含氯度的水，但不会超过250 mg/L，需视补水水量和水质情况而定。根据上海市供水调度中心提供的现有长江口水源地陈行水库和青草沙水库2006～2020年常规运行期库内氯化物状况的资料，枯水期(10月至翌年3月)两大水库库内水质(氯化物)最高、最低、平均值的情况详见图8-2。从图中可见，陈行水库库内氯化物最高值达到226 mg/L(2010年3月)，平均最高值达到122 mg/L(2006年11月)；年初三个月平均最高值达到75 mg/L(2010年)，最低值达到14 mg/L，平均最低值达到18 mg/L(2010年10月)。青草沙水库库内氯化物最高值达到200 mg/L(2011年3月)，平均最高值达到179 mg/L(2011年3月)，最低值达到18 mg/L，平均最低值达到20 mg/L(2012年10月)，年初三个月平均最高值达到143 mg/L(2011年)。

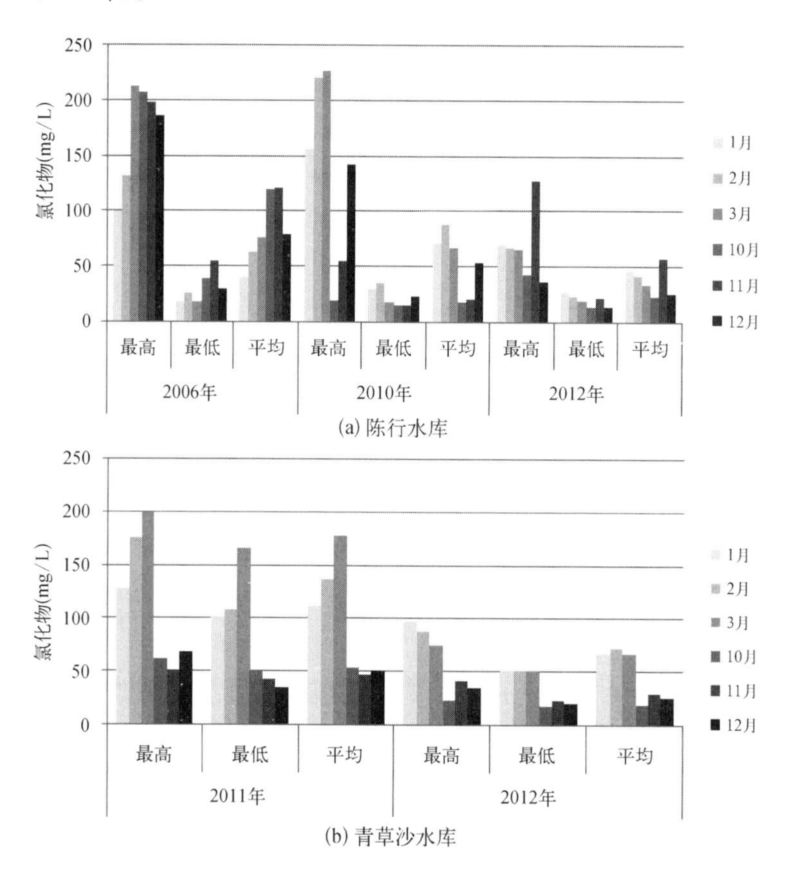

图8-2 2006～2012年间陈行水库和青草沙水库库内输水区氯化物状况

为分析海平面上升对长江口三大水库供水水质的影响，须考虑典型时段特殊水情。根据本课题第一专题“海平面上升对城市防潮和供水安全综合影响评估”中长江口海平面上升对盐水入侵影响的相关成果，本节关于海平面上升对长江口水源地取水水质指标影响问题进行比较研究的对象仍然为长江大通站枯水期90%来水保证率下农历正月至二月期间陈行水库、青草沙水库、东风西沙水库的水质变化情形，相关研究条件详见表8-14。

表 8-14　上海市长江口三大水源地取供水水质指标影响分析条件(原则)一览表

水源地名称	取水头部		排水设施	水库内起始条件		供水设施	其他条件
	取水泵	上游闸	下游闸	水位(m)	水质(mg/L)		
陈行水库	能取则取	/	/	7.25	109	正常供水能供则供	最低水位停供，最高水位停取
青草沙水库	能取则取	能引则引	关闭	3.6	143	正常供水能供则供	同上
东风西沙水库	能取则取	能引则引	关闭	4.0	75	正常供水能供则供	同上

注：1. 研究各水库内水质及水动力变化的模型方法为水库零维模型。
2. 取水设施的取引水通量采用水力学中相应的闸堰流量公式及水泵设计流量公式。
3. 取引水条件或原则为：取水口潮位高于库内水位且盐度低于 0.45‰，开闸引水，取水泵同步取水；取水口潮位低于库内水位但盐度低于 0.45‰，水闸关闭不引水，但取水泵取水；其他情况即盐度不低于 0.45‰时闭闸闭泵，不引水或取水。

(1) 青草沙水库

根据表 8-13 的相关分析条件，对海平面上升前、上升 10 cm 与 16 cm 情况下青草沙水库在长江枯水期大通站 90%来水保证率下正月初一至翌年二月二十的取供水水质进行了分析研究，图 8-3 为长江大通站枯水期 90%来水保证率下正月初一(即前文盐水入侵模型模拟计算时间的第 75 天)青草沙水库取水闸泵联合取水(取水泵规模为 200 m^3/s)、库内起始水位为 3.6 m(非咸潮期设计最高水位)、初始含氯度为 143 mg/L(2011 年年初三月)等条件下，海平面上升前、上升 10～16 cm情况下的青草沙水库内外潮(水)位和水质(氯化物)的变化趋势图。其中，图 8-3(a)为水库取水口潮位变化过程，图 8-3(b)为水库取水口盐度变化过程，图 8-3(c)为水库内水位变化过程，图 8-3(d)为水库内氯化物变化过程。

由图 8-3 可知，在正月十五(模拟计算时间为第 90 天)、正月三十(模拟计算时间为第 105 天)和二月二十(模拟计算时间为第 125 天)下的水库水位及水质情况见表 8-15。可见至 2030 年，海平面上升 10 cm 与 16 cm 对青草沙水库供水安全保障标准(水质)存在一定影响，但影响不大。若在 90%来水保证率和青草沙水库的正月初一起始水位为 3. 6 m、含氯度为143 mg/L情况下，至正月底，海平面上升前后，水库内水位分别下降至 1. 65 m 和 1. 45～1. 31 m；含氯度则分别上升为 159 和 158～156 mg/L。至农历二月二十(即遇盐水期 50 d 后)，海平面上升前后，青草沙水库水位分别下降至 0. 6 m、0. 23～0. 03 m，含氯度则分别上升为 174. 0、172～171 mg/L。由此，在长江大通站枯水期 90%来水保证率下海平面上升 10～16 cm，青草沙水库水位在最低设计水位之上(−1. 5 m)，含氯度也在 250 mg/L 之下，因而是安全的。即因海平面上升对盐水入侵存在一定程度的影响，随着海平面上升量越大，盐水入侵程度越大，可取水量则相对减少，若此时供水量不变，则水库内水位下降量相对增大，而水质

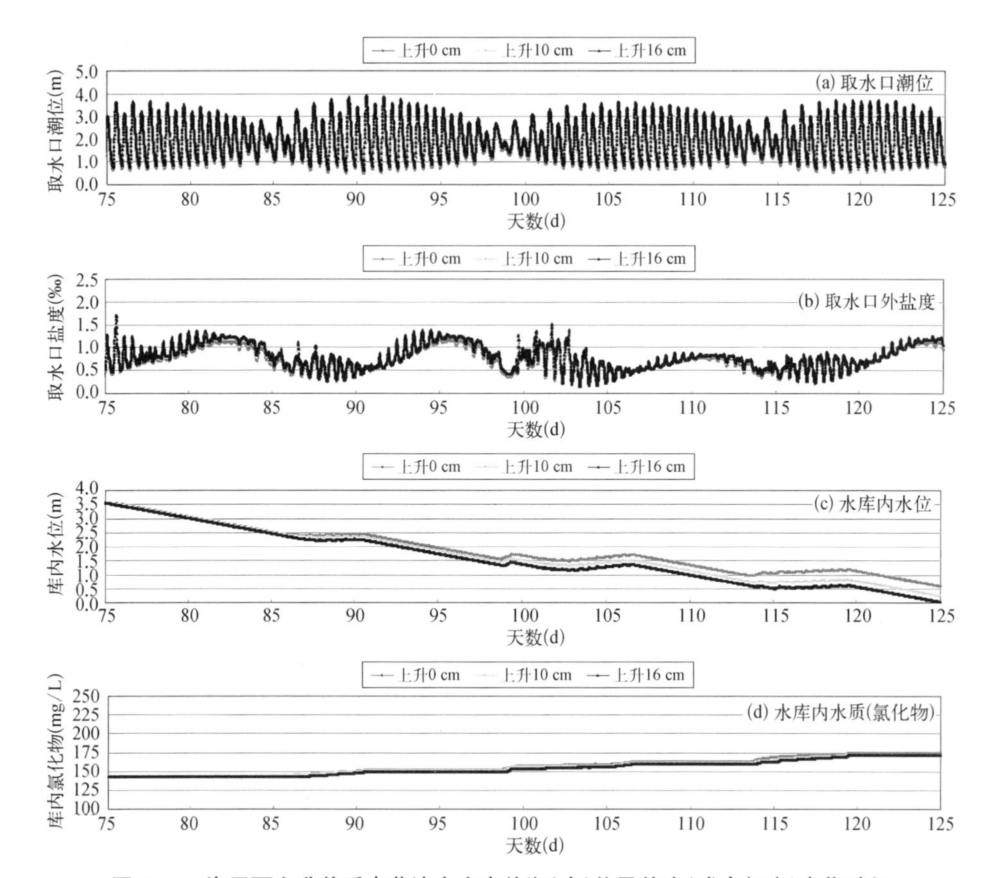

图 8-3　海平面上升前后青草沙水库内外潮(水)位及盐度(或含氯度)变化过程

却因受盐水入侵影响减少新增取水量的缘故而略优于海平面上升小的情况。

表 8-15　海平面上升 0 cm、10 cm、16 cm 后青草沙水库内水位及含氯度变化

海平面上升	正月初一		正月十五		正月三十		二月二十	
	水位(m)	含氯度(mg/L)	水位(m)	含氯度(mg/L)	水位(m)	含氯度(mg/L)	水位(m)	含氯度(mg/L)
0 cm	3.6	143	2.45	151	1.65	159	0.6	174
10 cm	3.6	143	2.36	150	1.45	158	0.23	172
16 cm	3.6	143	2.27	149	1.31	156	0.03	171

若起始水位调整至咸水期最高蓄水控制水位为 7.0 m,则水库运行更为安全,抵御海平面上升的影响更为有效。

(2) 东风西沙水库

根据表 8-13 的相关分析条件,对海平面上升前、上升 10～16 cm 情况下东风西沙水库在长江枯水期大通站 90%来水保证率下腊月廿六至翌年二月二十的取供水水质进行了分析研究,图 8-4 为长江大通站枯水期 90%来水保证率下腊月廿

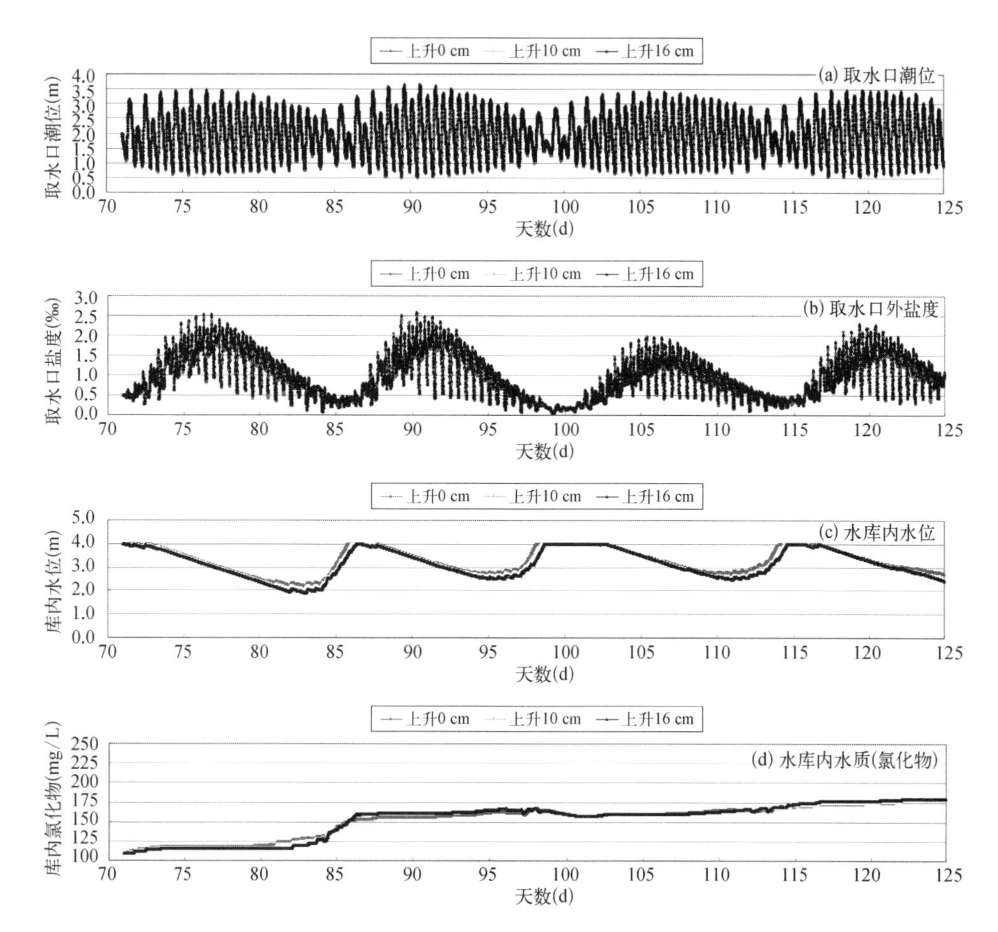

图 8-4　海平面上升前后东风西沙水库内外水位及盐度(含氯度)变化

六(即前文盐水入侵模型模拟计算时间的第 71 天)东风西沙水库取水闸泵联合引取水(取水泵规模为 32 m^3/s)、库内起始水位为 4.0 m(非咸潮期设计最高水位)、初始含氯度为 109 mg/L(取青草沙水库和陈行水库近年来正月到三月平均最高值的平均值)等条件下,海平面上升前、上升 10～16 cm 情况下的东风西沙水库内外潮(水)位和水质(氯化物)的变化趋势图。其中,图 8-4(a)为水库取水口潮位变化过程,图 8-4(b)为水库取水口盐度变化过程,图 8-4(c)为水库内水位变化过程,图 8-4(d)为水库内氯化物变化过程。

由图 8-4 可知,在正月十五(模拟计算时间为第 90 天)、正月三十(模拟计算时间为第 105 天)和二月二十(模拟计算时间为第 125 天)下的水库水位及水质情况见表 8-16。可见,海平面上升对东风西沙水库供水水质指标存在一定影响,但并不大,与海平面上升对青草沙水库的取供水水质安全指标影响类似,如在 90% 来水保证率和青草沙水库的腊月廿六起始水位为 4.0 m、含氯度为 109 mg/L 的情况下,至正月底,海平面上升前、上升 10 cm 与 16 cm 情况下,水库内水位均下降至

3.52 m；含氯度则分别上升为 159 和 158～160 mg/L，与青草沙水库水质接近。至农历二月二十（即遇盐水期 54 d 后），海平面上升前后，东风西沙水库水位分别下降至 2.72 m、2.49～2.43 m，含氯度则分别上升为 179.0、177～180 mg/L。由此，在长江大通站枯水期 90%来水保证率下海平面上升 10～16 cm，东风西沙水库水位在最低设计水位之上（即 1.0 m），含氯度也在 250 mg/L 之下，因而是安全的。

表 8-16 海平面上升 0 cm、10 cm 与 16 cm 后东风西沙水库内水位及含氯度变化

海平面上升	腊月廿五		正月十五		正月三十		二月二十		备注
	水位(m)	含氯度(mg/L)	水位(m)	含氯度(mg/L)	水位(m)	含氯度(mg/L)	水位(m)	含氯度(mg/L)	
0 cm	5.65	0	2.06	43.0	2.18	115.3	0.77	168.0	*
	5.65	0	5.17	86.9	5.11	118.4	4.24	152.6	**
10 cm	5.65	0	5.09	87.8	5.12	117.1	4.09	149.3	**
16 cm	5.65	0	5.06	89.6	5.12	118.8	3.99	149.4	**

注：* 为仅仅取水闸单独工作工况；** 为取水泵闸联合工作工况。

若起始水位调整至咸水期最高蓄水控制水位 5.15 m，则水库运行如青草沙水库一样也更为安全，抵御海平面上升的影响更为有效。

(3) 陈行水库

图 8-5 为长江大通站枯水期 90%来水保证率下正月初一（模拟计算时间为第 75 天）陈行水库的起始水位为 7.25 m、含氯度为 75 mg/L，海平面上升前、上升 10～16 cm 情况下的陈行水库水位和水质变化趋势图（取水泵规模为 590 万 m^3/d，即约 68.3 m^3/s）。其中，图 8-5(a)为水库取水口潮位变化过程，图 8-5(b)为水库取水口盐度变化过程，图 8-5(c)为水库内水位变化过程，图 8-5(d)为水库内氯化物变化过程。取水泵为低盐水时（即氯化物低于250 mg/L）能取则取（即实施避咸蓄淡抢水），达到最高运行水位时停止取水；供水设施运行则控制在最低运行水位时停止供水。为此，在正月十五（模拟计算时间为第 90 天）、正月三十（模拟计算时间为第 105 天）和二月二十（模拟计算时间为第 125 天）下的水库水位及水质情况见表 8-17。

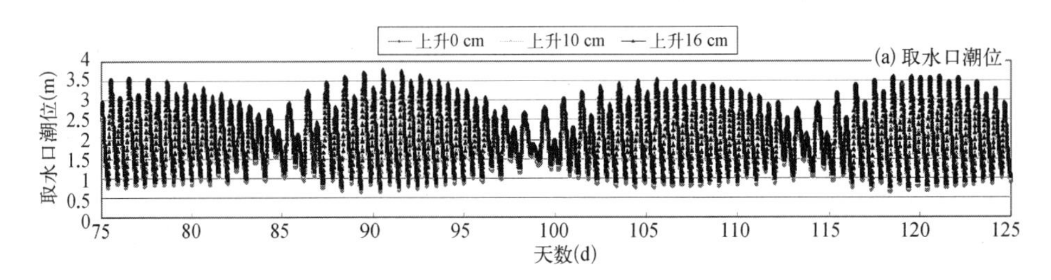

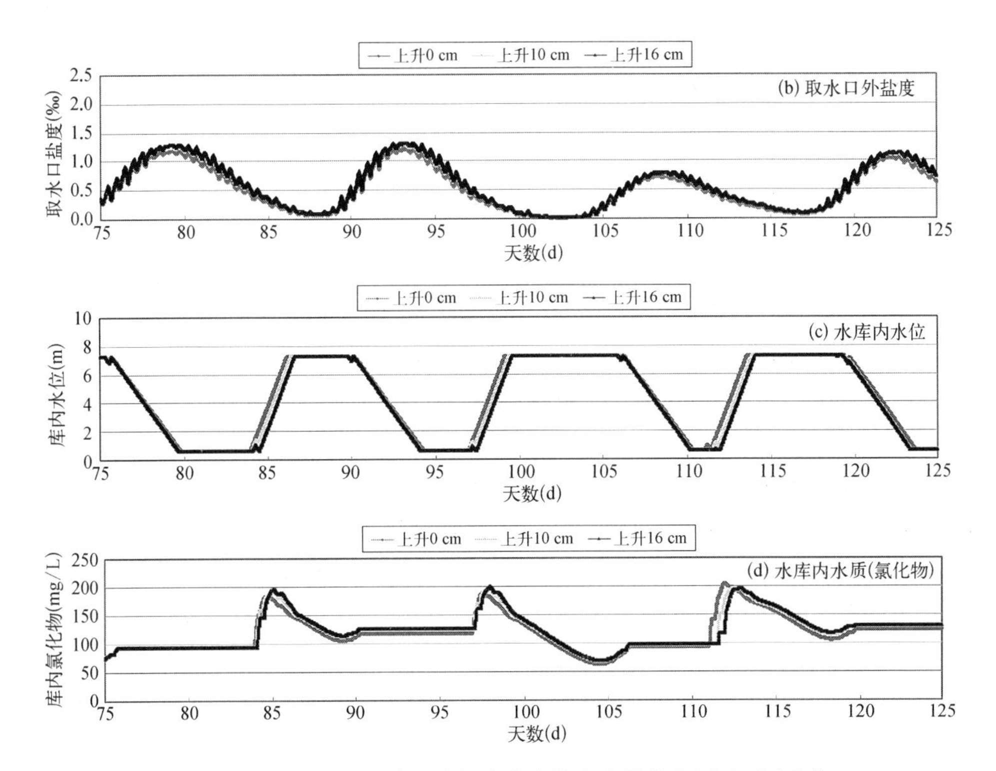

图 8-5　海平面上升前后陈行水库内外水位及盐度(含氯度)变化

表 8-17　海平面上升 0 cm、10 cm、16 cm 后陈行水库内水位及含氯度变化

海平面上升	腊月廿五		正月十五		正月三十		二月二十	
	水位(m)	含氯度(mg/L)	水位(m)	含氯度(mg/L)	水位(m)	含氯度(mg/L)	水位(m)	含氯度(mg/L)
0 cm	7.25	75	7.08	109.8	7.25	66.1	0.6	123.4
10 cm	7.25	75	7.07	116.0	7.25	69.0	0.59	128.1
16 cm	7.25	75	7.03	120.0	7.24	71.6	0.59	131.1

从图 8-5 和表 8-17 可见，在长江大通站枯水期 90%来水保证率和陈行水库的正月初一起始水位为 7.25 m、含氯度为 75 mg/L 下，海平面上升 10～16 cm 前后，至正月底，水库内水位 2 次涨落见底(此指最低运行水位 0.6 m)；含氯度则分别下降为 66.1、69.0～71.6 mg/L。至农历二月二十(即遇盐水期 50 d 后)，陈行水库水位再次经过 1 次涨落后均下降至 0.6 m 左右，含氯度则分别上升为 123.4、128.1～131.1 mg/L。由此，在长江大通站枯水期 90%来水保证率下海平面上升 10～16 cm 前后，自正月初一至农历二月二十在陈行水库水位 4 次降为最低水位，且对应 4 个时段(最长达 4.4 d 左右，最短也有 1.8 d 左右，见图 8-5(c))不能供水；库内含氯度虽随着长江口盐水入侵周期变化也呈现周期性特征，但总趋势在不断上升，研究时段达到 130 mg/L 左右，不过仍低于 250 mg/L，水质仍属安全范围内。

8.3.4 取供水水量

8.3.4.1 取水水量

长江口陈行水库、青草沙水库和东风西沙水库在与取供水水质指标影响研究相同水情条件下(即长江大通站枯水期90%来水保证率下海平面上升前与上升10～16 cm后)自各取水口的取(引)水量及其变化情况详见表8-18和表8-19。其中,陈行水库和青草沙水库均自农历正月初一(同前,即模拟时间的第75天)至二月二十(同前,即模拟时间的第125天)期间的对应情况,而东风西沙水库为自农历腊月廿六至二月二十期间的对应情况。从表中可知,在海平面上升前,农历正月初一至二月二十,陈行水库、青草沙水库和东风西沙水库的取水量分别为7 556.8万m^3、16 417.8万m^3、1 920.5万m^3,海平面上升10～16 cm后,陈行水库、青草沙水库和东风西沙水库的取水量分别变为7 392.3万～7 401.9万m^3、13 976.5万～12 663.9万m^3、1 877.2万～1 875.7万m^3,其变化量分别减少164.5万～154.8万m^3、2 441.3万～3 753.9万m^3、43.3万～44.7万m^3,相当于减少各自水库0.8～0.75、3.4～5.2、1.08～1.12 d的对应供水量。

由此可见,海平面上升对青草沙水库取水水量指标安全影响最大,次之为东风西沙水库,最小影响为陈行水库。

表8-18 长江口三大水源地在海平面上升前后取水口最长连续不可取水天数内水库水位状态一览表

(单位: m)

水源地	序号	时 段	取引水量	供水量	取引水量	供水量	取引水量	供水量	备 注
		(第 天)	上升0 cm		上升10 cm		上升16 cm		
陈行水库	1	75～90	2 259.5	2 416.3	2 231.5	2 393.4	2 235.7	2 383.2	非正常供水,受海平面上升影响及水库库容量限制
	2	91～105	2 656.1	2 516.3	2 637.4	2 496.3	2 638.8	2 477.8	
	3	106～125	2 641.1	3 436.2	2 523.4	3 314.7	2 527.4	3 235.8	
	合 计		7 556.8	8 368.8	7 392.3	8 204.4	7 401.9	8 096.8	
青草沙水库	1	75～90	3 867.6	11 504.0	3 180.1	11 504.0	2 511.9	11 504.0	均正常供水,海平面上升对供水无影响
	2	91～105	6 196.6	10 785.0	5 475.4	10 785.0	5 318.6	10 785.0	
	3	106～125	6 353.5	14 380.0	5 321.0	14 380.0	4 833.5	14 380.0	
	合 计		16 417.8	36 669.0	13 976.5	36 669.0	12 663.9	36 669.0	
东风西沙水库	1	71～90	667.8	800.0	659.5	800.0	660.1	800.0	均正常供水,海平面上升对供水无影响
	2	91～105	608.7	600.0	610.8	600.0	608.7	600.0	
	3	106～125	644.0	800.0	606.9	800.0	607.0	800.0	
	合 计		1 920.5	2 200.0	1 877.2	2 200.0	1 875.7	2 200.0	

表 8-19　三大水库在海平面上升后相当于上升前的取供水量变化情况一览表

（单位：万 m³）

水源地	序号	时　段（第　天）	取引水量（上升 0 cm）	供水量（上升 0 cm）	取引水量（上升 10 cm）	供水量（上升 10 cm）	取引水量（上升 16 cm）	供水量（上升 16 cm）	备　注
陈行水库	1	75～90			−28.1	−22.9	−23.8	−33.0	非正常供水
	2	91～105			−18.8	−20.0	−17.3	−38.5	
	3	106～125			−117.7	−121.5	−113.7	−200.4	
	合　计				−164.5	−164.4	−154.8	−272.0	
青草沙水库	1	75～90			−687.5	0	−1 355.7	0	正常供水
	2	91～105			−721.2	0	−878.1	0	
	3	106～125			−1 032.6	0	−1 520.1	0	
	合　计				−2 441.3	0	−3 753.9	0	
东风西沙水库	1	71～90			−8.3	0	−7.7	0	正常供水
	2	91～105			2.1	0	0.0	0	
	3	106～125			−37.1	0	−37.0	0	
	合　计				−43.3	0	−44.7	0	

注：本表"−"表示海平面上升后相当于上升前的取供水水量的减少量，无则为增加量。

8.3.4.2　供水水量

长江口陈行水库、青草沙水库和东风西沙水库在与取供水水质指标影响研究相同水情条件下（即长江大通站枯水期 90%来水保证率下海平面上升前与上升10～16 cm后）自各水库原水输水设施的供水量及其变化情况详见表 8-18 和表 8-19。其中，陈行水库和青草沙水库均自农历正月初一至二月二十期间的对应情况，而东风西沙水库为自农历腊月廿六至二月二十期间的对应情况。从表中可知，在海平面上升前，至二月二十，陈行水库、青草沙水库和东风西沙水库的供水量分别为 8 368.8 万 m³、36 669.0 万 m³、2 200.0 万 m³，海平面上升 10～16 cm 后，陈行水库、青草沙水库和东风西沙水库的取水量分别变为 8 204.4 万～8 096.8 万 m³、36 669.0 万 m³（不变）、2 200.0 万 m³（不变）；对应各自供水变化量分别减少 164.4 万～272.0 万 m³、0、0 万 m³，相当于减少各自水库 0.8～1.3、0、0 d的对应供水量。

由此可见，海平面上升对陈行水库供水水量指标安全影响最大，海平面上升 10～16 cm 后将影响到陈行水库 0.8～1.3 d 的供水量；而青草沙水库和东风西沙水库由于本身库容大，其供水量指标安全受海平面上升影响小，水库仍处于安全供水状态。

8.3.5　结果与讨论

8.3.5.1　海平面上升对上海市长江口水源地供水安全标准的影响

(1) 取水保证率

根据最新河口水下地形及近期的航道、滩涂促淤围垦等综合工情及历史特殊水情，在长江大通站枯水期95%～97%来水保证率下，海平面上升前后长江口盐水入侵均很严重，农历正月至三月的长江口三大水源地取水口均不宜取水。长江大通站枯水期90%来水保证率下的盐水入侵情况及对陈行水库、青草沙水库、东风西沙水库三大水源地取水影响详见第七章，包括该水情下三大水源地取水口的最长连续不宜取水天数等，总体都在8～12 d左右。由此说明海平面上升对长江口水源地取水保证率指标存在一定影响，与长江口水下地形及航道和滩涂促淤围垦等综合工情一道，使得长江口水源地取水保证率指标由原来的97%左右下降至90%左右。

(2) 最长连续不宜取水天数

长江口海平面上升对上海市三大水源地最长连续不宜取水天数指标均有不同程度影响，其中该指标对青草沙水源地的影响相对大些(海平面上升10～16 cm使得该水源地取水口最长连续不宜取水天数增加2.1～2.11 d)；对陈行水源地的影响次之(海平面上升将使得该水源地取水口最长连续不宜取水天数增加0.1～0.54 d)；对东风西沙水源地的影响则最小(海平面上升将使得该水源地取水口最长连续不宜取水天数增加0.13～0.15 d)。

(3) 取供水水质

取水水量和供水水量均分别为城市供水安全标准的关键指标之一。

1) 取水水质

长江口海平面上升对陈行水库、青草沙水库和东风西沙水库等3大水库的取水水质(此特指盐度或含氯度)安全指标存在不同程度的影响。第七章已经对长江枯水期大通站90%来水保证率下，海平面上升10～16 cm长江口盐水入侵及水源地水质的影响进行了深入分析，并采用河口及近海三维温盐模型就海平面上升前后对长江口盐水入侵的模拟研究表明，海平面上升对取水口水质安全指标均存在影响。其中，陈行水库取水口水质在海平面上升前后随潮汐呈现周期性变化，最大变化量约为0.1‰～0.2‰(相当于55.4～110.8 mg/L)，且海平面上升10～16 cm情况下的取水口盐度与海平面上升前的变化趋势接近；青草沙水库取水口水质在海平面上升前后随潮汐总体呈现周期性变化，但差值波动幅度较大，最大变化量约为0.4‰～0.6‰(相当于221.4～332.1 mg/L)，且海平面上升10～16 cm情况下的取水口盐度与海平面上升前的变化趋势接近；东风西沙水库取水口水质在海平面上升前后也总体随潮汐呈现周期性变化，但各潮汐周期的差值波动幅度相对于青草沙水库取水口更加剧烈，最大变化量约为－0.4‰～0.4‰(相当于－221.4～

221.4 mg/L)，且海平面上升 10～16 cm 情况下的取水口表层盐度与海平面上升前的变化趋势接近。

2) 供水水质

长江口海平面上升对陈行水库、青草沙水库和东风西沙水库的供水水质(此指含氯度)安全指标也存在不同程度的影响。研究表明，若采用第七章中海平面上升对长江口盐水入侵及水源地水质影响的模拟分析成果，在长江枯水期大通站 90%来水保证率下，以长江口盐水入侵最严重期(即正月至二月)为重点，海平面上升对陈行水库、青草沙水库、东风西沙水库内的水质(即原水供水的水质)安全指标的影响如下。

① 青草沙水库。至 2030 年，在正月初一(即盐水入侵模型模拟计算时间的第 75 天)其取水闸泵联合取水(取水泵规模为 200 m^3/s)、库内起始水位为 3.6 m(非咸潮期设计最高水位)、初始含氯度为 143 mg/L(2011 年正月至三月)等条件下，海平面上升 10～16 cm 对青草沙水库供水安全保障标准(水质)存在一定影响，但影响不大，至农历二月二十(即遇盐水期 50 d 后)，海平面上升前后，青草沙水库水位分别下降至 0.6 m、0.23～0.03 m，含氯度则分别上升为 174.0、172～171 mg/L。即在长江大通站枯水期 90%来水保证率下海平面上升 10～16 cm，正月至二月青草沙水库内水位仍在最低设计水位之上(－1.5 m)，含氯度也在 250 mg/L 之下，因而是安全的。若起始水位调整至咸水期最高蓄水控制水位 7.0 m，则水库运行更为安全，抵御海平面上升的影响更为有效。

② 东风西沙水库。至 2030 年，在腊月廿六(即盐水入侵模型模拟计算时间的第 71 天)东风西沙水库取水闸泵联合引取水(取水泵规模为 32 m^3/s)、库内起始水位为 4.0 m(非咸潮期设计最高水位)、初始含氯度为 109 mg/L(取青草沙水库和陈行水库近年来正月至三月平均最高值的平均值)等条件下，海平面上升对东风西沙水库供水水质指标存在一定影响，但与海平面上升对青草沙水库的取供水水质安全指标影响类似，影响也不大。至农历二月二十(即遇盐水期 54 d 后)，海平面上升前后，东风西沙水库水位分别下降至 2.72 m、2.49～2.43 m，含氯度则分别上升为 179.0、177～180 mg/L。即，在长江大通站枯水期 90%来水保证率下海平面上升 10～16 cm，正月至二月东风西沙水库水位仍在最低设计水位之上(即 1.0 m)，含氯度也在 250 mg/L 之下，因而是安全的。若起始水位调整至咸水期最高蓄水控制水位 5.15 m，则水库运行如青草沙水库一样也更为安全，抵御海平面上升的影响更为有效。

③ 陈行水库。至 2030 年，在正月初一(模拟计算时间为第 75 天)陈行水库的起始水位为 7.25 m、含氯度为 75 mg/L 等条件下，海平面上升对陈行水库供水水质指标存在一定影响。至正月底，水库内水位 2 次涨落见底(此指最低运行水位 0.6 m)，含氯度则分别下降为 66.1、69.0～71.6 mg/L；至农历二月二十(即遇盐水期 50 d 后)，陈行水库水位再次经过 1 次涨落后均下降至 0.6 m 左右，含氯度则分

别上升为 123.4、128.1～131.1 mg/L。即，在长江大通站枯水期 90%来水保证率下海平面上升 10～16 cm 前后，自正月初一至农历二月二十在陈行水库水位 4 次降为最低水位，且对应 4 个时段(最长达 4.4 d 左右，最短也有 1.8 d 左右)不能供水；库内含氯度虽随着长江口盐水入侵周期变化也呈现周期性特征，但总趋势是在不断上升，研究时段达到 130 mg/L 左右，不过仍低于 250 mg/L，水质仍属安全范围内。

(4) 取供水水量

1) 取水水量

海平面上升对长江口陈行水库、青草沙水库和东风西沙水库的取水量安全指标均存在一定的影响。研究表明，在长江大通站枯水期 90%来水保证率下，在海平面上升前，正月初一至二月二十，陈行水库、青草沙水库和东风西沙水库的取水量分别为7 556.8 万、16 417.8 万、1 920.5 万 m^3；海平面上升 10～16 cm 后，陈行水库、青草沙水库和东风西沙水库的取水量分别变为 7 392.3 万～7 401.9 万 m^3、13 976.5 万～12 663.9 万 m^3、1 877.2 万～1 875.7 万 m^3，其变化量分别减少 164.5 万～154.8 万 m^3、2 441.3 万～3 753.9 万 m^3、43.3 万～44.7 万 m^3，相当于减少各自水库 0.8～0.75、3.4～5.2、1.08～1.12 d 的对应供水量。可见，海平面上升对青草沙水库取水水量指标安全影响最大，次之为东风西沙水库，最小影响为陈行水库。

2) 供水水量

长江口陈行水库、青草沙水库和东风西沙水库在与取供水水质指标影响研究相同水情条件下(即长江大通站枯水期 90%来水保证率下海平面上升前与上升 10～16 cm 后)，自各水库原水输水设施的供水量及其变化情况详见表 8-18 和表 8-19，其中，陈行水库和青草沙水库均为自农历正月初一至二月二十期间的对应情况，而东风西沙水库为自农历腊月廿六至二月二十期间的对应情况。从表中可知，在海平面上升前正月初一至二月二十，陈行水库、青草沙水库和东风西沙水库的供水量分别为 8 368.8 万、36 669.0 万、2 200.0 万 m^3。海平面上升 10～16 cm 后，陈行水库、青草沙水库和东风西沙水库的取水量分别变为 8 204.4 万～8 096.8 万 m^3、36 669.0 万 m^3(不变)、2 200.0 万 m^3(不变)；对应各自供水变化量分别减少 164.4 万～272.0 万 m^3、0、0 万 m^3，相当于减少各自水库 0.8～1.3、0、0 d的对应供水量。

由此可见，海平面上升对陈行水库供水水量指标安全影响最大，海平面上升 10～16 cm 后将影响到陈行水库 0.8～1.3 d 的供水量；而青草沙水库和东风西沙水库由于本身库容大，其供水量指标安全受海平面上升影响小，水库仍处于安全供水状态。

8.3.5.2　完善上海市长江口水源地供水安全标准的对策建议

1) 加强长江口水源地(水库群)资源整合、联动与开发，高效保障长江原水供

水安全

2）加强长江口咸潮入侵监测和预警预报体系建设，有效监控水质安全

① 完善和加强上海市咸潮入侵监测和预警预报体系建设。

② 加强国家部委和地方（部门）在长江口区的水信息利用合作，发挥有关监测监控信息资源共享支撑作用。

3）加快建设长江口咸潮控制水工程措施，有效解决咸水入侵（倒灌）问题

4）加强长江口咸潮控制非工程措施，有效降低咸水入侵（倒灌）影响程度

① 加强与流域机构关于水资源综合开发利用与保护的沟通协调，促进长江口上海市水源地供水安全。

② 完善长江口水源地供水安全保障应急预案

第九章　海平面上升背景下上海市长江口水源地供水安全风险评估及对策

分析和甄别上海市需水系统和长江口水源地供水系统风险因子，建立基于水资源供需平衡的上海市水源地供水安全风险评估模型，并采用系统动力学预测模型和高分辨率非正交曲线网格移动潮滩边界的长江河口盐水入侵三维数值模型，分别计算分析2030年人口增长、径流减少和海平面上升等三种风险因子叠加作用下的上海市需水量与长江口陈行、东风西沙和青草沙3个水源地的可供原水量，并进行供需比较分析和供水安全风险评估。结果表明：在海平面上升10 cm和25 cm、枯季平均径流和没有新增水源条件下，2020年的缺水量为39万～74万 m^3/d，特枯水文年供水能力降低19万 m^3/d；若新增没冒沙水源300万 m^3/d，可缓解上海市2020年的缺水状况。

9.1　引言

9.1.1　研究背景与意义

城市发展，原水先行。上海是世界级超大型城市，随着经济、金融、贸易和航运中心的智能提高和城市化进程的加速，上海市对水资源的需求越来越高。2013年上海市常住人口为2 415万，生产总值达21 602亿元（上海市2013年统计报告），常住人口比上海市人口计生委预测的到2020年为2 250万人口多出165万。但是，上海市水资源总量为599.21亿 m^3，其中地表水总量593.5亿 m^3，地表水中，当地流域水量仅为25.57亿 m^3，占地表水总量的4.3%，绝大部分为长江和太湖流域的过境水资源（客水），而2030年上海市全年预计总用水量将达200亿 m^3，相当于本地流域水量的8倍（2010年上海市水资源公报）。经过20世纪90年代以来对黄浦江全河段治理和长江河口青草沙心滩水库的建设，上海市目前70%的水源取自长江河口。地下水资源由于上海实施严格管理制度，2011年首次实现了回灌量超过开采量，且回灌量连续3年超出开采量。因此，上海市未来70%的淡水将由长江河口边滩和心滩水库提供（图9-1）（2010年上海市水资源公报）。

实测和模拟结果表明：盐水入侵是目前和未来影响上海市长江口水源地供水能力的主要制约因子（陈吉余等，2006；陈吉余等，2004；顾金山等，2009）。随着海

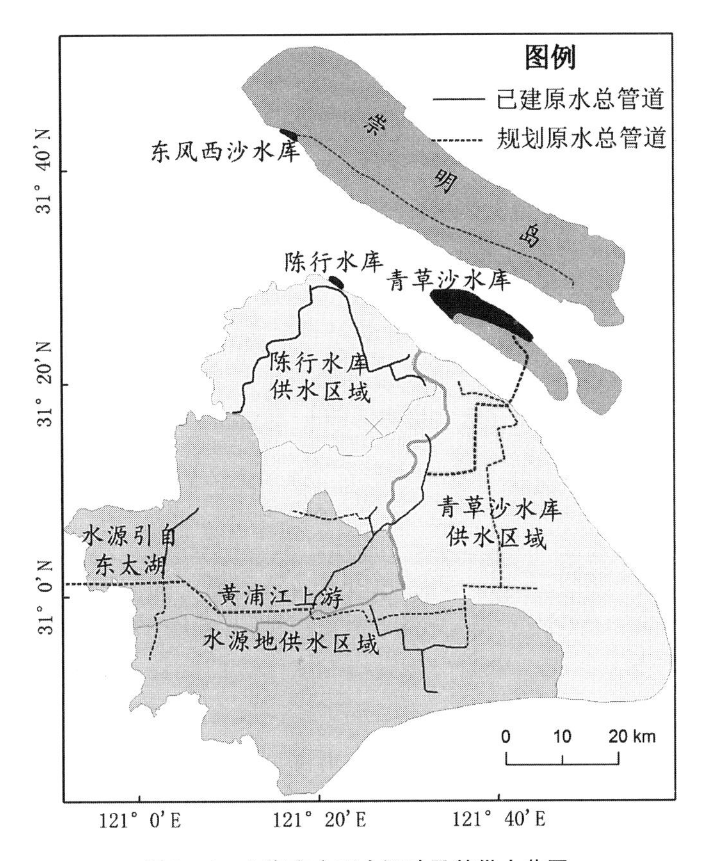

图 9-1　上海市主要水源地及其供水范围

平面上升，盐水入侵增强，陈行、青草沙和东风西沙水库等上海市长江口水源地取水口均受到盐水入侵影响，不可取水天数增加，供水能力降低，水资源供需矛盾加剧，供水安全面临挑战(顾金山等，2009；华东师范大学等，2013)。因此，海平面上升与城市化快速发展相叠加，城市供水安全风险显著，且有限的水资源是制约快速的城市发展的最重要问题(Seckler et al.，1998；海牙世界部长级会议宣言，2011)。本章基于城市水资源供需平衡原理(Sharmal et al.，2009)，分析和甄别影响上海市供水安全的各种影响因子，构建海平面上升背景下的上海市长江口水源地中长期供水安全模型，为上海市水源地供水系统应对未来海平面上升提供参考性决策依据。

9.1.2　国内外研究现状

9.1.2.1　供水安全概念

国内外许多学者从水量、水质、承载力、灾害等不同角度诠释了供水安全定义，但其概念的核心内容一直围绕自然条件和社会经济发展对供水和需水两方面的影响而展开。2000 年 3 月海牙世界部长级会议宣言《21 世纪水安全》指出："水资源安全是以可以承受的价格提供安全的供水”，这里所说的水安全就是狭义的供水安全，其实质就是水资源供给能否满足合理的水资源需求。第二届世界水资源论坛“世界水展望(2000)”的主旨文件《为了全球水安全：行动框架》强调了水安全的主要内容是水资源满足人类生存的需求。2002年《中国国际环境问题报告》(宋国涛等，2002)提出，水安全是指一国实际占有的水资源，能够保障该国经济当前的需求和可持续发展的需要。阮本清等(2004)在《首都圈水资源安全保障体系建设》中提出，水安全是一种社会状态，要与社会、经济、生态结合起来考虑。供水安全是指一个地区或国家实际可供给的水资源数量和质量能够满足生活生产、生态和环境需要，并使社会经济在当前和未来可持续发展对水资源的需求得到有效保障的一种自然和社会状态(王雪等，2007)，其实质就是水资源供给能否满足合理的水资源需求。

9.1.2.2 供水安全风险评估方法与模型

供水安全风险评估是水资源风险评估的重要组成部分。水资源风险分析研究已有五十多年的历史。近三十年来，水资源风险研究方向已偏向社会、经济、环境对水资源的影响问题以及与决策分析、多目标理论方法、综合分析、计算机支持技术相关联(韩宇平，2003)。而对人类社会和城市发展关系尤为密切的供水安全风险评价进行研究只有近十年的历史。

Tarek Merabtene 等(2002)建立的水资源管理决策系统，可评价供水系统的脆弱性并提供决策依据。该系统由降雨—径流实时预测模型、需水量预测模型与水库调度模型三部分组成。其中水库调度模型采用了模拟与优化方法，该方法在遗传算法的基础上加入了两个新特点：一是构建了由供水系统的可靠性、可恢复性、脆弱性指标和全球风险指数组成的缺水风险指数(drought risk index)；二是通过定义风险阈值，对子风险评估结果进行循环验证，去除风险较高的调水方案，由此来进行排险措施的提取和优化。该方法在日本西部地区应用后得到较好的成果，此决策系统提高了在干旱时期对该地区现有水资源的利用效率。

2005年澳大利亚环境部对其西部的饮用水水源地进行风险评估，评估的主线为水资源供给过程，即流域集水、蓄水、水处理、水输送和消费等过程，并给出风险等级和管理方案。Huipeng Li (2007)在其博士论文中分别建立了供水系统风险综合评价框架和故障树分析框架。前者用以评价供水系统及其子系统的风险等级，而后者则用以给出某一风险事件发生的因果关系。通过上述两个框架，得出的供水系统风险评价结果为灾害事件发生的概率及其应对措施。Andreas Lindhe 等(2011)在饮用水资源风险评价及其风险降低策略中着重强调了经济因子的影响。其主要研究方法为概率和动态故障树分析方法与成本—效益分析方法的相结合，并考虑到了风险降低策略的经济成本和不确定性。

国内对供水系统风险评估主要集中于其指标体系的建立和研究方法的探讨。从供水系统的自然灾害、水资源承载力或是综合评估等方面探讨建立了供水系统的指标体系。这些指标体系包含了水资源的量与质、社会经济以及生态与水资源的关系等多方面的内容，但是针对城市供水安全风险综合评估的可操作性指标体系及评估方法进行的研究较少。如韩宇平(2003)构建了一个包括水资源供需矛盾、生态环境、水资源管理、饮用水安全、水价在内的具有层次结构的区域水安全评价指标体系，采用半结构性决策方法与模糊优选方法对区域水资源持续利用方案进行整体评价，为选择最优水资源利用方案提供判断依据。施春红(2007)等选取了人均水综合生产能力、人均日生活用水量、人均节水率等 9 个指标，运用主成分分析法和因子分析法对中国主要城市的供水安全进行评价。结果表明我国重点城市供水投入少，生产能力不足，供水安全状况两极分化现象严重。杨明威(2009)从水源地水量、水质，城市供输水以及水资源管理方面建立了城市供水安全综合性评价指标体系，并应用模糊综合评价模型对 2005 年嘉兴市的城市供水安全状况进行评价，参照国家标准值、国家相关部门的规划值对嘉兴市供水安全评价指标进行分级，形成各个指标的评价标准。谢翠娜(2008)等立足城市水资源风险发生原因，结合当地历史灾情资料和基于“3S”技术的监测数据，运用主成分分析和聚类分析方法，对城市水资源综合状况进行风险预测和风险监控，并对风险管理模型与方法进行反复验证，得出城市水资源最优化的风险管理模式。

9.1.2.3　水资源供需平衡模型

水资源的供需平衡是供水安全风险评估中的关键问题。迄今，国内外学者通过水资源供需平衡模型探讨城市供水安全，并取得了一些成果。

David Seckler 等(1998)在《全球水资源供给和需求》报告中探讨了全球水平衡和供需问题，并预测了不同灌溉情景下多个国家 2025 年的需水量。其研究主要分为全球尺度和区域尺度。全球尺度上的水平衡模型主要是全球水文系统平衡模型，区域尺度上的水平衡模型主要探讨某地区水资源供需模型。David Seckler 等(1998)建立的区域水资源供需平衡模型的水资源供给影响因子有径流量、水库容量变化、海水淡化技术和净流量变化等，区域水资源需求的影响因子有农业用水、生活用水、工业用水和环境用水等。Jeffrey 和 Konstantine (2006)通过加利福尼亚西部的历史水文数据和未来气候变化情景，探讨了该地区现有水库的供水能力是否能够满足未来的水资源需求，并给出了扩建水库的最优经济方案。Chung 等(2008)建立了综合供水规划模型，模型主要预测了至 2020 年的不同情景下的需水量、供水能力，分析了水资源供需平衡和水质情况，以及维持供水系统安全的成本。Tan 等(2010)所建立基于系统动态模型的水资源短缺预警系统，揭示了水资源与社会、经济和水生生态系统之间的耦合关系，强调了区别与传统水资源供需的生态需水量。该预警系统通过计算供水量和生活、工业、农业、生态需水量得出供需比值 Rsd，并将供需比值与制订的五个不同等级的水资源短缺预警值进行比较，判定目前水资源供需情况处于哪种风险等级。HydroLogics 水资源管理咨询公司研发的 OASIS 模型，结合历史径流数据、当前水源地情况和未来水资源需求分析，评估和管理区域供水系统。其预测原理是基于某区域水资源供给和需求平衡模型，当该地区水资源需求增长一定量的时候，在不同历史干旱状况下该地区水源地能否满足当地水资源需求。

尹明万等(2000)建立了智能型水供需平衡模型，该模型不仅从时间、空间、水源和需水四大方面对水资源系统进行了全面、统一、深入的描述，而且具备智能功能，计算速度得到了提高。该模型通过对城市基本信息和水资源、需水、河网、规划等信息进行分析，建立了水库、湖泊、河道的水量平衡、污水排放及其回用平衡，并分析了各单元区域内用水供需平衡，分析了供水结构变化和评价了供水风险，并在新疆得到了实际应用，为新疆水资源可持续发展提供了若干建议。因此，建立适合区域自然、社会、经济状况的水资源供需平衡模型是对城市供水安全进行风险评价的基础。

9.1.2.4 海平面上升对供水安全的影响研究

气候变化评估权威机构——政府间气候变化委员会(IPCC)在四次科学报告中评价了气候因子对全球水资源的影响，尤其海平面上升将增强盐水入侵，沿海地区和河口地区水资源受影响程度增大(IPCC，1990；IPCC，1996；IPCC，2001；IPCC，2007)。

Divya Sharma 等(2009)通过研究印度气候变化与水资源和风险管理的关系，建立了该地区气候变化对水资源影响风险评估概念框架。该概念框架将该地区水资源安全风险因子分为两类：一类是人类活动造成的风险因子，如工业发展、生活用水、社会经济、环境等；另一类是气候变化导致的风险因子，如季风气候、水文循环、生态系统变化等。这些因子彼此之间有一定的相关性。

Furlow (2002)采用多级过滤技术和整体性集水区管理系统模式，对美国大西洋沿岸及墨西哥海湾地区的供水系统进行脆弱性评估，选择了位于瀑布线以下的39个取水口，并按其所在的海拔进行分类，选取各取水口距河口的距离作为海平面上升对该地区供水系统影响程度的脆弱性评价指标。结果表明，该地区有6个供水系统因海平面上升处于高度风险，5个处于中度风险，14个处于低风险，另外14个暂无数据，受影响人口将近110万。Heimlich (2009)等人预测至2100年美国南佛罗里达地区海平面上升约为61～122 cm。在保持现有地下水位高度的情况下，盐淡水锋面(saltwater interface) 抬升高度是海平面每上升值的41倍，对该地区城市供水安全造成极大危害。当海平面上升8～15 cm时，将会开始瓦解该区域的海岸防洪工程，到2030年工程的防御能力将会降低20%～40%。到2040年海平面上升15～23 cm时，防洪工程的防御能力将会降低65%～70%，严重影响城市安全。Kwadijk等(2010)指出当海平面上升35 cm时，荷兰河口氯化物含量持续增长，该地区取水口的不可取水天数将由现在的0天增加至76天。因此为了控制盐水入侵，需要每5～10年关闭淡水取水口，但是这种频繁和持续的关闭取水口会造成海平面的加速上升和河流流量的增大。

国内学者通过定性和定量研究，得出随着海平面上升等盐度线入侵距离增加、盐水楔长度增大等结果(杨桂山，1993；缪启龙等，1999)。长江河口盐水入侵数值模拟，得出海平面上升将导致口门内盐水入侵增强的结果(胡松等，2003)。海平面上升，潮流界将上移更远，海水会循河流入内陆，使河口段河水盐度升高，水质变化，从而影响供水企业向城市供水。罗峰(2011)指出，海平面上升后，盐水入侵加剧，海平面上升越多，作用越显著。根据上海市供水调度监测中心(2005)的有关研究，咸潮入侵期间，受水库库容和取水能力所限，上海陈行水库对整个中心城区供水水量的缺口为 38 万～53 万 m^3/d。该缺口要通过清水官网调度运行来弥补，但其能力有限，因而会造成部分区域水压有较大下降。

目前，由于全球变暖、海平面上升，长江口咸潮入侵还将继续影响上海市的供水安全，加之近年来上海市伴随经济快速发展而日益增长的城市需水量，上海市的原水供应还将出现更大缺口。因此，为缓解上海市水资源供需矛盾，提高供水质量，开展未来海平面上升背景下上海市水源地供水安全风险评估迫在眉睫，本章旨在于此。

9.1.3　研究资料与研究方法

9.1.3.1　研究资料

海平面上升分绝对海平面上升和相对海平面上升。前者相对于常年平均海平面，后者相对于海底，包括了地基沉降。地基沉降一般包含在测量的水深中，气候变化引起的海平面上升是指绝对海平面上升。过去 100 年全球经历了平均气温大约 0.5℃的上升，海平面上升在 10～20 cm(IPCC AR5，2013)。但是，进入 21 世纪以来，地处长江河口三角洲地区的上海市受流域—河口—海洋连续水动力系统的影响，海平面上升幅度由气候变化、构造沉降、城市地面沉降、流域人类活动引起河槽冲刷导致的水位下降、河口工程导致水位上升等 5 种因素的叠加，2011～2030 年将上升 10～16 cm，其中由气候变化引起的绝对海平面上升幅度为 2 mm/a(程和琴等，2015)。但是，IPCC AR5 报告中的未来 100 年全球绝对海平面上升幅度较大，如 26～55 cm(RCP2.6)、32～63 cm(RCP4.5)、33～63 cm (RCP6.0)、45～82 cm(RCP8.5)(IPCC，2013)。本节从灾害风险评估角度，选择本地区域绝对海平面上升幅度与其他四个要素叠加的低限 10 cm (程和琴等，2015)，和 IPCC AR5 RCP8.5 绝对海平面上升与本地区其他四个要素叠加的高限 25 cm，作为 2030 年上海市长江口水源地供水安全风险评估的海平面上升幅度。

9.1.3.2　方法

海平面上升对上海市主要水源地供水安全的威胁主要表现为水资源短缺风险，该风险主要受水资源的供给和需求两个因素控制，需通过供水量和需水量的预测，比较两者之间的关系获得(IPCC，2007，2013；程和琴等，2013；Li，2007；Jeffrey et al.，2006；John et al.，2002)。但是，作为世界超大型城市水资源规划及供水安全保障决策者而言，仅仅知道是否存在水资源短缺风险，将无法做出保障性对策，还须了解水资源短缺风险发生的时间、海平面上升如何影响水源地供水等关键问题。虽然世界上许多沿海城市采取建立挡潮闸、抬高防潮堤等应对气候变化和海平面上升风险的对策，但其对持续上升的海平面而言并非永久有效，也无法回答这些关键问题。

为此，笔者从决策者角度出发，注重海平面上升和社会经济发展叠加效应下的上海市主要水源地(图 9-1)供水安全风险发生的时间顺序，采用适应性对策风险临界值(Adaptation Tipping Points, ATPs)确定方法(Kwadijk et al., 2010)与水资源供需平衡原理(Sharma D et al., 2009)结合的方法，构建海平面上升背景下上海市水源地供水安全模型。与其他传统风险管理方法(Andreas et al., 2011)相比，该方法可为决策者提供海平面上升背景下供水安全风险发生的时间，即在长时间尺度上，上海市水源地供水能力因海平面上升而下降，亦因人口、经济、社会的快速发展而下降，上海市未来水资源短缺风险将会提前到来，即 ATPs 发生的时间向前移动。通过对上海市主要水源地中长期供水规划水平年(2020 和 2030)的供水安全风险评价，可了解不同海平面上升幅度和需水量增长情况下，上海市水资源供需矛盾出现的时间和程度，为制订中长期供水安全规划提供参考性决策依据。

9.2 上海市水资源及其利用现状分析

9.2.1 上海市水资源概况

上海市水资源由本地水资源和过境水资源组成，本地水资源包括本地径流和地下水资源，过境水资源是包括太湖流域来水和长江干流过境水。本地水资源仅占水资源总量的 0.27%，而过境水资源量比例达 99.73%。本地径流和黄浦江中下游污染严重，Ⅳ类～劣Ⅴ类水质的河流占 70%左右(表 9-1)。并且随着上海地面沉降问题的日益严重，地下水开采量也大幅度减小，2010 年地下水取水量仅为 0.2 亿 m^3(上海市水资源公报，2009)。因此，上海市是一个典型的水质型缺水城市。

表 9-1 上海市水资源状况统计

	水源类型	多年平均水资源(10^8 m^3)	相对比重(%)
本地水资源	地表径流量	24.15	0.26
	地下水可开采量	1.42	0.01
	合计	25.57	0.27
过境水资源	太湖流域来水	106.6	1.13
	长江干流过境水	9335	98.60
	合计	9 441.6	99.73

资料来源：陈吉余，何青. 2006 年长江特枯水情对上海淡水资源安全的影响

9.2.2 上海市主要水源地

上海市主要水源地包括黄浦江水源地、长江水源地。黄浦江水源地为开放式水源地,长江水源地包括陈行水库、宝钢水库、青草沙水库和东风西沙水库等水库群。

9.2.2.1 黄浦江水源地

黄浦江水源地的供水历史达百年之久,黄浦江上游水源保护区面积达1 058 km^3,是上海市最早的水源地,也是迄今为止最主要的水源地。太湖多年平均来水量为106.6 亿 m^3,2009 年通过松浦大桥断面年平均净泄流量为 470 m^3/s(陈吉余,2007)。黄浦江上游水质为优于Ⅲ类水,较当地径流水质要好。其供水范围覆盖了奉贤区、松江区、金山区全部,以及青浦区、闵行区部分区域。根据世界银行专家意见,地表河流取水应占径流 25%以下为宜,黄浦江上游水源地的供应极限为500 万 m^3/d,而目前黄浦江上游水源地取水高峰时段已达到 640 万 m^3/d,远远超出其供应极限,不利于其可持续利用(凌耀初等,2007)。并且黄浦江上游水源地处于开放式、多功能、流动性水域,水质不稳定,且易受突发性水污染事件的威胁。

9.2.2.2 长江口水源地

长江干流来水量占水资源的 98.6%,据最近统计,虽然随着上游拦、蓄、引、调,长江入海径流量已从 20 世纪的徐六泾站年均入海量 9 335 亿 m^3 减少至8 992 亿 m^3 (Qiang Zhang et al., 2006),水源仍属巨量,且水质可达Ⅱ类水,是上海水质最好的水源地,也是上海发展得天独厚的自然条件,更是解决上海市水质型缺水问题的关键。

长江口陈行水库处于宝山区西北部长江边滩,水库库容为 830 万 m^3,保证率 91%,避咸蓄淡天数为 5 天。陈行水源地的取水规模为 160 万 m^3/d,到 2007 年陈行水库三期完成后,原水供应增加了 88 万 m^3(凌耀初等,2007)。在青草沙水库建成之前,位于长江口的陈行水库日取水量不到长江来水的 0.6%,对长江干流来水的利用率极低。

青草沙水库目前是国内最大的蓄淡避咸江心水库,库区总面积 66.15 km^2,青草沙水源地位于长江口江心沙部位,水质属于Ⅱ类以上,设计总库容为 5.24 亿 m^3,有效库容为4.35 亿 m^3,日供水规模为 719 万 m^3。水库建成后,在不取水情况下可连续 68 天正常供应优质长江原水,能有效防止咸潮对本市供水水质的影响(凌耀初等,2007),是黄浦江水源地原水供应量的49 倍。2009 年 12 月 1 日青草沙水库已经开始向浦东供水,供水能力已达 270 万 m^3/d,受益居民达到 575 万人,到 2012 年 7 月 1 日,受益人口可达 1 000 万。此外,长江口还有正在建设中的东风西沙和论证中的没冒沙水库,未来上海市的供水结构将发生很大变化,即第一水源地从目前的黄浦江(70%来自黄浦江)转变为长江(以后 70%取自长江)。

9.2.3 上海市水资源利用情况

上海市用水总量呈上升趋势,2010 年全市用水总量为 126.29 亿 m^3。其中火电工业用水量所占比例最大，达总用水量的 58.4%，农业用水占总用水量的 13.5%，生活用水量占总用水量的 10.1%，城市公共用水占总用水量的 9.2%，一般工业用水量占总用水量的 8.8%（水资源公报，2010；图 9－2、9－3）。

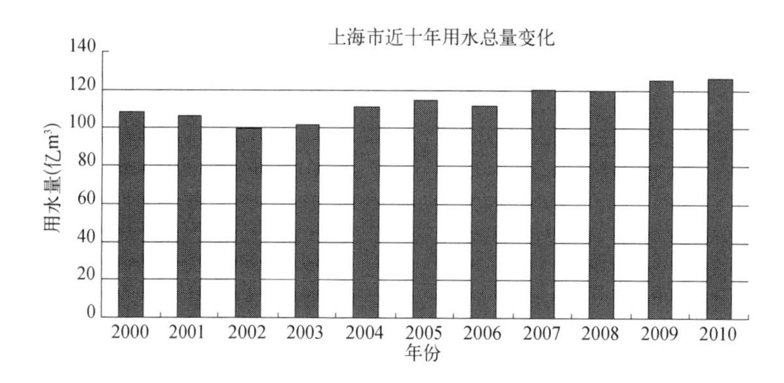

图 9－2　上海市 2000～2010 年用水总量变化趋势

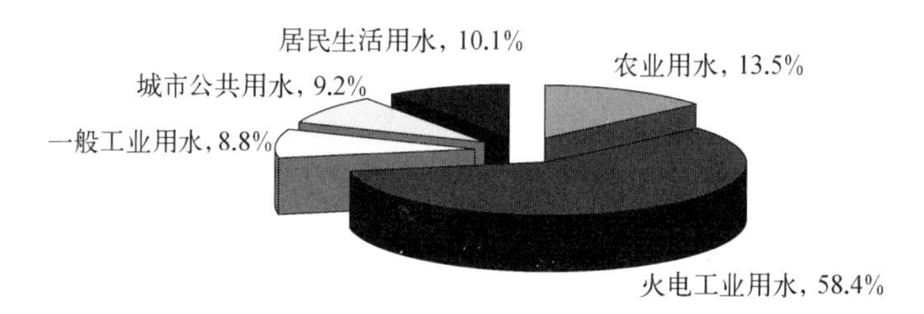

图 9－3　上海市 2010 年不同用水系统所占百分比（水资源公报，2010）

9.2.3.1　工业用水量

2010 年上海市实现生产总值（GDP）117 166 亿元，其中工业增加值 6 456.78 亿元。上海市工业用水量总体上呈上升趋势，至 2010 年上海市工业用水达 84.58 亿 m^3。而万元 GDP 用水量和万元工业增加值用水量不断下降，分别从 2000 年的 238 m^3 和 395 m^3 降到 2010 年的 75 m^3 和 131 m^3（上海统计年鉴，2010；水资源公报，2010；图 9－4）。

9.2.3.2　生活用水量

2010 年上海市常住人口 2 302.66 万人，户籍人口 1 412.32 万人。上海市生活用水包括公共生活用水和居民生活用水，近十年生活用水总量持续增加，2010 年增加至 24.36 亿 m^3，人均日居民生活用水量也从 2000 年的 114 L・人/d 增加到 2009 年的 139 L・人/d，2010 年又降至 117 L・人/d（上海统计年鉴，2010；水资源公报，2010；图 9－5）。

9.2.3.3　农业用水量

2010 年上海市农业用水量 17.08 亿 m^3，农田灌溉亩均用水量在近十年不断增长，2010 年每亩用水量为 529 m^3（图 9－6）。

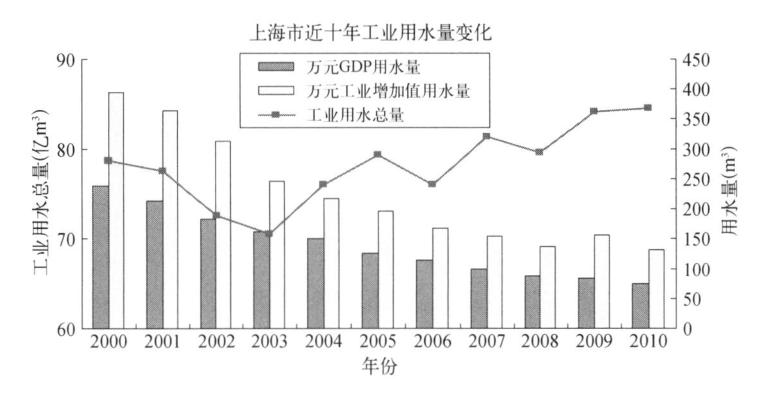

图 9-4　上海市 2000～2010 年工业用水量

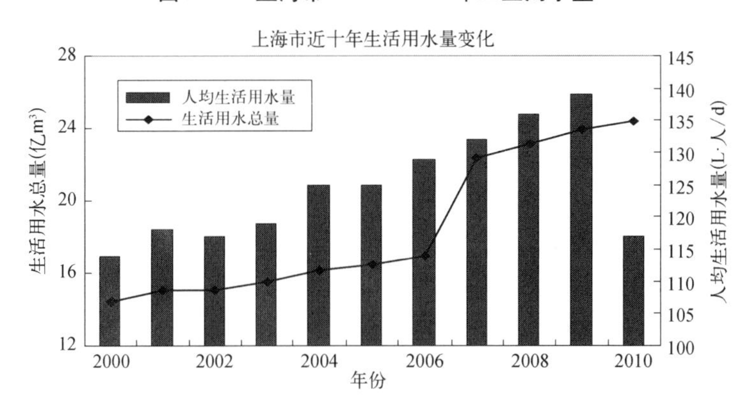

图 9-5　上海市 2000～2010 年生活用水量

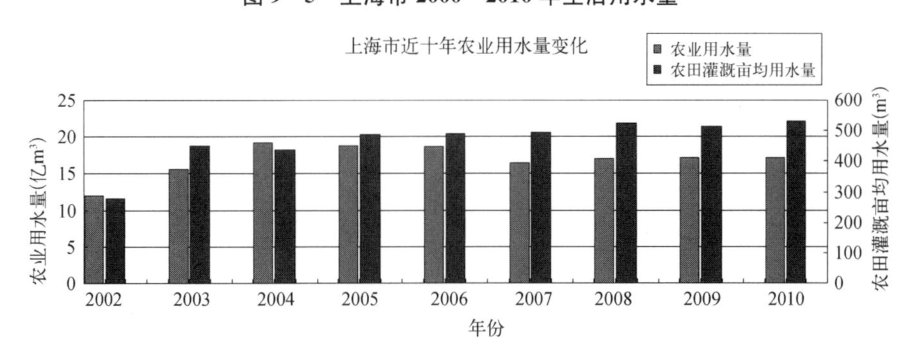

图 9-6　上海市 2002～2010 年农业用水量

9.3　海平面上升背景下上海市水源地供水安全模型

9.3.1　海平面上升背景下上海市供水安全风险因子的甄别

影响上海市供水安全的风险因子很多，如突发性水污染事件、供水设施损坏、公共安全事故、海平面上升以及需水量的增加等(图 9-7)。这些风险因子从时间

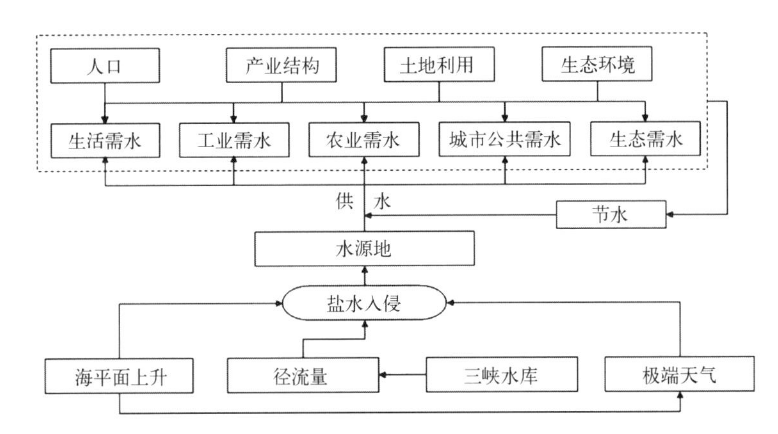

图 9-7 海平面上升背景下上海市供水安全风险因子

尺度上可以划分为长时间尺度的风险因子和短时间尺度的风险因子。与突发性水污染、供水设施损坏或洪水、暴雨、风暴潮等突发性自然灾害风险因子不同,海平面上升和由于人口、经济、社会发展而增加的需水量对上海市供水安全的影响是一个长期缓慢的过程。因此海平面上升和需水量变化的影响累积到一定程度时,上海市水资源供需矛盾加剧,供水安全面临风险。为避免该风险发生,届时上海市需要重新拟定供水规划,开发新的水源地。

9.3.1.1 海平面上升对上海市长江口主要水源地供水能力的影响

(1) 海平面上升对上海主要水源地的影响

盐水入侵是制约上海市淡水开发利用的主要限制因子,盐水入侵的强度主要取决于径流量和潮量差的关系。总的来说,潮量大,径流量小,则河口盐水入侵污染程度也高,反之盐水入侵污染程度也低(陈吉余,2009)。自青草沙水库建成并开始供水,上海市的供水结构将发生很大变化,即第一水源地从黄浦江转变为长江。海平面上升将会导致长江河口盐水入侵加重,直接影响长江口水源地的供水能力和水质,因此盐水入侵已是长江口淡水资源利用的最大制约因子。

杨桂山等(1993)估算出作为上海城市用水主要取水口之一的吴淞口枯季不同氯度出现的持续时间,随海平面升高和长江入海流量减少,持续时间呈指数增加,海面上升 50 cm 时,长江口枯季落憩 1‰和 5‰等盐度线入侵距离分别比现在增加 6.5 和 5.3 km,将对上海城市和周围地区生产和生活带来严重危害,对河口泥沙沉积和航道演变也有不利影响。李素琼(1994)利用 Ippen 经验公式对珠江口的计算结果显示,海平面上升将加剧海水入侵灾害,未来海平面上升 40~100 cm,0.3‰等盐度线入侵距离将普遍增加 3 km 左右。据朱季文(1994)估计,若海平面上升 40 cm,长江三角洲地区自然排水能力将下降 20%~25%。缪启龙和周锁铨(1999)研究结果表明,当海平面上升 30 cm、50 cm 和 100 cm 时,则盐水楔长度分别增大 3.3 km、5.5 km、12.0 km。海平面上升还会导致闸下水位抬高,潮流顶托作用加强,导致河道排水不畅,从而妨碍污水的排放和洪水的下泄。胡松和朱建荣等(2003)通过海平面上升 25 cm、50 cm 和 100 cm 情景下的长江河口盐水入侵数值模拟，获得海平面上升将导致口门内盐水入侵增强的结果。海平面上升对黄浦江上游水源地和地下水的影响不明显。可能会造成黄浦江上游水位的抬升和地下水咸化。

(2) 径流量的影响

径流不仅是区域可利用水资源的主要来源，在长江河口也是影响盐水入侵的主要因素。长江口盐水入侵一般发生在 12 月至来年 3 月，若在此之前的径流量大，河口区的盐水入侵弱，盐度低；反之，若径流量小，长江口地区的盐水入侵会增强。如 2006 年长江特枯水情时，陈行水源地遭受咸潮入侵次数和程度增大，盐水入侵 14 次，累计影响 85 天(陈吉余，2007)。2006 年 10 月份就开始有盐水入侵，其与 9 月 20 日到 10 月 27 日的三峡水库第二次蓄水至 156 m 直接相关。长江径流量的大小不仅取决于流域的降水情况，也需要考虑到三峡工程的季节调水和由于气候变化和海平面上升而出现的极端天气条件等诸多因素。而 2011 年，长江中下游的持续干旱导致长江径流量减少，致使上海遭遇了罕见的夏季咸潮，从 2011 年 4 月至 5 月 23 日，上海陈行水库取水口共遭遇 3 次咸潮。

9.3.1.2　海平面上升背景下上海市淡水资源需求量的影响因子甄别

上海市用水总量呈持续上升趋势，自 1980 年至 2009 年，上海市用水总量从 80.5 亿 m^3 增加至 125.2 亿 m^3。其中工业用水从 46.7 亿 m^3 上升至 84.2 亿 m^3，生活用水从 5.1 亿 m^3 增加至 23.9 亿 m^3，而农业用水却从 28.7 亿 m^3 降至 17.1 亿 m^3。而从各类用水量所占百分比来看(图 9－8)(陆志波，2005；朱慧峰，2003；中国海平面公报，2006；上海市统计年鉴，2010)，近 30 年来，工业用水量增长缓慢，在上海市用水总量中所占百分比变化不明显(58%～67.2%)。而生活用水量却增长了近 4.7 倍，占 2009 年上海市用水总量中的 20%。农业用水量所占比例却从 35.7%减少至 13.7%。不同类别的用水量变化说明影响上海市水资源需求的因子及其贡献率也在发生变化，是进一步准确预测上海市水资源中长期需水量的基础。

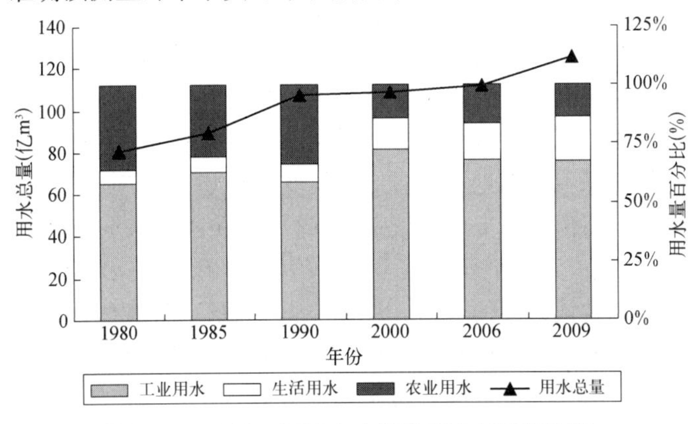

图 9－8　1980～2009 年上海市用水量结构变化

改变上海市用水结构的原因可归为三种：① 上海城市常住人口集聚是原水供应量增加的重要原因之一。近 20 年来，上海市城市供水和售水总量总体上处于不断上升的趋势。其主要原因是人口规模的快速增长，另一个因素则是随着生活条件的改善，居民用水量的增加(凌耀初，2007)。2010 年上海市常住人口达到 2 302 万，其中外来人口达 897.95 万，流动人口也在增加，远远高于早期研究中的预测结果(上海市统计年鉴，2011)。② 上海市水资源利用效率和节水措施取得了较好的成果。万元 GDP 用水量和万元增加值用水量是体现水资源利用效率的两个重要指标，1980～2009 年，万元 GDP 用水量从 2 582 m^3 迅速降至 84 m^3，而万元增加值用水量从 939 m^3 降至 157 m^3。③ 产业结构的变化是另一个重要因素。近年来上海市大幅度减少农田面积，发展低耗水的农作物，使得第一产业的用水量迅速减少。同时大力发展了需水量较少的产业，如信息、金融、商贸、汽车、成套设备、房地产等六大支柱产业(朱慧峰，2003)。

据预测 2020 年原水需求量为 1 410 万 m^3/d。但是，上海目前原水供应中陈行水库可供水量为 218 万 m^3/d，黄浦江水源地可供水量为 500 万 m^3/d。因此，需求与供给相比，2020 年原水供给缺口为 700 万 m^3/d(凌耀初，2007)。虽然自 2009 年 12 月日供水规模为 719 万 m^3 的青草沙水库开始向上海市供水，暂时缓解了上海市水资源的供需矛盾，但随着气候变暖和海平面上升加剧导致的盐水入侵增强，未来上海市原水供给和需求矛盾将会凸显。

9.3.2 海平面上升背景下的上海市水源地供水安全模型

9.3.2.1 模型原理

海平面上升对上海市主要水源地供水安全所带来的威胁主要表现为水资源短缺风险。主要受供给和需求两个主要因素的影响，当供给不能满足用水需求时，就会出现水资源短缺风险。水资源供需分析方法通过分析和预测供水量和需水量，比较两者之间的关系，给出是否存在水资源短缺风险。对于决策者，仅仅知道是否存在水资源短缺风险是无法做出准确对策的。因此，确定风险发生的时间，以及海平面上升如何影响水源地供水，是未来上海市水资源规划及供水安全保障所必须考虑的关键问题。Kwadijk(2010)等在气候变化风险临界值确定方法及该临界值发生时的适应性对策研究基础上，提出了需要采取适应性对策时的风险临界值(ATPs)确定方法。据我们所知，沿海城市采取一系列对策应对气候变化和海平面上升带来的风险(如建立挡潮闸、防潮堤等)，但由于海平面持续上升，这些对策并非永久有效的。ATPs 方法被定义为当气候变化或和海平面上升至某一值时，现有的对策将不再能有效应对海平面上升，需要新的替代方案的时刻。ATPs 方法为从决策者的角度出发，注重风险发生的时间顺序，是有别于其他传统风险管理方法的优点。将 ATPs 方法与水资源供需平衡原理结合，可为决策者回答海平面上升背景下上海市供水安全是否面临风险，以及何时发生(图 9-9)。

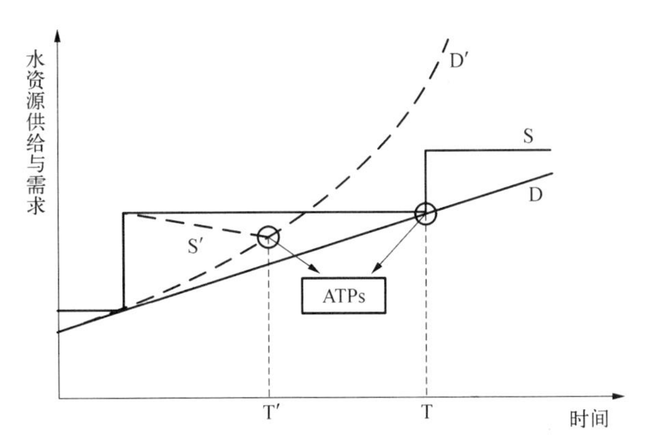

图 9－9　基于供需平衡原理的 ATPs 方法示意图

假设不存在影响水源地供给能力的因子时，水源地可供水量将保持不变，随着该地区水资源需求量的增加，到某一时刻水资源供给将无法满足需求，这时决策者需要新的供水方案，如建立新的水源地或实行更有效的节水政策等。但某一地区水资源供给和需求往往受自然、人为等不同因素的影响。通过前文的分析，上海市水源地供水能力在长时间尺度上因海平面上升而下降。人口、经济、社会的快速发展也使得上海市需水量快速增长。因此上海市未来水资源短缺风险将会提前到来，即 ATPs 发生的时间向前移动(图 9－9)。

9.3.2.2　模型结构

引起上海市供水安全的主要因子有海平面上升导致的水源地供水能力下降和对水资源的需求增加。因此，在全球气候变暖和海平面上升背景下，迫切需要构建上海市水源地供水安全评估及其模型(图 9－10)。

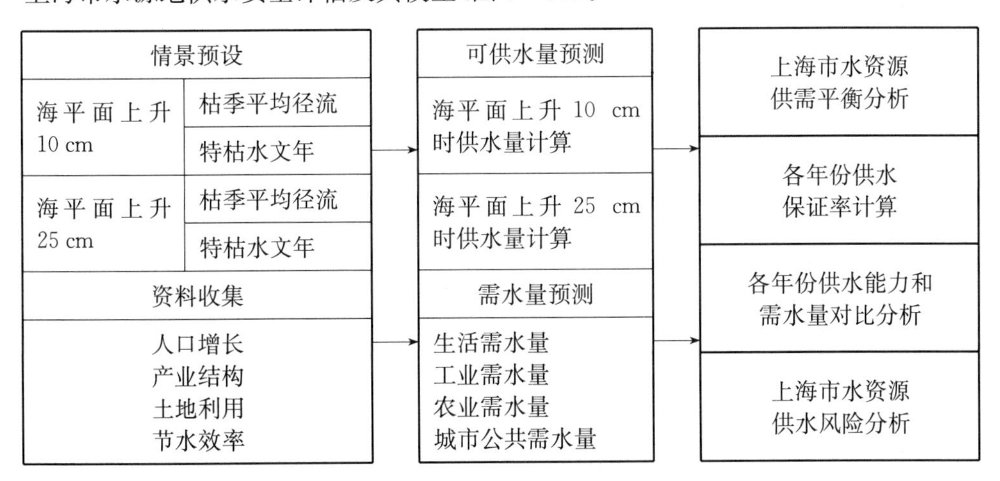

图 9－10　海平面上升背景下上海市水源地供水安全模型结构图

(1) 规划水平年

该模型通过中、长期预测对上海市主要水源地供水风险进行评价，规划水平年分别为2020年、2030年。该规划水平年既可以揭示在不同海平面上升幅度和需水量增长情况下上海市水资源供需矛盾出现的时间和程度，可对制订供水规划提供决策依据。

(2) 模型参数及计算结果

海平面上升背景下基于水资源供需平衡分析的上海市水源地供水安全模型由可供水量预测和需水量预测两个部分组成。

1) 上海市水源地供水安全模型可供水量计算

参数包括海平面上升幅度和年径流量情况，上海市需水量计算参数主要包括人口、人均生活用水量、工业产业结构和产值、农业增加值、耕地面积、降雨量等。

2) 上海市水源地可供水量计算

上海市水源地的盐水入侵强度主要由海平面上升值和径流量决定，由于海平面上升值和径流量的不确定性，只能采用情景模拟方法计算上海市水源地的可供水量。模拟情景设置为不同规划水平年前人研究得到的海平面上升值分别与枯季和特枯水情的组合，利用数值模型计算各情景下水源地的取水天数，进而计算各情景下水源地各规划水平年的可供水量。

3) 上海市需水量计算

上海市需水量的计算从生活用水、工业用水、农业用水、城市公共用水四个方面来预测。其中废水重复利用和气候变暖对需水量的影响是该部分的盲点。

(3) 模型结果分析

模型目标是分析上海市2020年、2030年水资源供需平衡，其结果主要由以下几个部分组成：各年份供水保证率计算和分析；各年份供水能力和需水量对比分析；上海市水源地供水风险分析等。

9.3.2.3 模型不足之处

在全球变化和海平面上升成为必然趋势下，构建上海市水源地供水安全模型具有重要意义。但是由于上海市水源地供水安全风险因子的不确定性，使得构建模型以及计算难度加大。

对未来上海市水源地供水安全的风险因子识别和甄选重点为长江和黄浦江水源地，紧紧围绕海平面上升这个主要因子展开。降雨量、蒸发量是区域可供水资源量的主要影响因子，但是由于上海市对本地径流和地下水的利用率极低，因此并没有将上海市降雨量和蒸发量作为影响因子识别。但是降雨量多则农业灌溉用水量减少，反之灌溉用水量增大。因此忽略降雨量对农业需水量的预测的准确性有一定影响。

虽然需水量的预测方法较为成熟，但气候变化对需水量的影响还未足够受到人们的重视，其定量化评估也在探索中。英国气候变化和需水量的再研究项目报告提出的成果涉及英国大范围的对于需水量的预测、管理、需水量对于气候变化的敏感性以及风险和不确定性的许多研究计划。气候变化对于英格兰和威尔士的需水量的总的影响到2024/2025年大约是2%，到20世纪50年代，大约再增加1%～2%。其中对灌溉用水的影响最为强烈，到2050年将增加30%(Downing et al.，2003)。然而气候变化对于上海这样的特大型城市的需水量有怎样的影响，影响多少等方面研究目前还是空白，是值得我们关注和探索的。

长时间尺度上的径流量、人类活动的影响预测难度较大，因此该模型中采用情景模拟方法，分析若干可能出现的情景下上海市水源地供水安全。虽然情景模拟下模型能给出较多的结果，在未来发生任何供水风险都确保有备用方案，但是供水风险出现的时间跨度也随之变大，不利于制订准确的对策。

9.4　上海市水资源供需量预测

准确的需水量预测是未来水资源合理规划的基础，也是供水安全保障的重要内容。较常用的需水量预测方法有ARMA方法、回归分析法、指标分析法、灰色预测方法、人工神经网络方法以及系统动力学方法等。对于长期的水资源供需平衡研究和水资源规划管理，适宜采用系统动力学方法和回归分析法进行预测。而系统动力学不仅能够预测长期需水量变化，还能找出系统的影响因素及作用关系，有利于系统优化(张雅君，2001)。

系统动力学在水资源承载力、需水量预测、水资源供需平衡分析以及水资源管理等方面应用广泛。杨书娟(2005)、车越(2006)等、孙新新(2007)等建立了不同地区水资源承载力系统动力学模型，预测了不同社会经济发展情景下的水资源承载力的变化。刘俊良(2005)、梁仁君(2005)、常淑玲(2007)、马永亮(2008)等利用系统动力学预测了居民、工业、农业和生态用水量变化。高彦春(1996，2002)、何力(2010)等不仅考虑到需水量变化，还考虑到了水资源的供给能力和气候变化的影响，通过系统动力学模型研究了水资源供需平衡问题。

9.4.1　系统动力学简介

系统动力学(System Dynamics)是1956年美国麻省理工学院Jay W. Forrester教授始创的一门研究信息反馈系统的学科。它是一门认识和解决系统问题、沟通自然科学与社会科学的边缘科学，是系统科学中的一支(王其藩，1994)。系统动力学研究解决问题的方法是以定性分析为先导、定量分析为支持，系统分析、综合推理的方法。建立系统动力学模型的主要步骤如下：首先，通过对研究对象进行系统分析，确定模型边界和各种变量；其次，对系统的结构进行分析，划分系统层次和子系统，并确定各变量及其之间的关系；第三步，建立水平方程和速率方程，确定和估计参数，并画出动力学流程图；第四步，运用System Dynamic或Vensim、PowerSim、STELLA等计算机软件对模型进行模拟和分析；第五步，对模型进行检验和评估。本章选择Vensim软件对上海市未来需水量进行系统动力学预测。

Vensim 是由美国 Ventana Systems Inc. 所开发，为一可视化、文件化、模拟、分析与最佳化动态系统模型的图形接口软件。Vensim 可提供一种简易而具有弹性的方式，以建立包括因果循环(casual loop)与流程图等相关模型。

使用 Vensim 建立动态模型，我们只要用图形化的各式箭头记号连接各式变量记号，并将各变量之间的关系以适当方式写入模型，各变量之间的因果关系便随之记录完成。而各变量、参数间之数量关系以方程式功能写入模型。透过建立模型的过程，我们可以了解变量间的因果关系与回路，并可透过程序中的特殊功能了解各变量的输入与输出间的关系，便于使用者了解模型架构，也便于模型建立者修改模型的内容。

9.4.2 上海市需水量预测 SD 模型

9.4.2.1 模型边界确定

上海市需水量预测模型涵盖了上海市 17 个区和 1 个县，即浦东新区、黄浦区、卢湾区、徐汇区、长宁区、静安区、普陀区、闸北区、虹口区、杨浦区、闵行区、宝山区、嘉定区、金山区、松江区、青浦区、奉贤区和崇明县。总面积达 6 340.5 km^2。除此之外，还需把上海市主要水源地，黄浦江上游水源地、青草沙水库、陈行水库、宝钢水库、在建的东风西沙水库等与水资源有关的因素考虑进模型。

9.4.2.2 模型主要变量和参数确定

上海市需水量预测 SD 模型中所需变量按照不同需水系统进行分类。根据第三章 3.2 海平面上升背景下淡水资源需求量的风险因子甄别中的分析可知，上海市居民生活需水量主要变量包括常住人口、人均生活用水量、居民人均可支配收入、自来水价格变化等。工业需水系统变量包括工业增加值、万元工业增加值用水量、工业万元 GDP 用水量、工业水价和工业产业结构等。农业需水系统的变量包含了农业增加值、有效灌溉面积、降雨量和农业产业结构对农业需水量的影响等。城市公共需水系统变量包括了第三产业增加值、第三产业万元增加值用水量等。上海市需水量预测 SD 模型变量详细情况如表 9-2。

表 9-2 上海市需水量预测 SD 模型变量表

需水系统	主要变量	
居民生活需水系统	居民生活需水量 户籍人口 外来人口 人均生活用水量	户籍人口增长率 居民人均可支配收入 居民人均可支配收入变化率 自来水价格
工业需水系统	工业需水量 工业增加值 工业万元增加值用水量	工业万元增加值用水量变化率 工业增加值增长率 工业结构产业对需水量的影响

续　表

需水系统	主要变量	
农业需水系统	农业需水量 农业耕地面积 农业灌溉亩均用水量	农业耕地面积变化率 降雨量对农业需水量的影响 农业产业结构对需水量的影响
城市公共需水系统	城市公共需水量 第三产业增加值 第三产业万元增加值用水量	第三产业增加值增长率 第三产业万元增加值用水量变化率

(1) 居民生活需水系统

可靠的常住人口和人均用水量是精确预测居民生活需水量的关键。人均用水量与居民可支配收入和自来水价有密切关系。根据上海市水务局所提供的水资源管理数据,上海市历年统计年鉴和水资源公报,收集了 1995～2010 年上海市户籍人口及其自然增长率、机械增长率、人均可支配收入,以及 2000～2010 年自来水价格、2005～2010 年外来人口数据等,并通过 Excel 数据分析功能对历史数据进行拟合和回归分析,求解出上海市需水量预测 SD 模型主要方程的相关参数。

1) 上海市人口预测

上海市 1995～2010 年户籍人口及其增长率变化(图 9-11)显示,上海市户籍人口近 15 年连续增长,并且户籍人口变化率呈波动上升趋势。1995～2000 年上海市户籍人口变化率平均值为 3.35‰,2001～2005 年为 5.54‰,2005～2010 年为 8.11‰。至 2010 年上海市户籍人口已达到 1 412.32 万人,而前人研究结果,如谢玲丽(2010)、贾凌云等(2006),对上海市户籍人口的预测结果普遍低于实际值(表 9-3)。因此,上海市居民生活需水量预测模型中户籍人口增长率的设定需略高于 2005～2010 年的增长率,详见表 9-4。

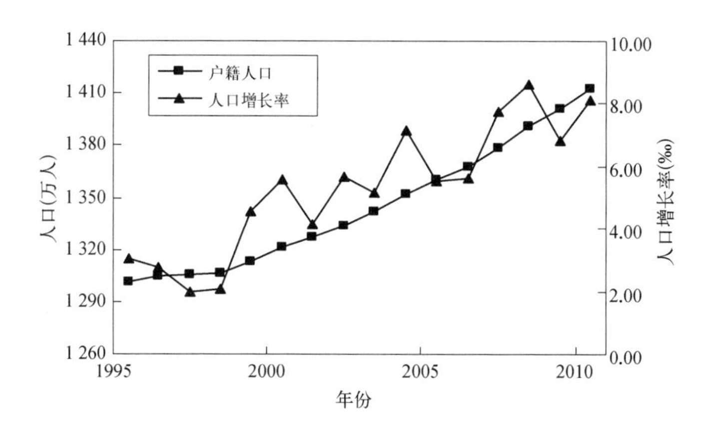

图 9-11　上海市 1995 年至 2010 年户籍人口及其增长率

表 9-3 上海市户籍人口预测研究成果 (单位：万人)

文献	2010 年	2015 年	2020 年	2030 年
谢玲丽等(2010)	1 371.82	1 412.78	1 448.42	1 459.44
贾凌云等(2006)	1 397.33	1 437.46	1 478.75	1 564.93

表 9-4 上海市居民生活需水量预测模型中户籍人口增长率设定

规划水平年	2015 年	2020 年	2025 年	2030 年	2040 年	2050 年
上海市户籍人口增长率	10‰	12‰	13‰	13.5‰	14‰	14.5‰

2) 上海市人均用水量

人均用水量与居民可支配收入和自来水价有密切的联系。美国学者 James 和 Robert 经过大量的研究，提出人均用水量与居民可支配收入和自来水价之间的定量表达式(尹建丽，2005；王雨，2008)：

$$W = K \times P^{E_1} \times R^{E_2} \tag{9-1}$$

式中，W 为人均用水量；P 为自来水水价；R 为人均可支配收入；E_1 为用水需求的价格弹性；E_2 为用水需求的收入弹性；K 为常数。

将上述公式转换为双对数线性需求函数：

$$\ln W = C + \alpha \ln R + \beta \ln P \tag{9-2}$$

式中，W 为人均用水量；P 为自来水水价；R 为人均可支配收入；C 为常数；α 和 β 是系数。

借助 Excel 数据分析功能对上海市 2000～2010 年人均可支配收入、自来水价格和人均生活用水量数据进行回归分析得出上海市人均用水量计算公式：

$$\ln W = -2.396 + 0.673 \times \ln R - 0.565 \times \ln P \tag{9-3}$$

上海市人均用水量计算公式回归统计和 t 检验值如表 9-5。

表 9-5 上海市人均用水量计算公式回归统计和 t 检验值

回归统计	复相关 R	R^2	调整 R^2	标准误差
	0.943 706	0.890 581	0.863 226	0.063 565
t 检验	W	R	P	
	−2.630 26	6.544 919	−2.740 26	

(2) 工业需水系统

工业需水量在上海市总用水量中所占比重最大，除与工业发展密切相关之外，还与工业行业结构、用水效率和工艺水平等多种因素有关。由于万元工业增加值用水量较能体现工业发展与用水量之间的关系，本书拟采用万元工业增加值指标法预测上海市工业需水量。选取的主要影响因素包括工业增加值、万元工业增加值用水量、工业结构以及工业用水重复利用率等。并通过收集1978～2010年的工业增加值、轻工业、重工业产值等，2000～2010年万元工业增加值用水量，以及2005～2010年的工业用水重复利用率等数据，并借助Excel软件进行参数间的相关分析，和拟合函数系数。

万元工业增加值指标法是预测工业需水量的有效方法。万元工业增加值用水量指产生每万元工业增加值所取用的水量。根据万元工业增加值用水量和预测年工业增加值，可以计算得出工业用适量，计算公式如下：

$$W_i = Q_i \times A_i \tag{9-4}$$

式中，W_i 为第 i 年工业需水量(m^3)；Q_i 为第 i 年万元工业增加值用水量(m^3/万元)；A_i 为第 i 年地区工业增加值(万元)。

上海市近30年工业增加值呈指数增长，而近十年工业增加值则呈现线性增长趋势，其拟合精度较高(图9-12)。因此，采取线性预测法，经对历史数据进行拟合得出线性拟合函数：

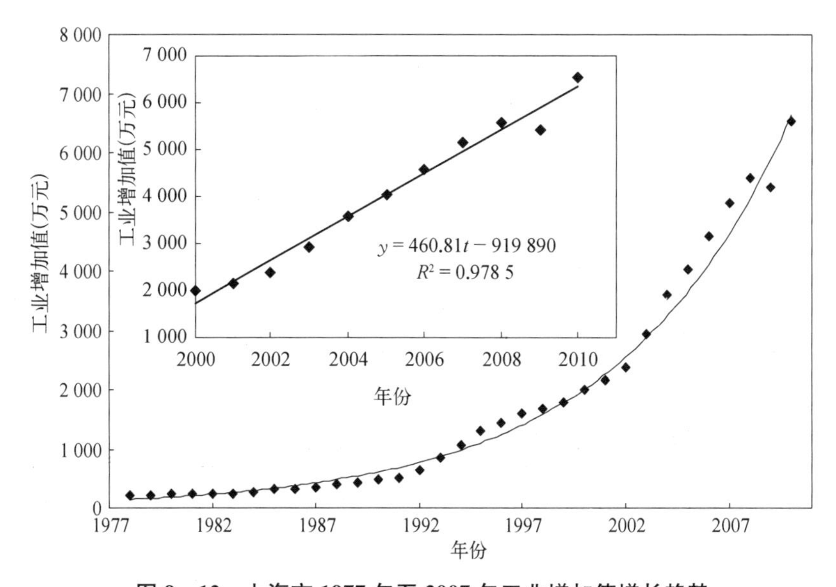

图9-12 上海市1977年至2007年工业增加值增长趋势

$$y = 460.81 \times t - 919\,890 \tag{9-5}$$

上海市万元工业增加值用水量采用增长率方程 $V_t = V_0 \times (1+r)^t$ 预测。上海市万元工业增加值用水量每年以10.6%的速率递减，$r=-10.6\%$，故上海市万元工业增加值用水量预测模型为

$$V_t = V_0 \times (1-0.106)^t \tag{9-6}$$

(3) 农业需水系统

农业用水量在上海市总用水量中所占比例较小,但是其影响因素较多、历史统计数据不全面等因素影响了其预测精度。农业需水量预测中定额法可以反映各种因子的综合影响结果,具有直观、简单,更有利于分析其影响因素变化等特点而被广泛使用于农业需水量预测(刘迪,2008)。

通过收集上海市1978～2010年的耕地面积、有效灌溉面积、粮食总产量、农业结构以及2000～2010年的降雨量、农业亩均灌溉用水量等历史资料,分析各参数间的相关性,剔除相关性较小的影响因子,再通过回归分析拟合农业用水定额。上海市农田有效灌溉率2000年已达到99%,故近十年来上海市有效灌溉面积等于上海市耕地面积。以粮食作物播种面积与经济作物播种面积的比值作为农业结构,用以反映农业主要种植结构的变化。

通过对上海市耕地面积进行线性拟合、多项式拟合、指数拟合以及对数拟合分析可知对数拟合精度最好。因此上海市耕地面积对数预测模型公式为

$$Y = -3.5512 \times \ln(t) + 27.518 \tag{9-7}$$

式中,Y 为耕地面积(万公顷);t 为时间。

利用2000～2010年的粮食总产量、农业结构、降雨量、农业亩均灌溉用水量等数据进行相关性分析,得出农业结构和降雨量与农业亩均灌溉用水量的关系最为密切。建立双对数线性回归模型,得到拟合函数为

$$\ln Y = 4.3889 + 1.0277\ln P - 0.2908\ln S \tag{9-8}$$

式中,Y 为农业亩均灌溉用水量(m^3/亩);P 为降雨量(mm);S 为农业结构。

表9-6为通过公式9-8计算出的农业亩均灌溉用水量拟合值与实测值对比,其相对误差均小于0.05,说明拟合精度较高,该模型适于对农业亩均灌溉用水量进行拟合。

表9-6 农业亩均灌溉用水量拟合值与实测值对比

年份	实际值(m^3)	拟合值(m^3)	相对误差	回归统计	
2005	488	454.57	0.007 91	复相关 R	0.900 896
2006	490	450.46	0.030 80	R^2	0.811 614
2007	495	482.54	0.011 19	调整 R^2	0.736 259
2008	524	480.23	0.019 93	标准误差	0.035 231
2009	515	498.27	0.006 60		
2010	529	506.65	0.033 12		

(4) 城市公共生活需水系统

生活用水包括居民生活用水和城市公共生活用水(王莹,2008)。随着上海市生活水平的大幅度提高和高度城市化,城市公共生活用水量正不断增长。城市公

共生活用水行为是伴随社会和经济系统中的服务过程发生的，因此它与第三产业有着密不可分的联系。表 9-7 的左侧栏是上海市统计年鉴第三产业行业分类，右边栏是中国《城市用水分类标准》(CJ/T 3070—1999)中城市公共生活用水分类。从表 9-7 可以看出除去第三产业的交通运输、仓储和邮政业，其他行业都与城市公共生活用水一一对应。

表 9-7 第三产业行业分类与其对应的公共生活用水

第三产业行业分类*	公共生活用水**
水利、环境和公共设施管理业	公共设施服务用水
居民服务和其他服务业	社会服务业用水
批发和零售业	批发和零售贸易业用水
住宿和餐饮业	餐饮业、旅馆业用水
卫生、社会保障和社会福利业	卫生事业用水
文化、体育和娱乐	文娱体育事业、文艺广电业用水
教育	教育事业用水
卫生、社会保障和社会福利业	社会福利保障业用水
科学研究、技术服务和地质勘查业	科学研究和综合技术服务业用水
金融业、房地产业、信息传输、计算机服务和软件业	金融、保险、房地产业用水
公共管理和社会组织	机关、企事业管理机构、社会团体用水
租赁和商务服务业	其他公共服务用水
交通运输、仓储和邮政业	

注：* 数据来自上海市统计年鉴，2010；** 数据来自 CJ/T 3070—1999，城市用水分类标准，1999。

上海市城市公共生活用水预测方法为第三产业增加值(不包含交通运输、仓储和邮政业)乘以万元第三产业增加值用水量。通过收集 2000～2010 年的第三产业增加值和城市公共生活用水量数据进行增长率预测法、指数拟合法、多项式拟合法，选取精度最高的拟合公式。

上海市第三产业(不包含交通运输、仓储和邮政业)增加值采用增长率方程 $V_t = V_0 \times (1+r)^t$ 进行预测。上海市第三产业增加值平均增长率 $r=16.17\%$，故上海市第三产业增加值预测模型为

$$V_t = V_0 \times (1+0.1617)^t \tag{9-9}$$

上海市第三产业万元增加值用水量采用指数函数预测法，方程为 $X = b \times e^{at}$。经对历史数据进行拟合得出指数函数为

$$X = 44.102 \times e^{-0.1135t} \tag{9-10}$$

9.4.2.3 模型流程图及主要方程

(1) 模型流程图

根据表 9-2 所列出的居民生活需水量预测影响因子，在 Vensim 软件中建立上海市居民生活需水量预测 SD 模型的流程图(图 9-13)。流程图中各变量符号详见表 9-8。

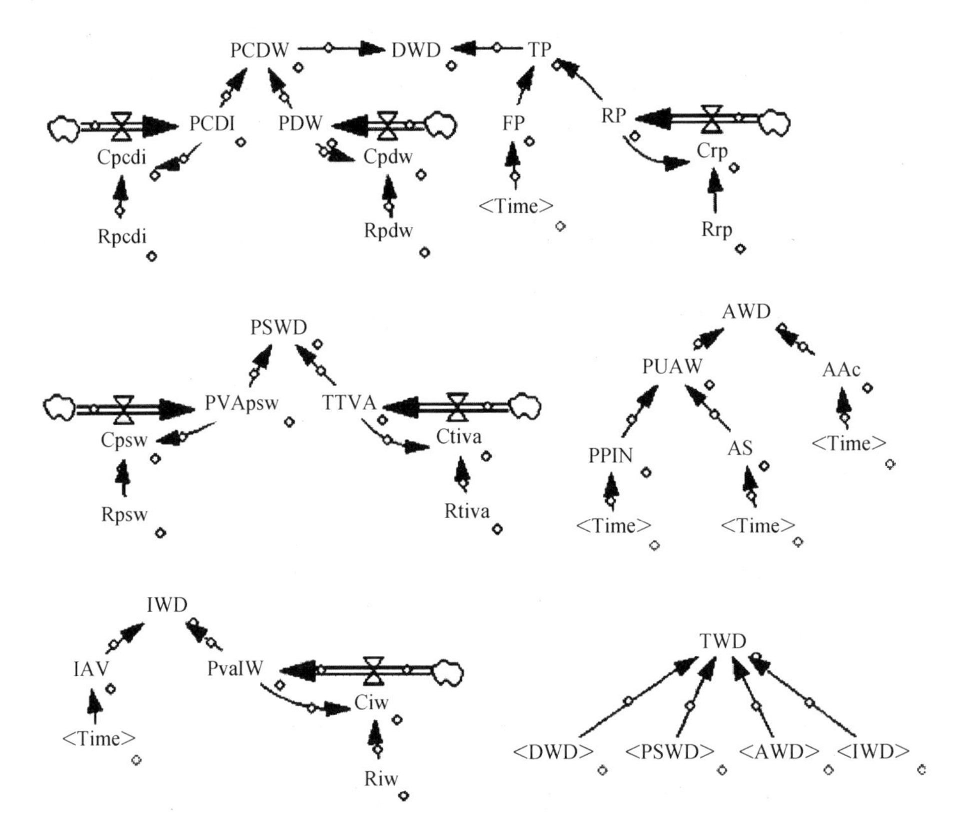

图 9-13　上海市需水量预测 SD 模型的流程图

表 9-8　变量符号说明表

符　号	变量内涵	单　位	符　号	变量内涵	单　位
DWD	居民生活需水量	亿 m^3	TP	常住人口	万人
PCDW	人均生活用水量	m^3/人	RP	户籍人口	万人
PCDI	人均可支配收入	元	FP	外来常住人口	万人
C_{PCDI}	人均可支配收入变化	元	IWD	工业需水量	亿 m^3
R_{PCDI}	人均可支配收入变化率	%	IVA	工业增加值	亿元
PDW	居民自来水价格	元	$P_{VA}IW$	万元工业增加值用水量	m^3/万元
AWD	农业需水量	亿 m^3	PSW	城市公共生活需水量	亿 m^3
AA_C	耕地面积	万 hm^2	TIVA	第三产业增加值	亿元
PVAW	亩均灌溉用水量	m^3/亩	PVA_{PSW}	万元第三产业增加值用水量	m^3/万元
AS	农业结构		TWD	总需水量	亿 m^3
PPTN	降雨量	mm			

（2）主要模型方程

上海市需水量预测 SD 模型中主要方程如下

$DWD = TP \times PCDW/10\,000$；

$PCDW = EXP(-2.396\,17 + 0.672\,549 \times LN(PCDI) - 0.564\,96 \times LN(PDW))$；

$PCDI = INTEG(C_{CPDI}, 31\,838)$；$R_{CPDI} = 0.105$；

$PDW = INTEG(C_{PDW}, 2.85)$；$R_{PDW} = 0.076$；

$RP = INTEG(C_{RP}, 1\,412.32)$；

R_{RP} = WITHLOOKUP {[(2010, 0) - (2050, 0.1)],(2010, 0.008),(2015, 0.01),(2020, 0.012),(2025, 0.013),(2030, 0.013 5),(2040, 0.014),(2050, 0.014 5)}；

FP = WITHLOOKUP {[(2010, 0) - (2050,4 000)],(2010,897.95),(2015, 1 008.43),(2020,1 141),(2025,1 230),(2030,1 490),(2035,1 718),(2040,1 991),(2045,2 319),(2050, 2 711.5)}；

$PSWD = PVA_{PSW} \times TIVA/10\,000$；

$PVA_{PSW} = INTEG(C_{PSW}, 111.77)$；$R_{PSW} = -0.090\,12$；

$TIVA = INTEG(C_{TIVA}, 9\,833.51)$；$R_{TIVA} = 0.148\,2$；

$AWD = AAc \times 15 \times PUAW/10\,000$；

$PUAW = EXP(4.4 + 1.027 \times LN(AS \times 100) - 0.28 \times LN(PPTN))$；

$AS = 0.351\,3 \times EXP(0.135\,5 \times LN(Time - 2002))$；

$AAc = -3.45 \times LN(Time - 2001) + 27.926$；

$IWD = IVA \times PvaIW/10\,000$；

$IVA = -919\,890 + RAMP(460.81, 2000, 2010)$；

$P_{VA}IW = INTEG(C_{IW}, 131)$；$R_{IW} = -0.106$；

$TWD = AWD + DWD + IWD + PSWD$

9.4.2.4　模型结果检验

根据上海市需水量预测 SD 模型，以 1978～2006 年数据为基础，对 2007、2008、2009、2010 年生活需水量、工业需水量、农业需水量、城市公共生活需水量和总需水量以及其他主要参数进行检验，对预测值与实际值进行误差分析。需水量预测检验结果见表 9－9 和表 9－10。从检验结果可以看出，需水量预测值与实际值之间的相对误差较小，介于0.099 26 与 0.000 82 之间，尤其是总需水量检验值均不到 0.007，可见模拟效果非常好。

从表 9－11 可以看出户籍人口、常住人口、人均可支配收入、第三产业万元增加值、农业结构和耕地面积预测值相对误差较小、工业增加值和万元工业增加值用水量除 2009 年的误差较大之外，其他年份拟合效果也比较理想。人均生活用水量和农田亩均灌溉用水量相对误差较大，原因可能为其影响因素较多，影响其预测精度。

表 9－9　上海市需水量预测 SD 模型需水子系统检验结果

年份	生活需水量			工业需水量		
	实际值(亿 m^3)	预测值(亿 m^3)	相对误差	实际值(亿 m^3)	预测值(亿 m^3)	相对误差
2007	11.74	10.57	0.099 26	81.34	77.78	0.043 74
2008	12.14	11.47	0.055 21	79.55	76.36	0.040 14
2009	12.63	13.35	0.056 88	84.16	80.91	0.038 65
2010	12.79	12.38	0.031 76	84.58	85.12	0.006 38
年份	农业需水量			城市公共需水量		
	实际值(亿 m^3)	预测值(亿 m^3)	相对误差	实际值(亿 m^3)	预测值(亿 m^3)	相对误差
2007	16.46	17.81	0.082 01	10.65	10.36	0.027 01
2008	17.05	17.51	0.027 00	11.03	10.83	0.018 55
2009	17.11	17.18	0.004 20	11.30	11.30	0.000 82
2010	17.08	17.75	0.039 40	11.57	11.82	0.021 15

表 9－10　上海市需水量预测 SD 模型总需水量检验结果

总用水量	2007 年	2008 年	2009 年	2010 年
预测值(亿 m^3)	120.09	119.36	126.00	126.53
实际值(亿 m^3)	120.19	119.77	125.20	126.29
相对误差	0.000 86	0.003 46	0.006 39	0.001 91

表 9－11　上海市需水量预测 SD 模型主要参数检验结果

主要参数	户籍人口	常住人口	人均可支配收入	人均生活用水量
2007 年	0.000 53	0.000 38	0.002 18	0.099 60
2008 年	0.002 14	0.001 57	0.023 56	0.053 72
2009 年	0.002 92	0.001 83	0.001 96	0.058 82
2010 年	0.000 35	0.000 23	0.001 08	0.031 98
主要参数	工业增加值	万元工业增加值用水量	第三产业增加值	第三产业万元增加值用水量
2007 年	0.020 11	0.053 01	0.040 96	0.014 54
2008 年	0.007 84	0.068 03	0.045 89	0.028 65
2009 年	0.112 16	0.145 41	0.034 37	0.036 44
2010 年	0.005 89	0.067 07	0.006 93	0.014 12
主要参数	农田亩均灌溉用水量	耕地面积	农业结构	
2007 年	0.085 54	0.055 55	0.006 70	
2008 年	0.033 10	0.034 76	0.002 59	
2009 年	0.004 50	0.025 80	0.062 94	
2010 年	0.031 69	0.012 22	0.041 69	

9.4.3　需水量预测结果分析

根据已建立好的上海市需水量预测 SD 模型，以 2010 年的数据为初始值，预测至 2050 年的上海市居民生活需水量、工业需水量、农业需水量和城市公共生活需水量。

9.4.3.1　居民生活用水量预测

图 9－14 为上海市需水量预测 SD 模型所输出的上海市户籍人口变化和外来流动人口变化，以及在不同流动人口设定下居民生活需水量变化图。从预测结果可以看出上海市户籍人口变化缓慢，而流动人口增长迅速。上海市外来流动人口历史数据缺乏、增长规律难以掌握，如 2008～2009 年外来流动人口从 517 万突然增加至 819.6 万。因此在文献《上海人口发展 60 年》里预测的流动人口数据基础上，做适当修改后得到了增长速度不同的外来人口预测数据。主要年份人口预测数据和居民生活需水量数据如表 9－12。

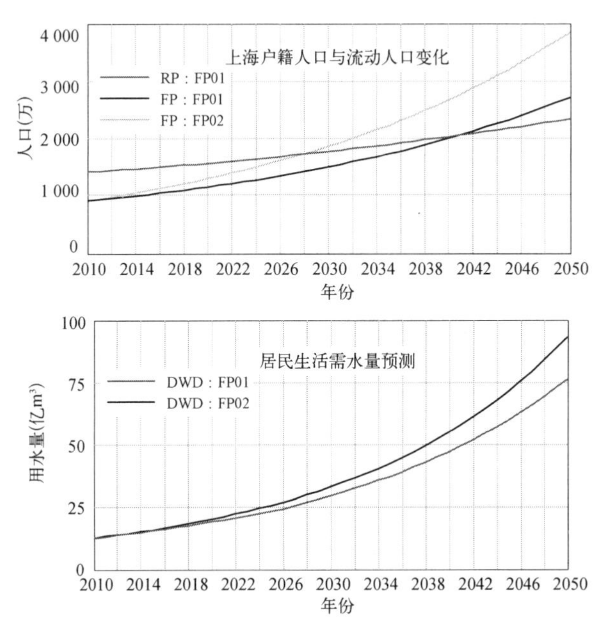

图 9－14　上海市未来户籍人口变化和外来流动人口变化

表 9－12　主要年份人口预测数据和居民生活需水量数据

参　数	单　位	2015 年	2020 年	2025 年	2030 年
户籍人口	万人	1 475.56	1 556.98	1 655.94	1 768.16
外来人口(慢)	万人	1 008	1 140	1 300	1 490
外来人口(快)	万人	1 076	1 290	1 546	1 854
常住人口	亿 m^3	2 483.56	2 696.98	2 955.94	3 258.16
居民生活需水量(慢)	亿 m^3	16.6	22.39	30.48	41.73
居民生活需水量(快)	亿 m^3	17.05	23.64	33.02	46.4

9.4.3.2 工业需水量预测

上海市工业需水量较生活需水量增长缓慢，主要由于万元增加值用水量迅速减少。至2030年上海市万元工业增加值用水量降至13.9 m^3（图9-15），达到发达国家水平。2010年上海工业废水重复利用率仅82.4%，还有很大提高空间。主要年份上海市工业需水量、万元增加值用水量和一般工业需水量增长情况见表9-13。

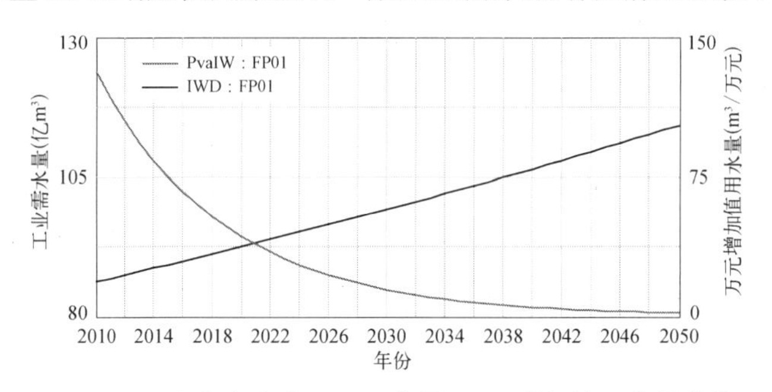

图9-15 上海市未来工业需水量、万元增加值用水量变化

表9-13 主要年份工业、一般工业需水量和万元增加值用水量数据

参　　数	单　位	2015年	2020年	2025年	2030年
万元工业增加值用水量	m^3/万元	74.81	42.72	24.4	13.93
工业用水量	亿 m^3	89.14	92.34	95.65	99.09
一般工业用水量	亿 m^3	13.37	13.85	14.35	14.86

9.4.3.3 农业需水量预测

上海市农业需水量总体上呈减少趋势，虽然农业亩均灌溉用水量有持续增加的趋势，上海市耕地面积却逐年减少，从而农业需水量随之降低。由于很难定量预测长时间尺度上的降雨量变化，故以上海市降雨量保证率为基础设计了三个情景，分别为：丰水年，保证率P=20%，降雨量为1 301 mm；平水年，保证率P=50%，降雨量为1 126 mm；枯水年，保证率P=90%，即降雨量为921 mm。由此可以得到不同降雨量下的农业需水量变化范围（图9-16）。主要年份农业需水量、亩均灌溉量、耕地面积详见表9-14。

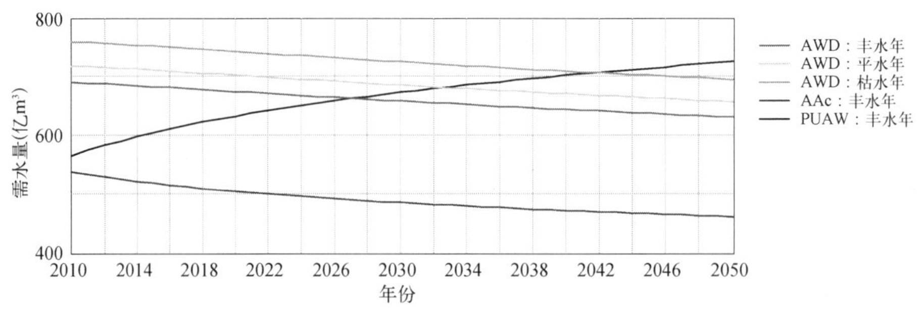

图9-16 上海市未来不同供水保证率下农业需水量变化

表 9-14　主要年份农业需水量、耕地面积、亩均灌溉用水量数据

参　　数	单　位	2015 年	2020 年	2025 年	2030 年
枯水年农业需水量	亿 m^3	17.06	16.85	16.64	16.45
平水年农业需水量	亿 m^3	17.76	17.55	17.33	17.13
丰水年农业需水量	亿 m^3	18.79	18.56	18.33	18.12
耕地面积	万 hm^2	18.82	17.76	16.96	16.3
亩均灌溉用水	m^3/亩	629.34	658.5	681.35	700.26

9.4.3.4　城市公共生活需水量预测

随着服务行业的崛起，上海市公共生活需水量必定快速增加(图 9-17)。上海市第三产业增加值、万元增加值用水量和公共生活需水量预测数据如表 9-15。

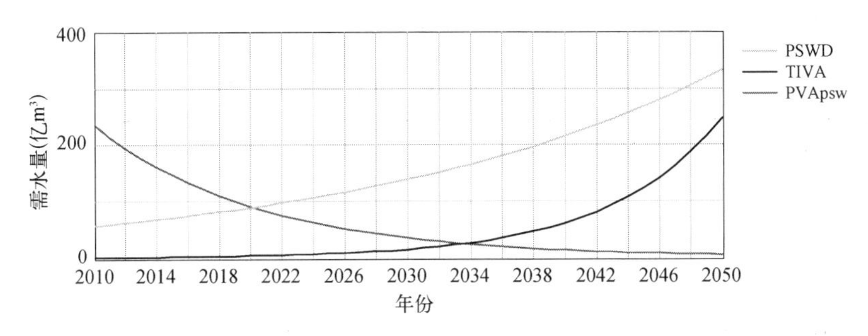

图 9-17　上海市未来不同供水保证率下公共生活需水量变化

表 9-15　主要年份第三产业和城市公共生活需水量数据

参　　数	单　位	2015 年	2020 年	2025 年	2030 年
城市公共生活需水量	亿 m^3	14.4	17.92	22.3	27.75
第三产业增加值	亿元	19.62	39.15	78.13	155.89
万元第三产业增加值用水量	m^3/万元	7.34	4.58	2.9	1.78

9.4.3.5　上海市总需水量变化

模型模拟分析结果表明，在流动人口增长较慢的模式下 2020 年和 2030 年上海市总需水量为 149.5 亿 m^3 和 185 亿 m^3，流动人口增长较快的模式下为150.75 亿 m^3 和 190 亿 m^3。从图 9-18 可以看出，上海市居民生活需水量和城市公共生活需水量加速增长，而工业需水量缓慢增长，农业需水将会小幅度减少。

9.4.4　上海市供水量预测

上海市本地和过境水资源量非常丰富，但是由于水质、取水工程等因子的限制，以及盐水入侵的影响，上海市能够为人们所利用的水资源量所占比例甚小。显然上海市拥有的水资源量不适合作为上海市供水能力的标准，因此，本书以上海市主要原水工程取水量作为供水能力标准。上海市主要水源地有黄浦江上游水源

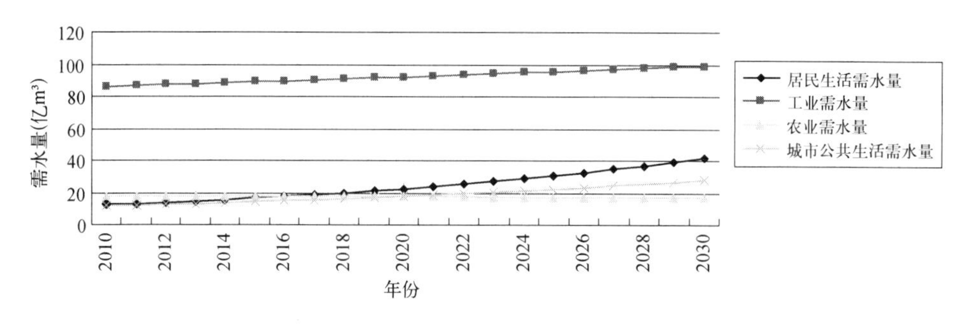

图 9-18　上海市未来需水量变化

地、陈行水库、青草沙水库、在建的东风西沙水库以及规划中的没冒沙水库。宝钢水库专为上海市宝钢钢铁公司供水，本书不予以考虑。其他各水源地库容、日取水能力、避咸蓄淡天数均采用2010年上海市水资源公报数据(表9-16)。

表 9-16　上海市主要水源地供水能力情况

水源地	有效库容	日供水能力	避咸蓄淡天数
黄浦江上游水源地		755万m^3/d	
陈行水库	830万m^3	160万m^3/d	5天
青草沙水库	4.35亿m^3	719万m^3/d	68天
嘉定墅沟饮用水水源		60万m^3/d	
合　　计		1 694万m^3/d	
东风西沙水库(在建)	890.2万m^3	40万m^3/d	
没冒沙水库(规划中)	约2亿m^3	300万m^3/d	三个月

资料来源：上海市水资源公报，2010；陈吉余，2004。

9.4.4.1　盐水入侵对水源地供水的影响——以陈行水库为例

上海长江口区域过境水资源丰富，水质良好，但在枯季易受咸潮入侵影响，导致水源地取水口出现较长时间的氯化物超标现象，取不到优质原水，从而影响正常供水。

长江口盐水入侵方式大致分为北支盐水倒灌和南北港盐水上溯(吴辉，2006)。长江口的盐水入侵影响因素很多，动力因子和地势地貌的综合作用影响着长江口盐水入侵的形式、强度和入侵规律。但从本质上看，盐水入侵是长江入海径流与外海潮汐进入河口的潮流两种动力相互作用、相互制约的一种表现形式(唐承佳，2003)。

盐水入侵带来的危害在长江口屡见不鲜，对上海市影响最大一次盐水入侵属1978～1979年咸潮入侵影响。崇明岛被咸水包围长达三个多月，吴淞口连续142天不能取水(陈吉余，2009)。图9-19是陈行水库历年遇咸潮不可取水天数统计，2002年、2004年、2006年、2007年和2009年陈行水库全年遭遇咸潮不可取水天数

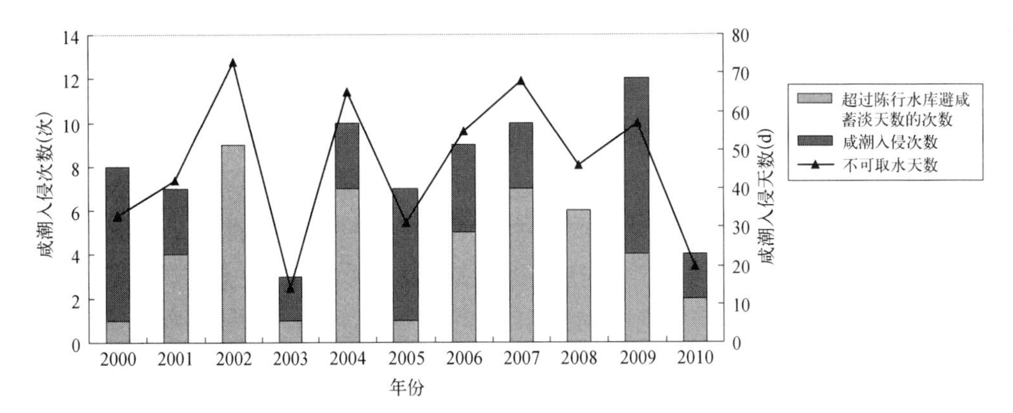

图 9-19　陈行水库 2000～2010 年遇咸潮不可取水天数统计(根据上海市水务局提供的数据)

均在 50 天以上，并且大部分年份超过陈行水库避咸蓄淡天数(5 天)的次数所占比例比较大。

9.4.4.2　海平面上升背景下上海市原水供应量变化

众多国内外学者通过定性和定量研究表明海平面变化将增强河口盐水入侵程度。具有完善的计算方法的高分辨率非正交曲线网格移动潮滩边界的长江河口盐水入侵三维数值模式(朱建荣，2003；朱建荣等，2004；Wu et al.，2010)在北支盐水倒灌、径流与海平面上升对盐水入侵等方面取得的成果显著。

该数值模型给出了海平面上升值和径流量不同组合情景下的长江口主要水源地陈行水库、青草沙水库和东风西沙水库取水口盐度过程线。海平面上升分为上升 10 cm 和 25 cm 两种情况；枯季 1 月平均径流量为 1 1000 m^3/s、特枯径流量取 1978～1979 特枯水文年冬季径流量 7 000～8 000 m^3/s。模型计算开始时间为 2010 年 12 月 1 日，经过盐度初始场调整，模型计算结果分析从 2011 年 1 月 30 日开始，即 60 d 的时候。分析之后的 30 天内水源地可取水天数变化(朱建荣，2011)。不同海平面上升值和径流量组合情境下各水源地枯季可取水天数变化见表 9-17。

表 9-17　海平面上升背景下枯季上海水源地可取水天数变化*

枯季水源地可取水天数(d)				
	海平面上升值	陈行水库	青草沙水库	东风西沙水库
枯季平均径流 11 000 m^3/s	0 cm	5.8	5.7	3.16
	10 cm	5.68	4.65	2.81
	25 cm	5.6	4.62	2.82
特枯水文年 7 000～8 000 m^3/s	0 cm	2.6	—	0.73
	10 cm	2.05	—	0.19
	25 cm	1.91	—	0.07

资料来源：朱建荣，国家海洋局海洋公益性项目中期报告，2011。

未来海平面上升情况下水源地枯季可供水量由已知的陈行水库、青草沙水库和东风西沙水库的枯季可取水天数乘以日取水能力得出(表 9-18)。

表 9-18　海平面上升背景下枯季上海水源地供水量

	海平面上升值	陈行水库(万 m^3)	青草沙水库(万 m^3)	东风西沙水库(万 m^3)
枯季平均径流 11 000 m^3/s	0 cm	928	4 098.3	126.4
	10 cm	908.8	3 343.4	112.4
	25 cm	896	3 321.8	112.8
特枯水文年 7 000～8 000 m^3/s	0 cm	416	—	29.2
	10 cm	328	—	7.6
	25 cm	305.6	—	2.8

结果表明径流不变的条件下水库供水减少量随海平面上升而增大,相同海平面上升值下水库供水减少量随着径流量的减少而增大。枯季供水减少量变化幅度较小,青草沙水库供水减少量较多可能归于其较大的日取水量。特枯水情下青草沙水库始终无法取水,无法计算得出其变化量。从水库枯季供水量减少情况来看,径流量的减少相较于海平面上升对上海市水源地供水量的影响更大(图 9-20)。当海平面上升值从 10 cm 增加至 25 cm 时,陈行水库供水减少量从 19.2 万 m^3 增加至 32 万 m^3;而径流量从 11 000 m^3/s 减少至 7 000～8 000 m^3/s时,供水减少量从 19.2 万 m^3增加至 88 万 m^3(表 9-19)。

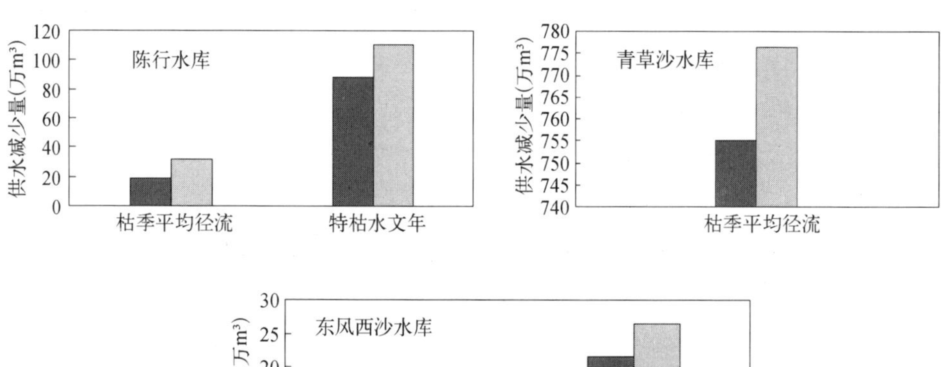

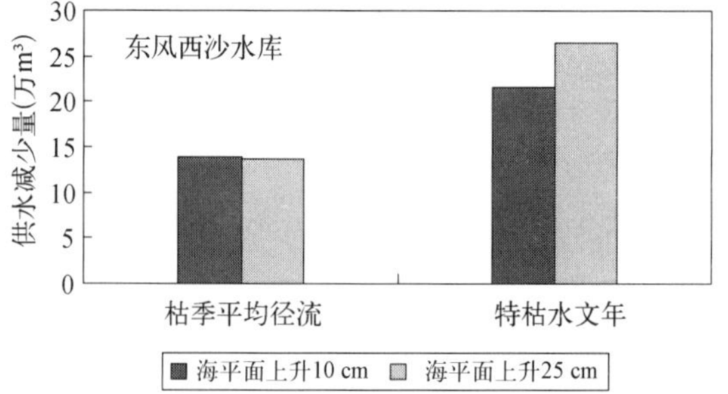

图 9-20　海平面上升情况下上海市淡水水库供水减少量

表 9－19　海平面上升背景下枯季上海水源地供水减少量

	海平面上升值	陈行水库(万 m^3)	青草沙水库(万 m^3)	东风西沙水库(万 m^3)
枯季平均径流	10 cm	19.2	754.95	14
	25 cm	32	776.52	13.6
特枯水文年	10 cm	88		21.6
	25 cm	110.4		26.4

9.5　上海市主要水源地供水安全风险评估

9.5.1　供水安全风险评估方法

城市供水安全风险评估的核心内容是水资源供需平衡问题，绝大多关于供水安全风险研究都是围绕水资源供求关系展开的。关于这部分内容本书已交代清楚。上海市面临的最主要供水风险是盐水入侵对原水工程取水的限制，由此引发的水资源供需矛盾。上海市重工业、火电厂和部分农业用水由于对水质要求偏低，直接引用本地径流和海水就能满足生产。本章只考虑快速增长的居民生活需水量、城市公共生活需水量和一般工业需水量，将其作为需水风险因子，将与其对应的原水工程日供水能力作为供水风险因子。

谭丽荣等(2011)将自来水行业中的供水保证率作为评价上海市供水脆弱性指标，并以预测的每日需水量替换了原供水保证率公式中的最高日供水量，利用两种供水保证率公式对上海市 2000～2010 年的供水脆弱性进行评估，结果表明变化趋势一致，对上海市 2020 年供水脆弱性评估结果可具参考性。改进后的公式(谭丽荣等，2011)如下

$$V=(S-D)/D\times 100 \tag{9-11}$$

式中，V 为供水保证率(%)；S 为供水量(万 m^3/天)；D 为需水量(万 m^3/天)。

本章中考虑到海平面上升对上海市主要水源地的影响和自来水厂数目和供水能力变化较大，故以原水工程的日供水量作代替自来水厂的供水能力。并结合本书 9.4 中的上海市需水量预测结果和供水量变化，利用公式 9－11，评估上海市供水安全风险。

9.5.2　需水量变化对供水安全的影响

根据人口增长速度的不同，将需水量分为两个方案。方案一为流动人口较为缓慢增长的模式下上海市需水量变化；方案二为流动人口快速增长的模式下上海市需水量变化。从历年工业用水量可得知一般工业用水量约占工业需水量的 15%，从而获得一般工业需水量数据。将居民生活需水量、一般工业需水量和城市

公共需水量相加再除以 365 天得出不同年份日需水量变化。上海市水源地供水能力为 2011 年青草沙水库运行前 1 131 万 m^3/天，运行后为 1 694 万 m^3/天，假设上海市供水能力在 2012 年保持 1 694 万 m^3/天的水平不变，计算出上海市水源地供水保证率和确定风险出现的时间。

计算结果如图 9－21(b)，与谭丽荣等(2011)的结果[图 9－21(a)]呈相似性，但是供水保证率降低速度较快，原因可能是本书中需水量预测值大于图 9－21(a)的预测值，从而导致供水保证率偏低。从图 9－21(b)可以看出流动人口增长快速的方案二下上海市供水保证率较低，供水安全风险程度较高，因此控制人口和制定合理用水定额是降低上海市供水安全风险的主要途径。

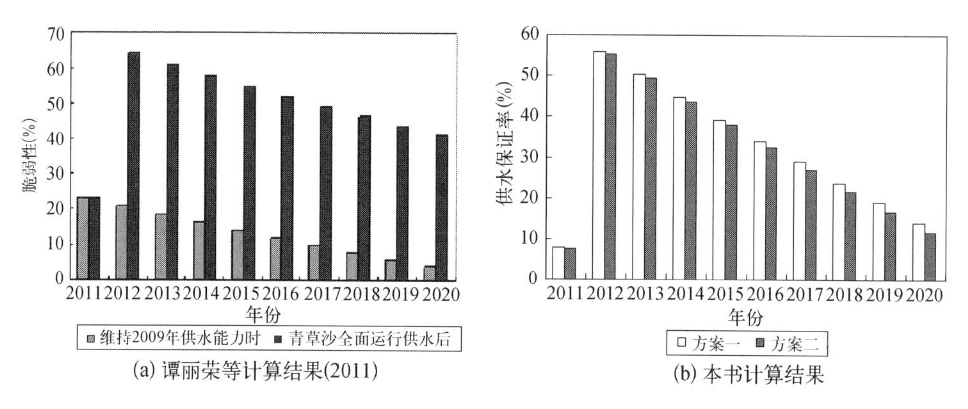

图 9－21　上海市未来供水保证率变化

将时间尺度放长至 2030 年，可得出 2021 年上海市供水保证率下降至 10％(图 9－22)，供水量相对与需水量低于安全余量。为保证正常的供水，供水行业中供水能力相对于用水量保持 10％～15％的余量算为安全。因此 2021 年后上海市安全余量不足 10％，即夏季用水高峰期可能出现供水系统无法满足需水量的情况。上海市供水安全将面临风险。

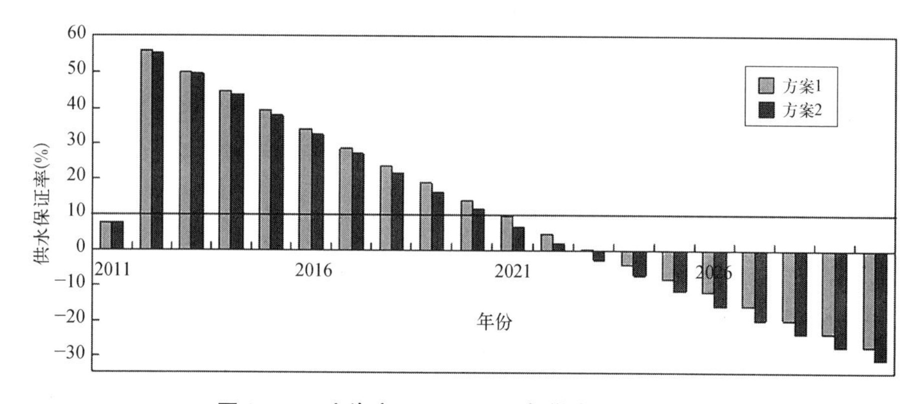

图 9－22　上海市 2011～2030 年供水保证率变化

通过每年的日供水量与日需水量具体数据的对比(图 9-23),也可得出上述结论。如果 2021 年前上海市没有采取解决方法,供水保证率小过安全余量,至 2023 年供水安全余量为零,上海市水资源将出现供不应求情况。即使在建的东风西沙水库 2014 年加入运行,其40 万 m^3/日 的供水量也无法改变供需矛盾。如果论证中的没冒沙水库在 2023 年之前建成并投入使用,其 300 万 m^3/天的供水能力可缓解上海市水资源紧缺状态。但是快速发展的经济和人口,使供大于求的状态仅能维持至 2026 年(方案 1)/2027 年(方案 2)(图 9-24)。

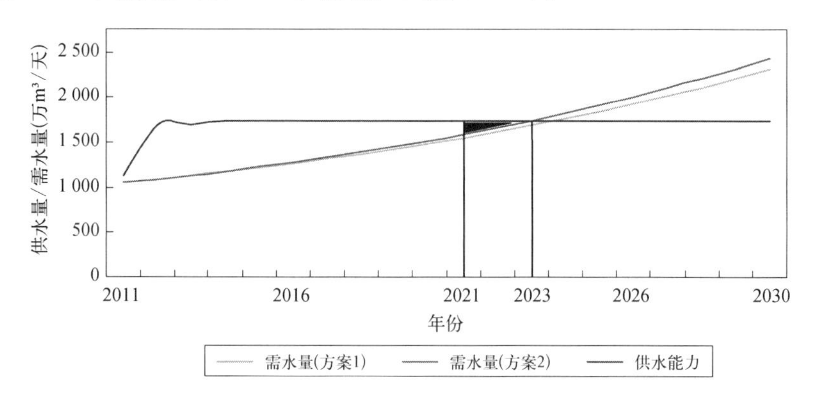

图 9-23　在 2012 年供水能力水平年基础上的上海市未来供水风险及其出现时间

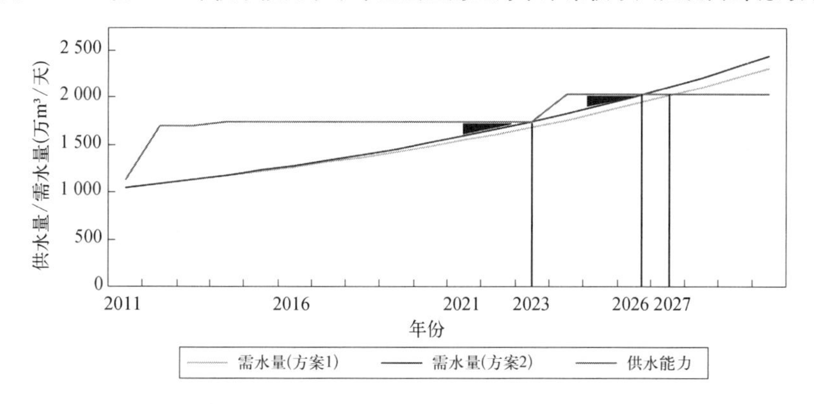

图 9-24　上海市 2011～2030 年新增水源后供水风险及其出现时间

9.5.3　不同海平面上升值下上海市供水安全风险评估

海平面上升背景下的上海市供水安全风险评估难点在于无法确定其具体出现的时间。不同海平面上升速率下上海市海平面上升值到达 10 cm 和 25 cm 的年份不同,因此也无法确定未知年份的上海市需水量是多少。根据 2009 年中国海平面公报预测,未来 30 年上海沿海海平面将比 2009 年升高 9.8～14.8 cm,即海平面上升可能平均速率约为 5 mm/a。最新研究结果表明:由于极地冰盖的融化,到 21 世纪末全球平均海平面上升最大幅度可能会升至 100 cm 或更高(Nicholls,

2010)，即平均海平面上升速率可能达到 10 mm/a。因此，平均海平面上升速率分为较为缓慢的 5 mm/a 和较快的 10 mm/a 两种情况，确定两种上升速率下海平面上升值达到 10 cm 和 25 cm 的年份，从而进行缺水量计算和供水风险分析。

海平面变化下的上海市主要水源地的日供水能力的确定也是难点。假设枯季开始时陈行水库、青草沙水库和东风西沙水库都蓄满水时，上海市水源地的枯季供水能力才达到可能的最大值。以一个月为评估时间单位，水库起始蓄水量和枯季一个月可取水天所取的水量之和为上海市枯季一个月的总供水量。将总供水量平均到每天，可得到枯季日供水量。其中青草沙水库按咸潮入侵时的供水量 598 万 m^3/天计算(顾金山，2009)。

如表 9－20 所示，当海平面上升速率为 5 mm/a 和 10 mm/a 时，分别在 2020 年和 2030 年海平面上升值达到 10 cm，对应的枯季供水能力为 1 444.4 万 m^3/天，两种流动人口增长模式下的需水量分别为 2 310.8 万 m^3/天和 2 438.6 万 m^3/天。进行供需对比研究可得 2020 年的缺水量为 39 万 m^3/天和 74 万 m^3/天，2030 年缺水量为 866 万 m^3/天和994 万 m^3/天。假设增加新水源 300 万 m^3/天，可缓解上海市 2 020 年的缺水状况，此时余水量为 261 万 m^3/天和226 万 m^3/天(图 9－25)。特枯水文年供

表 9－20　上海市海平面变化下水源地原水缺口量

海平面上升值		上升速率	到达年份	供水量(万 m^3/天)	需水量(万 m^3/天)		缺水量(万 m^3/天)	
					方案 1	方案 2		
枯季平均径流量	10 cm	5 mm/a	2030	1 444.4	2 310.8	2 438.6	−866	−994
		10 mm/a	2020	1 444.4	1 483.9	1 518.0	−39	−74
	增加新水源地		2030	1 744.4	2 310.8	2 438.6	−566	−694
			2020	1 744.4	1 483.9	1 518.0	261	226
特枯水平年	10 cm	5 mm/a	2030	1 425.2	2 310.8	2 438.6	−885.7	−1 013.4
		10 mm/a	2020	1 425.2	1 483.9	1 518.0	−58.7	−92.8
	增加新水源地		2030	1 725.2	2 310.8	2 438.6	−585.6	−713.4
			2020	1 725.2	1 483.9	1 518.0	241.3	207.2

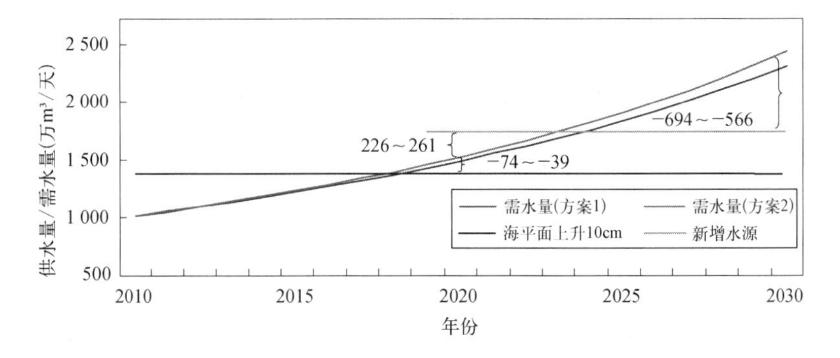

图 9－25　海平面上升 10 cm 时上海市 2020 年和 2030 年缺水量

水能力相对于枯季供水能力降低 19 万 m^3/天。海平面上升 25 cm 时供水能力分别为 1 443.9 万 m^3/天和 1 420.6 万 m^3/天，与海平面上升 10 cm 时的供水能力仅差0.5 万 m^3/天和 4.6 万 m^3/天，因此水量短缺程度相差无几。

9.5.4　海平面上升背景下上海市保障供水安全策略

上海市地区未来海平面上升和径流量减少导致的盐水入侵增强，限制了上海市对优质水资源的开发利用。上海市快速增长的人口和经济迫切需要大量的稳定的原水供给。因此在不久的将来上海市又将面临较大的原水短缺问题。为避免上海市供水安全风险再现，及时采取保障对策是极其有必要的，本章结合海平面上升背景下上海市主要水源地供水安全的风险评估研究结果，给出了以下几个较为可行性的对策。

① 从根本上解决上海市未来原水缺口问题的办法是开辟新水源，结合现有的青草沙水库、陈行水库、东风西沙水库和黄浦江上游水源地，通过优化的水库调度模式，形成多水源同时供给的稳定供水系统。即使在海平面上升和特枯水文年取不到淡水资源的情况下也有原水可供给。2003～2006 年，上海市实业有限公司通过组织众多权威专家和投入巨额资金对南汇嘴控制工程和没冒沙水库规划进行科学论证和分析，得出没冒沙水库洪季淡水有保证，枯季淡水可取，且库容庞大，在枯季可以保证浦东地区 300 万 m^3/天的供水(陈吉余，2004；上海市人民政府发展研究中心，2009)。但是长江口海平面上升对没冒沙水库的影响也不容忽视。而对现有的水库进行水库清淤，加深水库水位的方法，与建立新水库相比较，成本较低，更具有可行性。

② 以供定需是水资源匮乏地区合理配置水资源的有效方法。由于国民经济和社会发展预测有很大的不确定性，使得需水量的预测结果往往比实际值偏大，如本章中对 2050 年左右的需水量预测增长过快，很可能远大于以后的实际用水量。如果以快速增长的需水量预测为标准开发新水源，一味满足加大的需水量可导致水资源的不合理使用，浪费水资源，不能满足其可持续发展的要求。以供定需，即以地区可供水量为准，以合理配置水资源来满足需水量，既要考虑地区对水资源的需求量，也要重视地区水资源的可持续利用(沈大军，2006)。

③ 从对上海市需水量预测过程看，上海市人口的快速增长和由此引起的第三产业发展，以及人均可支配收入增长对人均用水量的拉动作用，是需水量持续增大的主要原因。因此合理规划上海市水资源可承载的人口数量，提高人们节约用水的意识，降低单位经济增加值用水量，是抑制上海市过快增长的需水量的主要途径。

9.6　结果与建议

本章是在海平面上升对上海市长江口水源地的影响研究基础上，分析海平面上升背景下的上海市淡水资源供需矛盾，识别未来长时间尺度上影响上海市供水安全的风险类型和风险因子，建立供水安全风险评估模型，评价海平面上升情景下的上海市城市供水安全风险，给出相应的决策建议。

1. 本研究在分析上海市水资源利用现状基础上，甄别海平面上升背景下的供水系统和需水系统的风险因子，建立海平面上升背景下上海市水源地供水安全模型。供水系统的风险因子识别考虑了海平面上升、径流量以及长江上游工程和极端天气等因素。需水风险因子主要为人口增长、产业结构和节水等。该模型主要包括上海市主要水源地供水量和城市需水量的中长期预测，快速与相对缓慢的两种流动人口增长模式和 10 cm 与 25 cm 的两种海平面上升值组合情景下的上海市供水安全风险及其出现时间。

2. 上海市需水中长期预测主要利用系统动力学建立其需水预测 SD 模型，并通过 Vensim 软件计算获得结果。上海市需水量预测 SD 模型通过收集大量的上海市社会经济历史数据和上海市水务局提供的水资源管理数据，利用系统动力学方法建立上海市需水预测 SD 模型，经检验，模型误差小，介于 0.099 26～0.000 82 之间，主要参数中户籍人口、常住人口、人均可支配收入、第三产业万元增加值、农业结构和耕地面积预测值相对误差较小，工业增加值和万元工业增加值用水量除 2009 年的误差较大之外，其他年份拟合效果也比较理想。该模型具有可行性。模型结果表明，在人口增长较慢的模式下 2020 年和 2030 年上海市总需水量为 149.5 亿 m^3 和 185 亿 m^3，人口增长较快的模式下为 150.75 亿 m^3 和190 亿 m^3。其中，居民生活需水量和城市公共生活需水量加速增长，工业需水量缓慢增长，而农业需水将会小幅度减少。上海市供水方面，海平面上升 10 cm 和 25 cm 时陈行水库枯季每月供水量将减少 19.2 万 m^3、32 万 m^3、青草沙水库为 754.95 万 m^3、776.52 万 m^3，东风西沙水库为 14 万 m^3 和 13.6 万 m^3。特枯水情时陈行水库供水量减少 88 万 m^3、110.4 万 m^3，东风西沙减少21.6 万 m^3、26.4 万 m^3。

3. 海平面上升背景下的上海市供水风险评估则在上述上海市需水预测 SD 模型输出结果和海平面上升背景下上海市供水能力预测结果基础上，采用改进的供水保证率公式，评估两种人口增长模式和两种海平面上升值的组合下上海市供水风险及其出现时间。研究结果表明：上海市水源地在维持 2012 年供水能力时，2021 年上海市供水量相对于需水量的保证率低于安全余量，上海市供水系统面临风险；2023 年供需量相等，安全余量为零，上海市面临极为严峻的缺水问题。假设 2023 年前上海市供水量新增 300 万 m^3/天，则供水风险可推迟到 2026～2027 年发生。当海平面上升 10 cm 时，上海市枯季每日供水量为 1 444.4 万 m^3/天；若海平面上升 10 cm 并遇特枯水情时，上海市每日供水量为 1 425 万 m^3/天；若海平面上升 25 cm 时，上海市枯季每日供水量为 1 443.9 万 m^3/天；若海平面上升 25 cm 特枯水情时为 1 420.6 万 m^3/天。在设定海平面上升速率为 10 mm/a 和 5 mm/a 时，上海市海平面上升值分别在 2020 年和 2030 年达 10 cm，通过对 2020 年和 2030 年上海市供需水量对比分析得出，2020 年上海市枯季每日缺水量为 39 万至

74 万 m^3/天，2030 年为 866 万至 994 万 m^3/天；若新增没冒沙水源300 万 m^3/天供水能力时，2030 年缺水量为 566 万至 694 万 m^3/天。所以，上海市淡水资源的供给需要未雨绸缪，提高供水能力和合理规划用水并重，尽早开发新的长江口水源地，加大对长江河口优质原水的利用程度，制定以供定需的合理用水策略，尤其做好人口控制工作，以免上海市需水量增长过快。

4. 上海市淡水资源的供给需要未雨绸缪，提高供水能力和合理规划用水并重，尽早开发新的长江口水源地，加大对长江河口优质原水的利用程度，制定以供定需的合理用水策略，尤其做好人口控制，以免上海市需水量增长过快。

所构建的上海市水源地供水安全模型供水风险因子仅考虑了与海平面上升有关的咸潮入侵、径流减少等影响因子，需水风险因子识别未考虑气候变化对上海市需水的影响，对模型结果有一定影响。模型中采用的海平面上升情景模拟方法，尚不能获得准确的供水风险出现时间，不利于制订相应的准确对策。

所建立的上海市需水量预测 SD 模型以综合性指标，如人均用水量、万元工业增加值用水量、亩均灌溉用水量作为需水量预测指标，未将工业用水重复率和节水措施等单独列出分析。鉴于上海市还处于快速发展期间，近期不会出现用水量零增长状况，本章未予以考虑和计算，在未来研究中予以考虑。

第十章　海平面上升背景下上海市水源地供水安全预警系统研究与设计

随着气候变暖和海平面上升导致的河口盐水入侵增强，上海这一地处长江河口区特大型城市的主要水源地供水安全面临严峻挑战。为此，海平面上升背景下上海市水源地供水安全预警研究迫在眉睫。本章在分析上海市水资源供需风险因子的基础上，研究上海市水源地供水安全预警系统及其功能结构，将上海市人均水资源量、供水保证率、万元GDP用水量、盐水入侵时上海市水源地不可取水天数作为上海市水源地供水安全的预警指标，利用熵权模糊物元法计算4个预警指标的权重，通过加权欧氏距离确定2020年、2030年和2050年上海市水源地供水安全的预警等级，并提出上海市水源地供水安全预警的对策、建议和措施，为相关部门科学分析和有效保障上海市的供水安全提供决策依据。

10.1　引言

10.1.1　研究背景及意义

上海是世界特大型河口城市，是全国的经济、金融、贸易和航运中心，人口超过2 300万，近年来上海市供水每年以20万 m^3/d 的速度递增，居民生活用水、城市公共用水和工农业用水需求量大，优质的长江口淡水资源供应对保障上海市经济社会的长期稳定发展具有重要的意义。河口是河流与海洋的交汇地带，盐水入侵是河口地区最基本的自然现象之一。海平面上升，加强了海洋动力作用，会导致海岸侵蚀、湿地淹没以及河口盐水入侵增强(杨桂山等，1993)，对沿海地区环境构成严重威胁。特别是海平面上升，潮流界将上移更远，海水会循河流入内陆，使河口段河水盐度升高、水质变坏，影响城市供水。目前上海供水格局为黄浦江、长江“两江并举”，黄浦江上游水源地及长江口陈行、青草沙水源地“三足鼎立”之势，长江口水源地的原水供应将占上海城市原水供应总量的70%，对全市供水起着重要作用(陈庆江等，2011)。虽然长江口水量丰沛、水质良好，但当海平面上升及上游径流量较少时，长江口盐水入侵成为影响长江口水质和淡水资源量的重要制约因素，尤其在特枯年份，长江口水源地取水口含氯度超标

(含氯度≥250 ppm*)，取不到合格原水，当盐水入侵持续时间超过水源地供水能力时，便会对城市供水安全造成严重威胁(陈庆江，2011)。

近百年来地球气候正经历以全球变暖为特征的显著变化，气候变暖引起的全球性海平面上升问题已成为全球变化研究的热点之一，根据IPCC四次评估报告(IPCC，1990；IPCC，1990；IPCC，2001；IPCC，2007)的内容，若温室气体以等于或高于当前的速率持续排放，到21世纪末，全球平均气温将升高1.1～6.4℃，全球平均海平面将上升0.18～0.59 m。在全球变暖大背景下，中国海平面也在持续上升，在过去的30年中，中国沿海海平面上升显著，平均上升速率为2.7 mm/a，预计到2050年中国沿海海平面将比常年(1975～1993年平均海平面)升高0.145～0.2 m(国家海洋局，2011)。国内外各方专家对上海地区海平面上升趋势的预测表明，到2030年上海相对海平面将上升0.3～0.36 m，2050年将上升0.57～0.75 m(程济生，2002)。

历史上长江口水源地经历了多次咸潮入侵。1978～1979年，崇明岛被咸水包围长达三个多月。1998～2005年，陈行水源地共遭受咸潮入侵47次，平均每次历时6天(顾玉亮等，2003)。2006年，陈行水源地共经受了14次咸潮入侵，累计影响85天，其中有8次超过了5天(陈行水库避咸蓄淡天数)(陈吉余等，2009)。2009年上海市宝钢水库取水口共发生咸潮入侵12次。2011年长江口共发生咸潮入侵9次，其中冬春季7次，秋季2次。其中3月下旬出现在长江口宝钢水库的咸潮氯度值达到1 079 mg/L。

随着气候变暖和海平面上升导致的河口盐水入侵增强，上海市主要水源地供水安全面临严峻挑战。海平面上升背景下的上海市原水供给量减少和上海市经济快速发展背景下的需水量增加，将会导致上海市水资源供需失衡。水资源供需失衡以及由此产生的供水安全风险都带有一定的隐蔽性、滞后性，而预警是在危险发生之前，根据以往总结的规律或观测到的可能性前兆，向相关部门发出紧急信号，报告危险情况发生的范围和强度，提醒以避免危害在不知情或准备不足的情况下发生，从而最大程度的减低危害所造成的损失的行为。因此，为了提高上海市水源地供水安全保障程度，保证上海市经济社会的长期稳定发展，在海平面上升背景下上海市供需水平衡模型研究基础上，开展2020年、2025年和2030年海平面上升背景下上海市水源地供水安全预警系统的研究设计，提供海平面上升背景下上海市供水安全预警信息服务十分必要。

10.1.2　国内外研究现状

10.1.2.1　供水安全预警研究现状

(1) 供水安全概念

目前，水资源安全问题是21世纪全球资源环境研究的首要问题和前沿热点，

---

* 1 ppm=1 mg/L。

已引起各国政府的高度重视。国内外许多学者对供水安全研究较多的是从一种资源安全的角度来进行的，认为水是人类赖以生存的资源，安全而充足的水资源是满足人类基本生活的必要保障。2000 年 3 月，海牙国际部长级会议指出水安全的实质就是水资源供给能够满足人类生存的需要(海牙世界部长级会议宣言，2003)。2000 年 8 月，“21 世纪水安全”国际水讨论会将水安全定义为一个从缺水、水污染到水管理的不断升华的过程(方子云，2001)。2001 年在世界水日的献词中，联合国秘书长安南提出把“卫生”和“公平分配”视为水安全，并强调水安全是人类的基本需要和基本权利(宋润朋，2009)。2002 年波恩国际淡水会议将水安全与可持续发展联系起来，把维护水安全与扶贫结合起来，充实了水安全的内涵(畅明琦，2006)。2003 年郑通汉指出水资源安全就是在不超出水资源承载力和水环境承载能力的条件下，水资源的供给能够在保证质和量的基础上满足人类生存、社会进步和经济发展，维系良好生态环境的需求(郑通汉，2003)。2004 年封志明提出供水安全是由水资源安全所导致的供需矛盾的外部表现和具体化(封志明，2004)。

(2) 预警的基本概念

预警一词英文称之为“early warning”，是对研究对象未来的演化趋势的预期判断，在危机发生之前发现目标系统未来演化过程的威胁和隐患，从而为相关部门提前进行管理和决策，预防和预控危险状况的发生提供理论依据。预警的概念最早出现在军事和经济领域，随着预警理论的不断完善以及科学概念的跨领域运用，后来的预警理论方法被广泛地应用于社会、人口、资源、环境等方面。目前，预警思想在自然学科的突发灾害领域应用得较为深入(郑荣宝等，2009)。供水安全预警就是将预警的理论、方法应用到供水安全的领域之中，通过建立预警模型来计算和分析城市供水的预警状态、发展趋势以及可能造成的危害，并采取防范措施，保证社会经济的安全运行(袁明，2010)。

(3) 供水安全预警系统

目前，国内外关于供水安全预警的研究大多集中在水资源短缺预警，水质、水环境以及洪水等灾害预警方面。Ana Iglesias 识别了地中海地区水资源短缺的风险因子，提出了包括评估指标、预警阈值、制度、利益相关人、有效性以及控制措施在内的一个水资源短缺预警概念框架(Ana Iglesias, 2007)。墨尔本水务局提出了洪水预警评估框架，该框架的内容包括选择预警指标、构建洪水风险矩阵、评价预警指标、探讨有效的减灾措施以及监测采取措施后的灾情控制情况等几个部分，其研究还将风险矩阵与洪水发生的可能性及其造成的后果相结合，得到一个预警等级综合评价指标，作为警度划分的重要依据(John H, 2008)。Jeffrey 和 Konstantine 针对气候变暖所造成的水库库容不足对城市用水的威胁问题，提出了几种水库扩容方案，并比较和评价了这几种方案的优化程度，其研究考虑了海平面上升背景下咸潮入侵加剧对水库取水的影响，并将经济模型和水文模型引入到供水预警研究中(Jeffry K et al., 2006)。郭松影等人应用系统动力学方法建立了水安全风险预警模型，提出了一种确定水安全预警指标、预警阈值和预警信号的方法(郭松影等，2007)。石珺等从生态安全的角度，建立了基于“状态—压力—响应”指标层的上海市水环境预警评价体系(石珺等，2009)。综合以上国内外有关供水安全预警系统的研究进展，可以将供水安全预警系统的一般研究路线归纳为：预警指标的确定，预警方法的选择，预警等级的划分和预警信息的发布。

10.1.2.2　供水安全预警指标

1992年，Malin Falknmark 提出将人均水资源量作为“水短缺指标”来衡量一个国家或地区的水资源压力大小(Malin Falkenmark，1992)

联合国可持续发展委员会等组织从水资源规划利用的角度，选用水资源开发利用程度指标来表征水资源的稀缺程度。水资源开发利用程度是指一定区域内可获取的水资源与该区域内水资源总量的比值(Malin Falkenmark et al.，1992；金凤君，2002)。

2002年，英国生态与水文中心(CEH)综合了资源、途径、利用、能力、环境五方面因素提出了水贫困指数(WPI)来进行水安全评价(Sullivan et al.，2002)。水贫困指数的数学表达式为

$$WPI = \frac{\omega_r R + \omega_a A + \omega_c C + \omega_u U + \omega_e E}{\omega_r + \omega_a + \omega_c + \omega_u + \omega_e} \tag{10-1}$$

式中，ω 为 WPI 各分指数的权重；R、A、U、C、E 为该地区各指标分指数(张翔等，2005)。

2007年，Ana Iglesias 等在建立地中海地区水资源短缺风险评估框架时选择了以下水资源短缺压力评价指标：地中海各国水资源的需求量、地中海各国人口增长速率、每年潜在可利用的水资源量和实际可利用的水资源量(Ana Iglesias，2007)。

施春红等在对影响城市供水安全的风险因子进行分析和指标选择时，考虑了城市供水的生产、输送、使用、效率和节约几方面因素。选择了人均水综合生产能力(评价城市取水、净水和供水潜力)、万人均供水管道长度、用水普及率(评价城市供水输送能力)、人均日生活用水量(评价城市供水使用能力)、供水行业万人从业人数、人均供水资金投入(评价城市持续供水能力)、供水漏损率、人均漏损水量、人均节水量(评价城市供水效率)作为评价城市综合供水安全的评价指标(施春红，2007)。

杨明威等指出，城市供水安全综合评价指标体系由目标层、准则层和指标层构成。目标层综合反映城市的供水安全状况；准则层包括水源地水质状况、水源地水量状况、水源地工程状况、城市供输水状况、城市用水状况和城市供水管理状况；指标层包括水源地水质指数、枯水年来水量保证率、水源地工程供水能力、供水水质综合合格率、管网漏损率和自来水普及率、人均生活用水量、备用水源地和应急预

案(杨铭威等,2009)。

邓娟等认为对供水水量的预警主要选择工程供水能力、枯水年来水量保证率及地下水开采率为预警指标(邓娟等,2011)。贾绍凤等指出在评价水资源供需平衡安全时,可选用的评价指标有总需水满足率、人类耗水量占人类可耗用量的比例、人均用水量、人均耗水量与人均水资源量之比(贾绍凤等,2002)。陈亮通过人均水资源量、人均供水量、单位面积土地水资源占有量和万元 GDP 水资源占有量 4 个指标来综合评价区域水资源的短缺程度(陈亮,2009)。

10.1.2.3 供水安全预警方法

预警方法中最普遍最基本的方法是指标预警法(文俊,2006),所选择的指标既可以是综合指数,也可以是抽象指数或先行指标等。利用指标预警法时不能只选择某个预警指标,因为单个指标不能准确、可靠地反映预警对象的全部特征,特别是在处理供水安全这样涉及自然、社会、经济等领域的复杂性的综合问题时,需要采用综合评价的方法,建立预警指标体系,把描述评价对象的多项指标信息加以汇集合成,形成一个涵盖各单项指标的综合评价指标,并建立综合评价指标与评价等级之间的显式函数关系,从整体上把握评价对象的综合属性和特征。利用综合评价指标对系统进行整体判定时,最一般而且最常用的方法就是加权。目前国内外常用的综合评价方法主要有层次分析法、数理统计法、模糊综合评价法和物元分析方法等。

(1) 层次分析法

层次分析法是将评价对象分为目标层、准则层、方案层等层次体系,通过定性指标模糊量化与求解判断矩阵特征向量相结合的方法对评价指标进行综合定权的方法。刘涛等(2006)利用层次分析法,建立判断矩阵,经一致性检验和指标规范化处理后,确定各指标的相对权重和风险综合评价值,对汉江中下游干流供水系统进行了风险综合评估。王彦威等(2007)利用层级分析法将水安全评价体系分为目标层、中间层和指标层,将相关联的因素对水安全影响的重要性进行逐层比较,得出水资源供需平衡安全和水灾害安全在水安全评价指标体系中权重较高,对水安全的影响较大。苗慧英等(2003)将专家选择的各指标的级别(很好、较好、一般、较差、很差)作为确定权重的依据,采用专家打分法与层次分析法相结合的方法对石家庄市的水资源价值进行评价。

(2) 数理统计法

数理统计法主要包括因子分析、主成分分析和聚类分析等方法。数理统计法所计算的指标权重相对客观准确,能够排除个人的主观经验的影响。陈慧等(2010)应用主成分分析法,把影响南京市水资源承载力的风险因子分为社会经济因子以及人口、水资源开发利用因子两类。根据综合评价值=因子得分×方差贡献率,计算出综合评价指标的值,值越大表明该年的水资源承载力越小。Tarek 等(2002)在对意大利东北部随机抽取的淡水水域的环境质量进行评价时,将传统的因子分析法改进为三向因子分析法，并指出这种方法可以将水质在时间序列上的整体变化分解非周期变化、季节性变化和无变化三种情况，其中季节性变化部分可以通过自相关函数来验证。

（3）模糊综合评价法

模糊综合评价法是一种应用模糊数学的隶属度理论，通过计算模糊评判矩阵与因素的权向量并进行归一化，从而精确解决不精确不完全的复杂问题的方法。它常用于评价由多个模糊因素构成的综合系统。王雪(2007)利用模糊综合法对北票市傍河水源地供水安全评价系统进行逐级评价，得出北票市现状供水安全状况，并对 2010 年北票市的供水安全进行了预测和评价。阮本清等(2005)选取了风险率、脆弱性、可恢复性、重现期、风险度作为水资源短缺风险的评价指标，采用层次分析法为各评价指标赋权，利用模糊综合评判法的加权平均模型对首都圈的水资源风险进行综合评判。

（4）物元分析方法

物元是描述事物的基本元，是由事物的名称、特征及相应的量值构成的有序三元组，把握问题的关键三元组，是制定正确策略的前提和基础，目前物元分析在军事决策、经济计划、企业管理、过程控制等方面都取得了许多较好的应用成果(蔡文，1994)。

（5）其他综合评价方法

文俊(1994)以人工神经网络为建模手段，输入层选用区域水资源自然经济复合系统预警评价指标，网络隐含层传递函数选用双曲正切 S 型函数 $y=f(x)=\frac{1}{1+e^{-tx}}$，输出层选用线性函数输出可持续利用预警指数，模型误差测度函数选用均方误差(MSE)，模型训练样本和警度监测样本根据区域水资源可持续利用基本指标随机生成，建立了区域水资源可持续利用预警模型。Bargiela 以 MC 法、优化法和敏感性矩阵分型法对配水系统中的遥测水压和流量的不确定性进行了研究(Bargiela A et al.，1989)。Fujiwala 等以 Markov 链对供水系统的可靠性进行了评估(Fujiwara O et al.，1993)。Risbey 等针对气候和径流不确定性，设定了不同的水文情景，利用萨克拉门托水文模型进行情景模拟，分析了不同情景对水资源开发利用和社会经济的影响，并进行了敏感性分析(Risbey J S，1998)。石珺等采用“状态—压力—响应”指标框架体系，利用极差标准化方法对参评指标进行量化统一，采用客观赋值的变异系数法确定指标权重，通过综合评价值、状态评价值、压力评价值和响应评价值的变化趋势，对上海市水环境的生态安全总体形势进行评价(石珺等，2009)。

本书将模糊综合评价法和物元分析法融合起来构建了模糊物元模型，并引入信息熵的概念确定各项评价指标的熵权，从而对海平面上升背景下上海市水源地供水安全进行综合评价。关于熵权模糊物元法将在后面的章节中做详细介绍。

10.1.2.4 供水安全预警等级划分

预警等级即警度，是对警情大小的定量描述，具体来说是水质、水量和环境要素偏离期望状态或安全阈值的程度和级别。警度的划分有多种方法，如专家确定法、突变论方法、对比判断法和综合评判法等。

墨尔本水务局衡量洪涝风险时是通过请相关专家分别对严重暴雨导致的洪水发生的可能性以及它带来的后果的严重程度进行打分，建立纵向为 1～5 分的可能性指数和横向为1～5分的后果指数的风险矩阵，然后在综合社会应急能力的基础上，对上一步得出二维影响程度指数进行调整，最后将可能性指数和影响程度指数相加，得到如下风险等级：低，2～4 分；中，5～7 分；高，8 分；极高，9～10 分（Ana Iglesias, 2007）。

突变论方法确定警限的原理是通过理解预警指标状态变化的特点，建立精确的数学模型来描述和预测预警指标发生连续性中断的临界点。申海亮用主次控制变量的变化曲线反映水资源安全度状态变量的演化规律，将尖点突变模型突变判别式的临界区间作为划分水资源安全控制变量警度的依据（申海亮，2007）。

邓绍云等在确定和划分区域水资源可持续利用警限和警度时，引入模糊数学的隶属度概念，采用对比判断法，通过计算区域水资源承载力预警指标的隶属度，构建警度判定模型，计算区域水资源可持续利用警度（邓绍云等，2004）。

赵晓梅等采用加权欧氏距离对辽宁省 6 个城市的水资源与社会经济可持续发展警度进行评价（赵晓梅等，2010），计算公式为：$d_j = \sqrt{\sum_{i=1}^{m} \omega_i (\mu_{ij} - \mu_{i0})^2}$。杨秋林等采用欧氏贴近度公式对淮河流域各分区评价样本的水资源承载能力大小进行评价（杨秋林等，2010），公式为：$\rho H_j = 1 - \sqrt{\sum_{i=1}^{n} \omega_i \times \Delta_{ij}}$。

法国和英国的灾害预警等级的划分和预警信号的表示如下：绿色表示安全、黄色表示轻警、橙色表示重警、红色表示巨警（程晓等，2010）。日本和我国常见的自然灾害（如暴雨、台风、霜冻、寒潮等）的预警等级主要依据历年来灾害发生时的观测数据的特点及灾害程度来划分（殷礼高，2010）。预警等级和预警信号从轻到重依次分为四级：Ⅳ级蓝色预警、Ⅲ级黄色预警、Ⅱ级橙色预警、Ⅰ级红色预警（中国气象局第 16 号令，2007）。

近百年来，长江口海平面呈上升趋势，未来长江口海平面还将继续快速上升，海平面上升已成为影响河口盐水入侵的重要因素。上海作为地处长江口特殊地理位置的特大型城市，其供水水源地的水质受到河口高盐度海水入侵的严重制约，而且随着建设事业的发展，上海市的工业用水和生活用水量日益上升，对水质的要求也日益提高，供需矛盾不断增加。因此，在目前全球变暖趋势之下，为提前把握上海市水源地的供水安全状况，缓解并控制供需矛盾对上海市城市生活和工农业生产造成的威胁，开展未来 10 年至 20 年海平面上升背景下上海市水源地供水安全预警系统的研究与设计，并在计算机技术和信息技术的支持下，开发出具有信息管理、预测、分析、评价、决策功能的供水安全预警系统具有重要的理论和现实意义。

10.1.3 研究目标、内容与方法

10.1.3.1 研究目标

本章拟在2020年、2025年和2030年海平面上升对上海市供需水形势的研究基础上，识别海平面上升背景下上海市供水安全风险因子，建立供水安全预警指标体系和预警模型，评价不同海平面上升情景下的上海市水源地供水安全预警等级，开发出海平面上升背景下上海市水源地供水安全预警系统。

10.1.3.2 研究内容

第一部分阐明了本研究的意义和方向，并对国内外关于供水安全的概念进行了讨论，对构成预警系统的预警指标、预警方法和预警等级的国内外研究进展进行了归纳和总结。

第二部分介绍了海平面上升背景下上海市水源地供水安全预警系统的研究流程和研究原理。通过分析海平面上升背景下上海市供水安全形势，建立了上海市水源地供水安全预警指标体系，基于熵权模糊物元理论构建了上海市水源地供水安全预警评价模型，根据加权欧氏距离评估不同海平面上升背景下上海市2020年、2025年和2030年供水安全预警等级。

第三部分介绍了系统的需求分析、开发环境，重点介绍了海平面上升背景下上海市水源地供水安全预警系统的设计思路，包括系统的目标设计、结构设计和功能设计。

第四部分探讨了海平面上升背景下上海市水源地供水安全预警系统的实现方案和操作流程，着重分析了各功能模块的概要和各模块实现时的关键技术和步骤。

第五部分介绍了海平面上升背景下上海市供水安全预警系统的各模块的界面操作说明及功能详解。

第六部分提出了上海市水源地供水安全预警的对策、建议和措施。

第七部分总结研究结果和成果，并讨论其不足之处。

10.1.3.3 研究方法

① 调查和收集上海市海平面上升预测值，以及上海市水源地历年来供水情况、上海市人口增长及分布情况、工业发展及其产业结构变化、城市生活用水现状等数据资料，建立原始数据库。

② 根据预警指标体系的构建原则，识别风险因子，建立海平面上升背景下上海市水源地供水安全预警指标体系。

③ 将信息熵的概念与模糊综合评价法和物元分析法相结合，构建熵权模糊物元模型，作为海平面上升背景下上海市水源地供水安全的预警方法。

④ 利用加权欧氏距离划分海平面上升背景下上海市水源地供水安全的预警

等级。

⑤ 基于海平面上升背景下上海市水资源供需平衡理论，设计海平面上升背景下上海市水源地供水安全预警系统的目标、结构体系和系统功能。

⑥ 以 Visual Studio 2008 为软件开发平台，采用 ACCESS 数据库存储相关数据，结合 C# 和 JavaScript 编程语言实现海平面上升背景下上海市水源地供水安全预警系统的初步研发。

10.2 海平面上升背景下上海市水源地供水安全预警研究

10.2.1 研究流程

供水安全预警流程一般要经过发现警情、寻找警源、分析警兆、预报警度、排除警患等逻辑过程(Josephine Philip Msanig, 2003)，如图 10-1 所示。

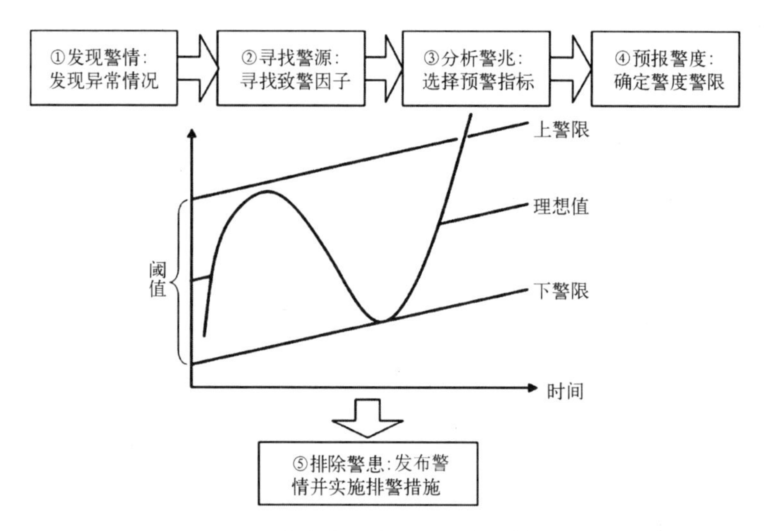

图 10-1 上海市水源地供水安全预警研究流程

警情是指研究事物发展过程中出现的不正常的现象，也就是上海市水源地供水过程中已经出现或将来可能出现的问题。发现警情是进行上海市水源地供水安全预警的起点，如原水水质下降，枯水年来水保证率不足，供水水源地连续不可取水天数逼近该水源地不可取水天数极限等都可以被认为是出现了警情。

警源是导致警情发生的起点，也就是上海市水源地供水过程中可能出现的不安全问题和成因，寻找警源是预警逻辑过程中的重要环节。警源分为可控警源和不可控警源。可控警源包括水库库容不足、水质污染严重、水价波动、供水结构不合理、人口规模的快速增长、节水意识薄弱等；不可控警源一般为自然、气象因子，如潮汐、径流、气候、下垫面的变化等。

警兆是指警情爆发之前出现的先兆。警兆的识别是预报上海市水源地供水安全警度的基础，也是排除警患的前提。警兆指标又称先导指标或先行指标，它是预警指标的重要组成部分。预警指标要在一定的指标体系建立原则和指标筛选条件下甄别和确定。

警度是指警情所具有的严重程度，设置一个合理的异常现象的偏离尺度并确定一个与之相匹配的警限，作为上海市水源地供水安全的衡量标准，是准确预报供水风险发生的紧急程度、科学分析各种因素的作用结果、判断排除警患措施实施的可行情况和评价一个预警系统是否科学有效的关键。警限的确定和警度的划分在一定时间尺度内保持相对稳定，但并非一成不变。通常把警度划分为轻警、中警、重警和巨警四个等级。

10.2.2　研究原理

上海市的供水风险主要来自盐水入侵对水源地取水能力的限制，为降低和避免水资源供需失衡产生的风险，需及时预警，采取措施，防患于未然。海平面上升背景下上海市水源地供水安全预警的风险因子主要包括可供水量和需水量风险因子，可供水量和需水量之间的失衡是预警的关键(周莹等，2012)。

对可供水量的预测采用情景模拟的方法进行分析和计算。情景设置为上海市2020年、2025年和2030年三个水资源规划水平年的海平面上升值与径流量类型的组合。海平面上升值根据IPCC提供的海平面上升速率与地面沉降速率叠加估算获得，设置海平面上升0 cm、10 cm和25 cm三种情况(海平面上升0 cm是指以目前海平面上升值为基准)。径流量类型设置为枯季平均径流和特枯水文年径流两种情况，枯季平均径流取枯季1月平均径流量11 000 m^3/s，特枯水文年径流取1978～1979年特枯水文年冬季径流量7 000～8 000 m^3/s。上海市可供水量的预测主要通过对陈行、宝钢和青草沙等水库不可取水天数的长江河口环流和盐水入侵三维数值模型模拟分析计算获得。

上海市2020年、2025年和2030年三个水资源规划水平年的需水总量通过构建Vensim系统动力学模型，从居民生活需水、工业用水、农业用水、城市公共生活需水四个方面进行预测。

上海市2020年、2025年和2030年三个水资源规划水平年供需水失衡风险大小及预警等级的设定主要根据基于熵权模糊物元和加权欧氏距离的可供水量和需水量比较分析获得。海平面上升背景下上海市水源地供水安全预警概念模型如图10-2所示。

10.2.3　上海市水源地供水安全预警指标选择

10.2.3.1　建立原则

预警指标体系的构建是进行上海市水源地供水安全预警的基础和前提，科学合理的预警指标体系能够整体反映出预警对象的基本特征和影响因子，是综合评

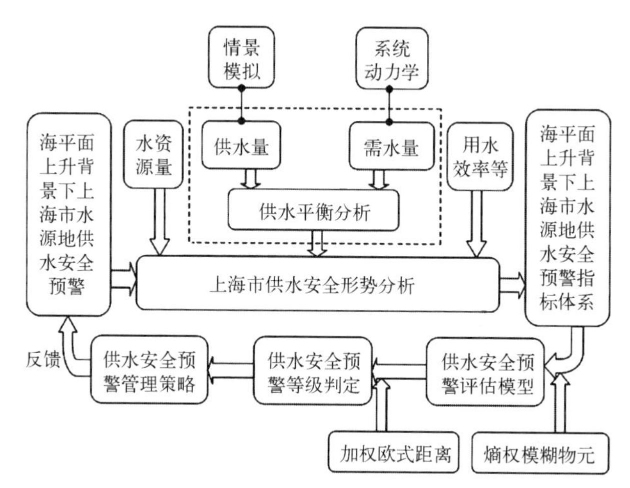

图 10-2 海平面上升背景下上海市水源地供水安全预警概念模型

价上海市水源地供水安全的重要条件。上海市水源地供水安全预警指标体系是在全面分析影响供水安全的风险因子的基础上建立的。针对海平面上升背景下上海市水源地供水安全的现状和发展趋势，并借鉴其他领域预警指标体系的构建方法，本书指出在供水安全预警指标体系的选择和构建过程中必须遵循以下基本原则(杨洪亮，2008)。

(1) 科学性与可操作性相结合

所选择的预警指标应概念清晰，有明确的科学内涵，能够客观反映复杂系统的内部结构和本质特征，能较好地反映评价对象的真实水平。所涉及的数据信息具有良好的可获得性，能够利用现有的手段进行加工处理，以发现指标间的内在联系。

(2) 全面性与敏感性相结合

所建立的预警指标体系应具有足够的涵盖面，能够全面反映评价对象的内涵。同时还应掌握评价指标数量适度的原则，应尽量选择综合性强、覆盖面广的指标，避免指标之间的信息重叠性。除此之外，所选择的预警指标应能够迅速、及时、准确地提供预警性信号，而且对可能出现的风险状况有灵敏的反应能力。

(3) 定量与定性相结合

预警指标体系应尽量选择可量化指标，对难以量化的重要指标应在定性描述的基础上进行半定量或定量转化。

10.2.3.2 上海市水源地供水安全预警指标体系构建

本书通过甄别影响上海市供水安全的风险因子，并借鉴部分专家学者对水资源安全预警指标的使用情况，建立了上海市水源地供水安全预警指标体系。海平面上升背景下上海市水源地供水安全最重要的风险因子是可供水量风险因子和需水量风险因子，海平面上升以及长江入海径流量减少导致的盐水入侵将增加长江口水源地的不可取水天数,降低水源地供水能力,是影响上海市水源地可供水量的最主要的原因。对需水量风险因子的识别主要从居民生活需水、工业需水、农业需水和城市公共生活需水四个方面进行分析,主要影响因素包括人口的快速增长、产业结构变化、土地利用变化和生态环境变化等。除此之外,上海市水资源条件、用水效率以及人们的环保意识等也影响着上海市供水安全状况。

根据以上分析,并依据供水安全预警原理以及预警指标体系的建立原则,选择上海市人均水资源量、供水保证率、万元 GDP 用水量作为海平面上升背景下上海市水源地供水安全的预警指标,建立了如图 10-3 所示的上海市水源地供水安全预警指标体系。

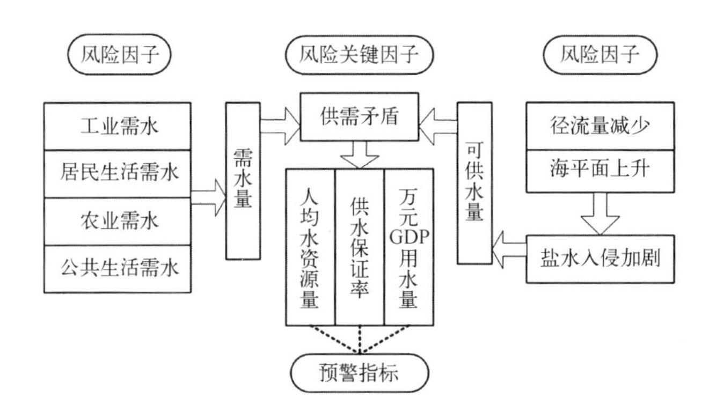

图 10-3　海平面上升背景下上海市水源地供水安全预警指标体系

(1) 水资源条件:人均水资源量指标

对于水资源条件,国际上常用人均水资源量和水资源开发利用程度两个指标来反映一个国家或地区因人口集中导致的水资源短缺状况。其中人均水资源量作为水资源安全评价指标的使用频率高达 85.7%。该指标属于对供水安全产生正向影响的正向指标,即越大越优的指标。由于该指标往往用来衡量整个区域的水资源丰沛或稀缺水平,无法突出城市供需水矛盾,因此在建立预警指标体系时还应考虑到城市水资源的供需平衡状况。

(2) 用水效率条件:万元 GDP 用水量指标

万元 GDP 用水量是国际公认的评价用水效率、预测需水量、反映节水水平、衡量经济发展程度的通用指标,能够从宏观上反映国家、地区或行业总体用水效率和节水成就。在反映某些地区因经济发达、人口众多所造成的用水量加大导致的水资源短缺问题时,该指标占有较大权重。万元 GDP 用水量越小,用水效率越高,供水安全程度越高。该指标属于逆向指标,即越小越优的指标。万元 GDP 用水量作为供水安全评价指标的使用频率达 57.1%。

(3) 海平面上升背景下的供需平衡条件:供水保证率指标

国际上一般以自来水供水能力与最高日供水量的比值,即"供水保证率",来衡量自来水行业的供水安全状况。对于城市供需水失衡引起的供水安全问题，因无法得知未来最高日供水量的确切数据，故采用供水量与需水量的比值进行计算。该指标可以用来对城市总体缺水量和缺水程度进行评价，其计算公式为

$$\mu = \left(\sum_{i=1}^{n} W_i - \sum_{j=1}^{m} W_j \right) \Big/ \sum_{j=1}^{m} W_j \tag{10-2}$$

式中，μ 为供水保证率预警指标；W_i 为不同海平面上升背景下上海市各水源地可供水量(万 m^3/天)；W_j 为上海市各用水系统需水量(万 m^3/天)。

10.2.4 上海市水源地供水安全预警指标权重计算

10.2.4.1 模糊物元分析原理

模糊物元分析法是利用由“事物 M、特征 X、量值 C”三要素组成的物元 $R = (M, C, X)$ 分析和评价具有“模糊性”的事物的系统分析方法(张斌等，2012)。应用模糊物元分析原理可以将复杂的模糊不相容问题抽象为形象化的具体问题，确定影响事物发展的特征向量，并赋以定量化数值，在计算评价结果时能够消除指标计算时的主观随意性和狭隘性。模糊物元分析方法是一种能够更贴切的描述客观事物变化规律的有效方法，应用模糊物元分析原理能够较完整地反映模糊评价对象的综合水平。

10.2.4.2 复合模糊物元

根据模糊物元理论构建 m 维模糊物元

$$R_m = \begin{bmatrix} & M \\ C_1 & x_1 \\ C_2 & x_2 \\ \vdots & \vdots \\ C_m & x_m \end{bmatrix} \tag{10-3}$$

其中 $C_1, C_2, \cdots, C_m$ 和 $x_1, x_2, \cdots, x_m$ 分别表示事物 M 的 m 个特征和相应的模糊量值，如果 n 个事物用其共同的 m 个特征 $C_1, C_2, \cdots, C_m$ 及其相应的模糊量值 $x_1, x_2, \cdots, x_m (i = 1, 2, \cdots, n)$ 来描述，便构成 n 个事物的 m 维复合模糊物元，记做

$$R_{mn} = \begin{bmatrix} & M_1 & M_2 & \cdots & M_n \\ C_1 & x_{11} & x_{12} & \cdots & x_{1n} \\ C_2 & x_{21} & x_{22} & \cdots & x_{2n} \\ \vdots & \vdots & \vdots & \cdots & \vdots \\ C_m & x_{m1} & x_{m2} & \cdots & x_{mn} \end{bmatrix} \tag{10-4}$$

10.2.4.3　从优隶属度原则

由于复合模糊物元中各评价指标(特征)的模糊量值的量纲不同,这些模糊量值对于被评价事物来说有的是越大越优,有的是越小越优,因此需要采用从优隶属度原则,对各指标(特征)的模糊量值进行归一化处理,建立统一的评价标准。从优隶属度的计算公式如下。

越大越优越型指标:

$$\mu_{ij} = x_{ij} / \max x_{ij} \tag{10-5}$$

越小越优越型指标:

$$\mu_{ij} = \min x_{ij} / x_{ij} \tag{10-6}$$

处理后可得到从优隶属度复合模糊物元,记做

$$\widetilde{R}_{mn} = \begin{bmatrix} & M_1 & M_2 & \cdots & M_n \\ C_1 & \mu_{11} & \mu_{12} & \cdots & \mu_{1n} \\ C_2 & \mu_{21} & \mu_{22} & \cdots & \mu_{2n} \\ \vdots & \vdots & \vdots & \cdots & \vdots \\ C_m & \mu_{m1} & \mu_{m2} & \cdots & \mu_{mn} \end{bmatrix} \tag{10-7}$$

10.2.4.4　标准模糊物元

根据从优隶属度原则可以构造标准 m 维模糊物元 $\widetilde{R}_{m0}$,标准模糊物元是由从优隶属度复合模糊物元 $\widetilde{R}_{mn}$ 中 m 个评价指标的最大值(越大越优)或最小值(越小越优)构成的,也就是各指标的从优隶属度均为1,记做

$$\widetilde{R}_{m0} = \begin{bmatrix} & M_0 \\ C_1 & \mu_{10} \\ C_2 & \mu_{20} \\ \vdots & \vdots \\ C_m & \mu_{m0} \end{bmatrix} \tag{10-8}$$

10.2.4.5　基于熵权模糊物元的预警指标权重计算

熵是一种用来度量数据所提供的有效信息量的指标,因此将熵的概念引入到权重计算的领域中来可以有效衡量评价指标的信息有序度及其重要程度。熵权法是一种通过评价指标值构成的判断矩阵来确定指标权重的客观赋权方法,在具体使用过程中,熵权法根据各指标的变异程度,利用信息熵计算出各指标的熵权,再通过熵权对各指标的权重进行修正,从而得出较为客观的指标权重。熵权法相对主观赋权法精度更高,能够尽量避免评价者对评价结果的主观性影响,而且它适应性更高,可以结合一些方法共同用于任何需要确定权重的过程(邱菀华,2001)。

海平面上升背景下上海市水源地供水安全预警是一个由多个指标构成的综合性评价问题,研究多指标综合评价问题的基本思想是:把握评价对象的本质属性,将评价对象的多项指标信息组合概括成一个涵盖各单项指标的综合评价指标,即对综合评价问题进行总体判定。总体判定最常用也是最重要的方法就是加权,所谓加权,就是考虑到各预警指标对评价对象的贡献不同,应根据其作用大小分别给予不同的权重,将量化的指标值与所对应的权重进行加权运算,利用得到的综合预警指标进行总体评价。将模糊物元理论与熵权法结合起来,利用熵权模糊物元法确定指标权重,具体步骤如下(薛刚等,2010)。

(1) 构建 m 个评价指标 n 个事物的复合模糊物元 R_{mn}

$$R_{mn} = \begin{bmatrix} & M_1 & M_2 & \cdots & M_n \\ C_1 & x_{11} & x_{12} & \cdots & x_{1n} \\ C_2 & x_{21} & x_{22} & \cdots & x_{2n} \\ \vdots & \vdots & \vdots & \cdots & \vdots \\ C_m & x_{m1} & x_{m2} & \cdots & x_{mn} \end{bmatrix} \tag{10-9}$$

(2) 将复合模糊物元归一化处理,得到归一化复合模糊物元 B_{mn}

$$b_{ij} = (x_{ij} - \min x_{ij})/(\max x_{ij} - \min x_{ij}) \tag{10-10}$$

其中, $\max x_{ij}$ 、 $\min x_{ij}$ 分别为同一指标 i 下不同评价对象中最优者(越大越优或越小越优)。

(3) 根据熵的定义确定第 i 项评价指标的熵 H_i

$$H_i = -\frac{1}{\ln n}\left[\sum_{j=1}^{n} f_{ij} \ln f_{ij}\right] \tag{10-11}$$

$$f_{ij} = (1 + b_{ij}) \Big/ \sum_{j=1}^{n} (1 + b_{ij}) \quad i = 1, 2, \cdots, m; \; j = 1, 2, \cdots, n \tag{10-12}$$

(4) 计算评价指标的熵权 W

$$\omega_i = (1 - H_i) \Big/ \left(m - \sum_{i=1}^{m} H_i\right) \tag{10-13}$$

$$W = (\omega_i)_{1\times m} \text{ 满足 } \sum_{i=1}^{m} \omega_i = 1 \tag{10-14}$$

10.2.5 上海市水源地供水安全预警等级的划分

10.2.5.1 预警等级

预警等级即警度,是指供水安全状态偏离预警阈值的程度。依据《中华人民共和国水法》《城市供水条例》《取水许可制度实施办法》《城市供水水质管理规定》《生活饮用水卫生监督管理办法》等法律法规及相关文件，并借鉴我国常见自然灾害预警信号划分标准，本书将上海市水源地供水安全预警分为四个等级：轻警（Ⅳ级）、中警（Ⅲ级）、重警（Ⅱ级）、巨警（Ⅰ级），分别用蓝色、黄色、橙色、红色代表不同等级。

10.2.5.2　综合评判法——空间距离

警度划分有多种方法，如突变论方法、对比判断法、专家确定法和综合评判法等。突变论方法在进行数学分析时比较困难；专家确定法多根据个人主观经验确定；对比判断法操作方便，但常用于区域内相关行业的横向对比。对于多预警指标构成的综合评价问题宜采用综合评判法，警限的确定和警度的划分通常转化为待评价样本与标准样本的距离的计算（吴延熊等，1999）。

则常用来进行警度判定的距离公式有以下几个。

(1) 绝对距离：
$$D=\sum_{k=1}^{n}|x_k-y_k| \tag{10-15}$$

(2) 欧氏距离：
$$D=\left[\sum_{k=1}^{n}(x_k-y_k)^2\right]^{\frac{1}{2}} \tag{10-16}$$

(3) 明考夫斯基距离：
$$D=\left[\sum_{k=1}^{n}(x_k-y_k)^q\right]^{\frac{1}{q}} \tag{10-17}$$

(4) 切比雪夫距离：
$$D=\mathop{\mathrm{Max}}_{1\leqslant k\leqslant n}|x_k-y_k| \tag{10-18}$$

10.2.5.3　基于加权欧氏距离的上海市水源地供水安全预警等级划分

在模糊物元中距离的一般表达式为

$$d_j=\left\{\sum_{i=1}^{m}\frac{1}{m}(x_{ij}-x_{i0})^p\right\}^{\frac{1}{p}} \tag{10-19}$$

式中，d_j 为距离；x_{ij} 为被评价模糊物元量值；x_{i0} 为标准模糊物元量值；p 为系数，当 $p=2$ 时为加权欧氏距离公式。

本书将相对优属度复合模糊物元 $\widetilde{R}_{mn}$ 和标准模糊物元 $\widetilde{R}_{m0}$ 之间的加权欧氏距离作为预警等级的划分依据，因此通过加权欧氏距离构建的上海市水源地供水安全预警等级的划分公式为

$$d_j=\sqrt{\sum_{i=1}^{m}\omega_i(\mu_{ij}-\mu_{i0})^2}\quad j=1,2,\cdots,n \tag{10-20}$$

用该方法得到的警度划分标准如下。

无警区间：$d_j<d_1$

轻警区间：$d_1\leqslant d_j<d_2$

中警区间：$d_2\leqslant d_j<d_3$

重警区间：$d_3\leqslant d_j<d_4$

巨警区间：$d_j \geqslant d_4$

d_1、d_2、d_3、d_4 分别表示轻警、中警、重警、巨警的临界值。

10.2.6 上海市水源地供水安全预警结果

根据熵权模糊物元理论，可构建上海市水源地供水安全预警评价模型，它是由复合模糊物元 R_{mn} 中各评价指标值 x_{ij} 的从优隶属度 μ_{ij} 构成的相对优属度复合模糊物元 $\widetilde{R}_{mn}$。复合模糊物元 R_{mn} 由 3 个评价指标和 7 个评价对象构成，3 个评价指标分别为人均水资源量(C_1)、万元 GDP 用水量(C_2)和海平面上升背景下上海市水源地供水保证率(C_3)；7 个评价对象分别为轻警、中警、重警、巨警四组预警等级标准，以及 2020 年、2025 年、2030 年三个水资源规划水平年。

其中，$\mu_{ij} = x_{ij}/\max x_{ij}$（越大越优越型指标）或 $\mu_{ij} = \min x_{ij}/x_{ij}$（越小越优越型指标）。

上海市水源地供水安全预警评价模型可表示为

$$\widetilde{R}_{37} = \begin{bmatrix} & \text{轻警} & \text{中警} & \text{重警} & \text{巨警} & 2\,020 & 2\,025 & 2\,030 \\ C_1 & \mu_{11} & \mu_{12} & \mu_{13} & \mu_{14} & \mu_{15} & \mu_{16} & \mu_{17} \\ C_2 & \mu_{21} & \mu_{22} & \mu_{23} & \mu_{24} & \mu_{25} & \mu_{26} & \mu_{27} \\ C_3 & \mu_{31} & \mu_{32} & \mu_{33} & \mu_{34} & \mu_{35} & \mu_{36} & \mu_{37} \end{bmatrix} \tag{10-21}$$

10.2.6.1 人均水资源量

(1) 上海市人口预测

在 Vensim 软件中建立如图 10-4 所示的上海市人口预测模型，预测 2020～2050 年上海市的户籍人口、外来人口和常住人口。

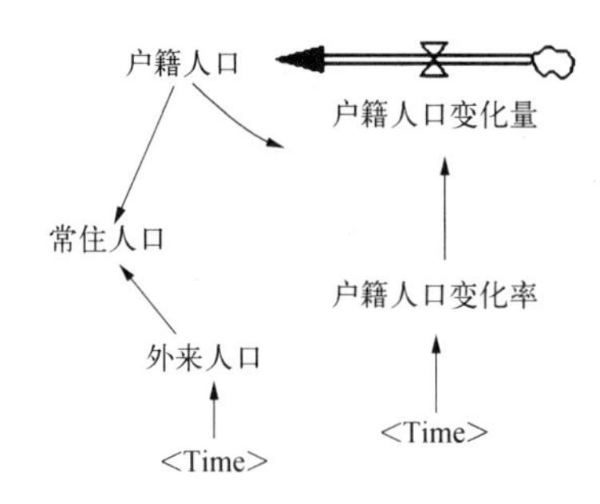

图 10-4 上海市人口预测模型流程图

常住人口＝户籍人口＋外来人口

户籍人口＝户籍人口＋户籍人口×户籍人口变化率

户籍人口变化率——建立与时间相关的表函数

外来人口——建立与时间相关的表函数

在建立户籍人口变化率与时间的表函数时，需考虑历史数据中上海市户籍人口增长率以及前人对上海市户籍人口的预测结果。根据收集到的上海市 1995～2011 年户籍人口资料，如图 10－5 所示，可以得到 1995～2000 年上海市户籍人口增长率平均值为 3.57‰，2001～2005 年为 5.50‰，2006～2010 年为 7.88‰。

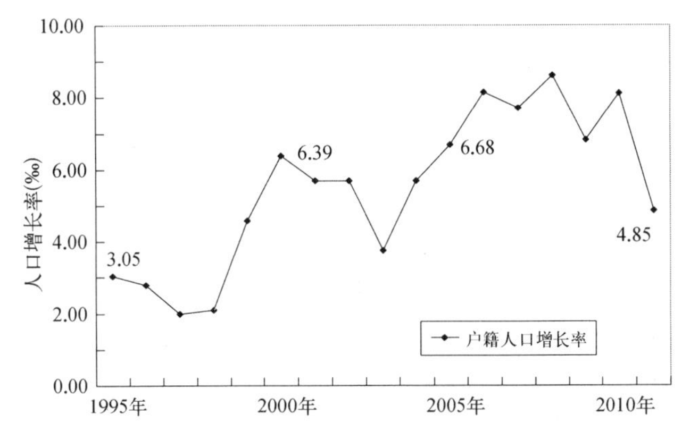

图 10－5　上海市户籍人口增长率

根据贾凌云(2006)和谢玲丽等(2010)对上海市户籍人口增长率的设定结果，并结合图 10－5 中上海市 1995～2010 年每五年的人口增长率情况，将上海市人口预测模型中户籍人口增长率进行如表 10－1 所示的设定。

表 10－1　上海市户籍人口增长率设定

规划水平年	2015 年	2020 年	2025 年	2030 年	2040 年	2050 年
上海市户籍人口增长率	10‰	12‰	13‰	13.5‰	14‰	14.5‰

根据以上设定值，可以建立户籍人口变化率表函数，上海市人口预测模型中户籍人口变化率的预测公式为

$$户籍人口变化率 = \mathrm{WITHLOOKUP}\{[(2010, 0)-(2050, 0.1)], (2010, 0.008), (2015, 0.01), (2020, 0.012), (2025, 0.013), (2030, 0.0135), (2040, 0.014), (2050, 0.0145)\} \quad (10-22)$$

结合 2000～2011 年上海市外来人口数量变化的历史数据，如图 10－6 所示，以及前人对上海市外来人口的预测方法(塔娜，2012)，对上海市人口预测模型中外来人口数量进行如下设定，表 10－2 所示。

表 10－2　上海市外来人口数量设定

规划水平年	2015 年	2020 年	2025 年	2030 年	2035 年	2040 年	2045 年
上海市外来人口数量(万人)	1 008.43	1 140.85	1 299.57	1 489.82	1 717.85	1 991.18	2 318.8

根据外来人口数量设定值，可以建立外来人口表函数，上海市人口预测模型中外来人口的预测公式为

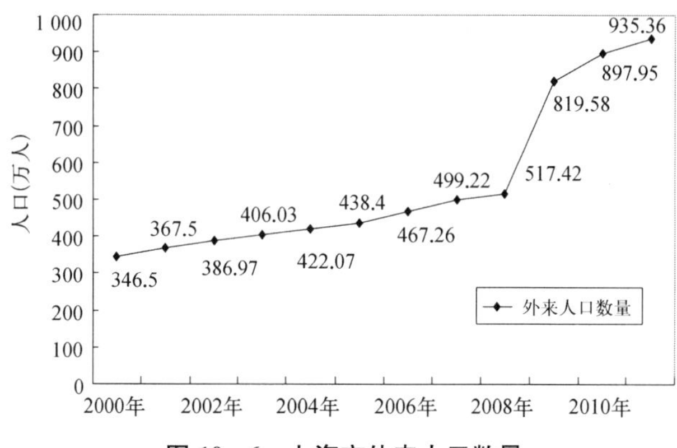

图 10-6　上海市外来人口数量

外来人口＝WITHLOOKUP{[(2010, 0)—(2050, 4 000)], (2010, 897.95), (2015, 1 008.43), (2020, 1 141), (2025, 1 230), (2030, 1 490), (2035, 1 718), (2040, 1 991), (2045, 2 319), (2050, 2 711.5)}　　(10-23)

将公式(10-23)和参数输入到 Vensim 系统动力学软件中并执行模拟,可以得到上海市常住人口预测结果,如图 10-7 所示。

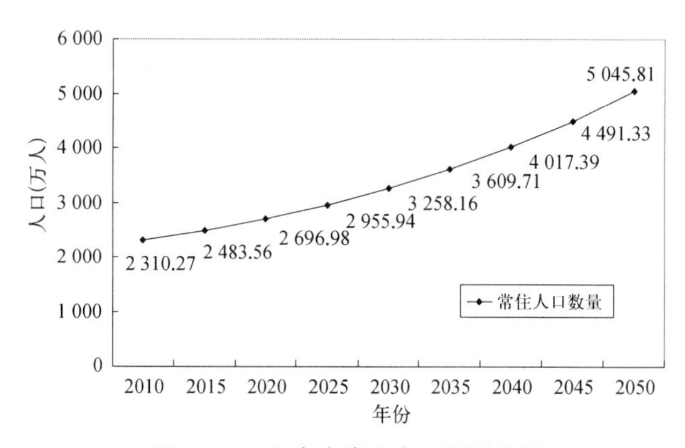

图 10-7　上海市常住人口预测结果

(2) 上海市本地水资源量

根据上海市历年统计年鉴和水资源公报,收集了 2002～2010 年的上海市本地水资源数据,包括地表径流量和地下水可开采量。如表 10-3 所示。

表 10-3　上海市本地水资源量

年　份	地表径流(亿 m^3)	地下水可开采量(亿 m^3)	合计(亿 m^3)
2002 年	46.07	1.42	47.49
2003 年	15.12	1.24	16.36
2004 年	24.98	1.24	26.22

续　表

年　份	地表径流(亿 m^3)	地下水可开采量(亿 m^3)	合计(亿 m^3)
2005 年	24.47	1.24	16.1
2006 年	27.64	0.68	28.32
2007 年	27.96	0.55	28.51
2008 年	29.99	0.37	10.61
2009 年	34.60	0.28	34.88
2010 年	30.87	0.20	31.07

将近十年的上海市水资源量的多年平均值 26.62 亿 m^3 作为 2020 年、2025 年、2030 年上海市的本地水资源量。

(3) 上海市人均水资源量

用上海市本地水资源量除以对应年份的人口数量可得到上海市人均水资源量。计算结果如图 10-8 所示。随着上海市常住人口数量的不断增加，上海市本地水资源量相对稳定，上海市人均水资源量也呈逐渐下降趋势。目前上海市人均水资源量约为 120 m^3/人，预测到 2050 年人均水资源量仅为 52.76 m^3/人。

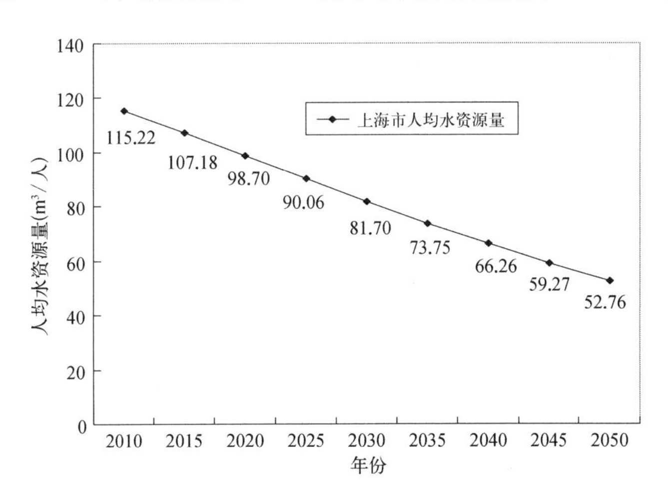

图 10-8　上海市人均水资源量预测结果

10.2.6.2　万元 GDP 用水量

根据上海市历年统计年鉴和水资源公报，收集了 2000～2011 年上海市万元 GDP 用水量数据，如图 10-9 所示。

为预测 2020 年、2025 年和 2030 年上海市万元 GDP 用水量，首先采用 GM(1, 1) 灰色模型预测 2012～2030 年的上海市万元 GDP 用水量，但该预测值与上海市水务局的规划值相比偏低。因此，在上海市万元 GDP 用水量规划值的基础上，本书又采用线性预测模型和指数预测模型，以 2014 年上海市万元 GDP 用水量 52.5 m^3 为标准数据，得到两组新的预测结果。将三种预测方案取平均得到 2012～

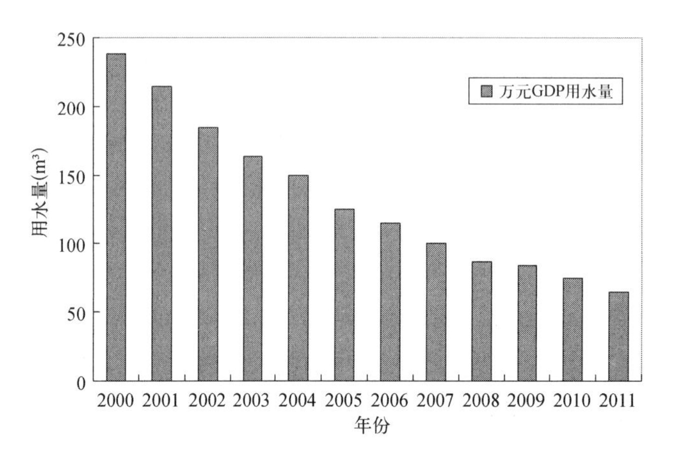

图 10-9　上海市 2000～2011 年万元 GDP 用水量

2030 年上海市万元 GDP 用水量预测值，如图 10-10 所示。万元 GDP 用水量在衡量供水安全风险程度时是一个越小越优的指标，从图中可见，未来上海市万元 GDP 用水量呈逐渐下降的趋势，预测到 2020 年万元 GDP 用水量为 26.23 m^3，2025 年为 15.59 m^3，2030 年为 9.21 m^3。万元 GDP 用水量水平体现上海市的用水效率状况，提高上海市用水效率有利于改善上海市供水安全的风险程度。

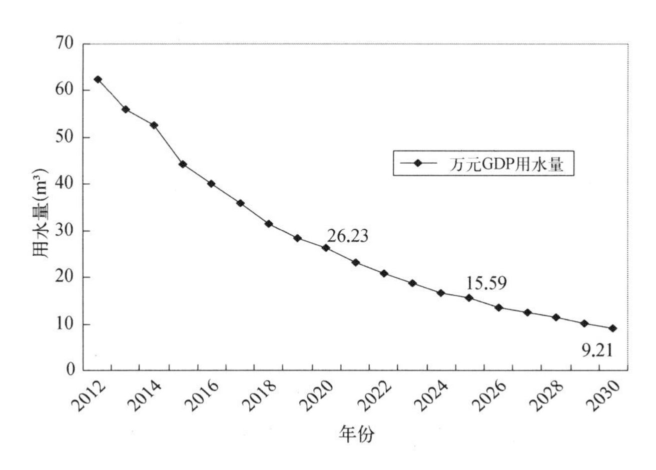

图 10-10　上海市 2020、2025、2030 年万元 GDP 用水量预测结果

10.2.6.3　海平面上升背景下上海市水源地供水保证率

在计算供水保证率之前，首先要预测 2020～2030 年上海市各水源地日供水量和上海市日需水量情况，然后根据公式 $\mu = \left(\sum_{i=1}^{n} W_i - \sum_{j=1}^{m} W_j\right) \Big/ \sum_{j=1}^{m} W_j$，计算上海市 2020 年、2025 年和 2030 年的供水保证率。

上海市各水源地日供水量是利用长江河口环流和盐水入侵三维数值模型(朱建荣,2011)计算而来的，通过计算不同海平面上升值和径流量组合情景下长江口陈行水库、青草沙水库、东风西沙水库取水的盐水过程线，估算上海市各水源地的可供水量和日供水能力。其中海平面上升值分为 0 cm、10 cm、25 cm 三种情况，径流量类型分为枯季平均径流和特枯水文年径流。枯季平均径流取枯季 1 月平均径流量 11 000 m^3/s，特枯水文年径流取 1978～1979 年特枯水文年冬季径流量 7 000～8 000 m^3/s。海平面上升 0 cm 时上海市各水源地日供水量结果如表 10－4 所示。

表 10－4　海平面上升 0 cm 上海市各水源地日供水量

水　源　地	日供水能力(万 m^3/天)	总供水能力(万 m^3/天)
黄浦江上游水源地	755	1 694
陈行水库	160	
青草沙水库	719	
东风西沙水库	40	

当海平面上升 10 cm，通过数值模拟计算得到长江口枯季和特枯水文年上海市各水源地日供水量情况如表 10－5 所示。其中青草沙水库按咸潮入侵时 598 万 m^3/天的供水量计算。

表 10－5　海平面上升 10 cm 上海市日供水能力

水　源　地	枯季上海市日供水能力(万 m^3/天)	特枯水文年上海市日供水能力(万 m^3/天)
黄浦江上游水源地	755	755
陈行水库	57.96	41.53
青草沙水库	598	598
东风西沙水库	33.41	30.64
总供水能力	1 444.4	1 425.17

当海平面上升 25 cm 时，经过数值模拟计算得到枯季和特枯水文年上海市各水源地日供水量情况如表 10－6 所示。

表 10－6　海平面上升 25 cm 上海市日需水量预测据结果

水源地	枯季上海市日供水能力(万 m^3/天)	特枯水文年上海市日供水能力(万 m^3/天)
黄浦江上游水源地	755	755
陈行水库	57.53	37.58
青草沙水库	598	598
东风西沙水库	33.43	29.76
总供水能力	1 443.90	1 420.61

根据上海市水务局提供的上海市历年居民生活需水量、工业需水量和城市公共生活需水量数据，在 Vensim 软件中构建上海市需水量预测系统动力学模型(模型的流程图和主要公式见本书 9.4 节)，预测结果如表 10－7 所示。

表 10-7 上海市 2020 年、2025 年、2030 年日需水量预测据结果

年份	居民生活需水量（亿 m^3）	一般工业需水量（亿 m^3）	公共生活需水量（亿 m^3）	合计（亿 m^3）	日需水能力（万 m^3/天）
2020	22.39	13.85	17.92	54.16	1 483.86
2025	30.48	14.35	22.30	67.13	1 839.16
2030	41.73	14.86	27.75	84.34	2 310.84

在不同海平面上升和径流量类型背景下，根据上海市各水源地日供水量和日需水量预测结果，以及供水保证率计算公式可以预测 2012～2030 年上海市供水保证率变化情况。2012 年上海市水源地供水能力为青草沙水库运行后的1 694 万 m^3/天。假设在海平面上升 0 cm 时上海市供水能力保持在 2012 年1 694 万 m^3/天不变，在海平面上升 10 cm 时上海市供水能力枯季保持1 444.4 万 m^3/天、特枯水文年保持1 443.9 万 m^3/天不变，海平面上升 25 cm 时上海市供水能力保持枯季1 425.17 万 m^3/天、特枯水文年保持 1 420.6 万 m^3/天不变，预测枯季和特枯水文年海平面上升 0 cm、10 cm 和 25 cm 背景下上海市供水保证率结果如图 10-11 和图 10-12 所示。

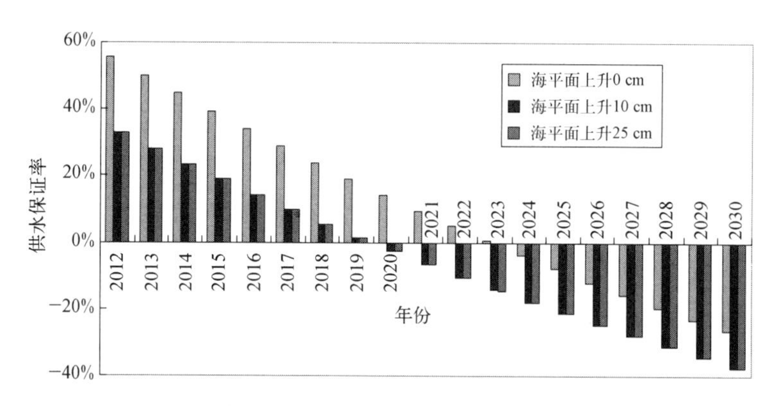

图 10-11 不同海平面上升背景下枯季上海市供水保证率预测结果

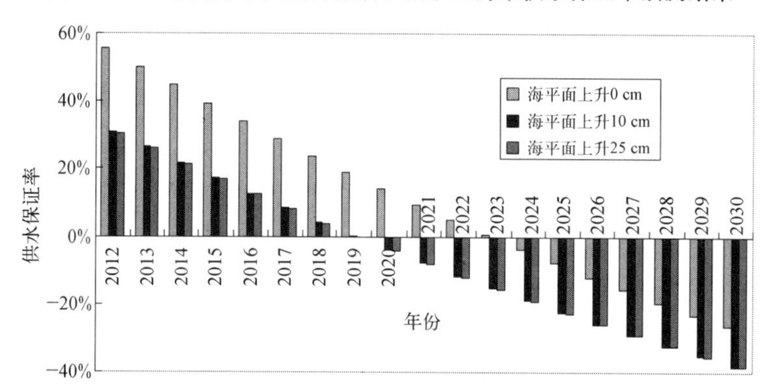

图 10-12 不同海平面上升背景下特枯水位年上海市供水保证率预测结果

10.2.6.4　预警结果

通过以上预警指标的计算，根据2002～2010年上海市国民经济和社会发展统计公报以及上海市水资源公报提供的数据，并结合专家给出建议，得到上海市水源地供水安全预警复合模糊物元R_{37}的各项指标的特征值，下面以海平面上升0 cm为例计算上海市水源地供水安全预警等级

$$R_{37}=\begin{bmatrix} & 轻警 & 中警 & 重警 & 巨警 & 2020 & 2025 & 2030 \\ C_1 & 480 & 240 & 120 & 60 & 98.70 & 90.06 & 81.70 \\ C_2 & 100 & 200 & 300 & 400 & 26.23 & 15.59 & 9.21 \\ C_3 & 0.1 & 0 & -0.1 & -0.2 & 0.142 & -0.079 & -0.267 \end{bmatrix} \tag{10-24}$$

根据公式(10-5)(10-6)(10-7)构建相对优属度复合模糊物元$\widetilde{R}_{37}$

$$\widetilde{R}_{37}=\begin{bmatrix} & 轻警 & 中警 & 重警 & 巨警 & 2020 & 2025 & 2030 \\ C_1 & 1 & 0.5 & 0.25 & 0.125 & 0.20625 & 0.1875 & 0.1708 \\ C_2 & 0.09 & 0.045 & 0.03 & 0.0225 & 0.34615 & 0.5625 & 1 \\ C_3 & 0.7042 & 0 & -0.7042 & -1.4085 & 1 & -0.5563 & -1.8803 \end{bmatrix} \tag{10-25}$$

根据公式(10-8)构建标准化模糊物元，本书取各事物相对优属度的最大值组成标准模糊物元$\widetilde{R}_{30}$，即$\mu_{ij}=1\ (i=1,\ 2,\ 3)$。根据公式(10-10)构建归一化复合模糊物元$B_{37}$

$$B_{37}=\begin{bmatrix} & 轻警 & 中警 & 重警 & 巨警 & 2020 & 2025 & 2030 \\ C_1 & 1.0000 & 0.4286 & 0.1429 & 0.0000 & 0.0929 & 0.0714 & 0.0524 \\ C_2 & 0.7673 & 0.5115 & 0.2558 & 0.0000 & 0.9565 & 0.9821 & 1.0000 \\ C_3 & 0.8973 & 0.6528 & 0.4083 & 0.1638 & 1.0000 & 0.4597 & 0.0000 \end{bmatrix} \tag{10-26}$$

根据公式(10-11)(10-12)(10-13)可求得上海市水源地供水安全预警评价模型中各指标的熵H和熵权W

$$H=\begin{bmatrix} C_1 & C_2 & C_3 \\ 0.984 & 0.986 & 0.987 \end{bmatrix} \tag{10-27}$$

$$W=\begin{bmatrix} C_1 & C_2 & C_3 \\ 0.375 & 0.318 & 0.307 \end{bmatrix} \tag{10-28}$$

根据公式(10-16)及W计算加权欧氏距离D，结果如下

$$D=\begin{bmatrix} \text{轻警} & \text{中警} & \text{重警} & \text{巨警} & 2020 & 2025 & 2030 \\ 0.5388 & 0.8311 & 1.1838 & 1.5398 & 0.6101 & 1.0255 & 1.6743 \end{bmatrix} \tag{10-29}$$

加权欧氏距离 D 即为警度综合评价指标，用以判定海平面上升背景下上海市水源地供水安全预警等级。

根据以上步骤，海平面上升 0 cm 时上海市水源地供水安全预警的警度评价结果见图 10－13。

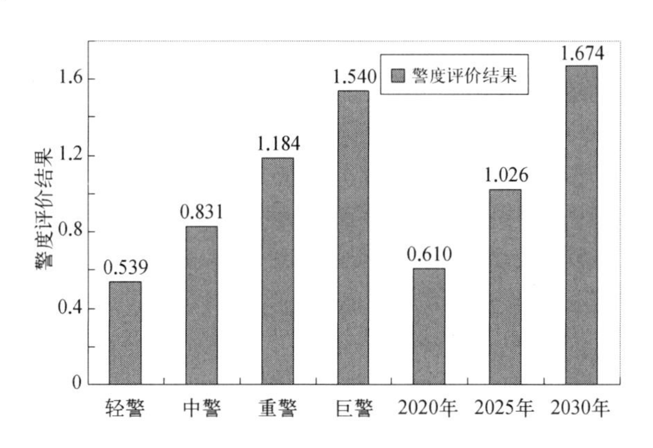

图 10－13　海平面上升 0 cm 上海市水源地供水安全警度评价结果

由于枯季和特枯水情不同海平面上升背景下上海市水源地供水保证率相差不大，故以枯季为例，将海平面上升 10 cm 和 25 cm 对应的各预警指标的特征值带入熵权模糊物元预警评价模型中，可以计算出海平面上升 10 cm 和 25 cm 时上海市 2020 年、2025 年和 2030 年水源地供水安全的预警等级，见图 10－14、10－15。

将上海市水源地供水安全预警评价模型中的 7 个评价对象轻警、中警、重警、巨警、2020 年、2025 年、2030 年所对应的加权欧氏距离分别记做 d_1、d_2、d_3、d_4、d_5、d_6、d_7，依据本书 10.2.5 中上海市水源地供水安全预警等级划分标准，可以得到不同海平面上升背景下各规划水平年上海市水源地供水安全预警等级。

当海平面上升 0 cm 时，$d_1 < d_5 < d_2$，2020 年海平面上升背景下上海市水源地供水安全预警等级为轻警，用蓝色预警信号表示；$d_2 < d_6 < d_3$，2025 年海平面上升背景下上海市水源地供水安全预警等级为中警，用黄色预警信号表示；$d_7 > d_4$，2030 年海平面上升背景下上海市水源地供水安全预警等级为巨警，用红色预警信号表示。

当海平面上升 10 cm 时，$d_2 < d_5 < d_3$，2020 年海平面上升背景下上海市水源地供水安全预警等级为中警，用黄色预警信号表示；$d_3 < d_6 < d_4$，2025 年海平面上升背景下上海市水源地供水安全预警等级为重警，用橙色预警信号表示；$d_7 > d_4$，2030 年海平面上升背景下上海市水源地供水安全预警等级为巨警，用红色预警信号表示。

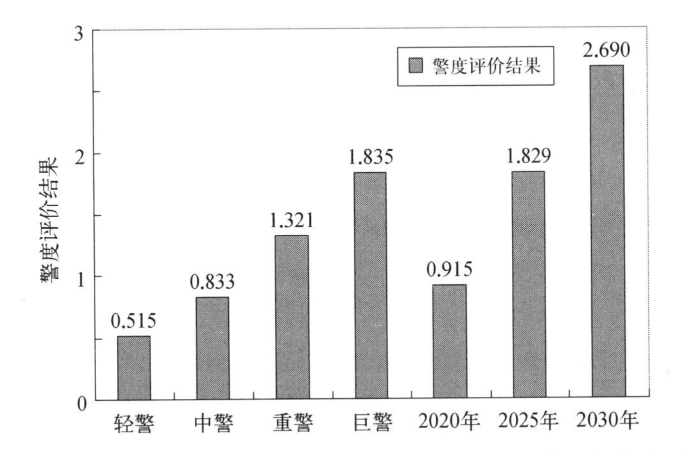

图 10-14　海平面上升 10 cm 上海市水源地供水安全警度评价结果

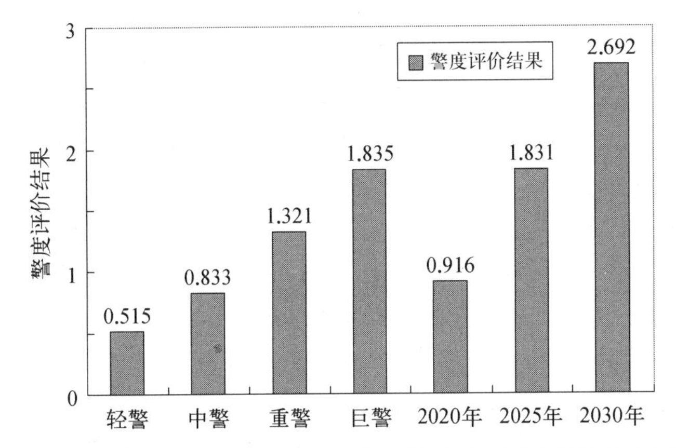

图 10-15　海平面上升 25 cm 上海市水源地供水安全警度评价结果

当海平面上升 25 cm 时，$d_2 < d_5 < d_3$，2020 年海平面上升背景下上海市水源地供水安全预警等级为中警，用黄色预警信号表示；$d_3 < d_6 < d_4$，2025 年海平面上升背景下上海市水源地供水安全预警等级为重警，用橙色预警信号表示；$d_7 > d_4$，2030 年海平面上升背景下上海市水源地供水安全预警等级为巨警，用红色预警信号表示。

在 2020 年和 2025 年，海平面上升 10 cm 时的上海市水源地供水安全预警等级比海平面上升 0 cm 时的预警等级高出一个警度。在 2030 年，海平面上升 10 cm 与海平面上升0 cm相比虽保持相同警度，但海平面上升 10 cm 时，警度综合评价值高出巨警警限 0.861；海平面上升 0 cm 时，警度综合评价值高出巨警警限 0.134。海平面上升 10 cm 比海平面上升 0 cm 时上海市水源地供水安全状况更加危险。

海平面上升 25 cm 与海平面上升 10 cm 相比，2020 年、2025 年和 2030 年的警度综合评价值分别相差 0.01、0.02 和 0.02，海平面上升 25 cm 与海平面上升10 cm 对上海市水源地供水安全的影响程度相差不大。

10.3 海平面上升背景下上海市水源地供水安全预警系统的设计

10.3.1 系统需求分析

长江三角洲是我国经济最发达的地区，由于地势低平、地面沉降较为强烈，成为受海平面上升影响最为严重的脆弱地区，尤其是地处长江口特殊地理位置的上海，大范围的海面上升导致的长江口咸潮入侵频率、强度加剧，影响范围扩大以及持续时间增长(杨桂山等，1993)，将对上海市供水水源地的水质带来严重影响。1978～1979年严重盐水入侵期间，整个崇明岛被盐水包围长达5个月之久，吴淞水厂氯化物超标持续时间近3个月，造成的直接经济损失超过1 400万元，间接经济损失超过2亿元(茅志昌等，1993)。1998～2006年，陈行水源地共遭受咸潮入侵61次，2011年4～5月份，发生了历史上不曾有过的春季盐水入侵。随着长江口盐水入侵的加剧，以及未来上海市人口规模和用水需求的上升，上海市水源地供水安全将面临更为严峻和复杂的考验。2014年2月，上海市长江口水源地遭遇历史上持续时间最长的咸潮入侵，对陈行水厂的正常运行产生较大影响，局部地区饮用水的口感已受影响。

目前上海市已在青草沙水库建立了咸潮入侵预警预报系统，通过长江入海口20余个氯化物监测点的监测，实时动态掌握并预测咸潮入侵的时间与影响范围并及时启动预案。但是，上海市目前的水源地供水安全预警系统都是基于长江河口盐水入侵时氯化物浓度的实时监测和短期预测而构建的，并未将中长期尺度下海平面上升对上海市未来水资源规划水平年的供水安全影响模块纳入到预警系统的研发当中，而且传统的咸潮入侵预报往往只针对单一的氯化物浓度指标，但供水安全是一个涉及自然、社会、经济等领域的综合问题，需综合考虑影响城市供水安全的各个风险因子，通过建立风险指标间的关系以及动态的获取各风险指标的预测值，预报预警未来海平面上升背景下上海市水源地供水安全预警等级。

考虑到传统的咸潮入侵预警预报系统不适于预报中长期尺度下海平面上升对上海市水源地供水安全的影响，因此需要采取新的研究方法和技术手段开展未来10至20年海平面上升背景下上海市水源地供水安全预警研究，面向上海市水务部门设计一款用于水源地供水安全风险评价与管理决策的预警工具。它一方面能够实现上海市水源地供水安全信息的可视化、科学化、高效化管理，提高未来气候变化和海平面上升背景下城市供水安全风险预报能力、预警水平和信息共享水平；另一方面在潜在灾害性事件出现时，还可为相关部门的科学管理和宏观决策提供有力的技术支持。因此研制海平面上升背景下上海市水源地供水安全预警系统十分必要。

10.3.2 系统开发环境

海平面上升背景下上海市水源地供水安全预警系统是一个多用户交互协议网

站，它是基于C#和JavaScript语言，借助Visual Studio 2008开发平台，通过ADO.NET技术实现对ACCESS数据库的连接，通过ASP.NET技术在服务器上生成的一款具有信息管理、预测、分析、评价、决策功能的中长期预警工具。

10.3.2.1　Visual Studio 2008平台

Visual Studio是Microsoft公司推出的新一代面向网络、支持各种用户终端的集成了VB.NET、C#.NET、ASP.NET的开发环境。Visual Studio 2008具有可视化设计界面，将整个解决方案的管理和开发集成到一起，支持所见即所得的应用程序设计，具有设计、开发、调试和部署功能，能够快速、轻松生成Windows应用程序、Web应用程序、移动应用程序和XML Web服务。Visual Studio的主要特点如下(汪维华等，2011)。

① 集成的Web服务器。运行ASP.NET Web应用程序需要Web服务器软件，Visual Studio内集成了用于开发的Web服务器，用户可以从设计环境中直接运行网站，保证了测试网站的安全性。

② 多语言开发。Visual Studio包含C#、Visual Basic.NET、Visual C++.NET等多个开发语言，同时还为第三方语言工具厂商提供了接口，只要支持CLS公共语言规范的语言都可以继承到Visual Studio环境中。

③ 更少的代码。当向一个网页添加新的控件、附加事件处理程序或调整格式的时候，用户只需要在Visual Studio 2008可视化界面中进行单击或拖动等操作，Visual Studio就可以帮助用户自动生成代码。

④ 直观的编码风格。在默认情况下，Visual Studio在用户输入代码的时候会自动格式化代码并且使用不同的颜色来表示各种元素，如注释。这些小的不同使得代码更具有可读性而且少出错。

10.3.2.2　C#语言

C#是Visual Studio.NET的核心开发语言，具有简单、方便、安全等优点，体现了当今最新的程序设计技术的功能和精华。C#在设计上具有如下优点(茅志昌等，1993)。

① 简洁易用的语法。它继承C和C++强大功能的同时去掉了一些它们的复杂特性，C#在CLR层面统一了数据类型，使得Visual Studio.NET上的不同语言具有相同的类型系统。

② C#支持面向对象开发。面向对象的设计使事物之间的关系和操作过程简单明了。其中封装使代码更安全、更有意义；继承增强了代码的复用性；多态提升了代码的维护性和扩展性。

③ 类型安全性。C#能够避免类型转换、数据类型越界等类型问题，有效改善代码类型的安全性和可靠性。除此之外，C#语言在版本转换、事件和资源回收管理等方面也进行了相当大的改进和创新。

10.3.2.3　ADO.NET技术

ADO.NET是Visual Studio.NET平台全新的数据库访问技术，它提供了丰富的组件来创建分布式、数据共享应用程序。ADO. NET 被设计用来支持断开连接的数据结构，以便提供对关系数据、XML 和应用程序数据的访问。ADO. NET 将数据访问分解为多个独立组件，这些组件可以被单独使用或组合使用(杨富国，2009；Vidya Vrat Agarwal et al.，2009)。

ADO. NET 的组成如图 10－16 所示。

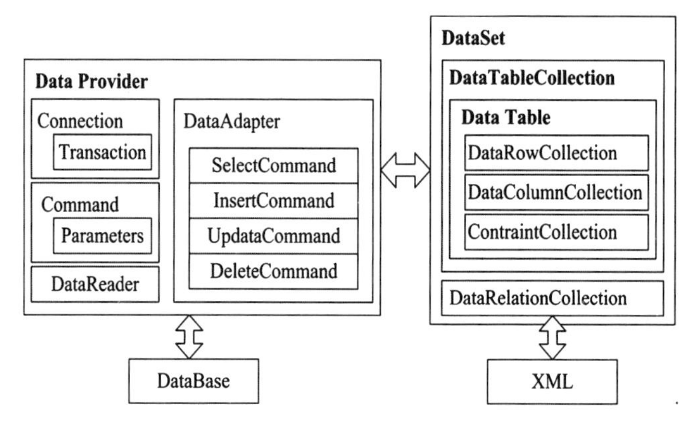

图 10－16　ADO. NET 的组成

Data Provide 能够将 DataSet 和源数据连接起来，Data Provide 由建立连接的 Connection 对象、执行查询操作的 Command 对象、检索只读数据集的 DataReader 对象和填充 DataSet 数据集的 DataAdapter 对象组成。DataSet 类似于数据库，以表的形式在程序中存放数据，将数据表示为集合和数据类型。DataSet 有表、行、列、关系、约束、视图等对象。在海平面上升背景下上海市水源地供水安全预警系统中 ADO. NET 作为关键技术主要用于数据管理模块。

10. 3. 2. 4　ASP. NET 技术

ASP. NET 是一种建立在通用语言上的程序架构，通过 ASP. NET 能够构建更安全、更强、可升级、更稳定的网络应用程序，其主要特点如下(蔡继文，2009)：

① 简易性。ASP. NET 开发模型在提高代码的重用性方面具有优势。ASP. NET具有面相对象性，能够提供更好的语言支持，采用可执行的编译型代码，使开发过程变得简单容易。

② 灵活性。ASP. NET 的模块化与组件化特点，方便开发者对应用程序进行整合和扩展。界面设计和程序设计以不同的文件分离，有效缩短了 Web 应用程序的开发周期。

③ 可管理性。基于可扩展基础结构的 ASP. NET 的配置系统，应用程序的部署不依赖于本地管理工具，配置文件的任何变化都可以被自动检测到并应用于应用程序。

10.3.3　系统目标设计

设计开发海平面上升背景下上海市水源地供水安全预警系统，是为了方便相关使用者对上海市水源地供水安全信息进行高效直观的管理,为城市水务部门的决策和建设提供有力的技术支持。系统要实现的目标主要包括以下几个方面。

① 信息显示与查询。在 Visual Studio. NET 平台上,连接数据库,可查询并显示数据库中的信息。

② 信息更新与维护。通过建立数据库对数据进行管理,提供良好的人机交互式的数据更新与维护方式。

③ 预警等级的计算与评价。利用数据库提供的基础数据,通过应用预警等级评估等模型,获得预警结果。

④ 预警信息的可视化表达。通过专题图的制作显示并输出预警结果,以图文的形式发布预警信号和预控措施。

10.3.4 系统结构设计

系统的设计采用浏览器/服务器(B/S)架构体系,按照数据层、业务层、模型层、响应层四层逻辑结构建构而成。系统的结构体系如图 10-17 所示。

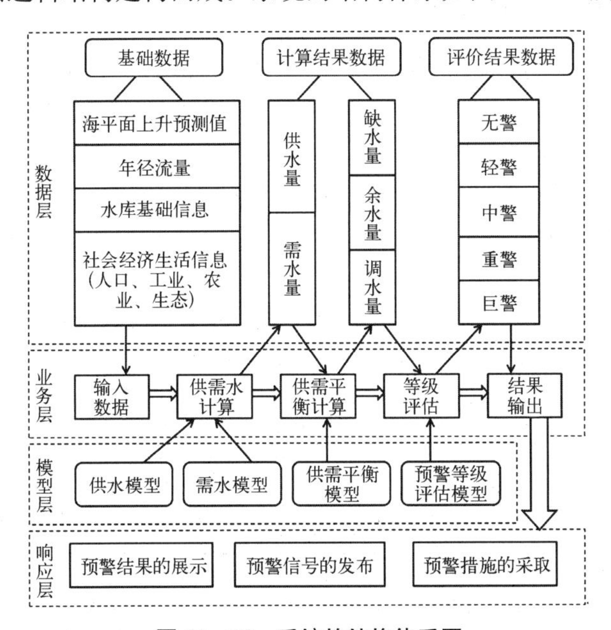

图 10-17 系统的结构体系图

数据层采用 ACCESS 数据库存储数据,其中包括元数据、海平面上升预测值、径流量、各水库基础信息以及包括人口、工业、农业、生态四方面在内的社会经济生态信息。

模型层存储的是供水模型、需水模型、供需平衡模型和预警等级评估模型。

业务层利用数据库中提供的基础数据和模型层中提供的模型,对海平面上升背景下上海市水源地供水安全预警等级进行评估,并将相应结果返回到数据层中。

响应层对预警结果进行专题图制作并将专题图直观地呈现给用户，以文字、图表、广播等形式发布预警信号和预警措施的实施方案。

根据系统的逻辑结构和系统目标的设计，海平面上升背景下上海市水源地供水安全预警系统的应用流程为以下几点。

① 数据管理。查询上海市水资源数据，了解上海市水源地供水基本情况。

② 图表分析。查看上海市各用水系统用水量变化趋势图，了解上海市用水量变化情况。

③ 供水情景模拟。选择供水情景模拟方案，模拟不同海平面上升和径流量组合下上海市各水源地的供水情况。

④ 需水情景模拟。在 Vensim 软件中建立上海市需水量预测系统动力学(SD)模型，预测上海市需水情况。

⑤ 预警等级判定。根据供需水情景模拟结果，判定不同海平面上升背景下上海市水源地供水安全预警等级。

10.3.5 系统功能设计

根据系统设计目标和用户需求，将海平面上升背景下上海市水源地供水安全预警系统划分为 6 个模块，如图 10－18 所示。各模块的主要功能介绍如下。

(1) 数据管理模块

显示和管理 2000～2010 年上海市水资源概况、上海市人口数量和上海市水资源利用情况数据。具体的操作功能包括查询、修改、删除、分类、排序等。

(2) 图表分析模块

根据 2000～2010 年上海市水资源统计数据绘制柱状图、折线图和饼状图，对上海市同一用水系统和不同用水系统之间近十年用水量变化情况进行统计分析。

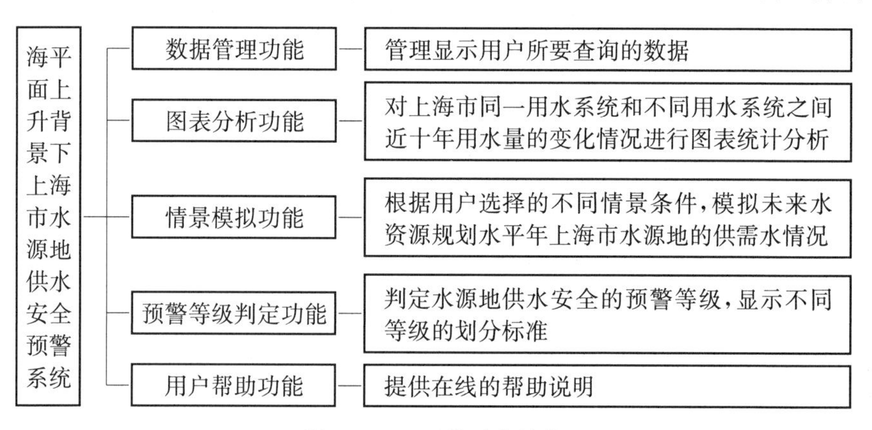

图 10－18 系统功能结构

(3) 供水情景模拟模块

通过选择不同的海平面上升值和径流量类型，获得一种情景组合方案，计算该情境下上海市各水源地的可供水量。

(4) 需水情景模拟模块

在 Vensim 软件中建立上海市需水量中长期预测系统动力学模型,以 2010 年的数据为初始值,根据建立好的上海市需水量预测 SD 模型,预测至 2050 年的上海市居民生活需水量、工业需水量、农业需水量和城市公共生活需水量。

(5) 预警等级判定模块

根据供需水情景模拟结果,系统自动判定海平面上升 0 cm、10 cm 和 25 cm 时 2020 年、2025 年和 2030 年上海市各水源地供水安全的预警等级和上海市所有水源地供水安全的综合预警等级。

(6) 用户帮助模块

为用户提供系统功能和操作的解释说明,以在线帮助文档的形式帮助用户了解海平面上升背景下上海市水源地供水安全预警系统的基本信息和使用方法。

10.4 海平面上升背景下上海市水源地供水安全预警系统的实现

在系统需求研究、系统关键技术研究和系统设计研究的基础上,开发了海平面上升背景下上海市水源地供水安全预警系统(计算机软件著作权登记号:2013SR021637)。该系统利用 ADO. NET 技术实现对数据库的连接与访问,使应用程序能够与一个或多个数据库进行交互操作与管理,在浏览器/服务器(B/S)模式下通过 C# 语言和 JavaScript 语言实现系统各功能,利用 ASP. NET 技术在 Web 服务器上进行应用程序的开发。其实现方案见图 10 - 19。

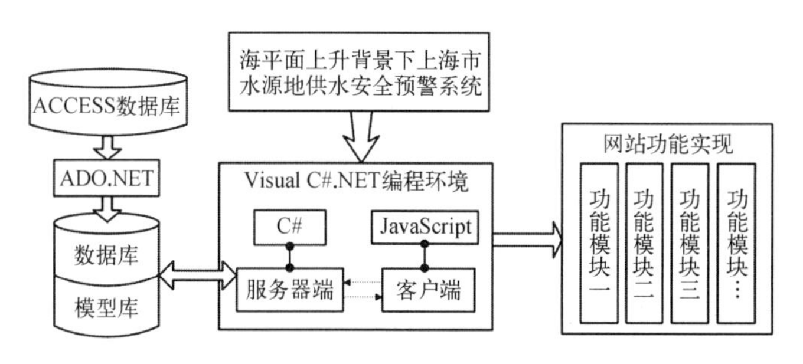

图 10 - 19　系统的实现方案图

海平面上升背景下上海市水源地供水安全预警系统主要由五个功能模块组成:数据管理功能、图表分析功能、供水情景模拟功能、需水情景模拟功能和预警等级判定功能。系统的主界面由上部标题栏、侧边工具栏和中心显示区组成,如图 10 - 20 所示。

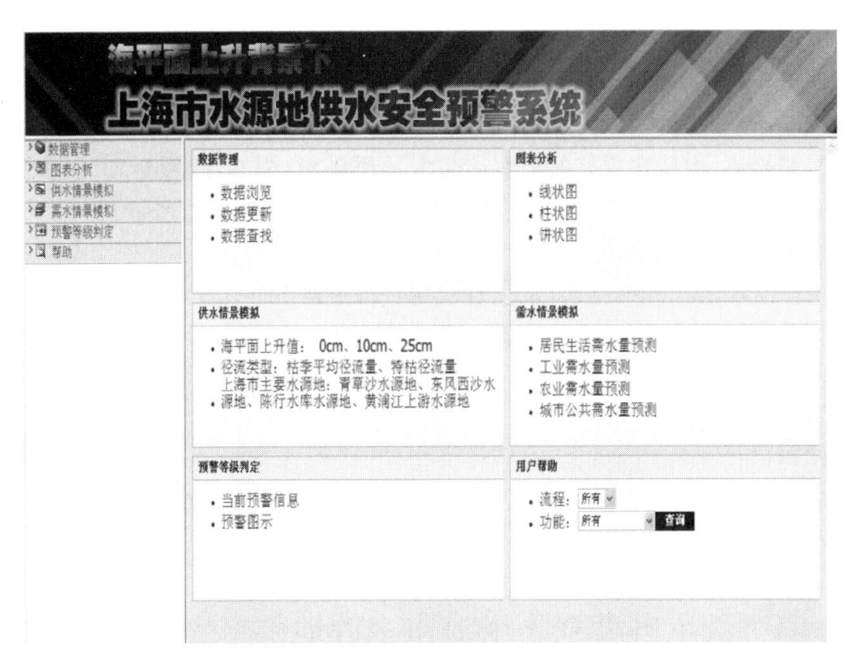

图 10-20　系统主界面图

10.4.1　数据管理

本模块可以通过数据浏览、数据排序和数据查找等功能对2000～2010年上海市水资源情况和人口数量进行准确、直观的信息查询。海平面上升背景下上海市水源地供水安全预警系统支持微软的ACCESS数据库，其具有良好的操作性能，易于管理和维护，并保证系统的数据共享。实现数据查询功能的关键步骤是对ACCESS数据库的访问。通过ADO.NET技术实现对ACCESS数据库访问从而对数据进行查询和排序的主要步骤如下：

① 创建一个新的DataView对象mydv。

② 创建一个新的DataSet对象myds。

③ 创建一个新的OleDbConnection对象myconn，并连接到ACCESS的数据库。

④ 使用Connection对象的Open()方法打开数据库。

⑤ 创建一个新的OleDbDataAdapter对象myda，并执行SQL命令从ACCESS数据源选择记录。

⑥ 使用OleDbDataAdapter对象的Fill()方法将数据从数据源加载到DataSet中。

⑦ 使用DataSet的Table属性将数据表与DataView相关联。

⑧ 使用DataView对象的Sort属性对数据进行排序。

⑨ 将 DataView 绑定到前台的控件 GridView 上。

⑩ 使用 Connection 对象的 Close()方法关闭数据库。

10.4.2　图表分析

本模块的功能是通过绘制柱状图、折线图和饼状图对 2000～2010 年上海市水资源概况和水资源利用情况进行连续分析，使用户直观地获得其变化特征和规律。实现图表分析的关键步骤在于借助 ZedGraph 图形控件在 ASP. NET Web Form 中绘制二维线型图、柱状图和饼图。ZedGraph 是一个功能强大的用于 Windows 窗体和 ASP 网页的图形控件，在创建二维曲线、柱状图和饼状图时具有极大的灵活性。使用 ZedGraph 生成柱状图、折线图的关键代码如下。

① 对 ZedGraph 进行初始化操作并在 page_load()中加载初始化函数。

② 引用 ZedGraph 控件并创建 GraphPane 对象 myPane。

③ 初始化一个 PointPariList 对象 line。

④ 设定图表数组绑定，在 PointPairList 对象中根据自己的需要添加绑定的数据。

⑤ 使用 myPane 的 AddBar 方法创建一个柱形 myBar，设置 myBar 的标签名称、y 轴中绑定的数据，对 myBar 柱形区域进行颜色填充。

⑥ 使用 myPane 的 AddCurve 方法创建一个线形 myCurve，设置 myCurve 的标签名称、y 轴中绑定的数据、线形颜色和线形符号，对 myCurve 的符号颜色进行填充。

⑦ 通过 for 循环逐一使用 myPane 的 AddPieSlice 方法添加饼图大圆里的每一个切片，设置切片的数据来源和标签名称，并通过随机函数 GetRandomColor 设置切片颜色。

⑧ 填充 myPane 的背景色，设置图例样式。

⑨ 设置 myPane 的 title、XAxis 和 YAxis 的标题，柱形和图例的宽度以及字体的大小。

⑩ 调用 ZedGraphControl. AxisChange()方法更新 X 和 Y 轴的范围。

10.4.3　供水情景模拟

本模块的主要功能是根据用户自主选择的海平面上升值和径流量类型(海平面上升值设置 0 cm、10 cm 和 25 cm 三种情况，径流量类型设置枯季平均径流和特枯水文年径流两种类型)，确定一种情景组合方案，根据长江河口盐水入侵三维数值模型计算出不同组合情景下长江口主要水源地——陈行水库、青草沙水库和东风西沙水库的可供水量模拟结果。实现供水情景模拟的关键步骤是可视化地图查询功能的设计，该设计的目的是实现鼠标经过地图相应区域时弹出提示信息的地图热点效果，其实质是把一幅图片划分为不同的热点区域，再让不同的区域进行超链接。在本模块中当鼠标滑动到上海市主要水源地供水范围图中任一水库的供水区域时，图中会弹出提示条，显示该水库的日供水能力和可供水量。实现该功能的关键代码如下。

① 构造连接字符串，初始化 OleDbConnection 类的新实例，使用 Open()方法打开连接，创建 OleDbDataReader 的对象 reader，实例化 OleDbCommand，结合 SQL 语句执行查询，利用 reader. Read()方法取得查询字段的值并将其赋值给新定义的字符串 s1。

② 在<img>图像标签中增加一个名为 usemap 的属性设置，usemap 属性指定该图像被用作图像地图，其设置值为所使用的图像热点映射名称。

③ 定义图像地图上各热点区域(<map>标签)的 shape 属性、coordes 位置坐标、指向的 URL 地址信息以及 onmouseover 和 onmouseout 事件。

④ 在 onmouseover 中调用 showHidelayers('***','hide')函数，其作用是通过指定的 id 得到 div 对象，将 div 对象的 visibility 属性改为 visible。在 onmouseout 中调用 showHidelayers('***','show')函数的作用是通过指定的 id 将得到 div 对象的 visibility 属性改为 hidden。被指定的 div 对象的 visibility 属性的默认值为 hidden，且该对象中插入了 literal 控件，literal 控件的文本内容为 s1。

10.4.4 需水情景模拟

本模块的主要功能是利用海平面上升背景下上海市水源地供水安全预警系统提供的 Vensim 安装软件和在 Vensim 下建立的上海市需水量预测 SD 模型，预测 2010～2050 年的上海市居民生活需水量、工业需水量、农业需水量和城市公共生活需水量。实现需水情景模拟的关键步骤是在 Vensim 中建立上海市需水量预测 SD 模型。使用 Vensim 建立系统动力学模型的主要步骤是：第一步，明确系统研究的主要问题，确定模型边界。第二步，将系统划分成多个子系统，确定各子系统的要素，根据因果关系图画出系统流图。第三步，将流图中的关系进一步量化，输入参数初始值，根据变量间的关系式书写系统动力学方程。第四步，模型的有效性校验。第五步，模型的模拟和分析。根据以上步骤在 Vensim 软件中建立的上海市需水量预测 SD 模型的流程图如图 10-21 所示。

模型中各变量间的函数关系如下。

(1) 居民生活需水系统

居民生活需水量＝常住人口 * 人均生活用水量/10 000。

人均生活用水量＝EXP[－2.396 17＋0.672 549×LN (人均可支配收入)－0.564 96×LN (居民自来水价)]。

人均可支配收入＝INTEG(人均可支配收入变化量，31 838)；人均可支配收入变化量＝人均可支配收入 * 人均可支配收入变化率；人均可支配收入变化率＝0.105。

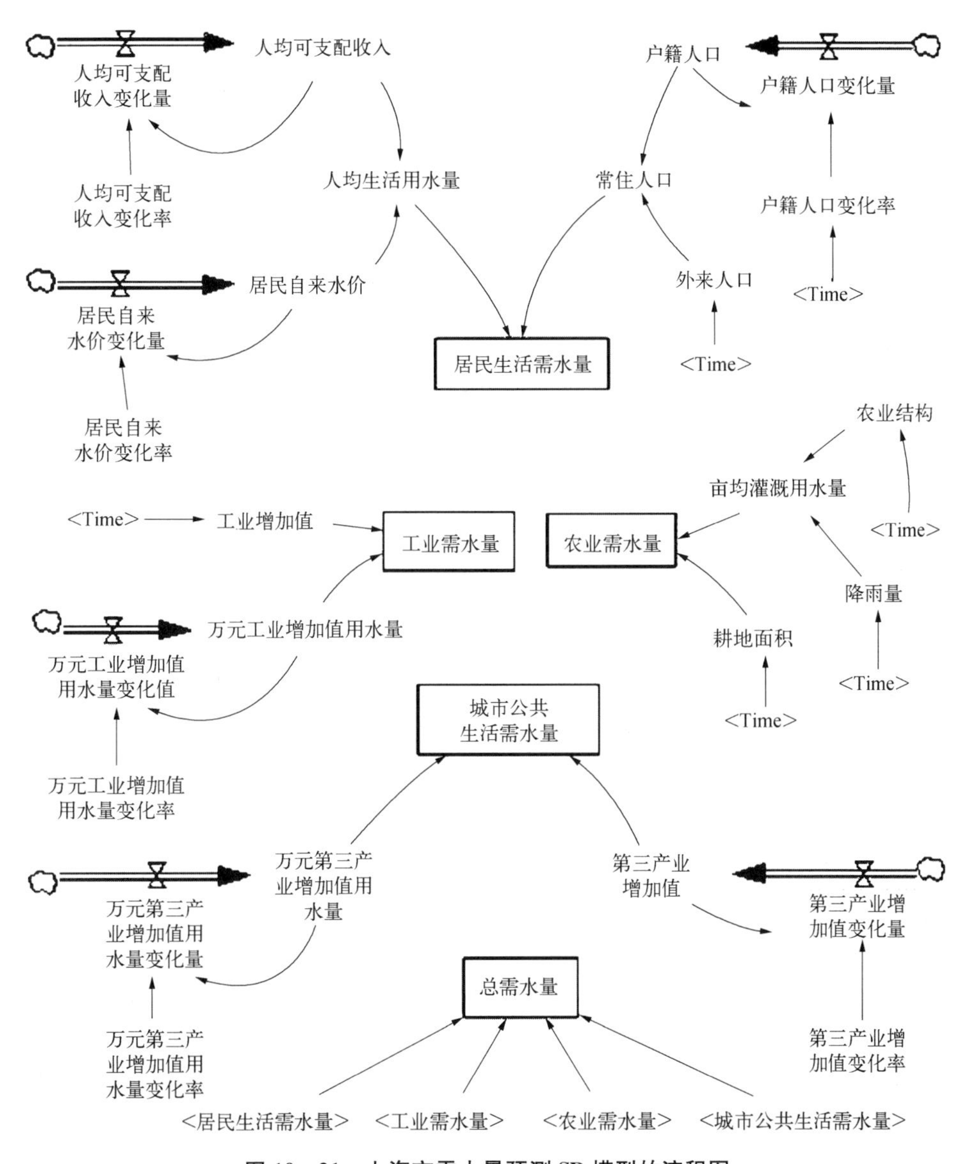

图 10-21　上海市需水量预测 SD 模型的流程图

居民自来水价＝INTEG(居民自来水价变化量,2.85);居民自来水价变化量＝居民自来水价＊居民自来水价变化率;居民自来水价变化率＝0.076。

常住人口＝户籍人口＋外来人口。

户籍人口＝INTEG (户籍人口变化量,1 412.32);户籍人口变化量＝户籍人口＊户籍人口变化率。

户籍人口变化＝WITHLOOKUP{[(2010, 0)－(2050, 0.1)],(2010, 0.008),(2015, 0.01), (2020, 0.012), (2025, 0.013), (2030, 0.013 5),(2040, 0.014),(2050, 0.0145)}。

外来人口＝WITHLOOKUP{([(2010，0)－(2050，4 000)]，(2010，897.95)，(2015，1 008.43)，(2020，1 141)，(2025,1 230)，(2030，1 490)，(2035，1 718)，(2040，1 991)，(2045，2 319)，(2050，2 711.5)}

(2) 工业需水系统

工业需水量＝工业增加值×万元工业增加值用水量/1 0000。

万元工业增加值用水量＝INTEG(万元工业增加值用水量变化量,131)；万元工业增加值用水量变化量＝万元工业增加值用水量 * 万元工业增加值用水量变化率；万元工业增加值用水量变化率＝－0.106。

工业增加值＝129 * EXP[0.119 1×(Time－1977)]。

(3) 农业需水系统

农业需水量＝耕地面积×15×亩均灌溉用水量/10 000。

亩均灌溉用水量＝EXP[4.4＋1.027 * LN (农业结构 * 100)－0.28 * LN (降雨量)]。

农业结构＝0.3513 * EXP[(0.135 5 * LN (Time－2002))]。

耕地面积＝－3.45 * LN (Time－2001) ＋27.926。

(4) 城市公共生活需水量

城市公共生活需水量＝万元第三产业增加值用水量 * 第三产业增加值/10 000。

万元第三产业增加值用水量＝INTEG (万元第三产业增加值用水量变化量，111.77)；万元第三产业增加值用水量变化量＝万元第三产业增加值用水量 * 万元第三产业增加值用水量变化率；万元第三产业增加值用水量变化率＝－0.090 12。

第三产业增加值 ＝INTEG (第三产业增加值变化量，9 833.51)；第三产业增加值变化量＝第三产业增加值 * 第三产业增加值变化率；第三产业增加值变化率＝0.148 2。

(5) 上海市需水总量

总需水量＝农业需水量＋居民生活需水量＋工业需水量＋城市公共生活需水量。

10.4.5　预警等级判定

本模块的主要功能是根据熵权模糊物元理论，构建海平面上升背景下上海市水源地供水安全预警等级评估模型，评估海平面上升背景下上海市各水源地的供水安全预警等级以及所有水源地供水安全的综合预警等级。实现预警等级判定的关键步骤在于编写多个C＃二维数组的分支判断与嵌套循环公式，计算上海市水源地供水安全预警评估模型中各评价指标的熵权，并在此基础上计算该预警等级评估模型与标准评估模型之间的加权欧氏距离。数组循环和判断主要是用于对同一类型的数据进行批量处理，根据循环条件判断结果重复执行代码，实现该功能的关键步骤如下。

① 建立数据库引擎链接 OleDbConnection，使用 Open()方法打开连接，建立适配器 OleDbDataAdapter，通过 SQL 语句搜索数据库，建立数据集 DataSet，用 Fill 的方式将适配器已经连接好的数据表填充到数据集中。

② 声明 double 类型的一维数组 d[ ]、w[ ]和二维数组 b[,]、f[,]，通过 double. Parse 方法将数据表中的数据赋值给数组元素，对数组进行初始化。

③ 使用 for 循环访问数组 b 并将各元素进行归一化处理和熵权计算，计算公式见公式(10－10、10－11、10－12、10－13)，赋值后得到预警标准评估数组 f 以及预警指标权重数组 w。

④ 使用 for 循环语句和 if 条件语句遍历数组并对数组中某些元素使用 Math 函数中的 Sqrt、Log 等方法计算其与 f 中相应元素的加权欧式距离，计算公式见公式(10－20)，将计算结果循环赋值给数组 d。

⑤ 使用 if 语句判断 d[i]与各预警阈值的关系，并将预警结果以文本形式输出到 Literal 控件的 Text 属性中。

10.5　海平面上升背景下上海市水源地供水安全预警系统的使用说明

海平面上升背景下上海市水源地供水安全预警系统是一个多用户交互协议网站，用于海平面上升背景下上海市水源地供水风险状况的识别和预警等级的评估。它是一套适用于中长期尺度的水源地供水安全预警系统，具有数据分析、情景模拟和预警等级评估等功能。

10.5.1　数据管理模块操作说明

数据管理功能可提供的基础数据包括“上海市水资源概况数据”、“上海市人口统计数据”和“上海市水资源利用情况数据”，点击左侧工具栏的“数据管理”标签下的任一数据表名称，可进行相应的数据查询和分析操作。

10.5.1.1　上海市水资源概况

点击“上海市水资源概况”，可通过年份、全市用水总量、工业用水总量、农业用水总量和生活用水总量五个方面对数据表中的数据进行查询条件的设置，还可根据这五个方面对上海市水资源概况统计数据进行排序。操作界面如图 10－22 所示。

(1) 查询表格说明

上海市水资源概况统计表共有五列，提供了 2000 年到 2010 年上海市全市用水总量、工业用水总量、农业用水总量和居民生活用水总量数据，如图 10－23 所示。

图 10－22　上海市水资源概况统计操作界面

年份	全市用水总量（亿m^3）	工业用水总量（亿m^3）	农业用水总量（亿m^3）	生活用水总量（亿m^3）
2000	108.42	78.66	15.31	14.45
2001	106.34	77.54	13.72	15.08
2002	99.59	72.53	11.98	15.08
2003	101.73	70.61	15.57	15.56
2004	111.41	76.05	19.23	16.13
2005	114.58	79.38	18.76	16.44
2006	111.56	76.01	18.63	16.93
2007	120.19	81.34	16.46	22.39
2008	119.77	79.55	17.05	23.17
2009	125.2	84.16	17.11	23.93
2010	126.29	84.58	17.08	24.36

图 10－23　上海市水资源概况统计数据

通过设置数据查询条件，并点击查询按钮，可以得到指定年份或指定用水量的上海市水资源概况数据记录。设置数据查询条件的方法是在年份、全市用水总量、工业用水总量、农业用水总量、生活用水总量下拉列表中选择要查询的年份或某用水系统的用水量。设置完数据查询条件后，点击查询按钮，表格中会自动显示上海市水资源概况统计数据中满足该条件的整行数据记录；点击“重置”按钮，可以清空查询条件中各下拉菜单中选择的内容，并返回上海市水资源概况统计的原始操作界面。如图 10－24、10－25 所示。

年份	全市用水总量（亿m^3）	工业用水总量（亿m^3）	农业用水总量（亿m^3）	生活用水总量（亿m^3）
2000	108.42	78.66	15.31	14.45

设置查询条件

年份　2000
全市用水总量
工业用水总量
农业用水总量
生活用水总量

查询　重置

图 10－24　数据查询条件为年份 2000 年

年份	全市用水总量（亿m^3）	工业用水总量（亿m^3）	农业用水总量（亿m^3）	生活用水总量（亿m^3）
2002	99.59	72.53	11.98	15.08

图 10－25　数据查询条件为全市用水总量 99.59 亿 m^3

（2）排序表格说明

可依据年份、全市用水总量、工业用水总量、农业用水总量和生活用水总量五个方面（对应表格中的五列）对上海市水资源概况统计数据的排序条件进行设置。具体的操作方法是：首先在排序下拉菜单中选择用户感兴趣的排序条件，然后选择升序或降序的排序方法并点击确定按钮，即可得到依据用户的选择，对表格中某一列进行排序后的上海市水资源概况统计表中的所有数据。如图 10－26、10－27 所示。

年份	全市用水总量（亿m^3）	工业用水总量（亿m^3）	农业用水总量（亿m^3）	生活用水总量（亿m^3）
2010	126.29	84.58	17.08	24.36
2009	125.2	84.16	17.11	23.93
2008	119.77	79.55	17.05	23.17
2007	120.19	81.34	16.46	22.39
2006	111.56	76.01	18.63	16.93
2005	114.58	79.38	18.76	16.44
2004	111.41	76.05	19.23	16.13
2003	101.73	70.61	15.57	15.56
2002	99.59	72.53	11.98	15.08
2001	106.34	77.54	13.72	15.08
2000	108.42	78.66	15.31	14.45

图 10－26　排序条件为年份

年份	全市用水总量（亿m³）	工业用水总量（亿m³）	农业用水总量（亿m³）	生活用水总量（亿m³）
2003	101.73	70.61	15.57	15.56
2002	99.59	72.53	11.98	15.08
2006	111.56	76.01	18.63	16.93
2004	111.41	76.05	19.23	16.13
2001	106.34	77.54	13.72	15.08
2000	108.42	78.66	15.31	14.45
2005	114.58	79.38	18.76	16.44
2008	119.77	79.55	17.05	23.17
2007	120.19	81.34	16.46	22.39
2009	125.2	84.16	17.11	23.93
2010	126.29	84.58	17.08	24.36

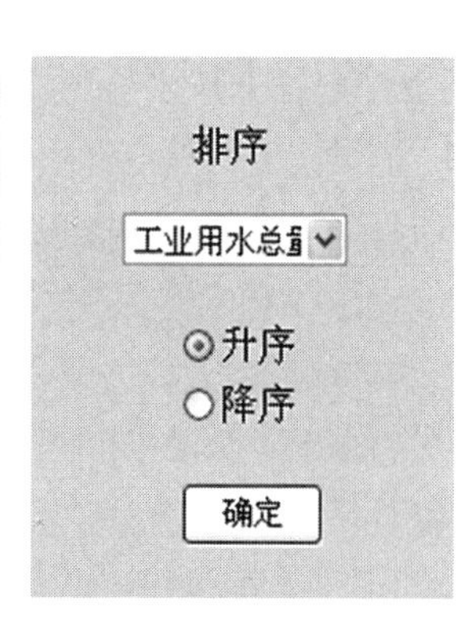

图 10－27 排序条件为工业用水总量

10.5.1.2 上海市人口统计数据

点击“上海市人口统计数据”，可通过年份、常住人口、户籍人口、外来人口四个方面对数据表中的数据进行查询条件的设置，还可根据这四个方面对上海市人口统计数据进行排序。操作界面如图 10－28 所示。查询和排序功能的具体操作方法参见查询表格说明和排序表格说明。

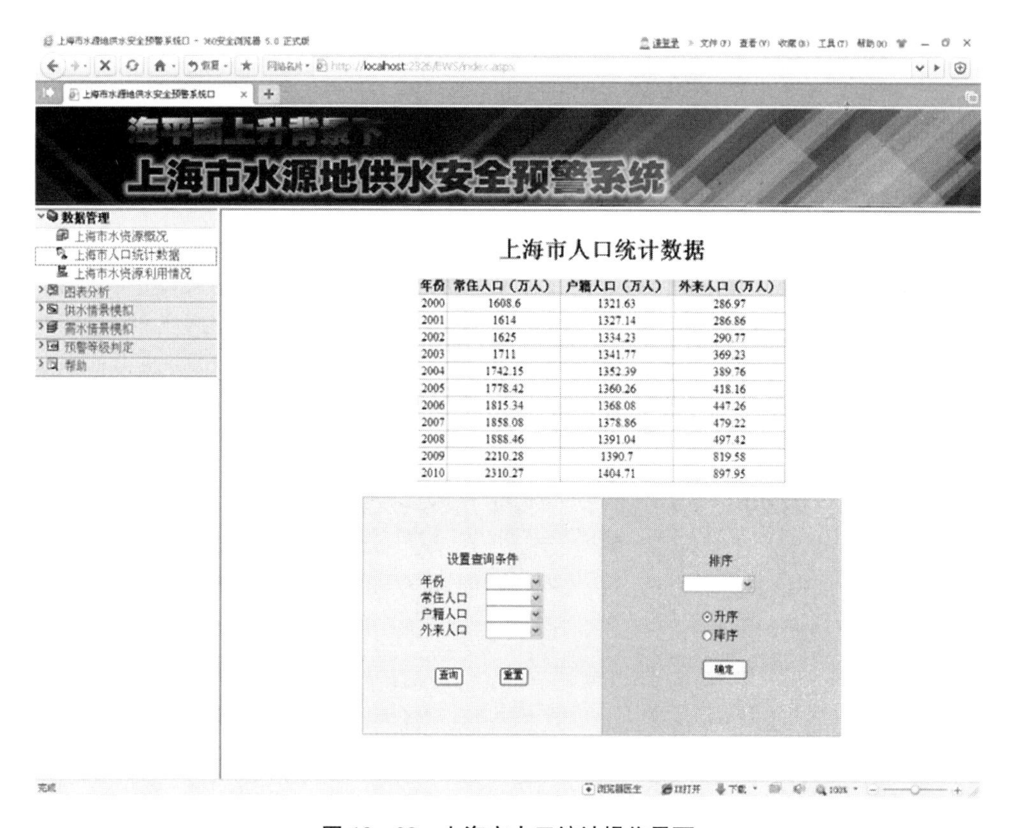

年份	常住人口（万人）	户籍人口（万人）	外来人口（万人）
2000	1608.6	1321.63	286.97
2001	1614	1327.14	286.86
2002	1625	1334.23	290.77
2003	1711	1341.77	369.23
2004	1742.15	1352.39	389.76
2005	1778.42	1360.26	418.16
2006	1815.34	1368.08	447.26
2007	1858.08	1378.86	479.22
2008	1888.46	1391.04	497.42
2009	2210.28	1390.7	819.58
2010	2310.27	1404.71	897.95

图 10－28 上海市人口统计操作界面

10.5.1.3　上海市水资源利用情况

点击“上海市水资源利用情况”，操作界面由“工业用水”、“农业用水”和“生活用水”三部分组成。“工业用水”选项卡的内容包括年份、工业用水指标和上海市近十年工业用水量数据表；“农业用水”选项卡的内容包括年份、农业用水指标和上海市近十年农业用水量数据表；“生活用水”选项卡的内容包括年份、生活用水指标和上海市近十年生活用水量数据表。该模块的主要功能是，根据用户在各选项卡内选择的年份和用水指标，将相应的水资源利用数据显示在各选项卡内的表格中。如图 10－29 所示。

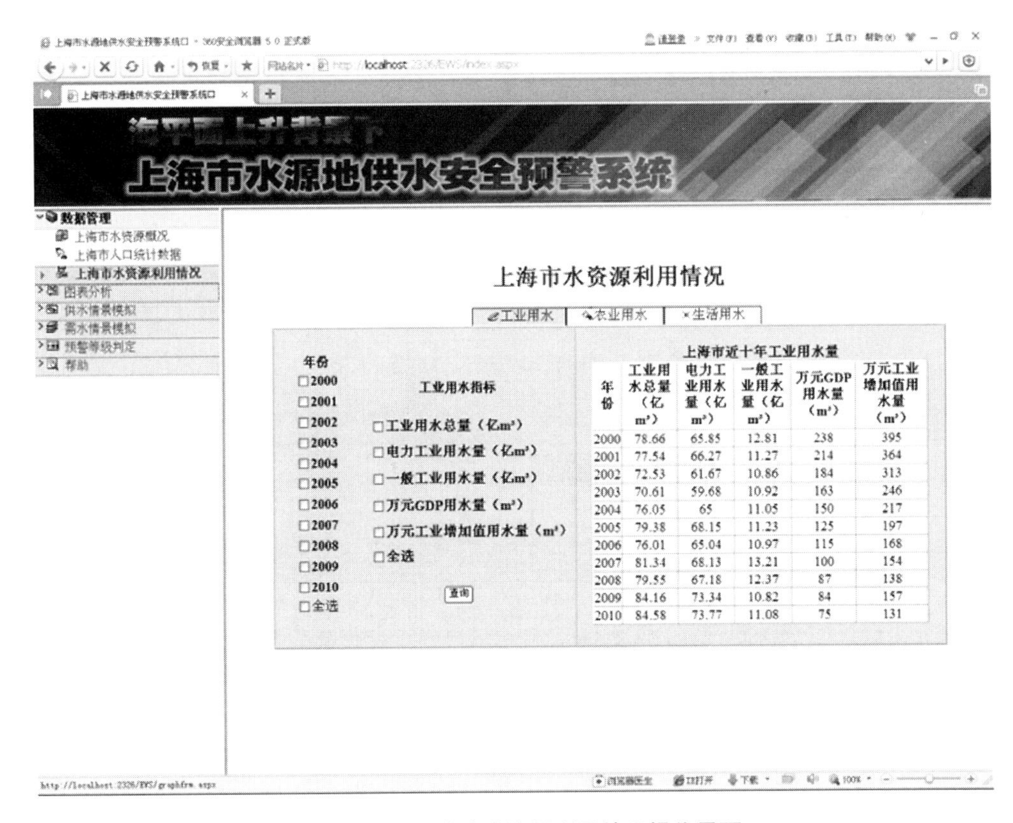

年份	工业用水总量（亿m³）	电力工业用水量（亿m³）	一般工业用水量（亿m³）	万元GDP用水量（m³）	万元工业增加值用水量（m³）
2000	78.66	65.85	12.81	238	395
2001	77.54	66.27	11.27	214	364
2002	72.53	61.67	10.86	184	313
2003	70.61	59.68	10.92	163	246
2004	76.05	65	11.05	150	217
2005	79.38	68.15	11.23	125	197
2006	76.01	65.04	10.97	115	168
2007	81.34	68.13	13.21	100	154
2008	79.55	67.18	12.37	87	138
2009	84.16	73.34	10.82	84	157
2010	84.58	73.77	11.08	75	131

图 10－29　上海市水资源利用情况操作界面

(1) 工业用水相关数据查询

在上海市水资源利用情况操作界面中点击“工业用水”选项卡，设置查询条件，提供满足查询条件的工业用水相关数据。数据查询条件的设置方法为：在年份复选框列表中选择感兴趣的年份(2000～2010 年)；在工业用水指标复选框列表中选择感兴趣的工业用水指标，具体的工业用水指标有：工业用水总量(亿 m^3)、电力工业用水量(亿 m^3)、一般工业用水量(亿 m^3)、万元工业增加值用水量(m^3)和万元 GDP 用水量(m^3)；然后点击“查询”按钮，表格中即可显示所选择的各项工业指标在所查询年份对应的指标值。在设置查询条件时，还可以直接点击“全选”复选框。点击年份下面的“全选”复选框可选中界面中的所有年份，再次点击则可清除所有已选择的年份；点击工业用水指标下面的“全选”复选框可选中界面中的所有工业用水指标，再次点击则可清除所有已选择的工业用水指标。如果没有选中任何年份或工业用水指标，点击查询按钮时会出现“请选择年份/工业用水指标”提示框。如图 10－30 所示。

工业用水　农业用水　生活用水

年份
☑2000
☑2001
☑2002
☑2003
☑2004
☑2005
☑2006
☑2007
☑2008
☑2009
☑2010
☑全选

工业用水指标
☑工业用水总量（亿m³）
☑电力工业用水量（亿m³）
☑一般工业用水量（亿m³）
☐万元GDP用水量（m³）
☐万元工业增加值用水量（m³）
☐全选

查询

上海市近十年工业用水量

年份	工业用水总量（亿m³）	电力工业用水量（亿m³）	一般工业用水量（亿m³）
2000	78.66	65.85	12.81
2001	77.54	66.27	11.27
2002	72.53	61.67	10.86
2003	70.61	59.68	10.92
2004	76.05	65	11.05
2005	79.38	68.15	11.23
2006	76.01	65.04	10.97
2007	81.34	68.13	13.21
2008	79.55	67.18	12.37
2009	84.16	73.34	10.82
2010	84.58	73.77	11.08

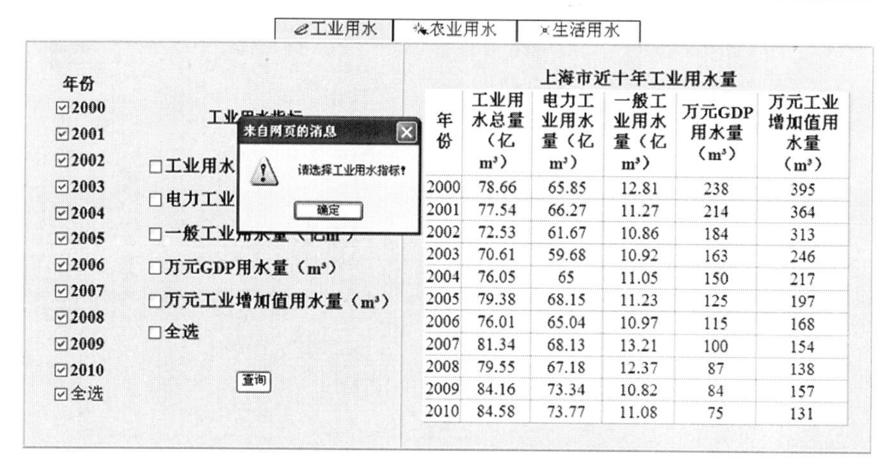

年份	工业用水总量（亿m³）	电力工业用水量（亿m³）	一般工业用水量（亿m³）	万元GDP用水量（m³）	万元工业增加值用水量（m³）
2000	78.66	65.85	12.81	238	395
2001	77.54	66.27	11.27	214	364
2002	72.53	61.67	10.86	184	313
2003	70.61	59.68	10.92	163	246
2004	76.05	65	11.05	150	217
2005	79.38	68.15	11.23	125	197
2006	76.01	65.04	10.97	115	168
2007	81.34	68.13	13.21	100	154
2008	79.55	67.18	12.37	87	138
2009	84.16	73.34	10.82	84	157
2010	84.58	73.77	11.08	75	131

图 10－30　工业用水相关数据查询

(2) 农业用水相关数据查询

在上海市水资源利用情况操作界面中点击“农业用水”选项卡，通过设置查询条件，表格可提供满足查询条件的农业用水相关数据。数据查询条件的设置方法为：在年份复选框列表中选择感兴趣的年份(2000～2010 年)，在农业用水指标复选框列表中选择感兴趣的农业用水指标，具体的农业用水指标有农业用水总量(亿 m^3)和农田灌溉亩均用水量(m^3)，然后点击“查询”按钮，表格中即可显示所选择的各项工业指标在所查询年份对应的指标值。在设置查询条件时，还可以直接点击“全选”复选框。点击年份下面的“全选”复选框可选中界面中的所有年份，再次点击则可清除所有已选择的年份；点击农业用水指标下面的“全选”复选框可选中界面中的所有农业用水指标，再次点击则可清除所有已选择的农业用水指标。如果没有选中任何年份或农业用水指标，点击查询按钮时会出现“请选择年份/农业用水指标”提示框。如图 10－31 所示。

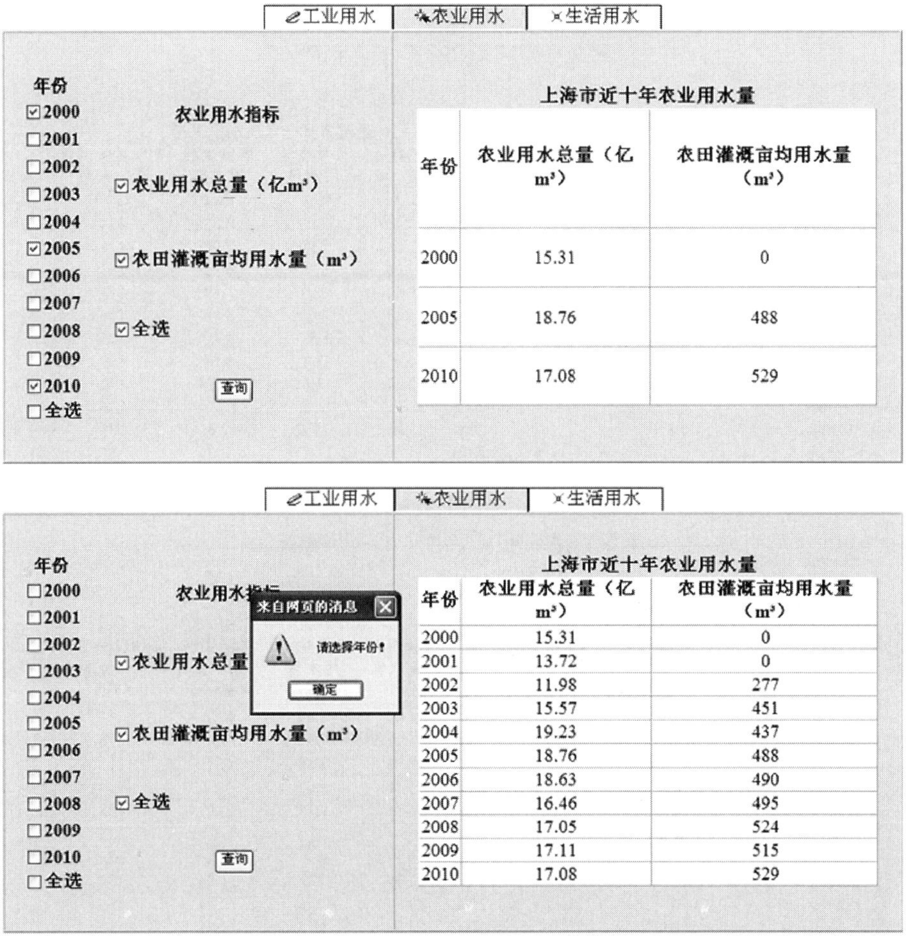

工业用水　农业用水　生活用水

年份：☑2000 ☐2001 ☐2002 ☐2003 ☐2004 ☑2005 ☐2006 ☐2007 ☐2008 ☐2009 ☑2010 ☐全选

农业用水指标：☑农业用水总量（亿m³） ☑农田灌溉亩均用水量（m³） ☑全选

查询

上海市近十年农业用水量

年份	农业用水总量（亿m³）	农田灌溉亩均用水量（m³）
2000	15.31	0
2005	18.76	488
2010	17.08	529

工业用水　农业用水　生活用水

年份：☐2000 ☐2001 ☐2002 ☐2003 ☐2004 ☐2005 ☐2006 ☐2007 ☐2008 ☐2009 ☐2010 ☐全选

农业用水指标：☑农业用水总量 ☑农田灌溉亩均用水量（m³） ☑全选

来自网页的消息　请选择年份！　确定

查询

上海市近十年农业用水量

年份	农业用水总量（亿m³）	农田灌溉亩均用水量（m³）
2000	15.31	0
2001	13.72	0
2002	11.98	277
2003	15.57	451
2004	19.23	437
2005	18.76	488
2006	18.63	490
2007	16.46	495
2008	17.05	524
2009	17.11	515
2010	17.08	529

图 10－31　农业用水相关数据查询

(3) 生活用水相关数据查询

在上海市水资源利用情况操作界面中点击“生活用水”选项卡，通过设置查询条件，表格可提供满足查询条件的生活用水相关数据。数据查询条件的设置方法为：在年份复选框列表中选择感兴趣的年份(2000～2010 年)，在生活用水指标复选框列表中选择感兴趣的生活用水指标，具体的生活用水指标有生活用水总量(亿 m^3)、公共生活用水量(亿 m^3)、居民生活用水量(亿 m^3)和人均日居民生活用水量(L)，然后点击“查询”按钮，表格中即可显示所选择的各项工业指标在所查询年份对应的指标值。在设置查询条件时，还可以直接点击“全选”复选框。点击年份下面的“全选”复选框可选中界面中的所有年份，再次点击则可清除所有已选择的年份；点击生活用水指标下面的“全选”复选框可选中界面中的所有生活用水指标，再次点击则可清除所有已选择的生活用水指标。如果没有选中任何年份或农业用水指标，点击查询按钮时会出现“请选择年份/生活用水指标”提示框。如图 10－32 所示。

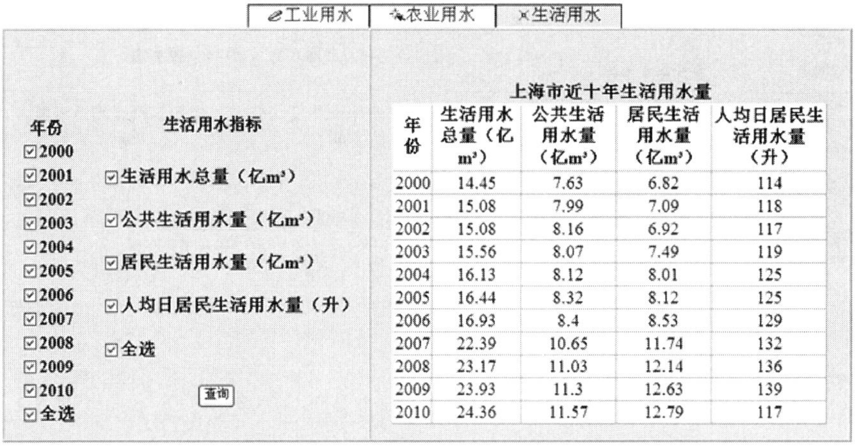

工业用水 | 农业用水 | 生活用水

年份
☑2000
☑2001
☑2002
☑2003
☑2004
☑2005
☑2006
☑2007
☑2008
☑2009
☑2010
☑全选

生活用水指标
☑生活用水总量（亿m³）
☑公共生活用水量（亿m³）
☑居民生活用水量（亿m³）
☑人均日居民生活用水量（升）
☑全选
查询

上海市近十年生活用水量

年份	生活用水总量（亿m³）	公共生活用水量（亿m³）	居民生活用水量（亿m³）	人均日居民生活用水量（升）
2000	14.45	7.63	6.82	114
2001	15.08	7.99	7.09	118
2002	15.08	8.16	6.92	117
2003	15.56	8.07	7.49	119
2004	16.13	8.12	8.01	125
2005	16.44	8.32	8.12	125
2006	16.93	8.4	8.53	129
2007	22.39	10.65	11.74	132
2008	23.17	11.03	12.14	136
2009	23.93	11.3	12.63	139
2010	24.36	11.57	12.79	117

工业用水 | 农业用水 | 生活用水

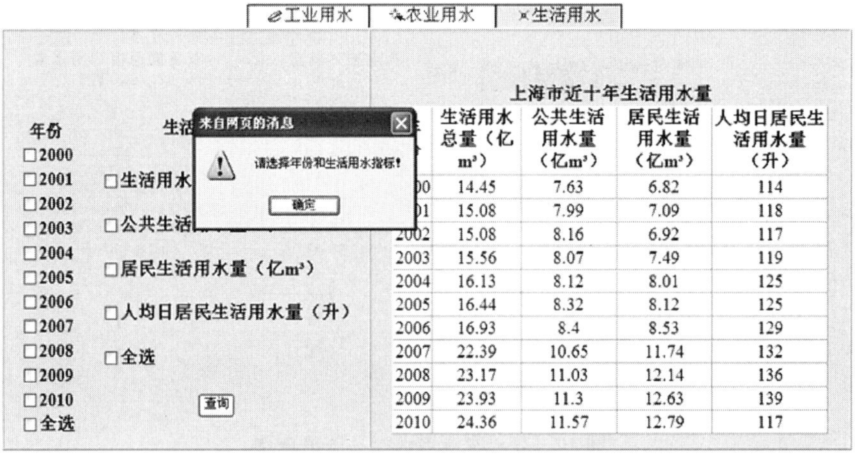

年份
☐2000
☐2001
☐2002
☐2003
☐2004
☐2005
☐2006
☐2007
☐2008
☐2009
☐2010
☐全选

生活
☐生活用水
☐公共生活
☐居民生活用水量（亿m³）
☐人均日居民生活用水量（升）
☐全选
查询

来自网页的消息
请选择年份和生活用水指标！
确定

上海市近十年生活用水量

年份	生活用水总量（亿m³）	公共生活用水量（亿m³）	居民生活用水量（亿m³）	人均日居民生活用水量（升）
00	14.45	7.63	6.82	114
01	15.08	7.99	7.09	118
2002	15.08	8.16	6.92	117
2003	15.56	8.07	7.49	119
2004	16.13	8.12	8.01	125
2005	16.44	8.32	8.12	125
2006	16.93	8.4	8.53	129
2007	22.39	10.65	11.74	132
2008	23.17	11.03	12.14	136
2009	23.93	11.3	12.63	139
2010	24.36	11.57	12.79	117

图 10－32 生活用水相关数据查询

10.5.2 图表分析模块操作说明

本模块的功能是通过绘制柱状图、折线图和饼状图对 2000～2010 年上海市水资源概况和水资源利用情况进行连续分析，使用户直观地获得其变化特征和规律。点击左侧工具列表的“图表分析”标签，可展开列表结构的图表分析模块，点击 “图表分析”下的任一绘图方法，可实现对相应数据的绘图功能。图表分析模块的操作界面如图 10－33 所示。

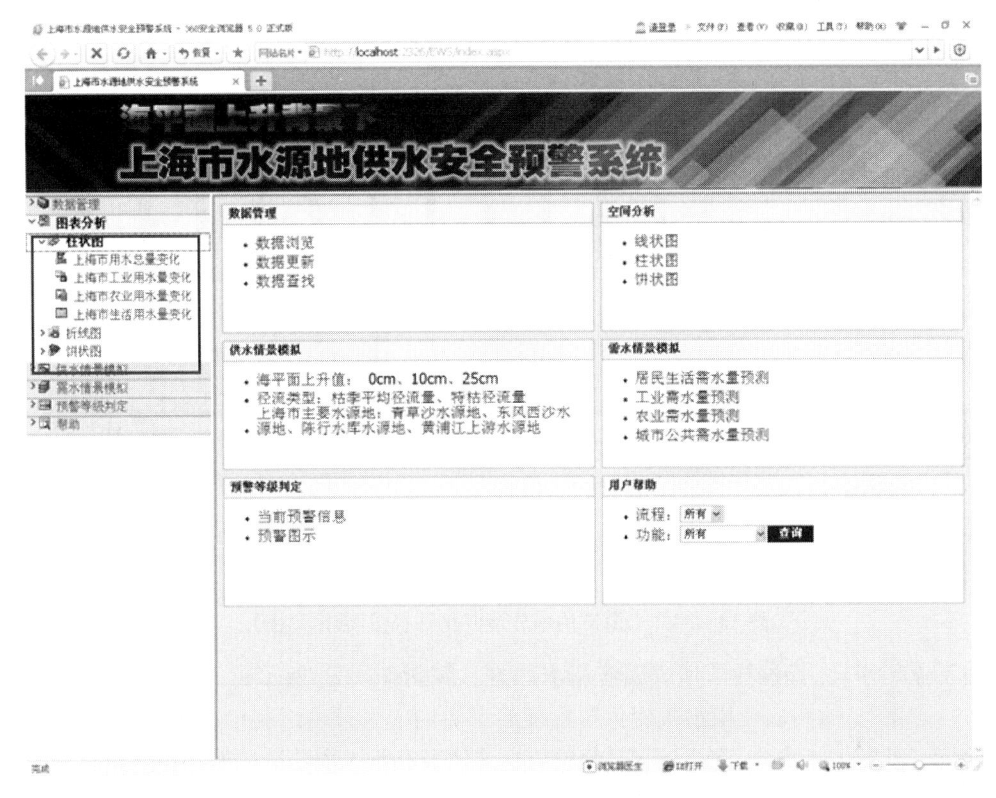

图 10－33　图表分析操作界面

10.5.2.1　柱状图

点击“柱状图”标签可展开次一级的列表，该级列表由“上海市用水总量变化”、“上海市工业用水量变化”、“上海市农业用水量变化”和“上海市生活用水量变化”四个标签链接组成，各标签的功能是以柱状图的形式显示上海市近十年用水总量和各用水系统用水量的变化情况。上海市用水总量由工业用水总量、农业用水总量和生活用水总量三部分构成。上海市工业用水总量由一般工业用水量和电力工业用水量构成。上海市生活用水量由公共生活用水量和居民生活用水量构成。

点击左侧工具列表柱状图下的“上海市用水总量变化”，系统主界面中会自动绘制出上海市近十年用水总量变化柱状图。在图例中，绿色柱子代表工业用水总量、黄色柱子代表农业用水总量、红色柱子代表生活用水总量、蓝色柱子代表全市用水总量。如图 10－34 所示。

点击“上海市工业用水量变化”，系统主界面中会自动绘制出上海市近十年工业用水量变化柱状图。在图例中，绿色柱子代表一般工业用水量、红色柱子代表电

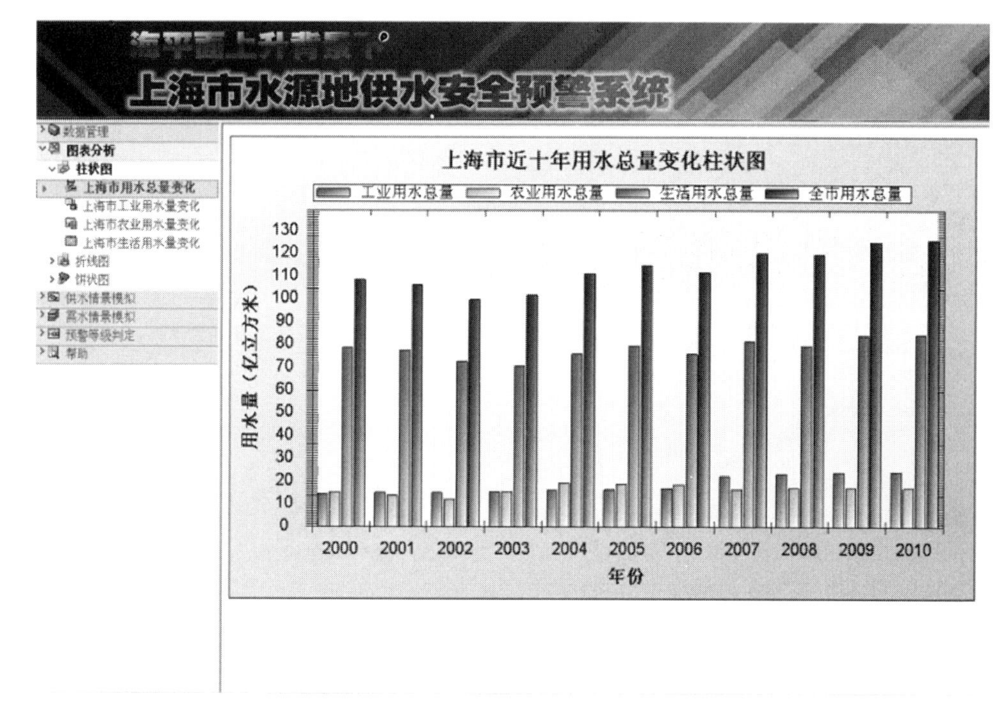

图 10-34 上海市用水总量变化柱状图(后附彩图)

力工业用水量、蓝色柱子代表工业用水总量。如图 10-35 所示。

点击“上海市农业用水量变化”，系统的主界面中会自动绘制出上海市近十年农业用水量变化柱状图。在图例中，蓝色的柱子代表农业用水总量。如图10-36所示。

点击“上海市生活用水量变化”，系统主界面中会自动绘制出上海市近十年生活用水量变化柱状图。在图例中，绿色柱子代表一般公共生活用水量、红色柱子代表居民生活用水量、蓝色柱子代表生活用水总量。如图 10-37 所示。

10.5.2.2 折线图

点击左侧工具列表的“折线图”标签，系统主界面中会自动绘制折线图，显示上海市近十年用水总量和各用水系统用水量的变化情况。在图例中，绿色线条代表工业用水总量，拐点符号为倒三角；黄色线条代表农业用水总量，拐点符号为圆形，红色线条代表生活用水总量，拐点符号为正三角；蓝色线条代表全市用水总量，拐点符号为菱形。如图 10-38 所示。

10.5.2.3 饼状图

点击左侧工具列表的“饼状图”标签，系统主界面中会自动绘制出 2000 年上海市不同用水系统利用率百分比饼状图，然后在查询条件下拉列表中选择要查询的年份(2000～2010 年)，并点击“绘图”按钮，可以绘制所查询年份上海市不同用水系统利用率百分比饼状图，该饼状图能够直观地显示不同用水系统的用水量在上海市用水总量中所占的百分比。上海市用水系统主要分为火电工业用水、一般工

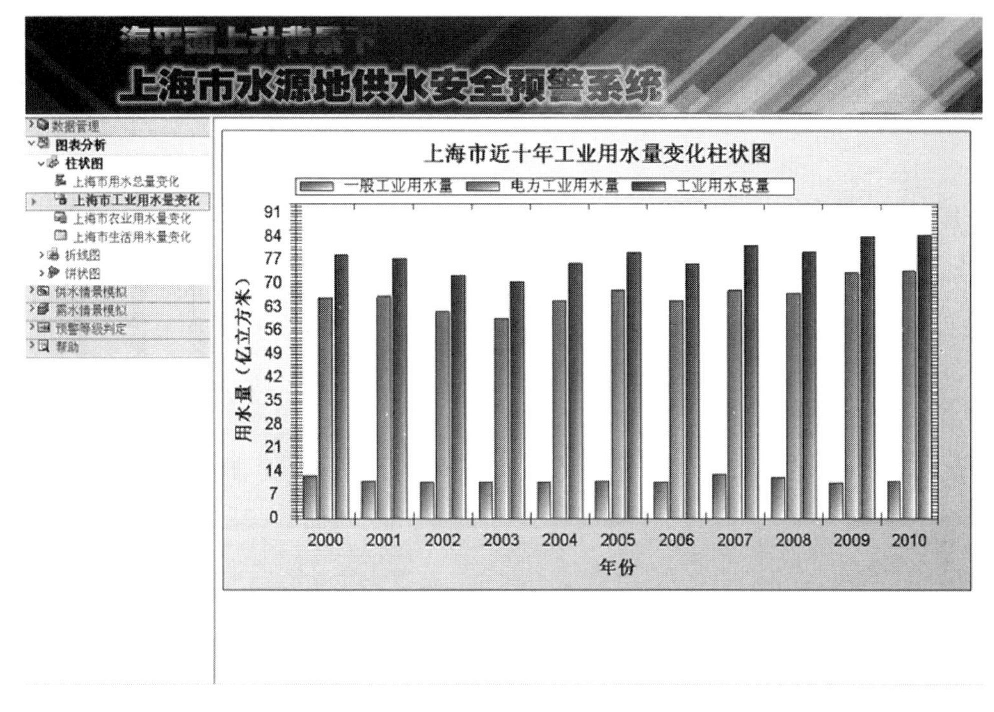

图 10－35　上海市工业用水量变化柱状图

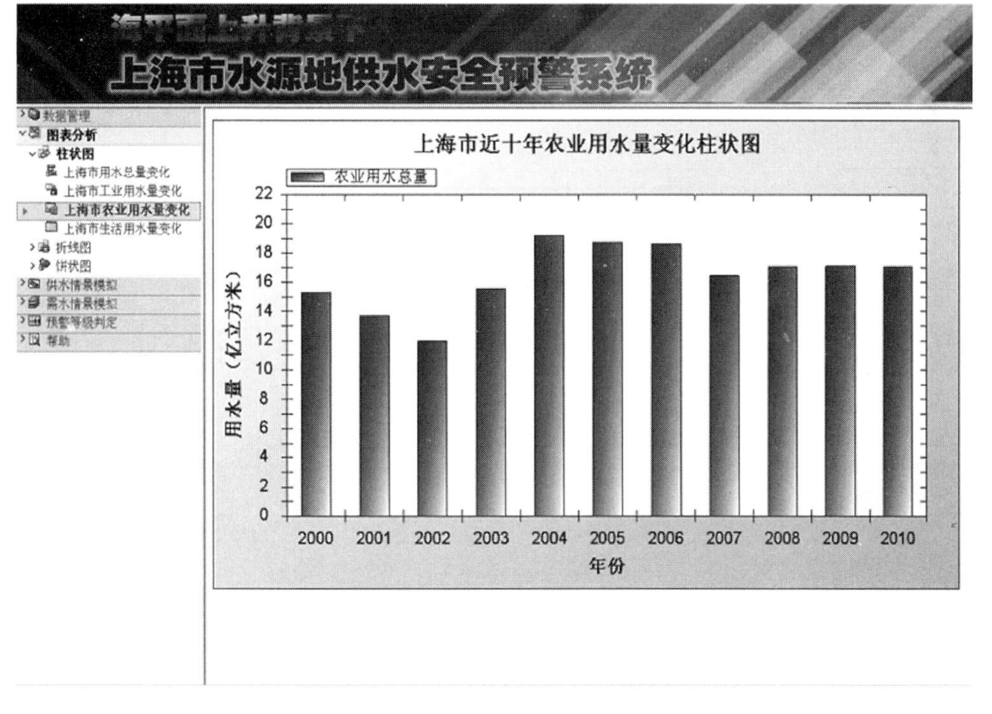

图 10－36　上海市农业用水量变化柱状图

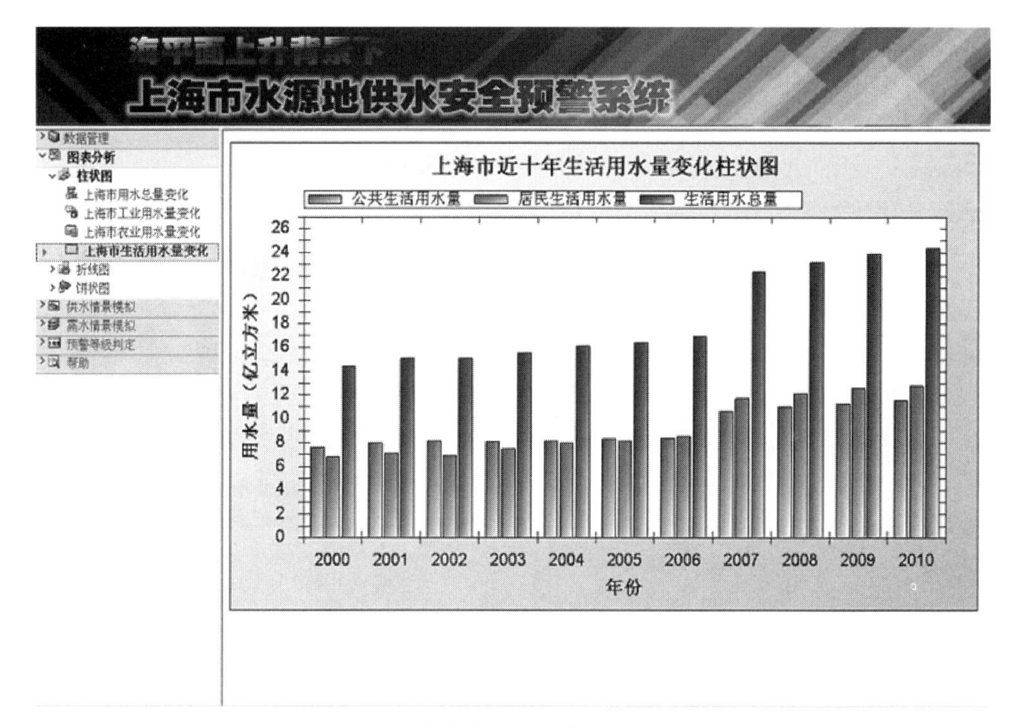

图 10 - 37　上海市生活用水量变化柱状图

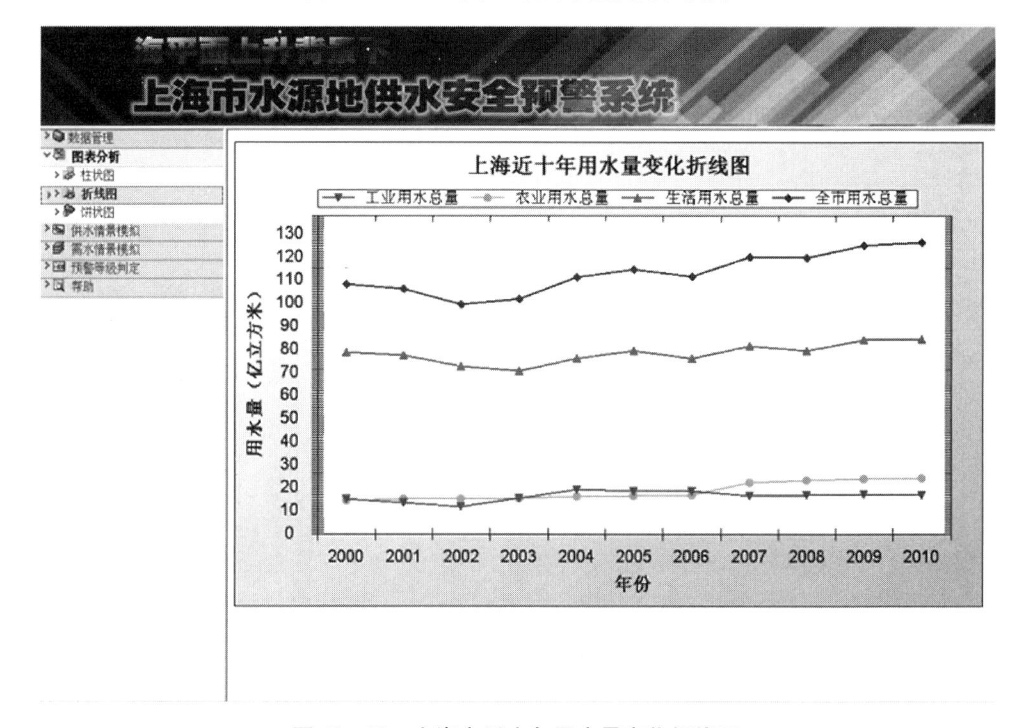

图 10 - 38　上海市近十年用水量变化折线图

业用水、农业用水、城市公共用水和居民生活用水。饼状图的配色方案是随机的，再次点击“绘图”按钮可改变饼状图的配色方案，如图10－39 所示。

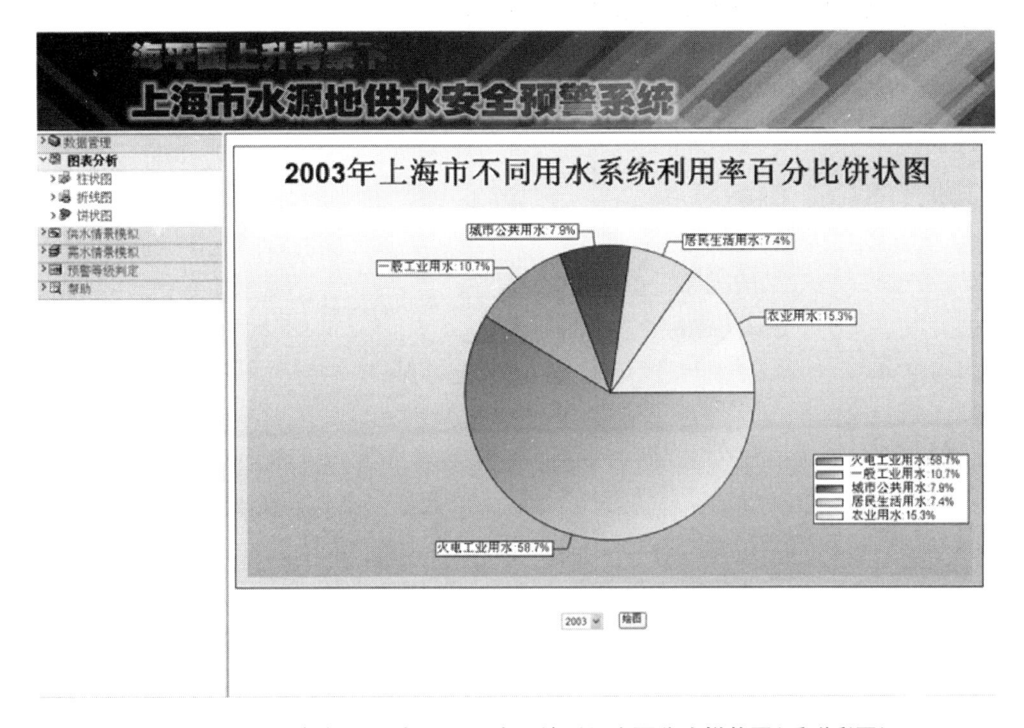

图 10－39 上海市 2003 年不同用水系统利用率百分比饼状图(后附彩图)

10.5.3 供水情景模拟模块

本模块的主要功能是实现海平面上升值和径流量不同组合情景下的长江口主要水源地——陈行水库、青草沙水库和东风西沙水库的供水量的模拟。点击左侧工具列表中的“供水情景模拟”标签可调用本模块。本模块是进行上海市水源地供水安全预警等级判定的必要步骤。操作界面如图 10－40 所示。

点击 “供水情景模拟”，选择一种海平面上升值和一种径流量类型，从而确定一种由海平面上升值和径流量类型组合而成的情景模拟方案。其中海平面上升值分为上升 0 cm、10 cm和 25 cm 三种情况，径流量类型分为枯季平均径流和特枯水文年径流。枯季平均径流取枯季 1 月平均径流量 11 000 m^3/s，特枯水文年径流取 1978～1979 年特枯水文年冬季径流量 7 000～8 000 m^3/s。选择好情景模拟方案后，点击“确定”，系统会自动计算出该情境下长江口主要水源地——陈行水库、青草沙水库和东风西沙的水库的供水量。与此同时，当鼠标移动到上海市主要水源地供水范围图中各水源地供水区域时会弹出相应的提示条，显示该水库的日供水能力和供水量。如图 10－41 所示。

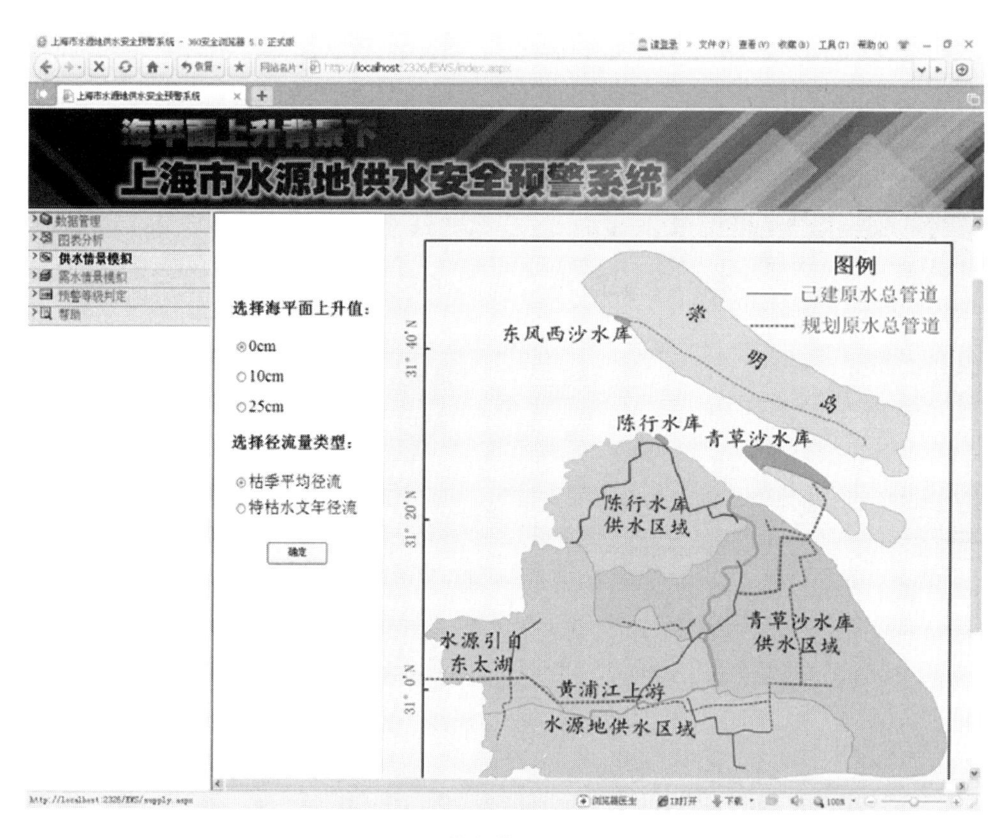

图 10 - 40　供水情景模拟操作界面

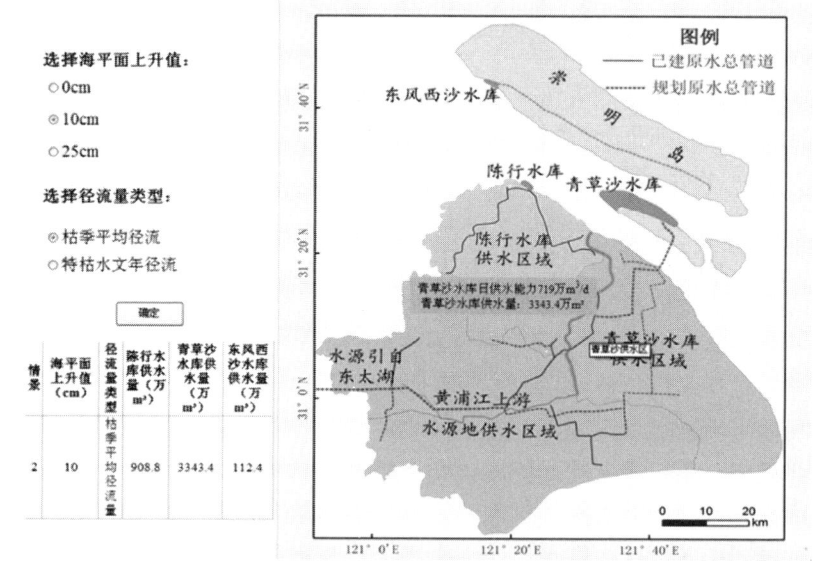

图 10 - 41　供水情景模拟结果(后附彩图)

10.5.4　需水情景模拟模块操作说明

本模块的主要功能是对在 Vensim 中建立的上海市需水量预测 SD 模型进行查看和编辑，分析 2010～2050 年的上海市居民生活需水量、工业需水量、农业需水量和城市公共生活需水量的预测结果。点击左侧工具列表的“需水情景模拟”标签可调用本模块。对上海市需水量预测 SD 模型变量、结构的编辑以及预测结果和统计信息的查看都需要在 Vensim 运行界面中进行操作。在需水情景模拟模块中点击“Download Vensim”按钮，可以下载包括 Vensim 安装软件和上海市需水量预测 SD 模型在内的压缩文件，操作界面如图 10－42 所示。点击“下一页”，可查看基于 Vensim 的上海市需水量预测 SD 模型的操作流程。

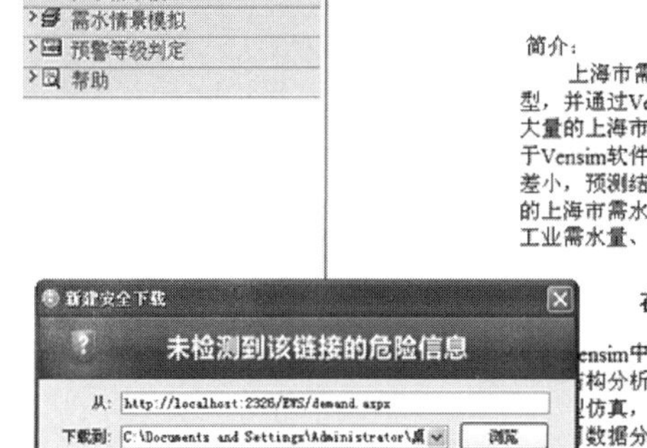

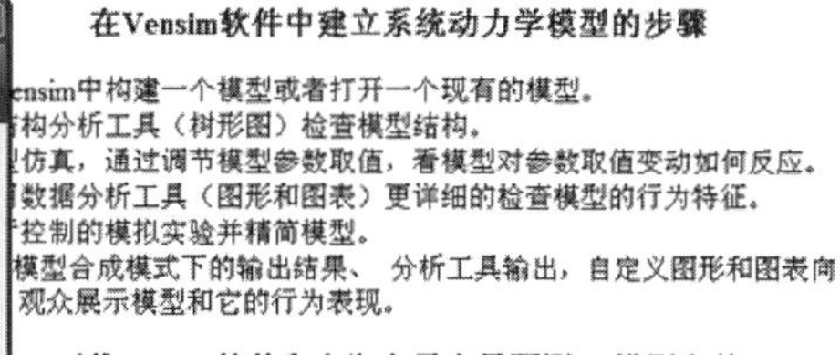

图 10－42　需水情景模拟模块

在 Vensim 中对模型的具体操作说明如下。

(1) 下载并打开 Vensim 软件

将 Vensim 软件和上海市需水量预测 SD 模型文件下载到本地后，解压到 Vensim 文件夹中，然后双击 Vensim 文件夹下的 Venple. exe 启动 Vensim 软件。

(2) 打开上海市需水量预测模型

单击“File>Open Model”，打开 Vensim 文件夹下的“SHWD. mdl”文件，Vensim 将会自动载入上海市需水量预测 SD 模型。上海市需水量预测 SD 模型是在分析海平面上升背景下上海市需水量风险因子的基础上，通过划分上海市需水系统的层次结构、确定模型变量间的相互关系而建立起来的，上海市需水量预测SD模型的流程图见图10-21。

(3) 使用模型分析工具查看模型结构

模型载入后，Vensim的标题栏显示载入的模型和当前工作区变量，通过单击工作区其他变量可以改变当前用户关注的对象。选中当前工作区变量后，点击左侧分析工具条中的“”Causes Tree可显示影响工作区变量的所有变量的树形结构图：工作区变量在右边，所有引起它变化的变量在左边。点击“”Uses Tree可显示工作区变量所影响的所有变量的树形结构图：工作区变量在左边，所有由它引起的变量在右边。点击“”Loops可显示经过工作区变量的反馈回路中的所有变量。点击“”Document可显示工作区中所有变量的公式和单位。

(4) 使用模型绘图工具编辑模型的因果关系图和流图

绘制和修改模型流程图时，要通过鼠标点击选择一个绘图工具，然后在工作区进行点击或拖动等操作来实现。各绘图工具的功能和操作方法在本节有详细的介绍。绘图工具聚集在一个绘图工具条中，如图10-43所示。

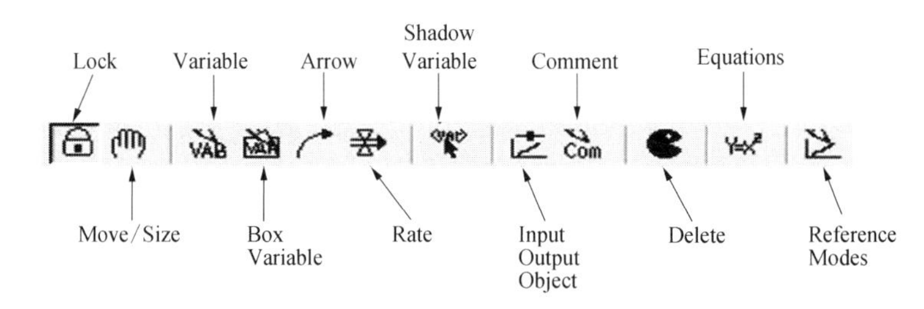

图10-43 Vensim绘图工具条

Lock：流图被锁定。可以选定流图对象以及变量，但不能移动流图对象。

Move：对流图对象进行选择、位置移动以及大小调整。点击该按钮，然后点击要操作的对象，长按住鼠标左键拖动变量以改变其位置或拉伸变量边框以改变其大小。

Variable：创建常量、辅助变量以及数据。点击该按钮，在工作区单击鼠标，在光标闪烁处写入变量名，右击变量对变量名的边框、字体等属性进行编辑。

Box Variable：创建水平变量。点击该按钮，在工作区单击鼠标，在光标闪烁处写入变量名，右击变量对变量名的边框、字体等属性进行编辑。

Arrow：创建连接箭头。点击该按钮，将有因果关系的变量连接起来。

Rate：创建速率变量。点击该按钮，在工作区点击鼠标同时拖动箭头到另一水平变量后再点击鼠标，在光标闪烁处写入变量名，右击变量对变量名的边框、字体等属进行编辑。

Shadow Variable：创建隐藏变量，它可以对应于模型中任意一个已经存在的参数。点击该按钮，在工作区单击鼠标，选择一个已存在的常量或变量，将其添加为隐藏变量。右击变量对变量名的边框、字体等属性进行编辑。

Input Output Object：往流图中添加输入滑动条，以及输出图像和表格。

Comment：往流图中添加注释和图片。

Delete：删除结构、模型中的变量和流图的注释。点击该按钮，再单击要删除的变量或注释，实现删除。也可以选中要删除的变量，点击编辑下的“删除”按钮或按“Delete”键。

Equations：创建和编辑模型方程。单击该按钮，单击要键入方程式或关系式的变量名，在打开的对话框中查看和编辑即可。

Reference Modes：用来绘制编辑参考模型。

(5) 模型仿真

模型创建完成后，用户可以对所建立的模型进行模拟。对模型执行一般模拟的具体步骤为：在“Vensim”工具栏的“Runname”编辑框里写入所要建立的模型仿真数据集的名称，再点击“ ” Run a Simulation 按钮，选择要保存的目录即可完成模型模拟过程。同一模型可以通过点击绘图工具栏的 Equations 按钮改变模型变量或参数的取值，进行不同条件下的多次模拟对比。根据以上方法，我们在上海市需水量预测 SD 模型中，建立了 FP1、FP2、丰水年、平水年、枯水年 5 个模型数据集。其中 FP1 和 FP2 数据集中常住人口变量的取值分别为上海市常住人口较慢增长值和较快增长值。丰水年、平水年和枯水年数据集分别是对模型中的降雨量参数由高到低取值并执行模拟过程后得到的模型数据集。

(6) 使用控制面板和数据分析工具向用户展示模型的模拟结果

点击工具栏的 Control Panel 按钮，可显示 Vensim 的控制面板窗口，控制面板将控制用 Variable、Time Axis、Scaling、Database、Graphs 五个标签分组，用户可以通过选择变量、调整图形的时间轴及规格形态、管理数据集与图形对上海市供水量预测 SD 模型的内部设置进行修改和控制。控制面板各标签的具体功能如表 10-8 所示。

表 10-8　控制面板各标签的功能

标　签	功　　能
Variable	允许用户选取变量并将其作为工作区变量
Time Axis	允许用户改变或关注分析工具运行的时段
Scaling	可以更改输出图像的范围
Datasets	允许用户对存储的数据组(仿真曲线)进行操纵
Graphs	自定义图像

设置好模型模拟结果的显示内容后，用户可以使用数据分析工具显示模型当前工作区变量的信息，以图形和图表的形式比较和分析模型当前工作区变量的模拟结果，其输出格式为图片和文本文档格式。使用数据分析工具能更详细的检查模型的行为特征。数据分析工具组成的分析工具包和各按钮功能如表 10-9 所示。

表 10－9 数据分析工具包和各按钮功能

按　钮	功　能
Causes Strip	显示所选择变量与其有直接关系之结果图
Graph	显示所选择变量结果图，展示一个比 Causes Strip 大的图表
Table	生成变量在时间轴上所选择变量值的横向表格
Table Time Down	生成依据时间间隔所选择变量值的直向表格
Runs Compare	比较所有常量在不同的仿真时的所有表函数和约束

如果要展示模型多个变量多种模拟条件下的模拟结果，可使用控制面板“Graphs”选项卡的自定义图像功能。在“Graphs”选项卡中用户可以查看、修改和删除由多个变量多个数据集在不同时间尺度下建立的模型的自定义图像。在上海市需水量预测 SD 模型中，自定义了居民生活需水量、工业需水量、农业需水量、公共生活需水量、上海市人口数量、上海市总需水量和上海市需水量变化 7 幅自定义图像。其中，上海市需水量预测 SD 模型模拟的 2010～2050 年上海市不同需水系统需水量预测结果如图 10－44 所示的。

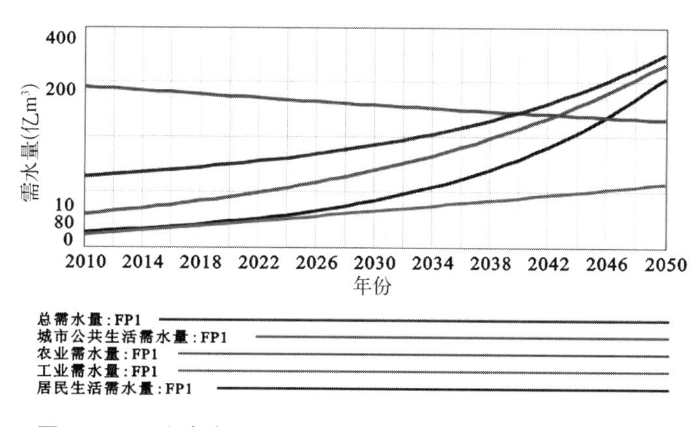

图 10－44 上海市 2010～2050 年需水量预测结果(后附彩图)

10.5.5 预警等级判定模块操作说明

本模块的主要功能是利用基于加权欧氏距离的熵权模糊物元预警模型，判定海平面上升背景下上海市各水源地的供水安全预警等级。海平面上升背景下上海市水源地供水安全的预警等级按照水源地供水风险存在的严重性和紧急程度，结合我国常见自然灾害预警信号的划分标准，从低到高依次分为轻警(Ⅳ级)、中警(Ⅲ级)、重警(Ⅱ级)、巨警(Ⅰ级)四个等级，预警信号的颜色分别用蓝色、黄色、橙色和红色表示。预警信号如图 10－45 所示。

点击左侧工具列表中的“预警等级判定”标签可调用本模块。本模块由当前预警信息、陈行水库、青草沙水库、东风西沙水库、水源地预警五个选项卡组成，在相应的选项卡中输入指定的信息可以计算海平面上升背景下 2020 年、2025 年和

图 10-45　预警信号(后附彩图)

2030 年陈行水库、青草沙水库、东风西沙水库的供水安全预警等级，以及上海市所有水源地供水安全综合预警等级。计算结果在当前预警信息选项卡中显示。下面以海平面上升 0 cm 时，陈行水库为例详细介绍本模块的使用方法。

点击“海平面上升”选项卡，选择“海平面上升 0 cm”，点击“陈行水库”选项卡，操作界面如图 10-46 所示。陈行水库主要供水区域为宝山区和普陀区的部分区域，对陈行水库供水安全预警等级的计算需要用户输入陈行供水区域的居民生活需水量、工业需水量、城市公共生活需水量和陈行供水区人口数量。各类需水量的数值需要借助 Vensim 软件预测获得。具体的预测过程为分为如下几个步骤。

上海市水源地供水安全预警

当前预警信 | 海平面上升 | 陈行水库 | 青草沙水库 | 东风西沙水 | 水源地预警

情景一 ◉ 海平面上升0cm
情景二 ○ 海平面上升10cm
情景三 ○ 海平面上升25cm

当前预警信 | 海平面上升 | 陈行水库 | 青草沙水库 | 东风西沙水 | 水源地预警

2020年陈行水库供水安全预警等级		2020年陈行水库供水安全预警等级		2020年陈行水库供水安全预警等级	
居民生活需水量	亿m³	居民生活需水量	亿m³	居居民生活需水量	亿m³
工业需水量	亿m³	工业需水量	亿m³	工业需水量	亿m³
城市公共生活需水量	亿m³	城市公共生活需水量	亿m³	城市公共生活需水量	亿m³
陈行供水区人口数量	万人	陈行供水区人口数量	万人	陈行供水区人口数量	万人
计算		计算		计算	

图 10-46　陈行水库供水安全预警等级判定

10.5.5.1　居民生活需水量预测

首先，需要收集历年陈行水库供水区常住人口、人均日生活用水量、人均可支配收入和自来水水价数据，预测 2010～2050 年陈行水库供水区外来人口数据。根据公式 $\ln W = C + \alpha \ln R + \beta \ln P$（式中，$W$ 为人均用水量；R 为人均可支配收入；P 为自来水水价；C 为常数；α 和 β 是系数)，借助 Excel 数据分析功能对陈行供水区历年人均可支配收入、自来水价格和人均生活用水量数据进行回归分析，拟合得到陈行供水区人均生活水量计算公式中 C、α 和 β 的值，并求出陈行水库供水区人均可支配收入变化率的历年平均值和自来水价格变化率的历年平均值。其次，需要在 Vensim 中打开上海市需水量预测 SD 模型(SHWD. mdl 文件)，点击绘图工具条上的“ ”Equations 按钮，再点击模型中的变量名，对变量公式和常量值进行修改和设置，具体的操作步骤为：① 点击“人均生活用水量变量”，将人均生活用水量的公式修改为 EXP($C+\alpha*$LN(人均可支配收入)$+\beta\times$LN(居民自来水价))/365×1 000，如图 10-47 所示。② 点击“人均可支配收入变量”，输入人均可支配收入历年数据中最末年份的值，如图 10-48 所示。点击“居民自来水价变量”，输入历年自来水价格中最

Editing equation for - 人均生活用水量
人均生活用水量
EXP(-2.39617+0.672549*LN(人均可支配收入)-0.56496*LN(居民自来水价))/365*1000
Type
Auxiliary
Normal
Supplementary
Help
Undo
Variables
Functions
More
Choose Initial Variable...
居民自来水价
人均可支配收入
Units:
Com-
ment:
Minimum Value
Maximum Value
Increment
Errors:
Equation OK
OK
Check Syntax
Check Model
Delete Variable
Cancel

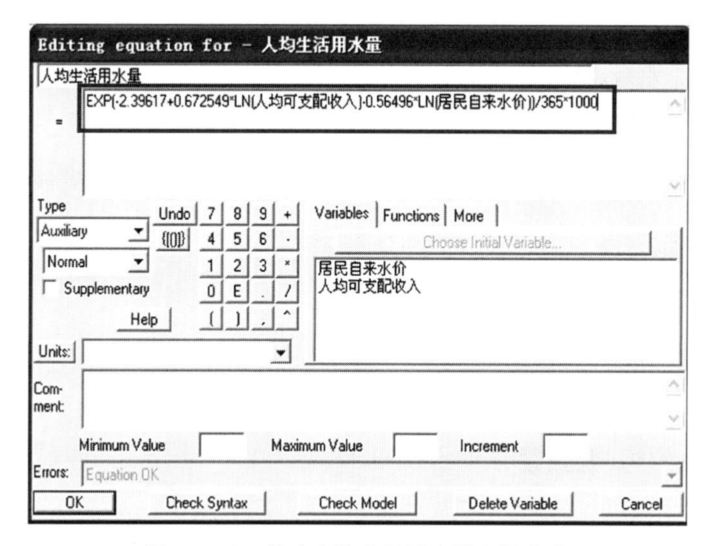

图 10-47　修改人均生活用水量变量公式

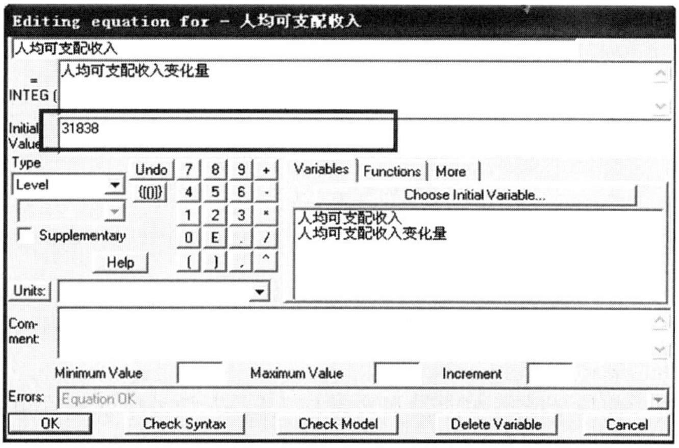

Editing equation for - 人均可支配收入
人均可支配收入
人均可支配收入变化量
INTEG (
Initial Value
31838
Type
Level
Supplementary
Help
Undo
Variables
Functions
More
Choose Initial Variable...
人均可支配收入
人均可支配收入变化量
Units:
Com-
ment:
Minimum Value
Maximum Value
Increment
Errors:
Equation OK
OK
Check Syntax
Check Model
Delete Variable
Cancel

图 10-48　修改人均可支配收入变量的值

末年份的值。③ 点击"人均可支配收入变化率常量",输入人均可支配收入变化率的历年平均值。点击"居民自来水价变化率变量",输入自来水价格变化率的历年平均值,如图 10－49 所示。④ 点击"外来人口变量",根据收集的 2010～2050 年陈行水库供水区(宝山区和普陀区的部分区域)的外来人口数据,在"Lookup"后面的输入框中输入陈行供水区指定年份(2010、2015、2020、2025、2030、2035、2040、2045、2050 年)的外来人口数量,如图 10－50 所示。

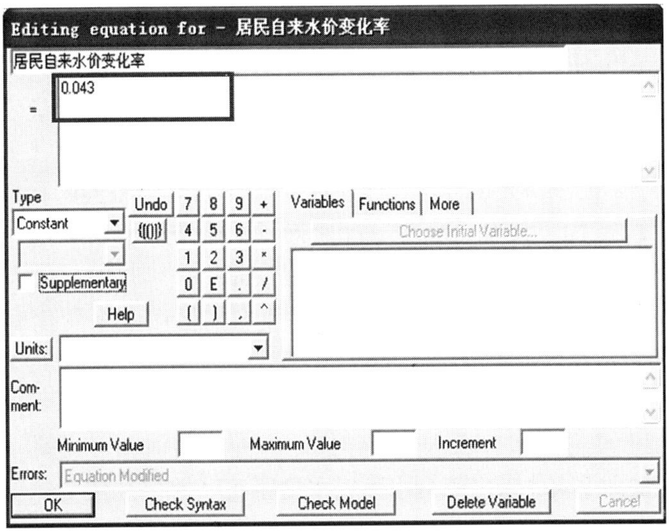

Editing equation for – 居民自来水价变化率
居民自来水价变化率
= 0.043
Type: Constant
Supplementary
Undo 7 8 9 + 4 5 6 - 1 2 3 * 0 E . / ( ) , ^
Variables | Functions | More
Choose Initial Variable...
Help
Units:
Comment:
Minimum Value　Maximum Value　Increment
Errors: Equation Modified
OK　Check Syntax　Check Model　Delete Variable　Cancel

图 10－49　修改居民自来水价变化率常量的值

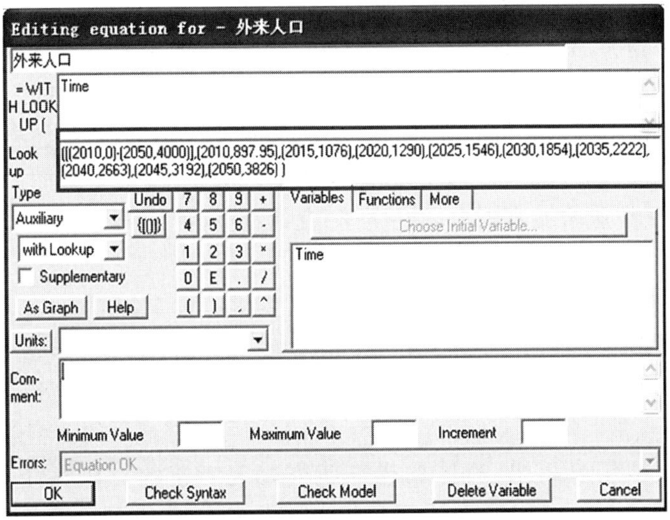

Editing equation for – 外来人口
外来人口
= WITH LOOKUP (Time
Lookup: ([(2010,0)-(2050,4000)],(2010,897.95),(2015,1076),(2020,1290),(2025,1546),(2030,1854),(2035,2222),(2040,2663),(2045,3192),(2050,3826))
Type: Auxiliary　with Lookup
Supplementary
Undo 7 8 9 + 4 5 6 - 1 2 3 * 0 E . / ( ) , ^
Variables | Functions | More
Choose Initial Variable...
Time
As Graph　Help
Units:
Comment:
Minimum Value　Maximum Value　Increment
Errors: Equation OK
OK　Check Syntax　Check Model　Delete Variable　Cancel

图 10－50　修改外来人口变量公式

10.5.5.2 工业需水量预测

首先，需要收集陈行水库供水区历年工业增加值和万元工业增加值用水量数据。借助 Excel 数据分析功能对陈行水库供水区历年工业增加值数据进行指数函数拟合，方程为

$$y = \beta e^{\alpha t} \tag{10-30}$$

式中，α 和 β 是系数；t 是时间；y 是工业增加值。拟合得到函数系数 α 和 β 的值。

同时，求出陈行水库供水区万元工业增加值用水量变化率的历年平均值。其次，需要在 Vensim 中打开上海市需水量预测 SD 模型(SHWD. mdl 文件)，点击绘图工具条上的“ ”Equations 按钮，再点击模型中的变量名，对变量公式和常量值进行修改和设置，具体的操作步骤为：① 点击工业增加值变量，将工业增加值变量的公式修改为 $\beta \times \mathrm{EXP}(\alpha \times (\mathrm{Time} - t - 1))$，$\alpha$ 和 β 为拟合得到的指数函数系数，t 为初始年份。如图 10-51 所示。② 点击“万元工业增加值用水量”变量，输入万元工业增加值用水量历年数据中最末年份的值，如图 10-52所示。③ 点击“万元工业增加值用水量变化率”常量，输入万元工业增加值用水量变化率的历年平均值，如图 10-53 所示。

10.5.5.3 城市公共生活需水量预测

首先，需要收集陈行水库供水区历年第三产业增加值和万元第三产业增加值用水量数据。借助 Excel 求出陈行水库供水区第三产业增加值变化率的历年平均值和万元第三产业增加值用水量变化率的历年平均值。其次，需要在 Vensim 中打开上海市需水量预测 SD 模型(SHWD. mdl 文件)，点击绘图工具条上的“ ” Equations 按钮，再点击模型中的变量名，对变量公式和常量值进行修改和设置。具体的操作步骤为：① 点击第三产业增加值变量，输入历年第三产业增加值中最末年份的值。点击“万元第三产业增加值用水量”变量，输入万元第三产业增加值用水量历年数据中最末年份的值，如图 10-54 所示。② 点击“第三产业增加值用水量变化率”常量，输入第三产业增加值变化率的历年平均值，如图 10-55 所示。点击“万元第三产业增加值用水量变化率”变量，输入万元第三产业增加值用水量变化率的历年平均值。

10.5.5.4 陈行水库供水区需水量预测结果

模型变量修改完成后，第一步要进行模型模拟，具体的操作步骤是在 Vensim 工具栏的“Runname”编辑框里写入新的模型仿真数据集的名称(如“陈行水库”或“CHSK”)，再点击“ ”Run a Simulation 按钮，即可对修改后的模型进行模拟。第二步要查看模拟仿真结果，具体的操作步骤是先点击绘图工具条的“ ”Lock Sketch 按钮，然后点击“居民生活需水量”变量，再点击模型分析工具条的“ ” Table Time Down 按钮，即可在表格中查看 2010～2050 年陈行供水区居民生活需水 量预测结果。用同样的方法，先点击“工业需水量变量”，再点击“TableTime

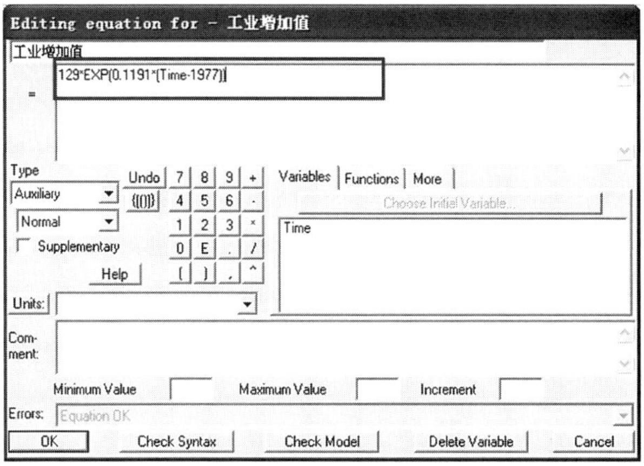

Editing equation for - 工业增加值

工业增加值

= 129*EXP(0.1191*(Time-1977))

Type: Auxiliary; Normal; Supplementary

Undo 7 8 9 + {[()]} 4 5 6 - 1 2 3 * 0 E . / ( ) , ^ Help

Variables | Functions | More

Choose Initial Variable...

Time

Units:

Comment:

Minimum Value　Maximum Value　Increment

Errors: Equation OK

OK　Check Syntax　Check Model　Delete Variable　Cancel

图 10－51　修改工业增加值变量公式

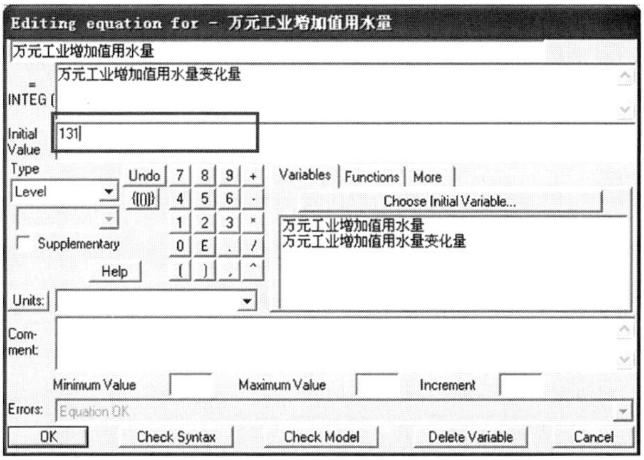

Editing equation for - 万元工业增加值用水量

万元工业增加值用水量

= INTEG (万元工业增加值用水量变化量

Initial Value: 131

Type: Level; Supplementary

Undo 7 8 9 + {[()]} 4 5 6 - 1 2 3 * 0 E . / ( ) , ^ Help

Variables | Functions | More

Choose Initial Variable...

万元工业增加值用水量

万元工业增加值用水量变化量

Units:

Comment:

Minimum Value　Maximum Value　Increment

Errors: Equation OK

OK　Check Syntax　Check Model　Delete Variable　Cancel

图 10－52　修改万元工业增加值用水量变量的值

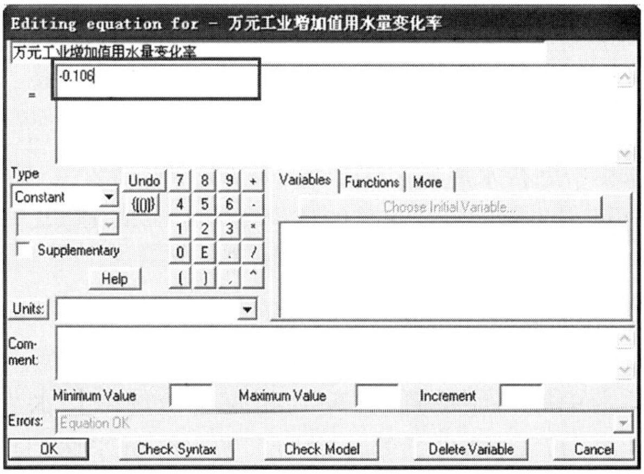

Editing equation for - 万元工业增加值用水量变化率

万元工业增加值用水量变化率

= -0.106

Type: Constant; Supplementary

Undo 7 8 9 + {[()]} 4 5 6 - 1 2 3 * 0 E . / ( ) , ^ Help

Variables | Functions | More

Choose Initial Variable...

Units:

Comment:

Minimum Value　Maximum Value　Increment

Errors: Equation OK

OK　Check Syntax　Check Model　Delete Variable　Cancel

图 10－53　修改万元工业增加值用水量变化率常量的值

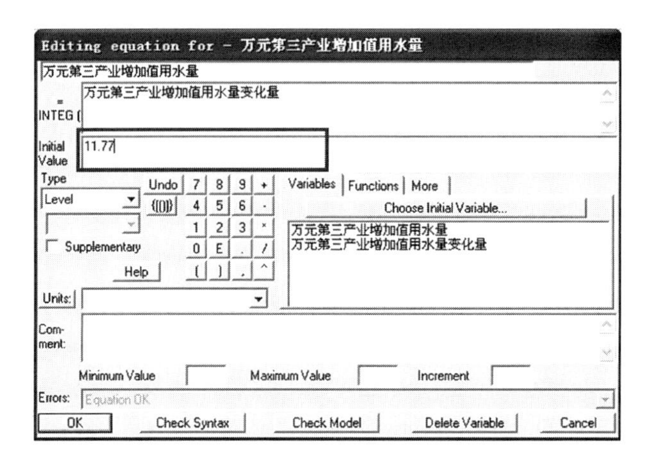

图 10-54　修改万元第三产业增加值用水量变量的值

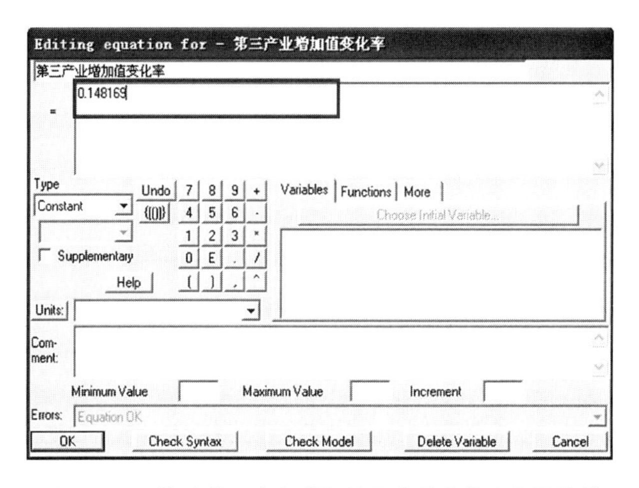

图 10-55　修改第三产业增加值用水量变化率常量的值

Down”按钮，可在表格中查看 2010～2050 年陈行供水区工业需水量预测结果。先点击“城市公共生活需水量”变量，再点击“Table Time Down”按钮，可在表格中查看2010～2050 年陈行供水区城市公共生活需水量预测结果。第三步要在表格中找到 CHSK 数据集中陈行水库供水区 2020 年、2025 年和 2030 年的居民生活需水量、工业需水量和城市公共生活需水量的值。如图 10-56 所示。

10.5.5.5　陈行水库供水安全预警等级计算

将 Vensim 预测的陈行水库供水区 2020 年、2025 年和 2030 年的居民生活需水量、工业需水量和城市公共生活需水量的值输入到预警等级判定模块的“陈行水库”选项卡中的相应位置，并输入相应年份的陈行水库供水区的人口数量，再点击“计算”按钮，即可预测该规划水平年陈行水库的供水安全预警等级。计算结果在当前预警信息选项卡中显示。当海平面上升 0 cm 时，2020 年陈行水库供水安全预警等级为轻警，如图10-57所示。

Table Time Down

Time (Year)	"居民生活需水量" Runs:	居民生活需水量			
2010		12.4309	12.4309	12.4309	12.4309
2011		13.2454	13.2454	13.169	13.169
2012		14.1116	14.1116	13.952	13.952
2013	CHSK	15.0326	15.0326	14.7826	14.7826
2014	FP2	16.012	16.012	15.6639	15.6639
2015	FP1	17.0535	17.0535	16.599	16.599
2016	丰水年	18.211	18.211	17.6233	17.6233
2017	平水年	19.443	19.443	18.7112	18.7112
2018	枯水年	20.7543	20.7543	19.8667	19.8667
2019		22.1499	22.1499	21.0942	21.0942
2020		23.6351	23.6351	22.3981	22.3981
2021		25.2885	25.2885	23.7071	23.7071
2022		27.0469	27.0469	25.093	25.093
2023		28.9166	28.9166	26.5604	26.5604
2024		30.9047	30.9047	28.1142	28.1142
2025		33.0181	33.0181	29.7596	29.7596
2026		35.3767	35.3767	31.8703	31.8703

图 10－56　陈行水库供水区居民生活需水量预测结果

上海市水源地供水安全预警

当前预警信息　海平面上升　陈行水库　青草沙水库　东风西沙水　水源地预警

2020年陈行水库供水安全预警等级为轻警，Ⅳ级蓝色预警　蓝 BLUE

当前预警信　海平面上升　陈行水库　青草沙水库　东风西沙水　水源地预警

情景一 ◉ 海平面上升0cm

情景二 ○ 海平面上升10cm

情景三 ○ 海平面上升25cm

当前预警信　海平面上升　陈行水库　青草沙水库　东风西沙水　水源地预警

2020年陈行水库供水安全预警等级			2020年陈行水库供水安全预警等级			2020年陈行水库供水安全预警等级		
居民生活需水量	2	亿m³	居民生活需水量		亿m³	居居民生活需水量		亿m³
工业需水量	6.5	亿m³	工业需水量		亿m³	工业需水量		亿m³
城市公共生活需水量	3	亿m³	城市公共生活需水量		亿m³	城市公共生活需水量		亿m³
陈行供水区人口数量	500	万人	陈行供水区人口数量		万人	陈行供水区人口数量		万人
计算			计算			计算		

图 10－57　陈行水库供水安全预警等级(后附彩图)

10.5.5.6　海平面上升背景下上海市水源地供水安全综合预警

在“海平面上升”选项卡中选择海平面上升情景，然后在“水源地预警”选项卡中，点击上海市水源地综合预警等级后面的“计算”按钮，可以计算 2020 年、

2025 年和 2030 年海平面上升背景下上海市所有水源地供水安全的综合预警等级。计算结果在当前预警信息选项卡中显示。图 10－58 为海平面上升 0 cm 时上海市水源地综合预警等级计算界面和预警结果。

图 10－58 上海市水源地供水安全综合预警等级(后附彩图)

10.6 上海市水源地供水安全预警的对策、建议和措施

上海市水源地供水安全预警系统对完善我国河口区特大城市供水安全预警系统，提高未来气候变化和海平面上升背景下的城市供水安全风险预报能力有重要的意义。特别是该系统考量了盐水入侵加剧对上海市水源地的影响以及上海市自然、社会、经济、生态多因素叠加下的综合效应，有助于在潜在灾害性事件出现时更好地预报上海这一特大河口城市供水的安全性。

但是在供水风险来临时，要使预警系统在加强城市供水安全和减少公众生命财产损失中真正发挥作用，还需做到以下几点。

(1) 建立健全水资源法律法规，加强其实施力度

我国现有的《水法》《水污染防治法》《城市节约用水管理规定》等法律法规虽已体系化，但却未达到协调化和完善化，因此应在实行合理的水资源管理的基础上，有针对性地制定水资源保护法，完善现有法律法规，积极开展新的法律法规的研究，加大对引发供水风险事故者的法律义务履行和法律责任承担，用严格的法律标准和严明的组织纪律统一管理水资源安全问题，做到有法可依、有法必依、执法必严。

(2) 加强政府对公众的警示教育，培养公众预警意识

各级政府、相关部门和水库管理单位应积极开展各种形式的宣传教育活动，各水利行政部门定期组织人员进行《水法》的学习和培训工作，在公众中建立起水资源危机意识。将水资源预警意识切实落实到每一个人，供水安全政策落实到城市的每一个部门，全面构筑"人水和谐"思想。让大多数群众自觉接受并积极主动参与供水安全的保护工作，真正做好水源地的保护、规划与治理。

(3) 为保障供水安全有针对性地开展日常规划管理工作

各级政府、相关部门应保持协调合作，建立健全上海市水资源安全保障机制，依照相关法律规范并结合上海市水资源供需实际，制定供水安全风险排查治理督促检查计划，对城市供水的质量、数量、可获取性、覆盖率、可负担性和持续性进行连续的、警觉的评估与审查，重点加强水资源监测工作，通过对监测数据的比较、分析和总结，做好水资源公报的发布工作，通过制定相应的供水安全策略，进行供水风险的预警与供水危害的补救。同时上海市水务管理部门应及时做好规划和开辟新水源地的工作，提高上海市水源地的供水能力，着力解决长江口北支盐水入侵问题，从根本上缓解由于海平面上升、盐水入侵加剧和人口、经济的快速发展所造成的水资源供需平衡矛盾，全面提升长江口水源地的供水安全性。

(4) 高效利用和优化配置水资源

实现全社会各行各业对水资源的高效率利用，以可持续发展、合理公平、最大效能的原则，对日益匮缺的各类水资源进行科学的分配。建立完善的用水计划、节水体系，形成全民节水风气，积极推广工业、农业、生活用水方面的现代科学新工艺，建立节水型社会。根据特定地域水资源生态系统的自然和社会状况，采用合理的管理体制对水资源开发利用和供水安全预警系统进行设计、改造与管理，以期达到水资源可持续发展的目的。

只有在高度负责的管理者的协调指挥下，调动预警意识良好的市民有条不紊的开展供水安全的监督、预防和管理，才能把一个良好有效的预警系统的作用发挥到最大。

10.7 结论

本章针对海平面上升所导致的河口盐水入侵增强对河口城市淡水资源供应的威胁问题，开展海平面上升背景下上海市水源地供水安全预警原理的研究，分析中长期尺度下海平面上升对上海市未来水资源规划水平年的供水安全的影响，探讨上海市水源地供水安全预警系统的结构和功能及其实现方案，设计面向城市水务部门进行中长期供水安全风险管理的海平面上升背景下上海市水源地供水安全预警系统(WEWS)。主要结论如下。

(1) 预警原理与指标体系

根据海平面上升背景下上海市水源地供水安全风险因子的主要来源，结合预警系统的一般研究思路，确定海平面上升背景下上海市水源地供水安全预警原理。通过分析上海市供水安全形势，建立上海市水源地供水安全预警指标体系，并在此基础上利用熵权模糊物元分析原理，构建上海市水源地供水安全预警评价模型。该模型由人均水资源量、万元GDP用水量、海平面上升背景下的上海市水源地供水保证率三个预警指标和轻警、中警、重警、巨警四组预警等级标准以及2020、2025、2030年三个水资源规划水平年构成。

(2) 预警等级

根据上海市历年统计年鉴和上海市水资源公报提供的数据，利用基于熵权模糊物元的预警指标权重计算方法和基于加权欧式距离的预警等级划分方法，计算上海市水源地供水安全预警评价模型中各项指标的特征值、各指标对上海市水源地供水安全影响程度的贡献率以及海平面上升0 cm、10 cm和25 cm时上海市2020年、2025年和2030年水源地供水安全综合预警等级。海平面上升0 cm时，2020年上海市水源地供水安全警度综合评价值为0.610，预警等级为轻警；2025年为1.026，预警等级为中警；2030年为1.674，预警等级为巨警。海平面上升10 cm时，2020年上海市水源地供水安全警度综合评价值为0.915，预警等级为中警；2025年为1.829，预警等级为重警；2030年为2.690，预警等级为巨警。海平面上升25 cm时，2020年上海市水源地供水安全警度综合评价值为0.916，预警等级为中警；2025年为1.831，预警等级为重警；2030年为2.692，预警等级为巨警。结果表明，海平面上升10 cm时上海市水源地供水安全的风险程度高于海平面上升0 cm时，海平面上升25 cm与海平面上升10 cm相比对上海市水源地供水安全的影响程度相差不大。

(3) 预警系统结构设计

阐述了在Visual Studio 2008开发平台上，采用基于对象和事件驱动的高级程序设计语言C#语言和客户端脚本语言JavaScript语言开发各个功能模块，选用性能稳定、使用方便的ADO. NET技术实现数据库的动态访问，通过ASP. NET技术,构建海平面上升背景下上海市水源地供水安全预警系统的设计思路。系统的目标设计包括信息的显示更新与维护、预警结果的计算与评价、预警信息的可视化表达。系统的结构设计采用浏览器/服务器(B/S)架构体系,按照数据层、业务层、模型层、响应层四层逻辑结构建构而成。系统的功能设计包括：数据管理功能、图表分析功能、供水情景模拟功能、需水情景模拟功能、预警等级判定功能和用户帮助功能。

(4) 预警系统功能

海平面上升背景下上海市水源地供水安全预警系统各模块的主要功能和实现方案如下。

① 提供数据管理和图表分析功能。数据管理功能的实现使用户能够通过数据查找、排序等方式对2000～2010年上海市水资源概况数据、上海市人口统计数据和上海市水资源利用情况数据进行准确、直观的信息查询。同时,借助ZedGraph图形控件在ASP. NET中绘制二维柱状图、折线图和饼图,对所查询的数据进行连续分析,使用户直观地获得其变化特征和规律。

② 实现供水情景模拟功能。引导用户自主选择由海平面上升值和径流量类型组成的供水情景模拟方案,计算该情境下各水库的日供水能力和可供水量,并将模拟结果以地图热点的效果显示在上海市主要水源地供水范围图中。

③ 实现需水情景模拟功能。利用在Vensim系统动力学软件中建立的上海市需水量预测SD模型,预测2010年到2050年的上海市居民生活需水量、工业需水量、农业需水量和城市公共生活需水量。在需水情景模拟模块中提供了对上海市需水量预测SD模型的变量、结构进行编辑以及对预测结果进行统计分析的详细步骤,这便于相关部门准及时修改模型参数,科学地把握当前并预测未来上海市需水量变化形势。

④ 评估供水安全预警等级。通过编写基于熵权模糊物元和加权欧式距离的预警等级评价模型判定海平面上升0 cm、10 cm、25 cm时上海市2020年、2025年、2030年各水源地供水安全的预警等级和上海市所有水源地供水安全的综合预警等级,并配以方便简洁和人性化的操作界面,将评价结果清晰直观地呈现在用户面前,使海平面上升背景下上海市水源地供水安全预警系统成为一款具有信息管理、预测、分析、评价和决策功能的多用户交互协议网站。

(5) 对策和建议

提出包括建立健全水资源法律法规,加强公众预警意识和政府警示教育力度,开展供水安全日常监督工作以及高效利用和优化配置水资源在内的上海市水源地供水安全预警的对策、建议和措施,这些建议和措施将更好地发挥预警系统的作用,使该预警系统为上海市应对海平面上升背景下的供水风险、保障维持上海市人口和经济发展基本需求的原水供给安全提供决策依据。

10.8 展望

1. 海平面上升背景下上海市水源地供水安全预警是一个多层次、多目标，涉及自然、社会、经济等领域的综合风险评估问题，在处理供水安全这样多属性的复杂问题时，预警指标体系的建立十分困难，特别是对于中长期尺度下的预警问题，存在很多难以量化的定性指标，而且到目前为止还没有一个公认的指标量化标准，因此本章在预警指标的选择和警度的划分上具有一定的主观性，需进一步研究。

2. 由于本章主要考虑海平面上升背景下上海市水资源供需失衡风险所导致的供水安全问题，未考虑水源地水质、工程供水能力以及城市供水管理状况等对供水安全的影响，因此仅供相关部门制定中长期水资源规划和管理战略用。如果相关部门要制定准确、具体的水资源规划和管理策略，则需考虑更多因素。

3. 研建的海平面上升背景下上海市水源地供水安全预警系统软件，已具备一定的预警功能，并具有较好的应用价值，但由于时间、人力、财力等方面原因，在数据库、模型库设计及可视化界面的实现技术方面，将还有待于进一步完善。

第十一章　应对海平面上升上海市城市安全和发展的战略选择

调研了自1985年以来应对海平面上升的全球行动与荷兰、纽约等城市应对行动的措施和成效，甄别出上海面临海平面上升威胁的部门和地区为海岸防护、港口码头、城市给排水等工程和沿岸生产与生活及城市滨海旅游业；重点分析海平面上升对占上海市土地面积62.1%、人口40.4%、GDP36.3%的金山区、奉贤区、浦东新区、宝山区及崇明县等滨水地区的社会经济发展影响；开展实地调查，发现上海海岸防护工程建设到位，能够基本保障沿岸经济社会发展安全；海防工程与海岸带的土地利用开发缺乏紧密联系；海岸带缺乏统一的综合规划，土地利用集约度不高。在此基础上，提出上海市应对海平面上升的实现城市给排水工程与防护工程更新升级近期行动（2012～2015年），完善海平面监测预警系统与考虑海平面上升因素的专项、城市、区域规划实施的中期行动（2016～2020年）和城市安全与转型发展并重的远期行动（2021～2030年）指南。

11.1　引言

自20世纪90年代以来，中国沿海海平面上升明显，近三年海平面处于历史高位，海平面上升加剧了海洋灾害的发生。

海平面上升的影响可归纳为以下几方面：一是造成经济损失，使人类资产及各种生产活动受到破坏和损失；二是对社会产生影响，迫使沿海人口迁移，影响社会稳定；三是对资源与环境的影响，海平面上升可能淹没土地资源，使其产值受影响，破坏水资源，影响生态资源及环境等。由于海平面上升的缓变性特点，对社会、经济及资源、环境的影响可能是长久和深远的。

海平面上升将给长江三角洲地区带来一系列环境问题：① 海洋侵蚀作用加强，海岸线后退，陆地面积缩小；② 沿海平原的土壤盐渍化范围扩大，程度加深；③ 沿海地带的自然生态环境恶化；④ 河湖的排水入海能力降低，河床淤高，增加了防洪压力；⑤ 风暴潮的发生强度和频率增大，危害性加剧；⑥ 削弱现有港口码头、江海堤防等重要基础设施的功能，对工农业生产和人民生命财产造成巨大的威胁。

但另一方面，海平面的上升对于由于湿地围垦、生物资源的过度利用、泥沙淤积、城市建设与旅游业的盲目发展等不合理利用，导致湿地生态系统退化的情况提供了改善的可能。

11.2 国外滨海城市应对海平面上升的经验借鉴

11.2.1 应对海平面上升的全球行动

工农业发达、人口密集的地区多集中于海岸带地区，即使海平面上升 0.5 m，也会带来严重的甚至灾难性的后果，因此海平面上升问题早已受到世界各国特别是沿海国家的关注。国际上对海平面上升问题高度重视，各国政府、组织及专家学者就海平面上升开展了多次研究和研讨。1985 年 10 月，联合国环境署(UNEP)、世界气象组织(WMO)和世界科学联盟(ICSU)在奥地利菲拉赫召开了专门讨论 CO_2 等温室效应气体增加影响全球气候变化的会议，会议估计，到 2030 年前后，海平面将上升 20～140 cm。1988 年，联合国大会通过决议，成立政府间气候变化专门委员会(IPCC)。1989 年 9 月，美国马里兰“全球海平面上升国际研讨会”着重研讨海平面上升对发展中国家的影响和应采取的对策。1990 年 2 月，政府间气候变化专业委员会在澳大利亚佩斯召开了国际研讨会，审议通过了全球海平面上升影响的对策方案。1992 年，联合国环境与发展大会通过的“21 世纪行动议程”中提出：要监测气候变化对环境的影响，而海平面变化也是主要检测内容之一。1993 年 8 月，在日本筑波召开了政府间气候变化专业委员会东半球海平面上升脆弱性评估和海岸带管理国际研讨会。2006 年 6 月，由联合国教科文组织政府间海洋学委员会主办的海平面上升与变异专题研讨会在巴黎召开，会议就如何发挥各国际组织的作用，有效组织协调各国资源，充分利用现代科学技术、仪器和手段，共享研究成果，准确确定全球海平面上升速率等方面进行了广泛交流和研讨。近十几年来，这方面的研究越来越深入，且更加重视研究导致海平面上升的原因、幅度及其可能带来的影响。

1989 年 12 月在埃及开罗召开了世界气候变化应变大会，大会海岸组提出的应变对策协议内容主要有：建议各国成立或加强相应机构、对本国海岸带进行管理和保护；向公众宣传海岸带面临的威胁；对海岸带土地和自然资源进行合理的开发利用；制定生态系统保护措施；保护海滨湿地、红树林、珊瑚礁、岸外障壁坝等促淤护岸的自然体。建议政府部门在开发沿海地区时要针对全球气候变化与海平面上升的影响，制定相应规划，包括限制海滨地区人口增长和向海岸带的人口迁移。

1990 年气候变化委员会对策工作组的海岸带管理分组对海平面上升制订出三大对策：① 后撤，即离开将受海水淹没的地区；② 适应，即将建筑物加高或加上支架，免受海平面上升淹没；③ 防护，即防护措施有建造硬(hard)建筑物(海堤等)

和建造软(soft)建筑物(人工沙丘、植物、人工海滩等)。

国际组织对于海平面上升影响的对策措施可总结为以下几点:

① 加强对海平面上升的监测和预警。由于各地海平面上升的速度不同,自然环境和经济发展情况各异,适应海平面上升的影响,必须根据各地可能发生的具体情况和影响,制定对策措施。因此,必须加强对各地的潮位观测、地壳形变的长期观测,以及海洋水文、海滩动态监测,并建立相应的预警系统。

② 修订规划和有关环境建设标准。沿海地区特别是经济发达地区,要把适应全球气候变暖和海平面上升的影响问题,纳入发展规划,要按适应对策调整经济发展布局、区域发展计划、土地利用规划,限制海岸带人口增长和向海岸带迁移人口等。同时,要考虑未来海平面上升可能产生的影响,如淡水供给减少、河床淤积和航道受阻等,对现行的环境、建设标准等进行修订。

③ 修建坝堤等防护工程设施,制定生态系统保护措施。要兴建海岸防护工程,以有效地防御海岸侵蚀、风暴潮、洪涝等灾害的袭击。保护海滨湿地、红树林、珊瑚礁、岸外障壁坝等促淤护岸的自然体,在高潮滩种植大米草、芦苇等护滩植物,促淤保滩、消浪减浪。

④ 落实对海岸带加强管理和保护的职责。组织落实是各种政策和措施落实的保证,否则提出的适应对策和保护措施再好,也可能会变成空话。沿海地区要把海岸带管理和保护的职责落实到相应的政府机构,并加强监督和检查。

⑤ 对公众开展科学教育与宣传。公众清晰海平面上升可能带来的影响,能对自身行为进行指导与约束,同时有助于政府各种政策和措施的落实推进。

国际行动因实施对象范围较广,重在强调全球共识,所通过的对策方案多为总体性、方向性的措施,具有指导意义,但对于区域的海平面应对不具备针对性建议。

11.2.2　荷兰鹿特丹市应对海平面上升的经验

11.2.2.1　鹿特丹应对海平面的宏观背景

荷兰地理环境的最大特点是全境为低地,国土有一半以上低于或几乎水平于海平面。为了生存和发展,荷兰人竭力保护原本不大的国土,避免在海平面上升时遭"灭顶之灾"。有"水城"之称的荷兰第二大城市鹿特丹也不例外,作为一个最低点在海平面7米以下的沿海城市,如果全球变暖的趋势恶化,海平面进一步上升,鹿特丹将成为地球上第一批被海水淹没的城市之一。

11.2.2.2　鹿特丹应对海平面的措施及其成效

鹿特丹是世界上最早介入到如何应对气候变化的城市,也是荷兰第一个建立气候环境保护署的城市。2007年推出了鹿特丹气候行动计划(Rotterdam climate initiative),其目标是到2025年实现二氧化碳排放量减半以及完全的气候变化防护。该计划联合了鹿特丹市政府、鹿特丹港务局、里吉蒙地区环境保护署以及鹿特丹的工业联盟组织 Deltalinqs。作为鹿特丹气候行动计划的一部分，鹿特丹气候防护项目致力于使鹿特丹成为一个安全且具有强大经济基础的宜居城市与港口，该项目侧重于建立鹿特丹在气候变化适应方面的领导地位，以及在水资源管理领域的核心地位。

作为一个三角洲城市，鹿特丹的水资源管理技术位于世界前列。由于鹿特丹40％的面积是低于海平面的，经常面临海水倒灌的威胁，同时城区洼地众多，排涝压力颇大，所以在城市排水系统方面总结了许多经验。为有效疏解剧增的地表水，鹿特丹结合都市空间开发大量空旷广场、人行道与停车场空间，这些地方平时为公用设施，大雨到来时就变成储水空间。例如鹿特丹开创了其独有的“水广场”防涝及雨水利用系统。“水广场”一般顺地势而建，由形状、大小和高度各不相同的水池组成，水池间有渠相连，平时是市民休闲娱乐的广场，暴雨来临时就变成一个防涝系统。由于雨水流向地势更低洼的水广场，街道就不会积水。所有水池布成一张循环网络，雨水不仅可在水池间循环流动，还能被抽取储存为淡水资源。

鹿特丹还试验性地开辟出面积达 50 hm^2 的浮动房屋社区，在河道上建造安全浮动住宅，能够根据水面涨落自由上下浮动(图 11－1)。到 2040 年，预计将建造 1.3 万套浮动房屋以应对海平面上升，这其中大约有 1 200 套房屋是直接建造在海面上的。

图 11－1 荷兰公司 Waterstudio 设计的由一组 60 个住宅区组成的建筑群(后附彩图)

11.2.2.3 鹿特丹行动对上海的启示

在应对海平面上升带来的挑战方面，上海和鹿特丹有很多共同点——两个城市都是拥有重要港口的沿海城市，并位于河系沿岸。

鹿特丹应对气候变化的专门机构成为整个城市应对海平面上升、与水共存的坚实后盾，其优秀的水管理技术也为上海在水资源管理与安全领域提供了借鉴经验。鹿特丹在应对气候变化、应对海平面上升过程中不仅造就了鹿特丹的宜居环境，同时创造了区域性的经济机遇。在荷兰，很多人都对鹿特丹气候防护项目很感兴趣，相关公司纷纷参与进来，一些开发商和建筑师也在努力建造更高效的建筑与堤坝，同时创造了很多就业机会。国际上这种经验作为技术输出，使应对海平面上升成为商业机会。

11.2.3　美国纽约市应对海平面上升的经验

11.2.3.1　纽约应对海平面的宏观背景

美国有53%的人口居住在沿海的县域范围内，最为重要的大城市地区，例如波士顿—华盛顿地区、奥兰多—迈阿密地区、洛杉矶—圣地亚哥地区等等，都直接毗邻海滨。美国研究人员发现沿着美国本土48个州的海岸线，几乎有32 000 km^2的陆地位于涨潮所能达到的1 m最高海平面之下。人口普查数据则显示，约有370万居民——相当于美全国人口的1.2%——生活在这一地带，并且这些处于危险中的居民有89%位于5个州(佛罗里达州、路易斯安那州、加利福尼亚州、纽约州和新泽西州)的沿海地区。总的来看，当海平面升高1 m时，大约2 150座市镇的部分地区将被海潮所淹没。它们包括纽约市及其周围地区、新奥尔良市、旧金山湾区以及大洛杉矶地区。因此，纽约市对于海平面升高以及由此引发的海岸洪水和风暴给城市带来的影响及防范予以了较多的关注。

11.2.3.2　纽约应对海平面的措施及其成效

首先，纽约市已建立起一套比较细致并反映地方特色的气候监测指标。该项工作由市规划局主导，由哥伦比亚气候系统研究中心具体监测，并由美国国家气象局(National Weather Service，NWS)和国家海洋和大气管理局(National Oceanic and Atmospheric Administration，NOAA)提供支持。纽约市特别选取了全球热膨胀、本地地面沉降、冰(川、帽、表)融水、本地水面高程这四项衡量区域海平面上升情况的指标作为重点监测对象。这样一套全面并符合地方需求的监测指标系统，是应对海平面上升的一个好的开端，监测结果不仅有助于结束当前缺乏高质量、长期稳定的观测资料的困境，为未来积累原始数据；而且所获得的数据还可作为环境、生态等其他系统分析评估的重要依据。

其次，纽约市关注城市基础设施对海平面上升的适应能力。表11-1显示了纽约地区海平面上升对通信、能源、交通和水利设施等部门的影响情况，针对表中显示的一系列危害(重点关注海平面上升、温度及降雨三方面影响)，纽约市城市规划部门成立了气候变化适应专责小组(由38个市、州和联邦机构、区域公共部门和私营公司构成)，专门维护管理该市的关键基础设施。同时该市还成立了纽约气候变化专家组(New York City Panel on Climate Change，NPCC)，更深入地探讨气候变化下城市重要基础设施面临的风险和机遇，制定相应的应对措施。

表 11-1　纽约地区海平面上升对各类基础设施影响报告(NPCC)一览表

通信基础设施		能源基础设施		交通基础设施		水利设施	
第五章	抵御设施的需求增多	第八章	非生产性破坏增多	第十一章	净水设施的损害增多	第十五章	净水和生态受侵蚀
第六章	费用和更换周期问题	第九章	费用和更换频率增多	第十二章	费用、更换频率增多	第十六章	径流增加，低洼地被淹没
第七章	棕地及废物贮存设施的污染排放增加	第十章	棕地及废物贮存设施的污染排放增加	第十三章	棕地及废物贮存设施的污染径流增加	第十七章	海滩盐沼侵蚀增加
				第十四章	桥下通行高度降低		

第三，纽约市将措施聚焦于“软性基础建设”上，即通过提高自然界自身系统免疫力来缓和海平面上升的影响，甚至吸收暴风雨的冲击。例如在合适的地区增加能够容纳上升海水的湿地或者滨水公园，以及对一度丰饶的养蚝场的再引进。

11.2.3.3　纽约行动对上海的启示

纽约行动对于上海应对海平面上升有些许启示：建立气候监测指标系统、积极监测海平面上升及其影响、制定符合地方情况的气候目标并落实应对政策等十分重要；纽约是世界上最早为适应气候变化而建立气象顾问专门小组的城市之一，完善的体系有助于保证策略的可操作性和调动更多积极因素的参与；通过提高自然界自身系统免疫力来缓和海平面上升的影响，对于已有的不可挪动的建设是更为积极的保障措施。

11.3　上海应对海平面上升的社会经济形势

11.3.1　上海海平面上升趋势与幅度

在海平面上升研究中，相对海平面上升的概念更具重要性，它对于沿海城市居民生活、生产影响显著，也更适于作为规划与战略决策的依据。相对海平面上升主要由绝对海平面上升、地面沉降和地壳沉降三部分组成。上海地势低平，大部分地面高程(吴淞基面)一般在 4 m 左右。局部高地约 5 m，低的仅为 2 m。绝对海平面上升将显著影响上海城市发展，而地面沉降亦是上海地区相对海平面上升的重要组成部分。上海于 1921 年发现地面沉降迹象，是中国最早发现地面沉降迹象的城市，现上海市区地面累计沉降量已经超过 2 m，贯穿市区的苏州河面高度明显高于河岸。

施雅风、朱季文等人(中国科学院南京地理与湖泊研究所，2000)采用政府间气候变化专门委员会(IPCC)1995 年评估报告提出的全球海平面上升的最佳估计值，即平均上升速率为 3.0～3.5 mm/a，并根据自然沉降的延续性和人为沉降的可控性假定，估算出不同岸段未来相对海平面上升幅度，如表 11-2。

表 11-2　长江三角洲及毗邻地区未来海平面最可能上升幅度预测

岸　段	全球平均海面上升速率(mm/a)	地面沉降速率(mm/a)	2030 年最可能上升幅度(cm)	2050 年最可能上升幅度(cm)
苏北滨海平原	3.0～3.5	1.6	18～20	28～31
长江三角洲北部	3.0～3.5	4.1	28～30	43～46
上海市	3.0～3.5	5.0	32～34	48～51
杭州湾北岸*	3.0～3.5	1.1	16～18	25～28

* 本表中的杭州湾北岸是槽径以西部分。

根据刘杜娟和叶银灿(2005)的研究认为：在未来 20 年，上海海平面上升估计将达到38 cm；在未来 50 年，估计将达到 61 cm(表 11-3)。

表 11-3　长江三角洲地区未来相对海平面最可能上升幅度预测

岸　段	全球平均海平面上升速率(mm/a)		地面沉降速率(mm/a)	1990～2030 年最可能上升幅度(cm)	1990～2050 年最可能上升幅度(cm)
	1990～2030 年	2030～2050 年			
苏北滨海平原	4.5	6.5	1.6	24	40
长江三角洲北部	4.5	6.5	4.1	34	55
上海市	4.5	6.5	5.0	38	61
杭州湾北岸*	4.5	6.5	1.1	22	37

* 本表中的杭州湾北岸是槽径以西部分

在 2009 年 11 月发布的《长江流域气候变化脆弱性与适应性》报告指出，近 30 年来，上海沿海海平面上升了 115 mm，高于全国沿海平均的 90 mm。综合国内外各方专家预测，到 2030 年，上海相对海平面将比 2010 年上升 12 cm，到 2050 年上升 25 cm。

综合国内外各方专家对上海地区海平面上升的预测结果发现，上海地区较全国沿海其他地区海平面上升较快，加之上海地面沉降的问题，相对海平面上升情况更为严重。

11.3.2　上海面临海平面上升威胁的部门和地区

海平面上升于上海市的直接后果将表现为降低沿海堤防、码头、工业设施等的灾害防护标准，增大灾害风险；同时加剧海岸侵蚀、风暴潮灾害、海水入侵、淹没沿海低地等，给沿海地区的自然环境演变、社会经济发展带来重大破坏。城市的产业布局、土地开发及大型工程项目也都必须考虑未来海平面上升对城市发展的影响。

(1) 海岸防护工程

海平面上升，潮位升高以及潮流与波浪作用加强，不仅会使风浪直接侵袭和淘蚀海堤的机率大大增加，而且也可能引起岸滩冲淤变动，造成堤外港槽摆动贴岸，从而对海堤安全构成严重威胁。同时，海平面上升，导致出现同样高度风暴潮位所需的增水值大大减小，从而使极值高潮位的重现期明显缩短，无疑也将造成海水漫溢海堤的机会增多，使海堤防御能力下降，并遭受破坏。

(2) 港口与码头工程

未来海平面上升将给港口与码头设施造成许多不利影响。首先，海平面上升，波浪作用增强，不仅将造成港口建筑物越浪机率增加，而且将导致波浪对各种水工建筑物的冲刷和上托力增强，直接威胁码头、防波堤等设施的安全和使用寿命；其次，海平面上升，潮位抬高，将导致工程原有设计标准大大降低，使码头、港区道路、堆场以及仓储设施等受淹频率增加，范围扩大（表 11－4）；此外，海平面上升引起的潮流等海洋动力条件变化，也将可能改变港池、进出港航道和港区附近岸线的冲淤平衡，影响泊位与航道的稳定性，增加营运成本。

表 11－4 海平面上升 50 cm 对上海港可能的淹没影响（黄海基面）

港口名称	码头顶部高程（m）	历史最高潮位（m）	海面上升 50 cm 可能最高潮位（m）	超过码头顶高（m）
上海港	3.1～4.0	4.1	4.6	＋1.5～＋0.6

(3) 城市给排水工程

海平面上升对城市给排水工程的影响主要表现在海平面上升加剧盐水入侵灾害和阻碍城市污水排泄引起城市积水及供水水源污染。据对上海主要供水水源地吴淞口的水质分析计算表明，现状盐水入侵对吴淞口水质产生危害（指水源含氯度（Cl）＞200×10^{-6}）一般发生在长江下泄入海流量不足 1.1 万 m^3/s 的情况下，而海平面上升 50 cm，在长江下泄流量保持在 1.1 万 m^3/s 时就将对其产生明显影响。上海排入黄浦江的污水，如长江口潮流顶托，造成污水在河网中长期回荡、下泄困难，致使河流水体自净能力大大降低，对沿岸水厂的水源水质将产生很大影响，而这种影响随着海平面上升将更加严重。同时，潮位抬高导致城市排水系统抽排效率降低，自流排水发生困难，部分排水管闸甚至报废、失去功效，从而将造成城区积水时间延长、积水范围扩大、积水加深。若天文大潮、台风和暴雨相遭遇，将对城市安全构成严重威胁。

(4) 沿岸生产与生活

上海相对海平面上升，将影响沿岸地区水产养殖、农业耕作、工业生产、居民生活和社会安定。在现有防潮和防汛设施情况下，至 2050 年上海大片土地将被淹没，沿岸地区将面临全面重新规划。而随着经济的发展，人口也大量向海岸迁移。例如，上海浦东开发正是向地势更加低平的滨海地带扩张，浦东国际机场、磁悬浮专线、临港新城等重要城市基础设施与生活区均位于沿岸地区，是需要重点关注的受海平面上升影响的区域。

(5) 城市滨海旅游业

上海现已开发了位于金山区的城市沙滩，奉贤区的碧海金沙水上乐园，浦东新区的滨海旅游度假区、三甲港海滨乐园以及崇明县以湿地、内陆湖等资源为支撑的生态休闲旅游区。未来海平面上升将给滨海旅游业带来很大危害，上海的海滨旅游区将因淹没和侵蚀加剧而后退。此外，沿海地区许多独特的海岸地貌景观旅游资源、滨海珍稀或特种动植物与各类海岸、湿地保护区以及著名的旅游海岛等都将受到不同程度的影响，已建的一些重要旅游设施也将可能受到危害。

11.3.3 海平面上升对滨水地区发展的影响

11.3.3.1 上海滨水地区发展概况

上海地处长江三角洲前缘，所辖的金山区、奉贤区、浦东新区、宝山区及崇明县临海，土地面积占上海市的62.1%，2009年年末常住人口共计775.84万人，为上海市总人口的40.4%，地区生产总值达54 623 641万元，占上海总量的36.3%。其中，金山、奉贤区仍以第二产业为主，金山区杭州湾北岸是石油化工产业集聚区；浦东新区与宝山区第三产业比重高于第二产业，浦东新区沿岸的祝桥镇坐落着上海浦东国际机场，宝山区月浦镇集聚了全国最大的钢铁生产企业——宝钢集团，及众多电厂、煤气厂、水厂等公共基础设施。崇明县一产比重大于10%，与其他行政区相比经济较为落后，但崇明县位于长江入海口，由崇明、长兴、横沙三岛组成，拥有东滩鸟类国家级自然保护区（东滩湿地）、东平国家森林公园、明珠湖、西沙湿地等生态资源，对于崇明乃至上海具有极其重要的作用（表11-5、11-6）。

表11-5 上海滨水地区汇总表（至镇级行政单位）

金山区	金山卫镇、石化街道办事处、山阳镇、漕泾镇
奉贤区	柘林镇、海湾镇
浦东新区	芦潮港镇、申港街道、书院镇、老港镇、祝桥镇、合庆镇、曹路镇、高东镇、高桥镇
宝山区	吴淞街道、友谊路街道、月浦镇、罗泾镇
崇明县	绿华镇、新村乡、三星镇、庙镇、港西镇、建设镇、新河镇、竖新镇、港沿镇、向化镇、中兴镇、陈家镇、城桥镇、堡镇、长兴镇、横沙乡、新海镇、东平镇

表11-6 2009年上海市沿岸行政区社会经济情况

行政区	土地面积(km^2)	常住人口(万人)	GDP(万元)	固定资产投资(万元)	三产比
金山区	586.05	69.1	3 121 532	959 578	3.4∶59.2∶37.4
奉贤区	687.39	81.9	4 290 934	1 628 039	3.4∶65.3∶31.3
浦东新区	1 210.41	419.05	40 013 900	14 207 700	0.8∶42.6∶56.6
宝山区	270.99	136.55	5 490 811	2 170 375	0.4∶44.9∶54.7
崇明县	1 185.49	69.24	1 706 464	763 948	10.5∶55.1∶34.4
总 计	3 940.33	775.84	54 623 641	19 729 640	—
上海市	6 340.50	1 921.32	150 464 500	52 733 300	0.7∶39.9∶59.4

资料来源：上海统计年鉴2010等。

11.3.3.2 上海市海岸带建设现状及存在的问题

为了解上海市全岸段海岸防护工程结构与布局、沿岸经济发展情况，子课题成员参与了上海市市区陆地岸段和崇明岛屿岸段海岸线的实地调研活动。

调查时间：2011.7.11～7.30

调查人员：第一次出发(7.11～7.15，14人)，第二次出发(7.20～7.30，9人)

调查路线：金山区—浦东新区临港新城—宝山区—崇明

调查断面点：调查的断面点涵盖了杭州湾(5个)、长江口(6个)、崇明南支(崇头—东风沙附近，3个)。

通过对基础文献著作资料的消化和实地调研成果的分析，对于上海市海岸带经济社会开发建设形成以下三点基本认识。

(1) 上海海岸防护工程建设到位，能够基本保障沿岸经济社会发展安全

上海市市区陆地岸段的海堤防护工程级别都比较高，基本都采用了防浪墙—两级护坡—两级消浪平台—丁坝—顺坝—异形体的结构，在调查的范围内不同岸段的海堤结构略有差异，宝山区石洞口码头处以及奉贤区岸段的海堤防护级别略低，但防护级别都达到了抵御风暴潮的防护级别。奉贤区可能与沿岸的土地利用以农用地及未利用地为主有关，但是宝山区石洞口码头处紧靠宝山区工业园区，这可能与其所处岸段的波浪作用不是很强有关(图11-2)。

宝山区宝杨码头栅栏板及蜂窝状两种护坡结构

南汇东海大桥东侧海堤结构

金山区独山港码头海堤结构

奉贤区碧海金沙西侧桩柱式结构

崇头防浪墙

图11-2 上海市海岸带海岸防护结构分布(后附彩图)

调查过程中未见海堤海浪作用造成的破损，在进行的即时访谈过程中，海堤在台风(“9711”、2005年“麦莎”)作用下也能足够有效地抵御灾害性天气带来的突发的、强烈的海浪影响，保护沿岸破坏免受巨大损失。

崇明岸段：参与调查的3个断面点的海堤防护结构与上海市区相比要简单得多，只有防浪墙—(浆砌块石)护坡的防汛墙结构，有的地方甚至是土堤结构，或者只有护坡结构。但是高滩地的植被生长得非常茂盛，从防汛墙开始到光滩面，生长

着宽广的植被(人工林地、芦苇、藨草等),植被长势旺盛,宽广的植被有很强的防护海岸的能力,加之崇明岸线附近基本以农业用地为主,没有大规模的工业开发建设,减少人工建筑的痕迹,与其生态岛建设目标相适合。

(2) 海防工程与海岸带的土地利用开发缺乏紧密的联系

上海市的海防工程建设较为完善,但是与海岸带的土地利用比较脱节的,没有表现出明显的联系性。相同建设结构和防护级别的海防工程,海堤内侧的土地利用结构存在着较大的差异(图 11－3)。

金山区独山港海堤内侧工矿用地

金山区独山港海堤内侧上海石化厂区

金山区独山港上海石化化工码头

浦东临港新城南汇嘴西侧海堤内未利用地

浦东临港新城南汇嘴西海堤内未利用储备用地

奉贤区碧海金沙西侧调查点海堤内侧西部上海化学工业园区

奉贤区碧海金沙西侧调查点海堤内侧未利用地

奉贤区碧海金沙西侧调查点海堤内侧东部生活娱乐用地

图 11－3　上海岸海岸带土地利用分布(后附彩图)

以上海市市区陆地岸段的海防工程建设和土地利用情况为例,同样的防护级别的海堤工程建设,海堤内部的土地开发利用强度却有很大差别。以金山区独山港调查点和浦东临港新城调查点为例,两处的海堤工程结构相当,防护级别相同,但是金山区独山港调查点海堤内侧则为开发强度较大的工业用地,距海堤 1 km 范围内密集分布着中航油、浙江华辰能源、中石化原油库、上海石化等大型工矿企业,并将有原料码头和化工码头两大码头。而浦东临港新城海堤内侧则是 3 万多亩的湿地系统和大片的储备用地,而且短期内没有详细的规划开发计划。

(3) 海岸带缺乏统一的综合规划,土地利用集约度不高

从实地调查点来看,上海市陆地岸段有的区段已有开发强度比较高的土地利用状况,工业用地、旅游用地、公共生活用地等建设用地类型均有分布,但是从整体来看,上海市海岸带的区域经济社会开发建设还处于自然和半自然的状态,缺乏综合统一的开发利用规划,土地利用整体效率低,集约性不强(图 11－3)。

以奉贤区碧海金沙西侧的调查点来看,调查点西部是碧海金沙旅游项目,海堤内侧的东部是横跨金山、奉贤两区的上海市化学工业园区,而就在调查点的海堤内侧则分布着一大片面积大约 1 000 m^2 的未利用地。

海岸线的土地开发利用具有很大的开发潜力，从国外的开发建设经验来看，海岸带的自然环境优美，又有着充足的风能、太阳能、潮汐能等清洁能源，科学合理制定综合的开发利用规划，集约利用海岸带资源，无论是生活居住还是经济开发都能取得很好的经济社会效益。而上海市的海岸带自然环境质量很好，但是经济社会发展的质量还较差，亟待提高利用效率。

11.4 上海应对海平面上升的行动

11.4.1 上海应对海平面上升的行动述评

20 世纪 80 年代末我国对海平面变化及其影响的研究工作才相继开展，而具体到上海地区的相关研究则从 20 世纪 90 年代开始。

初期国内学者较多研究上海地区海平面上升的趋势预测，现进而就其可能的影响与防治策略进行了探究。学者的研究引起了上海政府和有关部门的重视以及社会公众的关注，上海已在城市防汛工程、海岸防护工程等方面将海平面上升影响提上日程，同时致力于建立地面沉降监测系统、海洋观测预警系统，并从导致海平面上升的源头——气候变暖入手采取了应对行动。

1993 年，上海市政府拨款 87 万元进行海平面上升影响与对策的专门研究。

20 世纪 90 年代，上海投入 3 500 万元，建立了一张覆盖全市的地面监测网络。目前网络已包括全市各区县的 43 个基岩标、146 个 GPS 监测点和 326 个水位观测点，能够随时预报上海各区域地面沉降现状。

由于地面沉降、绝对海平面上升，黄浦江老港区受到威胁，港区功能逐渐衰弱减退，愈来愈不能适应上海经济的发展。2002 年 6 月洋山深水港区开工建设，对于上海建设国际航运中心、加快浦东开发具有重要意义。

2007 年上海规划建设中国第一个海底观测站，完善上海以及邻近海域的海洋综合观测和灾害预警系统，2009 年已在东海内陆架建成一个浅水海底观测试验站，下一步将在舟山东部的长江口区域扩大规模，布设观测网络体系，形成海底观测网。

2009 年上海市决定打造崇明岛、临港新城、虹桥枢纽三大低碳实践区以应对气候变暖和海平面上升，并指出发展低碳经济是上海的必然选择，也是应对气候变暖、减轻海平面上升威胁的积极举措。

上海市海洋发展“十二五”规划强调，加强上海沿海海平面上升对城市安全影响及应对关键技术研究：预测分析上海沿海海平面上升趋势；评估上海沿海理论海平面上升与地面沉降的耦合技术和效应；分析相对海平面变化对海岸防护、防汛、排水和供水安全的影响。

11.4.2 上海基于海平面上升的城市安全决策支持系统

城市安全决策支持系统需要对海平面上升影响的自然变化过程进行准确判

断，对社会响应机制，包括组织保障机制、科技支撑机制、运行机制进行创新，涉及海洋系统、技术、政策、产业、城市规划等不同方面，是一项复杂的综合巨系统。立足于上海国际金融中心建设、国际航运中心建设以及城市发展方式转变和功能转型的发展目标，在分析借鉴国内外滨海城市应对海平面上升经验的基础上，提出以下上海应对海平面上升的组织保障机制、科技支撑机制、运行机制构想，构建上海基于海平面上升的城市安全决策支持系统(图 11-4)。

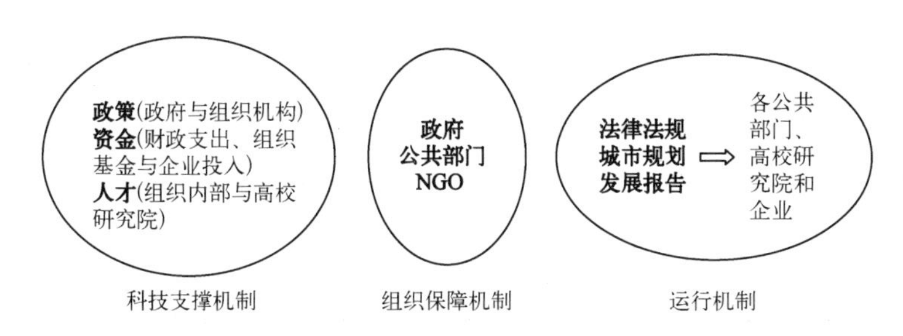

图 11-4　上海基于海平面上升的城市安全决策支持系统示意图

11.4.2.1　上海应对海平面上升的行动指南

上海应对海平面上升的行动不会对上海经济的持续发展与经济地位的提升造成影响，同时不断为上海创造安全且宜居的城市环境。

11.4.2.2　上海应对海平面上升的组织保障机制

国外滨海城市的成功经验大都涉及专门组织的保障推进作用，上海作为沿海滨河的经济发达的港口城市，建立专门的组织机构更能高效、统一地开展应对海平面上升的工作。上海市地处长江三角洲经济区，随着区域发展一体化进程的不断推进，经济社会发展相互协调的同时，城市安全，尤其是应对海平面上升的沿岸城市的安全也应纳入统一部署。联合长江三角洲沿岸省市政府，组织水利部、国家防灾减灾总指挥部、太湖局、建设部、国土资源部、国家发改委等多部门以及非政府组织构建长江三角洲应对气候变化委员会海平面上升专门小组。在海防工程建设，供水(沿岸水库群建设)、排水(河湖群)、集水(地面透水、屋顶集水)的标准，海岸带开发建设等各个环节制定区域综合规划，不仅对保障上海，对于保障整个长江口流域的城市安全都是十分必要的。完善的体系有助于保证策略的可操作性和调动更多积极因素的参与。

11.4.2.3　上海应对海平面上升的科技支撑机制

上海建立应对海平面上升的科技支撑机制，首先要确定开展行动的重点领域为海平面监测预警系统、考虑海平面上升因素的城市综合规划和应对海平面上升的技术手段创新三方面。对于三大重点领域，政府以及应对海平面上升的专门组织可以进行政策引导并给予一定的政策优惠以刺激科技创新；而支撑资金可由财政专项拨款或补贴，也可由专门组织与非政府组织募集社会资金资助，对于部分具有明确产品导向并能形成产业化规模，或者具有产业化前景的项目，企业将可能是投入的主力军，实现投融资机制多元化；应对海平面上升的专门组织内各部门需要一批专业人士协助科技支撑的开展，高校及科研院所将是科技创新人才的聚集地及公共技术研究开发与应用的关键所在。

11.4.2.4 上海应对海平面上升的运行机制

组织保障与科技支撑皆明确后，行动方案的运行与操作可经由相关法律法规的颁布、城市综合规划的明确和专项发展报告的发布三条途径进行。海平面上升对于各级政府与各公共部门来说是一个新的任务，需要从制度和规范上确定各自的任务和分工，并协调共同完成应对海平面上升的目标。同时，对于沿海地区、沿河地区及生态环境脆弱地区等，可制定相应的、特色的规划。全球气候变化、海平面上升亦给全球经济带来一次新的变革，具有敏锐嗅觉的企业将抓住此次机遇，提升企业竞争力占领核心地位。高校及科研院所可通过承担项目与课题，解决应对海平面上升的科学问题与应用问题，甚至吸纳企业参与，实现产学研一体化。

应对海平面上升是一项长期的、不间断的工作，加之我们基于海平面变化趋势预测的监测数据是实时更新的，海平面变化的不确定性需要根据预测及其趋势对行动方案进行不断地调整，注重后期的管理、监督和评估工作。

11.4.3 上海应对海平面上升的实施步骤

11.4.3.1 上海应对海平面上升的近期行动(2012～2015 年)

(1) 主要奋斗目标

实现城市给排水工程与防护工程更新升级

(2) 综合应对方案

继续采取有效措施，严格控制地面沉降。相对海平面上升主要由绝对海平面上升、地面沉降和地壳沉降三部分组成。地面沉降是上海地区相对海平面上升的重要组成部分。上海是中国最早发现地面沉降迹象的城市，它发现于 1921 年的重复水准测量。1921～1965 年上海市区地面平均下沉 1.76 m，最大沉降量 2.63 m。1966 年采取控制措施以来，除市区地面沉降带和部分近郊工业区外，地面沉降已明显缓解，1966～2011 年的 45 年间，上海累计沉降量约为 0.29 m，年平均沉降量保持了逐年减少的趋势。但值得注意的是，地面沉降率仍保持在较高水平，因此形势仍不容乐观，建议继续严格控制和规划地下流体(水、石油、天然气等)的开采；采取适当回灌措施；关注城市合理建设，控制密集型高层建筑群的建设，减少地面荷载。

考虑海平面上升因素，提高防护建设标准。预计近期海平面上升不会给上海带来灾难性的损失，但海平面上升导致的海水入侵、风暴潮灾害增加等一系列影响给城市的公共基础设施带来了挑战。城市的给排水工程与防护工程等在一次次事件中显示出了不足与未来的隐患。海平面上升削减原有桥下净空，影响了河流运行通航的能力，对新建桥梁也提出更高的设计要求和投资预算。因此，有必要重新考虑城市基础设施的设计标准，特别是防潮堤坝、沿海公路、港口和海岸工程等一系列近海工程项目的设计，工程设计标准中应加上对上海地区未来海平面上升和地面沉降的预测值的考虑，以长远目光监测基础设施对海平面上升的适应能力，定期开展综合调查、维护与监管行动。

创新城市安全管理技术，提升城市安全保障水平。多数上海市民甚至政府有关部门对海平面上升的威胁并没有清晰的认识，或过于乐观估计，或过分相信不实、夸大的信息。国家海洋局自 2000 年开始编制《中国海平面公报》，提供翔实的数据，希望能引起沿海各级人民政府和有关部门的重视和社会公众的关注，以便采取有效措施，确保沿海地区人民生命财产安全和社会经济的可持续发展。鼓励城市安全管理技术的创新研究，并向国内外城市学习先进、优秀的城市安全管理经验，例如荷兰鹿特丹市独特的水管理技术，实现城市安全管理更新升级。

实施海岸带生态环境修复工程，提高自然防御能力。滨海湿地、红树林、珊瑚礁等生态系统具有减灾和对海岸侵蚀有缓冲作用，实施海岸带生态环境修复工程，不仅能有效保护滨海湿地、滩涂和生物资源，还能充分利用滨海生态系统的自我防护功能，构建堤防与生态相结合的立体防护体系应对海平面上升。

(3) 关键工程项目

供水多元化，考虑城市自来水取水口向长江水移动；上海疏浚海道与造地同步进行；城市内部排水系统升级；海岸防护工程、生态环境修复工程完善。

11.4.3.2　上海应对海平面上升的中期行动(2016～2020 年)

(1) 主要奋斗目标

完善海平面监测预警系统与考虑海平面上升因素的专项、城市、区域规划实施。

(2) 综合应对方案

完善海平面监测预警系统，及时掌握海平面上升对本地区的影响状况。海平面监测预警系统能够科学地对海平面变化、地表沉降、海岸侵蚀及各种海洋灾害进行有效预测，为海平面上升、特别是短周期的急剧上升提供实时预报并建立监测资料数据库，实现数据共享，促进各学科专家之间的交流，为市政决策提供科学依据。该监测预警系统需要高校及科研院所的人才支持，由政府或应对海平面上升专门组织提供长期的资金支持。

海平面上升影响的漫长性和上海市城市快速发展的时间紧迫性形成一对矛盾，海平面上升对上海的影响是一个长期的、综合的、复杂的过程，考虑海平面上升因素的规划需要与海平面上升的影响达成同步性，对当期的应对海平面上升行动有一个清晰且有效的指导，更重要的是具有长远性，能够充分考虑未来应对措施的开展。

开展海平面变化影响评价，对评价区域进行海平面上升脆弱区划。定期开展海平面变化影响调查工作，根据沿海海平面变化影响特点，采集海平面变化影响信息，对海平面变化影响的重点区域和典型事件开展实地调查，科学、准确地评价海平面变化影响的范围和程度；制定统一的海岸带开发建设规划，将评价结果和脆弱区划范围作为海岸带开发建设规划的重要指标，整合考虑海防工程建设与海岸带开发利用的关系，发掘海岸带发展潜力，更为高效地利用海岸带丰富的自然资源，全面提高海岸带区域的社会经济效益。

赋予考虑海平面上升因素的上海综合规划法律效力。

首先，应评价上海城市拓展方向。上海地势低平，总的趋势是北、东、南三面较高，且南缘略高于北缘，最高在奉城一带。西部即冈身以西地势最低，是太湖流域地势最低洼的地区，一般地面高程为 2.2～3.5 m，最低的仅 2.0～2.2 m，主要分布在青浦区西部及松江、金山部分地区。黄浦江贯穿上海市大陆部分的全境，既是上海市河网水系的大动脉，又是太湖流域最大的一条行洪、排涝河道，也是全太湖流域唯一敞口的河道。因此，虽然上海西部离海最远但受海平面变化的影响也十分明显，相较向东发展不具优势。而浦东重大市政工程建设、重要园区/开发区选址需要多方评价，综合考虑海平面上升影响。

其次，对于滨海地带的开发模式应倾向于湿地公园休闲、滨海观光旅游和新能源技术研究等，慎重考虑大型市政工程项目与房地产等的开发，将海平面上升影响危险度区划指标作为沿海开发规划的重要内容加以考虑，并考虑土地的置换问题，在保存相对较好的自然岸段和重要生态保护区海岸的滨海地区，合理布局，预留滨海生态系统后退空间，实现人与自然的和谐统一。详细规划应细致到各乡镇政府及各部门的任务与协调情况，确保行动的实施。着眼于长江三角洲地区，与长江三角洲各沿岸省市联合制定应对海平面上升的战略行动。

(3) 关键工程项目

东海海底观测网项目；实施考虑海平面上升因素的专项规划、上海综合规划与长三角规划。

11.4.3.3　上海应对海平面上升的远期行动(2021～2030 年)

(1) 主要奋斗目标

城市安全与转型发展并重。

(2) 综合应对方案

从长远看，实现城市发展方式转变和功能转型，减少碳排放和能源消费是减缓海平面上升趋势的源头措施。上海作为全国乃至亚洲的焦点城市，在全球应对气候变化行动日益紧迫的新形势下，把低碳发展作为推动能源技术创新、转变经济发展方式、协调经济发展与保护全球气候关系的核心战略选择，实现应对气候变化与可持续发展的双赢。

(3) 关键工程项目

节能减排；更新规划编制。

11.4.4　上海应对海平面上升计划行动的预期效果

上海政府、部门、单位、企业乃至社会公众应对海平面上升的计划行动实施，预计全市的基础设施建设将全面更新，并与海平面上升趋势保持适应性，提供城市安全、适宜的硬件环境；上海，特别是崇明的生态系统将得到有效恢复与保护，上海海岸带生态系统的自我防护功能大幅提升；考虑海平面上升因素的规划全面开展并落到实处，高效的海岸带开发建设规划，使得海岸带区域的社会经济效益与安全性统一，公众对于海平面上升有更理性的了解；上海抓住低碳经济时代变革的机遇，加快实现城市发展方式转变和功能转型，提升城市核心竞争力。

参 考 文 献

包芸，任杰. 2001. 采用改进的盐度场数值格式模拟珠江口盐度分层现象. 热带海洋学报，(04)：28－34.

包芸，来志刚，刘欢. 2005. 珠江河口一维河网、三维河口湾水动力连接计算. 热带海洋学报，(04)：67－72.

包芸，刘杰斌，任杰，等. 2009. 磨刀门水道盐水强烈上溯规律和动力机制研究. 中国科学(G辑)，39(10)：1527－1534.

鲍超，方创琳. 2008. 干旱区水资源对城市化约束强度的时空变化分析. 地理学报，(11)：1141－1150.

蔡继文. 2009. 21天学通ASP. NET. 北京：电子工业出版社.

蔡文. 1994. 物元模型及其应用. 北京：科学技术文献出版社.

常淑玲. 2007. 天津市需水量预测及水资源可持续发展策略研究. 天津：天津大学.

畅明琦. 2006. 水资源安全理论与方法研究. 西安：西安理工大学.

车越，张明成，杨凯. 2006. 基于SD模型的崇明岛水资源承载力评价与预测. 华东师范大学学报(自然科学版)，11(06)：68－74.

陈昞睿，朱建荣. 2006. 物质输运方程中平流项数值格式的改进. 华东师范大学学报，(04)：64－70.

陈才俊. 1991. 江苏淤长型淤泥质潮滩的剖面发育. 海洋与湖沼，22(4)：360－368.

陈慧，冯利华，孙丽娜. 2010. 南京市水资源承载力的主成分分析. 人民长江，41(12)：95－98.

陈吉余. 1995. 长江口拦门沙及水下三角洲的动力沉积和演变. 长江流域资源与环境，4(4)：348－355.

陈吉余. 2007. 中国河口海岸研究与实践. 北京：高等教育出版社.

陈吉余. 2009. 21世纪的长江河口初探. 北京：海洋出版社.

陈吉余，何青. 2009. 2006年长江特枯水情对上海淡水资源安全的影响. 北京：海洋出版社.

陈吉余，曹勇，刘杰，等. 2004. 建设没冒沙生态水库，开拓上海市的新水源(Ⅰ)建库设想的提出. 华东师范大学学报(自然科学版)，(03)：82－86.

陈吉余，罗祖德，陈德昌，等. 1964. 钱塘江河口沙坎的形成及其历史演变. 地理学报，30(2)：109－123.

陈吉余，潘定安，苏法崇，等. 1988. 长江口北港河槽演变分析. 长江河口动力过程和地貌演变. 上海：上海科学技术出版社.

陈吉余，王宝灿，虞志英. 1989. 中国海岸发育过程和演变规律. 上海：上海科学技术出版社.

陈吉余，恽才兴，徐海根. 1979，两千年来长江河口发育的模式. 海洋学报，1(1)：103－111.

陈君，王义刚，蔡辉. 2010. 江苏沿海潮滩剖面特征研究. 海洋工程，28(4)：91－96.

陈亮. 2009. 浙江省水资源短缺状况多指标综合评价. 安徽农业科学,37(20): 9550 - 9552.
陈庆江,等. 2011. 长江口水源地咸潮控制临界流量确定及保证措施. 人民长江,42(18): 68 - 72.
陈沈良,谷国传,李玉中. 2003. 南汇近岸水域近底层泥沙运动和边滩沉积. 东海海洋,21(4): 15 - 24.
陈水森,方立刚,李宏丽,等. 2007. 珠江口咸潮入侵分析与经验模型——以磨刀门水道为例. 水科学进展,18(5): 751 - 755.
陈西庆. 1990. 近 70 年长江口海面变化研究及其意义. 地理学报,45(4): 387 - 398.
陈西庆,陈吉余. 1998. 长江三角洲海岸剖面闭合深度的研究——Bruun 法则及其应用的基本问题. 地理学报,53(4): 323 - 331.
陈宗镛,黄蕴和,周天华,等. 1991. 长江口平均海面的初步研究. 海洋与湖沼,22(4): 315 - 320.
程和琴. 2009. 长江口北支河床演变过程中人为驱动效应//21 世纪的长江河口初探. 北京: 海洋出版社.
程和琴. 2013. 海平面上升对城市安全影响关键技术研究进展与建议. 世界水务海洋科技动态,2: 34 - 48.
程和琴,陈吉余,黄志良,等. 2009. 长江河口北支河床演变过程中的人为驱动效应//陈吉余. 21 世纪的长江河口. 北京: 海洋出版社.
程和琴,陈祖军,阮仁良,等. 2015. 城市安全与海平面变化. 第四纪研究,35(2): 363 - 373.
程和琴,王冬梅,陈吉余. 2015. 2030 年上海地区相对海平面变化趋势的研究和预测. 气候变化研究进展,11(4): 231 - 238.
程和琴,赵建虎,陈永平,等. 2012. 基于 GNSS 的河口三角洲地区城市水患致灾预警研究进展. 测绘通报,(增刊): 38 - 40.
程济生. 2002. 上海海平面上升与未来盐水入侵问题的研读及思考. 城市公共事业,(05): 14 - 15.
程晓,等. 2010. 防汛预警指标与等级划分的比较研究. 中国防汛抗旱,3: 26 - 31.
崔树彬. 2010. 珠江河口城市水源地问题及对策探讨. 中国水利,32 - 35.
戴志军,陈吉余,程和琴,等. 2005. 南汇边滩的沉积特征和沉积物输移趋势. 长江流域资源与环境,14(6): 735 - 739.
戴志军,张小玲,闫虹,等. 2009. 台风作用下淤泥质海岸动力地貌响应. 海洋工程,27(2): 63 - 69.
邓兵,范代读. 2002. 海平面上升及其对上海市可持续发展的影响. 同济大学学报,(11): 1321 - 1325.
邓娟,罗宪,郑秀梅. 2011. 城市水务供水预警机制初探. 水利科技与经济,17(1): 27 - 32.
邓绍云,文俊. 2004. 区域水资源可持续利用预警模型的初步研究. 云南农业大学学报,19(3): 345 - 348.
董晓军,黄珹. 2000. 利用 TOPEX/Pos-eidon 卫星测高资料监测全球海平面变化. 测绘学报,29(3): 266 - 272.
董永发. 1989. 长江河口及其水下三角洲的沉积特征和沉积环境. 华东师范大学学报(自然科学版),2: 78 - 85.
窦希萍. 2005. 长江口深水航道治理工程一、二期工程泥沙回淤预报研究//第十二届中国海岸工程学术讨论会论文集. 北京：海洋出版社：71－76.
窦希萍. 2006. 长江深水航道回淤量预测数学模型的开发及应用. 水运工程，12：159－164.
杜景龙，杨世伦. 2007. 长江口北槽深水航道工程对周边滩涂冲淤影响研究. 地理科学，27(3)：390－394.
杜娟. 2004. 相对海平面上升对中国沿海地区的可能影响. 海洋预报，(02)：21－28.
范代读，李从先. 2005. 中国沿海响应气候变化的复杂性. 气候变化研究进展，1(3)：111－114.
方子云. 2001. 提供水安全是21世纪现代水利的主要目标. 水电站设计，(12)：47－48.
封志明. 2004. 资源科学导论. 北京：科学出版社.
逄自安. 1980. 浙江港湾淤泥质海岸剖面若干特性. 海洋科学，2：9－18.
付桂，李九发，戴志军. 2007. 长江口南汇嘴岸滩围垦工程潮流数值模拟研究. 海洋湖沼通报，4：47－54.
高抒，朱大奎. 1988. 江苏淤泥质海岸剖面的初步研究. 南京大学学报，24(1)：75－84.
高彦春，刘昌明. 1996. 区域水资源系统仿真预测及优化决策研究——以汉中盆地平坝区为例. 自然资源学报，11(01)：23－32.
谷国传，李身铎，胡方西. 1983. 杭州湾北部近岸水域水文泥沙特性//上海市海岸带和海涂资源综合调查论文选编. 上海：上海科学技术出版社.
顾金山，陆晓如，顾玉亮. 2009. 上海青草沙水源地原水工程规划. 给水排水，(01)：50－54.
顾玉亮，吴守培，乐勤. 2003. 北支盐水入侵对长江口水源地影响研究. 人民长江，34(4)：1－3，16，48.
郭松影，周直，高成卫. 2007. 水安全预警系统研究. 中国水运，7(10)：48－50.
国家发展和改革委员会应对气候变化司，中国21世纪议程管理中心. 2012. 气候变化对中国的影响评估及其适应对策. 海平面上升和冰川融化领域. 北京：科学出版社.
国家海洋局. 2009. 中国海平面变化公报(2003～2008). http://cn. chinagate. cn/reports/.
国家海洋局. 2012. 2011年中国海平面公报. 北京：国家海洋局.
海牙世界部长级会议宣言. 2003. 21世纪水安全. 水利工程网；http://www. chinawater. net. cn/CWSNews/2000/0510. html[2011－01－05].
海洋图集编委会. 1992. 渤海黄海东海海洋图集(水文). 北京：海洋出版社.
海洋图集编委会. 2006. 南海海洋图集(水文). 北京：海洋出版社.
韩慕康. 1990. 全球气候变暖与海平面上升影响的研究动向——三个国际会议见闻. 地理学报，(03).
韩乃斌. 1983. 长江口南支河段氯度变化分析. 水利水运科学研究，1：74－81.
韩宇平. 2003. 水资源短缺风险管理研究. 西安：西安理工大学.
何力. 2010. 基于SD模型的节水型城市建设激励机制与管理模式研究. 长江科学院.
和玉芳，程和琴，陈吉余. 2011. 近百年来长江河口航道拦门沙的形态演变特征. 地理学报，(03)：305－312.
贺松林. 1988. 淤泥质潮滩剖面塑造的探讨. 华东师范大学学报(自然科学版)，2：61－68.
贺松林，丁平兴，孔亚珍. 2006. 长江口南支河段枯季盐度变异与北支咸水倒灌. 自然科学进展，16(5)：584－589.
侯成程，朱建荣. 2013. 长江河口潮流界与径流量定量关系研究. 华东师范大学学报(自然科学版),5：18－26.

侯志庆,陆永军,王建. 2012. 河口与海岸滩涂动力地貌过程研究进展. 水科学进展,23(2)：286－294.

胡彩虹,吴泽宁,尹君,等. 2008. 基于主成分分析的需水量预测模型研究. 数学的实践与认识,38(21)：101－109.

胡松,朱建荣,傅得健,等. 2003. 河口环流和盐水入侵Ⅱ——径流量和海平面上升的影响. 青岛海洋大学学报,33(3)：337－342.

华东师范大学,上海市水务规划设计研究院. 2013. 长江口海平面上升对城市安全影响及应对关键技术研究报告. 上海.

黄卫凯,陈吉余. 1995. 长江河口拦门沙地形变化的统计预报. 海洋与湖沼,26(4)：343－349.

黄新华,曾水泉,易绍桢,等. 1962. 西江三角洲的咸害问题. 地理学报,28(2)：137－148.

计娜,程和琴,杨忠勇,等. 2013. 近30年来长江口岸滩沉积物与地貌演变特征. 地理学报,68(7)：937－946.

季永兴,刘水芹,莫敖全. 2002. 长江口保滩护岸工程与水土资源可持续发展. 水土保持学报,16(1)：128－131.

季子修,蒋子巽,朱季文,等. 1993. 海平面上升对长江三角洲和苏北滨海平原海岸侵蚀的可能影响. 地理学报,48(6)：516－526.

季子修,施雅风. 1996. 海平面上升、海岸带灾害与海岸防护问题. 自然灾害学报,5(2)：56－64.

贾良文,吴超羽,任杰,等. 2006. 珠江口磨刀门枯季水文特征及河口动力过程. 水科学进展,17(1)：82－88.

贾凌云. 2006. 人口预测的灰色增量模型及其应用. 南京信息工程大学.

贾绍凤,张军岩,张士锋. 2002. 区域水资源压力指数与水资源安全评价指标体系. 地理科学进展,21(6)：538－545.

姜彤,苏布达,王艳君,等. 2005. 四十年来长江流域气温、降水与径流变化趋势. 气候变化研究进展,1(2)：65－68.

蒋艳灵,陈远生,何建平,等. 2008. 城市取水定额制定中几个关键问题的探讨. 水利发展研究,10：5－9.

金凤君. 2002. 华北平原城市用水问题研究. 地理科学进展,19(1)：17－23.

金庆焕. 2004. 广东海岸带环境保护与海洋经济可持续发展. 水文地质工程地质,(04)：31－32.

金庆祥,劳治声,陈全. 1988. 应用经验特征函数分析杭州湾北岸金汇港泥质潮滩随时间的波动. 海洋学报,10(3)：327－333.

柯马尔 P D. 1985. 海滩过程与沉积作用. 邱建立等译. 北京：海洋出版社.

劳治声,贺松林,陈全,等. 1992. 上海南汇芦潮港岸段水下滩坡变化剖析. 海洋湖沼通报,3：9－15.

黎兵. 2010. 上海近岸海域近30年来的地形演变和机制探讨. 上海地质,31(3)：29－34.

黎兵,魏子新,李晓. 2011. 长江三角洲第四纪沉积记录与古环境响应. 第四纪研究,31(2)：316－328.

李安龙,李广雪,曹立华,等. 2004. 广利河口拦门沙发育动态和河口航道的选择. 海岸工程,23(2)：1－8.

李伯根，张瑾，周泓权. 2007. 舟山马岙段海岸演变与水下岸坡冲淤动态. 海洋学报，29(6)：64－73.

李从先，李萍. 1982. 淤泥质海岸的沉积和砂体. 海洋与湖沼，13(1)：48－59.

李从先，王平，范代读，等. 2000. 布容法则及其在中国海岸上的应用. 海洋地质与第四纪地质，20(1)：87－91.

李恒鹏，杨桂山. 2001. 基于GIS的淤泥质潮滩侵蚀堆积空间分析. 地理学报，56(3)：278－286.

李华，杨世伦，T Ysebaert，等. 2008. 长江口潮间带淤泥质沉积物粒径空间分异机制. 中国环境科学，28(2)：178－182.

李九发，戴志军，刘新成，等. 2010. 长江河口南汇嘴潮滩圈围工程前后水沙运动和冲淤演变研究. 泥沙研究，3：31－37.

李九发，万新宁，陈小华，等. 2003. 上海滩涂后备土地资源及其可持续开发途径. 长江流域资源与环境，12(1)：17－22.

李素琼，敖大光. 2000. 海平面上升与珠江口咸潮变化. 人民珠江，(06)：42－44.

李晓刚. 2008. 厦门市海平面上升规划对策. 现代城市研究，(05)：27－33.

李雪铭，张婧丽. 2007. 淡水资源稀缺性城市供需水量与城市化关系分析. 干旱区资源与环境，(07)：96－100.

李永平，秦曾灏，端义宏. 1998. 上海地区海平面上升趋势的预测和研究. 地理学报，(05)：393－403.

李元芳，黄云麟，李栓科. 近代黄河三角洲海岸潮滩地貌及其沉积的初步分析. 海洋学报，1991，13(5)：662－671.

李志强，陈子燊. 2002. 海滩平衡剖面形态研究进展. 海洋通报，21(5)：82－89.

梁仁君，林振山，陈玲玲. 2005. 我国水资源需求量动力学预测及对策建议. 长江流域资源与环境，14(06)：704－708.

凌耀初，郑琦，等. 2007. 上海新大湖计划：长江口青草沙水库运营战略研究. 上海：学林出版社.

刘杜娟，叶银灿. 2005. 长江三角洲地区的相对海平面上升与地面沉降. 地质灾害与环境保护，(04)：400－404.

刘红，应铭，张华等. 2011. 工程条件下长江口南槽自适应过程. 第十五届中国海洋(岸)工程学术讨论会论文集(中). 北京：海洋出版社：1135－1142.

刘杰，陈吉余，乐嘉海，等. 2004. 长江口深水航道治理一期工程实施后北槽冲淤分析. 泥沙研究，5：15－22.

刘杰，乐嘉海，胡志峰，等. 2003. 长江口深水航道治理一期工程实施对北槽拦门沙的影响. 海洋工程，21(2)：58－64.

刘杰斌，包芸. 2008. 磨刀门水道枯季盐水入侵咸界运动规律研究. 中山大学学报(自然科学版)，47(2)：122－125.

刘俊良，臧景红，何延青. 2005. 系统动力学模型用于城市需水量预测. 中国给水排水，21(06)：31－34.

刘少才. 2010. 防止海平面上升荷兰先行. 城市与减灾，(03)：39－41.

刘新成，沈焕庭，杨清书. 1999. 长江河口段潮差变化研究. 华东师范大学学报(自然科学版)，2：89－94.

刘雪峰，魏晓宇，蔡兵，等. 2010. 2009 年秋季珠江口咸潮与风场变化的关系. 广东气象，32(2)：11－13.
刘岳峰，韩慕康，邬伦. 1999. 海平面上升对我国主要三角洲平原影响的综合评估. 第四纪研究，19(3)：284－284.
龙胜平. 1997. 南汇—奉贤杭州湾北岸岸滩水下岸坡三维 EOF 分析. 华东师范大学学报(自然科学版)，1：69－76.
陆志波，陆雍森，王娟. 2005. ARIMA 模型在人均生活用水量预测中的应用. 给水排水，(10)：97－101.
陆忠民，卢永金，宋少红，等. 2009. 青草沙水库建设与长江口综合整治关系研究. 给水排水，35(1)：55－58.
吕爱琴，杜文印. 2006. 磨刀门水道咸潮上溯成因分析. 广东水利水电，5：50－53.
罗锋，李瑞杰，廖光洪，等. 2011. 水文气象条件变化对长江口盐水入侵影响研究. 海洋学研究，29(3)：8－16.
马永亮. 2008. 基于系统动力学的崇明岛水资源承载力研究. 上海：华东师范大学.
毛兴华，顾圣华，莫丹锋，等. 2013. 长江口平均潮位与半潮面的关系. 华东师范大学学报(自然科学版)，2：50－55.
茅志昌，沈焕庭，黄清辉. 2001. 长江河口淡水资源利用与避咸蓄淡水库. 长江流域资源与环境，10(1)：34－42.
茅志昌，沈焕庭，肖成献. 2001. 长江口北支盐水倒灌南支对青草沙水源地的影响. 海洋与湖沼，32(1)：58－66.
茅志昌，沈焕庭，姚运达. 1993. 长江口南支南岸水域盐水入侵来源分析. 海洋通报，12(1)：17－25.
茅志昌，武小勇，赵常青，等. 2008. 长江口北港拦门沙河段上段演变分析. 泥沙研究，2：41－46.
苗慧英，杨志娟. 2003. 区域水资源价值模糊综合评价. 南水北调与水利科技，1(5)：16－19.
缪启龙，周锁铨. 1999. 海平面上升对长江三角洲海堤、航运和水资源的影响. 南京气象学院学报，22(4)：625－629.
莫永杰，等. 1996. 海平面上升对广西沿海的影响与对策. 北京：科学出版社：50－51.
彭靖. 2009. 咸潮对磨刀门水道环境要素的影响. 广东水利水电. (4)：19－21.
戚志明，芸包. 2009. 珠三角咸水入侵变化趋势及其动力因素影响分析. 广东广播电视大学学报，18(3)：43－47.
钱宁，谢汉祥，周志德，等. 1964. 钱塘江河口沙坎的近代过程. 地理学报，30(2)：124－142.
秦年秀，姜彤，许崇育. 2005. 长江流域径流趋势变化及突变分析. 长江流域资源与环境，14(5)：589－594.
秦曾灏，李永平. 1997. 上海海平面变化规律及其长期预测方法的初探. 海洋学报，19(1)：1－7.
邱菀华. 2001. 管理决策与应用熵学. 北京：机械工业出版社.
裘诚，朱建荣，2012. 长江河口北支上口不规则周期潮流的动力机制. 海洋学报，34(5)：1－11.
全为民，张锦平，平仙隐，等. 2007. 巨牡蛎对长江口环境的净化功能及其生态服务价值. 应用生态学报，18(4)：871－876.
任美锷，张忍顺. 1993. 最近 80 年来中国的相对海平面变化. 海洋学报，15(5)：87－97.

任美锷. 1993. 黄河、长江、珠江三角洲近 30 年海平面上升趋势及 2030 年海平面上升量预测. 地理学报,48(5): 385 - 393.

任美锷. 2000. 海平面研究的最近进展. 南京大学学报(自然科学版),(03): 269 - 279.

阮本清,等. 2005. 水资源短缺风险的模糊综合评价. 水力学报,(08): 906 - 912.

阮本清,魏传江. 2004. 首都圈水资源安全保障体系建设. 北京: 科学出版社.

上海海事局海测大队. 2013. 长江口深度基准面的变化与应用研究报告. 上海.

上海市人民政府发展研究中心[EB/OL];http://fzzx.sh.gov.cn/LT/AWGCO901.html, 2009 - 1 - 4/2012 - 3 - 28.

上海市人民政府交通办公室. 1997. 9711 台风对长江口及杭州湾海岸影响调查记录.

上海市水利局. 1996. 海平面上升对上海影响及对策研究系列报告. 上海.

上海市水资源公报 2009. http://www.shanghaiwater.gov.cn/web/sw/2009_1_1.jsp, 2011 - 6 - 09.

上海市水资源公报[EB/OL]; 2010. http://www.shanghaiwater.gov.cn/web/sw/98_6.jsp, 2010 - 12 - 10.

上海市统计局. 2010. 上海市统计年鉴. 北京: 中国统计出版社.

申海亮,2007. 天津市水资源安全预警系统研究. 天津: 天津大学.

沈大军,刘斌,郭鸣荣,等. 2006. 以供定需的水资源配置研究——以海拉尔流域为例. 水利学报,(11): 1398 - 1402.

沈焕庭,茅志昌,谷国传,等. 1980. 长江河口盐水入侵的初步研究—兼谈南水北调. 人民长江,3: 20 - 26.

沈焕庭,茅志昌,朱建荣. 2003. 长江河口盐水入侵. 北京: 海洋出版社,15 - 74.

沈金山,朱珍妹,张新琴. 1983. 长江口南槽拦门沙的成因和演变. 海洋与湖沼,14(6): 582 - 590.

沈新强,全为民,袁骐. 2011. 长江口牡蛎礁恢复及碳汇潜力评估. 农业环境科学学报,30(10): 2119 - 2123.

施春红,胡波. 2007. 城市供水安全综合评价探讨. 资源科学,29(3): 80 - 84.

施雅风,姜彤,苏布达等. 2004. 1840 年以来长江大洪水演变与气候变化关系初探. 湖泊科学,16(4): 289 - 297.

施雅风,杨桂山. 1995. 海平面上升对中国沿海重要工程设施与城市发展的可能影响. 地理学报,(04): 302 - 309.

施雅风,朱季文,谢志仁,等. 2000. 长江三角洲及毗连地区海平面上升影响预测与防治对策. 中国科学(D 辑),30(3): 225 - 232.

石珺,何焰,由文辉. 2009. 上海市水环境生态安全预警评价. 安徽农业科学,37(24): 11686 - 11689.

时钟,陈吉余,虞志英. 1996. 中国淤泥质潮滩沉积研究的进展. 地球科学进展,1(6): 555 - 562.

世界水展望. 为了全球水安全: 行动框架. 水利工程网 http://www.chinawater.net.cn/gwpforum/gwp-4.html[2011 - 01 - 05].

宋国涛. 2002. 中国国际环境问题报告. 北京: 中国社会科学出版社.

宋润朋. 2009. 区域水安全系统动力学仿真与评价研究. 合肥工业大学.

宋彦,刘志丹,彭科. 2011. 城市规划如何应对气候变化——以美国地方政府的应对策略为例. 国际城市规划，(05)：3－10.

宋永港，朱建荣，吴辉. 2011. 长江河口北支潮位与潮差的时空变化和机理. 华东师范大学学报(自然科学版)，6：10－19.

孙清，张玉淑，胡恩和，等. 1997. 海平面上升对长江三角洲地区的影响评价研究. 长江流域资源与环境，(01)：58－64.

孙新新，沈冰，于俊丽，等. 2007. 宝鸡市水资源承载力系统动力学仿真模型研究. 西安建筑科技大学学报(自然科学版)，39(01)：72－77.

塔娜. 2012. 海平面上升背景下上海市主要水源地供水安全风险评估. 上海：华东师范大学.

谭丽荣，王军，俞立中. 2011. 上海市城市供水脆弱性分析. 咸阳师范学院学报，26(2)：63－66.

唐承佳，陆健健. 2003. 长江口九段沙植物群落研究. 生态学报，23(2)：399－403.

田向平. 1986. 珠江河口伶仃洋最大浑浊带研究. 热带海洋，5(2)：27－35.

汪维华，等. 2011. C＃. NET 程序设计实用教程. 北京：清华大学出版社.

王彪，朱建荣，李路. 2011. 长江河口涨落潮不对称性动力成因研究. 海洋学报，33(3)：19－27.

王冬梅，程和琴，张先林，等. 2011. 新世纪上海地区相对海平面变化影响因素及预测方法. 上海国土资源，32(3)：35－40.

王国峰，乐勤. 2003. 长江口北支盐水入侵对陈行水库取水口的影响. 城市给排水，17(4)：21－22，45.

王寒梅. 2010. 上海地面沉降风险评价及防治管理区建设研究. 上海地质，31(4)：7－17.

王建平. 2014. “余姚水灾”的人为致灾性——以《余姚市防台风应急预案》启动失误为视角. 中国人口·资源与环境，24(5)：510－513.

王其藩. 1995. 系统动力学理论与方法的新进展. 系统工程理论方法应用，4(02)：6－12.

王雪. 2007. 北票市傍河水源地供水安全分析. 南京：河海大学.

王彦威，邓海丽，王永成. 2007. 层次分析法在水安全评价中的应用. 黑龙江水利科技，(3)：117－119.

王颖，朱大奎. 1990. 中国的潮滩. 第四纪研究，4：291－300.

王雨，马忠玉，刘子刚. 2008. 城市水价上涨对居民用水的影响分析——以银川市为例. 绿色经济，(11)：53－56.

卫海. 2005. 长江口咸潮入侵对上海市(中心城区)供水调度的影响. 城市公共事业，19(6)：18－20.

魏子昕，龚士良. 1998. 上海地区未来海平面上升及产生的可能影响. 上海地质，19：14－20.

文俊. 2006. 区域水资源可持续利用预警系统研究. 南京：河海大学.

闻平，陈晓宏，刘斌，等. 2007. 磨刀门水道咸潮入侵及其变异分析. 水文，27(3)：65－67.

吴辉. 2006. 长江河口盐水入侵研究. 上海：华东师范大学.

吴辉，朱建荣. 2007. 长江河口北支倒灌盐水输送机制分析. 海洋学报，29(1)：17－25.

吴延熊，郭仁鉴，周国模. 1999. 区域森林资源预警的警度划分. 浙江林学院学报，16(01)：70－75.

武强，郑铣鑫，等. 2002. 21 世纪中国沿海地区相对海平面上升及其防治策略. 中国科学，(09)：760－766.

武小勇，茅志昌，虞志英. 2006. 长江口北港河势演变分析. 泥沙研究，2：46－53.

夏小明，李炎，李伯根，等. 2000. 东海沿岸潮流峡道海岸剖面发育及其动力机制. 海洋与湖沼，31(5)：543－552.

向卫华，李九发，徐海根，等. 2003. 上海市南汇南滩近期演变特征分析. 华东师范大学学报(自然科学版)，3：49－55.

项印玉，朱建荣，吴辉. 2009. 冬季陆架环流对长江河口盐水入侵的影响. 自然科学进展，19(2)：192－202.

肖成猷，沈焕庭. 1998. 长江河口盐水入侵影响因子分析. 华东师范大学学报(自然科学版)，3：74－80.

肖成猷，朱建荣，沈焕庭. 2000. 长江口北支盐水倒灌的数值模型研究. 海洋学报，22(5)：124－132.

肖笃宁，韩慕康，李晓文，等. 2003. 环渤海海平面上升与三角洲湿地保护. 第四纪研究，23(3)：237－246.

谢翠娜，许世远，王军. 2008. 城市水资源综合风险评价指标体系与模型构建. 环境科学与管理，33(5)：163－168.

谢玲丽. 2010. 上海人口发展60年. 上海：上海人民出版社.

谢志仁，袁林旺. 2012. 略论全新世海面变化的波动性及其环境意义. 第四纪研究，32(6)：1065－1077.

胥加仕，罗承平. 2005. 近年来珠江三角洲咸潮活动特点及重点研究领域探讨. 人民珠江，2：21－23.

徐峰俊，朱士康，刘俊勇. 2003. 珠江河口区水环境整体数学模型研究. 人民珠江，5：12－18.

徐海根，茅志昌，周俊德. 1988. 长江口南北槽分水分沙变化及其原因分析//陈吉余，等. 长江河口动力过程和地貌演变. 上海：上海科学技术出版社.

徐建益，袁建忠. 1994. 长江口南支河段盐水入侵规律的研究. 水文，83(5)：1－6.

徐健. 2012. 海平面上升对上海的影响及对策措施研究. 中国水运(下半月)，(11)：28－29.

许继军，杨大文，雷志栋，等. 2006. 长江流域降水量和径流量长期变化趋势检验. 人民长江，37(9)：63－67.

薛刚，李智民. 2010. 基于熵的模糊物元水资源承载力评价. 地下水，32(6)：167－169.

严恺，梁其荀. 2002. 海岸工程. 北京：海洋出版社.

颜云峰，左军成，陈美香. 2010. 海平面长期变化对东中国海潮波的影响. 中国海洋大学学报(自然科学版)，(11)：19－28.

晏维龙，袁平红. 2009. 海岸带自然资源开发与保护及其国际经验借鉴. 世界经济与政治论坛，(06)：117－122.

杨富国. 2009. VisualC＃. NET网络编程案例解. 北京：清华大学出版社.

杨桂山，朱季文. 1993. 全球海平面上升对长江口盐水入侵的影响研究. 中国科学(B辑)，23(1)：69－76.

杨洪亮. 2008. 长春市供水系统风险评价研究. 长春：吉林大学.

杨留法. 1997. 试论粉砂淤泥质海岸带微地貌类型的划分——以上海市崇明县东部潮滩为例. 上海师范大学学报(自然科学版)，26(3)：72－77.

杨铭威，石亚东，盛东，等. 2009. 城市供水安全评价指标体系初探. 水利经济，27(6)：32－35.

杨秋林，郭亚兵. 2010. 水资源承载能力评价的熵权模糊物元模型. 地理与地理信息科学，26(2)：89－92.

杨世伦. 1990. 崇明东部滩涂沉积物的理化特性. 华东师范大学学报(自然科学版)，3：110－112.

杨世伦. 2003. 海岸环境和地貌过程导论. 北京：海洋出版社.

杨世伦，陈吉余. 1994. 试论植物在潮滩发育演变中的作用. 海洋与湖沼，25(6)：631－635.

杨世伦，王兴放. 1998. 海平面上升对长江口三岛影响的预测研究. 地理科学，18(6)：518－523.

杨世伦，姚炎明，贺松林. 1999. 长江口冲积岛岸滩剖面形态和冲淤规律. 海洋与湖沼，30(6)：764－769.

杨书娟. 2005. 基于系统动力学的水资源承载力模拟研究. 贵阳：贵州师范大学.

杨正东，朱建荣，王彪，等. 2012. 长江河口潮位站潮汐特征分析. 华东师范大学学报(自然科学版)，(3)：111－119.

姚士谋，陈爽，年福华，等. 2008. 城市化过程中水资源利用保护问题探索——以长江下游若干城市为例. 地理科学，28(1)：22－28.

姚章民，王永勇，李爱鸣. 2009. 珠江三角洲主要河道水量分配比变化初步分析. 人民珠江，2：43－51.

殷礼高. 2010. 十三种常见气象灾害的预警信号划分依据及具体标准. 中学地理教学参考，(1)：53.

尹建丽，袁汝华. 2005. 南京市居民生活用水需求弹性分析. 南水北调与水利科技，3(01)：46－48.

尹明万，甘泓，汪党献，等. 2000. 智能型水供需平衡模型及其应用. 水利学报，(10)：71－76.

应秩甫，陈世光. 1983. 珠江口伶仃洋咸淡水混合特征. 海洋学报，5(1)：1－10.

于子江，杨乐强，杨东方. 2003. 海平面上升对生态环境及其服务功能的影响. 城市环境与城市生态，(06)：101－103.

俞立中，张卫国. 1998. 沉积物来源组成定量分析的磁诊断模型. 科学通报，43(19)：2034－2041.

喻丰华，李春初. 1998. 海洋通报，17(3)：8－14.

袁明. 2010. 区域水资源短缺预警模型的构建及实证研究. 扬州：扬州大学.

恽才兴. 1983. 长江河口潮滩冲淤和滩槽泥沙交换. 泥沙研究，4：43－52.

恽才兴. 2004. 长江河口近期演变基本规律. 北京：海洋出版社.

恽才兴. 2004. 长江口近期演变基本规律. 北京：海洋出版社.

恽才兴. 2009. 图说长江河口演变. 北京：海洋出版社.

张斌，雍歧东，肖芳淳. 1997. 模糊物元分析. 北京：石油工业出版社.

张波，曲建升. 2011. 城市对气候变化的影响、脆弱性与应对措施研究. 开发研究，(05)：93－97.

张锦文，王喜亭，王惠. 2001. 未来中国沿海海平面上升趋势估计. 测绘通报，4：4－5.

张灵杰. 2001. 美国海岸带综合管理及其对我国的借鉴意义. 世界地理研究，(02)：42－48.

张瑞，汪亚平，潘少明. 2008. 近 50 年来长江入河口区含沙量和输沙量的变化趋势. 海洋通报，27(2)：1－9.

张卫国，俞立中. 2002. 长江口潮滩沉积物的磁学性质及其与粒度的关系. 中国科学(D辑)，32(9)：783－792.

张蔚文，何良将. 2009. 应对气候变化的城市规划与设计——前沿及对中国的启示. 城市规划，

(09)：38－43.
张翔，夏军，贾绍凤. 2005. 水安全定义及其评价指数的应用. 资源科学，27(5)：145－149.
张晓鹤，李九发，朱文武，等. 2015. 近期长江河口冲淤演变过程研究. 海洋学报，37(3)：134－143.
张雅君，刘全胜. 2001. 需水量预测方法的评析与择优. 中国给水排水，17(07)：27－29.
赵晓梅，盖美. 2010. 基于熵权模糊物元的水资源与社会经济持续发展的警度研. 水利发展研究，(4)：43－47.
郑大伟，虞南华. 1996. 上海地区海平面上升趋势的长期预测研究. 中国科学院上海天文台年刊，(17)：37－45.
郑荣宝，刘毅华，董玉祥. 2009. 广州市土地资源安全预警及更低安全警度判定. 资源科学，31(8)：1362－1368.
郑通汉. 2003. 论水资源安全与水资源安全预警. 中国水利，(6)：19－22.
郑综生，周云轩，沈芳. 2007. GIS支持下长江口深水航道治理一、二期工程对北槽拦门沙的影响分析. 吉林大学学报(地球科学版)，36(1)：85－90.
中国科学院地学部. 1994. 海平面上升对中国三角洲地区的影响及对策. 北京：科学出版社.
中国气象局第16号令. 2007. 气象灾害预警信号发布与传播办法.
周莹等. 2012. 海平面上升背景下上海市水源地供水安全预警系统研究. 资源科学，34(7)：1312－1317.
周永青. 1998. 黄河三角洲北部海岸水下岸坡蚀退过程及主要特征. 海洋地质与第四纪地质，3：79－84.
周子鑫. 2008. 我国海平面上升研究进展及前瞻. 海洋地质动态，(10)：14－18.
朱慧峰，秦福兴. 2003. 上海市万元GDP用水量指标体系分析. 水利经济，(06)：31－33.
朱季文，季子修，蒋自巽，等. 1994. 海平面上升对长江三角洲及邻近地区的影响. 地理科学，14(2)：109－117.
朱建荣. 2003. 海洋数值计算方法和数值模式. 北京：海洋出版社.
朱建荣. 2011. 国家海洋局海洋公益性项目中期报告.
朱建荣，朱首贤. 2003. ECOM模式的改进及在长江河口的应用. 海洋与湖沼，34(4)：364－388.
朱建荣，傅利辉，吴辉. 2008. 风应力和科氏力对长江河口没冒沙淡水带的影响. 华东师范大学学报(自然科学版)，6：1－8，39.
朱建荣，吴辉，顾玉亮. 2011. 长江河口北支倒灌盐通量数值分析. 海洋学研究，29(3)：1－7.
朱建荣，吴辉，李路，等. 2010. 极端干旱水文年(2006)中长江河口的盐水入侵. 华东师范大学学报(自然科学版)，4：1－6，25.
朱建荣，吴辉，张衡，肖成猷. 2004. 包括潮流作用的黄东海环流模式的开边界条件研究. 自然科学进展，14(6)：689－693.
邹德森. 1987. 长江口北支的演变过程及今后趋势. 泥沙研究，(1)：66－76.
左其亭. 2008. 人均生活用水量预测的区间S型模型. 水利学报，39(3)：351－354.
CJ/T 3070－1999，中华人民共和国城镇建设行业标准，城市用水分类标准.
H. B. 萨莫依洛夫. 1958. 河口演变过程的理论及其研究方法. 北京：科学出版社.
Kildow J等. 2010. 美国海洋和海岸带经济状况(2009). 经济资料译丛，(01).

Addy C E. 1947. Eelgrass planting guide. Maryland Conservationist, 24: 16 - 17.

Ana Iglesias. 2007. Challenges to manage the risk of water scarcity and climate change in the mediterranean. Water Resource Manage, 21: 775 - 788.

Andreas L, Lars R, Tommy N, et al. 2011. Cost-effectiveness analysis of risk-reduction measures to reach water safety targets. Water Research, 45: 241 - 253.

Bargiela A, Hainsworth G D. 1989. Pressure and flow uncertainty in water systems. Journal of Water Resources Planning and Management, 115(212): 212 - 229.

Barry N Heimlich, Frederick Bloetscher, Daniel E Meeroff, et al. 2009. Southeast Florida's resilient water resources: Adaptation to sea level rise and other impacts of climate change. Research Report.

Beck M W, Brumbaugh R D, Airoldi L, et al. 2011. Oyster reefs at risk and recommendations for conservation, restoration, and management. BioScience, 61: 107 - 116.

Blanton J O, et al. 1997. Transport and fate of low-density water in a estuary. Continental Shelf Research, 17(4): 401 - 427.

Blott S J, Pye K, Van der Wal D, et al. 2006. Long-term morphological change and its causes in the Mersey Estuary, NW England. Geomorphology, 81: 185 - 206.

Bowden K F. 1963. The mixing processes in a tidal estuary. International Journal of Air and Water Pollution, 7: 344 - 356.

Bowden K F. 1966. The Circulation, Salinity and river discharge in the Mersey Estuary. Geophysical Journal of the Royal Astrophysical Society, 10: 383 - 400.

Bowden K F. 1967. Circulation and diffusion. Estuaries, Published by American Association for the Advancement of Science: 15 - 36.

Bowen M M, Geyer W. 2003. Salt transport and the time-dependent salt balance of a partially stratified estuary. Journal of Geophysical Research-oceans, 108(C5): 3158.

Brockway R, Bowers D, Hoguane A, et al. 2006. A note on salt intrusion in funnel-shaped estuaries: Application to the Incomati estuary, Mozambique. Estuarine Coastal and Shelf Science, 66 (1 - 2): 1 - 5.

Brown S, Nicholls R J, Woodroffe C D, et al. 2013. Sea level rise impacts and responses: A global perspectice//Finkl et al. Coastal Hazards, Coastal Research Library 6: DOI 10. 1007/ 978 - 94 - 007 - 5234 - 4_5.

Brunel C, Sabatier F. 2007. Pocket beach vulnerability to sea-level rise. Journal of Coastal Research, SI50: 604 - 609.

Brunel C, Sabatier F. 2009. Potential influence of sea-level rise in controlling shoreline position on the French Mediterranean Coast. Geomorphology, 107: 47 - 57.

Bruun P. 1988. The Bruun rule of erosion by sea-level rise: a discussion on large-scale two- and three-dimetional usages. Journal of Coastal Research, 4(4): 627 - 648.

Cabanes C, Cazenave A, Provost C. 2001. Sea level rise during past 40 years determined from satellite and in situ. Observations Science, 294(5543): 840 - 842.

Cai F, Su X Z, Liu J H, et al. 2009. Coastal erosion in China under the condition of global climate change and measures for its prevention. Progress in Natural Science, 19: 415 - 426.

Carol A Wilson, Mead A Allison. 2008. An equilibrium profile model for retreating marsh shorelines in southeast Louisiana. Estuarine, Coastal and Shelf Science, 80: 483 - 494.

Cazenave A, Le Cozannet G. 2013. Sea level rise and its coastal impacts. Earth's Future, 2: 15 - 34.

Chen Bingrui, Zhu Jianrong, Fu Lihui. 2010. Formation mechanism of the freshwater zone around the Meimao Sandbank in the Changjiang Estuary. Chinese Journal of Oceanology and Limnology, 28(16): 1329 - 1339.

Chen C, Beardsley R C, Cowles G. 2006. An unstructured grid, finite-volume coastal ocean model (FVCOM) system. Oceanography, 19(1): 78 - 89.

Chen C, Liu H, Beardsley R C. 2003. An unstructured, finite-volume, three-dimensional, primitive equation ocean model: application to coastal ocean and estuaries. J. Atm. & Oceanic Tech. ,20: 159 - 186.

Chen C, Zhu J R, Ralph E, et al. 2001. Prognostic modeling studies of the Keweenaw Current in Lake Superior, Part I: Formation and evolution. J. Phys. Oceanogr, 31: 379 - 395.

Chen C, Zhu J R, Ralph E, Green S A, et al. 2001. Prognostic modeling studies of the Keweenaw Current in Lake Superior, Part I: Formation and evolution. J. Phys. Oceanogr. , 31: 379 - 395.

Chen J Y, LiuC Z, Zhang C L, et al. 1990. Geomorphological development and sedimentation in Qiantang Estuary and Hangzhou Bay. Journal of Coastal Research, 6(3): 559 - 572.

Chen Z Y, Wang Z H, Finlayson B, et al. 2010. Implications of flow control by the Three Gorges Dam on sediment and channel dynamics of the middle Yangtze (Changjiang) River, China. Geology, 38(11): 1043 - 1046.

Chung G, Lansey K, Blowers P, et al. 2008. A general water supply planning model: Evaluation of decentralized treatment. Environmental Modelling & Software, 23: 893 - 905.

Climate Change Advisory Task Force (CCATF). 2008. Second Report and Initial.

Dai S B, Lu X X. 2008. A preliminary estimate of human and natural contributions to the deline in sediment flux from the Yangtze River to the East China Sea. Quaternary International, 186: 43 - 54.

Dai Z J, et al. 2013. A thirteen-year record of bathymetric changes in the North PASAGE, Changjiang (Yangtze) estuary. Geomorphology (Accepted)

Dai Z J, Liu J T. 2012. Impacts of large dams on downstream fluvial sedimentation: An example of the three gorges dam (TGD) on the Changjiang (Yangtze River). Journal of Hydrology, Doi: 10. 1016/j. jhydrol. 2012. 12. 003.

Dai Z J, Chu A, Li W H, et al. 2012. Has suspended sediment concentration near the mouth bar of the Yangtze (Changjiang) Estuary been declining in recent years? Journal of Coastal Research, Doi: 10. 2112/JCOASTRES - D - 11 - 00200. 1.

Dai Z J, Chu A, Stive M J F, et al. 2012. Impact of the Three Gorges Dam overruled an extreme climate hazard. Natural Hazard, 13: 310 - 316.

Dai Z J, Du J Z, Zhang X L, et al. 2011. Variation of riverine martial loads and environmental consequences on the Changjiang estuary in recent decades. Environmental Science and Technology, 45: 223 - 227.

Dai Z J, Liu J T, Wei W, et al. 2014. Detection of the Three Gorges Dam influence on the Changjiang (Yangtze River) submerged delta. Scientific Reports, 4, 6600: LDOI: 10. 1038/srep06600.

Daidu Fan, Yanxia Guo, Ping Wang, et al. 2006. Cross-shore variations in morphodynamic processes of an open-coast mudflat in the Changjiang Delta, China: With an emphasis on storm impacts. Continental Shelf Research, 26: 517 - 538.

David Seckler, David Molden. 1998. World water demand and supply 1990 to 2025: scenarios and issues. International Water Management Institute Research Report, 19.

Department of Environment of Austrilia. 2005. Risk assessment of public drinking water source areas. Water Quality Protection Note, WO77 JUNE: 1 - 4.

Divya Sharmal, Alka Bharat. 2009. Conceptualizing risk assessment framework for impacts of climate change on water resources. Current Science, 96(8): 1044 - 1052.

Downing T E, Butterfield, et al. 2003. Climate change and the demand for water, research report. Stockholm Environment Institute Oxford Office.

Fan H, Huang H J, Thomas Q Z. 2006. River mouth bar formation, riverbed aggradation and channel migration in the modern Huanghe (Yellow) River delta, China. Geomorphology, 74: 124 - 136.

Fenies H, Tastet J P. 1998. Facies and architecture of an estuarine tidal bar (the Trompeloup bar, Gironde Estuary, SW France). Marine Geology, (150): 149 - 169.

Fenneman J S. 1902. Development of the profile of equilibrium of the subaqueous shore terrane. Journal of Geology, 10: 1 - 32.

Festa J F, Hansen D V. 1996. A two-dimensional numerical model of estuarine circulation: The effects of altering depth and river discharge. Estuarine and Coastal Marine Science, 24: 309 - 323.

Folk R L, Ward W C. 1957. Brazos River bar: A study in the Signification of grain size parameters. Journal of Sedimentary Petrology, 27: 3 - 27.

Fonseca M F, Kenworthy W J, Thayer G W. 1998. Guidelines for the conservation and restoration of seagrasses in the United States and adjacent waters. NOAA Coastal Ocean Program Decision Analyses Series No. 12. NOAA, Washington, DC.

Fujiwara O, Ganesharajah T. 1993. Reliability assessment of water supply systems with storage and distribution networks, Water Resource Research, 29(8): 2917 - 2924.

Furlong J N. 2012. Artificial oyster reefs in the northern Gulf of Mexico: management, materials, and faunal effects. University of Northern Iowa.

Galperin B, Kantha L H, Hassid S, et al. 1988. A quasi-equilibrium turbulent energy model for geophysical flows. J. Atmos. Sci. , (45): 55 - 62.

Gaofeng Liu, Jianrong Zhu, Yuanye Wang, et al. 2010. Tripod measured residual currents and sediment flux: Impacts on the silting of the Deepwater Navigation Channel in the Changjiang Estuary. Estuarine, Coastal and Shelf Science, 73: 210 - 225.

Geyer W R. 1988. The advance of a salt wedge front: observations and dynamical model//Physical processes in estuaries, Job Dronkers and Wim van Leussen Eds, Springer-Verlag Berlin Heidelberg, Germany: 181 - 195.

Geyer W R, Smith J D. 1987. Shear instability in a highly stratified estuary. J. Phys. Ocean, 17: 1668 - 1679.

Gillibrand P A, Balls PW. 1998. Modelling salt intrusion and nitrate concentrations in the Ythan estuary. Estuarine, Coastal and Shelf Science, 47: 695 - 706.

Gordon. 2013. Hurricane sandy: after the deluge. Nature, 498(7446): 421 - 422.

Gornitz V. 1991. Global coastal hazards from futuer sea level rise. Palaeogeogr Palaeoclimatol Palaeoecol, 89: 379 - 398.

Gornitz V. 1993. Case Study: Climate Change and Coastal Management in Practice — A cost-benefit assessment in the Humber, UK.

Gornitz V. 2001. Sea-level rise and coasts//Rosenzweig C, Solecki WD (eds). Climate change and a global city: an assessment of the metropolitan east coast region. Columbia Earth Institute, New York: 21 - 46, 210.

Harris P T. 1988. Large-scale bedforms as indicators of mutually evasive sand transport and the sequential infilling of wide-mouthed estuaries. Sediment, 57: 273 - 298.

He Y F, Cheng H Q, Chen J Y. 2013. Morphological evolution of mouth bars on the Yangtze estuarine waterways in the last 100 years. Journal of Geographical Sciences, 23(2): 219 - 230.

Holtz S. 1986. Tropical seagrass restoration. Restoration and Management Notes, 4: 5 - 12.

Horst Sterr, Richard Klein, Stefan Reese. 2000. Climate change and coastal zones: An overview of the state-of-the-art on regional and local vulnerability assessment.

Howard D S. 1960. The bar at the mouth of the Mississippi river. Journal of the Franklin Institute, 69(1): 1 - 6.

Hu J, Li S. 2009. Modeling the mass fluxes and transformations of nutrients in the Pearl River Delta, China. Journal of Marine Systems, 78(1): 146 - 167.

Hui Wu, Jianrong Zhu. 2010. Advection scheme with 3rd high-order spatial interpolation at the middle temporal level and its application to saltwater intrusion in the Changjiang Estuary. Ocean Modelling, 33: 33 - 51.

Huipeng L. 2007. Hierarchical risk assessment of water supply systems. Loughborough University.

Hydro Logics. 2011. OASIS Software. http://www.hydrologics.net/index.html.

Intergovernmental Panel on Climate Change. 1990. IPCC 1st Assessment Report. Cambridge UK: Cambridge University Press.

IPCC TAR. 2001. Land-ocean interactions and climate change — insights from the ELOISE projects.

IPCC. 1990. Clmiate change 1990: the IPCC impacts assessment. Canberra, Australia:

Australian Government Publishing Service.

IPCC. 1996. Climate change 1996: impacts, adaptations and mitigation of climate change: scientific-technical analyses. Contribution of Working Group II to the Second Assessment Report of the Intergovernmental Panel on Climate Change. Cambridge, UK and New York, USA: Cambridge University Press.

IPCC. 2001. Climate change 2001: impacts, adaptation, and vulnerability. Contribution of working group II to the Third Assessment Report of the Intergovernmental Panel on Climate Change. Cambridge, UK and New York, USA: Cambridge University Press.

IPCC. 2013. Climate change 2013: the physical science basis. http://www. ipcc. ch/report / ar5/ wg1/#. [2014-11-20] UsH O_tW-Ag.

IPCC. 2007. Climate change 2007: impacts, adaptation, and vulnerability. Contribution of Working Group II to the Forth Assessment Report of the Intergovernmental Panel on Climate Change. Cambridge, UK and New York, USA: Cambridge University Press.

Ishii M, Kimoto M, Kachi M. 2003. Historical ocean subsurface temperature analysis with error estimates. Monthly Weather Review, 131: 51-73.

Jeffry K, Konstantine P. 2006. Ifying the urban water supply impacts of climate change. HRC Limited Distribution Report, 24.

John A C, Neil J W, Leonard F K, et al. 2011. Revisiting the Earth's sea-level and energy budget from 1961 to 2008. Geophysical Research Letters, 38: L18601.

John F, Joel D S, Randall F, et al. 2002. The valnerablity of public water systems to sea level rise. In Proceedings of the Coastal Water Resource Conference: 31-36.

John H. 2008. Water flood risk assessment (2008) RMIT University Report — commissioned by Melbourne WaterCorporation.

Josephine Philip Msanig. 2003. Egradation management in Southern Africa. Climate and Land Degradation. Heideliberg: Springer Berlin Heidelberg. Intergovernmental Panel on Climate Change (IPCC), 2001. Climate change 2001: impacts, adaptation and vulnerability. Contribution of the working group to the third assessment report of the intergovernmental Panel of Climate Change. World Meteorological Organization, Genève: 124.

Kabat P, Fresco L O, Stive M J F, et al. 2009. Dutch coasts in transition. Nature Geoscience, 2: 7.

Katsman C A, Sterl A, Beersma J J, et al. 2011. Exploring high-end scenarios for local sea level rise to develop flood protection strategies for a low-lying delta — the Netherlands as an example. Climate Change, 109: 617-645.

Kelin Hu, Pingxing Ding, Zhengbing Wang, et al. 2009. A 2D/3D hydrodynamic and sediment transport model for the Yangtze Estuary, China. Journal of Marine Systems, 77: 112-136.

Kwadijk J C J, Haasnoot, ct al. 2010. Using adaptation tipping points to prepare for climate change and sea level rise, a case study for in the Netherlands. Wiley Interdisciplinary Reviews, 98(3-4): 141-149.

Large W S, Pond S. 1981. Open ocean momentum flux measurements in moderate to strong winds, J. Phys. Oceanogr. , 11: 324 - 406.

Lenihan H S, C H Peterson, J E Byers, et al. 2001. Cascading of habitat degradation: oyster reefs invaded by refugee fishes escaping stress. Ecological Applications, 11: 76782.

Lerczak J A, Geyer W R, Chant R J. 2006. Mechanisms driving the time-dependent salt flux in a partially stratified estuary. Journal of Physical Oceanography, 36(12): 2296 - 2311.

Li L, Zhu J R, Wu H. 2012. Impacts of wind stress on saltwater intrusion in the Yangtze Estuary. Sci. China Earth Sci. , 55(7): 1178 - 1192.

Li Lu, Zhu Jianrong, Wu Hui, et al. 2010. A numerical study on the water diversion ratio of the Changjiang Estuary during the dry season. Chinese Journal of Oceanology and Limnology, 28 (3): 700 - 712.

Lin C K. 1990. The construction of the Shanghai port and its sea-entering channel. influenced by the sediments and the Acta Geographica Sinica, 45(1): 78 - 89.

Liu G F, Zhu J R, Wang Y Y, et al. 2010. Tripod measured residual currents and sediment flux: Impacts on the silting of the deepwater navigation channel in the Changjiang Estuary. Estuarine, Coastal and Shelf Science, 73: 210 - 225.

Liu W C, Hsu M H, Wu C R, et al. 2004. Modeling salt water intrusion in Tanshui River estuarine system — Case-study contrasting now and then. Journal of Hydraulic Engineering-Asce, 130 (9): 849 - 859.

MacKenzie C L Jr. 1996. History of oystering in the United States and Canada, featuring the eight greatest oyster estuaries. Mar. Fish. Rev. , 58: 1 - 87.

Malin Falkenmark. 1992. scarcity and Population growth: a spiraling risk. 21 (9): 498 - 502.

Mellor G L, L Y Oey, T Ezer. 1998. Sigma coordinate pressure gradient errors and the seamount problem. J. Atmos. Oceanic. Technol, 15(5): 1122 - 1131.

Mellor G L, Yamada T. 1974. A hierarchy of turbulence closure models for planetary boundary layers. J. Atmos. Sci. , 33: 1791 - 1896.

Mellor G L, Yamada T. 1982. Development of a turbulence closure model for geophysical fluid problem. Rev. Geophys. Space. Phys. ,20: 851 - 875.

Meyer D L, Townsend E C, Thayer G W. 1997. Stabilization and erosion control value of oyster cultch for intertidal marsh. Restoration Ecology, 6(5): 93 - 99.

Meyssignac B, Cazenave A. 2012. Sea level: a review of present-day and recent-past changes and variability. Journal of Geodynamics, 58: 96 - 109.

Miguel A G, Yvan A, Reide C, et al. 2007. The effect of Hurrican Katrina and Rita on the seabed of the Louisiana shelf. Sedimentary Record, 5(1): 1543 - 8740.

Mikhailova V N, Mikhailova M V. 2010. Regularities in sea level rise impact on the hydrological regime and morphological structure of river deltas. Water Resources, 37(1): 1 - 15.

Milliman J D, Broadus J M, Gable E. 1989. Environmental and economic implication of rising sea level and subsiding deltas, the Nile and Bengal examples. Ambio, 18(6): 340 - 345.

Milliman J D, Farnsworth K L. 2011. River discharge to the coastal ocean: a global synthesis. London: Cambridge University Press.

Moberg F C Folke. 1999. Ecological goods and services of coral reef ecosystems. Ecological Economics, 29: 215 - 233.

National Climate Information Center. 2014. UK seasonal weather summary winter 2013/2014. Weather, 69(4): 99.

Nicholls R J, Birkemeier W A, Lee G H. 1998. Evaluation of depth of closure using data from Duck, NC, USA. Marine Geology, 148: 179 - 201.

Nicholls R J, Cazenave A. 2010. Sea-level rise and its impact on coastal zones. Science, 328(5985): 1517 - 1520.

NPCC. 2009. Ate risk information — New York City Panel on Climate Change.

P Le Hir, W Roberts, O Cazaillet, et al. 2000. Characterization of interdial flat hydrodynamics. Continental Shelf Research, 20: 1433 - 1459.

Pandolfi J M, Bradbury R H, Sla E, et al. 2003. Global trajectories of the long-term decline of coral reef ecosystems. Science, 301: 955 - 958.

Piazza B P, Banks P D, La Peyre M K. 2005. The potential for created oyster shell reefs as a sustainable shoreline protection strategy in Louisiana. Restoration Ecology, 13(3): 93 - 99.

Pickerell C H, Schott S, Wyllie-Echeverria S. 2005. Buoy-deployed seeding: demonstration of a new eelgrass (Zostera marina L.) planting method. Ecological Engineering, 25: 127 - 136.

Prandle D. 2004. Saline intrusion in partially mixed estuaries. Estuarine Coastal and Shelf Science, 59(3): 385 - 397.

Pritchard D W. 1952. Salinity distribution and circulation in the Chesapeake Bay estuarine system: Sears found. Marine Research, 11: 106 - 123.

Pritchard D W. 1954. A Study of the salt balance of a coastal plain estuary. Marine Research, 13: 133 - 144.

Pritchard D W. 1956. The dynamic structure of a coastal plain estuary. J. Marine Res, 15: 33 - 42.

Pritchard D, Hogg A J, Roberts W. 2002. Morphological modelling of intertidal mudflats: the role of cross-shore tidal currents. Continental Shelf Research, 22: 1887 - 1895.

Qiang Zhang, Chongyu Xu, Stefan Becker, et al. 2006. Sediment and runoff changes in the YangtzeRiver basin during past 50 years. Journal of Hydrology, 331: 511 - 523.

Rao Y R. 2005. Modelling of circulation and salinity in a tidal estuary. Journal of Coastal Research, 42: 363 - 369.

Recommendations. 2008. http://www. miamidade. gov/derm/library/08 - 10 - 04_CCATF_BCC_Package. pdf[2011 - 03 - 28].

Risbey J S. 1998. Tivities of water supply planning decisions to stream flow and climate scenario uncertainties. Water Policy, 1: 321 - 340.

Robert J, Nicholls, Anny Cazenave. 2010. Sea-level rise and its impact on coastal zones. Science, 328: 1517 - 1520.

Roberts W, Le Hir P, Whitehouse R J S. 2000. Investigation using simple mathematical models of the effect of tidal currents and waves on the profile shape of intertidal mudflats. Continental

Shelf Research, 20: 1079 - 1097.

Robinson A H W. 1960. Ebb-flood channel systems in sandy bays and estuaries. Geography, (45): 183 - 199.

Rockwell Geyer W. 2005. Numerical modeling of an estuary: A comprehensive skill assessment. Journal of Geophysical Research: 110.

Sanders B F, Piasecki M. 2001. Mitigation of salinity intrusion in well-mixed estuaries by optimization of freshwater diversion rates. Journal of Hydraulic Engineering — ASCE, 128 (1): 64 - 77.

Short F T, B Polidoro, S R Livingstone, et al. 2011. Extinction risk assessment of the world's seagrass species. Biological Conservation 144: 1961 - 1971.

Short F T, Carruthers, W Dennison, et al. 2007. Global seagrass distribution and diversity: a bioregional model. Journal of Experimental Marine Biology and Ecology, 350: 3 - 20.

Su J L, Wang K S. 1989. Changjiang River plume and suspended sediment transport in Hangzhou Bay. Continental Shelf Research, 9(1): 93 - 111.

Syvitski J P M, Albert J K, Irina O, et al. 2009. Sinking deltas due to human activities. Nature Geoscience, 2: 681 - 686.

Tarek M, et al. 2002. A ssessment for optimal drought management of an integrated water resources system using a genetic algorithm. Hydrological Processes, 16: 2189 - 2208.

Trefethen J M. 1950. Classification of Sediments. American Journal of Science, 248: 55 - 62.

VanKoningsveld M, et al. 2008. Living with sea-level rise and climate change: A case study of the Netherlands. Journal of Coastal Research, 24(2): 367 - 379.

Waycott M, C M Duarte, T J B Carruthers, et al. 2009. Accelerating loss of seagrasses across the globe threatens coastal ecosystems. Proceedings of the National Academy of Sciences, 106: 12377 - 12381.

World Bank. 2011. The World Bank Supporrts Thailand's Post-Floods Recovery Effort.

Wu H, Zhu J R, Choi B H. 2010. Links between saltwater intrusion and subtidal circulation in the Changjiang Estuary: A model-guided study. Continental Shelf Research, 30: 1891 - 1905.

Wu H, Zhu J R, Shen J, et al. 2011. Tidal modulation on the Changjiang River plume in summer. Journal of Geophysical Research, 116, C08017.

Wu Hui, Zhu Jianrong, Chen Bingrui, et al. 2006. Quantitative relationship of runoff and tide to saltwater spilling over from the North Branch in the Changjiang Estuary: A numerical study. Estuarine, Coastal and Shelf Science, 69: 125 - 132.

Xu Kun, Zhu Jianrong, Gu Yuliang. 2012. Impact of the eastern Water Diversion from the South to the North Project on the saltwater intrusion in the Changjiang Estuary. Acta Oceanol. Sin., 31(3): 47 - 58.

彩图

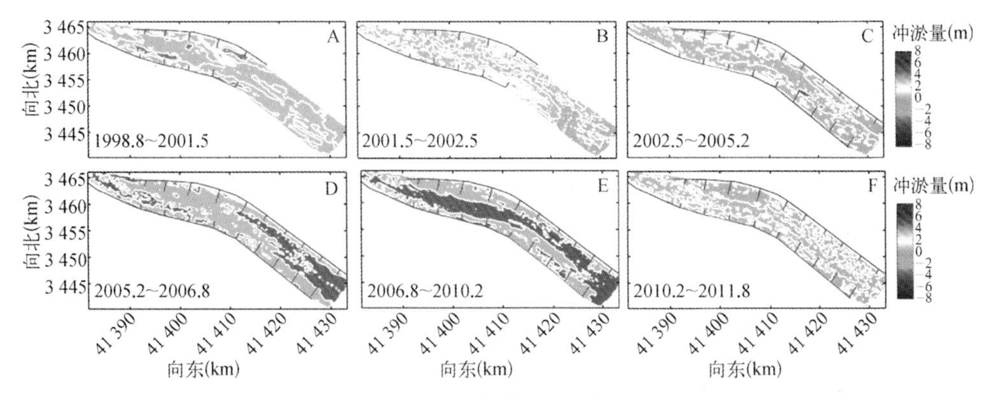

图 2-12　北槽冲刷特征

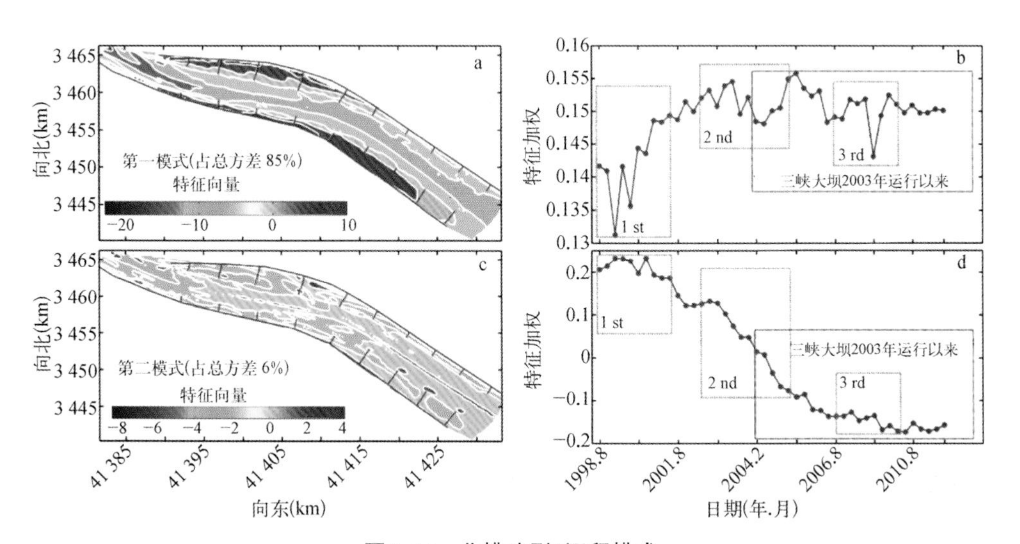

图 2-14　北槽冲刷/沉积模式

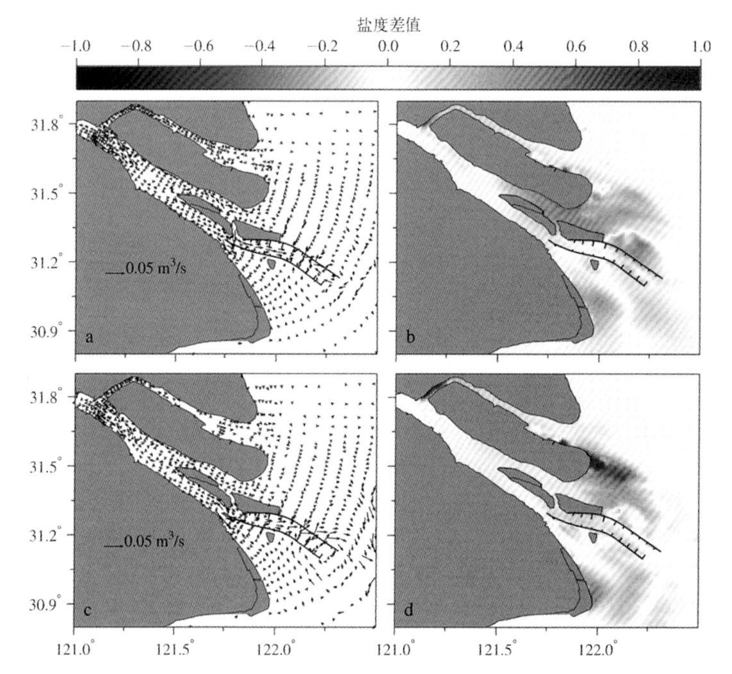

图3-44　海平面上升1 cm情况下与海平面上升前大潮期间（上）和小潮期间（下）的垂向平均单宽余通量和盐度差值分布

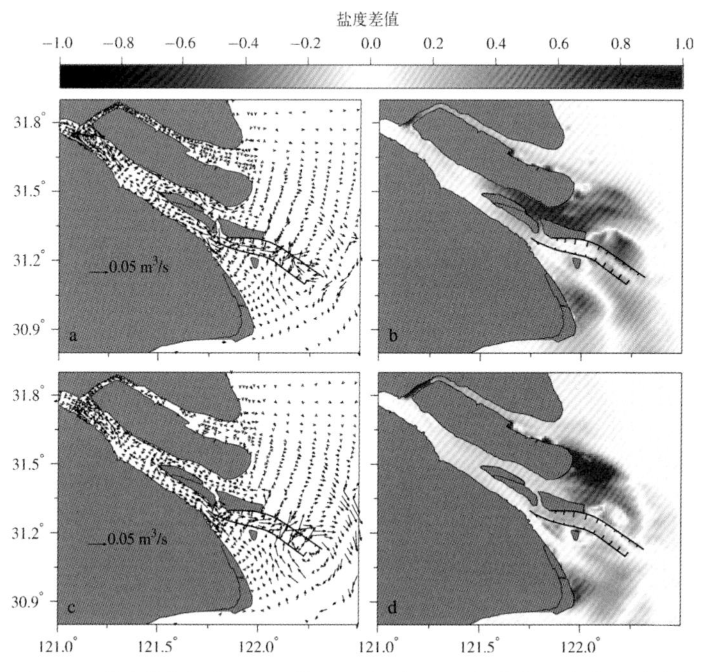

图3-53　海平面上升16 cm情况下与海平面上升前大潮期间（上）和小潮期间（下）的垂向平均单宽余通量和盐度差值分布

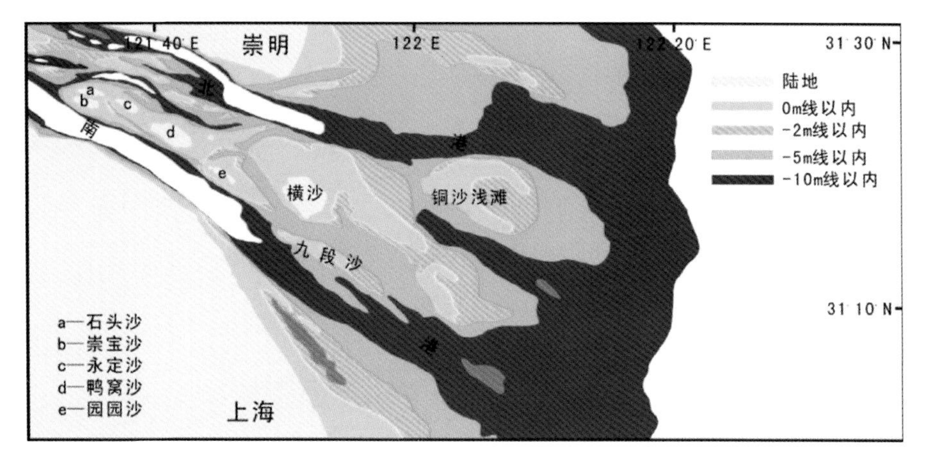

（a）1916～1931年长江河口拦门沙分布图

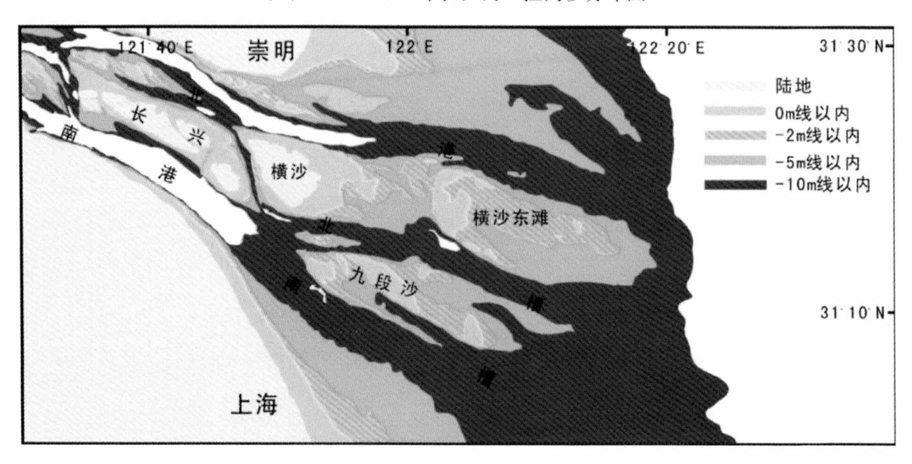

（b）1958年长江河口拦门沙分布图

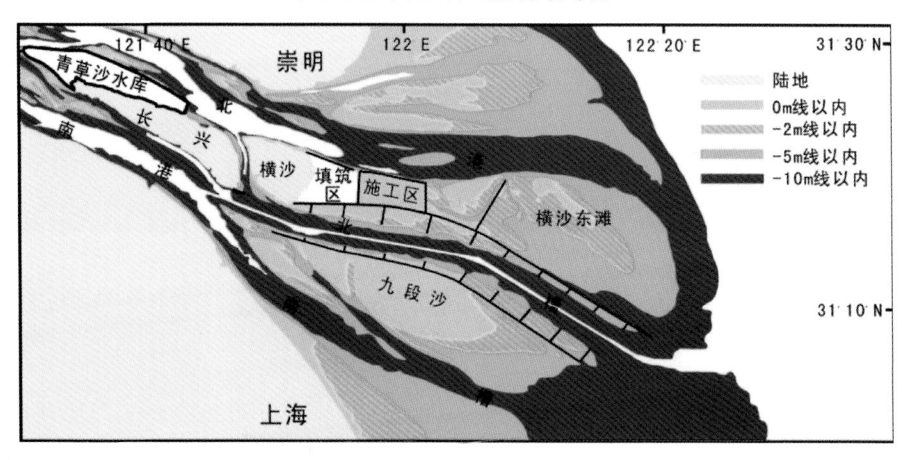

（c）2010年长江河口拦门沙分布图

图4-5　长江河口拦门沙分布图

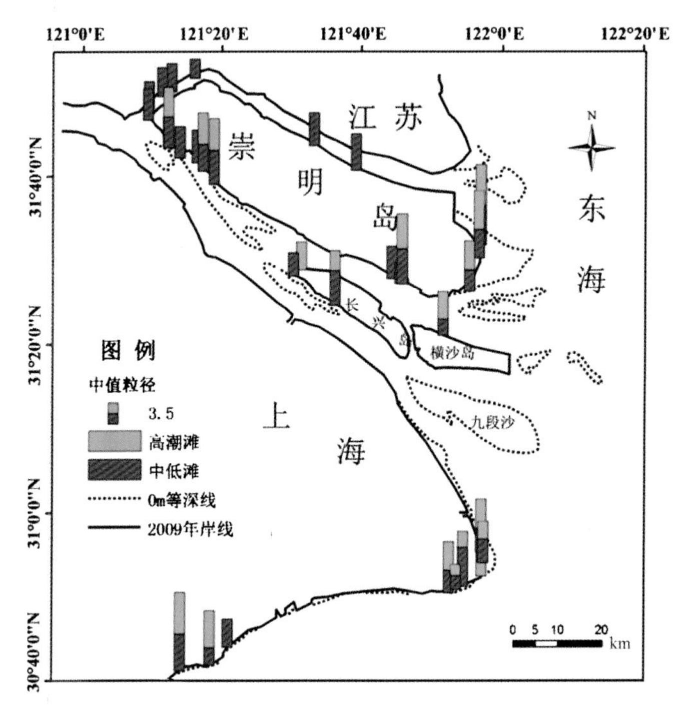

图 5-3　长江口潮间带不同部位表层沉积物粒径分布图

图 5-9　潮滩微地貌

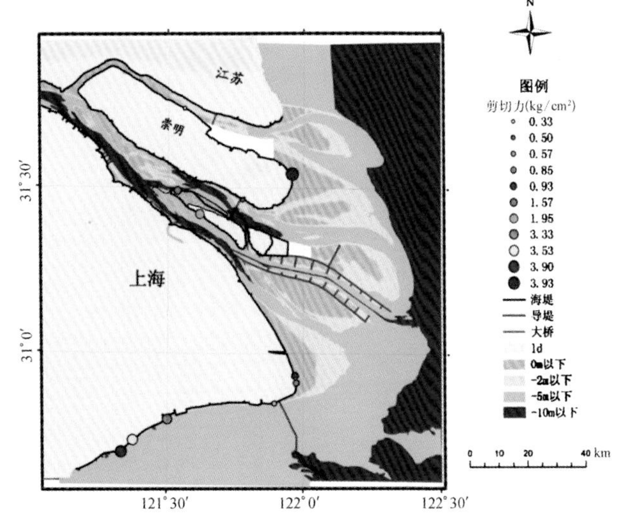

图5-10　2011年夏季上海市潮滩沉积物表层剪切力分布图

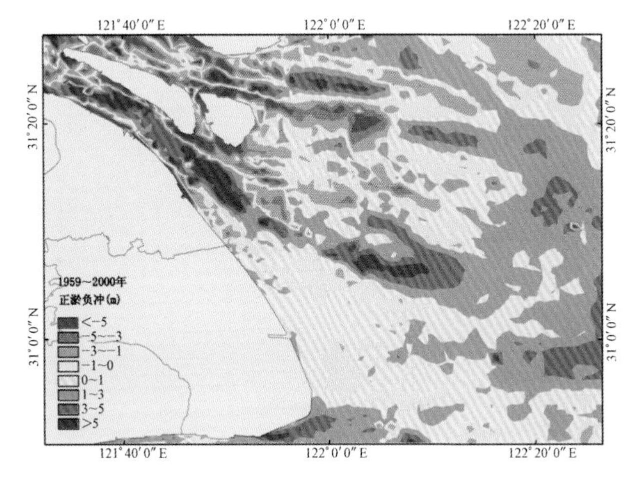

图5-18　长江河口水下三角洲1959～2000年冲淤分布图

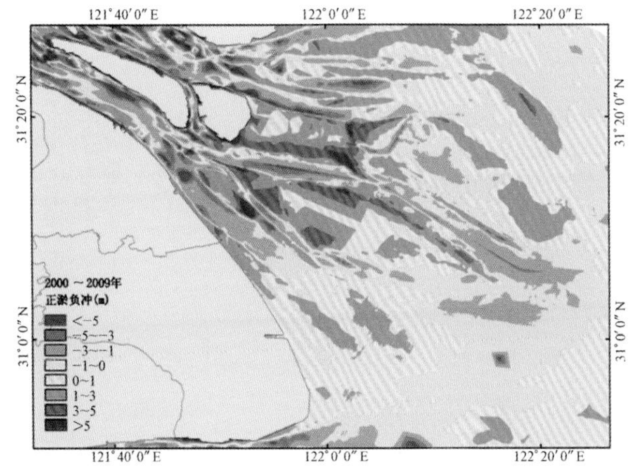

图5-19　长江河口水下三角洲2000～2009年冲淤分布图

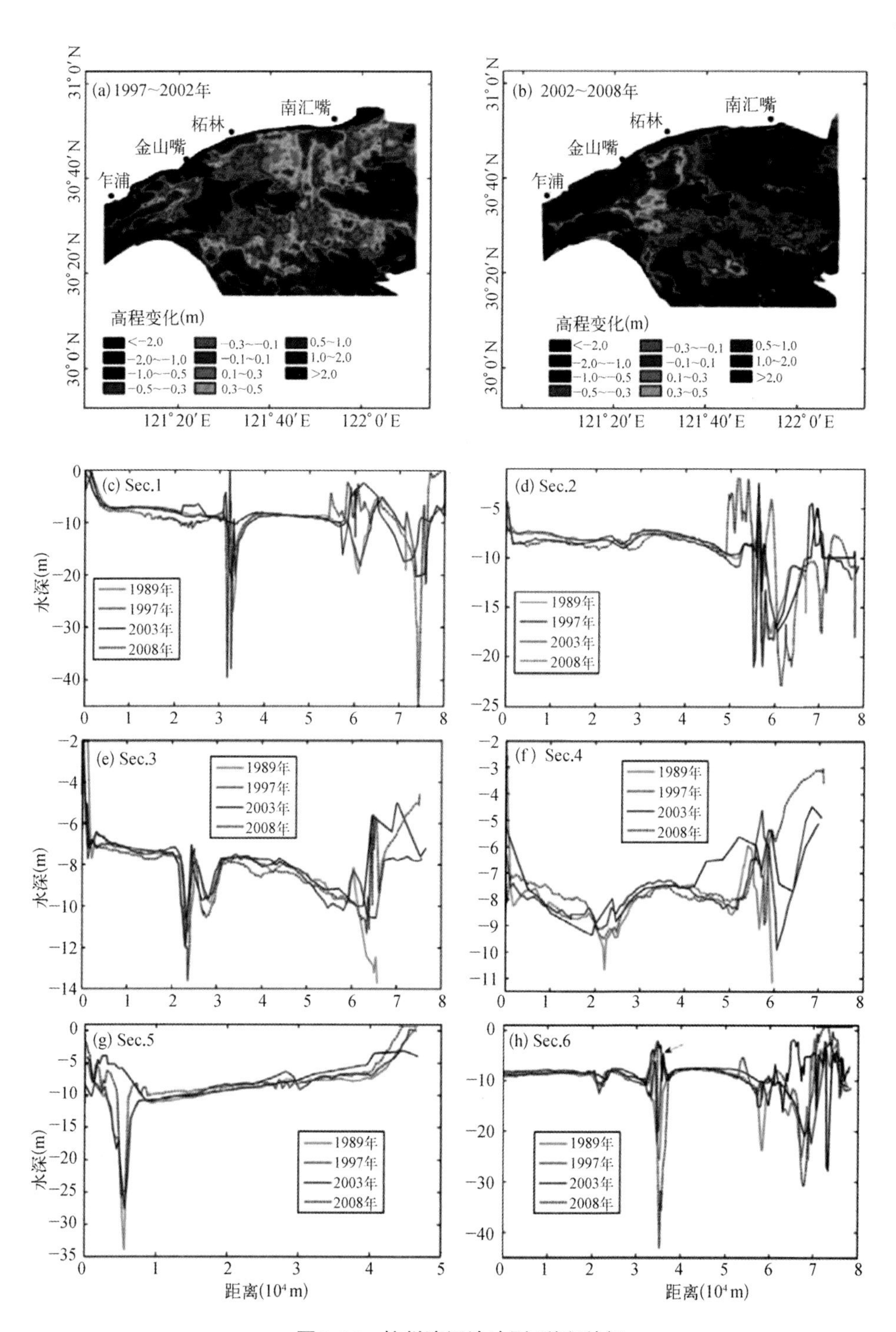

图 5-24　杭州湾泥沙冲刷/淤积特征

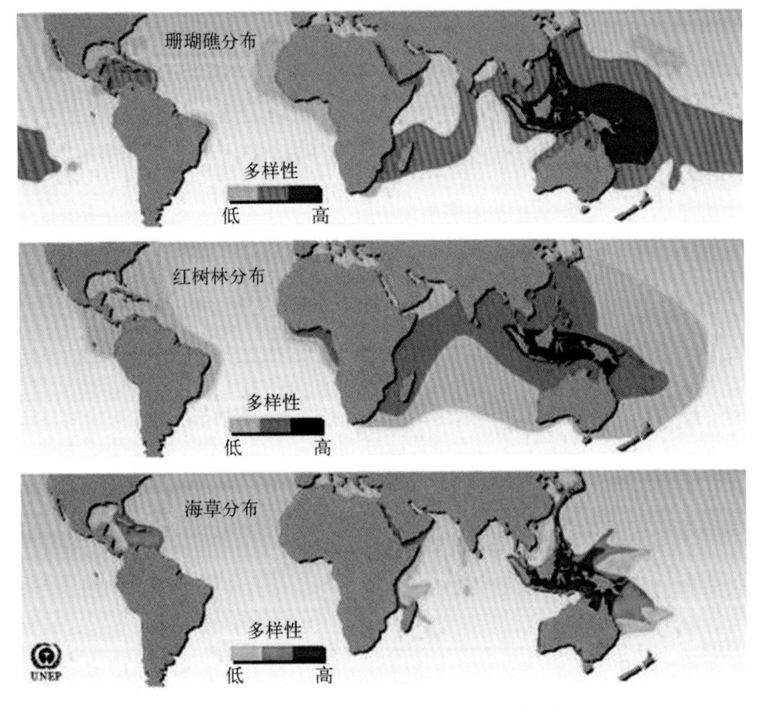

图6-3　全球珊瑚、红树林和海草的分布

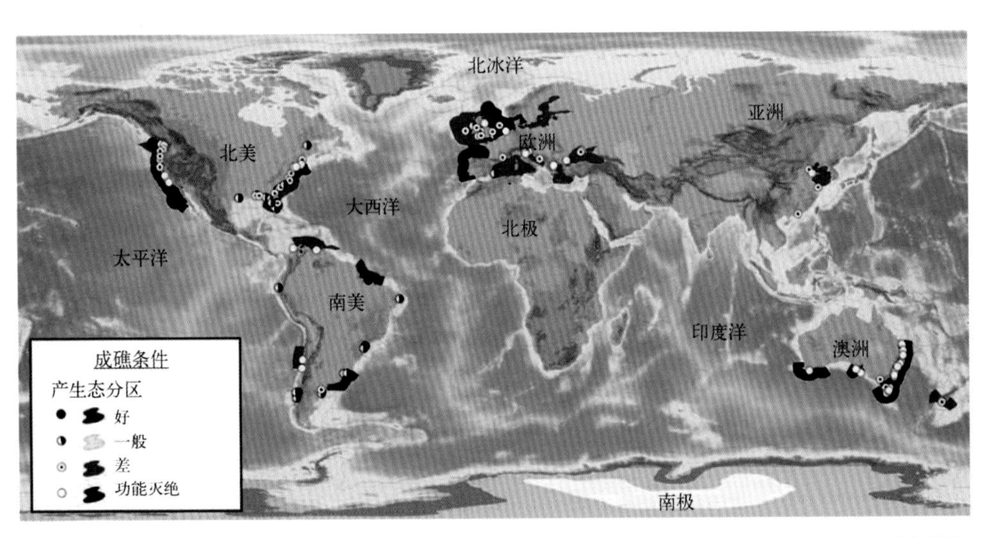

图例说明：相对于历史时期目前残存的牡蛎礁丧失百分比：小于50%（好）、50%～89%（中等）、90%～99%（差）、大于99%（功能性消失）。

图6-7　全球主要海湾和生态区牡蛎礁状况

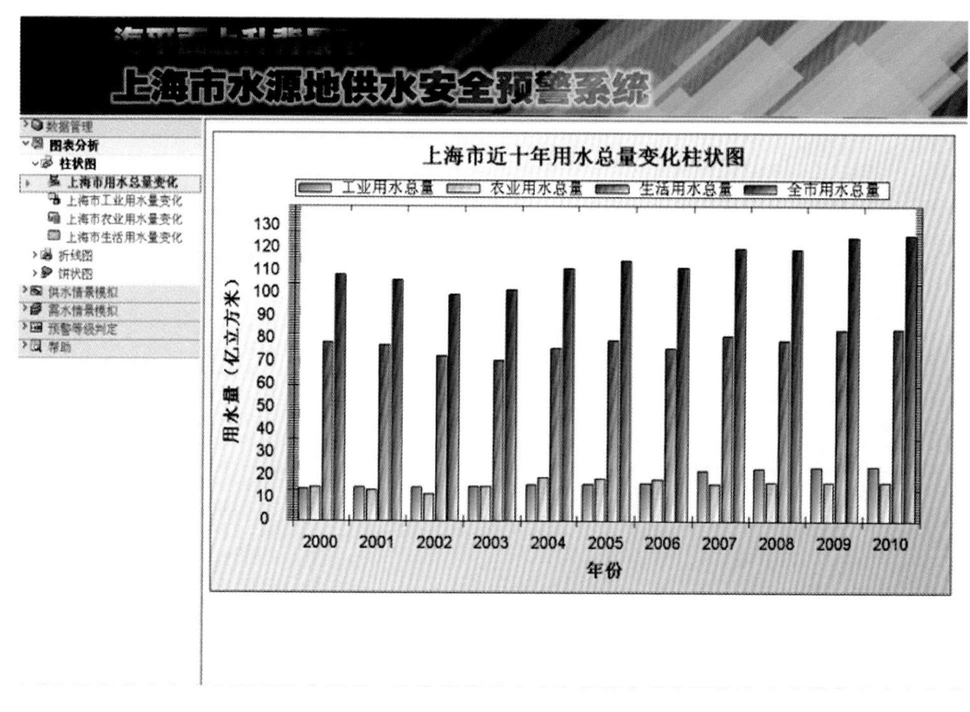

图10-34　上海市用水总量变化柱状图

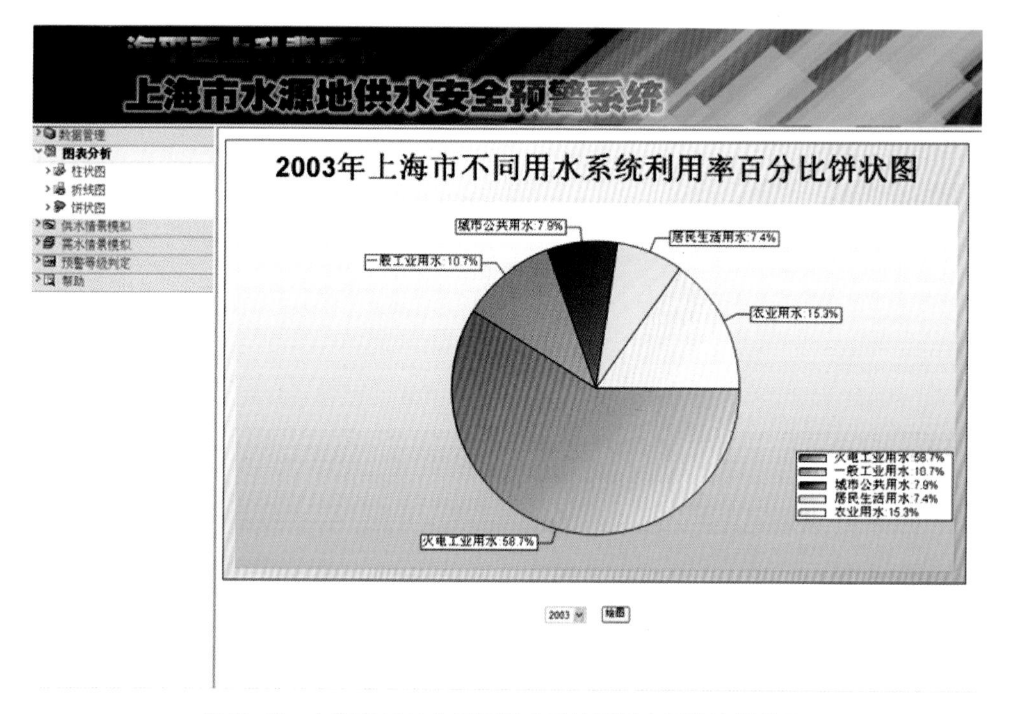

图10-39　上海市2003年不同用水系统利用率百分比饼状图

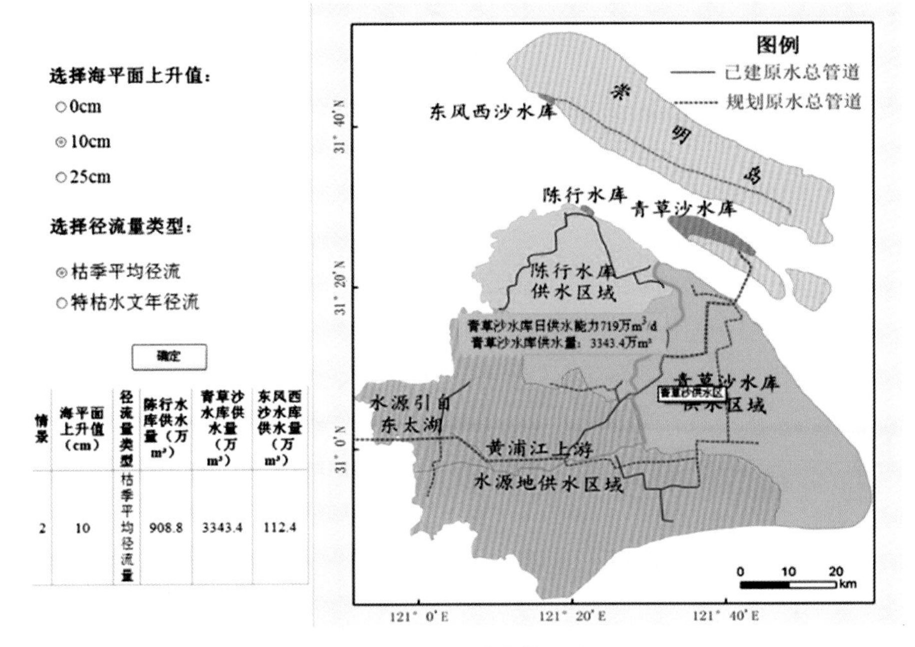

图10-41　供水情景模拟结果

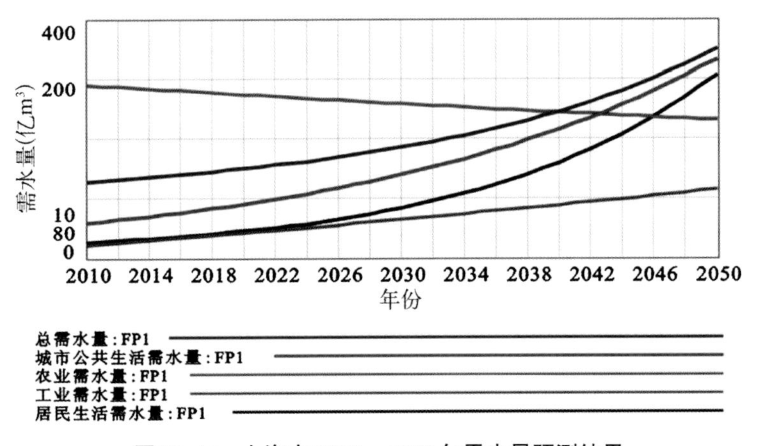

图10-44　上海市2010～2050年需水量预测结果

图 10-45　预警信号

上海市水源地供水安全预警

当前预警信息 | 海平面上升 | 陈行水库 | 青草沙水库 | 东风西沙水 | 水源地预警

2020年陈行水库供水安全预警等级为轻警，IV级蓝色预警

当前预警信 | 海平面上升 | 陈行水库 | 青草沙水库 | 东风西沙水 | 水源地预警

情景一 ◉ 海平面上升0cm

情景二 ○ 海平面上升10cm

情景三 ○ 海平面上升25cm

当前预警信 | 海平面上升 | 陈行水库 | 青草沙水库 | 东风西沙水 | 水源地预警

2020年陈行水库供水安全预警等级

居民生活需水量	2	亿m³
工业需水量	6.5	亿m³
城市公共生活需水量	3	亿m³
陈行供水区人口数量	500	万人

[计算]

2020年陈行水库供水安全预警等级

居民生活需水量		亿m³
工业需水量		亿m³
城市公共生活需水量		亿m³
陈行供水区人口数量		万人

[计算]

2020年陈行水库供水安全预警等级

居居民生活需水量		亿m³
工业需水量		亿m³
城市公共生活需水量		亿m³
陈行供水区人口数量		万人

[计算]

图 10-57　陈行水库供水安全预警等级

上海市水源地供水安全预警

情景一 ◉ 海平面上升0cm

情景二 ○ 海平面上升10cm

情景三 ○ 海平面上升25cm

当前预警信息 海平面上升 陈行水库 青草沙水库 东风西沙水 水源地预警

2020年上海市水源地供水安全预警等级为轻警，Ⅳ级蓝色预警

2025年上海市水源地供水安全预警等级为中警，Ⅲ级黄色预警

2030年上海市水源地供水安全预警等级为巨警，Ⅰ级红色预警

当前预警信 海平面上升 陈行水库 青草沙水库 东风西沙水 水源地预警

上海市水源地供水安全预警系统的预警等级是通过预警等级评估模型与标准评估模型之间距离d的计算并结合我国常见自然灾害预警信号的划分标准得到的。海平面上升背景下上海市水源地供水安全的预警等级按照水源地供水风险存在的严重性和紧急程度，从低到高依次分为轻警（Ⅳ级）、中警（Ⅲ级）、重警（Ⅱ级）、巨警（Ⅰ级）四个等级，预警信号的颜色分别用蓝色、黄色、橙色和红色表示。d1，d2，d3，d4分别为无警与轻警、轻警与中警、中警与重警以及重警与巨警的警度判定临界值。

轻警区间：d1≤d＜d2

中警区间：d2≤d＜d3

重警区间：d3≤d＜d4

巨警区间：d≥d4

上海市水源地综合预警等级： 计算

图10-58 上海市水源地供水安全综合预警等级

图11-1 荷兰公司Waterstudio设计的由一组60个住宅区组成的建筑群

宝山区宝杨码头栅栏板及蜂窝状两种护坡结构

南汇东海大桥东侧海堤结构

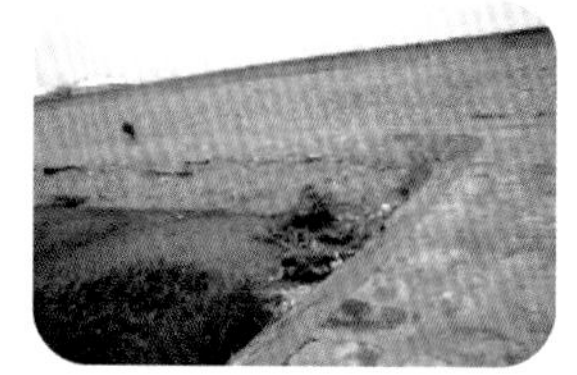

金山区独山港码头海堤结构

奉贤区碧海金沙西侧桩柱式结构

崇头防浪墙

图 11-2　上海市海岸带海岸防护结构分布

金山区独山港海堤内侧工矿用地

金山区独山港海堤内侧上海石化厂区

金山区独山港上海石化化工码头

浦东临港新城南汇嘴西侧海堤内未利用地

浦东临港新城南汇嘴西海堤内未利用储备用地

奉贤区碧海金沙西侧调查点海堤内侧西部上海化学工业园区

奉贤区碧海金沙西侧调查点海堤内侧未利用地

奉贤区碧海金沙西侧调查点海堤内侧东部生活娱乐用地

图 11-3　上海岸海岸带土地利用分布